각 과목별 핵심정리 과년도문제 분석

토목기사실기

2024

24차개정판
규정적용

전용 홈페이지를 통한 365일 학습관리

NAVER 한솔아카데미 토목기사

2

김태선 · 박광진 · 홍성협 · 김창원 · 김상욱 · 이상도 공저

Book

토목시공학

Speed Master

시험대비 합격 솔루션

1단계 건설시공현장에서 이루어지는 문제취급
2단계 콘크리트표준시방서 시방코드KCS 반영
3단계 Chapter마다 핵심정리 과년도문제 분석
4단계 년도별, 회별로 표시하여 중요도 인지

한솔아카데미
www.bestbook.co.kr

전용 홈페이지를 통한
2024/365일 학습질의응답 관리

홈페이지 주요메뉴

http://www.inup.co.kr

❶ 수강신청
- 필기+실기 패키지
- 토목기사 필기과정
- 토목기사 실기과정
- 온라인강의 특징
- 교수진

❷ 학원강의
- 학원강의 안내
- 학원강의 특징
- 교수진

❸ 무료제공 동영상강의
- 입문특강
- 필기대비 무료강의
- 실기대비 무료강의
- 한솔TV특강

❹ 기출문제 학습자료
- 토목기사필기
- 토목산업기사필기
- 토목기사실기

❺ 교재안내
- 필기
- 실기

❻ 수험정보 EVENT
- 이벤트/특강
- 토목기사 진로
- 토목기사 합격가이드
- 수험정보

❼ 학습게시판 합격수기
- 학습 Q&A
- 공지사항
- 합격수기

❽ 나의강의실

2024년 대비 학습플랜

토목기사 실기

6단계 완전학습 커리큘럼

동영상 강좌

100% 저자 직강 유료강의 및
최근 3개년 기출문제 무료제공(3개월)

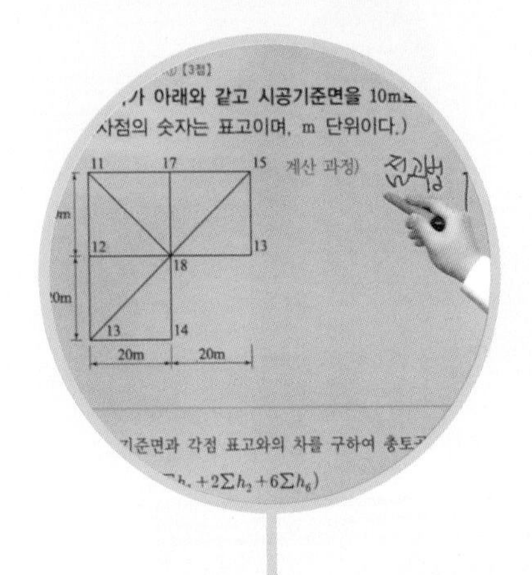

2단계 핵심 기출문제 마스터

핵심 기출문제를
반복학습

1 동영상 강좌 — 2 1단계 이론+핵심기출문제 — 3 2단계 핵심 기출문제 마스터

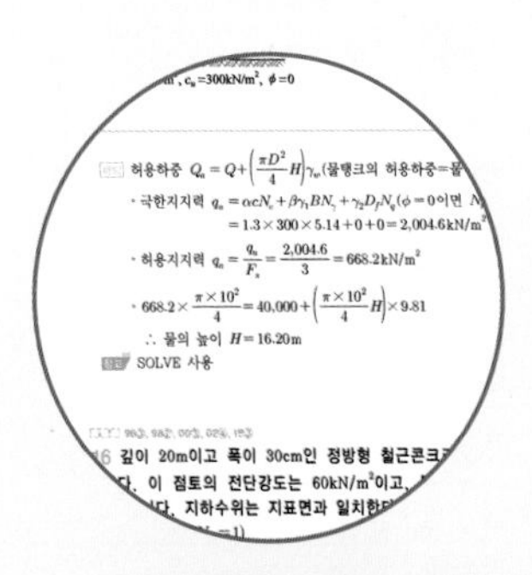

SOLVE기능

[계산기 f_x 570 ES]를 활용하여
SOLVE 사용법을 수록하였다.

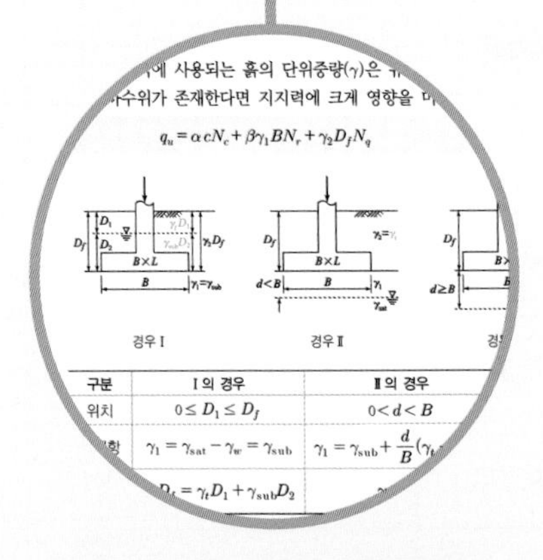

1단계 이론+핵심기출문제

기본적인 이론학습과 출제문제의
연계성을 통해 전체의 흐름을 파악

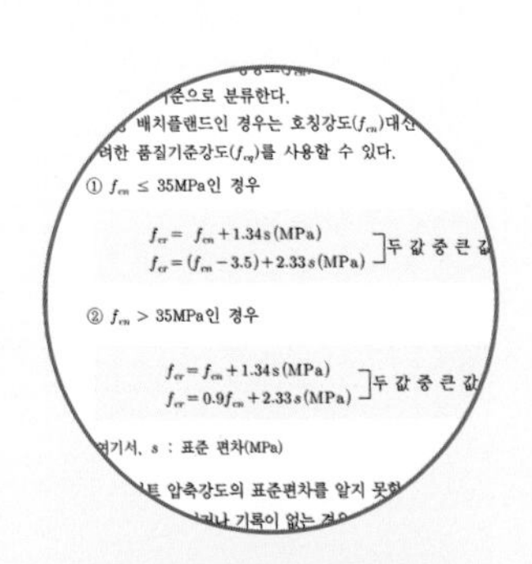

변경된 기준 반영

설계기준강도(f_{ck})에서
호칭강도(f_{cn})와 품질기준강도(f_{cq})로
변경내용 반영

한솔아카데미에서 제공하는

교재 학습플랜 길잡이

200% 학습법

3단계 10개년 과년도 마스터

10개년 과년도를 통해
전과목을 총체적으로 실전문제 마스터

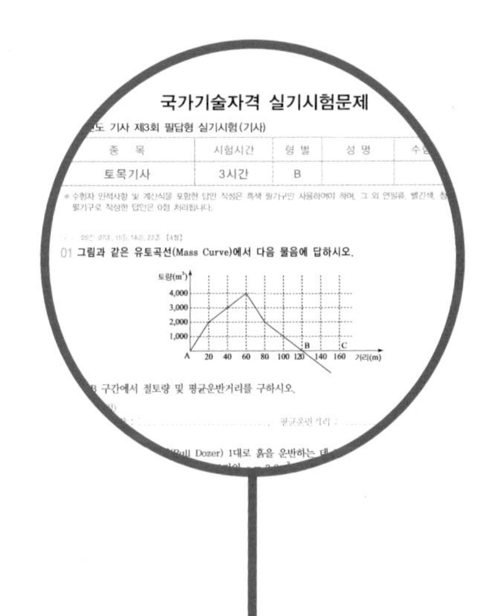

학습 Q&A

전용 홈페이지를 통한
365일 학습관리 시스템

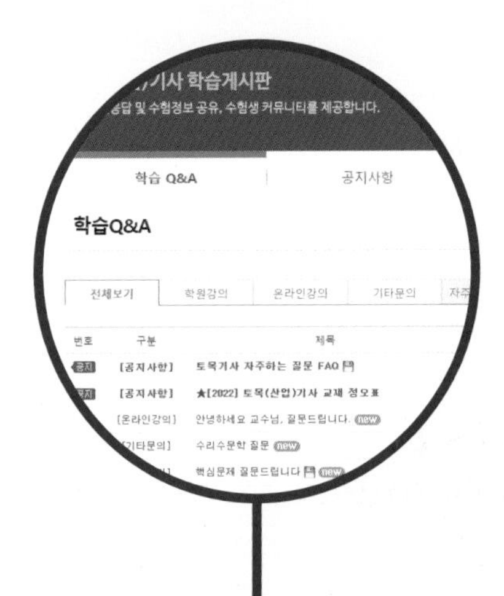

4 3단계 10개년 과년도 마스터 **5** 4단계 과년도 예상문제 마스터 **6** 학습 Q&A

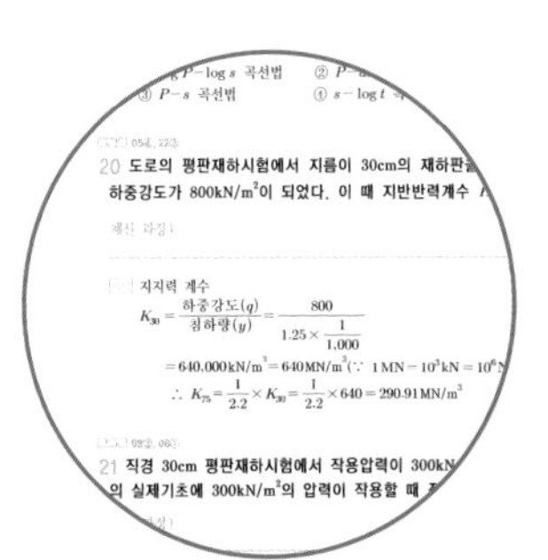

SI단위 적용

국제단위 변환규정
SI단위 적용

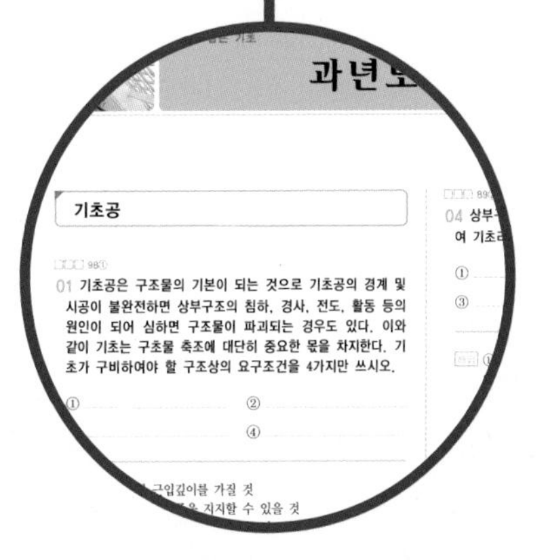

4단계 과년도 예상문제 마스터

1984년부터 1999년까지
출제된 문제 마스터

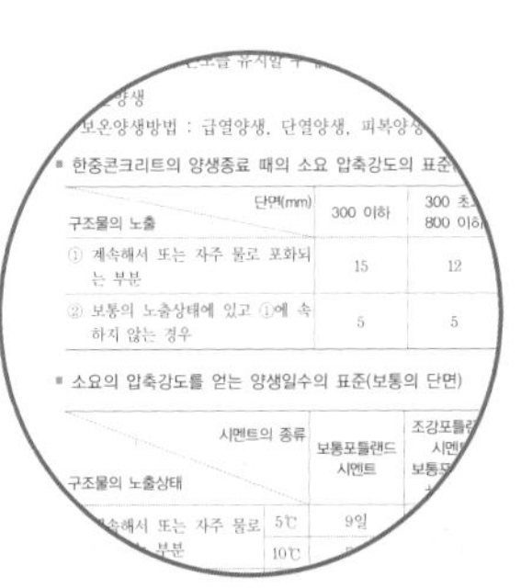

KCS 적용

콘크리트 표준시방서
KCS규정 적용

본 도서를 구매하신 분께 드리는 혜택

본 도서를 구매하신 후 홈페이지에 회원등록을 하시면 아래와 같은
학습 관리시스템을 이용하실 수 있습니다.

01

365일 질의응답

본 도서 학습시 궁금한 사항은 전용 홈페이지를 통해 질문하시면 담당 교수님으로부터 365일 답변을 받아 볼 수 있습니다.

전용홈페이지(www.inup.co.kr) – 토목기사 학습게시판

02

무료 동영상 강좌

교재구매 회원께는 아래의 동영상강의 3개월 무료수강을 제공합니다.

토목기사 실기 3개년 기출문제 동영상강의 3개월 무료제공

03

자율 모의고사

교재구매 회원께는 자율모의고사 혜택을 드립니다. 자율모의고사는 나의강의실에 올려드리는 문제지를 출력하여 각자 실제 시험과 같은 환경에서 제한된 시간 내에 답안을 작성하여 주시고 이후 올려드리는 해설답안을 참고하시어 부족한 부분을 보완할 수 있도록 합니다.

시행일시 : 토목기사 시험일 2주 전 실시(세부일정은 인터넷 전용 홈페이지 참고)

| 등록 절차 |

도서구매 후 본권② 뒤표지 회원등록 인증번호 확인

↓

인터넷 홈페이지(www.inup.co.kr)에 인증번호 등록

교재 인증번호 등록을 통한 학습관리 시스템

❶ 365일 학습질의응답　❷ 3개년 기출문제 3개월 무료수강
❸ 자율모의고사 시행

01
사이트
접속

인터넷 주소창에 **https://www.inup.co.kr** 을 입력하여 한솔아카데미 홈페이지에 접속합니다.

홈페이지 우측 상단에 있는 **회원가입** 또는 아이디로 **로그인**을 한 후, **[토목]** 사이트로 접속을 합니다.

나의강의실로 접속하여 왼쪽 메뉴에 있는 **[쿠폰/포인트관리]-[쿠폰등록/내역]**을 클릭합니다.

도서에 기입된 **인증번호 12자리** 입력(-표시 제외)이 완료되면 **[나의강의실]**에서 학습가이드 관련 응시가 가능합니다.

■ 모바일 동영상 수강방법 안내

❶ QR코드 이미지를 모바일로 촬영합니다.
❷ 회원가입 및 로그인 후, 쿠폰 인증번호를 입력합니다.
❸ 인증번호 입력이 완료되면 [나의강의실]에서 강의 수강이 가능합니다.

※ 인증번호는 ②권 표지 뒷면에서 확인하시길 바랍니다.
※ QR코드를 찍을 수 있는 앱을 다운받으신 후 진행하시길 바랍니다.

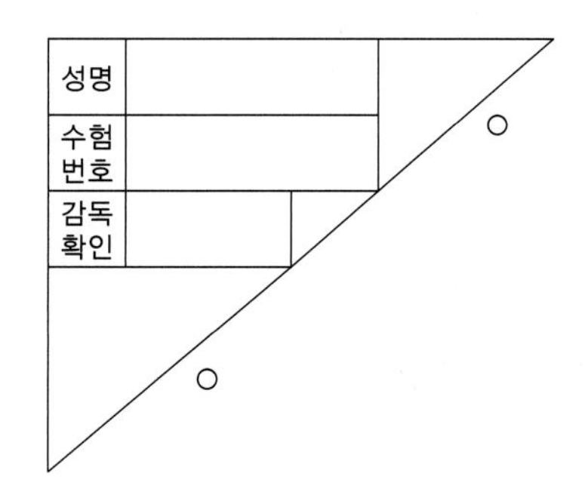

과년도 문제를 풀기 전 숙지 사항

연습도 실전처럼!!!

* 수험자 유의사항

1. 시험장 입실시 반드시 **신분증**(주민등록증, 운전면허증, 모바일 신분증, 여권, 한국산업인력공단 발행 자격증 등)을 지참하여야 한다.
2. 계산기는 **「공학용 계산기 기종 허용군」** 내에서 준비하여 사용한다.
3. 시험 중에는 핸드폰 및 스마트워치 등을 지참하거나 사용할 수 없다.
4. 시험문제 내용과 관련된 메모지 사용 등은 부정행위자로 처리된다.
   - 당해시험을 중지하거나 무효처리된다.
   - 3년간 국가 기술자격 검정에 응시자격이 정지된다.

** 채점사항

1. 수험자 인적사항 및 계산식을 포함한 답안 작성은 **검은색** 필기구만 사용해야 하며, 그 외 연필류, 빨간색, 청색 등 필기구로 작성한 답항은 0점 처리 됩니다.
2. 답안과 관련 없는 특수한 표시를 하거나 특정임을 암시하는 경우 답안지 전체를 0점 처리된다.
3. 계산문제는 반드시 **「계산과정과 답란」**에 기재하여야 한다.
   - 계산과정이 틀리거나 없는 경우 0점 처리된다.
   - 정답도 반드시 답란에 기재하여야 한다.
4. 답에 단위가 없으면 오답으로 처리된다.
   - 문제에서 단위가 주어진 경우는 제외
5. 계산문제의 소수점처리는 최종결과값에서 요구사항을 따르면 된다.
   - 소수점 처리에 따라 최종답에서 오차범위 내에서 상이할 수 있다.
6. 문제에서 요구하는 가지 수(항수)는 요구하는 대로, 3가지를 요구하면 3가지만, 4가지를 요구하면 4가지만 기재하면 된다.
7. 단답형은 여러 가지를 기재해도 한 가지로 보며, 오답과 정답이 함께 기재되어 있으면 오답으로 처리된다.
8. 답안 정정 시에는 두 줄(=)로 긋고 기재해야 한다.
9. 수험자 유의사항 미준수로 인해 발생되는 채점상의 불이익은 본인에게 책임이 있다.
10. 답안지 및 채점기준표는 절대로 공개하지 않는다.

머리말

만족과 기쁨이 공존하는 책

토목기사 자격증을 취득하기 위해서는 1차 관문인 필기시험을 거쳐 2차 관문인 필답형 필기시험을 통과해야만 라이선스(license)를 취득할 수 있습니다.

토목기사 자격증을 취득하기 위한 방법은 여러 가지가 있을 수 있으며, 또한 수험서도 여러 종류가 준비되어 있습니다. 하지만 취업준비까지 최소한의 시간으로 최대의 효과를 얻을 수 있는 방안을 생각해야 하며, 그 방안이 바로 승자를 위한 필독서인 토목기사실기입니다.

토목공학
인류를 이루다.
그리고 미래를 세우다.

1시간을 1년처럼 활용할 수 있도록 자격증 취득의 빠른 지름길이 될 수 있도록 집필하였습니다. 혹시 교재에 오류가 있다면 신속히 보완하여 더욱 좋은 책으로 거듭날 수 있도록 항상 조언을 부탁드립니다.

본교재의 특징

- 출제경향에 따라 국제단위인 SI단위와 KCS규정을 적용하였습니다.
- 본교재는 1권(지반공학)과 2권(토목시공학) 그리고 별책부록으로 구성되었습니다.
- 1984년부터 2023년까지의 모든 기출문제를 과년도 문제(1984~1999년), 핵심문제 및 예상문제로 분류하여 단시간 내에 숙지할 수 있도록 하였습니다.
- 모든 문제를 연도별, 회별, 예상문제로 표시하여 문제의 출제빈도를 알 수 있고 출제의 방향을 이해하도록 하였습니다.
- Chapter마다 출제경향과 출제연도를 도표화하여 정답을 수시로 확인하고 기억할 수 있도록 하였습니다.
- 더 알아두기 코너를 두어 핵심요약에서 반드시 공부해야 할 내용을 미리 암시하였습니다.
- 별책부록은 소책자로 하여 10개년도 과년도 문제를 실전테스트 할 수 있도록 하였습니다.

한 권의 책이 나올 수 있도록 최선을 다해 도와주신 여러 교수님, 대학교 동문, 후배님들께 진심으로 감사드립니다.

또한 한솔아카데미 편집부 여러분, 이 책의 얼굴을 예쁘게 디자인 해주신 강수정 실장님, 묵묵히 수정과 교정을 하여 주신 안주현 부장님, 언제나 가교 역할을 해 주시는 최상식 이사님, 항상 큰 그림을 그려 주시는 이종권 사장님, 사랑받는 수험서로 출판될 수 있도록 아낌없이 지원해 주신 한병천 대표이사님께 감사드립니다.

저자 드림

책의 구성

01 연도별 출제경향

- Chapter마다 출제경향과 출제빈도를 제시하여 수험생들에게 학습길잡이 역할과 학습 후의 체크업을 하도록 하였다.
- 문제마다 □□□를 두어 체크업을 하여 실력평가를 하도록 하였다.

02 더 알아두기

- 핵심용어(key word) : 단답형의 출제경향을 파악하여 사전 학습관리를 하도록 하였다.
- 기억해요(remember) : 가짓수를 요구하는 문제를 이론에서 사전 학습관리를 하도록 하였다.

03 핵심 기출문제

- 2000년 이후 출제되었던 대부분의 문제로 구성하여 실전에 대한 감각을 자연스럽고 확실하게 터득할 수 있도록 하였다.
- 산출근거를 요구하는 문제는 먼저 공식을 제시하여 답안 작성법을 익히도록 하였다.

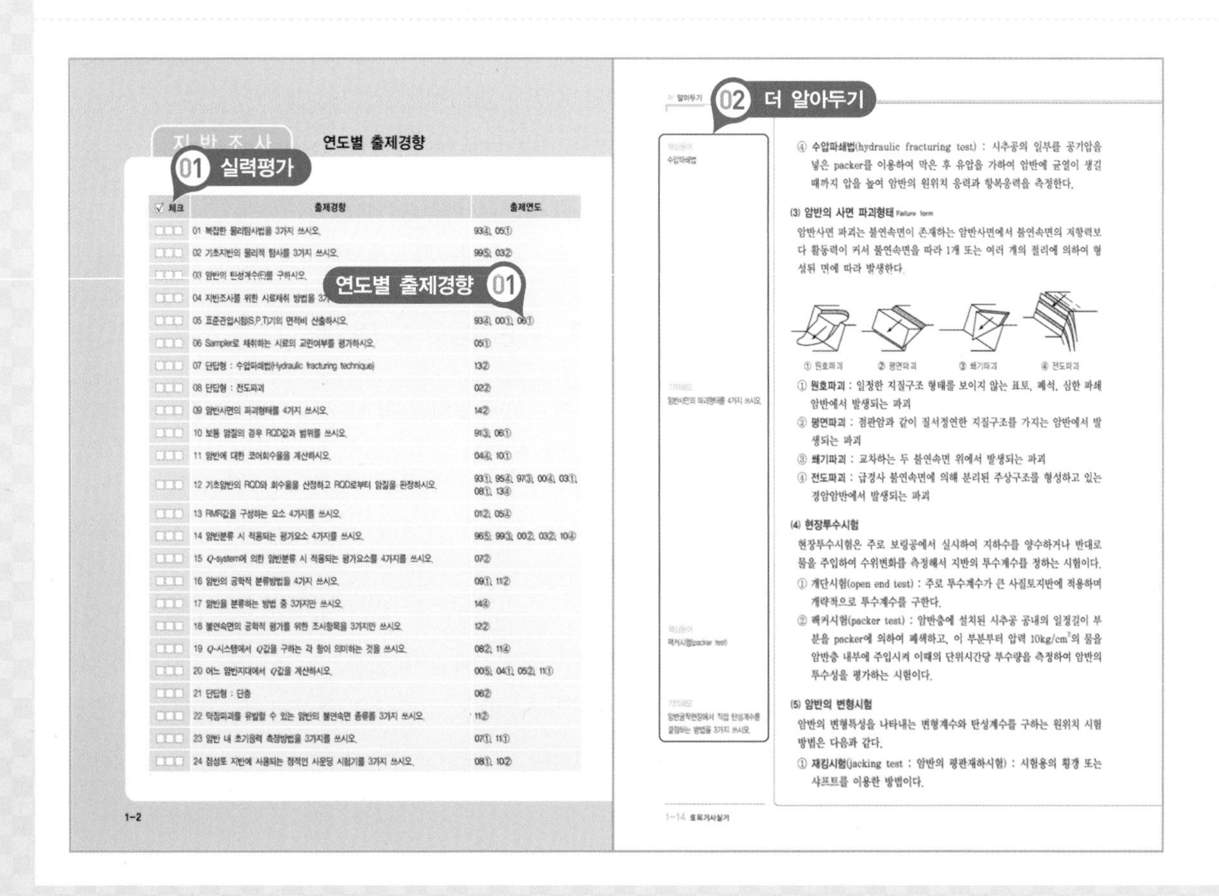
지반조사 연도별 출제경향

01 실력평가

√ 체크	출제경향	출제연도
□□□	01 복잡한 물리탐사법을 3가지 쓰시오.	93④, 05①
□□□	02 기초지반의 물리적 탐사를 3가지 쓰시오.	99⑤, 03②
□□□	03 암반의 탄성계수(E)를 구하시오.	
□□□	04 지반조사를 위한 시료채취 방법을 3가	
□□□	05 표준관입시험(S.P.T)기의 면적비 산출하시오.	93④, 00①, 06①
□□□	06 Sampler로 채취하는 시료의 교란여부를 평가하시오.	05①
□□□	07 단답형 : 수압파쇄법(Hydraulic fracturing technique)	13②
□□□	08 단답형 : 전도파괴	02②
□□□	09 암반사면의 파괴형태를 4가지 쓰시오.	14②
□□□	10 보통 암질의 경우 RQD값과 범위를 쓰시오.	91③, 06①
□□□	11 암반에 대한 코어회수율을 계산하시오.	04④, 10①
□□□	12 기초암반의 RQD와 회수율을 산정하고 RQD로부터 암질을 판정하시오.	93①, 95④, 97③, 00④, 03①, 08①, 13④
□□□	13 RMR값을 구성하는 요소 4가지를 쓰시오.	01②, 05④
□□□	14 암반분류 시 적용되는 평가요소 4가지를 쓰시오.	96⑤, 99③, 00②, 03②, 10④
□□□	15 *Q*-system에 의한 암반분류 시 적용되는 평가요소를 4가지를 쓰시오.	07②
□□□	16 암반의 공학적 분류방법을 4가지 쓰시오.	09①, 11②
□□□	17 암반을 분류하는 방법 중 3가지만 쓰시오.	14④
□□□	18 불연속면의 공학적 평가를 위한 조사항목을 3가지만 쓰시오.	12②
□□□	19 *Q*-시스템에서 *Q*값을 구하는 각 항이 의미하는 것을 쓰시오.	08②, 11④
□□□	20 어느 암반지대에서 *Q*값을 계산하시오.	00⑤, 04①, 05②, 11①
□□□	21 단답형 : 단층	06②
□□□	22 막장파괴를 유발할 수 있는 암반의 불연속면 종류를 3가지 쓰시오.	11②
□□□	23 암반 내 초기응력 측정방법을 3가지를 쓰시오.	07①, 11①
□□□	24 점성토 지반에 사용되는 정적인 사운딩 시험기를 3가지 쓰시오.	08①, 10②

연도별 출제경향 01

1-2

02 더 알아두기

핵심용어
수압파쇄법

④ **수압파쇄법**(hydraulic fracturing test) : 시추공의 일부를 공기압을 넣은 packer를 이용하여 막은 후 유압을 가하여 암반에 균열이 생길 때까지 압을 높여 암반의 원위치 응력과 항복응력을 측정한다.

(3) 암반의 사면 파괴형태 Failure form

암반사면 파괴는 불연속면이 존재하는 암반사면에서 불연속면의 저항력보다 활동력이 커서 불연속면을 따라 1개 또는 여러 개의 절리에 의하여 형성된 면에 따라 발생한다.

① 원호파괴 ② 평면파괴 ③ 쐐기파괴 ④ 전도파괴

기억해요
암반사면의 파괴형태를 4가지 쓰시오.

① **원호파괴** : 일정한 지질구조 형태를 보이지 않는 표토, 폐석, 심한 파쇄 암반에서 발생되는 파괴
② **평면파괴** : 점판암과 같이 질서정연한 지질구조를 가지는 암반에서 발생되는 파괴
③ **쐐기파괴** : 교차하는 두 불연속면 위에서 발생되는 파괴
④ **전도파괴** : 급경사 불연속면에 의해 분리된 주상구조를 형성하고 있는 경암암반에서 발생되는 파괴

(4) 현장투수시험

현장투수시험은 주로 보링공에서 실시하여 지하수를 양수하거나 반대로 물을 주입하여 수위변화를 측정해서 지반의 투수계수를 정하는 시험이다.

① 개단시험(open end test) : 주로 투수계수가 큰 사질토지반에 적용하며 개략적으로 투수계수를 구한다.
② 팩커시험(packer test) : 암반층에 설치된 시추공 공내의 일정길이 부분을 packer에 의하여 폐색하고, 이 부분부터 압력 $10kg/cm^2$의 물을 암반층 내부에 주입시켜 이때의 단위시간당 투수량을 측정하여 암반의 투수성을 평가하는 시험이다.

핵심용어
팩커시험(packer test)

(5) 암반의 변형시험

암반의 변형특성을 나타내는 변형계수와 탄성계수를 구하는 원위치 시험 방법은 다음과 같다.

① **재킹시험**(jacking test : 암반의 평판재하시험) : 시험용의 횡갱 또는 샤프트를 이용한 방법이다.

기억해요
암반굴착현장에서 직접 탄성계수를 결정하는 방법을 3가지 쓰시오.

1-14 토목기사실기

04 출제연도 체크리스트

- 문제마다 □□□를 두어 체크업을 하도록 하여 다시 한 번 문제를 확인할 수 있도록 하였다.
- 시험 당일에는 ☑☑□된 문제만 가볍게 확인하면 좋은 결과를 얻을 수 있다.

05 과년도 예상문제

- Chapter마다 1984년부터 1999년까지 대부분 출제되었던 문제로 구성하여 과년도 출제되었던 한 문제도 놓치지 않도록 하였다.
- 출제 가능한 예상문제를 넣어 완벽을 기하도록 하였다.

06 10개년 과년도 문제

- 과년도 출제문제를 통해 실전 감각을 익힐 수 있다.
- 소책자로 만들어 항상 소지하여 다닐 수 있도록 하였다.
- 자주 보고 여러 번 익히다 보면 자연스럽게 암기할 수 있도록 하였다.

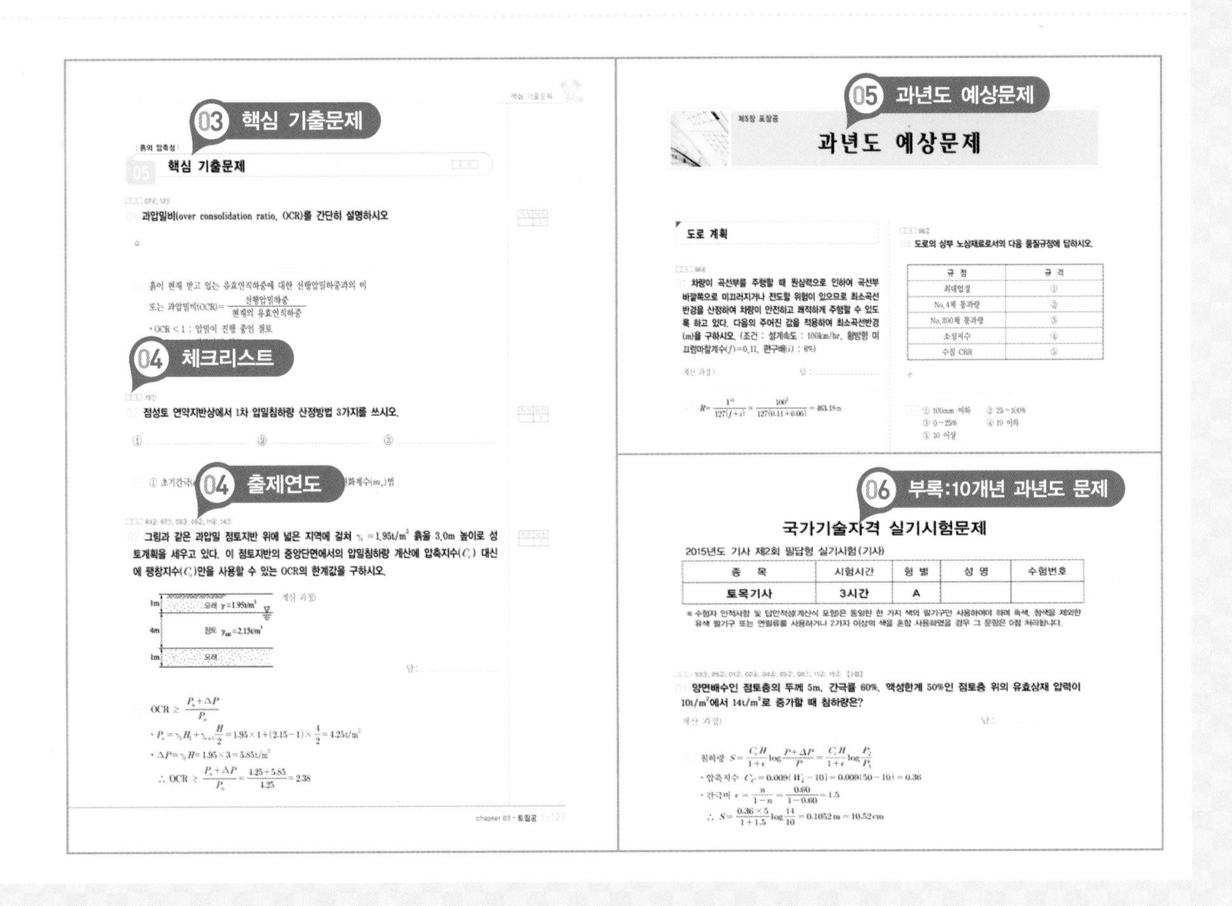

토목기사 실기 **무조건 합격하기**

❶ **신분증** 지참은 반드시 필수입니다.

❷ **계산기**(SOLVE기능) 지참은 필수입니다.

❸ [**년도별 · 회별**]로 출제빈도를 알고계시면 유리합니다.

1단계 핵심이론 마스터

- 핵심이론 및 핵심문제를 서로 연계하여 이해하며 마스터합니다.
- 처음에는 완벽하게 하려하지 말고 문제위주로 이론을 이해하면 됩니다.

2단계 핵심문제 스피드 마스터

- 1단계 핵심이론을 오가며 핵심문제를 집중적이고 반복적으로 학습하여 문제해결 능력을 마스터합니다.
- 1단계 핵심이론을 오가며 2단계 핵심문제를 많이 반복할수록 시험에 유리합니다.

3단계 과년도 실전 테스트

- 10개년 과년도 문제를 실전처럼 수시로 실전테스합니다.
- 까다로운 계산문제와 다답형 문제는 수시로 풀어봅시다.
- 계산문제에서 단위는 꼼꼼히 확인합니다.

4단계 학습의 비중 높은 부분

- 공정관리문제는 10점입니다. 따라서 10개년 공정문제만 완벽 하도록 풀어 보아야 합니다.
- 물량산풀은 18점입니다. 따라서 10개년 물량산출 문제만 완벽 하도록 풀어 보아야 합니다.
- 계산문제의 출제빈도가 42%정도입니다.
- 다답형문제의 출제빈도가 34%정도입니다.

10개년 출제경향 분석표

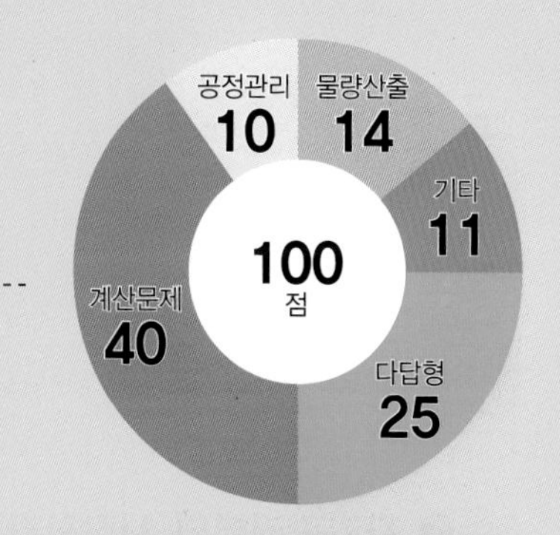

- 물량산출, 공정관리는 완벽하게
- 계산문제, 다답형은 꼼꼼하게 준비

년도	회차	출제문항	계산 문제			다답형 문제			단답(점수)	정의		공정관리점수	물량종류(점수)	10년 前 문제	
			문제	처음	점수	문제	처음	점수		문제	점수			문제	점수
23	1	23	9		27	7		22	2(4)	3	19	10	앞부벽(18)	3	31
	2	24	8		26	9		27		5	19	10	선반식(18)	3	16
	3	24	10		30	9		27		4	18	10	뒷부벽(18)	1	3
22	1	23	7		30	12		36	1	1	4	10	반중력(18)	3	12
	2	24	13	1	39	6		18	1	2	7	10	뒤부벽(18)	4	13
	3	23	11	1	43	7		22		2	8	10	암거(18)	6	17
21	1	24	9	1	41	9	1	30	1	2	9	10	역T형(8)	7	27
	2	24	12	1	42	6		19	1	2	9	10	역T형(18)	8	26
	3	23	8		28	6	2	24	1	4	20	10	암거(18)	7	22
20	1	23	9		39	7	1	27	1	3	13	10	2연암거(8)	3	13
	2	25	10		39	9	1	30		3	13	10	교대(8)	4	13
	3	23	11		37	4	2	19	2	2	12	10	선반식(18)	4	13
	4	24	8	1	30	4	1	20	6	2	10	10	뒤부벽(18)	9	24
19	1	23	8		32	5	1	20	3	4	14	10	암거(18)	6	17
	2	25	13		54	5		15	3	2	7	10	역T교대(8)	11	37
	3	24	9		32	7		21	3	3	13	10	뒤부벽(18)	7	27
18	1	25	11		34	9	1	30	1	1	6	10	선반식(18)	2	6
	2	25	12		42	9	1	30	1			10	역T형(18)	4	11
	3	26	12		44	8	1	27	1	2	9	10	2연암거(8)	6	20
17	1	25	10		41	11		33	1	1	6	10	2연암거(8)	3	11
	2	27	12	1	44	7	3	30	1	1	6	10	교대(8)	7	18
	4	24	11		50	9		27		2	7	8	교대(8)	2	7
16	1	26	11	2	50	8		24	1	2	6	10	역T형(8)	4	12
	2	25	12		39	7	1	24	1	2	6	10	암거(18)	2	5
	4	27	12		42	8	2	30	2	1	6	10	역T형(8)	3	8
15	1	24	11		40	3	4	24	1	2	6	10	선반식(18)	6	18
	2	21	9		40	5	2	21	1	2	9	10	뒤부벽(18)	4	11
	4	25	12		47	8	1	27	1	1	3	3	슬래브(18)	1	2
14	1	25	13		50	7		21	1	2	9	10	교대(8)	0	
	2	27	13		47	7	1	24	1	3	9	10	역T형(8)	6	18
	4	25	12	1	50	6	2	24		2	8	10	교대(8)	4	12
합계		756	328	9	1,229	224	28	773	39 (78)	68	291	301	428	140	470
평균		24	11		40	7	1	25	1 (3)	2	9	10	14	5	15

토목기사 실기 **이렇게 준비하자**

01 **철저한 준비** (CBT시험 후 합격 확인되면)

❶ 자기관리부터 시작하자

- CBT시험 후 합격이라 확인되면 즉시 준비하자.
- 조급하거나 어렵다는 **선입견**을 버려라.
- 아낌없는 시간투자로 한 번에 합격하자.(불합격은 몇 배의 시간 **낭비**)
- 전체 내용을 가능하면 빨리 파악하자.(출제경향과 출제빈도 체크리스트 참조)
- 눈으로 공부하는 방법은 지양하고 **손으로** 공부하는 습관을 기른다.
- 암기는 매일 꾸준히 **반복**하는 습관이 중요하다.(당일치기는 절대 금물)

❷ 자기 노트(sub note)를 반드시 만들자

- 암기해야 할 공식은 자기 노트에서 관리한다.
- 다답형을 요구하는 문제(일명 말따먹기), 단답형은 미리미리 **준비**한다.(유비무환)
- 풀리지 않는 문제, 이해되지 않는 문제는 별도로 관리하여 집중적인 **시간 투자**를 한다.

02 **확인 점검** (실기시험 원서접수 이후부터)

❶ 체계적으로 학습하자

- 1권(10파트), 2권(8파트)를 정독보다는 **다독**으로 빠르게 읽어 나간다.
- 학습하면서 단위는 꼼꼼히 체크하여 단위로 인해 **오답**이 나오지 않도록 사전에 차단한다.
- 반드시 계산근거가 필요하므로 계산근거란에 계산근거를 작성하는 **습관**을 기르도록 한다.

❷ 수험자 유의사항에 준하여 실전테스트 하자

- 「수험자 유의사항」을 반드시 **필독**한다.
- 3분법을 통하여 실전테스트 한다.
  - 1차전 : 2023~2019년까지(완전 해결되면 다음 2차전을 실시한다.)
  - 2차전 : 2018~2014년까지(2차전이 완료되면 3차전을 실시한다.)
  - 3차전 : 각 Chapter에 있는 과년도 예상문제

03 최종 마무리 (시험 전날과 당일)

❶ 시험 전날

- **신분증**(주민등록증, 운전면허증, 여권 중 택일, 학생증은 주민등록번호가 있는 것만 인정)은 반드시 챙겨 둔다.
- 계산기는 **건전지** 등을 점검하여 시험 당일에 당황하는 일이 없도록 한다.
- 자기 노트(sub note)를 확인해 본다.
- **수면**이 부족하지 않도록 한다.

❷ 당일 시험시작 전

- 시험장에는 여유있게 **도착**하여 여유롭게 시험 준비를 한다.
- 시험 중에는 절대 화장실에 갈 수가 없으므로 사전에 완료한다.
- ☑된 문제만 가볍게 **확인**해 본다.

❸ 시험 시간 중

- 시험 문제지를 받으면 처음부터 마지막까지 읽어 본다.
- 읽어 가는 중 자신 있는 문제는 옆에 답을 살짝 표시해 둔다.(연필을 이용)
- **익숙한** 문제부터 해결해 나간다.
- 먼저 답안을 작성할 수 있는 단답형 문제, 다답형 문제, 간단한 계산문제부터 작성한다.
- 다음으로 공정관리 문제를 확실히 답안 작성할 수 있으면 작성한다.
- 그 다음으로는 물량산출 문제를 확실히 답안 작성할 수 있으면 작성한다.(암산은 **금물**)
- 이후에는 차근차근 기억을 되살리면서 미해결문제를 해결해 나간다.
- 답 수정은 확실할 때가 아니면 **즉흥적**으로 수정하지 않는다.
- 최종 답에서는 반드시 **검정색** 볼펜(연필은 절대 금물)만을 사용하고 산출근거와 답란에는 단위도 반드시 기재해야 한다.

토목기사 실기 **답안 작성 시 유의사항**

01 **답안 작성** (필기구)

① 문제순서가 아닌 정확히 아는 문제부터 풀어 간다.

② 반드시 동일한 **흑색 필기구**만 사용하여야 한다.

③ 흑색 필기구를 제외한 청색, 유색, 연필류 등을 사용한 경우 그 문항은 0점 처리되어 불이익을 받지 않도록 유의해야 한다.

④ 계산기는 건전지 상태와 필요한 사용 MODE가 잘 되어 있는지 꼭 확인한다.

02 **계산과정과 답란**

① 답란에는 문제와 관련이 없는 불필요한 낙서나 특이한 기록사항 등을 기재하여서는 안 된다.

② 부정의 목적으로 특이한 표식을 하였다고 판단될 경우에는 모든 문항이 0점 처리된다.

③ 답안을 정정할 때에는 반드시 **정정부분을 두 줄(=)로 그어 표시**하여야 한다.

> **예** $P_A = \frac{1}{2} \times 19.8 \times 6^2 \times 0.219 = \sout{78.50}\text{kN/m} = 78.05\text{kN/m}$

④ 계산문제는 반드시「계산과정」,「답」란에 **계산과정**과 **답**을 정확히 기재하여야 한다. 계산과정이 틀리거나 없는 경우 0점 처리된다.

- 계산과정에서 연필류를 사용한 경우 0점 처리되므로 반드시 흑색으로 덧씌우고 연필자국은 반드시 없앤다.

⑤ 계산문제는 최종 결과값(답)의 소수 셋째자리에서 반올림하여 둘째자리까지 구한다.

- 이런 경우 중간계산은 소수 둘째자리까지 계산하거나, 더 정확한 계산을 위해서 셋째자리까지 구하여 최종값에서만 둘째자리까지 구하면 된다.

> **예** $V = \frac{2,700 - 1,200}{1.65} = 909.09\text{cm}^3, \quad W_s = \frac{1,800}{1 + 0.125} = 1,600\text{g}$
>
> $\therefore \rho_d = \frac{W_s}{V} = \frac{1,600}{909.9} = 1.76\text{g/cm}^3$

⑥ 개별문제에서 소수 처리에 대한 요구사항이 있을 경우 그 요구사항에 따라야 한다.

- 소수 셋째자리까지 최종 결과값(답)을 요구하는 경우 소수 넷째자리에서 반올림하여 소수 셋째자리까지 구하면 더 정확한 값을 얻는다.(주로 물량산출인 경우)

⑦ **답에 단위가 없거나 단위가 틀려도 오답**으로 처리된다.

> 예 • 계산 과정) $u=(h_w+z)\gamma_w=(3+4)\times 9.81=68.67$
> 답 : 68.67 (오답) ∵ 단위가 없음
> • 계산 과정) $u=(h_w+z)\gamma_w=(3+4)\times 9.81=68.67\text{kN/m}^3$
> 답 : 68.67kN/m^3 (오답) ∵ 단위가 틀림
> • 계산 과정) $u=(h_w+z)\gamma_w=(3+4)\times 9.81=68.67\text{kN/m}^2$
> 답 : 68.67kN/m^2 (정답)

03 다답형 기재

① 요구한 가짓수만큼만 기재순으로 기재한다.

• 3가지를 요구하면 3가지만 기재한다.

> 예 ① ______ ② ______ ③ ______

• 4가지를 요구하면 4가지만 기재한다.

> 예 ① ______ ② ______ ③ ______ ④ ______

② 단일 답을 요구하는 경우는 한 가지 답만 기재하며, **정답과 오답이 함께 기재되어 있을 경우 오답**으로 처리된다.

> 예 감세공, 수제

③ 한 문제에서 소문제로 파생되는 문제나 가짓수를 요구하는 문제는 대부분의 경우 부분 **배점**을 적용한다.

• 4가지를 요구한 경우 **한 가지** 또는 **두 가지**라도 답을 알면 반드시 기재하여 부분 배점을 받아야 한다.

> 예 ① 배수기능 ② 여과기능 ③ 분리기능 ④ ______

토목기사 실기 합격수기

합격했다고 전해라!

서울과학기술대학교 건설시스템공학과 **이 * 주**

▣ 첫 번째 시험(2회차)에서 탈락을 했습니다.

필기시험 합격자 발표가 대략 6월 중순에 있었는데, 저는 그 당시 학교를 다니면서 준비했기 때문에 6월 말까지 고시원 방정리 및 짐을 빼야 했습니다. 이 때문에 실기 준비를 제대로 하지 못하였습니다. 실기시험은 2회차에 있었는데, 준비기간이 2주 정도밖에 되지 않았습니다. 결과는 58점으로 아쉽게 불합격하고 말았습니다.

▣ 두 번째 시험(4회차)에서 합격했습니다.

첫 번째 실기 준비와 다른 점은 추가적으로 한솔아카데미의 '토목기사 실기 12개년과년도문제 speed master' 교재(보라색)를 준비하였습니다. 그다음 실기시험이 있는 4회차 전까지는 실기시험 준비에 저의 대부분의 시간을 쏟아부었습니다. 학기 중에 병행하려 하니 정말이지 너무 힘들더군요. 중간고사 기간에는 학교 시험공부도 하면서 기사실기 공부도 하느라 4~5시간 정도 잤던 것 같습니다. 대략 2달 정도 집중적으로 준비한 결과, 4회차 실기시험에서 78점으로 합격이었습니다. 기출문제는 10개년치 2번 정도 돌렸습니다.

▣ 지금 생각해 보니......

- 교재는 한 권보다는 두 권이 시간 낭비를 줄일 수 있습니다.
- 일반교재 한 권으로 공부했던 것이 결국은 더 많은 시간을 낭비하게 되었던 것 같습니다.
- 추가적인 교재(토목기사 실기 12개년과년도문제 speed master)를 잘 준비했던 것이 시간 낭비를 줄이고 합격할 수 있었던 지름길이었다고 생각합니다.
- 간략하고 명확한 요점 노트, 실전과 같은 책 구성(과년도 문제를 풀다 보면 반복적인 모범답이 자동적으로 암기됨), 그리고 추가적인 보충설명 덕분에 중요한 내용들을 쉽게 이해하고 암기할 수 있었습니다. 즉, 토목기사 실기 전체를 한눈에 감을 잡을 수 있게 하였습니다.

▣ 토목기사실기를 준비하는 분들께 드리고 싶은 말씀은.....

- 적당히는 안 됩니다. 완벽하고 철저하게 준비하라.책 선택을 잘하고 책값을 아끼지 마라. 조급해 하거나 어렵게 생각하지 마시라는 것입니다.

- 공부를 할 때, 계산문제 70%, 이론문제(말따먹기 포함) 30% 정도, 그리고 물량산출 및 공정관리는 배점이 상당히 높기 때문에(합쳐서 대략 30점 정도) 감을 잃지 않도록 매일 한 문제라도 꾸준히 보시는 것이 중요합니다. 저의 경우에도 물량산출 2문제, 공정관리 1문제 정도는 매일 풀었던 것 같습니다.
- 매일매일 꾸준히 차근차근 준비하다 보면 지식과 감이 쌓여 반드시 합격하실 수 있을 것입니다.
- 도움이 되었으면 합니다. 그리고 힘내시고, 다들 좋은 결과 있었으면 좋겠습니다!

경북대학교 토목공학과 **조 * 진**

▣ 기본서를 바탕으로 동영상을 들으며......

- 필기에 이어 실기도 한번에 합격하였습니다.
- 기본서를 바탕으로 동영상을 들으며 시작했고 공정관리와 물량산출 부분은 많은 도움이 되었습니다. 방대한 문제들을 해결하기엔 시간이 충분치 않아 단기완성으로 구성된 Speed Master를 구입하여 핵심요약노트를 1차적으로 마스터하니 한눈에 정리가 되었습니다.
- 시간과의 싸움에서 얼마나 효율적으로 60점을 넘길 점수를 획득할 수 있느냐가 관건일 것입니다. 한 번 정확하게 보는 것보다 여러 번 반복하여 눈에 익히고 습득하는 게 좋다고 말하고 싶습니다.
- 조기에 과년도 문제에 실전 투입하여 자주 보고 여러 번 익히다 보니 자연스럽게 외워질 수 있었습니다. 그 결과 1회차에 실기시험에서 합격(81점)하였습니다.

동아대학교 토목공학과 **신 * 섭**

▣ 서브 노트를 만들어 가며 집중적으로 교재 마스터

- 여러 가지 미미한 점으로 인하여 1회차 실기시험(32점)은 불합격하였습니다
- 저는 한솔아카데미에서 나온 문제집을 통해서 공부를 하였는데 2주 동안 이론은 읽지 않고 14시간 동안 무조건 기출문제를 푸는 데 중점을 두며 문제 자체를 외우는 데 초점을 두었습니다. 이는 해설 자체가 자세히 나와 있기 때문에 공부하는 데 어렵지는 않았습니다.

- 1회차 때의 교훈으로 너무 길지 않게 한 달 정도의 기간을 잡고, 하루에 2회 분의 문제를 풀어 보고 궁금한 사항이나 문제는 한솔 게시판을 이용하여 해결했고, 틀렸던 문제와 주관식(말따먹기형)문제 위주로 서브 노트를 만들어 가며 집중적으로 한 권의 교재를 마스터할 수 있었습니다. 그 결과 2회차 실기시험에서는 합격(78점)하였습니다.

강원대학교 지역건설공학과 **지 * 린**

▣ 자주 틀리는 문제는 비슷한 유형의 문제를 풀어 이해

- 인터넷 강의를 통하여 학습하였으나 1회차에서는 아쉽게도 불합격(58점)하였습니다. 원인을 분석해 보니 계산문제만 완벽하게 한다고 해서 합격할 수 없으며 또한 일명 말따먹기형 문제를 벼락치기로 암기하려 했던 것이 원인이었던 것 같습니다.
- 처음 풀었을 때에는 틀린 문제를 체크해 놓았고, 두 번째 다시 볼 때는 틀린 문제 위주로 학습하였습니다. 세 번째 학습할 때에는 전체적으로 훑어보되 자주 틀리는 문제는 비슷한 유형의 문제를 풀어 이해하도록 했습니다.
- 2회차 실기를 준비하면서는 1회차 실기를 거울 삼아 10개년치 과년도 문제를 거의 암기하다시피 풀었습니다. 그 결과 합격(68점)하였습니다.

영남대학교 건설시스템공학과 **박 * 수**

▣ 점수 배점이 높은 부분을 중심으로 3회독 이상

- 토목기사 실기(76점)를 한솔 책으로 공부를 하면서 한 번에 토목기사 자격증을 취득하게 된 학생입니다. 필기 다음 날 한솔 실기 책을 사서 바로 공부하기로 했었습니다.
- 한 달 반 정도의 기간 동안 16~23년도 5회독 이상, 14~15년도는 점수 배점이 높은 물량산출과 공정관리, 그리고 많이 볼수록 좋다고 생각되는 말따먹기 부분만 3회독 정도 공부했습니다.
- 이해가 잘 안 되고, 애매한 부분, 오타 등은 한솔 홈페이지의 질문 게시판에 질문을 올리면서 도움을 받았습니다. 일단 1회차 풀고 실력을 파악하시고, 지속적으로 반복하여 익히셔서 꼭 합격하시길 바랍니다.

출제기준

<table>
<tr><td>중직무분야</td><td>토목</td><td>자격종목</td><td>토목기사</td><td>적용기간</td><td>2022.1.1 ~ 2025.12.31</td></tr>
<tr><td colspan="6">○직무내용 : 도로, 공항, 철도, 하천, 교량, 댐, 터널, 상하수도, 사면, 항만 및 해양시설물 등 다양한 건설사업을 계획, 설계, 시공, 관리 등을 수행하는 직무
○수행준거 : 1. 토목시설물에 대한 타당성 조사, 기본설계, 실시설계 등의 각 설계단계에 따른 설계를 할 수 있다.
2. 설계도면 이해에 대한 지식을 가지고 시공 및 건설사업관리 직무를 수행할 수 있다.</td></tr>
<tr><td colspan="2">실기검정방법</td><td colspan="2">필답형</td><td>시험시간</td><td>3시간</td></tr>
<tr><td colspan="2">실기과목명</td><td colspan="2">주요항목</td><td colspan="2">세부항목</td></tr>
<tr><td colspan="2" rowspan="3">토목설계 및 시공실무</td><td colspan="2">1. 토목설계 및 시공에 관한 사항</td><td colspan="2">1. 토공 및 건설기계 이해하기
2. 기초 및 연약지반 개량 이해하기
3. 콘크리트 이해하기
4. 교량 이해하기
5. 터널 이해하기
6. 배수구조물 이해하기
7. 도로 및 포장 이해하기
8. 옹벽, 사면, 흙막이 이해하기
9. 하천, 댐 및 항만 이해하기</td></tr>
<tr><td colspan="2">2. 토목시공에 따른 공사·공정 및 품질관리</td><td colspan="2">1. 공사 및 공정관리하기
2. 품질관리하기</td></tr>
<tr><td colspan="2">3. 도면 검토 및 물량산출</td><td colspan="2">1. 도면기본 검토하기
2. 옹벽, 슬래브, 암거, 기초, 교각, 교대 및 도로 부대시설물 물량산출하기</td></tr>
</table>

분석표

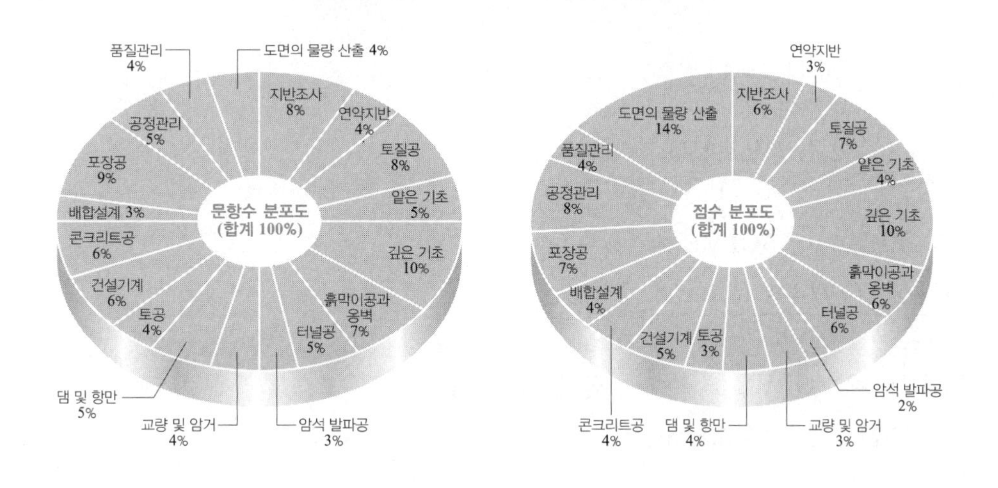

[계산기 f_x570 ES] SOLVE사용법

공학용계산기 기종 허용군

연번	제조사	허용기종군	[예] FX-570 ES PLUS 계산기
1	카시오(CASIO)	FX-901 ~ 999	
2	카시오(CASIO)	FX-501 ~ 599	
3	카시오(CASIO)	FX-301 ~ 399	
4	카시오(CASIO)	FX-80 ~ 120	
5	샤프(SHARP)	EL-501 ~ 599	
6	샤프(SHARP)	EL-5100, EL-5230, EL-5250, EL-5500	
7	유니원(UNIONE)	UC-600E, UC-400M, UC-800X	
8	캐논(Canon)	F-715SG, F-788SG, F-792SGA	
9	모닝글로리(MORNING GLORY)	ECS-101	

1 $14.4B^3+62.1B^2-600=0$

먼저 $14.4\times ALPHA\,X^3+62.1\times ALPHA\,X^2-600$

☞ ALPHA ☞ SOLVE ☞

$14.4\times ALPHA\,X^3+62.1\times ALPHA\,X^2-600=0$

SHIFT ☞ SOLVE ☞ = ☞ 잠시 기다리면

$X=2.47724$ $\quad\therefore\ B=2.48\text{m}$

2 $F_S=\dfrac{(6+2d)(1.7-1)}{6\times1}=2$

먼저 $\dfrac{(6+2\,ALPHA\,X)(1.7-1)}{6\times1}$

☞ ALPHA ☞ SOLVE ☞

$\dfrac{(6+2\,ALPHA\,X)(1.7-1)}{6\times1}=2$

SHIFT ☞ SOLVE ☞ = ☞ 잠시 기다리면

$X=5.571$ $\quad\therefore\ d=5.57\text{m}$

3 $13.68B^3 + 39.6B^2 - 150 = 0$

먼저 $13.68 \times ALPHA\,X^3 + 39.6 \times ALPHA\,X^2 - 150$

☞ ALPHA ☞ SOLVE ☞

$13.68 \times ALPHA\,X^3 + 39.6 \times ALPHA\,X^2 - 150 = 0$

SHIFT ☞ SOLVE ☞ = ☞ 잠시 기다리면

$X = 1.5676$ $\quad \therefore B = 1.57\,\mathrm{m}$

4 $Q = \pi r^2 q_u + 2\pi r f_s l$

$20 = \pi \times 0.15^2 \times 28 + 2\pi \times 0.15 \times 2.5 l$

먼저 20 ☞ ALPHA ☞ SOLVE ☞

$20 = \pi \times 0.15^2 \times 28 + 2 \times \pi \times 0.15 \times 2.5 \times ALPHA\,X$

SHIFT ☞ SOLVE ☞ = ☞ 잠시 기다리면

$X = 7.648$ $\quad \therefore l = 7.65\,\mathrm{m}$

국제단위계 변환규정

응력 또는 압력(단위면적당 하중)

- $1\mathrm{kgf/cm^2} = 9.8\mathrm{N/cm^2} = 10\mathrm{N/cm^2} = 0.1\mathrm{N/mm^2}$
  $= 0.1\mathrm{MPa} = 100\mathrm{kPa} = 100\mathrm{kN/m^2}$
- $1\mathrm{kN/mm^2} = 1\mathrm{GPa} = 1000\mathrm{N/mm^2} = 1000\mathrm{MPa}$
- $1\mathrm{kgf/cm^2} = 9.8\mathrm{N/m^2} = 10\mathrm{N/m^2} = 10\mathrm{Pa(pascal)}$
- $1\mathrm{tf/m^2} = 9.8\mathrm{kN/m^2} = 10\mathrm{kN/m^2} = 10\mathrm{kPa}$
- 탄성계수
  $E = 2.1 \times 10^5\mathrm{kg/cm^2} \Rightarrow E = 2.1 \times 10^4\mathrm{MPa}$
  $E = 2.1 \times 10^4\mathrm{MPa} = 21 \times 10^3\mathrm{N/mm^2}$
  $E = 21 \times 10^3\mathrm{MPa} = 21\mathrm{kN/mm^2} = 21\mathrm{GPa}$

단위 부피당 하중(단위중량)

- $1\mathrm{kgf/cm^3} = 9.8\mathrm{N/cm^3} = 10\mathrm{N/cm^3}$
- $1\mathrm{kgf/m^3} = 9.8\mathrm{N/m^3} = 10\mathrm{N/m^3}$
- $1\mathrm{tf/m^3} = 9.8\mathrm{kN/m^2} = 10\mathrm{kN/m^3}$
- $1\mathrm{t/m^3} = 1\mathrm{g/cm^3} = 9.8\mathrm{kN/m^3} = 10\mathrm{kN/m^3}$
- 물의 단위중량 $\gamma_w = 9.81\mathrm{kN/m^3}$
- 물의 밀도 $\rho_w = 1\mathrm{g/cm^3} = 1000\mathrm{kg/m^3}$
- $1\mathrm{N/cm^2} = 10\mathrm{kN/m^2} = 0.010\mathrm{N/mm^2}$

2권 토목시공학

CHAPTER 05 | 포장공

CHAPTER 06 | 공정관리

CHAPTER 07 | 품질관리

CHAPTER 08 | 도면의 물량산출

토·목·기·사·실·기

토목기사실기 **제2권**

토목시공학

1 chapter

토 공

토 공

연도별 출제경향

✓ 체크	출제경향	출제연도
□□□	01 단답형 : 규준틀	90②
□□□	02 단답형 : ① 매립(reclamation) ② 준설	90①, 90②, 91①
□□□	03 단답형 : 지형공간 정보체계(GSIS)	97③
□□□	04 제방(堤防)의 성토단면 용어(비탈머리, 비탈기슭, 뚝마루(천단), 턱(소단)	89②
□□□	05 여성토 구배를 구하시오.	93②, 95③, 98⑤
□□□	06 시공기면을 결정할 때 고려사항을 4가지 쓰시오.	84, 85①③, 87①, 95⑤, 00③
□□□	07 토량환산계수값을 구하시오,	94②, 04④
□□□	08 흙의 토량변화율(C)는 대략 얼마인가?	95⑤, 98①, 02①, 03②, 06①, 08①, 11②, 16④, 22①
□□□	09 성토하고 난 후의 남은 흙의 양은 얼마인가?	03①, 12①②
□□□	10 부족토량은 얼마인가?	85③, 20④, 23①
□□□	11 마당은 최소한 얼마나 더 높아지겠는가?	94①, 97②, 00⑤
□□□	12 토취장의 선정조건을 3가지 쓰시오.	84②, 85②, 10④, 13②, 20②, 21②
□□□	13 유토곡선(토량곡선 : mass curve)의 성질을 3가지 쓰시오.	85①, 19①③
□□□	14 유토곡선(mass curve)을 작성하는 목적을 3가지 쓰시오.	91③, 97④, 98⑤, 06④, 12④, 22①, 23②③
□□□	15 유토곡선에서 절토량 및 평균운반거리를 산출하시오.	05①, 07③, 11①, 14②, 20①②, 22③
□□□	16 유토곡선에서 소요일수 및 소요대수를 산출하시오.	99④, 04④, 06④, 09④, 12②
□□□	17 성토재료에 요구되는 흙의 성질을 5가지 쓰시오.	00①
□□□	18 성토시공방법을 4가지 쓰시오.	12②
□□□	19 단답형 : 물다짐공법(hydraulic fill method)	92④, 06②
□□□	20 성토작업 후 다짐도를 판정하는 방법을 4가지 쓰시오.	08②, 13①
□□□	21 도로 토공현장에서의 다짐도를 측정하는 방법을 3가지 쓰시오.	05②, 14②, 19①
□□□	22 매층마다 $1m^2$당 몇 l의 물을 살수해야 하는가?	00②, 02②, 05③, 09①, 13②, 18①, 21②
□□□	23 건조단위중량을 구하는 방법을 3가지 쓰시오.	07①

✔ 체크	출제경향	출제연도
□□□	24 토공량(덤프트럭의 연대수, 도로의 길이 산출 및 장비의 가동시간)을 산출하시오.	88②, 93④, 09②, 11④, 19②
□□□	25 토공량(성토에 필요한 흐트러진 상태의 토량, 성토에 필요한 총 덤프트럭의 대수) 계산하시오.	08②, 93②, 95③, 98①, 23①
□□□	26 통로박스 시공 후 사토량, 시간당 작업량, 소요일수를 계산하시오.	03④, 07②, 11①, 14①, 16④ 22①
□□□	27 구형 유조탱크의 주유소, 높아진 마당의 최소높이를 산출하시오.	94①, 97②, 00⑤, 20②
□□□	28 농공단지 조성 시, 기준면으로부터 높이를 산출하시오.	04②, 06②, 09④, 21①②
□□□	29 구획정리를 위한 계획고 10.00m로 하기 위한 토량을 계산하시오.	93③, 99⑤, 08④, 09①
□□□	30 시공기면을 10m로 하여 성토량, 운반토량, 연대수를 산출하시오.	94④, 98⑤, 00④, 02④, 11②, 13④
□□□	31 삼분법에 의한 총토공량을 계산하시오.	92④, 94②, 98②, 99②, 00③, 01④, 14①, 18①②, 19①, 21①②, 23③
□□□	32 사분법에 의한 성토량(운반토량, 연대수)를 구하시오.	94④, 98⑤, 00④, 02④, 23②
□□□	33 등고선법에 의한 토공량을 계산하시오.	91③, 96②, 97④, 99②, 01④, 02①, 08①, 08④, 20②, 22①
□□□	34 지거법, 제1법칙에 의한 횡단면적을 산출하시오.	94①, 97①, 04①, 12①, 20③
□□□	35 지거법, 제2법칙에 의한 횡단면적을 산출하시오.	94①, 97①, 03①, 05③, 11④, 14②, 20④, 22②
□□□	36 비탈면의 보호공 : 억지말뚝공법	11②
□□□	37 비탈면의 보호공 : 소일 네일링(soil nailing) 공법	96②③, 08②
□□□	38 비탈면의 보호공 : 록 볼트 또는 록 앵커(rock anchor)	93②
□□□	39 비탈면 보호공인 와이어 프레임 공법의 장점을 3가지 쓰시오.	99⑤
□□□	40 경량성토공법의 일종 : EPS(Expanded Ploystyrene)	00④
□□□	41 그물식 뿌리말뚝(RRP) 또는 마이크로 파일(micro pile)	01①

01 토공

01 토공 개론

더 알아두기

1 토공 계획

(1) 토공의 용어

① **절토**(깎기, cutting) : 흙을 파헤치는 것으로 굴착이라고도 한다. 주로 육상에서 사용하는 용어이며, 수중에서는 수중굴착 또는 준설이라 한다.

② **성토**(쌓기, banking) : 운반한 토사를 소정의 장소에 쌓아 올리는 것을 말하며, 쌓아 올려 제방과 같이 하는 것을 축제(築堤)라 한다.

③ **축제**(제방, embankment) : 하천제방과 같이 상당히 긴 성토를 하는 경우를 말한다.

④ **매립**(reclamation) : 저지대(低地帶)에 상당한 면적으로 성토(盛土)하는 작업 또는 육지를 조성하기 위하여 수중(水中)을 메우는 작업

⑤ **준설**(dredging) : 수저의 토사를 파내는 수중굴착을 말한다.

⑥ **비탈구배**(傾斜勾配, 경사구배 : sloe) : 수직높이 1에 대한 수평길이(n)로 나타낸다.

⑦ **토공정규** : 절취나 성토를 할 때의 기준단면형을 말한다.

핵심용어
규준틀

⑧ **규준틀** : 토공작업에 있어서 비탈면의 위치, 구배, 노체, 노사의 완성고 등을 나타내기 위해서 현장에 설치하는 가설물

(2) 제방의 성토단면

기억해요
제방의 성토단면 명칭을 무엇이라 하는가?

- **법면(비탈면)** : $\overline{AC}$, $\overline{DE}$, $\overline{FB}$
- **비탈머리** : 비탈의 상단 C, D점
- **비탈기슭** : 비탈의 하단 A, B점
- **천단(둑마루)** : 축제의 정단 $\overline{CD}$ 부분
- **소단(턱)** : $\overline{EF}$ 부분

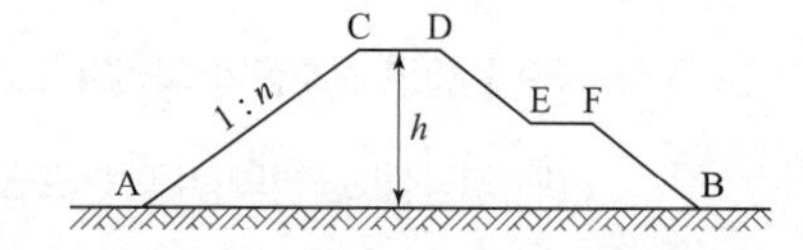

① **비탈면**(法面, 법면 : side slope) : 흙깎기, 흙쌓기의 사면을 말하며 법면이라고도 한다.

② **비탈머리**(top of slope) : 비탈의 상단으로 흙깎기 비탈머리, 흙쌓기 비탈머리가 있다.

③ **비탈기슭**(法線, 법선 : toe of slope) : 비탈의 하단으로 흙깎기 비탈기슭, 흙쌓기 비탈기슭이 있다.

④ **뚝마루**(天端, 천단 : levee crown) : 축제의 정단으로 천단이라고도 한다.

⑤ **턱**(小段, 소단 : bern) : 비탈 중간에 만든 턱을 말하며 소단이라고도 한다.

(3) 토공의 안정

① **안식각** angle of repose

흙이 자연상태에 있어서 급경사면이 점차 붕괴하여 안정된 사면을 형성할 때의 바닥면과 이루는 각

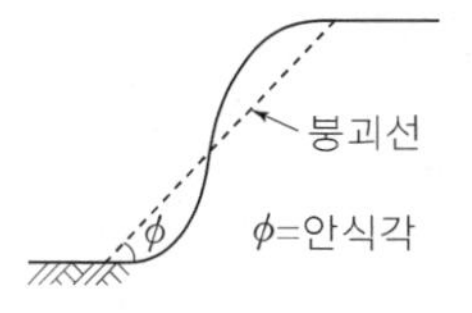

② **더돋기**

흙쌓기를 할 때에는 공사 중의 흙의 압축 또는 공사가 끝난 후의 흙의 수축이나 지반의 침하를 예상하여 미리 계획한 높이보다 흙을 더 쌓아야 하는데, 이를 더돋기라 한다.

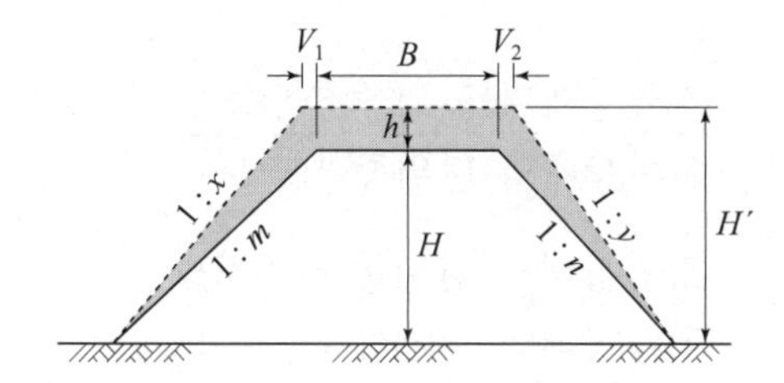

$$1 : x = (H + h) : (mH - V_1)$$
$$1 : y = (H + h) : (nH - V_2)$$

기억해요
여성토할 구배를 구하시오.

2 시공 계획

(1) 시공기면 Formation level

시공하는 지반계획고를 시공기면이라 하는데, 토공의 경제성은 시공기면의 결정에 달려 있다. 시공기면을 가장 경제적으로 결정하려면 다음 사항을 고려하여야 한다.

① 토공량이 최소가 되도록 절·성토량이 같게 배분할 것
② 가까운 곳에 토취장과 토사장을 둘 경우, 운반거리를 짧게 할 것
③ 연약지반, 낙석의 위험이 있는 지역은 가능한 한 피할 것
④ 암석굴착은 상당한 비용을 요하므로 가능한 한 적게 할 것
⑤ 비탈면은 흙의 안정을 고려할 것
⑥ 용지보상이나 지상물 보상이 최소가 되도록 할 것
⑦ 부대 구조물이 작고, 법면의 연장이 적도록 할 것

(2) 토량의 변화

흙을 굴착해서 운반하고 성토할 경우, 흙이 자연상태인 원지반에 있을 때와 흐트러진 상태로 있을 때는 흙의 단위중량이 서로 다르다. 이때에 따른 체적비 L과 C를 토량변화율이라 한다.

- **자연상태의 토량** : 굴착할 토량, 본바닥 토량, 원지반 토량
- **운반상태의 토량** : 흐트러진 상태의 토량, 느슨한 토량
- **완성상태의 토량** : 마무리된 성토량, 다져진 상태의 토량

자연상태의 토량

운반상태의 토량(L)

완성상태의 토량(C)

기억해요
- 토량변화율 C는 대략 얼마인가?
- 성토하고 난 후의 남은 흙의 양은 얼마인가?

① L과 C

$$L=\frac{\text{운반상태의 토량}(\mathrm{m}^3)}{\text{자연상태의 토량}(\mathrm{m}^3)}=\frac{\text{자연상태의 단위중량(밀도)}}{\text{운반상태의 단위중량(밀도)}}$$

$$C=\frac{\text{완성상태의 토량}(\mathrm{m}^3)}{\text{자연상태의 토량}(\mathrm{m}^3)}=\frac{\text{자연상태의 단위중량(밀도)}}{\text{완성상태의 단위중량(밀도)}}$$

② 토량변화율의 식

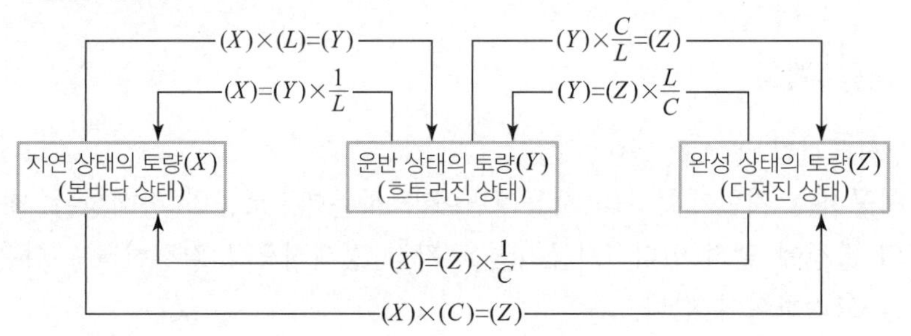

기억해요
빈칸의 토량환산계수값을 구하시오.

③ 토량의 변화율표

구하는 토량(Q) / 기준이 되는 토량(q)	자연상태의 토량	흐트러진 토량	다진 후의 토량
자연상태의 토량	1	L	C
흐트러진 토량	$\frac{1}{L}$	$\frac{L}{L}=1$	$\frac{C}{L}$
다진 후의 토량	$\frac{1}{C}$	$\frac{L}{C}$	$\frac{C}{C}=1$

(3) 토취장의 선정조건 borrow – pit

① 토질이 양호할 것
② 토량이 충분할 것
③ 싣기가 편리한 지형일 것
④ 성토장소를 향해서 하향구배 1/50～1/100 정도를 유지할 것
⑤ 운반도로가 양호하며 장해물이 적고 유지가 용이할 것
⑥ 용수, 붕괴의 우려가 없고 배수에 양호한 지형일 것
⑦ 기계의 사용이 용이할 것

(4) 토사장의 선정조건 spoil – bank

① 사토량을 충분히 수용할 수 있는 용량일 것
② 토사장소를 향해서 하향구배로 1/50～1/100 정도일 것
③ 운반로가 양호하고 장해물이 적고 유지하기가 용이할 것
④ 용수의 위험이 없고 배수에 양호한 지형일 것
⑤ 용지매수, 보상비 등이 싸고 용이할 것

기억해요
토취장 선정조건을 5가지만 쓰시오.

토취장 공사용의 흙을 채취하는 장소

토사장 공사 후 남은 흙이나 불량토를 버리는 장소

| 토공 개론 |

01 핵심 기출문제

□□□ 95⑤, 98①, 03②, 06①, 08①, 11②, 22①②

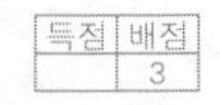

01 함수비가 22%인 토취장의 단위중량이 $\gamma_t = 18.3\text{kN/m}^3$이었다. 이 흙으로 도로를 축조할 때 다짐을 하였더니 함수비는 12%이고 단위중량은 $\gamma_t = 19.5\text{kN/m}^3$이었다. 이 경우 흙의 토량변화율($C$)은 대략 얼마인가?

계산 과정)

답 :

해답 토량변화율 $C = \dfrac{\text{본바닥 흙의 건조단위중량}}{\text{다짐 후의 건조단위중량}}$

- 본바닥 흙의 건조단위중량 $\gamma_d = \dfrac{\gamma_t}{1+w} = \dfrac{18.3}{1+0.22} = 15\text{kN/m}^3$
- 다짐 후의 건조단위중량 $\gamma_d = \dfrac{\gamma_t}{1+w} = \dfrac{19.5}{1+0.12} = 17.4\text{kN/m}^3$

$\therefore\ C = \dfrac{15}{17.4} = 0.86$

□□□ 03①, 12①

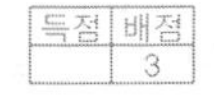

02 다음 그림에서 (A)의 흙(모래 및 점토)을 굴착하여 (B), (C)에 성토하고 난 후의 남은 흙의 양은 얼마인가?
(단, 토량변화율은 모래에서 $C=0.8$, 점토에서 $C=0.9$이고, 모래굴착 후 점토를 굴착한다.)

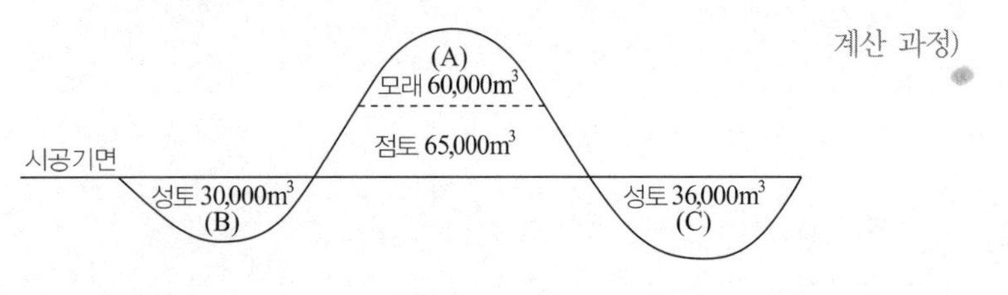

계산 과정)

답 :

해답 ■ 방법 1

- 자연상태의 성토량 $= 30{,}000 + 36{,}000 = 66{,}000\text{m}^3$
- 모래의 완성토량 $= 60{,}000 \times 0.8 = 48{,}000\text{m}^3$
- 성토부족량 $= 66{,}000 - 48{,}000 = 18{,}000\text{m}^3$

$\therefore$ 남는 점토토량 $= 65{,}000 - 18{,}000 \times \dfrac{1}{0.9} = 45{,}000\text{m}^3$ (본바닥 토량을 기준)

■ 방법 2

- 자연상태의 성토량 $= 30{,}000 + 36{,}000 = 66{,}000\text{m}^3$
- 모래의 완성토량 $= 60{,}000 \times 0.8 = 48{,}000\text{m}^3$
- 점토의 완성토량 $= 65{,}000 \times 0.9 = 58{,}500\text{m}^3$

$\therefore$ 성토 후 남는 토량
$= \{(48{,}000 + 58{,}500) - 66{,}000\} \times \dfrac{1}{0.9}$
$= 45{,}000\text{m}^3$ (본바닥 토량)

□□□ 89②

03 **다음은 제방(堤防)의 성토단면이다. 다음 물음에 답하시오.**

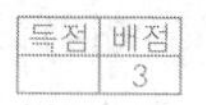

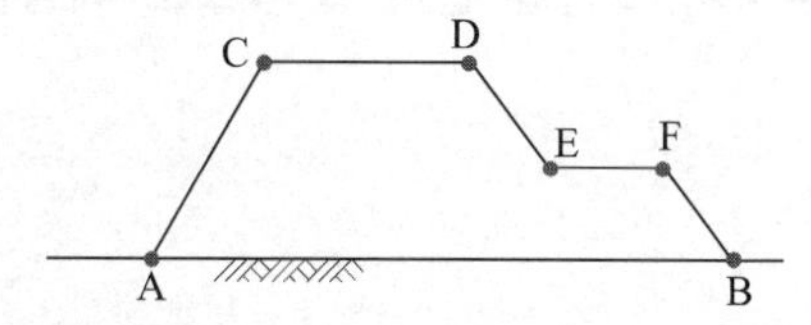

가. 비탈의 상단 C, D점을 무엇이라 하는가?

나. 비탈의 하단 A, B점을 무엇이라 하는가?

다. 제방의 정단(頂端) CD 부분을 무엇이라 하는가?

라. EF 부분을 무엇이라 하는가?

해답 가. 비탈머리 나. 비탈기슭 다. 둑마루(천단) 라. 턱(소단)

□□□ 84④, 85①③, 87①, 95⑤, 00③

04 **토공의 경제성은 시공기면의 결정에 달려 있다. 시공기면을 가장 경제적으로 결정하려 할 때 고려하여야 할 사항을 4가지만 쓰시오.**

득점 배점 3

① ________ ② ________ ③ ________ ④ ________

해답 ① 토공량이 최소가 되도록 절·성토량이 같게 배분할 것
② 가까운 곳에 토취장과 토사장을 둘 경우 운반거리를 짧게 할 것
③ 연약지반, 낙석의 위험이 있는 지역은 가능한 한 피할 것
④ 암석굴착은 상당한 비용을 요하므로 가능한 한 적게 할 것
⑤ 비탈면은 흙의 안정을 고려할 것

□□□ 84②, 85②, 13②

05 **토취장의 선정조건을 3가지만 쓰시오.**

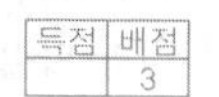

① ________ ② ________ ③ ________

해답 ① 토질이 양호할 것
② 토량이 충분할 것
③ 싣기가 편리한 지형일 것
④ 성토장소를 향해서 하향구배 $\frac{1}{50} \sim \frac{1}{100}$ 정도를 유지할 것
⑤ 운반도로가 양호하며 장해물이 적고 유지하기가 용이할 것
⑥ 용수, 붕괴의 우려가 없고 배수에 양호한 지형일 것
⑦ 기계의 사용이 용이할 것

□□□ 93②, 95③, 98⑤

06 어떤 지역에 제방을 축제하려고 한다. 사용되는 흙의 성질상 축제 후 일정 시간 후 제방의 상단 폭이 2m 줄어들고 높이가 10% 낮아져 그림과 같이 될 것으로 예상된다. 여성토할 구배를 구하시오.
(단, 소수 셋째자리에서 반올림하시오.)

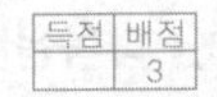

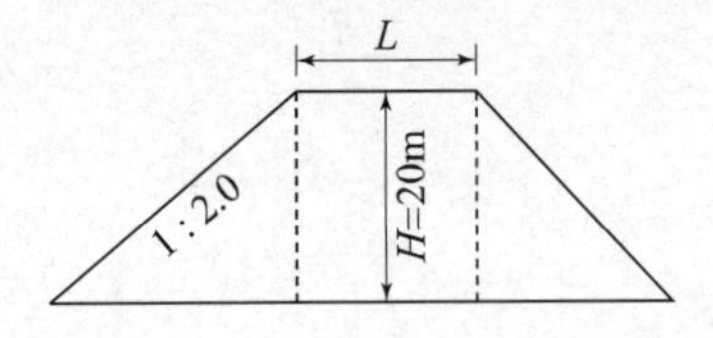

계산 과정)

답 :

해답 • $H' - 0.1H' = H \rightarrow 0.9H' = H = 20\text{m}$

$\therefore\ H' = \dfrac{20}{0.9} = 22.22\text{ m}$

• $m = H \cdot n = 20 \times 2.0 = 40\text{m}$

$\therefore\ (H+h) : (m-v) = (20+2.22) : (40-1)$
$= 22.22 : 39 = 1 : 1.76$

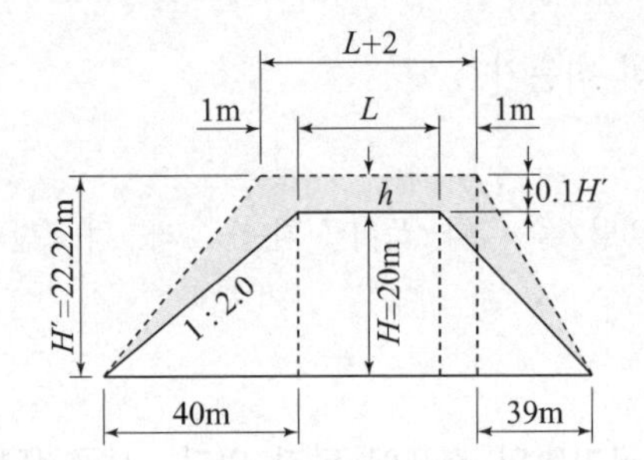

□□□ 08①, 10④, 16④, 22①

07 함수비가 20%인 토취장 흙의 습윤단위중량이 19kN/m^3이었다. 이 흙으로 도로를 축조할 때 함수비는 15%이고 습윤단위중량은 19.8kN/m^3이었다. 이 경우 흙의 토량변화율(C)은 대략 얼마인가?

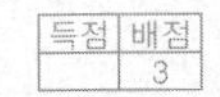

계산 과정)

답 :

해답 토량변화율 $C = \dfrac{\text{본바닥 흙의 건조단위중량}}{\text{다짐 후의 건조단위중량}}$

• 본바닥 흙의 건조단위중량 $\gamma_d = \dfrac{\gamma_t}{1+w} = \dfrac{19}{1+0.20} = 15.8\text{kN/m}^3$

• 다짐 후의 건조단위중량 $\gamma_d = \dfrac{\gamma_t}{1+w} = \dfrac{19.8}{1+0.15} = 17.2\text{kN/m}^3$

$\therefore\ C = \dfrac{15.8}{17.2} = 0.92$

□□□ 90①②, 91①

08 수중에서 성토를 (①), 굴착을 (②)이라고 한다. ( ) 안에 알맞은 용어를 써넣으시오.

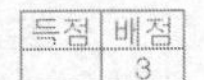

① ____________ ② ____________

해답 ① : 매립 ② : 준설

□□□ 95⑤, 98①, 02①

09 **함수비가 20%인 토취장흙의 습윤밀도가 19.2kN/m^{3}이었다. 이 흙으로 도로를 축조할 때 함수비는 15%이고 습윤밀도는 19.8kN/m^{3}이었다. 이 경우 흙의 토량변화율(C)은 대략 얼마인가?**

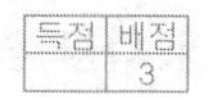

계산 과정) 답 : ____________

해답 토량변화율 $C=\dfrac{\text{본바닥 흙의 건조밀도}}{\text{다짐 후의 건조밀도}}$

- 본바닥 흙의 건조밀도 $\rho_d=\dfrac{\rho_t}{1+w}=\dfrac{19.2}{1+0.20}=16.0\text{kN/m}^3$
- 다짐 후의 건조밀도 $\rho_d=\dfrac{\rho_t}{1+w}=\dfrac{19.8}{1+0.15}=17.22\text{kN/m}^3$

$\therefore\ C=\dfrac{16.0}{17.22}=0.93$

□□□ 84②, 85②, 10④, 21①

10 **신설도로공사를 위해 토취장을 선정하고자 한다. 토취장 선정조건을 5가지만 쓰시오.**

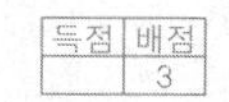

① ____________ ② ____________ ③ ____________
④ ____________ ⑤ ____________

해답 ① 토질이 양호할 것
② 토량이 충분할 것
③ 싣기가 편리한 지형일 것
④ 성토장소를 향해서 하향구배 $\dfrac{1}{50}\sim\dfrac{1}{100}$ 정도를 유지할 것
⑤ 운반도로가 양호하며 장해물이 적고 유지하기가 용이할 것
⑥ 용수, 붕괴의 우려가 없고 배수에 양호한 지형일 것
⑦ 기계의 사용이 용이할 것

□□□ 90②

11 **흙이 자연상태에 있어서 급경사면이 점차 붕괴하여 안정된 사면을 형성할 때의 바닥면과 이루는 각을 무엇이라 하는가?**

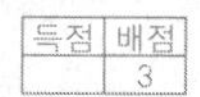

해답 흙의 안식각

□□□ 94②, 04④

12 다음 빈칸에 토량환산계수값을 구하시오.
(단, $L=1.25$, $C=0.8$이다.)

득점	배점
	3

구하는 토량 Q / 기준이 되는 토량 q	본바닥 토량	느슨한 토량	다짐 후의 토량
본바닥 토량			
느슨한 토량			

해답

구하는 토량 Q / 기준이 되는 토량 q	본바닥 토량	느슨한 토량	다짐 후의 토량
본바닥 토량	1	$L=1.25$	$C=0.8$
느슨한 토량	$\frac{1}{L}=0.8$	$\frac{L}{L}=1$	$\frac{C}{L}=0.64$

□□□ 12②

13 다음 그림에서 (A)의 흙을 굴착하여 (B), (C)에 성토하고 난 후의 남은 흙의 양은 얼마인가?
(단, 점토의 토량변화율 $C=0.92$, 모래의 토량변화율 $C=0.9$이다.)

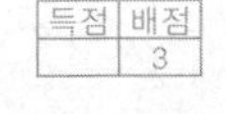

(A) 모래 5,500m³
점토 9,000m³
시공기면
성토 3,000m³ (B)
성토 4,500m³ (C)

계산 과정)

답 : ______________

해답
- 자연상태의 성토량 $= 3,000 + 4,500 = 7,500\text{m}^3$
- 모래의 완성토량 $= 5,500 \times 0.9 = 4,950\text{m}^3$
- 성토부족량 $= 7,500 - 4,950 = 2,550\text{m}^3$

$\therefore$ 남는 토량 $= 9,000 - 2,550 \times \dfrac{1}{0.92} = 6,228.26\text{m}^3$(본바닥 토량을 기준)

02 유토곡선

1 유토곡선 mass curve, 토적곡선

도로공사나 철도공사 등에서 토량배분을 하기 위하여 절토량과 성토량을 누계하여 만든 곡선으로 유토곡선이라고도 한다.

(1) 토량계산서

측점	거리 m	절토 단면적 m^2	절토 평균 단면적 m^2	절토 토량 m^3	성토 단면적 m^2	성토 평균 단면적 m^2	성토 토량 m^3	토량 변화율 C	보정 토량 m^3	차인 토량 m^3	누가 토량 m^3
No.0	–	–	–	–	–	–	–	–	–	–	–
No.1	20	62	31	620	–	–	–	–	–	620	620
No.2	20	0	31	620	0	–	–	–	–	620	1240
No.3	20	–	–	–	62	31	620	0.9	689	–689	551
No.4	20	–	–	–	0	31	620	0.9	689	–689	–138
No.5	20	70.0	35.0	700	–	–	–	–	–	700	562
No.6	20	0	35.0	700	0	–	–	–	–	700	1262
No.7	20	–	–	–	62	31	620	0.9	689	–689	573
No.8	20	–	–	–	0	31	620	0.9	689	–689	–116

(2) 종단면도와 유토곡선

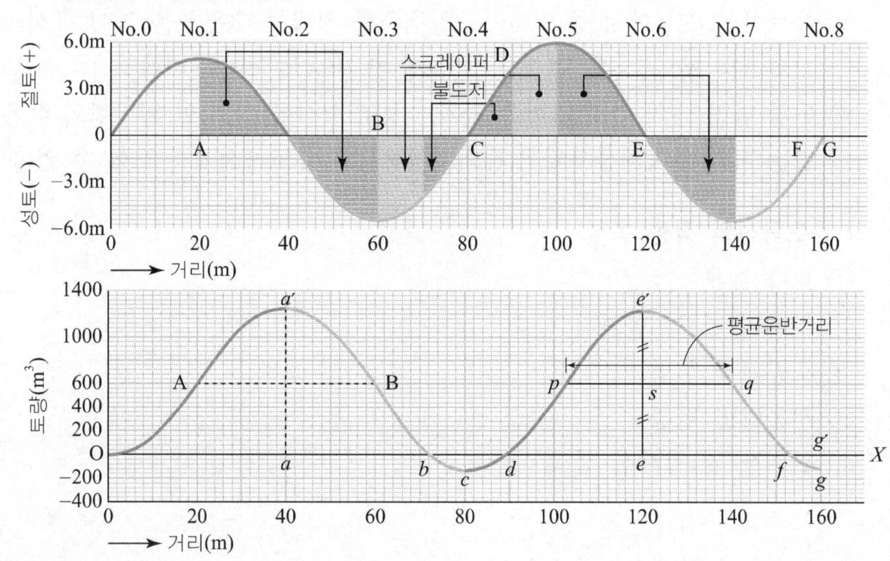

종단면도 ◀

유토곡선 ◀

⚠ 주의점

종단면도와 유토곡선의 성질을 반드시 이해하세요.

(3) 토량계산방법

① 평균단면적= $\dfrac{A_i + A_j}{2}$

② 토량=평균단면적×거리

③ 보정토량=성토토량× $\dfrac{1}{C}$

④ 차인토량=절토토량−보정토량

⑤ 누가토량=차인토량의 누계

(4) 토적곡선의 성질

기억해요
유토곡선의 성질을 3가지만 쓰시오.

① 유토곡선의 최대치, 최소치를 표시하는 점 a'(극대점), c(극소점), e'(극대점)는 절토성토의 경계를 표시한다.

② 유토곡선의 $O-a'$와 $c-e'$는 절토부분이고, 하향부분 $a'-c$와 $e'-g$는 성토부분이다.

③ 기선 $O-X$상의 교점 b, d, f에서는 토량이 0이다. 즉 $O-b$, $b-d$, $d-f$간에서는 절토토량이 완전히 같고, 시공기면은 평형되어 있다.

④ $f-X$간은 성토토량($\overline{gg'}$)이 부족함을 표시한다. 이 시공기면에서는 부족량 $\overline{gg'}$를 보충해 주어야 한다.

⑤ 평형선 $O-X$에서 토적곡선의 정점까지의 높이 aa'는 $a-b$간에서는 절토에서 성토로 운반하는 전토량을 표시한다.

⑥ 토적곡선상에 임의의 평형선 A-B를 그으면 종단면적에서 No.1~No.3 사이의 절성토량은 평형이 되고, 종단면도에서 같이 절성토하면 된다.

⑦ 유토곡선 $de'f$에서 종거 ee' 중간점 s를 지나는 수평선을 그어 곡선과 교차하는 점 p, q를 연결한 거리가 평균운반거리($\overline{pq}$)이다.

⑧ 동일 단면 내의 절토량(한쪽 깎기), 성토량(한쪽 쌓기)인 횡방향의 유용토는 미리 토량계산서에서 제외되었으므로 유토곡선에서 구할 수 없다.

(5) 유토곡선의 작성 목적

기억해요
토적곡선을 작성하는 목적을 5가지만 쓰시오.

① 토량 배분

② 토량의 평균운반거리 산출

③ 토공기계 선정

④ 시공방법 결정

⑤ 토취장 및 토사장 선정

(6) 건설기계 작업능력

① 불도저의 작업능력

$$Q = \frac{60 \cdot q \cdot f \cdot E}{C_m}$$

- 사이클 타임 $C_m = \frac{L}{V_1} + \frac{L}{V_2} + t$
- 사이클 타임 $C_m = 0.037L + 0.25$

여기서, Q : 1시간당 작업량(m^3/hr), L : 운반거리
q : 배토판의 용량(m^3), f : 토량환산계수
E : 작업 효율, C_m : 1회 cycle time(min)

기억해요
불도저로 흙을 운반하고자 할 때 소요시간을 구하시오.

② 덤프트럭의 작업능력

$$Q = \frac{60\, q_t \cdot f \cdot E}{C_m}, \quad q_t = \frac{T}{\gamma_t} L$$

여기서, Q : 1시간당 흐트러진 상태의 작업량(m^3/hr)
q_t : 흐트러진 상태의 1회 적재량(m^3)
γ_t : 자연상태의 토량 단위중량(t/m^3)
T : 덤프트럭의 적재량(ton)
L : 토량변화율 $\left(\frac{\text{흐트러진 상태의 토량}}{\text{자연상태의 토량}}\right)$
f : 토량환산계수
E : 작업효율
C_m : 1회 cycle time(min)

기억해요
성토에 필요한 덤프트럭의 총대수를 구하시오.

③ 셔블계의 작업능력

$$Q = \frac{3{,}600 q \cdot K \cdot f \cdot E}{C_m}$$

여기서, Q : 1시간당 작업량(m^3/hr) K : 버킷 또는 디퍼 계수
E : 작업효율 q : 버킷 또는 디퍼 용량(m^3)
f : 토량환산계수 C_m : 사이클 타임(sec)

단, 트랙터 셔블 경우의 사이클 타임
$C_m = ml + t_1 + t_2$

여기서, l : 운전거리(m) t_1 : 버킷으로 재료를 담아 올리는 시간(sec)
m : 계수(sec/m) t_2 : 기어 바꾸어 넣기, 기타 시간(sec)

기억해요
굴착작업을 할 때 백호 몇 대를 동원해야 하는지 계산하시오.

2 토적곡선 작성 예

(1) 토량계산서

측점 No.	거리 (m)	절토			성토				단면 차인 토량 (m^3)	누가 토량 (m^3)
		단면적 (m^2)	평균 단면적 (m^2)	토량 (m^3)	단면적 (m^2)	평균 단면적 (m^2)	토량 (m^3)	보정 토량 (m^3)		
No.0	0	0			0					0
No.1	15	2.0	1.0	15	5.0	2.5	37.5	41.7	−26.7	−26.7
No.2	20	5.4	3.7	74	3.8	4.4	88.0	97.8	−23.8	−50.5
No.3	20	5.4	5.4	108	3.8	3.8	76.0	84.4	+23.6	−26.9
No.4	18	6.0	5.7	102	1.8	2.8	50.4	56.0	+46.0	+19.1
No.5	20	5.6	5.8	116	4.1	3.0	60.0	66.7	+49.3	+68.4
No.6	13	2.1	3.9	50.7	5.3	4.7	61.1	67.9	−17.2	+51.2
No.7	20	0.8	1.5	30.0	2.3	3.8	76.0	84.4	−54.5	−3.3
No.8	15	3.0	1.9	28.5	4.5	3.4	51.0	56.7	−28.2	−31.5
No.9	15	5.8	4.4	66.0	1.1	2.8	42.0	46.7	+19.3	−12.2
No.10	20	0	2.9	58.0	0.5	0.8	16.0	17.8	+40.2	+28.0
계	176							620.1		

* 성토의 보정계수는 0.9

(2) 유토곡선 작성

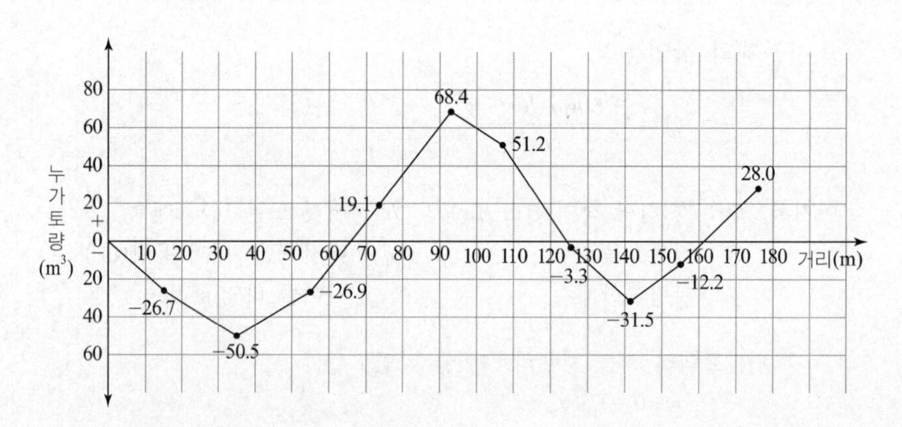

(3) 유토곡선의 특성

① 유토곡선의 기울기가 (+)이면 절토구간, 기울기가 (-)이면 성토구간
② 유토곡선의 기울기가 (+)에서 (-)로 되는 극대점에서 흙은 좌에서 우로 이동하여 유용된다.
③ 유토곡선의 기울기가 (-)에서 (+)로 변하는 극소점에서는 우에서 좌로 이동하여 유용된다.
④ 수평선과 교차되는 구간에서 절토와 성토는 균형되고, 유토곡선의 끝이 X축에서 폐합되면 전체적으로 절토량과 성토량이 균형을 이룬다.
⑤ 유토곡선의 X축 상부에서 끝날 때는 절토가 남아 사토장이 필요하다.
⑥ 유토곡선의 X축 하부에서 끝나면 흙이 부족하여 토취장이 필요하다.
⑦ 유토곡선에서 평균운반거리는 폐합구간의 최대 Y값을 2등분하는 수평선을 그려 그 선분이 유토곡선과 교차하는 선분의 길이이다.

| 유토곡선 |

02 핵심 기출문제

□□□ 84②

01 노상측량의 성과가 같을 때, 토량계산서를 완성하고 유토곡선(mass curve)을 작도하시오. (단, 토량환산계수 $C=0.9$이다.)

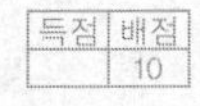

가. 토량계산서

측점	거리(m)	절 토			성 토				차인 토량(m^3)	누가 토량(m^3)
		단면적(m^2)	평균단면적(m^2)	토량(m^3)	단면적(m^2)	평균단면적(m^2)	토량(m^3)	보정토량(m^3)		
No.0	0	0			5					
No.1	20	20			10					
No.2	20	50			20					
No.3	20	30			10					
No.4	20	10			10					
No.5	20	20			30					
No.6	20	10			40					
No.7	20	0			10					
No.8	20	10			0					

나. 유토곡선

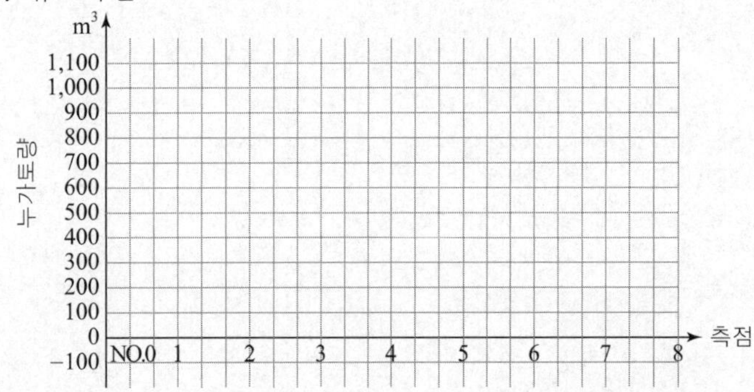

해답 가. 토량계산서

측점	거리(m)	절 토			성 토				차인 토량(m^3)	누가 토량(m^3)
		단면적(m^2)	평균단면적(m^2)	토량(m^3)	단면적(m^2)	평균단면적(m^2)	토량(m^3)	보정토량(m^3)		
No.0	0	0			5	2.5				
No.1	20	20	10	200	10	7.5	150	166.7	33.3	33.3
No.2	20	50	35	700	20	15.0	300	333.3	366.7	400.0
No.3	20	30	40	800	10	15.0	300	333.3	466.7	866.7
No.4	20	10	20	400	10	10.0	200	222.2	177.8	1044.5
No.5	20	20	15	300	30	20.0	400	444.4	−144.4	900.1
No.6	20	10	15	300	40	35.0	700	777.8	−477.8	422.3
No.7	20	0	5	100	10	25.0	500	555.6	−455.6	−33.3
No.8	20	10	5	100	0	5.0	100	111.1	−11.1	−44.4

나. 유토곡선

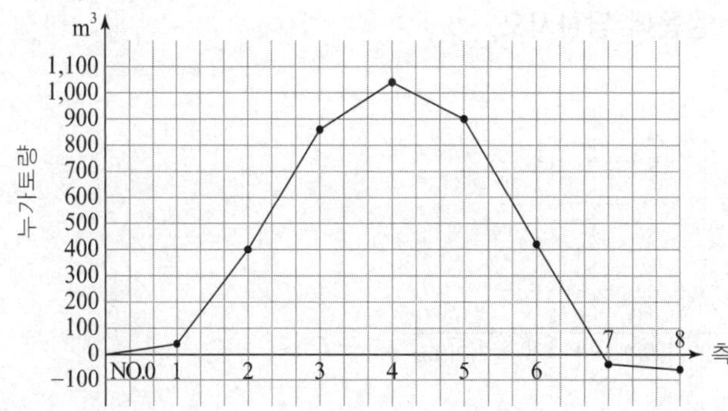

- 평균단면적 $= \dfrac{A_i + A_j}{2}$
- 토량 = 평균단면적 × 거리
- 보정토량 = 성토량 $\times \dfrac{1}{C}$
- 차인토량 = 절토토량 − 보정토량
- 누가토량 = 차인토량의 누계

□□□ 04④, 09④, 12②

02 그림의 토적곡선에서 $c-e$구간의 굴착작업을 2일 내에 완료하기 위해 1.0m³ 백호 몇 대를 동원해야 하는지 계산하시오.

(단, 백호의 버킷계수=1.0, 사이클 타임=30초, 효율=0.65, L=1.2, C=0.9, 1일 8시간 작업임.)

득점	배점
	3

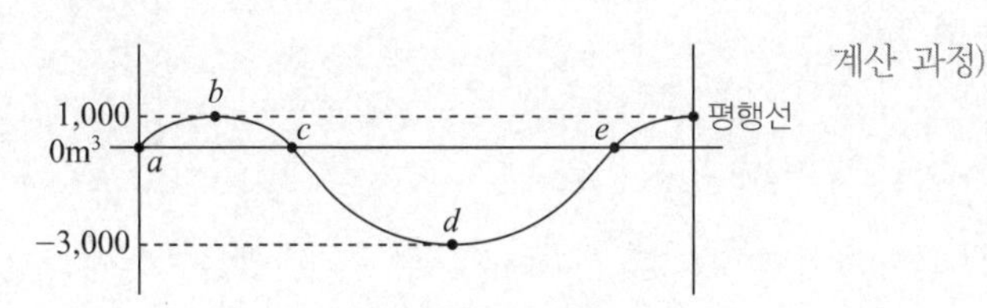

계산 과정)

답 : ____________

해답
- $c-e$ 구간에서 굴착토량은 3,000m³
- 백호의 작업량
- $Q_S = \dfrac{3{,}600 \cdot q \cdot K \cdot f \cdot E}{C_m} = \dfrac{3{,}600 \times 1.0 \times 1.0 \times \dfrac{1}{1.2} \times 0.65}{30} = 65\text{m}^3/\text{hr}$
- 백호 1대의 2일 작업량 = 65 × 8(시간) × 2(일) = 1,040m³

  ∴ 백호 소요대수 $= \dfrac{3{,}000}{1{,}040} = 2.88$ ∴ 3대

□□□ 91③, 97④, 98⑤, 06④, 12④, 15①, 22②

03 토적곡선(mass curve)을 작성하는 목적을 3가지만 쓰시오.

득점	배점
	3

① ____________ ② ____________ ③ ____________

해답 ① 토량 배분 ② 토량의 평균운반거리 산출 ③ 토공기계 선정
④ 시공방법 결정 ⑤ 토취장 및 토사장 선정

□□□ 05①, 07③, 11①, 14②, 22②

04 그림과 같은 유토곡선(Mass Curve)에서 다음 물음에 답하시오.

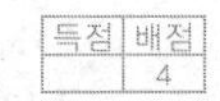

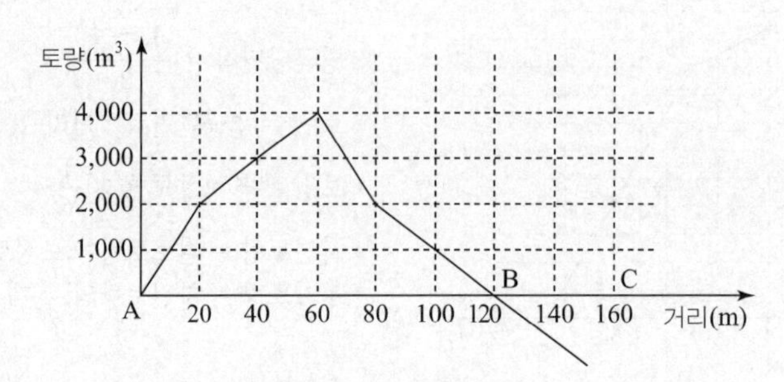

가. AB 구간에서 절토량 및 평균운반거리를 구하시오.

계산 과정) [답] 절토량 : ____________, 평균운반거리 : ____________

나. AB 구간에서 불도저(Bull Dozer) 1대로 흙을 운반하는 데 필요한 소요일수를 구하시오.
(단, 1일 작업시간 : 8시간, 불도저의 $q=3.2\text{m}^3$, $L=1.25$, $E=0.6$, 전진속도 : 40m/분, 후진속도 : 46m/분, 기어변속시간 : 0.25분)

계산 과정) 답 : ____________

해답 가. 절토량 : $4{,}000\text{m}^3$, 평균운반거리 : 80－20 = 60m

나. $Q=\dfrac{60\,q\cdot f\cdot E}{C_m}$

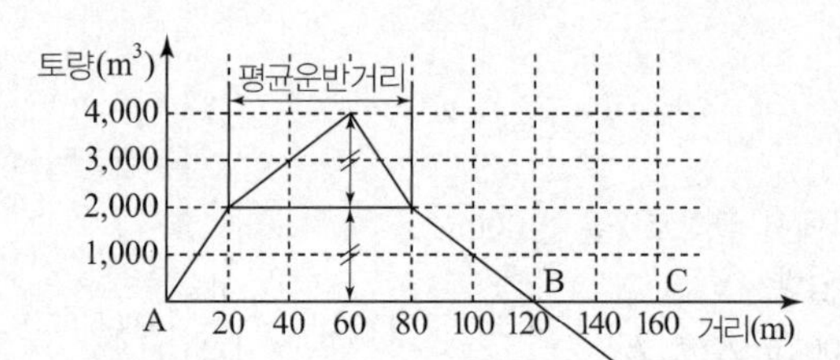

• $C_m=\dfrac{l}{V_1}+\dfrac{l}{V_2}+t$

$=\dfrac{60}{40}+\dfrac{60}{46}+0.25=3.05$분

• $Q=\dfrac{60\times 3.2\times \dfrac{1}{1.25}\times 0.6}{3.05}=30.22\text{m}^3/\text{h}$

∴ 소요일수 $D=\dfrac{4{,}000}{30.22\times 8}=16.55$ ∴ 17일

□□□ 12④, 15①, 22①, 23②

05 유토곡선(mass curve)을 작성하는 목적을 3가지만 쓰시오.

① ____________ ② ____________ ③ ____________

해답 ① 토량 배분 ② 토량의 평균운반거리 산출 ③ 토공기계 선정
④ 시공방법 결정 ⑤ 토취장 및 토사장 선정

□□□ 99④, 06④

06 그림과 같은 토적곡선(Mass Curve)의 a, b 구간에서 불도저로 흙을 운반하고자 할 때 소요시간을 구하시오. (단, 불도저의 $q=2.0\text{m}^3$, $E=0.85$, 전·후진속도는 3km/h, 기어변환시간은 15초, $L=1.2$, $C=0.8$이다.)

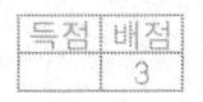

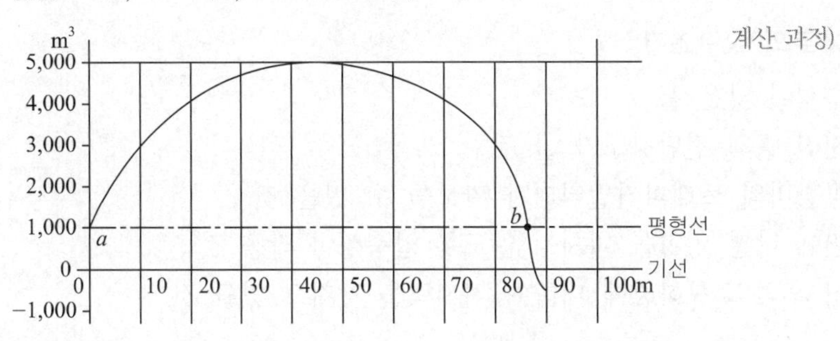

계산 과정)

답 : ____________

해답 소요시간 $t=\dfrac{\text{작업량}}{\text{시간당 작업능력}}$

- 절토량 $=5{,}000-1{,}000=4{,}000\text{m}^3$
- 평균운반거리 $L=80-10=70\text{m}$
- $C_m=\dfrac{L}{V_1}+\dfrac{L}{V_2}+t$

$$=\frac{70}{50}+\frac{70}{50}+\frac{15}{60}=3.05\text{분}$$

(∵ 3km/hr = 50m/min)

- $Q=\dfrac{60\cdot q\cdot f\cdot E}{C_m}$

$$=\frac{60\times2.0\times\frac{1}{1.2}\times0.85}{3.05}=27.87\text{m}^3/\text{hr}$$

∴ 소요시간 $t=\dfrac{4{,}000}{27.87}=143.52\text{시간}$

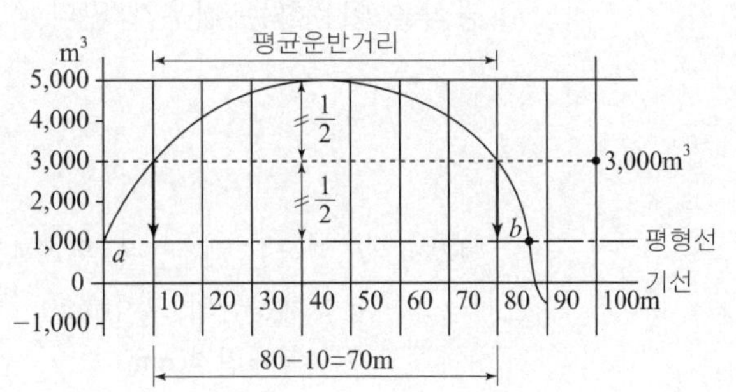

□□□ 89①, 92②, 98④

07 다음 그림과 같은 유토곡선(mass curve)에서 AH 구간의 평균운반토량은 (①)이며, 평균운반거리는 (②)이다. 또한, 평형선 (Ⅰ)을 평형선 (Ⅱ)로 옮기면 IJ는 (③)이다. ( ) 안에 알맞는 말은?

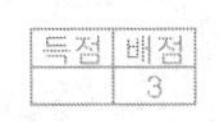

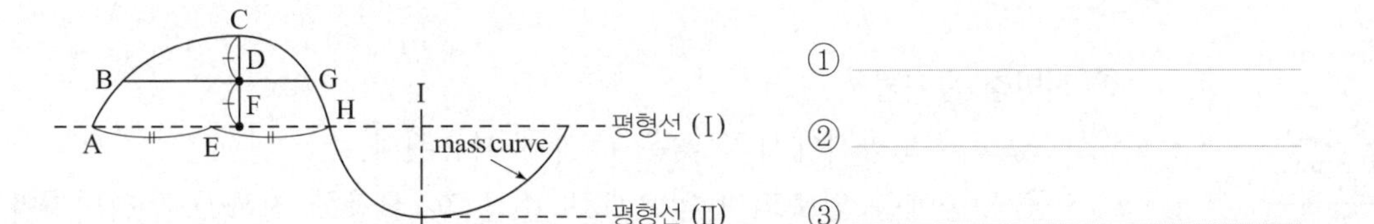

해답 ① CF(2CD, 2DF) ② BG ③ 운반토량(부족토량)

03 성토공과 절토공

□□□

1 성토공 embankment, 盛土工

기억해요
성토재료에 요구되는 흙의 성질을 5가지 쓰시오.

(1) 성토재료의 요구조건

① 투수성이 낮은 흙
② 다져진 흙의 전단강도가 클 것
③ 시공장비의 트래피커빌리티가 확보될 수 있을 것
④ 노면에 나쁜 영향을 미치지 않도록 압축성이 작을 것
⑤ 완성 후의 교통하중에 대하여 지지력을 가지고 있을 것

(2) 성토재료의 입도분포

성토재료의 다짐에 있어 최대밀도를 얻을 수 있는 입도분포는 탈봇(talbot) 공식을 이용하는 경우가 많다.

$$P=\left(\frac{d}{D}\right)^n$$

여기서, P : 어떤 체눈금을 통과하는 토립자량의 전체량에 대한 비
d : 체눈금의 크기(mm)
D : 최대입경(mm)
n : 지수(일반적으로 0.25 ~ 0.50가 적당함.)

기억해요
성토시공 방법을 3가지 쓰시오.

(3) 성토시공방법

① 수평층 쌓기법
- 얇게 까는 방법(박층법)은 30 ~ 60cm의 두께로 흙을 깔아서 한 층마다 적당한 수분을 주면서 충분히 다진 후 다음 층을 까는 방법
- 두껍게 까는 방법(후층법)은 90 ~ 120cm의 두께로 깔고 약간의 기간을 두어 자연침하를 시키고 또 다져지면 다음 층을 그 위에 쌓아 올리는 방법

전방층 쌓기

② 전방층 쌓기법
- 도로, 철도공사에서의 낮은 축제에 사용된다.
- 공사 중에는 압축되지 않으므로 준공 후 상당한 침하가 우려되지만 공사비가 싸고 공정이 빠른 성토시공 방법

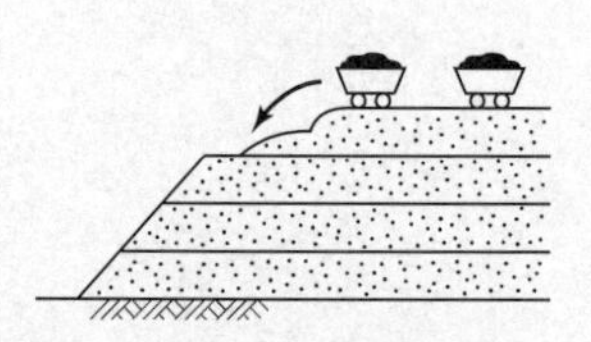
수평층 쌓기

③ 비계층 쌓기법

- 가교이용 쌓기법이라고도 하며 가교를 만들어 그 위에 레일을 깔고 가교 위에서 흙을 내려 쏟아 점차로 쌓아지도록 하는 방법이다.
- 저수지의 토공, 축제가 높은 곳을 동시에 쌓아 올리려 할 때에 사용된다.

비계층 쌓기

④ 물다짐 공법(hydraulic fill method)

호소에서 펌프로 송니관 내에 물을 압입하여 큰 수두를 가진 물을 노즐로 분출시켜 절취토사를 물에 섞어서 이것을 송니관으로 흙댐까지 운송하는 성토공법으로 사질토(모래질)인 경우에 좋다.

핵심용어
물다짐 공법

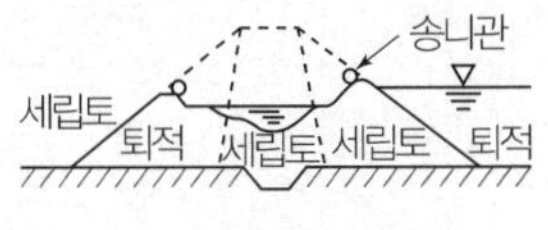

물다짐 공법

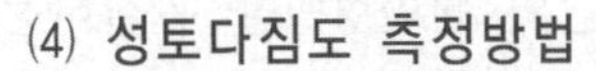

(4) 성토다짐도 측정방법

① 건조밀도로 규정하는 방법

일반적으로 가장 많이 사용된다.

$$R_c = \frac{\gamma_d}{\gamma_{d\max}} \times 100(\%) = \frac{\rho_d}{\rho_{d\max}} \times 100(\%)$$

여기서, R_c : 다짐도(%)

γ_d : 흙의 건조 단위중량, ρ_d : 건조밀도

$\gamma_{d\max}$: 최대 건조 단위중량, $\rho_{d\max}$: 최대건조밀도

기억해요
현장에서의 다짐도를 추정하는 방법을 3가지만 쓰시오.

*기호
- 밀도기호 : ρ
- 단위중량 : γ

② 포화도(S_r), 공극률(V_a)로 규정하는 방법

- 건조밀도로 다짐도를 규정하는 방법으로는 적용이 곤란한 경우에 적용하면 편리하다.
- 일반적으로 다짐 정도로서 포화도의 경우 85~95%의 범위, 공극률의 경우 2~10%의 범위에 들어오도록 규정하고 있다.
- 포화도 $S_r = \dfrac{w}{\dfrac{\gamma_w}{\gamma_d} - \dfrac{1}{G_s}}$, 포화도의 범위 : 85~95%
- 공기간극률 $V_a = 100 - \dfrac{\gamma_d}{\gamma_w}\left(\dfrac{100}{G_s} + w\right)$, 공기간극률 범위 : 2~10%

여기서, w : 함수비(%)

γ_w : 물의 단위중량

γ_d : 흙의 단위건조중량

G_s : 흙의 비중

③ 강도 특성으로 규정하는 방법
- 노상토 지지력비 시험에 의한 CBR값
- 평판재하시험에 의한 지지력계수 K값
- 원추관입시험에 의한 콘지수 q_u

④ 다짐기계, 다짐횟수로 규정하는 방법
사용할 흙의 토질이나 함수량의 변화가 거의 없는 현장에서는 다짐기계, 다짐횟수로 규정하는 방법이 편리하다.

⑤ 변형 특성으로 규정하는 방법
Proof Rolling : 덤프트럭을 주행시켜 성토면의 휨변형량을 관찰하는 방법

기억해요
단위건조중량을 구하는 방법을 3가지 쓰시오.

(5) 현장에서 다짐관리 시험방법

① 코어절삭법(core cutter method)
- 주로 연약한 점토나 실트층에 적용하는 방법으로 자갈이 거의 없는 흙에서 사용된다.
- 날카로운 칼날을 갖은 직경 10cm, 길이 12.5cm의 관을 흙 속에 박고서 흙을 파낸 후 그 흙의 중량과 함수비를 측정하여 현장에서 단위건조중량을 산정한다.

② 모래치환법(sand replacement method)
- 불균질한 자갈 및 모래들로 구성된 일반적인 토층에 적용하는 방법
- 흙을 직경 15cm, 길이 15cm 정도 파내어 그 흙의 중량과 함수비를 측정하고 파낸 공간은 콘을 통해서 건조하고 균등한 모래를 채워 그 용적을 측정하여 현장의 단위건조중량을 구한다.

③ 고무막법(rubber balloon method)
모래치환법과 원리는 동일하나 용적을 측정할 때 모래 대신에 흙을 파낸 공간에 고무막을 넣고 물을 채워 용적을 측정한다.

④ 방사선 밀도기에 의한 방법
- 최근에 개발된 방법으로 라듐이나 세슘 등의 방사선 분산량이 재료의 전체밀도에 비례한다는 원리를 이용한 장비로 주로 대규모 토공사의 시공관리에 사용된다.
- 실험이 신속하고 수분 내에 결과를 얻을 수 있다는 장점이 있다.
- 방사능 오염의 위험이 있어 취급에 주의를 필요하며 장비가 고가인 단점이 있다.

(6) 절토·성토 접속부에서 균열원인

절토부와 성토부의 토공작업에서 경계면에 축조된 도로나 구조물 등이 침하 또는 균열 등이 생기는 경우가 많은데, 그 원인과 대책은 다음과 같다.

① 절·성토부의 지지력이 불연속적이고 불균형하게 된다.
- **대책** : 1 : 4 정도의 완화구간을 설치한다.

② 절·성토부의 경계에는 지표수, 용수, 침투수 등이 집중하기 때문에 약화되기 쉽다.
- **대책** : 접속부의 절토면에 맹구를 설치하면 좋다.

③ 성토부의 다짐부족에 의한 압축침하가 일어나서 부등침하가 생기기 쉽다.
- **대책** : 다짐을 철저히 한다.

④ 원지반과 성토부의 성토다짐이 불충분하면 활동이나 단차가 생기기 쉽다.
- **대책** : 층따기를 설치한다.

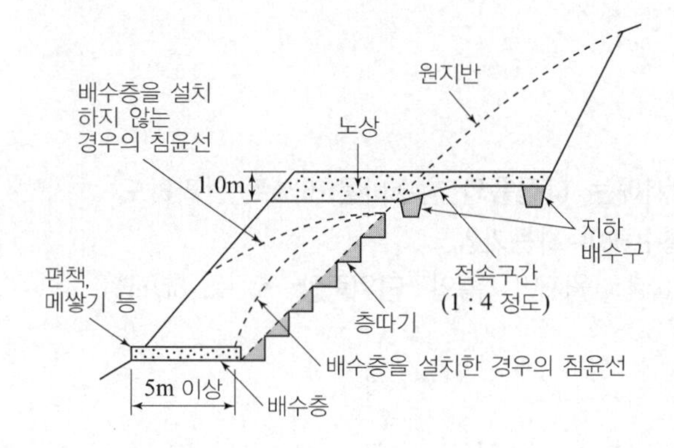

계단식 굴착의 기본형 ◀

2 절토공

(1) 절토방법

① 굴착할 때는 1 → 2 → 3 → 4 → 5의 순서로 1단의 높이 1～2m 계단형으로 굴착함이 원칙이다.

② 한쪽만 절토할 때에는 비탈면과 배수용 옆도랑을 빨리 완성해야 한다.

③ 절토에는 되도록 중력을 이용하지만 작업 중에 무너져서 사고가 날 우려가 있으므로 주의해야 한다. 높이는 토질에 따라 다르나 3m 한도가 적당하다.

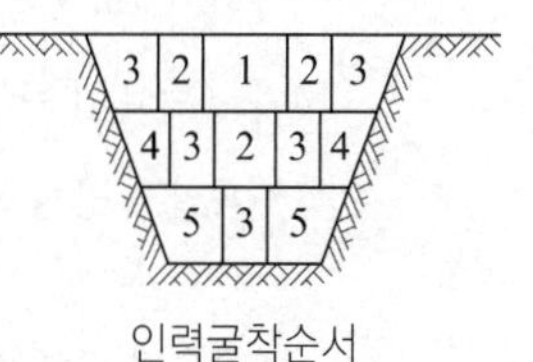

인력굴착순서

(2) 인력굴착시 유의사항

① 중력을 최대한 이용한다.

② 작업면적을 넓게 한다.

③ 신기높이를 낮게 한다.

④ 경사지반의 경우에는 배수문제 때문에 아래에서부터 굴착한다.

| 성토공과 절토공 |

03 핵심 기출문제

□□□ 00①

01 성토재료에 요구되는 흙의 성질을 5가지 쓰시오.

득점	배점
	3

① ________ ② ________ ③ ________

④ ________ ⑤ ________

해답 ① 투수성이 낮은 흙
② 다져진 흙의 전단강도가 클 것
③ 시공장비의 트래피커빌리티가 확보될 수 있을 것
④ 노면에 나쁜 영향을 미치지 않도록 압축성이 작을 것
⑤ 완성 후의 교통하중에 대하여 지지력을 가지고 있을 것

□□□ 00②, 05③, 09①, 18①②, 22②

02 자연함수비 10% 흙으로 성토하고자 한다. 시방서에는 다짐흙의 함수비를 16%로 관리하도록 규정하였을 때 매 층마다 $1m^2$당 몇 l의 물을 살수해야 하는가?
(단, 1층의 두께는 30cm이고, 토량변화율 $C=0.9$, 원지반 흙의 단위중량 $\gamma_t=1.8t/m^3$ $(18kN/m^3)$이다.)

득점	배점
	3

계산 과정) 답 : ________

해답 ■ 방법 1
• $1m^2$당 흙의 중량
$$W=Ah\gamma_t=1\times0.3\times1.8\times\frac{1}{0.9}$$
$$=0.6t=600kg$$
• 흙입자 중량 : $W_s=\dfrac{W}{1+w}=\dfrac{600}{1+0.10}$
$$=545.46kg$$
• 함수비 10%일 때 물의 중량
$$W_w=\frac{wW}{100+w}=\frac{10\times600}{100+10}=54.55kg$$
• 함수비 16%일 때 물의 중량
$$W_w=W_sw=545.46\times0.16=87.27kg$$
$$\left(\because\ w=\frac{W_w}{W_s}\times100\right)$$
$\therefore$ 살수량 $=87.27-54.55=32.72kg$
$=32.72l$

■ 방법 2 [SI] 단위
• 1층의 원지반 상태의 단위체적
$$V=1\times1\times0.30\times\frac{1}{0.9}=0.333m^3$$
• $0.333m^3$당 흙의 중량
$$W=\gamma_tV=18\times0.333=6kN=6{,}000N$$
• 10%에 대한 물 중량
$$W_s=\frac{W\cdot w}{1+w}=\frac{6{,}000\times10}{100+10}=545.45N$$
• 16%에 대한 살수량
$$545.45\times\frac{16-10}{10}=327.27N=32.73l$$

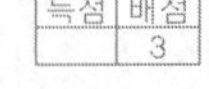

단위
$l=10N$

□□□ 02②, 13②, 22②

03 자연함수비 12%인 흙으로 성토하고자 한다. 시방서에는 다짐한 흙의 함수비를 16%로 관리하도록 규정하였을 때 매 층마다 $1m^2$당 몇 l의 물을 살수해야 하는가?
(단, 1층의 다짐두께는 20cm이고 토량변화율은 $C=0.9$이며 원지반상태에서 흙의 단위중량은 $18kN/m^3$임.)

득점	배점
	3

계산 과정)　　　　　　　　　　　　　　　　　　　　답 : ________

해답 ■ 방법 1

- $1m^2$당 흙의 중량
  $W = Ah\gamma_t = 1\times1\times0.20\times18\times\frac{1}{0.9}$
  $= 4kN = 4{,}000N$
- 흙입자 중량
  $W_s = \frac{W}{1+w} = \frac{4{,}000}{1+0.12} = 3{,}571.43N$
- 함수비 12%일 때 물의 중량
  $W_w = \frac{wW}{100+w} = \frac{12\times4{,}000}{100+12} = 428.57N$
- 함수비 16%일 때 물의 중량
  $W_w = W_s w = 3{,}571.4\times0.16 = 571.43N$

$\therefore$ 살수량 $= 571.43 - 428.57 = 142.86N$
$= \frac{142.86\times10^{-3}}{9.81} = 0.01456m^3 = 14.56l$

■ 방법 2

- 1층의 원지반 상태의 단위체적
  $V = 1\times1\times0.20\times\frac{1}{0.9} = \frac{0.20}{0.9} = 0.222m^3$
- $0.222m^3$당 흙의 중량
  $W = \gamma_t V = 18\times\frac{0.20}{0.9} = 4kN = 4{,}000N$
- 12%에 대한 물의 중량
  $W_w = \frac{W\cdot w}{100+w} = \frac{4{,}000\times12}{100+12} = 428.57N$
- 16%에 대한 살수량
  $428.57\times\frac{16-12}{12} = 142.86N$

$\therefore\ \frac{142.86\times10^{-3}}{9.81} = 0.01456m^3 = 14.56l$

□□□ 05②, 14②

04 도로토공에 있어서 현장에서의 다짐도를 측정하는 방법을 3가지만 쓰시오.

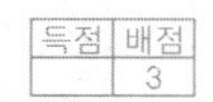

득점	배점
	3

① ________ ② ________ ③ ________

해답 ① 건조밀도로 측정하는 방법
② 포화도와 공극률로 측정하는 방법
③ 강도 특성으로 측정하는 방법
④ 다짐기계, 다짐횟수로 측정하는 방법
⑤ 변형 특성으로 측정하는 방법

□□□ 07①

05 건조단위중량을 구하는 방법을 3가지만 쓰시오.

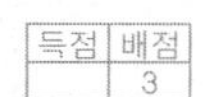

득점	배점
	3

① ________ ② ________ ③ ________

해답 ① 모래치환법(들밀도시험)
② 고무막법
③ 코어절삭법
④ 방사선 밀도기에 의한 방법(γ선 산란형 밀도계)

□□□ 예상문제

06 토질재료는 토취장의 재료를 자연 그대로 축제에 사용하는 것이 가장 이상적이나 그대로 사용할 수 없을 때는 개량할 필요가 있다. 그 흙을 개량하는 방법을 3가지만 쓰시오.

득점	배점
	3

① ______ ② ______ ③ ______

해답 ① 습지 불도저를 사용 ② 안정처리로 흙의 성질을 개선
③ 건조시켜서 함수비를 저하시킨다.

□□□ 12②

07 성토시공방법을 아래 표의 예시와 같이 3가지만 쓰시오.

득점	배점
	3

수평층 쌓기법

① ______ ② ______ ③ ______

해답 ① 전방층 쌓기법 ② 비계 쌓기법 ③ 물다짐 공법

□□□ 92④, 06②

08 호소에서 펌프로 송니관 내에 물을 압입하여 큰 수두를 가진 물을 노즐로 분출시켜 절취 토사를 물에 섞어서 이것을 송니관으로 흙댐까지 운송하는 성토공법은?

득점	배점
	3

o

해답 물다짐 공법(hydraulic fill method)

□□□ 08②, 13①

09 성토작업 후 다짐도를 판정하는 방법을 4가지만 쓰시오.

득점	배점
	3

① ______ ② ______ ③ ______ ④ ______

해답 ① 건조밀도로 규정하는 방법
② 포화도와 공극률로 규정하는 방법
③ 강도 특성으로 규정하는 방법
④ 다짐기계, 다짐횟수로 규정하는 방법
⑤ 변형 특성으로 규정하는 방법

04 토공량 계산

1 단면법

(1) 단면이 사다리꼴일 때

$$A = \frac{2a + (m+n)h}{2} \times h$$

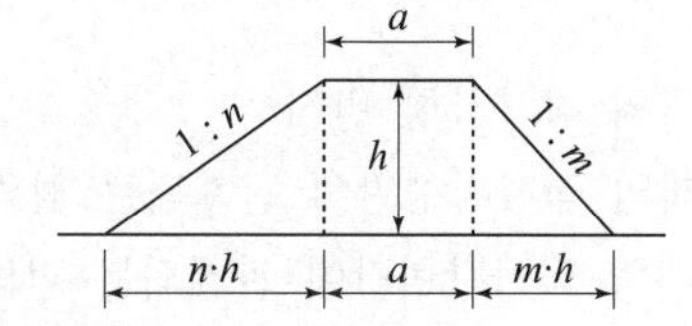

(2) 양단면 평균법

철도, 도로, 수로 등과 같이 긴 노선의 성토량, 절토량을 계산할 경우에 이용하는 방법

$$V = \frac{A_1 + A_2}{2} \times l$$

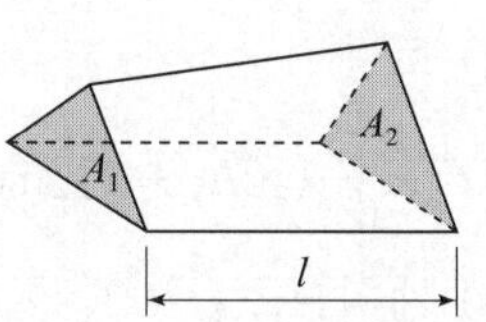

여기서, A_1, A_2 : 양단면적

L : A_1에서 A_2까지의 거리

기억해요
- 양단면 평균법을 사용하여 성토에 필요한 흐트러진 토량을 구하시오.
- 각주 공식을 이용하여 토량을 구하시오.

(3) 각주 공식

다각형으로 된 양단면이 평행하고 측면이 전부 평면으로 된 입체를 각주라 한다.

$$V = \frac{L}{6}(A_1 + 4A_m + A_2)$$

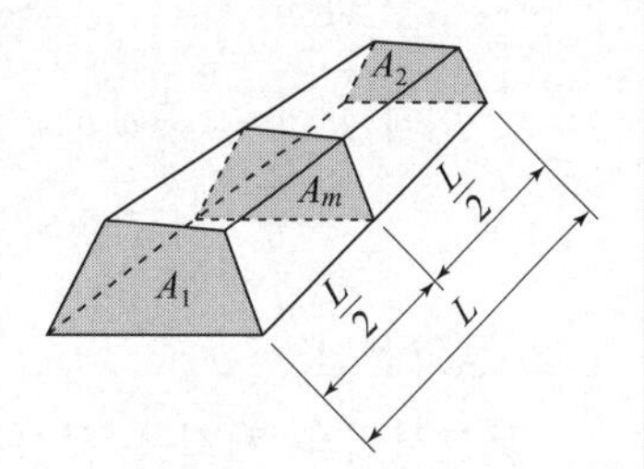

여기서, A_m : A_1, A_2 중앙의 횡단면적

2 점고법

넓은 지역이나 택지조성 등의 정지작업을 위한 토공량을 계산하는 데 사용하는 방법

(1) 사분법

① 토량

$$V = \frac{a \cdot b}{4}(\Sigma h_1 + 2\Sigma h_2 + 3\Sigma h_3 + 4\Sigma h_4)$$

② $h = \dfrac{V}{A \cdot n}$

여기서, $A = a \cdot b$

n : 사각형의 분할개수

기억해요
- 성토량을 구하시오.
- 절토량과 성토량을 같게 할 때 기준면으로부터의 높이를 구하시오.

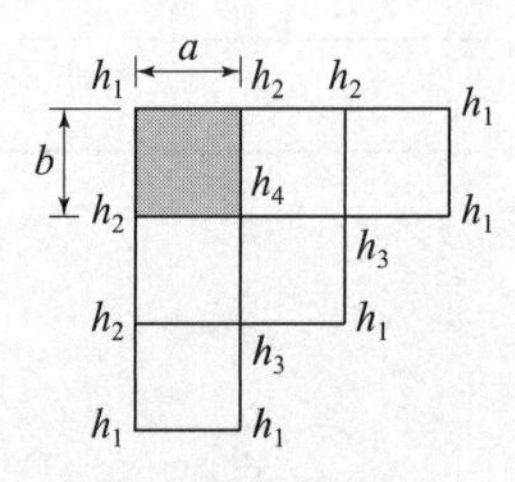

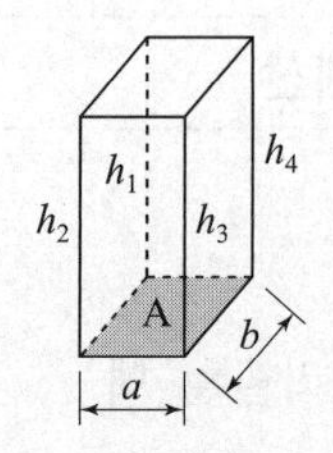

여기서, A : 1개의 직사각형 면적

Σh_1 : 1개의 직사각형만이 관계되는 점의 지반고 합

Σh_2 : 2개의 직사각형만이 관계되는 점의 지반고 합

Σh_3 : 3개의 직사각형만이 관계되는 점의 지반고 합

Σh_4 : 4개의 직사각형만이 관계되는 점의 지반고 합

(2) 삼분법

① 토량

기억해요
총토공량을 구하시오.

$$V=\frac{a\cdot b}{6}(\Sigma h_1+2\Sigma h_2+3\Sigma h_3+4\Sigma h_4+5\Sigma h_5+6\Sigma h_6+7\Sigma h_7+8\Sigma h_8)$$

② 계획고

$$h=\frac{V}{A\cdot n}$$

여기서, A : $\frac{1}{2}a\cdot b$

n : 삼각형의 분할개수

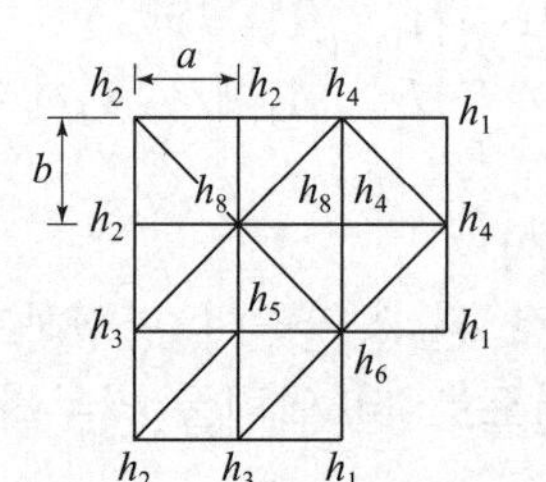

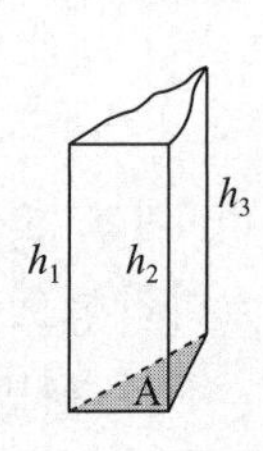

(3) 등고선법

기억해요
등고선을 가진 지형의 굴착토량을 계산하시오.

등고선법은 체적을 근사적으로 구하는 경우 편리하다.

$$V_1=\frac{h}{3}(A_1+4A_2+A_3)$$

$$V_2=\frac{h}{3}(A_3+4A_4+A_5)$$

$$V_3=\frac{h}{3}(A_n+4A_n+A_{n-1})$$

$$V=\frac{h}{3}\{(A_1+A_n+4(A_2+A_4+\cdots+A_{n-2})$$

$$+2(A_3+A_5+\cdots+A_{n-1}+A_n)\}$$

$$\therefore\ V=\frac{h}{3}(A_1+A_n+4\Sigma A_{짝수}+2A_{홀수})$$

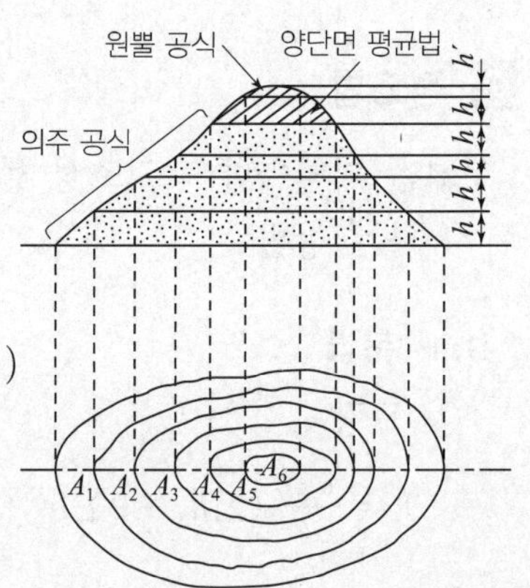

3 지거법

(1) 심프슨 제1법칙

경계선을 2차 포물선으로 보고 지거의 두 구간을 한 조로 하여 면적을 구하는 방법

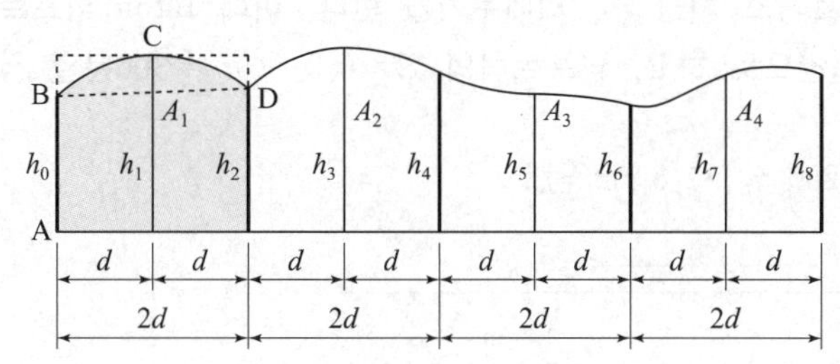

$$A_1 = \frac{d}{3}(h_0 + 4h_1 + h_2)$$

$$A_2 = \frac{d}{3}(h_2 + 4h_3 + h_4)$$

$$A = \frac{d}{3}\{h_0 + h_n + 4(h_1 + h_3 + \cdots + h_{n-1}) + 2(h_2 + h_4 + \cdots + h_{n-2})\}$$

$$\therefore\ A = \frac{d}{3}\{h_0 + 4(\Sigma h_{\text{홀수}}) + 2\Sigma h_{\text{짝수}} + h_n\}$$

기억해요
심프슨 제1법칙에 의한 횡단면적을 구하시오.

(2) 심프슨 제2법칙

경계선을 3차 포물선으로 보고, 지거의 세 구간을 한 조로 하여 면적을 구하는 방법(단, n는 3의 배수이며, 3배수가 아닌 경우에는 사다리꼴 공식 또는 심프슨 제1법칙으로 계산하여 더해 준다.)

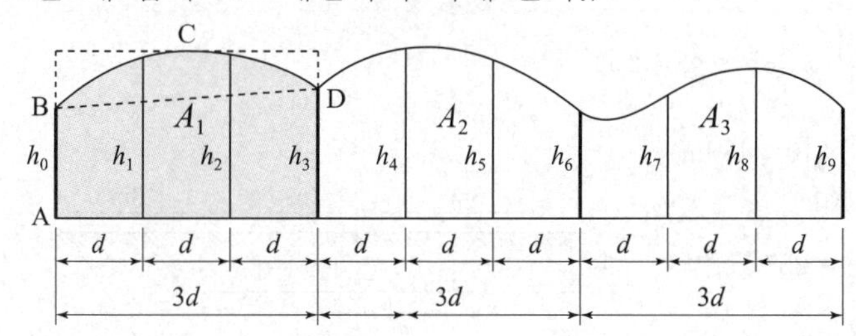

$$A_1 = \frac{3d}{8}(h_0 + 3h_1 + 3h_2 + h_3)$$

$$A_2 = \frac{3d}{8}(h_3 + 3h_4 + 3h_5 + h_6)$$

$$\therefore\ A = \frac{3d}{8}\{h_0 + h_n + 3(h_1 + h_2 + h_4 + h_5 + \cdots + h_{n-2} + h_{n-1}) + 2(h_3 + h_6 + \cdots + h_{n-3})\}$$

$$= \frac{3d}{8}(h_o + 3\Sigma h\text{나머지} + 2\Sigma 3\text{의 배수} + h_n)$$

기억해요
심프슨 제2법칙에 의한 횡단면적을 구하시오.

| 토공량 계산 |

04 핵심 기출문제

□□□ 03④, 07②, 11①, 14①, 16④, 22①

01 아래와 같이 백호로 굴착을 하고 통로박스 시공 후, 되메우기를 한다. 이때 15ton 덤프트럭을 2대 사용하며 1일 작업시간을 6시간으로 하고, 덤프트럭의 $E=0.9$, $Cm=300$분일 경우, 아래 물음에 답하시오.
(단, 암거길이는 10m, $C=0.8$, $L=1.25$, $\gamma_t=1.8\text{t/m}^3$임.)

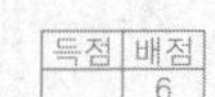

득점	배점
	6

* 확인
15ton이 150kN일 때
$\gamma_t=1.8\text{t/m}^3$은
18kN/m^3으로 변경

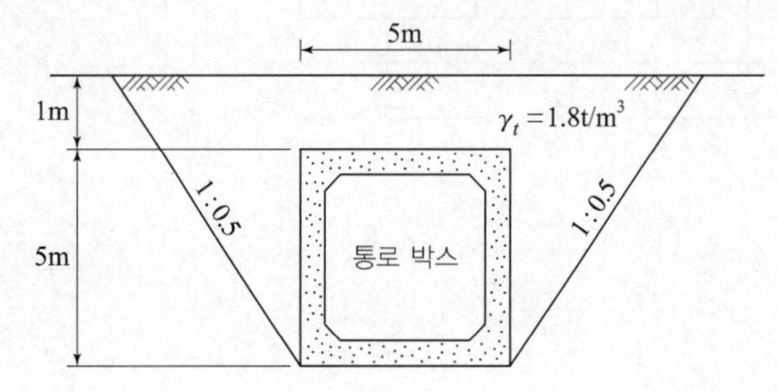

가. 사토량(捨土量)을 본바닥토량으로 구하시오.

계산 과정) 답 : ________

나. 덤프트럭 1대의 시간당 작업량을 구하시오.

계산 과정) 답 : ________

다. 덤프트럭 2대를 사용할 경우 사토에 필요한 소요일수는 몇 일인가?

계산 과정) 답 : ________

해답 가. • 굴착토량 $=\dfrac{\text{윗변길이}+\text{밑변길이}}{2}\times\text{높이}\times\text{암거길이}$

$=\dfrac{(3+5+3)+5}{2}\times6\times10=480\text{m}^3$

• 통로박스 체적 $=5\times5\times10=250\text{m}^3$

• 되메우기량 $=(480-250)\times\dfrac{1}{0.8}=287.5\text{m}^3$

$\therefore$ 사토량 $=480-287.5=192.5\text{m}^3$

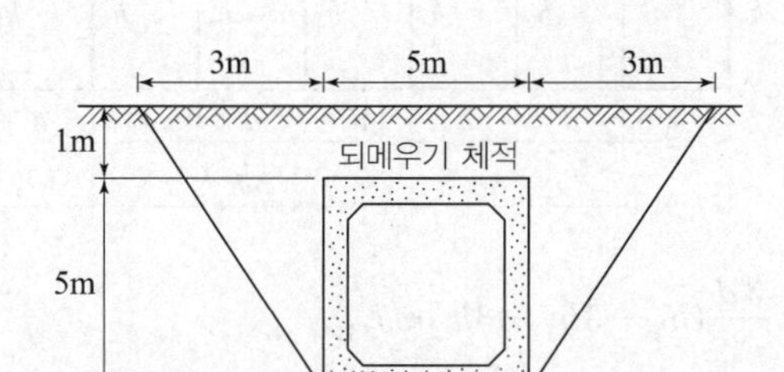

나. 덤프트럭의 적재량 $Q=\dfrac{60\cdot q_t\cdot f\cdot E}{C_m}$

• $q_t=\dfrac{T}{\gamma_t}\cdot L=\dfrac{15}{1.8}\times1.25=10.42\text{m}^3$

• $f=\dfrac{1}{L}=\dfrac{1}{1.25}$

$\therefore\ Q=\dfrac{60\times10.42\times\dfrac{1}{1.25}\times0.9}{300}=1.50\text{m}^3/\text{h}$

다. 소요일수 $=\dfrac{192.5}{1.50\times6\times2}=10.69$ $\therefore$ 11일

□□□ 08②

02 자연상태의 모래질 흙을 그림과 같이 도로의 토공계획시에 필요한 성토량을 토취장에서 15ton 덤프트럭으로 운반하여 시공한다. 측점별 단면적은 $A_0 = 0\text{m}^2$, $A_1 = 10\text{m}^2$, $A_2 = 20\text{m}^2$, $A_3 = 40\text{m}^2$, $A_4 = 42\text{m}^2$, $A_5 = 10\text{m}^2$, $A_6 = 0\text{m}^2$일 때, 아래 물음에 답하시오.
(단, 자연상태인 흙의 단위무게$=1.7\text{t/m}^3$, $L=1.25$, $C=0.88$이며, A_0는 측점 No.0의 단면적임.)

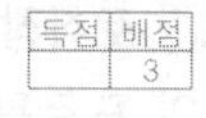

득점	배점
	3

* 확인
15ton이 150kN일 때 1.7t/m^3은 17kN/m^3으로 변경

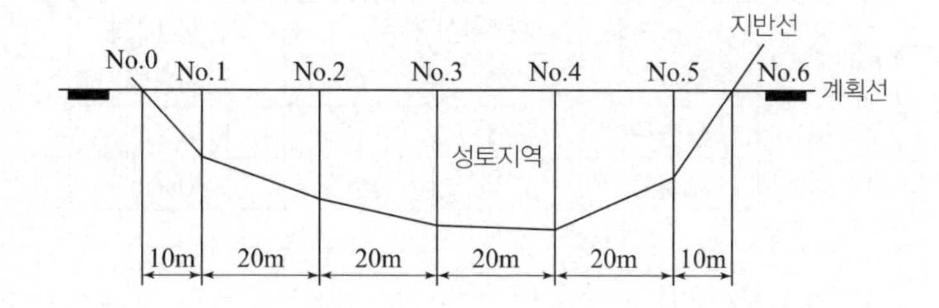

가. 성토에 필요한 흐트러진 상태의 토량은? (단, 양단면 평균법을 사용한다.)

계산 과정)　　　　　　　　　　　　　　　　　　　　　답 : ____________

나. 성토에 필요한 덤프트럭의 총대수는?

계산 과정)　　　　　　　　　　　　　　　　　　　　　답 : ____________

해답 가. 양단면 평균법 $V = \dfrac{A_1 + A_2}{2} \times L$

$$V = \frac{0+10}{2} \times 10 + \frac{10+20}{2} \times 20 + \frac{20+40}{2} \times 20 + \frac{40+42}{2} \times 20 + \frac{42+10}{2} \times 20 + \frac{10+0}{2} \times 10$$
$$= 2{,}340\text{m}^3$$

$$\therefore \text{토량} = V \times \frac{L}{C} = 2{,}340 \times \frac{1.25}{0.88} = 3{,}323.86\text{m}^3$$

나. $q_t = \dfrac{T}{\gamma_t} \times L = \dfrac{15}{1.7} \times 1.25 = 11.03$

$$\therefore N = \frac{\text{총운반토량}}{\text{덤프트럭 운반량}} = \frac{3{,}323.86}{11.03} = 301.35 \quad \therefore 302\text{대}$$

□□□ 88②, 93④, 09②, 11④

03 **토취장(土取場)에서 원지반 토량 2,000m^{3}를 굴착한 후 8t 덤프트럭으로 다음과 같은 단면의 도로를 축조하고자 한다. 이 토취장 흙의 40%는 점성토이고, 60%는 사질토일 때, 아래의 물음에 답하시오.**

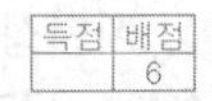

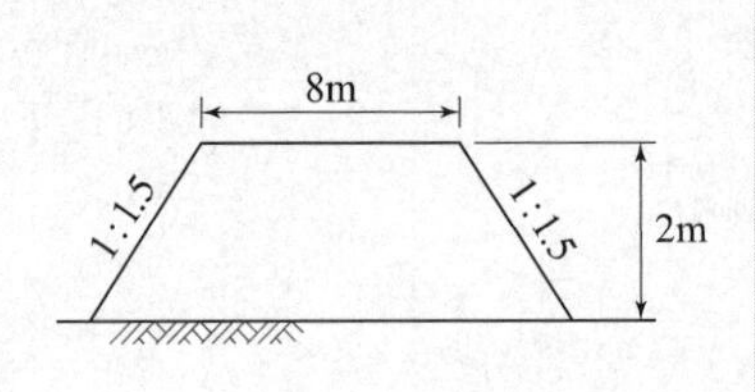

【굴착한 흙】

구분 \ 종류	토량환산계수 L	토량환산계수 C	자연상태의 단위중량
점성토	1.3	0.9	1.75t/m^3
사질토	1.25	0.87	1.80t/m^3

가. 운반에 필요한 8t 덤프트럭의 연대수를 구하시오.
(단, 덤프트럭은 적재중량만큼 싣는 것으로 한다.)

계산 과정) 답 : ____________

* 확인
8t이 80kN일 경우 1.75t/m^3, 1.80t/m^{3}을 17.5kN/m^3, 18.0kN/m^{3}으로 수정

나. 시공 가능한 도로의 길이(m)를 산출하시오.
(단, 도로의 시점 및 종점의 끝단은 수직으로 가정한다.)

계산 과정) 답 : ____________

다. 전체 토량을 상차하는 데 소요되는 장비의 가동시간을 계산하시오.
(사용 장비 : 버킷용량 0.9m^{3}의 back hoe, 버킷계수 0.9, 효율 0.7, 사이클 타임 21초)

계산 과정) 답 : ____________

해답 가. ■ 토질상태

토질	원지반토량	다져진 상태의 토량
점성토	$2,000 \times 0.40 = 800\text{m}^3$	$800 \times 0.9 = 720\text{m}^3$
사질토	$2,000 \times 0.60 = 1,200\text{m}^3$	$1,200 \times 0.87 = 1,044\text{m}^3$
총토량	$800 + 1,200 = 2,000\text{m}^3$	$720 + 1,044 = 1,764\text{m}^3$

■ $N = \dfrac{\text{자연상태 토량(m}^3)}{\text{적재량(t)}} \times \gamma_t$

• 점성토 $N_1 = \dfrac{800}{8} \times 1.75 = 175$ 대

• 사질토 $N_2 = \dfrac{1,200}{8} \times 1.80 = 270$ 대

∴ 연대수 $N = N_1 + N_2 = 175 + 270 = 445$ 대

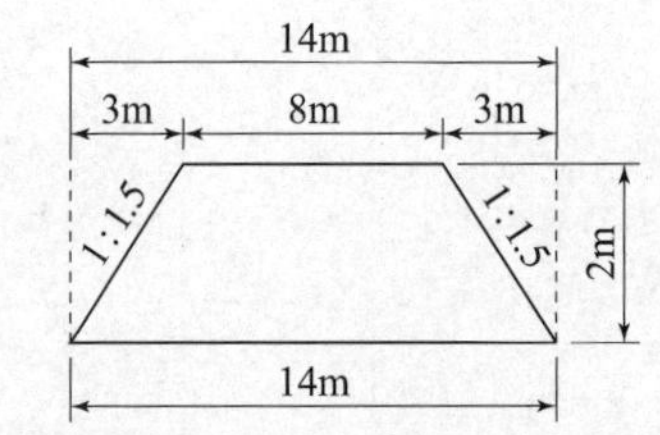

⚠ 주의점
적재중량을 기준으로 대수를 해설한 내용

나. • 도로단면적$=\dfrac{8+14}{2}\times 2=22\text{m}^2$

$(\because\ 2\times 1.5+8+2\times 1.5=14\text{m})$

$\therefore$ 도로길이$=\dfrac{\text{다져진 상태의 토량}}{\text{도로단면적}}=\dfrac{1,764}{22}=80.18\text{m}$

다. $Q=\dfrac{3,600\cdot q\cdot K\cdot f\cdot E}{C_m}$

$=\dfrac{3,600\times 0.9\times 0.9\times\left(\dfrac{1}{1.3\times 0.4+1.25\times 0.6}\right)\times 0.7}{21}$

$=76.54\text{m}^3/\text{hr}$

$\therefore$ 장비의 가동시간$=\dfrac{2,000}{76.54}=26.13$시간

□□□ 94①, 97②, 00⑤, 20②

04 그림과 같은 구형 유조탱크를 주유소에 묻고 나머지 흙은 200평의 마당에 고루 펴고 다지려 한다. 마당은 최소한 얼마나 더 높아지겠는가?

(단, $L=1.2$, $C=0.9$, 1평$=3.33\text{m}^2$, 구의 체적$=\dfrac{4}{3}\pi r^3$이다.)

득점	배점
	3

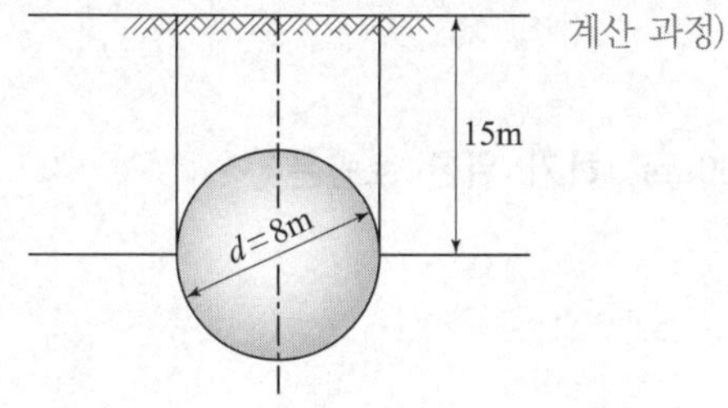

계산 과정)

답 : ______________

해답 • 굴착토량$=\dfrac{\pi d^2}{4}\cdot H+\dfrac{4}{3}\pi r^3\times\dfrac{1}{2}$

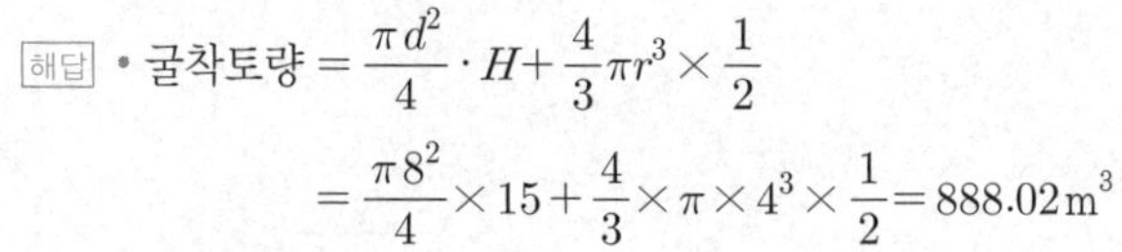

$=\dfrac{\pi 8^2}{4}\times 15+\dfrac{4}{3}\times\pi\times 4^3\times\dfrac{1}{2}=888.02\text{m}^3$

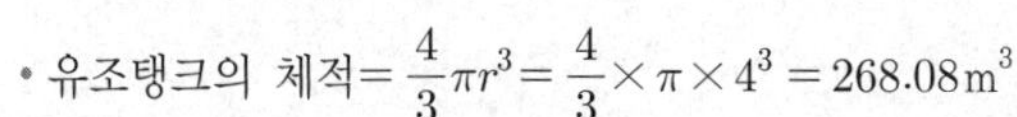

• 유조탱크의 체적$=\dfrac{4}{3}\pi r^3=\dfrac{4}{3}\times\pi\times 4^3=268.08\text{m}^3$

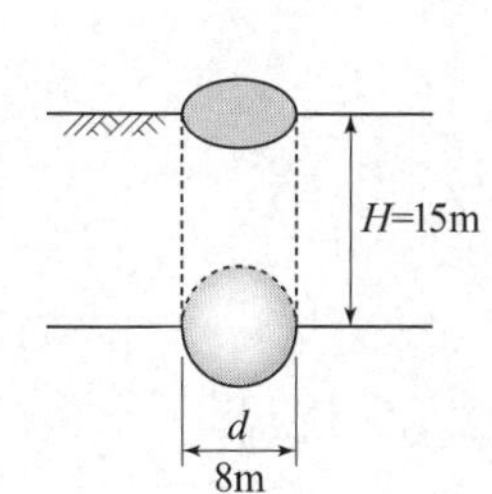

• 메워야 할 흙$=(888.02-268.08)\times\dfrac{1}{0.9}=688.82\text{m}^3$

• 나머지 흙$=888.02-688.82=199.20\text{m}^3$(자연상태)

$\therefore$ 높아진 마당의 최소높이$=\dfrac{199.20\times 0.9}{200\times 3.3}=0.27\text{m}$

□□□ 08④, 14①, 18①, 19①, 21①, 23③

05 측량성과가 아래와 같고 시공기준면을 12m로 할 경우, 총토공량을 구하시오. (단, 격자점의 숫자는 표고이며, 단위는 m이다.)

득점	배점
	3

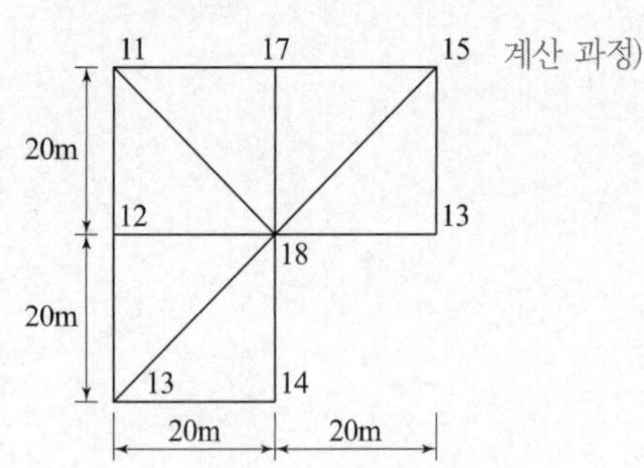

계산 과정)

답 :

해답 • 시공기준면과 각 점 표고와의 차를 구하여 총토공량을 계산

$V=\frac{a\cdot b}{6}(\Sigma h_1+2\Sigma h_2+6\Sigma h_6)$

• $\Sigma h_1=\Sigma(h_1-12)=1+2=3\text{m}$

• $\Sigma h_2=\Sigma(h_2-12)=-1+5+3+1+0=8\text{m}$

• $\Sigma h_6=6\text{m}$

$\therefore V=\frac{20\times 20}{6}\times(3+2\times 8+6\times 6)=3{,}666.67\text{m}^3$

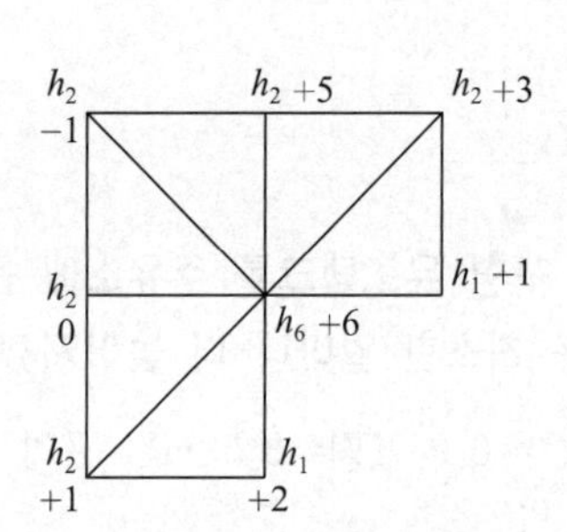

□□□ 93③, 99⑤, 08④, 09①

06 구획정리를 위한 측량결과 값이 그림과 같은 경우, 계획고 10.00m로 하기 위한 토량은? (단, 단위 : m)

득점	배점
	3

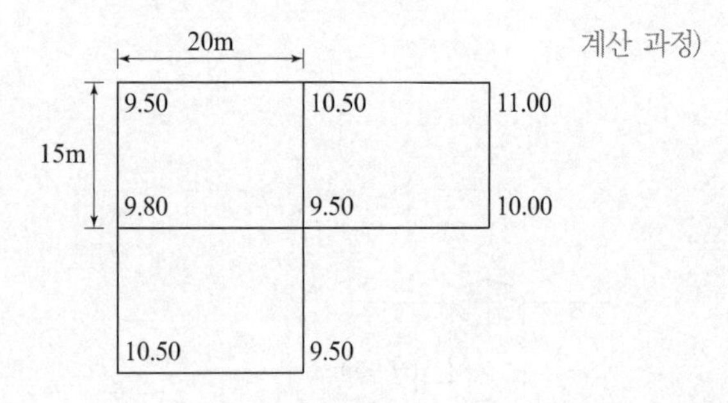

계산 과정)

답 :

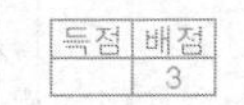

*주의
(−)는 절토
(+)는 성토

해답 $V=\frac{a\cdot b}{4}(\Sigma h_1+2\Sigma h_2+3\Sigma h_3)$

• $\Sigma h_1=\Sigma(10-h_1)=0.5-0.5+0.5-1+0=-0.5\text{m}$
(∵ 측점 ①, ③, ⑥, ⑦, ⑧)

• $\Sigma h_2=\Sigma(10-h_2)=0.2-0.5=-0.3\text{m}$
(∵ 측점 ②, ④)

• $\Sigma h_3=\Sigma(10-h_3)=0.5\text{m}$ (∵ 측점 ⑤)

$\therefore V=\frac{20\times 15}{4}(-0.5-0.3\times 2+0.5\times 3)=30\text{m}^3$(성토)

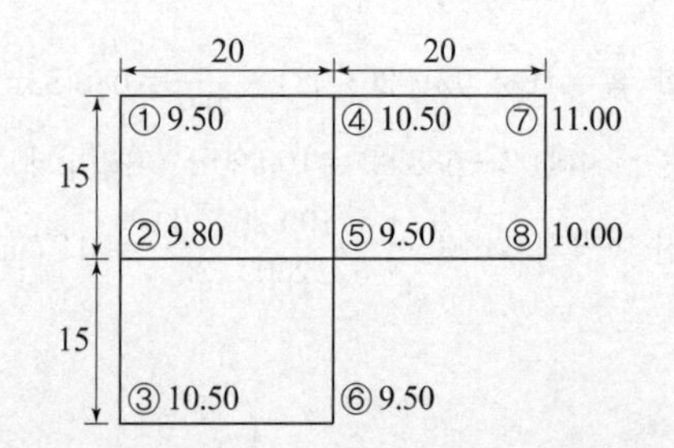

□□□ 94④, 98⑤, 00④, 02④, 23②

07 다음과 같은 지형에 시공기면을 10m로 하여 성토하고자 한다. 다음 물음에 답하시오. (단, 격자점의 숫자는 표고, 단위는 m이다.)

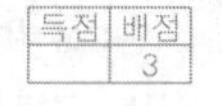

득점	배점
	3

(격자 간격: 가로 20m, 세로 15m)

9	8	9	9	8
8	9	8	9	9
8	9	7	9	8
9	8	7	7	

가. 성토량을 구하시오.

계산 과정) 답 : ____________

나. 성토에 필요한 운반토량을 구하시오. (단, $L=1.25$, $C=0.9$)

계산 과정) 답 : ____________

다. 적재용량 4t의 덤프트럭으로 운반할 때, 연대수를 구하시오.
(단, 굴착 흙의 단위중량 $1.8\,\text{t/m}^3$)

계산 과정) 답 : ____________

*확인
4t이 40kN일 경우 1.8t/m^3은 18kN/m^3으로 변경

해답 가. $V=\dfrac{a\cdot b}{4}(\Sigma h_1+2\Sigma h_2+3\Sigma h_3+4\Sigma h_4)$

$\Sigma h_1=\Sigma(10-h_1)=1+2+2+3+1=9\text{m}$

$\Sigma h_2=\Sigma(10-h_2)=2+1+1+1+3+2+2+2=14\text{m}$

$\Sigma h_3=\Sigma(10-h_3)=1\text{m}$

$\Sigma h_4=\Sigma(10-h_4)=1+2+1+1+3=8\text{m}$

$\therefore\ V=\dfrac{20\times 15}{4}(9+2\times 14+3\times 1+4\times 8)=5{,}400\text{m}^3$

$h_1=1$	$h_2=2$	$h_2=1$	$h_2=1$	$h_1=2$
$h_2=2$	$h_4=1$	$h_4=2$	$h_4=1$	$h_2=1$
$h_2=2$	$h_4=1$	$h_4=3$	$h_3=1$	$h_1=2$
$h_1=1$	$h_2=2$	$h_2=3$	$h_1=3$	

나. 성토토량$\times\dfrac{L}{C}=5{,}400\times\dfrac{1.25}{0.9}=7{,}500\text{m}^3$

다. 트럭 적재량 $q_t=\dfrac{T}{\gamma_t}\times L=\dfrac{4}{1.8}\times 1.25=2.78\text{m}^3$

$\therefore$ 연대수 $N=\dfrac{\text{운반토량}}{\text{트럭 적재량}}=\dfrac{7{,}500}{2.78}=2{,}697.84$대 $\therefore$ 2,698대

□□□ 11②, 13④, 17④

08 다음과 같은 지형에서 시공기준면을 15m로 성토하고자 할 때, 다음 물음에 답하시오.
(단, 격자점 숫자는 표고, 단위는 m)

득점	배점
	6

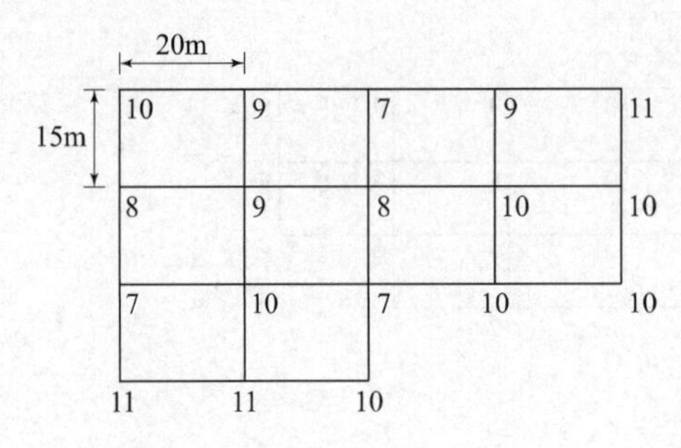

가. 성토에 필요한 운반토량을 구하시오. (단, $L=1.25$, $C=0.9$)

계산 과정)

답 :

나. 적재용량 8t의 덤프트럭으로 운반할 때, 연대수를 구하시오.
(단, 굴착 흙의 단위중량 1.8t/m^3)

계산 과정)

답 :

*확인
8t이 80kN일 경우 1.8t/m^3은 18kN/m^3으로 변경

해답 가. 성토량 $V=\dfrac{a\cdot b}{4}(\Sigma h_1+2\Sigma h_2+3\Sigma h_3+4\Sigma h_4)$

- $\Sigma h_1=\Sigma(15-h_1)=5+4+5+5+4=23\text{m}$
- $\Sigma h_2=\Sigma(15-h_2)$
  $=6+8+6+5+5+4+8+7=49\text{m}$
- $\Sigma h_3=\Sigma(15-h_3)=8\text{m}$
- $\Sigma h_4=\Sigma(15-h_4)=6+7+5+5=23\text{m}$
- 성토량
  $V=\dfrac{20\times 15}{4}(23+2\times 49+3\times 8+4\times 23)$
  $=17{,}775\text{m}^3$

20m, 15m

$h_1=5$	$h_2=6$	$h_2=8$	$h_2=6$	$h_1=4$
$h_2=7$	$h_4=6$	$h_4=7$	$h_4=5$	$h_2=5$
$h_2=8$	$h_4=5$	$h_3=8$	$h_2=5$	$h_1=5$
$h_1=4$	$h_2=4$	$h_1=5$		

$\therefore$ 성토에 필요한 운반토량 = 본바닥 토량$\times\dfrac{L}{C}=17{,}775\times\dfrac{1.25}{0.9}=24{,}687.5\text{m}^3$

나. 연대수 $N=\dfrac{\text{운반토량}}{\text{트럭 적재량}}$ (대)

- 덤프트럭 적재량$=\dfrac{T}{\gamma_t}\cdot L=\dfrac{8}{1.8}\times 1.25=5.56\text{m}^3$

$\therefore N=\dfrac{24{,}687.5}{5.56}=4{,}440.2$ $\therefore$ 4,441 대

□□□ 04②, 06②, 09④, 16②, 21③

09 농공단지 조성을 위하여 다음 그림과 같이 기준면으로부터 고저측량을 하였다. 이 용지를 수평으로 정지하고자 할 때, 절토량과 성토량이 같게 하려고 하면 기준면으로부터 몇 m의 높이로 하면 되는가?

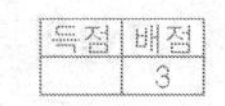

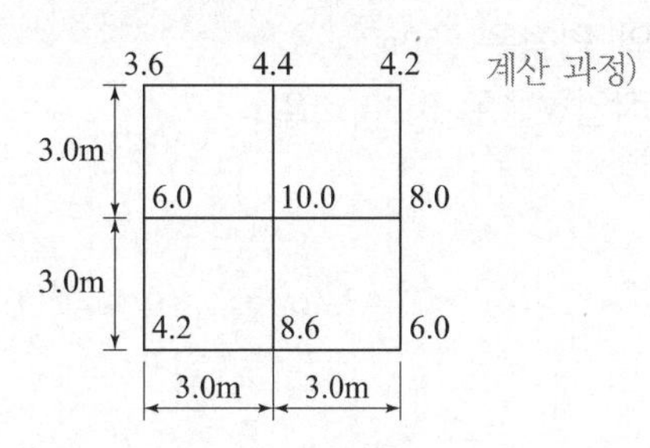

계산 과정)

답 : ____________________

해답 $H=\dfrac{V}{A\times n}$

- $V=\dfrac{a\cdot b}{4}(\Sigma h_1+2\Sigma h_2+4\Sigma h_4)$
- $\Sigma h_1=3.6+4.2+6.0+4.2=18\text{m}$
- $\Sigma h_2=4.4+8.0+8.6+6.0=27\text{m}$
- $\Sigma h_4=10\text{m}$

$\therefore V=\dfrac{3\times 3}{4}\times(18+2\times 27+4\times 10)=252\text{m}^3$

$\therefore H=\dfrac{252}{(3\times 3)\times 4}=7\text{m}$

□□□ 96②, 02①, 08④, 16④, 22①

10 그림과 같이 표고가 20m씩 차이 나는 등고선으로 둘러싸인 지역의 흙을 굴착하여 택지 조성을 계획할 때, 1.0m^3 용적의 굴삭기 2대를 동원하면 굴착에 소요되는 기간은 며칠인가? (단, 굴삭기 사이클 타임=20초, 효율=0.8, 디퍼계수=0.8, $L=1.2$, 1일 작업시간=8시간, 등고선 면적 $A_1=100\text{m}^2$, $A_2=80\text{m}^2$, $A_3=50\text{m}^2$이다.)

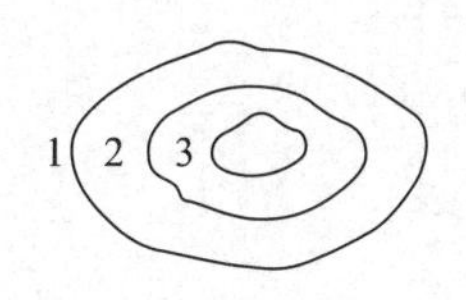

계산 과정)

답 : ____________________

해답
- 굴착토량 $V=\dfrac{h}{3}(A_1+4A_2+A_3)=\dfrac{20}{3}(100+4\times 80+50)=3{,}133.33\text{m}^3$
- 굴삭기 1대 작업량

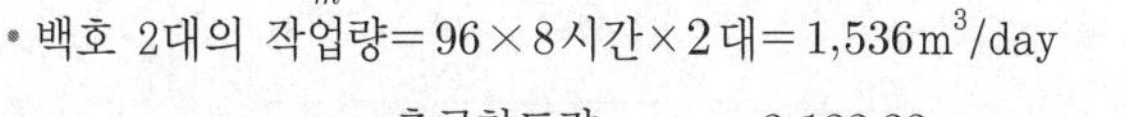

$Q=\dfrac{3{,}600\cdot q\cdot K\cdot f\cdot E}{C_m}=\dfrac{3{,}600\times 1.0\times 0.8\times\dfrac{1}{1.2}\times 0.8}{20}=96\text{m}^3/\text{hr}$

- 백호 2대의 작업량 $=96\times 8$시간$\times 2$대$=1{,}536\text{m}^3/\text{day}$

$\therefore$ 소요공기 $=\dfrac{\text{총굴착토량}}{\text{백호 2대의 작업량}}=\dfrac{3{,}133.33}{1{,}536}=2.04$ $\therefore$ 3일

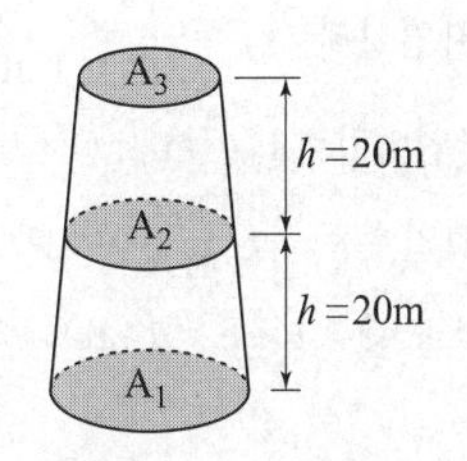

□□□ 91③, 97④, 99②, 01④, 08①, 17②

11 그림과 같은 등고선을 가진 지형으로 굴착하여 아래 그림과 같은 도로 성토를 하려고 한다. 다음 물음에 답하시오.

(단, $L=1.20$, $C=0.90$, 토량은 각주 공식을 사용하며, 등고선의 높이는 20m 간격이며 A_1의 면적은 1,400m^2, A_2의 면적은 950m^2, A_3의 면적은 600m^2, A_4의 면적은 250m^2, A_5의 면적은 100m^2, power shovel의 C_m은 20초, 디퍼계수는 0.95, 작업효율은 0.80, 1일 운전시간은 6시간, 유류 소모량은 $4l$/hr를 적용한다.)

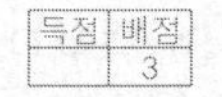

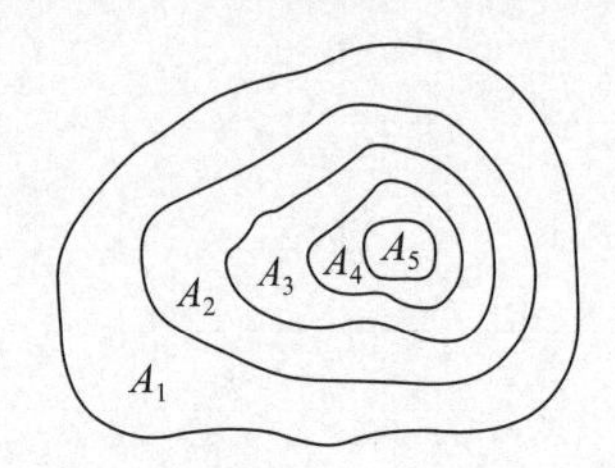

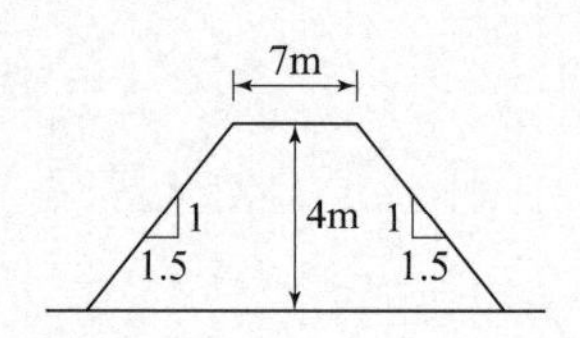

가. 도로 몇 m를 만들 수 있는가?

계산 과정)　　　　　　　　　　　　　　　　　　　　답 : ________

나. 위의 그림과 같은 조건에서 1m^3 Power Shovel 5대가 굴착할 때 작업일수는 몇 일인가?

계산 과정)　　　　　　　　　　　　　　　　　　　　답 : ________

다. power shovel의 총유류소모량은 얼마나 되겠는가?

계산 과정)　　　　　　　　　　　　　　　　　　　　답 : ________

해답 가. 토량계산

- $Q_1 = \dfrac{h}{3}(A_1+4A_2+A_3) = \dfrac{20}{3}(1,400+4\times950+600) = 38,666.67\text{m}^3$
- $Q_2 = \dfrac{h}{3}(A_3+4A_4+A_5) = \dfrac{20}{3}(600+4\times250+100) = 11,333.33\text{m}^3$

$\therefore\ Q = Q_1+Q_2 = 38,666.67+11,333.33 = 50,000\text{m}^3$

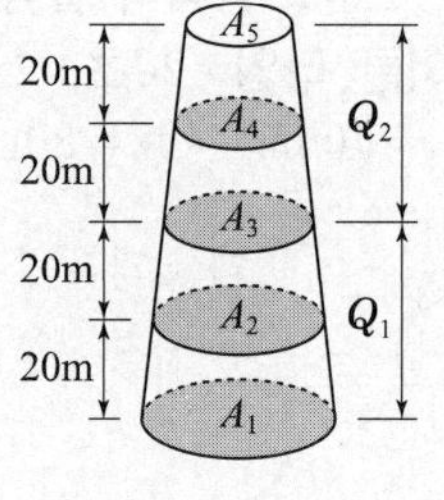

- 도로의 단면적 $A = \dfrac{7+19}{2}\times4 = 52\text{m}^2$
- 도로의 길이$=\dfrac{\text{원지반 토량}\times C}{\text{도로 단면적}} = \dfrac{50,000\times0.90}{52} = 865.38\text{m}$

나. • $Q = \dfrac{3,600\,qKfE}{C_m} = \dfrac{3,600\times1\times0.95\times\dfrac{1}{1.20}\times0.80}{20} = 114\text{m}^3/\text{h}$

$\left(\because\ \text{자연상태} : f = \dfrac{1}{L} = \dfrac{1}{1.20}\right)$

- 1일 작업일량$=114(\text{m}^3/\text{hr})\times6(\text{hr/d})\times5(\text{대}) = 3,420\text{m}^3/\text{d}$

$\therefore$ 작업일수$=\dfrac{50,000}{3,420} = 14.62$　　$\therefore$ 15일

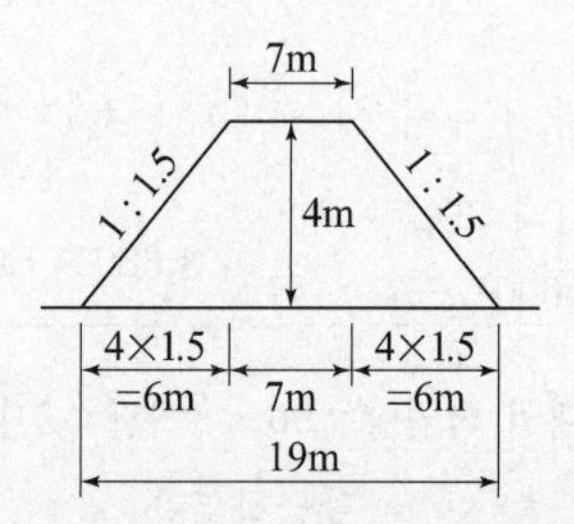

다. 총유류소모량$=4\times6\times14.62\times5 = 1,754.4l$

□□□ 94①, 97①, 03①, 05③, 17①

12 도로토공을 위한 횡단측량 결과, 다음 그림과 같은 결과를 얻었다. Simpson 제2법칙에 의한 횡단면적은? (단위 : m)

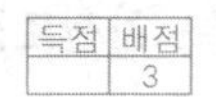

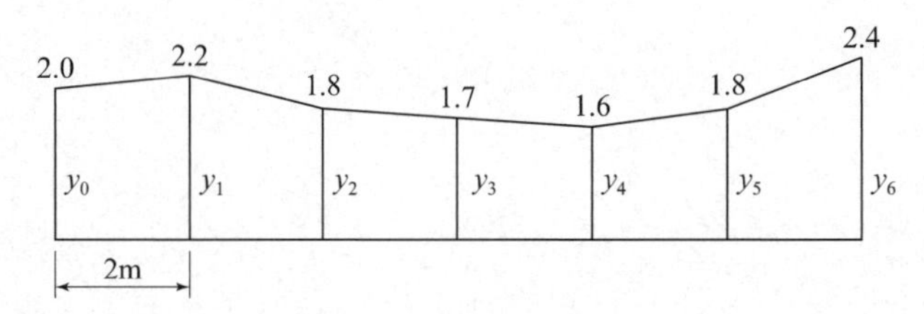

계산 과정)

답 : ______________

해답 ■ 방법 1

• $A_1 = \frac{3d}{8}(y_o + 3y_1 + 3y_2 + y_3)$

$= \frac{3 \times 2}{8}(2.0 + 3 \times 2.2 + 3 \times 1.8 + 1.7)$

$= 11.78\text{m}^2$

• $A_2 = \frac{3d}{8}(y_3 + 3y_4 + 3y_5 + y_6)$

$= \frac{3 \times 2}{8}(1.7 + 3 \times 1.6 + 3 \times 1.8 + 2.4)$

$= 10.73\text{m}^2$

$\therefore\ A = A_1 + A_2 = 11.78 + 10.73 = 22.51\text{m}^2$

■ 방법 2

• $A = \frac{3d}{8}\{y_o + 2(y_3) + 3(y_1 + y_2 + y_4 + y_5) + y_6\}$

$= \frac{3 \times 2}{8}\{2.0 + 2 \times 1.7 + 3(2.2 + 1.8 + 1.6 + 1.8) + 2.4\}$

$= 22.5\text{m}^2$

□□□ 92④, 94②, 98②, 99②, 00③, 01④, 21②

13 다음과 같은 지형에서 시공기준면의 표고를 30m로 할 때, 총토공량은 얼마인가? (단, 격자점의 숫자는 표고를 나타내며 단위는 m이다.)

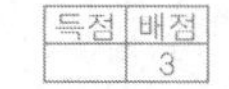

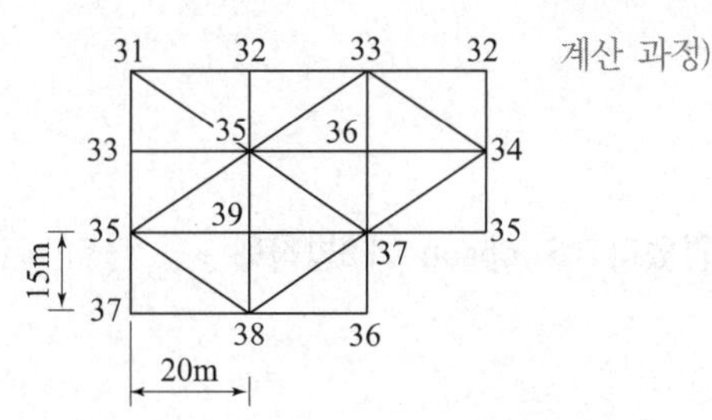

계산 과정)

답 : ______________

해답 • 시공기준면과 각 점 표고와의 차를 구하여 총토공량을 계산

$V = \frac{a \cdot b}{6}(\Sigma h_1 + 2\Sigma h_2 + 3\Sigma h_3 + \cdots + 8\Sigma h_8)$

• $\Sigma h_1 = \Sigma(h_1 - 30) = (32-30) + (35-30) + (36-30) + (37-30) = 20\text{m}$

• $\Sigma h_2 = \Sigma(h_2 - 30) = (31-30) + (32-30) + (33-30) = 6\text{m}$

• $\Sigma h_4 = \Sigma(h_4 - 30) = (33-30) + (34-30) + (38-30) + (35-30) + (36-30) + (39-30) = 35\text{m}$

• $\Sigma h_6 = (37-30) = 7\text{m}$

• $\Sigma h_8 = (35-30) = 5\text{m}$

$\therefore\ V = \frac{15 \times 20}{6}(20 + 2 \times 6 + 4 \times 35 + 6 \times 7 + 8 \times 5) = 12{,}700\text{m}^3$

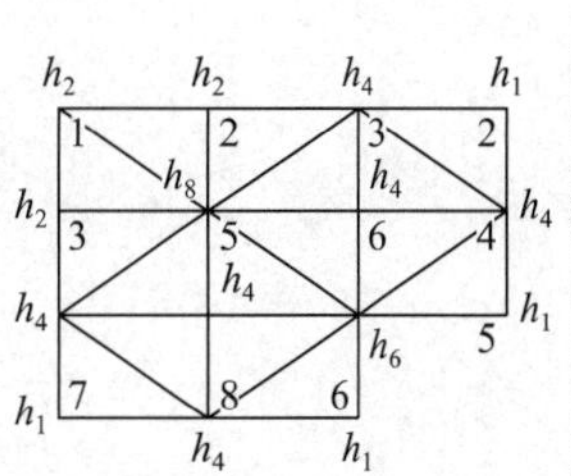

□□□ 94①, 97①, 04①, 12①, 20③

14 하천토공을 위한 횡단측량 결과는 다음 그림과 같다. Simpson 제1법칙에 의한 횡단면적을 구하시오. (단, 단위 : m)

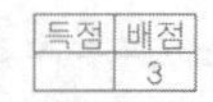

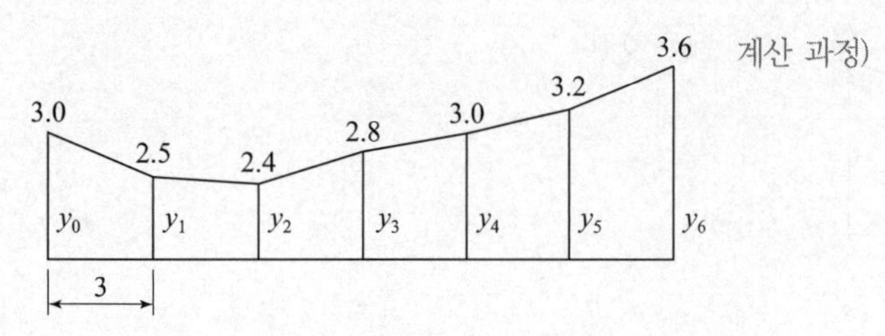

계산 과정)

답 :

해답 ■ 방법 1

$$A=\frac{d}{3}(y_0+y_6+4\Sigma y_{홀수}+2\Sigma_{y짝수})$$

$$=\frac{3}{3}\{3.0+3.6+4\times(2.5+2.8+3.2)+2\times(2.4+3.0)\}$$

$$=51.40\text{m}^2$$

■ 방법 2

• $A_1=\frac{d}{3}(y_0+4y_1+y_2)$

$=\frac{3}{3}\times(3.0+4\times2.5+2.4)=15.4\text{m}^2$

• $A_2=\frac{d}{3}(y_2+4y_3+y_4)$

$=\frac{3}{3}\times(2.4+4\times2.8+3.0)=16.6\text{m}^2$

• $A_3=\frac{d}{3}(y_4+4y_5+y_6)$

$=\frac{3}{3}\times(3.0+4\times3.2+3.6)=19.4\text{m}^2$

$\therefore A=A_1+A_2+A_3=15.4+16.6+19.4$

$=51.40\text{m}^2$

□□□ 11④, 14②, 20④, 22②

15 도로토공을 위한 횡단측량 결과는 다음 그림과 같은 결과를 얻었다. Simpson 제2법칙에 의한 횡단면적을 구하시오. (단, 단위 : m)

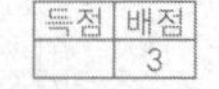

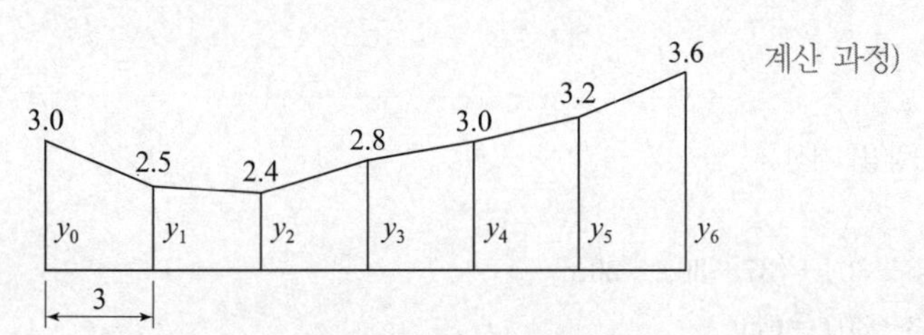

계산 과정)

답 :

해답 ■ 방법 1

$$A=\frac{3d}{8}\{y_o+2(y_3)+3(y_1+y_2+y_4+y_5)+y_6\}$$

$$=\frac{3\times3}{8}\{3.0+2\times2.8+3(2.5+2.4+3.0+3.2)+3.6\}$$

$$=51.19\text{m}^2$$

■ 방법 2

• $A_1=\dfrac{3d}{8}(y_o+3y_1+3y_2+y_3)$

$$=\frac{3\times3}{8}(3.0+3\times2.5+3\times2.4+2.8)$$

$$=23.06\text{m}^2$$

• $A_2=\dfrac{3d}{8}(y_3+3y_4+3y_5+y_6)$

$$=\frac{3\times3}{8}(2.8+3\times3.0+3\times3.2+3.6)$$

$$=28.13\text{m}^2$$

$$\therefore\ A=A_1+A_2=23.06+28.13=51.19\text{m}^2$$

□□□ 10①, 13①, 18③

16 그림과 같은 지형에서 절·성토량이 균형을 이루는 지반고를 구하시오.
(단, 토량변화율은 무시하고, 격자점의 숫자는 지반고를 나타내며 단위는 m이다.)

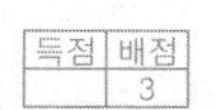

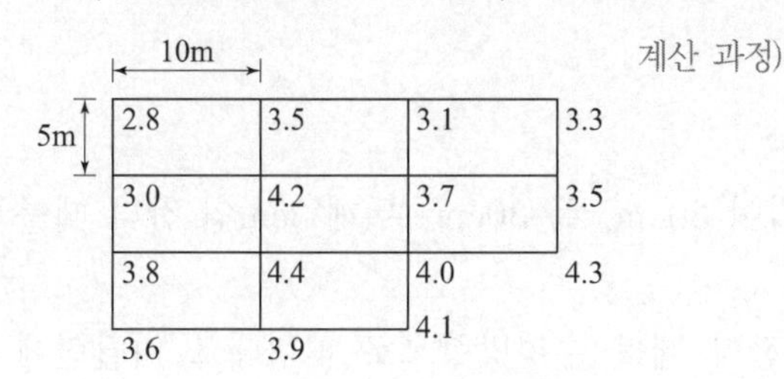

계산 과정)

답 : ____________________

해답 $H=\dfrac{V}{A\times n}$

• $V=\dfrac{a\cdot b}{4}(\Sigma h_1+2\Sigma h_2+3\Sigma h_3+4\Sigma h_4)$

• $\Sigma h_1=2.8+3.3+4.3+4.1+3.6=18.1\text{m}$

• $\Sigma h_2=3.5+3.1+3.5+3.9+3.8+3.0=20.8\text{m}$

• $\Sigma h_3=4.0\text{m}$

• $\Sigma h_4=4.2+3.7+4.4=12.3\text{m}$

h_1=2.8	h_2=3.5	h_2=3.1	h_1=3.3
h_2=3.0	h_4=4.2	h_4=3.7	h_2=3.5
h_2=3.8	h_4=4.4	h_3=4.0	h_1=4.3
h_1=3.6	h_2=3.9	h_1=4.1	

$$\therefore\ V=\frac{5\times10}{4}\times(18.1+2\times20.8+3\times4.0+4\times12.3)=1{,}511.25\text{m}^3$$

$$\therefore\ H=\frac{1{,}511.25}{(5\times10)\times8}=3.78\text{m}$$

05 비탈면 안정공법 □□□

1 비탈면 보호공

비탈면 보호공은 비탈면의 풍화, 침식을 방지하고 비탈면의 안정을 도모하는 것으로 나무의 식재나 잔디를 심어서 보호하는 식생에 의한 보호공과 콘크리트, 석재 등 구조물에 의한 보호공의 두 종류로 대별된다.

기억해요
구조물에 의한 비탈면 보호공법 5가지를 쓰시오.

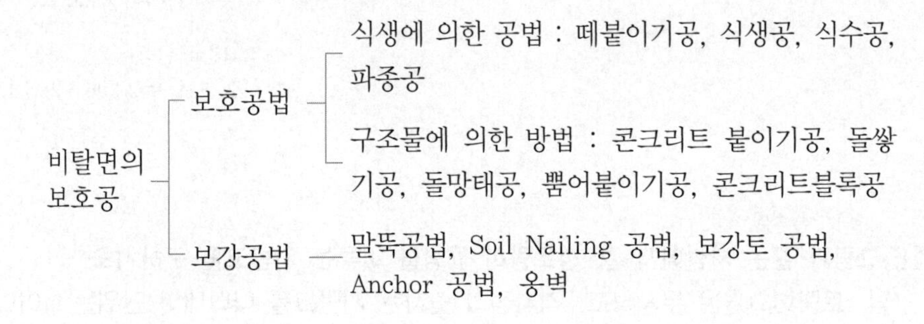

(1) 식생에 의한 보호공

① 떼붙임공

- 평떼공 : 주로 절토부에 길이 30cm, 폭 30cm, 두께 3cm인 잔디 떼를 비탈면 전면에 씌운다.
- 줄떼공 : 주로 성토면에 잔디 떼를 수평방향으로 띠형태로 비탈면에 씌운다.

② 씨앗뿜어붙이기

모르터 건(Gun)을 사용하여 종자, 비료, 흙을 물과 섞어 된비빔 상태로 만들어 비탈면에 압축공기로 뿜어붙이는 공법

핵심용어
씨앗뿌리기공법

③ 씨앗뿌리기공법

기계시공이 가능한 넓은 면적에 씨앗, 비료, 섬유 등을 물에 섞어 slurry 상태로 만들어 펌프를 사용하여 비탈면에 살포하는 공법

④ 식생포공법

주로 성토비탈면에 거칠은 눈금의 직포, 엉성하게 짠 짚가마니, 토막으로 자른 짚 등으로 만든 넓은 포에 씨앗과 비료를 부착시킨 식생포를 비탈면 전면에 씌우는 공법

⑤ 식생반공법

현장의 흙과 짚, 퇴비, 화학비료 등을 혼합하여 만든 식생반을 비탈면에 수평으로 파 놓은 도랑에 띠형태로 묻어 씨앗이 발아·생성하도록 한 것이다.

(2) **구조물에 의한 보호공**

① 모르타르 및 콘크리트 뿜어붙이기공법

모르타르나 콘크리트를 건(Gun)을 사용하여 비탈면에 뿜어붙이는 공법으로 비탈면의 풍화와 함께 격리, 붕괴, 탈락을 방지하는 목적으로 시공한다.

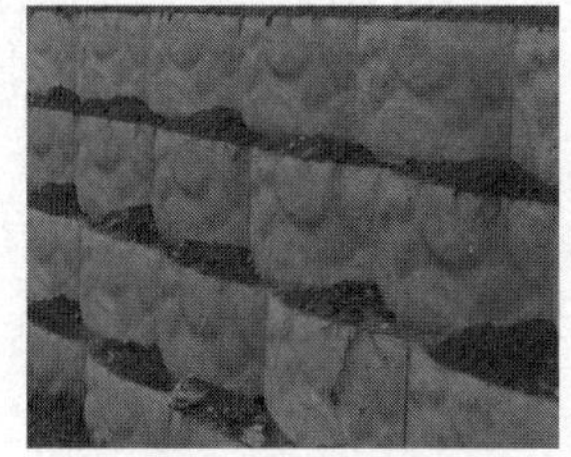
블록쌓기공

② 돌 및 블록 붙임공법

비탈면이 1 : 1보다 완만한 면에 붙이기 공법으로 침식과 풍화를 방지하려는 것이 주목적이며 붕괴탈락방지에도 효과가 있다.

③ 돌망태공

비탈면에 다소의 용수가 있어서 토사가 유출될 염려가 있거나 침투수로 인하여 붕괴된 곳을 복구하는 경우에 적용된다.

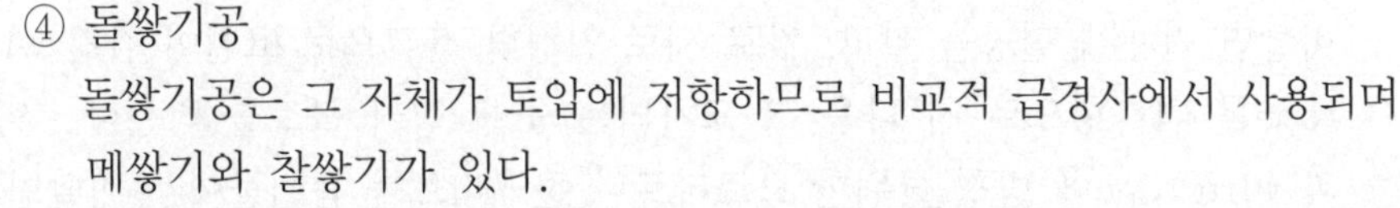

④ 돌쌓기공

돌쌓기공은 그 자체가 토압에 저항하므로 비교적 급경사에서 사용되며 메쌓기와 찰쌓기가 있다.

- 메쌓기 : 모르타르 또는 콘크리트를 사용하지 않고 호박돌, 깬돌, 견치돌 등을 쌓아 올리는 것이다.
- 찰쌓기 : 비탈이 높고 급경사이고 용수가 없는 곳에 모르타르 및 콘크리트를 줄눈 및 뒤채움의 일부에 사용하여 돌쌓기를 한 것이다.

돌망태공

⑤ 콘크리트 붙임공법

균열이 많은 암반, 느슨한 퇴적층의 비탈면에서는 콘크리트 뿜어붙이기가 붕괴될 위험이 있으므로 콘크리트 붙이기를 한다.

2 비탈면의 보강공법

(1) **억지말뚝 공법** anti slide method

핵심용어
억지말뚝공법

① 사면의 활동토체를 관통하여 부동지반까지 말뚝을 일렬로 시공함으로써 사면의 활동하중을 말뚝의 수평저항으로 받아 부동지반에 전달시키는 공법이다.

② 사면안전율의 증가효과가 크고 자중 깊은 곳까지 발생하는 산사태에 저항하는 구조물을 설치하므로 산사태 예방에 많이 사용되고 있다.

(2) **소일 네일링 공법** soil nailing method

핵심용어
소일 네일링 공법

소일 네일링 공법은 절취사면 및 굴착면에 대한 유연한 지보 등을 목적으로 네일을 프리스트레싱 없이 비교적 촘촘하게 원지반에 삽입하여, 원지반 자체의 전단강도를 증대시키고 지반변위를 억제시키는 공법이다.

① 비탈면에 강철봉을 타입 또는 천공 후 삽입시켜 전단력과 인장력에 저항할 수 있도록 한 공법이다.
② 흙의 보강재 사이에 마찰력, 보강재의 인장응력, 전단응력 및 휨모멘트에 대한 저항력으로 흙과 Nailing의 일체화에 의하여 지반의 안정을 유지하는 공법이다.

(3) 암비탈면 보강공

암석 비탈면이 암반의 층리(bedding plane), 절리(joint), 엽리(foliation) 등이 암탈락(rock fall), 전도(topple), 활동(slide) 등을 유발할 수 있는 곳에 록 볼트(rock bolt), 록 앵커(rock anchor) 등으로 보강한다.

기억해요
와이어 프레임 공법의 장점을 3가지만 쓰시오.

(4) 와이어 프레임 공법 Wire Frame Method

비탈면 전체에 철망을 깔고, 가로 세로 일정한 간격으로 코일이 감긴 wire rope를 격자형으로 친 다음 그 교차되는 곳에 앵커 볼트를 박는다. 철망과 wire rope에 방청을 위한 모르타르나 콘크리트를 뿜어붙여서 비탈면의 안정을 유지하도록 하는 공법으로 장점은 다음과 같다.

① 안전시공과 공기가 단축되어 경제적인 공법이다.
② 앵커공법을 병용함으로써 비탈면 안정이 잘된다.
③ 토사나 암석의 이탈을 막을 수 있다.

핵심용어
경량성토공법(EPS)

(5) EPS 발포폴리스티렌 공법

① 발포폴리스티렌(EPS : Expanded Poly Styrene) 합성수지에 발포제를 첨가한 후 가열, 연화시켜 만든 재료를 사용하는 초경량 발포폴리스티렌으로 단위체적중량이 일반 흙의 1/100 정도밖에 되지 않는 초경량성, 인력시공과 급속시공이 가능하고 내구성, 자립성 등이 뛰어나 연약지반이나 급경사지 확폭으로 적용할 수 있는 성토공법으로 경량성토공법이라 한다.
② 경량성토공법의 일종으로 석유 정제과정에서 발생하는 Styrene Monomer(액체)의 종합체로서 얻어지는 Polystyrene(고체)과 여기에 첨가하는 발포제를 주요 원료로 하여 이를 블록화하여 성토체에 활용하거나 구조물의 뒤채움부에 이용하여 특히, 연약지반상의 측방유동 문제 및 교대배면에 적용한다.

③ EPS 공법의 장단점

장 점	단 점
• 내구성이 탁월하고 자립성이다. • 초경량으로 인력시공이 가능하다. • 신속시공이 가능하고 흡수성이 작다.	• 내화성이 없다. • 자재비가 고가이다. • 경량성으로 부력에 대한 저항력이 약하다.

(6) 그라운드 앵커 공법 ground anchor method

사면에 경사방향으로 앵커 및 지압판을 사용하여 활동파괴력만큼의 억지력을 사전에 구속시키는 방법으로 현장 원위치시험 및 실내시험 결과에 의한 강도 특성을 토대로 설계·시공하는 방법이다.

(7) 그물식 뿌리말뚝공법 root pile method, micropile

① 말뚝의 중심에 이형철근이나 강봉과 같은 보강재가 들어 있는 현장타설 콘크리트말뚝으로 말뚝지름은 대체로 100~250mm 정도이다. 이 말뚝은 그 용도에 따라 하중지지 말뚝과 지반보강 말뚝으로 구분되며, 특히 지반보강 말뚝은 나무뿌리가 지반에 뻗은 형상과 같이 배치되어 root pile 또는 micropile이라고 불린다.

핵심용어
그물식 뿌리말뚝

② 직경이 작은 많은 말뚝을 뿌리모양으로 배치하여 구조물을 지지하거나 지반보강용 인장용 등으로 사용하므로 뿌리말뚝공법이라고 한다.

③ 뿌리말뚝공법은 무리효과, 매듭효과 및 보합적인 그물효과가 있다.

| 비탈면 안정공법 |

05 핵심 기출문제 □□□

□□□ 11②

01 아래의 표에서 설명하는 사면보호공법의 명칭을 쓰시오.

득점 | 배점 2

사면의 활동토체를 관통하여 부동지반까지 말뚝을 일렬로 시공함으로써 사면의 활동하중을 말뚝의 수평저항으로 받아 부동지반에 전달시키는 공법이다.

○

해답 억지말뚝공법

□□□ 96②③, 08②

02 절취사면 및 굴착면에 대한 유연한 지보 등을 목적으로 네일을 프리스트레싱 없이 비교적 촘촘하게 원지반에 삽입하여, 원지반 자체의 전단강도를 증대시키고 지반변위를 억제시키는 공법은?

득점 | 배점 3

○

해답 소일 네일링(soil nailing) 공법

□□□ 11①

03 아래 표에서 설명하는 공법의 명칭을 쓰시오.

득점 | 배점 2

발포폴리스티렌 합성수지에 발포제를 첨가한 후 가열, 연화시켜 만든 재료를 사용하는 초경량 발포 폴리스티렌으로 단위체적중량이 일반 흙의 1/100 정도밖에 되지 않는 초경량성, 인력시공과 급속시공이 가능하고 내구성, 자립성 등이 뛰어나 연약지반이나 급경사지 확폭으로 적용할 수 있는 성토공법

○

해답 경량성토공법(EPS : Expanded Poly Styrene)

□□□ 00④

04 경량성토공법의 일종으로 석유 정제과정에서 발생하는 Styrene Monomer(액체)의 종합체로서 얻어지는 Poly Styrene(고체)과 여기에 첨가하는 발포제를 주요 원료로 하여 이를 블록화하여 성토체에 활용하거나 구조물의 뒤채움부에 이용하여 특히, 연약지반상의 측방유동 문제 및 교대배면에 적용하는 이 공법의 이름을 쓰시오.

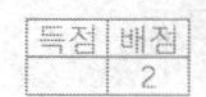

득점	배점
	2

○

해답 EPS(Expanded Poly Styrene) 공법

□□□ 01①

05 아래에서 설명하는 말뚝의 명칭은 무엇인가?

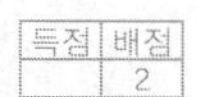

득점	배점
	2

> 말뚝의 중심에 이형철근이나 강봉과 같은 보강재가 들어 있는 현장타설 콘크리트말뚝으로 말뚝지름은 대체로 100～250mm 정도이다. 이 말뚝은 그 용도에 따라 하중지지 말뚝과 지반보강 말뚝으로 구분되며, 특히 지반보강 말뚝은 나무뿌리가 지반에 뻗은 형상과 같이 배치되어 root pile이라고 불린다.

○

해답 그물식 뿌리말뚝(RRP) 또는 마이크로파일(micropile)

과년도 예상문제

토공 개론

□□□ 90②

01 토공작업에 있어서 비탈면의 위치, 구배, 노체, 노상의 완성고 등을 나타내기 위해서 현장에 설치하는 가설물을 무엇이라 하는가?

○

해답 규준틀

□□□ 88②

02 저지대(低地帶)에 상당한 면적으로 성토(盛土)하는 작업 또는 육지를 조성하기 위하여 수중(水中)을 메우는 작업을 무엇이라고 하는가?

○

해답 매립(reclamation)

□□□ 84③

03 $40,500m^3$(완성된 토량)의 성토를 하는 데 유용토가 $32,000m^3$(느슨한 토량)이 있다. 이때 부족한 토량은 본바닥토량으로 얼마인가?
(단, 흙의 종류는 사질토, 토량변환율은 $L=1.25$, $C=0.80$)

계산 과정) 답 :

해답 • 완성된 토량을 본바닥토량 $=40,500\times\dfrac{1}{0.80}=50,625m^3$

• 유용토(느슨한 토량)을 본바닥토량 $=32,000\times\dfrac{1}{1.25}=25,600m^3$

$\therefore$ 부족한 토량 $=50,625-25,600=25,025m^3$(본바닥토량)

□□□ 예상문제

04 토공작업 용어 중 육상에서의 굴착은 절토흙을 메우는 작업을 성토라 하는데 수중에서 이를 각각 무엇이라 하는가?

○

해답 굴착 : 준설, 성토 : 매립

□□□ 예상문제

05 통일분류법에 이용되는 분류기호는 크게 G군, S군, M군, C군 등으로 나눌 수 있다. 이 중에서 기초지반의 지지력면에서 양호한 재료를 통일분류기호로 5가지만 쓰시오.
(단, 지지력이 양호할 수 있고 불량할 수도 있는 재료는 제외)

① ____ ② ____
③ ____ ④ ____
⑤ ____

해답 ① GW ② GP ③ GM ④ GC ⑤ SW

□□□ 95⑤, 98①, 22①

06 함수비가 20%인 토취장흙의 습윤밀도가 $1.92g/cm^3$이었다. 이 흙으로 도로를 축조할 때, 함수비는 15%이고 습윤밀도는 $2.025g/cm^3$이었다. 이 경우 흙의 토량변화율(C)은 대략 얼마인가?

계산 과정) 답 :

해답 토량변화율 $C=\dfrac{\text{본바닥 흙의 건조밀도}}{\text{다짐 후의 건조밀도}}$

• 본바닥 흙의 건조밀도 $\rho_d=\dfrac{\rho_t}{1+w}=\dfrac{1.92}{1+0.20}=1.60g/cm^3$

• 다짐 후의 건조밀도 $\rho_d=\dfrac{\rho_t}{1+w}=\dfrac{2.025}{1+0.15}=1.76g/cm^3$

$\therefore C=\dfrac{1.60}{1.76}=0.91$

□□□ 84, 85①③, 87①

07 토공의 시공계획 수립 시 시공기면(施工基面)을 결정할 때, 고려하여야 할 사항 4가지만 쓰시오.

① ________________ ② ________________

③ ________________ ④ ________________

해답 ① 토공량이 최소가 되도록 절·성토량이 같게 배분할 것
② 가까운 곳에 토취장과 토사장을 둘 경우 운반거리를 짧게 할 것
③ 연약지반, 낙석의 위험이 있는 지역은 가능한 한 피할 것
④ 암석굴착은 상당한 비용을 요하므로 가능한 한 적게 할 것
⑤ 비탈면은 흙의 안정을 고려할 것

□□□ 97③

08 도시지리 등에 관련된 다양한 정보를 그들 특성에 따라 공간지 위치기준에 맞추어 입력·저장하여 컴퓨터에 의한 처리를 함으로써 여러 가지의 목적에 맞도록 활용·분석 및 출력을 할 수 있는 정보체계를 통칭하여 무엇이라고 하는가?

○

해답 지형 공간 정보체계(GSIS : Geo Spatial Information System)

□□□ 85①

09 본바닥에서 25,000m³의 토량을 굴착, 운반, 성토한다. 이 중 25%는 점토이고 나머지는 사질토이다. 운반은 4m³ 트럭을 사용할 때, 필요한 트럭의 수는 몇 대인가? 이때 토량변화율 표는 다음과 같다.

구 분	L	C
점 토	1.3	0.9
사질토	1.25	0.88

계산 과정)

답: ________________

해답 운반토량
- 점토 : $(25{,}000\times0.25)\times1.3=8{,}125\text{m}^3$
- 사질토 : $(25{,}000\times0.75)\times1.25=23{,}437.5\text{m}^3$

$\therefore$ 트럭 대수 $N=\dfrac{\text{운반토량}}{\text{적재량}}=\dfrac{8{,}125+23{,}437.5}{4}$

$=7{,}890.6 \quad \therefore$ 7,891대

□□□ 88②

10 다음과 같은 조건에서 절토 운반하여 성토 후 발생되는 사토량(자연상태)은 얼마인가?
(단, 역질토는 $C=0.95$, 점질토 $C=0.90$이고, 역질토를 먼저 절취하여 성토한다.)

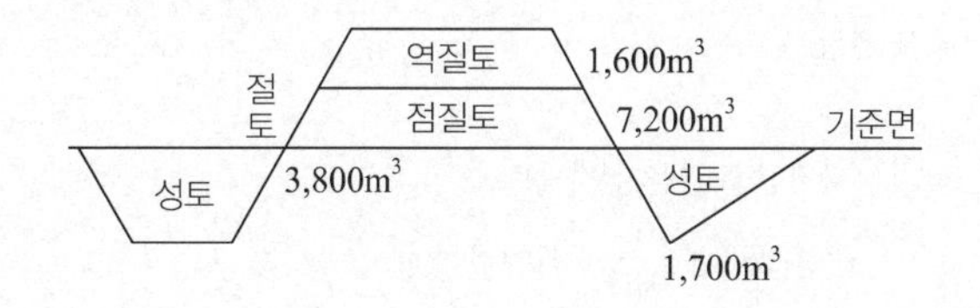

계산 과정) 답: ________________

해답
- 역질토의 성토량 $=1{,}600\times0.95=1{,}520\text{m}^3$
- 잔여성토량 $=(3{,}800+1{,}700)-1{,}520$
$=3{,}980\text{m}^3$(자연상태)
- 완성토량의 잔여성토량$=\dfrac{3{,}980}{0.9}$
$=4{,}422.22\text{m}^3$(다짐상태)

$\therefore$ 사토량$=7{,}200-4{,}422.22=2{,}777.78\text{m}^3$
(남은 점질토)

□□□ 92①, 20①

11 토량의 변화율이 다음과 같을 경우, 답란에 빈칸을 채우시오.

$$L=\frac{\text{흐트러진 토량}}{\text{자연상태의 토량}},\quad C=\frac{\text{다진 후의 토량}}{\text{자연상태의 토량}}$$

기준이 되는 토량(q) \ 구하는 토량(Q)	자연상태의 토량	흐트러진 토량	다진 후의 토량
자연상태의 토량			
흐트러진 토량			

해답

기준이 되는 토량(q) \ 구하는 토량(Q)	자연상태의 토량	흐트러진 토량	다진 후의 토량
자연상태의 토량	1	L	C
흐트러진 토량	$\dfrac{1}{L}$	$\dfrac{L}{L}=1$	$\dfrac{C}{L}$

□□□ 96②

12 다져진 토량 $40,000m^3$가 성토하기 위하여 필요하나, 본바닥토량이 $25,000m^3$밖에 확보되어 있지 않다. 본바닥토는 사질토로서 토량변화율은 $L=1.30$, $C=0.85$이다. 동일한 조건의 부족토량은 흐트러진 상태로 몇 m^3인가?

계산 과정) 답 : ____________

해답 • 다져진 토량을 본바닥토량

$$=40,000\times\frac{1}{0.85}=47,058.82m^3$$

$$\therefore \text{부족토량}=(47,058.82-25,000)\times L$$
$$=(47,058.82-25,000)\times1.30$$
$$=28,676.47m^3(\text{흐트러진 상태})$$

□□□ 84①

13 사질토 $50,000m^3$와 경암 $30,000m^3$를 가지고 성토할 경우, 운반토량과 다져서 성토가 완료된 토량은 얼마인가?
(단, 경암의 채움재를 20%로 보며 사질토의 경우 $L=1.2$, $C=0.9$, 경암의 경우 $L=1.65$, $C=1.40$이다.)

계산 과정) 답 : ____________

해답 • 운반토량 $=50,000\times L+30,000\times L$
$$=50,000\times1.2+30,000\times1.65$$
$$=109,500m^3$$

• 완료된 토량 $=50,000\times C+30,000\times C(1-0.20)$
$$=50,000\times0.9+30,000\times1.40\times(1-0.20)$$
$$=78,600m^3$$

□□□ 85③, 20④

14 다져진 상태의 토량 $37,800m^3$을 성토하는 데 흐트러진 상태의 토량 $30,000m^3$이 있다. 이때 부족토량은 자연상태의 토량으로 얼마인가?
(단, 흙은 사질토이고 토량의 변화율은 $L=1.25$, $C=0.90$이다.)

계산 과정) 답 : ____________

해답 • 다져진 상태의 토량을 자연상태의 토량으로 환산

$$37,800\times\frac{1}{0.9}=42,000m^3$$

• 흐트러진 상태의 토량을 자연상태의 토량으로 환산

$$30,000\times\frac{1}{1.25}=24,000m^3$$

$$\therefore \text{부족토량}=42,000-24,000=18,000m^3$$

□□□ 93②, 94③

15 $12,000m^3$의 성토공사를 위하여 현장의 절토(점질토)로부터 $7,000m^3$(본바닥 토량)를 유용하고, 부족분은 인근 토취장(사질토)에서 운반해 올 경우, 토취장에서 굴착해야 할 본바닥토량은 얼마인가?
(단, 점질토의 $C=0.92$, 사질토의 $C=0.88$)

계산 과정) 답 : ____________

해답 • 점질토 유용토 $=7,000\times0.92=6,440m^3$

• 부족토량 $=(12,000-6,440)\times\frac{1}{0.88}$
$$=6,318.18m^3(\text{본바닥토량})$$

□□□ 86①

16 본바닥토량 $10,000m^3$의 바닥파기를 하여 사토장까지 운반하고 또다시 원위치에 되메워 다지기를 할 때 운반토량과 되메우기 후의 과부족토량을 계산하시오.
(단, 토량변화율은 $L=1.3$, $C=0.85$)

계산 과정) 답 : ____________

해답 • 운반토량 $=10,000\times1.3=13,000m^3$

• 되메우기 토량 $=13,000\times\frac{0.85}{1.3}=8,500m^3$

$$\therefore \text{과부족토량}=10,000-8,500$$
$$=1,500m^3(\text{본바닥토량})$$

□□□ 93③

17 본바닥을 굴착하여 $8,800m^3$를 성토할 계획으로 $5m^3$를 적재할 수 있는 덤프트럭을 사용하면 운반 소요대수는 얼마인가?
(단, 토량변화율 $L=1.25$, $C=0.88$이다.)

계산 과정) 답 : ____________

해답 운반토량 $=$성토량(다짐토량)$\times\frac{L}{C}$

$$=8.800\times\frac{1.25}{0.88}=12,500m^3$$

$$\therefore \text{소요대수 } N=\frac{\text{운반토량}}{\text{적재량}}=\frac{12,500}{5}=2,500\text{대}$$

($\because$ 덤프트럭의 적재용량 $5m^3$은 흐트러진 상태)

□□□ 94④

18 **계획고에 맞추어 부지 조성공사를 하고자 그림과 같이 본바닥토를 굴착하여 A 및 B 구역에 성토를 하고자 한다. 토량변화율이 다음과 같을 때 유용토량(자연상태)과 사토량(흐트러진 상태)은 얼마인가?**
(단, A구간에는 사질토, B구간에는 점성토를 사용한다.)

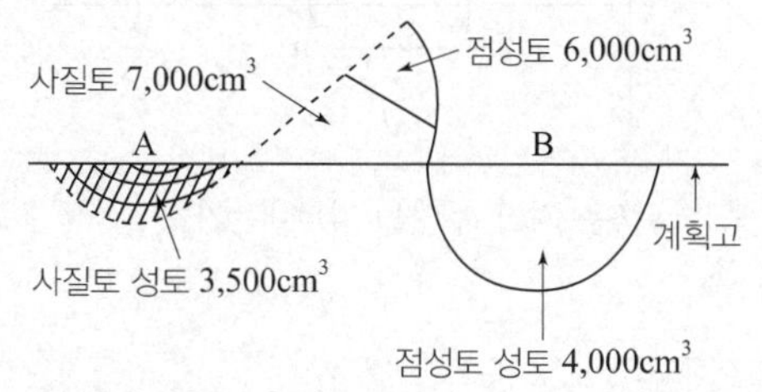

▪ 토량변화율

구분	C값	L값
사질토	0.90	1.25
점성토	0.85	1.30

가. 유용토량을 구하시오.
- 사질토(A구역) :
- 점성토(B구역) :

나. 사토량을 구하시오.
- 사질토 :
- 점성토 :

해답 가. • 사질토(A구역) : $3.500 \times \dfrac{1}{0.90} = 3,888.89\text{m}^3$

• 점성토(B구역) : $4.000 \times \dfrac{1}{0.85} = 4,705.88\text{m}^3$

나. 사토량
- 사질토 : $(7,000 - 3,888.89) \times 1.25$
  $= 3,888.89\text{m}^3$
- 점성토 : $(6,000 - 4,705.88) \times 1.3\text{m}^3$
  $= 1,682.36\text{m}^3$

□□□ 88②

19 **흙(사질토)으로 18,000m³의 성토를 할 때의 굴착 및 운반토량은 얼마나 될 것인가?**
(단, 토량의 변화율은 L=1.25, C=0.9임.)

계산 과정) 답 :

해답 • 굴착토량$= 18,000 \times \dfrac{1}{0.9} = 20,000\text{m}^3$(자연상태)

• 운반토량$= 18,000 \times \dfrac{1.25}{0.9} = 25,000\text{m}^3$(흐트러진 상태)

□□□ 88③

20 **아래 그림에서 (A)의 본바닥을 굴착·운반하여 (B), (C)에 성토하고 남은 점토는 사토하려고 한다. 8t 트럭 10대가 몇 회나 운반하여야 하는가?**
(단, 모래의 C=0.90, L=1.20, 점토의 C=0.95, L=1.35, γ_t =2t/m³)

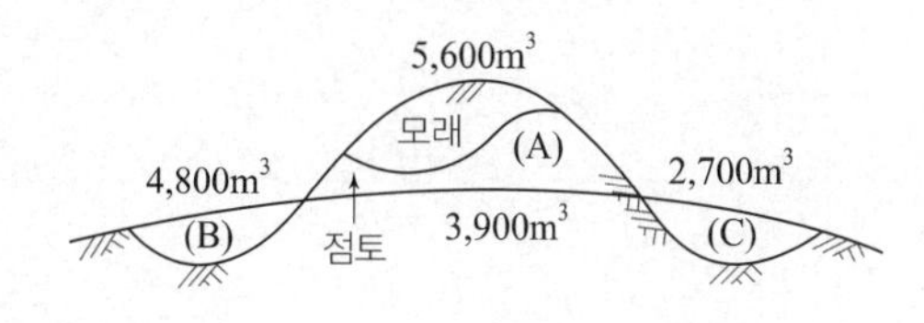

계산 과정) 답 :

해답 • 모래의 성토량$= 5,600 \times 0.90 = 5,040\text{m}^3$
• 미성토량$= (4,800 + 2,700) - 5,040 = 2,460\text{m}^3$
• 남은 점토량$= 3,900 - \left(2,460 \times \dfrac{1}{0.95}\right) = 1,310.53\text{m}^3$
• 트럭의 적재량 $q_t = \dfrac{T}{\gamma_t} L = \dfrac{8}{2} \times 1.35 = 5.4\text{m}^3$

$\therefore$ 트럭의 운반횟수 $N = \dfrac{\text{운반토량}}{\text{트럭의 적재량}}$
$= \dfrac{1,310.53 \times 1.35}{5.4 \times 10}$
$= 32.76 \quad \therefore$ 33회

참고 8t → 80kN이면 2t/m³은 20kN/m³

□□□ 84②, 85②, 13②

21 **토취장을 선정함에 있어서 어떤 조건을 고려하여 정해야 하는지 5가지만 쓰시오.**

① ②
③ ④
⑤

해답 ① 토질이 양호할 것
② 토량이 충분할 것
③ 싣기가 편리한 지형일 것
④ 성토장소를 향해서 내리막 비탈 $\dfrac{1}{50} \sim \dfrac{1}{100}$ 정도를 유지할 것
⑤ 운반도로가 양호하며 장해물이 적고 유지가 용이할 것
⑥ 용수, 붕괴의 우려가 없고 배수에 양호한 지형일 것
⑦ 기계의 사용이 용이할 것

유토곡선

□□□ 98⑤

22 토공계획 수립시 토적곡선(mass curve)을 이용하여 얻을 수 있는 시공정보 5가지를 쓰시오.

① ______ ② ______

③ ______ ④ ______

⑤ ______

해답 ① 토량 배분 ② 토량의 평균운반거리 산출
③ 토공기계 결정 ④ 시공방법 결정
⑤ 토취장 및 토사장 선정

□□□ 85①

23 유토곡선(토량곡선 : mass curve)의 성질을 3가지만 쓰시오.

① ______ ② ______

③ ______

해답 ① 기울기가 (+)면 절토구간, (−)면 성토구간을 나타낸다.
② 기울기가 (+)에서 (−)로 변하는 극대점에서 흙의 좌(左)에서 우(右)로 유용된다.
③ 기울기가 (−)에서 (+)로 변하는 극소점에서 흙은 우(右)에서 좌(左)로 유용된다.
④ 기선과 교차되는 구간은 절토량과 성토량이 평형을 이룬다.
⑤ 유용토의 평균운반거리는 폐합구간의 종거를 2등분하는 수평선이 유토곡선과 교차하는 선분의 길이다.

□□□ 86①

24 유토곡선(mass curve)을 활용하여 토량의 운반거리를 산출할 계획을 갖고 실제 시공시에 현장에서 일어나는 문제점을 설명하시오.

○

해답 동일 단면 내에서 횡방향 유용토는 제외되었으므로 동일 단면 내의 절토량과 성토량을 유토곡선에서 구할 수 없다.

□□□ 92③, 95①, 97①

25 다음 그림은 토적곡선(mass curve)을 나타낸 것이다. 다음 물음에 답하시오.

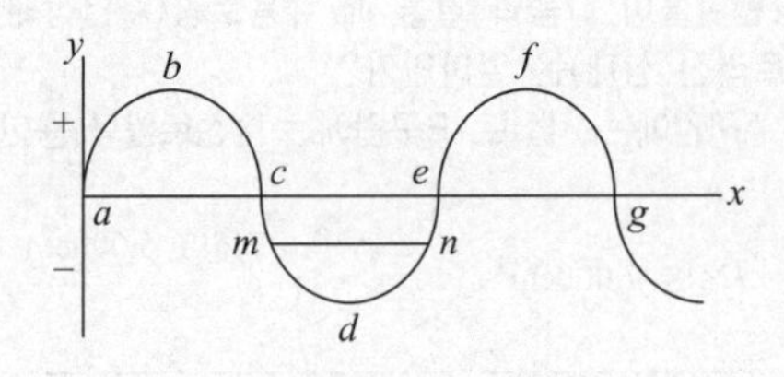

가. x축과 y축은 각각 무엇을 나타내는가?

• x축 : • y축 :

나. 절토에서 성토로 옮기는 점은?

•

다. 성토량과 절토량이 처음으로 균형을 이루는 점은?

•

라. 선분 $\overline{mn}$이 x축과 평행을 이룰 때 구간 내의 성토량과 절토량은 어떠한가?

•

해답 가. x축 : 거리, y축 : 누가토량
나. b, f 다. c 라. 같다.

□□□ 93②, 94③

26 그림과 같은 토적곡선에 관련된 기술내용을 완성하시오.

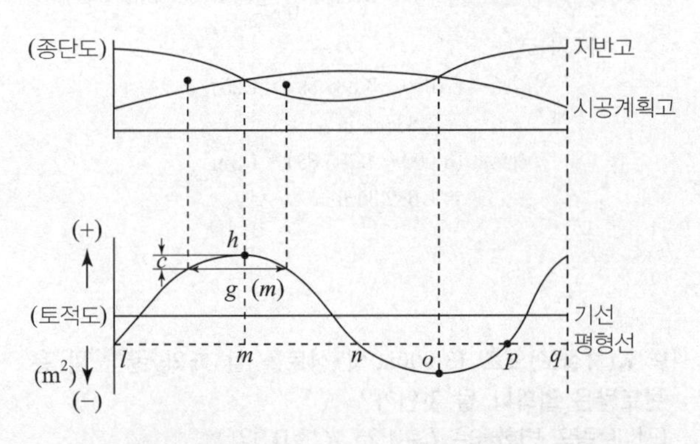

가. 토공계획상 사토장의 위치는 $l \sim q$ 중 ( )위치가 좋다.

나. g가 불도저의 평균운반거리이고, 그때의 운반토량이 c(m^3)라면 불도저의 총운반토량은 ( )이다.

다. 토적곡선에서 토량 mh는 ( )구간에서 발생된 절토량을 성토량으로 유용하는 양이다.

해답 가. q 나. $2c$ 다. lm

□□□ 87②

27 아래 토적도(mass curve)에서 다음의 빈칸을 채우시오.

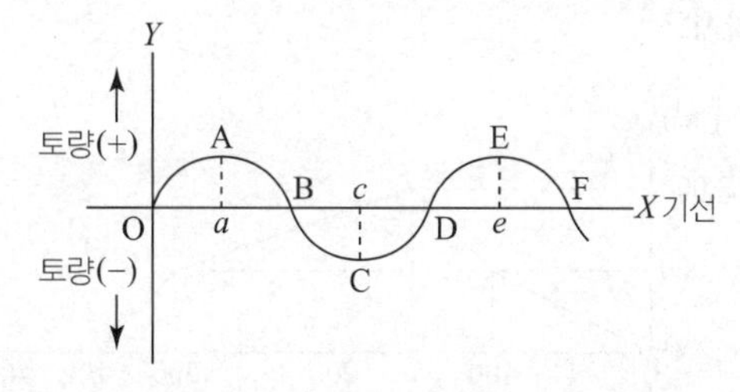

가. 토적곡선의 상승부분 OA, CE 부분은 (①)부분이다. 토적곡선의 하향부분 AC, EF 부분은 (②)부분이다.

나. 토적곡선의 loop가 산모양일 때는 절취 굴착토가 (③) 쪽에서 (④)쪽으로 이동한다.

다. 기선 OX상의 점 B, D, F에서는 토량의 이동이 (⑤)다.

라. OB에서는 절성토량이 (⑥)다.

마. 토적곡선이 기선 OX보다 아래에서 끝날 때는 토량이 (⑦)하다.

해답 가. ① : 절토 ② : 성토 나. ③ : 왼 ④ : 오른
다. ⑤ : 없 라. ⑥ : (서로) 같
마. ⑦ : 부족

□□□ 88③

28 다음 그림은 토적곡선(mass curve)이다. 물음에 답하시오.

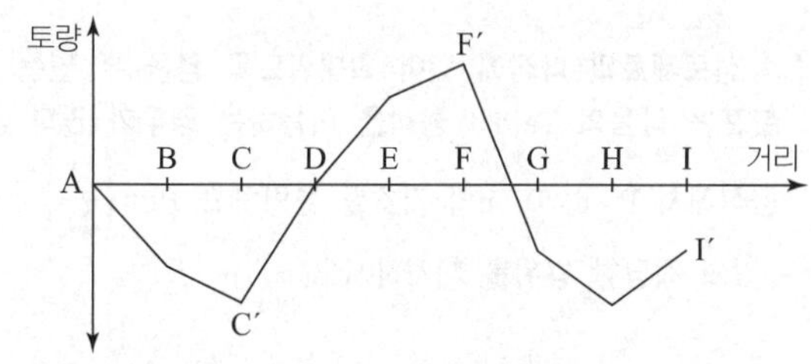

가. 기울기가 (−)에서 (+)로 변하는 극소점 C′ 부근은 흙을 어떻게 유용하는가?

•

나. 기울기가 (+)이면 어떤 구간인가?

•

다. 토적곡선이 I′에서 끝나면 이때 의미하는 것은?

•

해답 가. 흙은 우(右)에서 좌(左)로 유용된다.(←)
나. 절토구간
다. 토취장이 필요(부족토량)

□□□ 95④

29 다음 토적곡선에서 영문으로 표기된 부분이 의미하는 내용을 쓰시오.

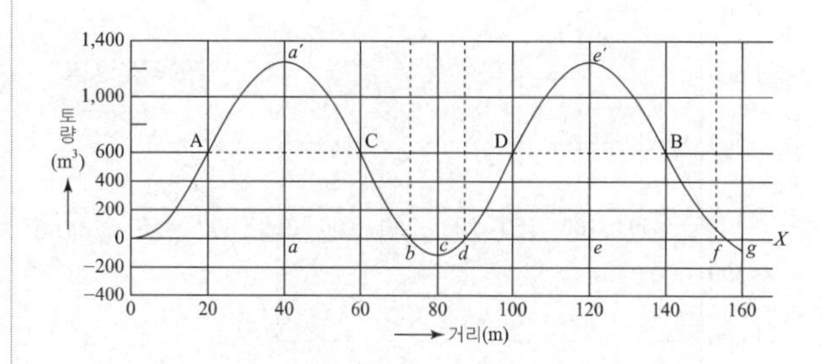

가. 점 a', c, e'

나. 곡선 $o-a'$, $c-e'$

다. 곡선 $a'-c$, $e'-g$

라. 기선상의 교점 b, d, f

마. 구간 $f-X$

바. $\overline{aa'}$, $\overline{ee'}$

해답 가. 절토와 성토의 경계를 표시한다.
나. 절토(절취) 부분
다. 성토부분
라. 절성토량이 같고 시공기면은 평형이 된다.
마. 성토토량이 부족함을 표시한다.
바. 절토(절취)에서 성토로 운반하는 의미의 전토량을 표시한다.

□□□ 96⑤

30 다음 토적곡선을 참조하여 ( ) 안에 적당한 용어를 쓰시오.

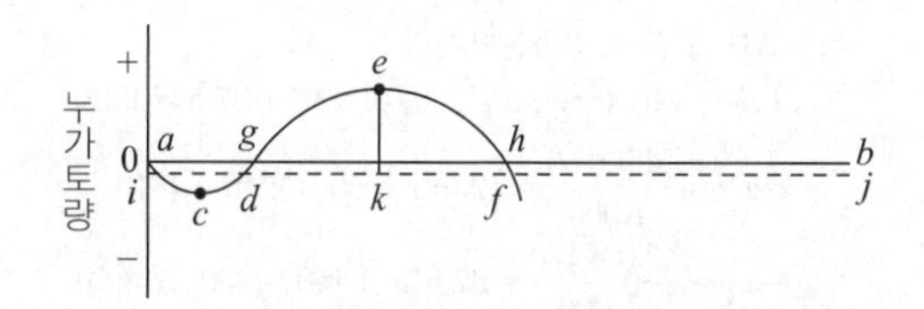

가. 곡선의 상향구간인 cg는 ( )이다.

나. 곡선의 극대점(e) 및 극소점(c)은 ( )이다.

다. 기선 ab에 평행한 임의의 직선 (ij)을 ( )이라 한다.

라. 곡선 $dgehf$의 경우, ke는 ( )이다.

해답 가. 절토구간
나. 변이점
다. 평행선
라. 절토량(운반토량)

□□□ 92④, 95⑤, 98④

31 토적곡선(mass curve)에서 물음에 답하시오.

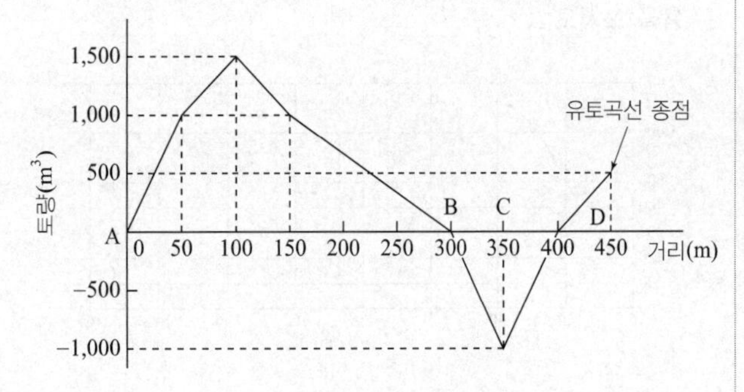

가. $\overline{AB}$ 구간에서 총절토량은 몇 m^3인가?

•

나. $\overline{AB}$ 구간에서 평균운반거리는 몇 m인가?

•

다. $\overline{BD}$ 구간에서 절성토량의 차이는 몇 m^3인가?

•

해답

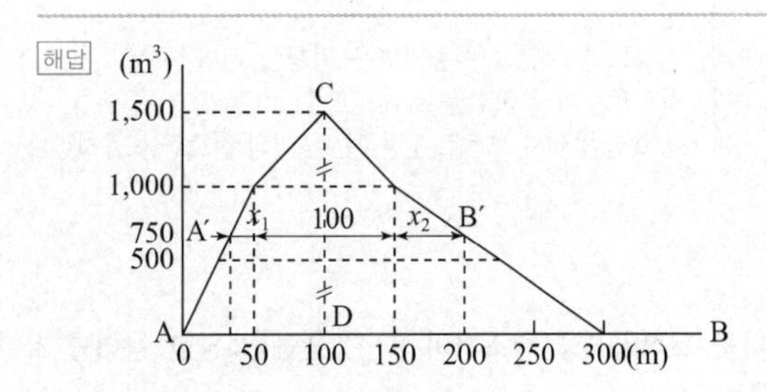

가. $\overline{AB}$ 구간의 절토량 CD = 1,500m^3

나. $\overline{AB}$ 구간의 평균운반거리

$(150-50)+x_1+x_2=100+12.5+37.5=150\text{m}$

• $x_1=\dfrac{250\times 50}{1,000}=12.5(x_1 : 50=250 : 1,000)$

• $x_2=\dfrac{250\times 150}{1,000}=37.5(x_2 : 150=250 : 1,000)$

다. 500m^3

□□□ 93④

32 토적곡선(mass curve)에서 극대점과 극소점은 각각 어떠한 점인가?

• 극대점 :

• 극소점 :

해답 • 극대점 : 절토에서 성토로 변하는 변이점

• 극소점 : 성토에서 절토로 변하는 변이점

□□□ 95③

33 그림과 같은 유토곡선(mass curve)에서 다음 물음에 답하시오.

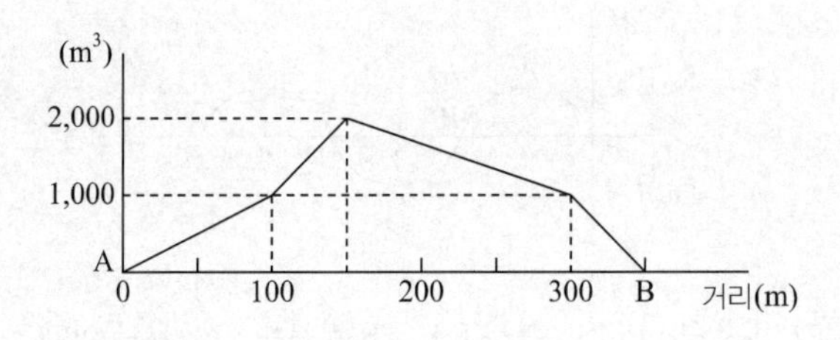

가. $\overline{AB}$ 구간에서의 총절토량은 몇 m^3인가?

•

나. $\overline{AB}$ 구간 토공의 평균운반거리는 몇 m인가?

•

해답 가. 2,000m^3

나. 토량 2,000m^3의 중간인 1,000m^3의 거리

$300-100=200\text{m}$

성토공과 절토공

□□□ 예상문제

34 성토재료의 다짐에 있어 최대밀도를 얻을 수 있는 입도분포는 다음의 Talbot 공식을 이용하는 경우가 많다. 다음 공식에서 P, d, D, n의 기호를 설명하고 $P=\left(\dfrac{d}{D}\right)^n$, 특히 n값의 적당한 범위를 제시하시오.

가. P : d : D : n :

나. n값의 적당한 범위 :

해답 가. P : 어느 체를 통과하는 토립자양의 전체량에 대한 비

d : 그 체눈금의 크기(mm)

D : 최대입경(mm)

n : 지수

나. 0.25 ~ 0.50

□□□ 예상문제

35 **성토다짐도의 측정방식은 건조밀도, 포화도 또는 공기간극률, 강도 특성, 다짐횟수 등으로 규정하고 있다. 이 중에서 포화도 또는 공기간극률을 측정하는 방식에 있어 포화도(S_r)와 공기간극률(V_a)을 계산하는 수식을 쓰고 또 어느 범위(%)로 규정하고 있는지 적용범위를 쓰시오.**

가. 계산하는 수식
- 포화도 :
- 공기간극률 :

나. 적용범위
- 포화도 :
- 공기간극률 :

해답 가. • 포화도 $S_r = \dfrac{W}{\dfrac{\gamma_w}{\gamma_d} - \dfrac{1}{G_s}}$

공기간극률 $V_a = 100 - \dfrac{\gamma_d}{\gamma_w}\left(\dfrac{100}{G_s} + w\right)$

나. • 포화도 : 85∼95%
• 공기간극률 : 2∼10%

□□□ 86②, 19③

36 **현장다짐시 최대건조단위중량=18kN/m³이었다. 다짐도를 90%로 정했을 때 흙의 건조단위중량을 구하고, 이 흙의 비중을 2.80, 함수비 16%라 할 때 포화도(S_r)를 구하시오. (단, γ_w =9.80kN/m³, 소수 셋째자리에서 반올림하시오.)**

계산 과정) [답] 건조밀도 : ______, 포화도 : ______

해답 • 다짐도$= \dfrac{\gamma_d}{\gamma_{d\max}} \times 100$에서

건조단위중량 $\gamma_d = \dfrac{\text{다짐도(\%)}}{100} \times \gamma_{d\max}$

$= \dfrac{90}{100} \times 18 = 16.2\text{kN/m}^3$

• $\gamma_d = \dfrac{G_s}{1+e}\gamma_w$에서

$e = \dfrac{\gamma_w}{\gamma_d}G_s - 1 = \dfrac{9.81}{16.2} \times 2.80 - 1 = 0.70$

• $S \cdot e = G_s \cdot w$에서

포화도 $S = \dfrac{G_s \cdot w}{e} = \dfrac{2.80 \times 16}{0.70} = 64.0\%$

□□□ 05②

37 **도로 토공현장에서 다짐도를 판정하는 방법을 5가지만 쓰시오.**

① ______ ② ______

③ ______ ④ ______

⑤ ______

해답 ① 건조밀도로 규정하는 방법
② 포화도와 공극률로 규정하는 방법
③ 강도 특성으로 규정하는 방법
④ 다짐기계, 다짐횟수로 규정하는 방법
⑤ 변형 특성으로 규정하는 방법

□□□ 91③

38 **다짐토층의 건조밀도를 측정하는 방법으로 KS F에 모래치환법에 의한 방법을 규정하고 있다. 그러나 외국에서는 이보다 간편 신속한 방법으로 원자력을 이용하는 방법을 공업규격에 규정하고 있다. 이 시험기의 이름은 무엇인가?**

○

해답 γ선 산란형 밀도계(방사능 밀도 측정기)

□□□ 93②

39 **토공계획시에 절토, 성토 접속구간에는 ① 지지력의 불연속이 발생하기 쉽고, ② 침투수의 집중 및 ③ 원지반과 성토면 사이의 활동이 우려된다. 이러한 문제점에 대하여 그림과 같은 3가지의 시공대책을 세울 수 있는데, 각각의 문제점 항목별로 필요한 대책을 쓰시오.**

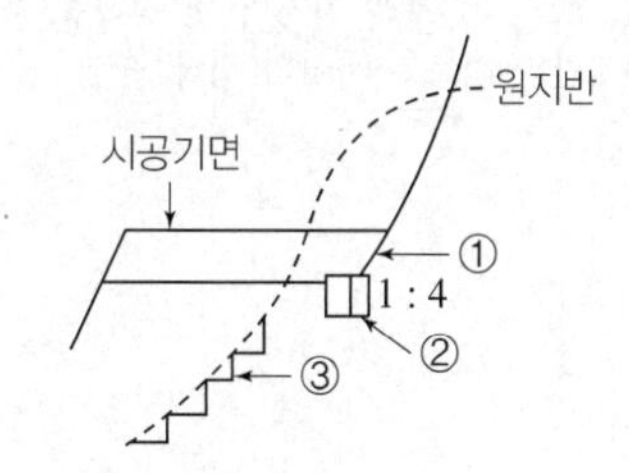

① ______ ② ______

③ ______

해답 ① 1:4 정도의 완화구간 설치
② 맹암거 설치
③ 층따기 시공

□□□ 예상문제

40 다음과 같은 단면에서 각 층을 2m씩 굴착할 때 굴착순서의 번호를 기입하고, 또 굴착기의 종류를 4가지만 쓰시오.

가. 굴착순서

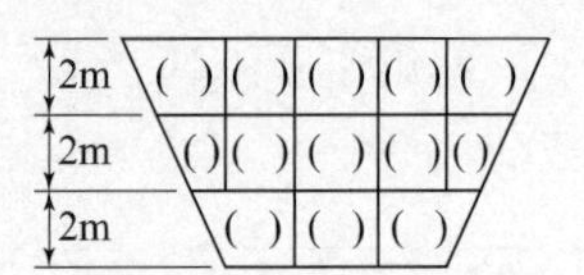

나. 굴착기의 종류

① ________ ② ________

③ ________ ④ ________

해답 가. 굴착순서

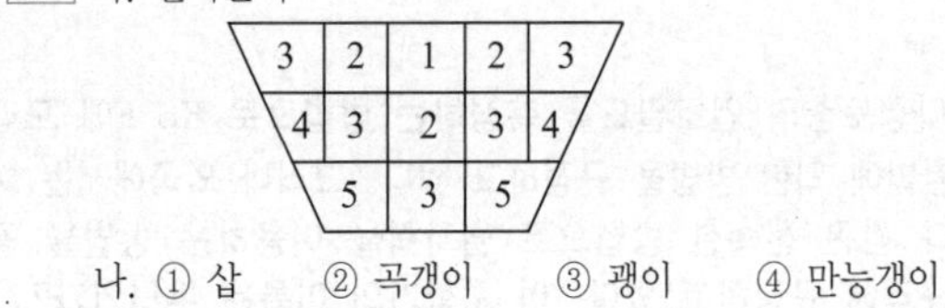

나. ① 삽 ② 곡갱이 ③ 괭이 ④ 만능갱이

□□□ 91③, 94④

41 토공작업에서 절토부와 성토부의 경계면에 축조한 도로나 구조물 등이 침하 또는 균열 등이 생기는 경우가 많은데, 이러한 원인을 구체적으로 3가지만 쓰시오.

① ________ ② ________

③ ________

해답 ① 절·성토부의 다짐불충분
② 용수, 침투수에 의한 성토부의 연약화
③ 절·성토 접속부의 지지력 및 침하량 차이
④ 원지반과 성토부 사이의 접착 불량

토공량 계산

□□□ 90①

42 본바닥에서 20,000m³의 흙을 굴착하여 8ton 덤프트럭으로 운반성토(다짐)하고자 한다. 성토단면은 다음 그림과 같다. 트럭의 연대수와 연장 몇 m의 성토를 할 수 있겠는가? (단, 본바닥토는 사질토로서 L=1.25, C=0.85, 단위중량(흐트러진 상태)=1.65t/m³이다.)

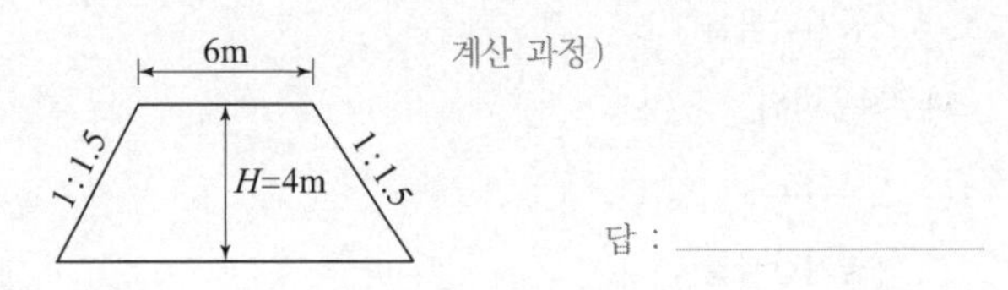

해답 • 굴착토량 $V=20,000\times1.25=25,000\text{m}^3$

$\therefore$ 연대수 $N=\dfrac{\text{운반토량}}{\text{트럭운반량}}\times\gamma_t$

$=\dfrac{25,000}{8}\times1.65=5,156.25$대

• 도로의 단면적 $A=\dfrac{6+(6+4\times1.5\times2)}{2}\times4=48\text{m}^2$

• 다져진 토량 $V=20,000\times0.85=17,000\text{m}^3$

$\therefore$ 도로길이 $L=\dfrac{\text{다져진 토량}}{\text{도로 단면적}}$

$=\dfrac{17,000}{48}=354.17\text{m}$

참고 8t이 80kN되면 1.65t/m³은 16.5kN/m³

□□□ 95④

43 다음 표를 보고 성토량을 구하시오.
(단, 양단면 평균법으로 계산할 것)

측점	거리(m)	성토면적(m²)	절토면적(m²)
1	–	20.72	5.24
2	20	14.46	0.00
3	20	8.34	0.00

계산 과정) 답: ________

해답 $V_1=\dfrac{20.72+14.46}{2}\times20=351.80\text{m}^3$

$V_2=\dfrac{14.46+8.34}{2}\times20=228.00\text{m}^3$

$\therefore$ 성토량 $V=V_1+V_2=351.80+228.00=579.80\text{m}^3$

□□□ 96②

44 **철근 1ton을 조립하는 데 소요되는 품이 철근공 0.1인/day, 인부 0.2인/day라고 한다면 현장에 철근공 10명, 인부 20명이 동원되었을 때, 철근 50ton을 조립하는 데 소요되는 시간은 얼마인가?**
(단, 1day는 8시간이다.)

계산 과정) 답 : ______________

해답 ■ 철근 50t 조립시 소요인원

- 철근공 : 0.1×50 = 5인/day
- 인부 : 0.2×50 = 10인/day

∴ 철근공 10인, 인부 20인 동원되므로 8hr $\times \frac{1}{2}$ = 4시간

□□□ 93②, 95③, 98①, 23①

45 **그림과 같은 도로의 토공계획 시에 A-B 구간에 필요한 성토량을 토취장에서 15ton 트럭으로 운반하여 시공할 때, 필요한 트럭의 총연대수는 몇 대인가?**
(단, 자연상태인 흙의 단위체적중량 $\gamma_t = 1.9\text{t/m}^3$, $L = 1.3$, $C = 0.9$이다.)

측정별 단면적 $A_1 = 0$, $A_2 = 30\text{m}^2$, $A_3 = 40\text{m}^2$, $A_4 = 0$

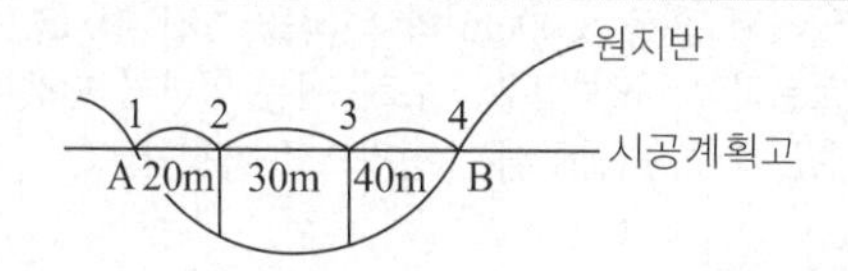

계산 과정) 답 : ______________

해답 성토량의 체적 $V = \frac{A_i + A_j}{2} \times L$

$V = \frac{1}{2}\{(0+30)\times 20 + (30+40)\times 30 + (40+0)\times 40\}$

$= 2,150\text{m}^3$(완성상태)

∴ 성토량 $= 2,150 \times \frac{1.3}{0.9} = 3,105.56\text{m}^3$(운반상태)

- 트럭의 적재량 $q_t = \frac{T}{\gamma_t} L = \frac{15}{1.9} \times 1.3 = 10.26\text{m}^3$

∴ 총연대수 $N = \frac{\text{운반토량}}{\text{적재량}}$

$= \frac{3,105.56}{10.26} = 302.69$ ∴ 303대

참고 15t이 150kN되면 1.9t/m^3은 19kN/m^3

□□□ 88①②

46 **다음과 같은 단면도에서 성토의 토량을 계산하시오.**

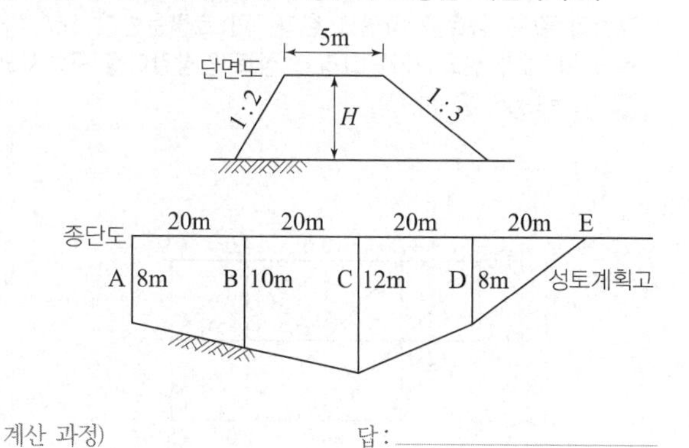

계산 과정) 답 : ______________

해답 • 단면적

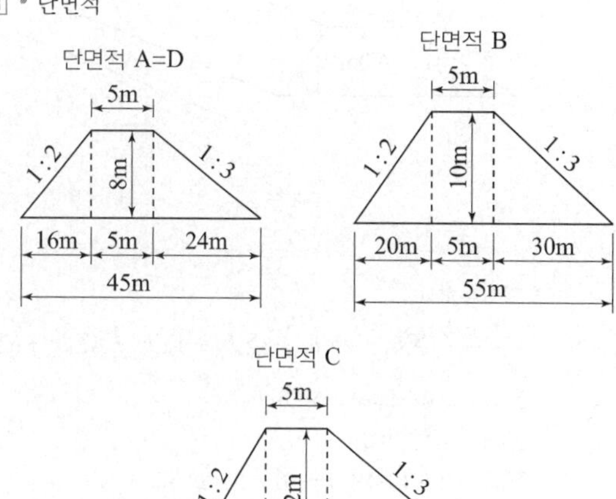

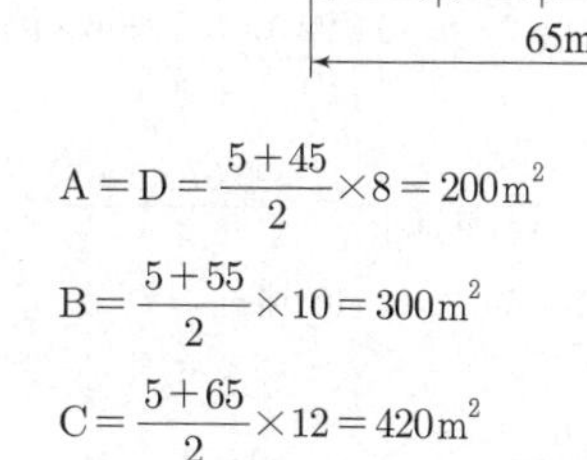

$A = D = \frac{5+45}{2} \times 8 = 200\text{m}^2$

$B = \frac{5+55}{2} \times 10 = 300\text{m}^2$

$C = \frac{5+65}{2} \times 12 = 420\text{m}^2$

- 성토량

$Q_1 = \frac{200+300}{2} \times 20 = 5,000\text{m}^3$

$Q_2 = \frac{300+420}{2} \times 20 = 7,200\text{m}^3$

$Q_3 = \frac{420+200}{2} \times 20 = 6,200\text{m}^3$

$Q_4 = \frac{200+0}{2} \times 20 = 2,000\text{m}^3$

∴ 성토량 $Q = 5,000 + 7,200 + 6,200 + 2,000$
$= 20,400\text{m}^3$

□□□ 96①

47 다음 그림과 같은 지반을 0m 기준으로 굴착하여 아래 그림과 같은 성토를 하려고 한다. 이 토량운반에 $4m^3$ 적재 트럭 몇 대가 필요한가? 그리고 성토 연장길이를 구하시오. (단, $C=0.85$, $L=1.10$)

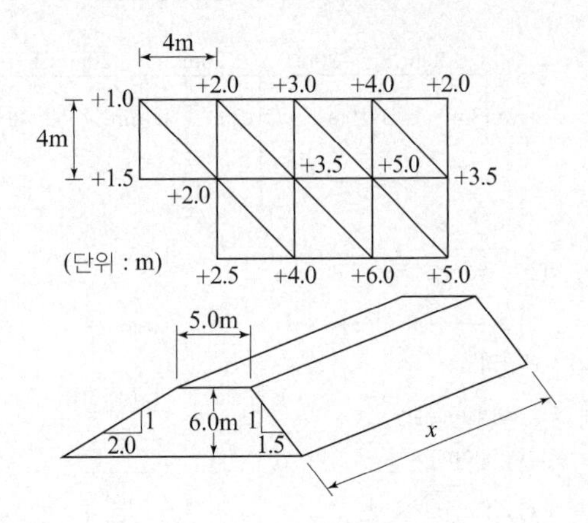

계산 과정)　　　　대수 : ______, 연장길이 : ______

해답 • 굴착토량

$$V=\frac{a\cdot b}{6}(\Sigma h_1+2\Sigma h_2+3\Sigma h_3+4\Sigma h_4+5\Sigma h_5+6\Sigma h_6)$$

$\Sigma h_1=2.0+2.5+1.5=6\text{m}$

$\Sigma h_2=1+5=6\text{m}$

$\Sigma h_3=2+3+4+3.5+6+4=22.5\text{m}$

$\Sigma h_5=2\text{m}$

$\Sigma h_6=3.5+5=8.5\text{m}$

$$\therefore V=\frac{4\times4}{6}(6\times1+2\times6+3\times22.5+5\times2+6\times8.5)$$
$$=390.67\text{m}^3$$

• 트럭연대수 $N=\dfrac{\text{운반토량}}{\text{트럭적재량}}=\dfrac{390.67\times1.10}{4}$

$=107.43$　　$\therefore$ 108대

• 성토의 단면적

$$A=\frac{5+(6\times2+6\times1.5+5)}{2}\times6=93\text{m}^2$$

$\therefore$ 성토의 연장길이 $L=\dfrac{\text{완성토량}}{\text{성토의 단면적}}$

$$=\frac{390.67\times0.85}{93}=3.57\text{m}$$

□□□ 84③, 92②, 93①, 97②, 21①

48 구조물 기초를 시공하기 위하여 평탄한 지반을 다음 그림과 같이 굴착하고자 한다. 굴착할 흙의 단위중량은 1.82t/m^3이고, 토량의 변화율 $L=1.3$, $C=0.9$이다. 다음 물음에 답하시오.

(단, $L=\dfrac{\text{흐트러진 상태의 체적}}{\text{자연상태의 체적}}$, $C=\dfrac{\text{다져진 상태의 체적}}{\text{자연상태의 체적}}$)

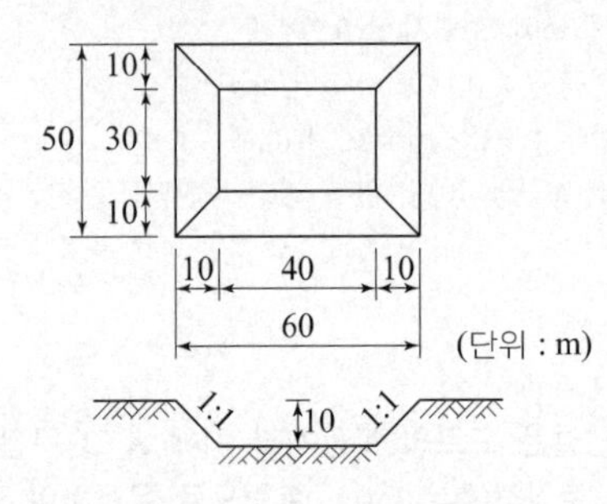

가. 터파기 결과 발생하는 굴착토의 총중량은 몇 ton인가?

계산 과정)　　　　답 : ______

나. 굴착한 흙을 덤프트럭으로 운반하고자 한다. 1대에 12m^3를 적재할 수 있는 덤프트럭을 사용한다면 총 몇 대분이 되는가?

계산 과정)　　　　답 : ______

다. 굴착된 흙을 $5,000\text{m}^3$의 면적을 가진 성토장에 고르게 성토하고 다질 경우, 성토높이는 얼마가 되겠는가? (단, 측면 비탈구배는 연직으로 가정함.)

계산 과정)　　　　답 : ______

해답 가. 총부피

$$V=\frac{A_1+A_2}{2}\times h=\frac{(30\times40)+(50\times60)}{2}\times10$$
$$=21,000\text{m}^3$$

$\therefore$ 굴착토의 총중량

$$W=V\times\gamma_t=21,000\times1.82=38,220\text{t}$$

나. 운반토량=본바닥 토량$\times L=21,000\times1.30$

$=27,300\text{m}^3$

$\therefore$ 덤프트럭 대수

$$N=\frac{\text{완성토량}}{\text{트럭적재량}}=\frac{27,300}{12}=2,275\text{ 대}$$

다. 다져진 토량=본바닥 토량$\times C=21,000\times0.9$

$=18,900\text{m}^3$

$\therefore$ 높아질 표고$=\dfrac{18,900}{5,000}=3.78\text{m}$

참고 SI단위로 출제되면 1.82t/m^3은 18.2kN/m^3

□□□ 94③

49 **다음 그림과 같은 지형을 성토하고자 한다. 시공기면을 15m로 하여 성토시 본바닥토량 및 운반토량을 계산하시오.**
(단, 토량변화율 $L=1.15$, $C=0.85$, 격자점의 숫자는 표고로 m 단위임.)

25m
10m
12 13 12 12
11 12 13 12
13 14 12 13
12 13

계산 과정) [답] 본바닥토량 : ____ , 운반토량 : ____

해답 체적 $V=\dfrac{a\cdot b}{4}(\Sigma h_1+2\Sigma h_2+3\Sigma h_3+4\Sigma h_4)$

$\Sigma h_1=\Sigma(15-h_1)=3+3+2+2+3+2=15\text{m}$

$\Sigma h_2=\Sigma(15-h_2)=2+3+3+4=12\text{m}$

$\Sigma h_3=\Sigma(15-h_3)=3+1=4\text{m}$

$\Sigma h_4=\Sigma(15-h_4)=3+2=5\text{m}$

- $V=\dfrac{25\times 10}{4}\times(15+2\times 12+3\times 4+4\times 5)=4,437.5\text{m}^3$
- 본바닥토량$=\dfrac{4,437.5}{0.85}=5,220.59\text{m}^3$
- 운반토량$=4,437.5\times\dfrac{1.15}{0.85}=6,003.68\text{m}^3$

□□□ 96③

50 **그림과 같이 1평짜리 철판의 네 귀를 일정하게 x만큼 오려 내고 점선부분을 안으로 접어 세워 용접하여 현장실험실용 골재저장조를 만들려고 한다. 이때 저장조의 내부용적이 최대가 되도록 하려면 x를 얼마로 해야 하는가?**

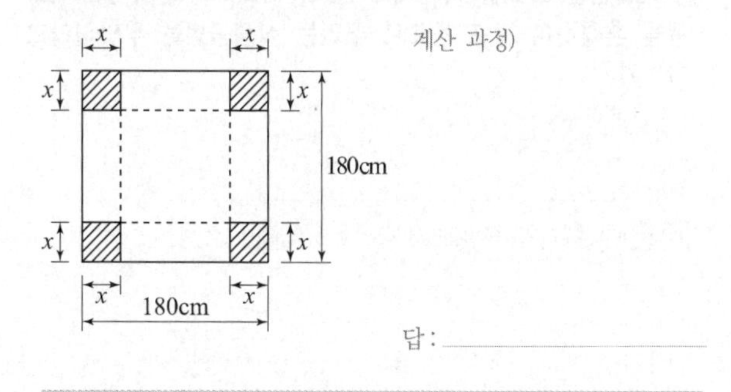

계산 과정)

답 : ____

해답 $V=(1.8-2x)(1.8-2x)x=4x^3-7.2x^2+3.24x$

- $\dfrac{\partial V}{\partial x}=12x^2-14.4x+3.24=x^2-1.2x+0.27=0$

$\left(\dfrac{\partial V}{\partial x}=0 \text{ 일 때 } V_{\max}\text{이다.}\right)$

$(x-0.9)(x-0.3)=0$

$x=0.9\text{m}$ 또는 0.3m

$\therefore$ $0.3\text{m}=30\text{cm}$($\because$ 90cm 불가)

- 식의 계산

$x=\dfrac{-b\pm\sqrt{b^2-4ac}}{2a}$

$=-(-1.2)\pm\dfrac{\sqrt{(-1.2)^2-4\times 1\times 0.27}}{2\times 1}$

$=\dfrac{1.2\pm 0.6}{2}=0.9$ 또는 0.3

$\therefore$ $x=0.3\text{m}=30\text{cm}$($\because$ $x=0.9\text{m}=90\text{cm}$는 불가)

□□□ 92③

51 **토취장에서 본바닥토량 10,000m³를 굴착한 후 8t 덤프트럭으로 아래 그림과 같은 단면의 도로를 축조하고 할 때, 토취장 흙의 30%는 점토이고, 70%는 사질토이다. 다음 물음에 답하시오.**
(단, 점성토에서는 $L=1.25$, $C=0.9$, $\gamma_t=1.72\text{t/m}^3$, 사질토에서는 $L=1.20$, $C=0.85$, $\gamma_t=1.8\text{t/m}^3$이다.)

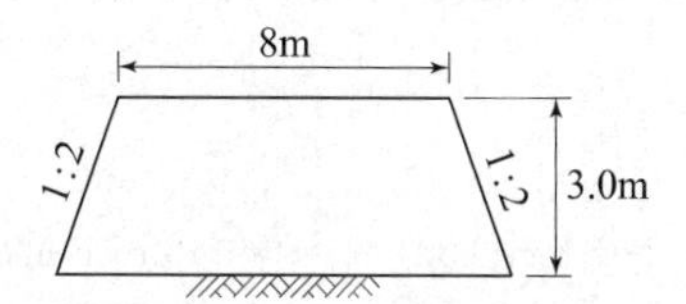

가. 덤프트럭의 소요 연대수를 구하시오.

계산 과정) 답 : ____

나. 시공 가능한 도로의 길이를 구하시오.

계산 과정) 답 : ____

해답 가. 연대수 $N=\dfrac{\text{자연상태토량(m}^3)}{\text{적재량(t)}}\times\gamma_t$

- 점질토 $10,000\times 0.30=3,000\text{m}^3$
  운반 연대수 $=\dfrac{3,000}{8}\times 1.72=645$대
- 사질토 $10,000\times 0.7=7,000\text{m}^3$
  운반 연대수 $=\dfrac{7,000}{8}\times 1.8=1,575$대
  $\therefore$ 연대수 $N=N_1+N_2=645+1,575=2,220$대

나. 도로의 단면적

$A=\dfrac{8+(3\times 2+8+3\times 2)}{2}\times 3=42\text{m}^2$

- 다져진 상태의 토량
  점질토 $3,000\times 0.9=2,700\text{m}^3$
  사질토 $7,000\times 0.85=5,950\text{m}^3$
  $\therefore$ 도로길이 $L=\dfrac{\text{완성토량}}{\text{도로 단면적}}$
  $=\dfrac{2,700+5,950}{42}=205.95\text{m}$

참고 8t이 80kN되면 1.72t/m^3, 1.8t/m^3은 17.2kN/m^3, 18kN/m^3로 변경

비탈면 안정공법

□□□ 96②

52 비탈면에 강철봉을 타입 또는 천공 후 삽입시켜 전단력과 인장력에 저항할 수 있도록 하는 시공법은?

○

해답 소일 네일링(soil nailing) 공법

□□□ 93②

53 암 비탈면의 암반의 층리(bedding plane), 절리(joint), 엽리(foaliation) 등이 암탈락(rock fall), 전도(topple), 활동(slide) 등을 유발할 수 있는 곳에 암 비탈면 보강공은?

○

해답 록 볼트(rock bolt) 또는 록 앵커(rock anchor)

□□□ 89②, 95①

54 용지재료의 절약 또는 기타의 사정 등으로 인해 공사비를 절감할 목적으로 비탈의 기울기를 훨씬 급하게 하여 구조물 등에 의한 비탈면 보호공을 시공할 경우가 있다. 구조물에 의한 비탈면 보호공법 5가지를 쓰시오.

① ______ ② ______

③ ______ ④ ______

⑤ ______

해답 ① 모르타르 뿜어붙이기공법 ② 콘크리트 뿜어붙이기공법
③ 콘트리트틀공 ④ 돌쌓기공
⑤ 콘크리트붙임공법 ⑥ 블록붙임공법
⑦ 돌망태공법 ⑧ soil nailing 공법

□□□ 96③

55 비탈면의 안정을 도모하기 위해 강봉이나 철근 등을 타입 설치하는 공법은?

○

해답 소일 네일링(soil nailing) 공법

□□□ 99⑤

56 최근에 개발된 비탈면 보호공인 와이어 프레임 공법(wire frame method)은 와이어 로프를 격자모양으로 교차시킨 후 앵커볼트와 숏크리트를 이용하여 와이어 로프를 매설하는 공법이다. 이 공법의 장점을 3가지만 쓰시오.

① ______ ② ______

③ ______

해답 ① 급경사지, 높은 비탈면에도 시공이 용이하다.
② 안전시공과 공기가 단축되어 경제적인 공법이다.
③ 앵커공법을 병용하므로써 비탈면 안정이 잘된다.
④ 토사나 암석의 이탈을 막을 수 있다.

□□□ 85②, 95③

57 비탈면 붕괴(성토파괴)의 대표적인 형태는 쐐기형 붕괴, 평형붕괴, 원호붕괴를 들을 수 있다. 이 중에서 쐐기형 붕괴가 생기는 원인을 3가지만 쓰시오.

① ______ ② ______

③ ______

해답 ① 토성이 성토인 경우
② 비탈면이 급구배로 되어 있을 경우
③ 사질토이지만 성토고가 대단히 높을 경우

□□□ 87②

58 비탈면을 보호할 목적으로 종자, 비료, 화이버, 물, 색소 등을 혼합하여 펌프 등으로 뿌리는 식생공법을 무엇이라고 하는가?

○

해답 씨앗뿌리기 공법(seed spray method)

2 chapter 건설기계

01 건설기계의 개요
02 토공용 기계
03 셔블(Shovel)계 굴착기
04 덤프트럭
05 다짐기계
06 준설선
■ 과년도 예상문제

건설기계　연도별 출제경향

✔ 체크	출제경향	출제연도
☐☐☐	01 건설기계의 손료를 계산할 때의 3가지 비용을 쓰시오.	95③
☐☐☐	02 건설기계의 가동률을 계산하시오.	95④, 99①
☐☐☐	03 기계손료와 기계경비를 구하시오.	10①
☐☐☐	04 건설기계의 소요작업시간과 총공사비를 계산하시오.	93②, 99②
☐☐☐	05 단답형 : 하향압토(下向押土) 공법	97①
☐☐☐	06 병렬압토법(竝列押土法, parallel 공법)	94④, 02①
☐☐☐	07 리어카로 소운반(인력운반)할 경우, 1일 운반량을 계산하시오.	94④
☐☐☐	08 불도저의 접지압을 계산하시오.	89②, 93④, 95④
☐☐☐	09 불도저 운전 1시간당의 작업량을 본바닥토량으로 계산하시오.	84①②③, 87③, 88②, 91③, 03④, 06①, 08②, 14①, 19②, 20③, 23①
☐☐☐	10 불도저 3대로 작업할 때, 소요공기를 계산하시오.	92④, 05④, 21①②
☐☐☐	11 흙 1m^{3}에 대한 굴착단가를 계산하시오.	94②
☐☐☐	12 리핑작업만 할 때의 조합작업량을 계산하시오.	95③, 96④, 97④, 02④, 03①, 07②, 13①
☐☐☐	13 리핑하면서 작업을 할 때 1시간당 작업량을 본바닥토량으로 계산하시오.	92②, 94③, 97③, 00①③, 04①, 10①, 11②, 17①, 18①
☐☐☐	14 도저(Dozer)의 면적에서 제거작업을 할 때 필요한 작업시간(분)을 계산하시오.	85①③, 87③, 10②, 18③
☐☐☐	15 단답형 : 그레이더(Grader)	96②
☐☐☐	16 모터그레이더의 평균작업속도를 계산하시오.	94④, 98①
☐☐☐	17 모터그레이터의 1회 정지하는 데 필요한 시간(H)을 계산하시오.	92②, 98②, 07①, 13①
☐☐☐	18 견인계수를 계산하시오.	92①, 95⑤
☐☐☐	19 스크레이퍼의 소요 구동력(Rimpull)을 계산하시오.	93③, 95③, 99③, 00③
☐☐☐	20 스크레이퍼의 1회 사토에 요하는 시간(초)을 계산하시오.	96②
☐☐☐	21 트랙터에 견인된 스크레이퍼의 1일당 작업량을 계산하시오.	92①
☐☐☐	22 셔블계 굴착기 종류를 4가지만 쓰시오.	88①②, 10②
☐☐☐	23 백호의 굴착에 소요되는 일수를 계산하시오.	87③, 88③, 95④, 01①, 04① 21③, 23②

✔ 체크	출제경향	출제연도
□□□	24 백호의 적재시간을 계산하시오.	06②, 22②
□□□	25 등고선으로 둘러싸인 지역의 굴착에 소요되는 기간을 계산하시오.	96②, 02①, 08④
□□□	26 파워셔블의 2일간 작업량을 본바닥토량으로 계산하시오.	96⑤
□□□	27 단답형 : 드래그라인(drag line)	92②, 95④
□□□	28 트랙터셔블의 1시간당 작업량을 계산하시오.	92④, 97③, 00④
□□□	29 덤프트럭의 소유대수를 계산하시오.	92②, 94③, 19②
□□□	30 전토량을 운반할 때, 트럭의 소요대수를 계산하시오.	99⑤, 10①④, 12④
□□□	31 덤프트럭에 적재할 때, 백호의 적재시간을 계산하시오.	02③, 03②, 05①, 06①, 12②, 10④, 17②
□□□	32 백호로 적재하고 덤프로 흙을 운반할 때, 시간당 작업량을 계산하시오.	92④, 97③, 01④
□□□	33 통로박스 시공 후 사토량 및 덤프트럭의 시간당 작업량을 계산하시오.	03④, 07②, 11①, 14①
□□□	34 조합토공에 있어서 덤프트럭의 소요대수를 계산하시오.	91③, 99②, 05②, 18②, 23③
□□□	35 셔블과 덤프트럭을 사용할 때 셔블과 덤프트럭의 시간당 작업량을 계산하시오.	94②, 97①, 01②, 03①, 04②, 04④, 07①, 09①, 12①, 13① 16①
□□□	36 탬핑롤러의 종류를 3가지 쓰시오.	91②③④, 01②, 17②
□□□	37 60kg의 래머를 이용할 때 시간당 작업량을 계산하시오.	96④, 99①, 03②, 13①
□□□	38 80kg의 래머를 사용할 때 시간당 작업량을 계산하시오.	89②, 99②, 07④, 11④, 14②
□□□	39 준설선의 종류를 4가지 쓰시오.	00②, 06④, 11④, 15④, 22①②
□□□	40 단답형 : 버킷 준설선(bucket dredger)	92②, 95③
□□□	41 펌프의 동력인 마력을 계산하시오.	99④, 06②, 10②, 11②
□□□	42 각 준설선의 특징에 맞는 준설선의 명칭을 쓰시오.	15②

02 건설기계

더 알아두기

01 건설기계의 개요 □□□

1 건설기계 경비

(1) 기계화 시공

건설기계는 토목공사에 사용되는 모든 기계를 총칭하는 것으로 가장 빠르게(시공기계의 단축화), 가장 값싸게(공사비의 저렴화), 가장 좋은 것(공사의 양질화)으로 시공할 수 있는 점에서 수요를 가져왔다.

■ 기계화 시공의 장·단점

장 점	단 점
• 시공속도가 빠르다. • 확실한 시공이 된다. • 인력으로 안 되는 일을 할 수 있다. • 공사비의 절감효과	• 기계의 설비비가 비싸다. • 동력연료, 기계부품, 수리비 등이 필요 • 숙련된 운전자 및 정비원이 필요 • 소규모 공사에는 인력보다 경비가 더 소요

(2) 용어 설명

① 잔존율 : 기계 잔존가치의 취득가격에 대한 비율을 말한다.

② 경제적 내용시간 : 잔존율이 취득가격의 10%로 될 때까지의 경제적 사용이 가능하다고 인정되는 운전시간을 말한다.

③ 경제적 내용연수 : 경제적 내용시간을 연간 표준가동시간으로 나눈 값을 말한다.

④ 평균취득가격 : 취득가격$\times\dfrac{1.1\times \text{경제적 내용연수}+0.9}{2\times \text{경제적 내용연수}}$

⑤ 연간 관리비율 : 연간 소비되는 기계관리비를 평균취득가격으로 나눈 비율을 말한다.

⑥ 연간 표준가동시간 : 기계가 연간 운전하는 데 가장 표준이라고 인정되는 시간을 말한다.

⑦ 기계손료(시간당 손료) : 기계손료 산정의 시간당 손료계수 합계에는 시간당 상각비 계수, 정비비 계수 및 관리비 계수가 포함된 것으로서 시간당 손료는 취득가격에 시간당 손료계수의 합계를 곱한 것을 말한다. (원 미만의 값은 절삭한다.)

(3) 건설기계 경비

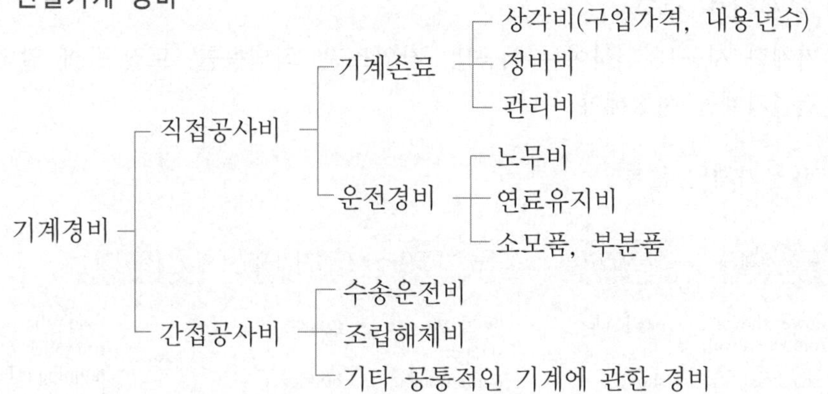

기억해요
건설기계의 손료를 계산할 때의 3가지 비용을 쓰시오.

① 기계손료 : 감가상각비, 정비비, 관리비

② $\text{시간당 상각비} = \dfrac{\text{구입가격} - \text{잔존가치}}{\text{경제적 내용연수} \times \text{연간 표준가동시간}}$

③ $\text{연간 상각비} = \dfrac{\text{구입가격} - \text{잔존가치}}{\text{경제적 내용연수}}$

④ $\text{정기 정비비} = \dfrac{\text{구입가격} \times \text{정비비율}}{\text{가동률} \times \text{내용연수}}$

⑤ $\text{관리비} = \dfrac{\text{구입가격} \times \text{관리비율}}{\text{가동률} \times \text{내용연수}}$

⑥ $$\text{가동률} = \left\{\frac{\text{실작업시간}}{\text{총작업시간}} - \left(\frac{\text{기계고장 및 준비불량에 의한 시간}}{\text{총 작업시간}} + \frac{\text{작업에 관련된 인적 여유시간}}{\text{총작업시간}} + \frac{\text{작업에 무관한 인적 여유시간}}{\text{총작업시간}}\right)\right\} \times 100$$

기억해요
가동률을 계산하시오.

(4) 기계손료

① 기계손료=상각비+정비비+관리비+수리비

② 시간당 기계손료=취득가격×(상각비 계수+정비비 계수+관리비 계수+수리비 계수)

기억해요
• 기계손료와 기계경비를 구하시오.
• 총공사비를 구하시오.

(5) 총공사비의 구성 건설기계

$$\text{총공사비} = \left\{(a+b+c+d) \times \left(\frac{\text{총작업시간}}{\text{시간당 작업량}}\right) + m + n + p\right\} \times \left(1 + \frac{R}{100}\right)$$

여기서, a : 시간당 운전경비　　b : 시간당 상각비
c : 시간당 정비비　　d : 기타 제경비
m : 가설비　　n : 기계수송비
p : 기타 경비　　R : 관리비의 %

2 건설기계 선정

기계화 시공을 위하여는 시공법, 작업조건, 작업능률, 토질 등에 알맞은 건설기계를 선정해야 한다.

(1) 토공기계의 분류

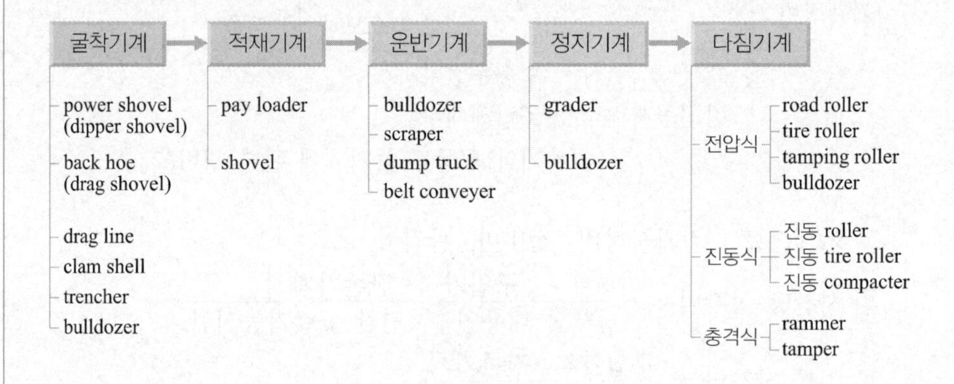

(2) 작업 종별로 본 적정 기계

작업의 종류	건설기계의 종류
벌개제근	불도저, 레이크도저
굴 착	셔블계 굴착기(파워셔블, 백호, 드래그라인, 클램셸) 트랙터셔블, 불도저, 리퍼, 브레이크
적 재	셔블계 굴착기(파워셔블, 백호, 드래그라인, 클램셸) 트랙터셔블, 준설선
굴착, 적재	셔블계 굴착기(파워셔블, 백호, 드래그라인, 클램셸) 트랙터셔블, 준설선
굴착, 운반	불도저, 덤프트럭, 벨트컨베이어
운 반	불도저, 덤프트럭, 벨트컨베이어
부 설	불도저, 모터그레이더
함수비 조절	살수차, 스태빌라이저
다 짐	로드롤러, 타이어롤러, 탬핑롤러, 진동롤러, 진동콤팩터, 래머, 탬퍼, 불도저
정 지	불도저, 모터그레이더
도랑파기	트렌처, 백호
암석굴착	착암기, 리퍼, 크롤러드릴
비탈 마무리	백호, 모터그레이더, 앵글도저

(3) 거리에 따른 운반장비

운반거리	80m 이하	80 ~ 500m	500m 이상
최적 장비	Bulldozer Scraper Tractor shovel	Scraper Motor scraper Dump truck	Motor scraper Dump truck

(4) 기계에 따른 용도

건설기계	용도	건설기계	용도
Bulldozer	굴착과 운반	Tractor shovel	굴착보다는 싣기 작업
Scraper	굴착, 싣기, 운반, 토사	Dump truck	운반
Power shovel	기계지반보다 상향 굴착	Clam shell	기계지반보다 낮은 장소
Motor grader	도로의 보수, 땅고르기	Dragline	토사의 굴착적재
Back hoe	지표면 아래 굴착	Mixer	콘크리트 혼합기
Trencher	도랑파기	Skimmer scoup	좁은 곳, 얇은 굴착

(5) 토공기계의 조합방법

① 단거리(30 ~ 50m) : 불도저와 scraper 조합
② 단중거리(100 ~ 200m) : 불도저와 컨베이어의 조합
③ 중거리 : 불도저와 로더, 덤프트럭의 조합
④ 중장거리 : 불도저와 파워셔블과 덤프트럭의 조합

(6) 하향압토 下向押土 공법

불도저(Bulldozer), 스크레이퍼(Scraper), 스크레이퍼 도저(Scraper Dozer) 등을 사용하여 내리막을 이용하여 굴착운반함으로써 공비와 공기를 절약할 수 있는 공법

핵심용어
• 하향압토공법
• 병렬압토공법

(7) 병렬압토법 並列押土法

불도저 토공에서 2대 이상이 토공판을 수평으로 줄을 맞춰 같은 속도로 전진하여 흙이 토공판에서 흩어지지 않게 밀어 나가는 공법으로 parallel 공법이라고도 한다.

(8) 사면 작업공법

산허리를 절토하여 도로를 만드는 경우에 굴착면을 수평으로 하는 공법이다.

기억해요
건설기계의 주행저항 종류 3가지를 쓰시오.

(9) 토질판정

① 탄성파 속도 : 불도저의 리퍼빌리티(ripperbility)의 판정, 굴착기계의 선정, 천공속도의 산정 등에 이용한다.

② 리퍼빌리티(ripperbility) : 리퍼(ripper)에 의한 암반굴착 가능성을 ripperbility라 말하며, 판단방법으로는 보통 암반의 탄성파 속도에 의한다.

③ 트래피커빌리티(trafficability) : 시공장비의 주행난이도를 말하며, 또 주행의 난이도를 판정하는 방법(척도)으로는 Cone 지수(q_c)로 한다.

(10) 주행저항

① 회전저항(rolling resistance) : 장비가 노면에서 저항할 때 노면의 상태, 타이어의 변형 등에 의해 발생되는 저항으로 장비의 중량에 비례한다.

② 경사저항(grade resistance) : 장비가 경사지를 올라갈 때에는 견인력(rim pull)이 경사도에 비례하여 감소되므로 소요의 견인력을 산정할 때에 경사저항 만큼 가산해야 한다.

③ 가속저항(accelerate resistance) : 장비의 주행시 가속 또는 감속에 따른 관성저항으로서 감속시에는 (−) 값으로 표시된다.

④ 공기저항(air resistance) : 공기저항은 일반적으로 저속(10km/hr)에서는 무시할 수 있다.

| 건설기계의 개요 |

01 핵심 기출문제

□□□ 89②, 95④, 99①

01 어떤 토취장에서 백호로 작업을 하는 데 기계의 고장에 소요된 시간이 40분, 인원 초과로 대기시킨 시간이 1시간이면 1일의 총작업시간 8시간 중 실작업 시간을 7시간으로 가정할 때 가동률은 얼마인가?

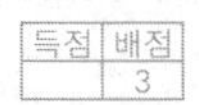

계산 과정) 답 : ____________

해답 $가동율 = \left\{ \frac{실작업시간}{총작업시간} - \left(\frac{기계\ 고장시간 + 인원초과\ 대기시간}{총작업시간} \right) \right\} \times 100$

$= \left\{ \frac{7}{8} - \left(\frac{\frac{40}{60}+1}{8} \right) \right\} \times 100 = 66.67\%$

□□□ 10①

02 버킷용량 $0.6m^3$의 파워셔블(Power shovel)을 운전시간 200시간, 공용일수 32일간 공사에 투입하였다. 이때 운전 1시간당 손료가 5,000원, 공용일수 1일당 손료가 15,000원, 운전 1시간당 경비는 4,000원, 파워셔블을 25t 트레일러로 운전할 때, 운반거리가 200km이고 km당 500원의 수송비가 들었다. 조립해체비용은 없다고 할 때, 기계손료와 기계경비를 구하시오.

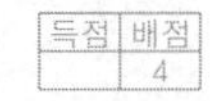

가. 기계손료를 구하시오.

나. 기계경비를 구하시오.

해답 가. 기계손료 = 운전시간당 손료 × 운전시간 + 공용일당 손료 × 공용일수
= 5,000×200+15,000×32=1,480,000원

나. 기계경비 = 기계손료+운전경비+수송비
∴ 기계경비 = 1,480,000+4,000×200+500×200×2=2,480,000원

□□□ 95③, 96②

03 건설기계의 손료(사용료)를 계산할 때의 3가지 비용을 쓰시오.

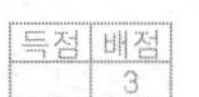

① ____________ ② ____________ ③ ____________

해답 ① 상각비 ② 정비비 ③ 관리비

□□□ 93②, 99②

04 배토량 5,000m³의 굴착 성토작업을 시간당 작업량 25m³/hr의 불도저 1대를 사용하여 작업하고 있다. 시간당 경비로서 운전경비 3,000원, 기계 감가상각비 5,000원, 기계수리비 500원, 고정적 경비로서 수송비 15,000원, 기타 비용 10,000원, 관리비는 전 경비의 10%로 볼 때 소요작업시간과 총공사비는?

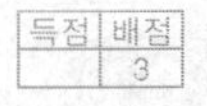

계산 과정) 답 : ________

해답 • 총공사비=(시간당 경비×소요작업시간+수송비+기타 비용)×$\left(1+\frac{관리비}{100}\right)$

• 소요작업시간$=\frac{배토량}{시간당\ 작업량}=\frac{5,000}{25}=200$시간

$\therefore$ 총공사비$=\{(3,000+5,000+500)\times200+15,000+10,000\}\times\left(1+\frac{10}{100}\right)$

$=1,897,500$원

□□□ 97①

05 불도저(bulldozer), 스크레이퍼(scraper), 스크레이퍼도저(scraper dozer) 등을 사용하여 내리막을 이용하여 굴착운반함으로써 공비와 공기를 절약할 수 있는 공법은?

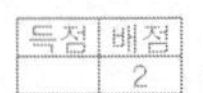

○

해답 하향압토(下向押土) 공법

□□□ 94④, 02①

06 불도저 토공에서 2대 이상이 토공판을 수평으로 줄을 맞춰 같은 속도로 전진하여 흙이 토공판에서 흩어지지 않게 밀어 나가는 공법은?

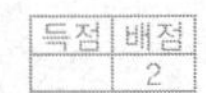

○

해답 병렬압토법(竝列押土法, parallel 공법)

□□□ 예상문제

07 리퍼빌리티(ripperbility)란 무엇인가, 그리고 그 판단방법은 무엇인가?

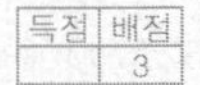

가. 리퍼빌리티 :

나. 판단방법 :

해답 가. 리퍼(ripper)에 의한 암반굴착 가능성을 말한다.
나. 탄성파 속도

02 토공용 기계

1 손수레 운반

(1) 1일 운반횟수

$$N = \frac{T \cdot E}{\frac{60(\alpha \cdot L)}{V} \times 2 + t}$$

여기서, T : 1일 작업시간(분)　　L : 운반거리(km)
α : 구배계수　　V : 평균속도(km/hr)
t : 1회의 싣고 부리기 소요시간(min)
E : 작업효율

(2) 1일 운반량

$$Q = \frac{N \cdot q}{\gamma_t}$$

여기서, q : 1회 운반
γ_t : 흙의 단위중량

2 불도저 Bulldozer

불도저는 절토운반에 적합하며, 그 유효거리는 70m 이하이다.
불도저의 크기는 전 장비의 중량(ton)으로 표시한다.

불도저

(1) 불도저의 종류

종 류	적 요
스트레이트도저 (straight dozer)	배토판을 진행방향에 직각으로 장치하여 위쪽을 앞뒤로 기울게 할 수 있어 수직으로 흙깎기, 흙 밀어내기에 맞으며, 가장 많이 사용한다.
앵글도저 (angle dozer)	배토판을 20 ~ 30° 정도 수평으로 돌릴 수 있으며, 특히 측면굴착에 능률적이다.
틸트도저 (tilt dozer)	배토판이 연직으로 기울어지므로 옆도랑 파기, 가로구배의 조성 등에 많이 사용한다.
레이크도저 (rake dozer)	배토판 대신에 레이크형이 장치된 불도저로 나무뿌리 뽑기, 뿌리 제거 및 굳은 지반의 파헤치기 등에 사용한다.
습지불도저	접지압이 0.25 ~ 0.14kg/cm^{2}인 가벼운 불도저로 연약한 습지의 굴착압토와 함수비가 높은 토질에 사용한다.

기억해요
불도저의 시간당 작업량을 산출하시오.

⚠ 주의점
구배계수 ρ가 주어지면 반드시 곱해 주어야 합니다.

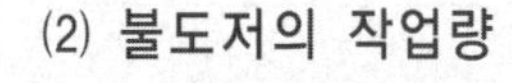

(2) 불도저의 작업량

$$Q=\frac{60\,q\cdot f\cdot E}{C_m}=\frac{60q_o\cdot\rho\cdot f\cdot E}{C_m}$$

여기서, Q : 1시간당의 작업량(m^3/hr)
q : 배토판의 용량($q=q_o\rho m^3$) : 흐트러진 토량
f : 토량환산계수
q_o : 거리를 고려하지 않은 배토판의 용량
ρ : 운반거리 및 구배계수
E : 작업효율
C_m : 1회 작업에 필요한 시간(min)
단, 계획할 때 $C_m=0.05l+0.33$(min)

(3) 사이클 타임

$$C_m=\frac{l}{V_1}+\frac{l}{V_2}+t$$

여기서, l : 평균굴착압토거리(m)
V_1 : 전진속도(m/min)
V_2 : 후진속도(m/min)
t : 기어 바꾸어 넣기에 요하는 시간 및 가속시간(min)
$C_m=0.037l+0.25$(경험적인 식)

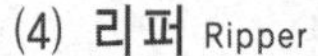

(4) 리퍼 Ripper

리퍼

암석의 굴착은 일반적으로 발파를 실시하고 있지만 연암이나 단단한 토질의 경우는 리퍼를 부착시킨 불도저를 사용한다.

① 리퍼의 작업량

$$Q=\frac{60A_n\cdot l\cdot f\cdot E}{C_m}$$

여기서, Q : 운전 1시간당 파쇄량(m^3/hr)
A_n : 리핑 단면적(m^2)
l : 1회의 작업거리(m)
f : 토량환산계수
E : 리퍼의 작업효율
C_m : 사이클 타임(min)

② 리퍼불도저의 작업량

$$Q = \frac{Q_1 \times Q_2}{Q_1 + Q_2}$$

여기서, Q : 1시간당 리퍼불도저의 작업량(m^3/hr)
Q_1 : 1시간당 리퍼의 작업량(m^3/hr)
Q_2 : 1시간당 불도저의 작업량(m^3/hr)

기억해요
리핑작업 시 시간당 작업량을 산출하시오.

(5) 불도저의 접지압

트랙터의 바퀴가 지면을 누르는 평균압력을 말한다.

$$\text{접지압} = \frac{\text{전장비중량}}{(\text{접지장} \times \text{캐터필러폭}) \times 2}$$

기억해요
불도저의 접지압을 계산하시오.

(6) 블레이드의 폭

① 블레이드의 유효폭=블레이드의 폭×블레이드의 효율

② $\text{통과횟수} = \frac{\text{작업지역의 폭}}{\text{블레이드의 유효폭}}$

③ $\text{1회 통과시간} = \frac{\text{작업길이}}{\text{속도}}$

④ 작업시간=1회 통과시간×통과횟수

3 모터그레이더 Motor grader

불도저나 스크레이퍼로 펴깔고 고르기를 할 수도 있으나 정지용 기계로는 그레이더가 가장 적합하며, 용도로는 정지작업, 도로변의 끝손질, 도로보수, 제설작업 등의 작업을 할 수 있는 기계이다. 모터그레이더의 규격은 토공판(Blade)의 길이(m)로 표시한다.

모터그레이더

(1) 모터그레이더의 작업면적

$$A = \frac{V \cdot b \cdot E}{N}$$

여기서, A : 운전 1시간당의 작업면적(m^2/hr)
V : 작업속도(m/hr)
b : 토공판의 유효폭(m)
E : 작업효율
N : 고르기 횟수

(2) 모터그레이더의 작업량

$$Q=\frac{60l\cdot D\cdot H\cdot f\cdot E}{P\cdot C_m}$$

여기서, Q : 1시간당 작업량(m^3/hr)
l : 토공판의 유효폭(m)
D : 1회의 작업거리(m)
H : 고르기 또는 굴착 두께(m)
f : 토량환산계수
E : 작업효율
P : 부설횟수
C_m : 사이클 타임(min)

(3) 사이클 타임(C_m)

① 작업방향으로 방향변환을 할 때

$$C_m=0.06\frac{D}{V_1}+t$$

⚠ 주의점
기어변속 시간 t의 단위(min)를 주의하세요.

② 전진시 작업하고 후진으로 돌아올 때

$$C_m=0.06\left(\frac{D}{V_1}+\frac{D}{V_2}\right)+2t(\text{min})$$

여기서, V_1 : 전진작업속도(km/hr)
V_2 : 후진작업속도(km/hr)
D : 작업거리 또는 돌아오는 거리(m)
t : 기어변속시간(min)

③ 통과횟수

$$N=\frac{\text{작업폭}}{\text{유효길이}}$$

④ 작업소요시간

$$H=\frac{\text{통과횟수}\times\text{작업거리}}{\text{평균작업속도}\times\text{작업효율}}$$

기억해요
모터그레이더로 성토 1회 정지하는 데 필요한 시간을 구하시오.

4 (모터) 스크레이퍼 Scraper

스크레이퍼는 tractor에 견인되어 흙의 굴착, 적재, 운반, 사토, 깔기, 다짐 등을 일관되게 작업할 수 있다. 사이클 타임(C_m)은 분(min)으로 하고 있다.

모터스크레이퍼

(1) (모터) 스크레이퍼의 작업량

$$Q = \frac{60q \cdot f \cdot E}{C_m}$$

여기서, Q : 운전 1시간당의 작업량(m^3/hr)
q : 1회 운반토량(m^3)
f : 토량환산계수
E : 작업효율
C_m : 사이클 타임(min)

(2) 스크레이퍼의 사이클 타임 피견인식 스크레이퍼

$$C_m = \frac{D}{V_d} + \frac{H}{V_h} + \frac{S}{V_s} + \frac{R}{V_r} + t$$

여기서, D : 적재거리(m)
H : 운반거리(m)
S : 사토거리(m)
R : 빈차로 돌아오는 거리(m)
V_d : 적재속도
V_h : 운반속도
V_s : 사토속도
V_r : 돌아오는 속도
t : 기어변속시간(min)

돌아오기(방향변화포함) R
평균운반거리
D H S
싣기 운반 사토

스크레이퍼의 순환작업

스스로 움직일 수 있는 스크레이퍼를 모터스크레이퍼 또는 자주식 스크레이퍼라 하고, 트랙터로 끄는 스크레이퍼를 피견인식 스크레이퍼라 한다.

(3) 전주행 저항 Motor scaper

$$R = U_r \cdot W + R_g \cdot W$$
$$= \text{구동륜 하중} \times \text{견인계수}(\mu)$$

여기서, R : 전주행 저항(kg)
W : 차량 총중량(t)
U_r : 주향 저항계수(kg/t)
R_g : 구배 저항계수(kg/t, 구배 %×10kg/t)

| 토공용 기계 |

02 핵심 기출문제 □□□

□□□ 94④

01 현장 인근에 운반되어 있는 막자갈을 다음과 같은 조건에서 리어커로 소운반(인력운반)할 경우, 1일 운반량(m^3)은?
(단, 소수 둘째자리에서 반올림하시오.)

득점	배점
	3

【조 건】

- 소운반거리 : 90m
- 운반속도 : V=2.0km/hr
- 막자갈 단위중량 : 1,800kg/m^3
- 일일 작업시간 : 7시간 30분
- 운반길의 경사 : 경사구간 40m
- 경사계수(α)=1.25
- 1회 운반량 : 250kg/회
- 1회의 싣고 부리기 소요시간 t=5분

계산 과정)　　　　　　　　　　　　　　　　　　　　답 : ____________

해답 1일 운반량 $Q=\dfrac{N\cdot q}{\gamma_t}$

1일 운반횟수

$$N=\frac{T\cdot E}{\dfrac{60\cdot L}{V}\times 2+t}=\frac{(7\times 60+30)\times 1}{\dfrac{60\times(50+40\times 1.25)}{2.0\times 1{,}000}\times 2+5}=40.91\text{회}$$

$$\therefore \text{ 1일 운반량 } Q=\frac{N\cdot q}{\gamma_t}=\frac{40.91\times 250}{1{,}800}=5.68\text{m}^3/\text{day}$$

□□□ 92④, 05④

02 평균운반거리 50m, 배토량 17,000m^3의 굴착, 성토 작업을 11t급 불도저 3대로 실시할 때, 소요공기를 구하시오.
(단, 시공조건은 C_m=2.1분, 1회 굴착압토량 q=1.89m^3, 작업효율 E=0.75, 토량변화계수 f=0.8, 1일 평균작업시간 t_d=6시간, 실제가동수율 50%)

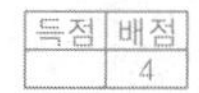

득점	배점
	4

계산 과정)　　　　　　　　　　　　　　　　　　　　답 : ____________

해답 $\text{소요공기}=\dfrac{\text{총작업량}}{\text{불도저 3대의 시간당 작업량}\times\text{작업시간}}$

- $Q=\dfrac{60\cdot q\cdot f\cdot E}{C_m}=\dfrac{60\times 1.89\times 0.8\times 0.75}{2.1}=32.40\text{m}^3/\text{h}$
- 3대의 시간당 작업량

  Q=1대 작업량(m^3/hr)×대수×실제가동률=32.40×3×0.5=48.60m^3/h

  $\therefore \text{ 소요공기}=\dfrac{17{,}000}{48.60\times 6}=58.30$　　∴ 59일

□□□ 89②, 93④, 95④

03 다음과 같은 불도저의 접지압을 계산하시오.
(소수 셋째자리에서 반올림하시오.)

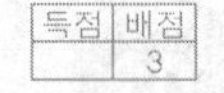

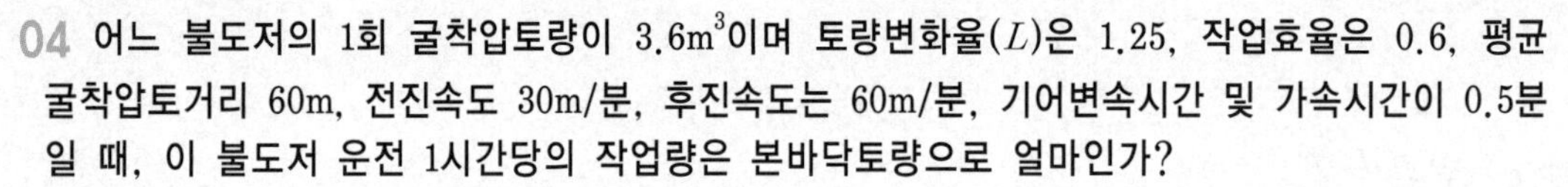

【조 건】
• 트랙터의 단위중량 : 17t • 전장비 중량 : 22t • 접지장 : 270cm
• 캐터필러의 중심거리 : 2m • 캐터필러의 폭 : 55cm

계산 과정) 답 : ____________

해답

$$접지압 = \frac{전장비\ 중량}{(접지장 \times 캐터필러\ 폭 \times 2)} = \frac{22,000}{(270 \times 55 \times 2)} = 0.74\text{kg/cm}^2$$

□□□ 03④, 21①, 23①

04 어느 불도저의 1회 굴착압토량이 3.6m^{3}이며 토량변화율(L)은 1.25, 작업효율은 0.6, 평균 굴착압토거리 60m, 전진속도 30m/분, 후진속도는 60m/분, 기어변속시간 및 가속시간이 0.5분일 때, 이 불도저 운전 1시간당의 작업량은 본바닥토량으로 얼마인가?

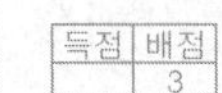

계산 과정) 답 : ____________

해답

$$Q = \frac{60 \cdot q \cdot f \cdot E}{C_m}$$

$$C_m = \frac{l}{V_1} + \frac{l}{V_2} + t = \frac{60}{30} + \frac{60}{60} + 0.5 = 3.5분$$

$$\therefore\ Q = \frac{60 \times 3.6 \times \frac{1}{1.25} \times 0.6}{3.5} = 29.62\text{m}^3/\text{h}$$

□□□ 84①②③, 88②, 91③, 08②, 14①

05 다음과 같은 작업조건에서, 불도저의 단위시간당 작업량을 산출하시오.
(조건 : 흙 운반거리 80m, 전진속도 40m/min, 후진속도 48m/min, 삽날의 용량 2.3m^3, 변속시간 0.26min, 토량변화율(L) 1.20, 작업효율 85%)

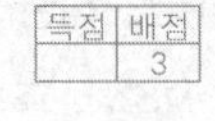

계산 과정) 답 : ____________

해답

$$Q = \frac{60 \cdot q \cdot f \cdot E}{C_m}$$

$$C_m = \frac{l}{V_1} + \frac{l}{V_2} + t = \frac{80}{40} + \frac{80}{48} + 0.26 = 3.93분$$

$$\therefore\ Q = \frac{60 \times 2.3 \times \frac{1}{1.2} \times 0.85}{3.93} = 24.87\text{m}^3/\text{hr}$$

□□□ 87③, 06①

06 불도저(bulldozer) 토공작업에서 조건이 다음과 같을 때, 본바닥토량으로 환산한 한 시간당 토공작업량은?

득점	배점
	3

(단, 1회 굴착 압토(押土)량은 느슨한 상태로 $3.0m^3$, 작업효율 0.6, 토량변화율$(L)=1.2$, 평균 압토거리 30m, 전진속도 30m/분, 후진속도 45m/분, 기어변속 및 가속시간 0.33분)

계산 과정) 답 : ______________

해답 $Q=\dfrac{60\cdot q\cdot f\cdot E}{C_m}$

$C_m=\dfrac{l}{V_1}+\dfrac{l}{V_2}+t=\dfrac{30}{30}+\dfrac{30}{45}+0.33=2.0$분

$\therefore\ Q=\dfrac{60\times 3.0\times \dfrac{1}{1.2}\times 0.6}{2.0}=45\text{m}^3/\text{hr}$

□□□ 92①, 95⑤, 00⑤

07 평균구배 10% 내리막 굴착작업, 평균운반거리 50m에 있어서 14t급 불도저의 운전시간당 작업량을 구하시오.

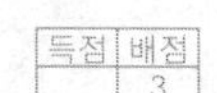

(단, 토질은 조건이 좋은 보통 흙 $f=\dfrac{1}{L}$로서 L : 1.25, E : 0.7, q_o : $2.7m^3$, 압토거리 노반의 구배에 관한 계수 $\rho=1.08$, $C_m=0.037l+0.25$)

계산 과정) 답 : ______________

해답 $Q=\dfrac{60\times(q_0\cdot\rho)\times f\times E}{C_m}=\dfrac{60(q_0\cdot\rho)\cdot\dfrac{1}{L}\cdot E}{C_m}$

$C_m=0.037l+0.25=0.037\times 50+0.25=2.10$분

$\therefore\ Q=\dfrac{60\times 2.7\times 1.08\times\dfrac{1}{1.25}\times 0.7}{2.10}=46.66\text{m}^3/\text{hr}$

□□□ 95③, 96④, 97④, 02④, 13①

08 불도저로 압토와 리핑작업을 동시에 실시하고 있다. 시간당 작업량(Q)는 m^3/h인가?

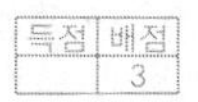

(단, 압토작업만 할 때의 작업량(Q_1)은 $40m^3/h$이고, 리핑작업만 할 때의 작업량(Q_2)은 $60m^3/h$이다.)

계산 과정) 답 : ______________

해답 $Q=\dfrac{Q_D\times Q_R}{Q_D+Q_R}=\dfrac{40\times 60}{40+60}=24\text{ m}^3/\text{h}$

□□□ 94②

09 다음과 같은 조건으로 불도저를 사용하여 흙을 굴착할 때, 흙 $1m^3$에 대한 굴착단가는 얼마인가?

득점	배점
	3

【조 건】

- 도저의 굴착용량 : $2.5m^3$
- 작업효율 : 80%
- 도저의 전진속도 : 4km/h
- 1일 작업시간 : 8시간
- 도저의 후진속도 : 6km/h
- 흙의 운반거리 : 60m
- 도저의 기어변환시간 : 30초
- 거리 및 구배계수 : 0.85
- 토량변화율 L : 1.25
- 1일 사용료(제비용 포함) : 200,000원

계산 과정)　　　　　　　　　　　　　　　　　　답 : ________

해답 • $C_m=\dfrac{l}{V_1}+\dfrac{l}{V_2}+t=\left(\dfrac{60}{4,000}+\dfrac{60}{6,000}\right)\times 60+\dfrac{30}{60}=2.0$분

• $Q=\dfrac{60(q_0\cdot\rho)\cdot\dfrac{1}{L}\cdot E}{C_m}$

$=\dfrac{60\times 2.5\times 0.85\times\dfrac{1}{1.25}\times 0.80}{2.0}=40.80m^3/hr$

• 1일 작업량 $=40.80\times 8=326.4m^3/day$

∴ 굴착단가 $=\dfrac{200,000}{326.4}=612.75$원$/m^3$

⚠ 주의점

구배계수 $\rho=0.85$를 곱하는 것을 잊지 않도록 합니다.

□□□ 85①③, 87③, 10②

10 어떤 도저(dozer)가 폭 3.58m의 철제 블레이드(blade)를 달고 속도 5.9km/hr의 3단기어로 작업하고 있다. 이때 블레이드의 효율이 72%라면 폭 7.62m, 길이 100m의 면적에서 제거작업을 할 경우 필요한 작업시간(분)을 구하시오.

득점	배점
	3

계산 과정)　　　　　　　　　　　　　　　　　　답 : ________

해답 작업시간=1회 왕복시간×왕복횟수

• Blade의 유효폭 $=3.58\times 0.72=2.58m$

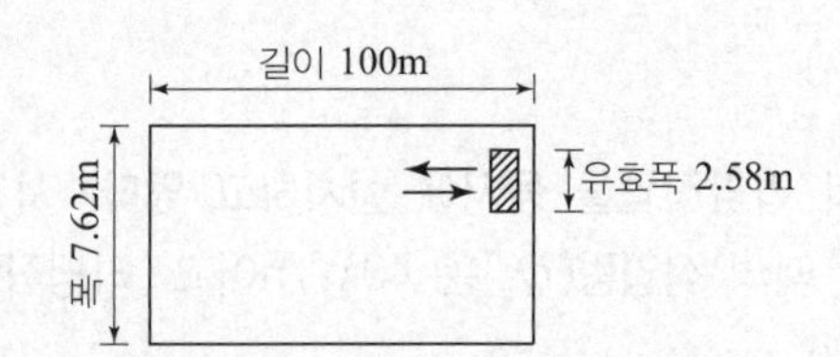

• 통과횟수(편도) $=\dfrac{\text{작업지역 폭}}{\text{블레이드의 유효폭}}$

$=\dfrac{7.62}{2.58}=2.95$　∴ 3회

• 1회 왕복 통과시간 $=\dfrac{\text{작업거리}}{\text{속도}}\times 2$(왕복)

$=\dfrac{100}{5.9\times 1,000}\times 2\times 60$(분) $=2.03$분

∴ 작업시간=1회 통과시간×통과횟수 $=2.03\times 3=6.09$분

□□□ 95③, 96④, 97④, 03①, 07②

11 **리퍼로 암석을 파쇄하면서 불도저 작업을 실시하려고 한다. 리퍼의 작업능력이 $80m^3/h$이고, 불도저의 작업능력이 $50m^3/h$일 때, 조합작업에 의한 시간당 토공량을 계산하시오.**

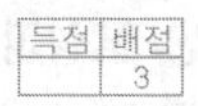

계산 과정) 답 : ______

해답 $Q=\dfrac{Q_D \times Q_R}{Q_D+Q_R}=\dfrac{50\times 80}{50+80}=30.77\ m^3/h$

□□□ 92②, 00③, 10①, 11②, 17①, 18①

12 **탄성파 속도가 1,100m/s인 사암으로 된 수평한 지반을 1개의 리퍼날이 부착된 21ton급의 불도저($q_0=3.3m^3$)로 리핑하면서 작업을 할 때, 1시간당 작업량을 본바닥토량으로 구하시오. (단, 소수 셋째자리에서 반올림하시오.)**

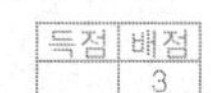

【조 건】

- 1개 날의 1회 리핑 단면적 : $0.14m^2$
- 리핑의 작업효율 : 0.9
- 작업거리 : 40m
- 리핑의 사이클 타임 : $C_m=0.05l+0.33$
- 불도저의 작업효율 : 0.4
- 불도저의 구배계수 : 0.90
- 불도저의 사이클 타임 : $C_m=0.037l+0.25$
- 토량변화율 : $L=1.6,\ C=1.1$

계산 과정) 답 : ______

해답 조합 작업량 $Q=\dfrac{Q_D\times Q_R}{Q_D+Q_R}$

- 리핑 작업량

$$Q_R=\frac{60\cdot A_n\cdot l\cdot f\cdot E}{C_m}$$

$C_m=0.05l+0.33=0.05\times 40+0.33=2.33$분

$$\therefore\ Q_R=\frac{60\times 0.14\times 40\times 1\times 0.9}{2.33}=129.785\,m^3/hr$$

(∵ 리퍼의 작업량은 본바닥토량이므로 $f=1$이다.)

- 불도저 작업량

$$Q_D=\frac{60\cdot(q_o\cdot\rho)\cdot f\cdot E}{C_m}$$

$C_m=0.037l+0.25=0.037\times 40+0.25=1.73$분

$$\therefore\ Q_D=\frac{60\times 3.3\times 0.90\times\dfrac{1}{1.6}\times 0.4}{1.73}=25.751\,m^3/hr$$

(∵ 불도저의 작업량은 흐트러진 토량에서 본바닥토량으로 환산하므로 $f=\dfrac{1}{L}$이다.)

$$\therefore\ \text{조합 작업량}\ Q=\frac{25.751\times 129.785}{25.751+129.785}=21.49m^3/hr$$

□□□ 94③, 97③, 00①, 04①

13 탄성파 속도 1,200m/sec 중질사암으로 된 수평한 지반을 운반거리 40m, 트랙터 규격 30톤급의 불도저로 리퍼날 2본 사용, 리핑하면서 도저작업을 할 때의 1시간당의 작업량을 본바닥토량으로 구하시오.

득점	배점
	3

(단, 토공판 용량 $q_o = 4.8\text{m}^3$, 운반거리계수 $\rho = 0.88$, 1회 리핑 단면적 $A_n = 0.4\text{m}^2$(2개날 사용), 토량환산계수 $f=1$(리핑작업시), $f = \dfrac{1}{1.7}$(도저작업시), 작업효율 $E=0.5$, $C_m = 0.05l + 0.33$(리핑작업시), $C_m = 0.037l + 0.25$(도저작업시))

계산 과정) 답 : ______________

해답 조합 작업량 $Q = \dfrac{Q_D \times Q_R}{Q_D + Q_R}$

• 리핑 작업량

$$Q_R = \frac{60 \cdot A_n \cdot l \cdot f \cdot E}{C_m}$$

$$C_m = 0.05l + 0.33 = 0.05 \times 40 + 0.33 = 2.33\text{분}$$

$$\therefore\ Q_R = \frac{60 \times 0.4 \times 40 \times 1 \times 0.5}{2.33} = 206.01\,\text{m}^3/\text{hr}$$

(∵ 리퍼의 작업량은 본바닥토량이므로 $f=1$이다.)

• 불도저 작업량

$$Q_D = \frac{60 \cdot (q_o \cdot \rho) \cdot f \cdot E}{C_m}$$

$$C_m = 0.037l + 0.25 = 0.037 \times 40 + 0.25 = 1.73\text{분}$$

$$\therefore\ Q_D = \frac{60 \times (4.8 \times 0.88) \times \dfrac{1}{1.7} \times 0.5}{1.73} = 43.09\,\text{m}^3/\text{hr}$$

(∵ 불도저의 작업량은 흐트러진 토량에서 본바닥토량으로 환산하므로 $f = \dfrac{1}{L}$이다.)

$$\therefore\ \text{조합작업량 } Q = \frac{43.09 \times 206.01}{43.09 + 206.01} = 35.64\,\text{m}^3/\text{hr}$$

□□□ 94④, 98①

14 모터그레이더로 3.3시간 걸려 6,000평 부지를 모두 정지작업을 하였다. 그레이더 날은 4.26m이며, 주행방향과 70° 되게 설치하였다. 이때 작업효율은 0.8이고, 반복을 4회 하였다면 이 장비의 평균작업속도는 얼마였겠는가? (단, 1평은 3.3m^2이다.)

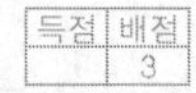

계산 과정) 답 : ______________

해답 유효폭 e' = 블레이드의 길이 $\sin\theta = 4.26\sin 70° = 4\text{m}$

작업길이 $L = \dfrac{6{,}000 \times 3.3}{4 \times 4} = 1{,}237.50\,\text{m} = 1.24\,\text{km}$

$$\therefore\ \text{작업속도 } V = \frac{\text{통과횟수} \times \text{작업거리}}{\text{작업시간} \times \text{작업효율}} = \frac{4 \times 1.24}{3.3 \times 0.8} = 1.88\,\text{km/hr}$$

□□□ 92②, 98②, 07①, 13①

15 모터그레이더 1대로 폭 W=600m, 거리 l=200m의 성토를 1회 정지하는 데 필요한 시간 (H)을 구하시오.

(단, 블레이드(blade)의 유효길이 B=3m, 전진속도 V_1=5km/h, 후진속도 V_2=6.5km/h, 작업효율 E=0.8)

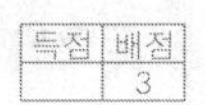

득점	배점
	3

계산 과정)　　　　　　　　　　　　　　　　　　답 : ____________

해답 시간 $H = \dfrac{\text{통과횟수} \times \text{작업거리}}{\text{작업속도} \times \text{작업효율}}$

통과횟수 $N = \dfrac{\text{작업폭}}{\text{유효길이}} = \dfrac{600}{3} = 200$회

$\therefore H = \dfrac{200 \times 200}{5{,}000 \times 0.8} + \dfrac{200 \times 200}{6{,}500 \times 0.8} = 17.69$시간

□□□ 92①, 95⑤

16 채석장에서 로더(Loader)가 작업을 하고 있다. 이 로더의 중량이 10t이고 구동륜에는 하중이 80% 전달되고 5t에서 미끄러지기 시작한다고 할 때, 견인계수는?

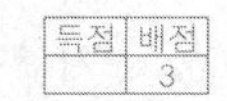

득점	배점
	3

계산 과정)　　　　　　　　　　　　　　　　　　답 : ____________

해답 Rimpull=구동륜 하중×견인계수(μ)

$\therefore \mu = \dfrac{\text{Rimpull}}{\text{구동륜 하중}} = \dfrac{5}{10 \times 0.8} = 0.63$

□□□ 93③, 95③, 99③, 00③

17 자중 12ton인 스크레이퍼가 15ton의 흙을 싣고 경사 4%인 비포장 언덕길을 내려간다. 이 스크레이퍼의 소요 구동력(Rimpull)을 구하시오.

(단, 이 도로의 회전저항(Rolling Resistance)은 45kg/ton이고, 경사저항은 (경사 %) 10kg/ton이다.)

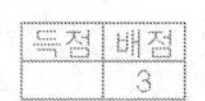

득점	배점
	3

계산 과정)　　　　　　　　　　　　　　　　　　답 : ____________

해답 총중량 $= 12 + 15 = 27$t

$\therefore$ Rimpull=총중량×회전저항−총중량×경사저항×경사(%)

$= 27 \times 45 - 27 \times 10 \times 4 = 135$kg (∵ 하향 −)

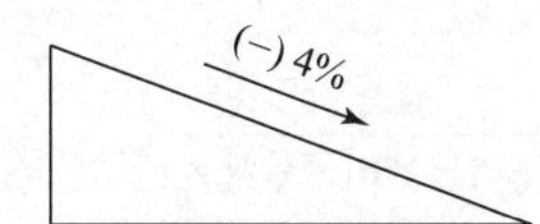

□□□ 92①

18 트랙터 D-120에 견인된 스크레이퍼 RSD9의 1일당 작업량 Q를 거리 100m로 하여 구하시오.

득점	배점
	3

【조 건】

- 굴착싣기 속도 $V_2=40\text{m/min}$
- 운반속도 $V_2=75\text{m/min}$
- 사토속도 $V_3=54\text{m/min}$
- 돌아오는 속도 $V_4=75\text{m/min}$
- 기어 바꾸어 넣기 $t=0.25\text{min}$
- 토량환산계수 $f=1.0$
- 1일 작업시간 : 6시간
- 보울 용적 : 평적 9.2m³, 산적 11.5m³
- 커터폭 : 2.68m
- 굴착깊이 : 0.2m
- 보울 적재계수 $K=0.8$
- 사토두께 : 0.2m
- 작업효율 $E=0.83$

계산 과정)　　　　　　　　　　　　　　　　　　　　　답 : ________

해답
- 굴착거리 $D=\dfrac{\text{보울 용적}}{\text{커터폭}\times\text{굴착길이}}=\dfrac{9.2}{2.68\times0.2}=17.16\text{m}$
- 운반거리 $H=100-17.16=82.84\text{m}$
- 사토거리 $S=\dfrac{9.2}{2.68\times0.2}=17.16\text{m}$
- 돌아오는 거리 $R=100+17.16=117.16\text{m}$
- $C_m=\dfrac{D}{V_1}+\dfrac{H}{V_2}+\dfrac{S}{V_3}+\dfrac{T}{V_4}+t$

$$=\frac{17.16}{40}+\frac{82.84}{75}+\frac{17.16}{54}+\frac{117.16}{75}+0.25=3.66\text{분}$$

- $Q=\dfrac{60\cdot q\cdot K\cdot f\cdot E}{C_m}=\dfrac{60\times11.5\times0.8\times1\times0.83}{3.66}=125.18\text{m}^3/\text{hr}$

∴ 1일당 작업량 $=125.18\times6=751.08\text{m}^3/\text{day}$

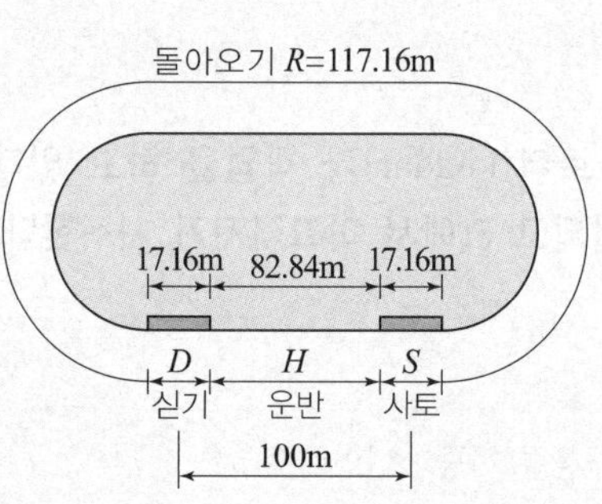

□□□ 96②

19 도로공사 토공구간에서 스크레이퍼를 이용하여 사토할 경우, 1회 사토에 요하는 시간(초)을 구하시오.
(단, 스크레이퍼의 1회 운반량은 13.0m³이고, 사토속도는 30m/min, 사토두께는 30cm, 사토폭은 2.5m이다.)

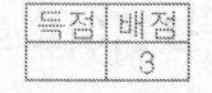

계산 과정)　　　　　　　　　　　　　　　　　　　　　답 : ________

해답 사토시간 $=\dfrac{\text{보울 적재량}}{\text{사토속도}\times\text{사토두께}\times\text{사토폭}}$

$$=\frac{13}{30\times0.3\times2.5}=0.578\text{분}=34.67\text{초}$$

03 셔블(shovel)계 굴착기 □□□

셔블(shovel)계 굴착기는 상부선 회대, 하부기구, 전면 접합구(front attachment)의 3부분으로 되어 있어 부속장치를 바꿈으로써 여러 가지 목적에 사용할 수 있다.

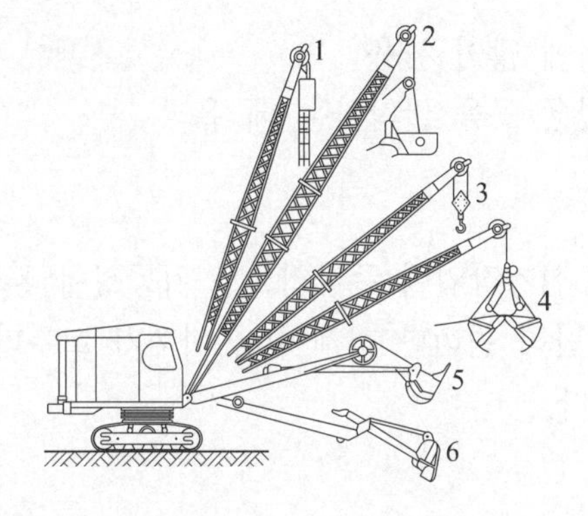

1. 파일드라이버
2. 드래그라인
3. 크레인
4. 클램셸
5. 파워셔블
6. 드래그셔블

기억해요
셔블계 굴착기 종류 4가지를 쓰시오.

1 셔블계 굴착기의 종류

셔블 굴착기의 장단점 ◀

장점	단점
• 사이클 타임이 짧다. • 굴착범위가 넓다. • 광범위하게 사용된다. • 운전경비가 싸다. • 내용연수가 길다.	• 셔블(dipper) 용량이 적다. • 연한 흙을 싣기는 힘들다. • 이동성이 나쁘다. • 가격이 비싸다. • 시간당 기계손료가 크다.

(1) **백 호** Back hoe, drag shovel

① 정확한 위치의 굴착이 가능
② 굴착과 적재작업이 매우 용이
③ 지면보다 높은 곳의 굴착 및 적재가 가능
④ 기계의 위치보다 낮은 곳을 굴착하여 기계보다 높은 위치에 있는 운반장비의 적재에 적합

백호(드래그셔블)

(2) **파워셔블** Power shovel, Dipper shovel

셔블계 굴착기 중에서 가장 기본적인 형으로 디퍼의 위치를 정확하게 정하여 단단한 붐으로 굴착할 수 있다.

① 비교적 단단한 토질의 굴착도 가능
② 굴착과 운반차와의 조합시공에서 굴착과 싣기에 많이 사용
③ 굴착기계가 위치한 지면보다 높은 곳을 굴착하는 데 유효

파워셔블

드래그라인

클램셸

트랙터셔블

기억해요
백호로 굴착작업을 할 때 소요되는 일수를 계산하시오.

(3) **드래그라인** Drag line

① 하상 굴착, 배수로의 굴착, 골재 채취, 연약 지반굴착에 사용
② 굴착기계가 위치한 지면보다 낮은 곳을 굴착하는 데 접합
③ 넓은 범위의 굴착에 적합하고 단단한 지반의 굴착에는 부적합

(4) **클램셸** clam shell

① 준설공사의 자갈모래의 채취에 많이 사용
② 우물통기초 등 좁은 곳과 깊은 곳을 굴착하는 데 유리

(5) **트랙터셔블** Tractor shovel

일명 Pay loader로 굴착보다는 신기작업이 주작업으로 기동성이 좋고 흙이나 자갈의 굴착, 적재에는 대단히 편리한 기계이다. 바퀴가 고무타이어로 된 것을 로더(Loader)라 한다.

2 셔블계 굴착기의 작업량

(1) **작업량 산정식**

$$Q = \frac{3,600\, q \cdot K \cdot f \cdot E}{C_m}$$

여기서, Q : 1시간당 작업량(m^3/hr)
K : 버킷 또는 디퍼 계수
E : 작업효율
q : 버킷 또는 디퍼 용량(m^3)
f : 토량환산계수
C_m : 사이클 타임(sec)
단, 트랙터셔블 경우의 사이클 타임

$$C_m = ml + t_1 + t_2$$

여기서, l : 운전거리(m)
m : 계수(sec/m)
t_1 : 버킷으로 재료를 담아 올리는 시간(sec)
t_2 : 기어 바꾸어 넣기, 기타 시간(sec)

(2) **소요공기 산정식**

$$\text{소요일수} = \frac{\text{총작업량}}{\text{시간당 작업량} \times \text{소요대수} \times \text{1일 작업시간}}$$

| 셔블(shovel)계 굴착기 |

03 핵심 기출문제

□□□ 88①②, 10②

01 셔블(shovel)계 굴착기는 부속장치를 바꿈으로써 여러 가지 목적에 사용할 수 있다. 셔블계 굴착기의 종류를 4가지만 쓰시오.

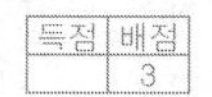

① ________ ② ________ ③ ________ ④ ________

해답 ① 파워셔블(power shovel) ② 백호(back hoe)
③ 클램셸(clam shell) ④ 드래그라인(drag line)
⑤ 크레인(crane) ⑥ 항타기(pile driver)

□□□ 87③, 88③, 01①, 04①, 23②

02 다음 조건일 때 0.6m^3의 백호 1대를 사용하여 $5{,}700\text{m}^3$의 기초터파기를 했을 때 굴착에 소요되는 일수는 얼마인가?

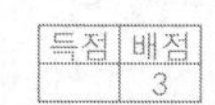

【조 건】

- 백호 Cycle time $C_m = 24\text{sec}$
- 디퍼계수 $K = 0.9$
- 토량변화율 $L = 1.2$
- 작업효율 $E = 0.8$
- 1일의 운전시간 7시간

계산 과정)　　　　　　답 : ________

해답 작업량 $Q = \dfrac{3{,}600 \cdot K \cdot f \cdot E}{C_m}$, 소요일수 $= \dfrac{\text{터파기량}}{\text{작업량} \times 1\text{일 운전시간}}$

$$Q = \frac{3{,}600 \times 0.6 \times 0.9 \times \dfrac{1}{1.2} \times 0.8}{24} = 54\text{m}^3/\text{hr}$$

$\therefore$ 소요일수 $= \dfrac{5{,}700}{54 \times 7} = 15.08$　　$\therefore$ 16일

□□□ 92②, 95④

03 수중의 골재채취 및 배수로의 굴착이나 하상으로부터의 제방 구축재료의 채집 및 성토 작업에 적합한 토공기계는?

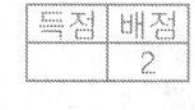

○

해답 드래그라인(drag line)

□□□ 87③, 88③, 01①, 04①

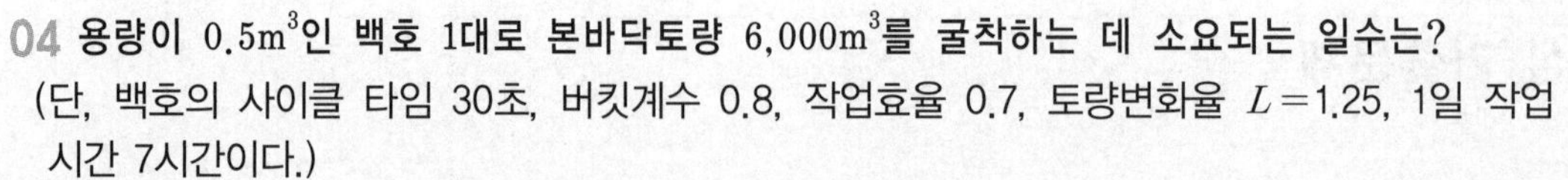

04 **용량이 $0.5m^3$인 백호 1대로 본바닥토량 $6,000m^3$를 굴착하는 데 소요되는 일수는?**
(단, 백호의 사이클 타임 30초, 버킷계수 0.8, 작업효율 0.7, 토량변화율 $L=1.25$, 1일 작업 시간 7시간이다.)

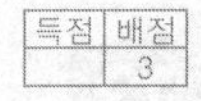

득점	배점
	3

계산 과정) 답 : ________

해답 작업량 $Q=\dfrac{3,600\cdot K\cdot f\cdot E}{C_m}$, 굴착일수 $=\dfrac{\text{터파기량}}{\text{작업량}\times \text{1일 작업시간}}$

$$Q=\frac{3,600\times 0.5\times 0.8\times \frac{1}{1.25}\times 0.7}{30}=26.88\text{m}^3/\text{hr}$$

$$\therefore \text{굴착일수}=\frac{6,000}{26.88\times 7}=31.89 \qquad \therefore 32\text{일}$$

□□□ 96⑤

05 **다음의 조건에 있어서 $0.6m^3$ 파워셔블의 2일간 작업량은 본바닥으로 대략 얼마인가?**

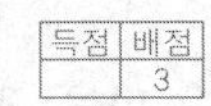

득점	배점
	3

【조 건】

- 셔블의 사이클 타임＝20sec
- 흙의 토량변화율＝1.2
- 디퍼계수＝1.0
- 작업효율＝0.75
- 1일의 운전시간＝6시간

계산 과정) 답 : ________

해답 $Q=\dfrac{3,600\cdot q\cdot K\cdot f\cdot E}{C_m}$

$$=\frac{3,600\times 0.6\times 1.0\times \frac{1}{1.2}\times 0.75}{20}=67.50\text{m}^3/\text{hr}$$

$$\therefore \text{2일간 작업량}=67.50\times 6\times 2=810\text{m}^3$$

□□□ 92②, 95④

06 **버킷용량 $q=1.2m^3$, 흙의 용적 변화율 $L=1.25$, 기계의 능률계수 $E=0.8$, 버킷계수 $K=0.9$, 사이클 타임 계산시의 형식에 의한 계수 $m=2.0sec/m$, 싣기 운반거리 $l=10m$, 버킷으로 재료를 담아 올리는 시간 $t_1=15sec$, 기어변환시간 $t_2=20sec$인 트랙터셔벨의 1시간당 작업량 Q는 본바닥의 토량으로 계산할 때 얼마인가?**

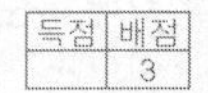

득점	배점
	3

계산 과정) 답 : ________

해답 $Q=\dfrac{3,600q\cdot K\cdot f\cdot E}{C_m}$

$C_m=ml+t_1+t_2=2\times 10+15+20=55$초

$$\therefore Q=\frac{3,600\times 1.2\times 0.9\times \frac{1}{1.25}\times 0.8}{55}=45.24\text{m}^3/\text{hr}$$

□□□ 87③, 88③, 01①, 04①

07 **그림과 같이 표고가 20m씩 차이 나는 등고선으로 둘러싸인 지역의 흙을 굴착하여 택지조성을 계획할 때 1.0m³ 용적의 굴삭기 2대를 동원하면 굴착에 소요되는 기간은 몇 일인가?**
(단, 굴삭기 사이클 타임=20초, 효율=0.8, 디퍼계수=0.8, L=1.2, 1일 작업시간=8시간, 등고선 면적 $A_1=100\text{m}^2$, $A_2=80\text{m}^2$, $A_3=50\text{m}^2$이다.)

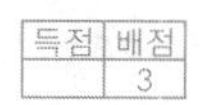

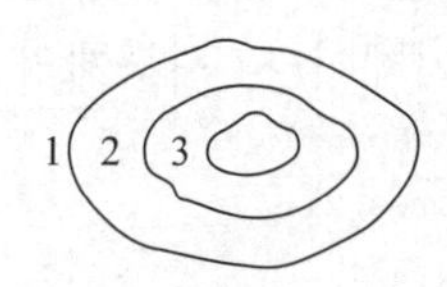

계산 과정)

답 : ______________

해답 소요공기 $= \dfrac{\text{총굴착토량}}{\text{백호 2대의 작업량}}$

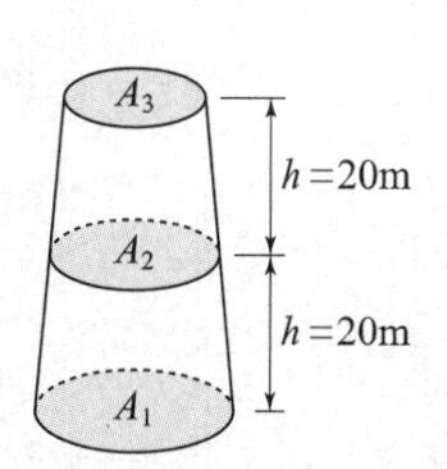

- 굴착토량 $V = \dfrac{h}{3}(A_1 + 4A_2 + A_3) = \dfrac{20}{3}(100 + 4 \times 80 + 50) = 3{,}133.33\text{m}^3$
- 굴삭기 1대 작업량

$$Q = \frac{3{,}600 \cdot q \cdot K \cdot f \cdot E}{C_m} = \frac{3{,}600 \times 1.0 \times 0.8 \times \frac{1}{1.2} \times 0.8}{20} = 96\text{m}^3/\text{hr}$$

- 백호 2대의 작업량 $= 96 \times 8$시간$\times 2$대 $= 1{,}536\text{m}^3/\text{day}$

$\therefore$ 소요공기 $= \dfrac{3{,}133.33}{1{,}536} = 2.04$ $\therefore$ 3일

□□□ 00④

08 **q=1.2m³인 트랙터셔블로 10,000m³의 기초굴착을 할 때 굴착에 소요되는 일수를 구하시오.**
(단, C_m : 0.5분, K : 0.8, f : 0.7, E : 0.6, 1일 운전시간 : 8시간이다.)

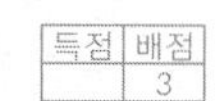

계산 과정)

답 : ______________

해답 소요일수 $D = \dfrac{\text{총작업량}}{\text{1일 작업량}}$

$$Q = \frac{3{,}600 \cdot q \cdot K \cdot f \cdot E}{C_m} = \frac{3{,}600 \times 1.2 \times 0.8 \times 0.7 \times 0.6}{0.5 \times 60} = 48.38\text{m}^3/\text{hr}$$

$\therefore D = \dfrac{10{,}000}{48.38 \times 8} = 25.84$ $\therefore$ 26일

04 덤프트럭

1 덤프트럭 Dump truck

덤프트럭

기동성이 좋고 도로상이면 어느 곳이나 자유롭게 왕복할 수 있으며 운반능력도 좋아 어느 현장이나 다양하게 사용할 수 있는 기계이다. 셔블계의 싣기에 의한 조합형식으로 많이 사용한다.

(1) 덤프트럭의 작업능력

$$Q = \frac{60 \cdot q_t \cdot f \cdot E}{C_m},\ q_t = \frac{T}{\gamma_t} \cdot L$$

여기서, Q : 1시간당 흐트러진 상태의 작업량(m^3/hr)
q_t : 흐트러진 상태의 1회 적재량(m^3)
γ_t : 자연상태의 토량단위중량(t/m^3)
T : 덤프트럭의 적재량(ton)
L : 토량변화율 $\left(\frac{\text{흐트러진 상태의 토량}}{\text{자연상태의 토량}}\right)$
f : 토량환산계수
E : 작업효율
C_m : 1회 cycle time(min)

(2) 사이클 타임

기억해요
트럭 1대에 적재하는 데 필요한 시간을 산출하시오.

$$C_m = \frac{C_{ms} \cdot n}{60E_s} + (t_2 + t_3 + t_4)$$

여기서, C_{ms} : 적재기계의 1회 사이클 타임(sec)
n : 덤프트럭 만재시 적재기계의 적재횟수
즉, $n = \frac{q_t}{q \times \mathrm{k}}$
q : 적재기계의 버킷용량(m^3)
k : 적재기계의 버킷계수
E_s : 적재기계의 작업효율
t_2 : 왕복시간(min)
t_3 : 흙을 뿌리는 데 필요한 시간(min)
t_4 : 흙을 싣기 위한 준비 및 대기 시간(min)

(3) 덤프트럭의 소요대수 산정식

① 여유대수

$$N=\frac{T\cdot E}{\frac{60L}{V}\times 2+t}=\frac{T_1}{T_2}+1$$

여기서, N : 덤프트럭의 소요대수
T : 1일 작업 가능시간(min)
L : 운반거리(km)
E : 작업효율
V : 차량속도(km/hr)
t : 적재, 하역시간(min)
T_1 : 왕복과 사토에 필요한 시간
T_2 : 신기 완료 후 출발할 때까지의 시간

기억해요
덤프트럭의 1일 소요대수를 산출하시오.

② 소요대수

$$M=\frac{E_S}{E_T}\left\{\frac{60(T_1+T_2+t_1+t_2+t_3)}{C_{ms}\cdot n}\right\}+\frac{1}{E_T}$$

여기서, E_S : 적재 기계의 작업효율
E_T : 덤프트럭의 작업효율

기억해요
덤프트럭의 소요대수를 구하시오.

(4) 덤프트럭의 조합대수

$$N=\frac{Q_S}{Q_T}$$

여기서, Q_S : 적재기계의 시간당 작업능력
Q_T : 덤프트럭의 시간당 작업능력

2 토공작업의 조합장비

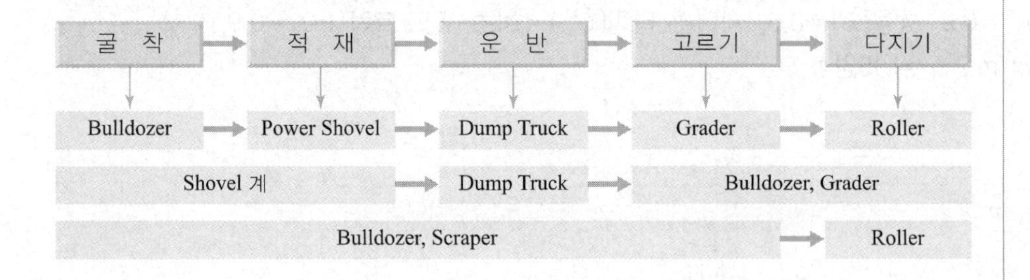

| 덤프트럭 |

04 핵심 기출문제

□□□ 92②, 94③

01 덤프 소요시간을 8분이라 하고 적재시의 평균속도 $V_1=30\text{km/hr}$, 공차시의 평균속도 $V_2=42\text{km/hr}$, 운반거리 $D=600\text{m}$, 싣기와 출발할 때까지의 시간을 5분이라 할 때, 덤프트럭의 소요여유대수 N_1을 구하시오.

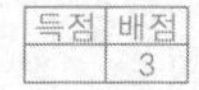

계산 과정) 답 : ______

해답 왕복소요시간

$$T_1=\frac{l}{V_1}+\frac{l}{V_2}+t=\frac{0.6}{30}+\frac{0.6}{42}+\frac{8}{60}=0.17\text{시간}=10.06\text{분}$$

$$\therefore \text{ 소요여유대수 } N_1=\frac{T_1}{T_2}+1=\frac{10.06}{5}+1=3.01 \qquad \therefore 4\text{대}$$

□□□ 99⑤, 10④

02 토사굴착량 $1{,}200\text{m}^3$를 용적이 5m^3인 트럭으로 운반하려고 한다. 트럭의 평균속도는 상하차 시간을 포함하여 6km/hr일 때, 하루에 전량을 운반하려면 몇 대의 트럭이 소요되는가? (단, 1일의 실가동은 8시간이며, 토사장까지의 거리는 2km이다.)

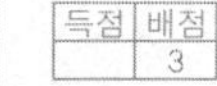

계산 과정) 답 : ______

해답 1일 소요대수 $M=\dfrac{\text{총운반량}}{\text{트럭의 용적}(q_t)\times\text{트럭의 1일 운반횟수}(N)\times\text{일수}}$

$$N=\frac{\text{1일 작업시간}}{\text{1회 왕복소요시간}}=\frac{T}{\dfrac{60\cdot L}{V}\times2+t}=\frac{8\times60}{\dfrac{60\times2}{6}\times2}=12\text{회} \qquad \therefore M=\frac{1{,}200}{5\times12\times1}=20\text{대}$$

□□□ 02③, 05①

03 버킷용량 0.7m^3의 백호로 8ton 덤프트럭에 적재하는 경우, 백호의 적재시간을 계산하시오. (단, 백호 : 버킷계수$(K)=0.9$, 효율$(E)=0.5$, 사이클 타임$(C_m)=24$초, 덤프트럭 : $E=0.9$, 흙의 단위중량 $\gamma_t=1.8\text{t/m}^3$, $L=1.15$임.)

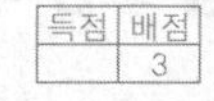

계산 과정) 답 : ______

해답 적재시간 $C_{mt}=\dfrac{C_{ms}\cdot n}{60\cdot E_s}$

$$q_t=\frac{T}{\gamma_t}\cdot L=\frac{8}{1.8}\times1.15=5.11\text{m}^3,\ n=\frac{q_t}{q\cdot k}=\frac{5.11}{0.7\times0.9}=8.11=9\text{회}$$

$$\therefore \text{ 적재시간 } C_{mt}=\frac{24\times9}{60\times0.5}=7.2\text{분}$$

□□□ 99⑤, 10④, 12④

04 **토사굴착량 900m³를 용적이 5m³인 트럭으로 운반하려고 한다. 트럭의 평균속도는 8km/hr이고, 상하차 시간이 각각 5분일 때, 하루에 전량을 운반하려면 몇 대의 트럭이 소요되는가?**
(단, 1일의 실가동은 8시간이며, 토사장까지의 거리는 2km이다.)

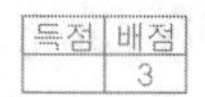

득점	배점
	3

계산 과정) 답 : ______

해답 1일 소요대수 $M=\dfrac{\text{총운반량}}{\text{트럭의 용적}(q_t)\times\text{트럭의 1일 운반횟수}(N)\times\text{일수}}$

$$N=\frac{\text{1일 작업시간}}{\text{1회 왕복소요시간}}$$

$$=\frac{T}{\dfrac{60\cdot L}{V}\times 2+t}=\frac{8\times 60}{\dfrac{60\times 2}{8}\times 2+5\times 2}=12\text{회}(\because\ \text{상하차 각각 5분})$$

$$\therefore\ M=\frac{900}{5\times 12\times 1}=15\text{대}$$

□□□ 92④, 97③, 01④

05 **백호 0.7m³로 적재하고 덤프 8t으로 흙을 운반할 때, 단위시간당의 작업량을 계산하시오.**
(단, 백호 $K=0.9$, $E=0.45$, $C_m=23$초, $f=1/L=1/1.15=0.87$, 덤프트럭 : 운반거리 20km, $V_1=15$km/h, $V_2=20$km/h, $t_3+t_4=2$분, $E=0.9$, $\gamma_t=1.8\text{t/m}^3$이고 소수점 둘째자리까지 계산)

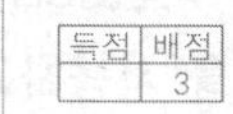

득점	배점
	3

계산 과정) 답 : ______

해답 $Q=\dfrac{Q_B\times Q_D}{Q_B+Q_D}$

• 백호의 시간당 작업량

$$Q_B=\frac{3{,}600\cdot q\cdot K\cdot f\cdot E}{C_m}=\frac{3{,}600\times 0.7\times 0.9\times 0.87\times 0.45}{23}=38.61\,\text{m}^3/\text{hr}$$

• 덤프의 시간당 작업량

$$q_t=\frac{T}{\gamma_t}\cdot L=\frac{8}{1.8}\times 1.15=5.11\,\text{m}^3$$

$$n=\frac{q_t}{q\cdot K}=\frac{5.11}{0.7\times 0.9}=8.11\qquad \therefore\ 9\text{회}$$

$$C_{mt}=\frac{C_{ms}\times n}{60\times E_s}+\left(\frac{L}{V_1}+\frac{L}{V_2}\right)\times 60+t_3+t_4$$

$$=\frac{23\times 9}{60\times 0.45}+\left(\frac{20}{15}+\frac{20}{20}\right)\times 60+2=149.67\text{분}$$

$$Q_D=\frac{60\cdot q\cdot f\cdot E}{C_m}=\frac{60\times 5.11\times 0.87\times 0.9}{149.67}=1.60\,\text{m}^3/\text{hr}$$

$$\therefore\ Q=\frac{38.61\times 1.60}{38.61+1.60}=1.54\,\text{m}^3/\text{hr}$$

□□□ 10④, 17②

06 15ton 덤프트럭에 버킷용량이 1.0m^{3}의 백호 1대로 토사를 적재하는 경우, 트럭 1대에 적재하는 데 필요한 시간은 얼마인가?

(단, 굴착시 효율=1.0, 버킷계수는=0.9, 자연상태의 γ_t =1.9t/m^3, L=1.2, 적재장비 사이클 타임 20초)

득점	배점
	3

계산 과정)　　　　　　　　　　답 : ________

해답 적재시간 $C_{mt}=\dfrac{C_{ms}\cdot n}{60\cdot E_s}$

$$q_t=\frac{T}{\gamma_t}\cdot L=\frac{15}{1.9}\times 1.2=9.47\text{m}^3$$

$$n=\frac{q_t}{q\cdot k}=\frac{9.47}{1.0\times 0.9}=10.52 \quad \therefore 11\text{회}$$

$$\therefore \text{적재시간 } C_{mt}=\frac{20\times 11}{60\times 1.0}=3.67\text{분}$$

덤프트럭 150kN, $\gamma_t=19\text{kN/m}^3$ 일 때

$$q_t=\frac{T}{\gamma_t}\cdot L=\frac{15}{19}\times 1.2=9.47\text{m}^3$$

$$n=\frac{q_t}{q\cdot k}=\frac{9.47}{1.0\times 0.9}=10.52 \quad \therefore 11\text{회}$$

$$\therefore \text{적재시간 } C_{mt}=\frac{20\times 11}{60\times 1.0}=3.67\text{분}$$

⚠ 주의점

SI단위로 출제된다면

□□□ 91③, 99②, 05②, 18②

07 흐트러진 상태의 L=1.15, 단위중량이 1.7t/m^{3}인 토사를 싣기는 1.34m^{3}의 Payloader 1대를 사용하고 운반은 8t 덤프트럭을 사용하여 운반로 10km인 공사현장까지 운반하고자 한다. 이때, 조합토공에 있어서 덤프트럭의 소요대수를 구하시오.

(단, Payloader 사이클 타임(C_m)=44.4초, 버킷계수(K)=1.15, 작업효율(E_s)=0.7이고, 덤프트럭의 적재시 주행속도=15km/hr, 공차시 주행속도=20km/hr, t_1 =0.5분, t_2 =0.4분, 작업효율(E_t)=0.9이다.)

득점	배점
	3

계산 과정)　　　　　　　　　　답 : ________

해답 ■ 방법 1

$$M=\frac{E_s}{E_t}\times\frac{60(T_1+t_1+T_2+t_2+t_3)}{C_{ms}\cdot n}+\frac{1}{E_t}$$

- $q_t=\dfrac{T}{\gamma_t}\cdot L=\dfrac{8}{1.7}\times 1.15=5.41\text{m}^3$
- $n=\dfrac{q_t}{q\cdot k}=\dfrac{5.41}{1.34\times 1.15}=3.51\text{회} \quad \therefore 4\text{회}$
- $T_1=\dfrac{D}{V_1}\times 60=\dfrac{10}{15}\times 60=40\text{분}$
- $T_2=\dfrac{D}{V_2}\times 60=\dfrac{10}{20}\times 60=30\text{분}$

$$\therefore M=\frac{0.7}{0.9}\times\frac{60(40+0.5+30+0.4)}{44.4\times 4}+\frac{1}{0.9}=19.74 \quad \therefore 20\text{대}$$

■ 방법 2

$$M=\frac{E_s}{E_t}\times\frac{60(T_1+t_1+T_2+t_2+t_3)}{C_{ms}\cdot n}+\frac{1}{E_t}$$

- $q_t=\dfrac{T}{\gamma_t}\cdot L=\dfrac{8}{1.7}\times 1.15=5.41\text{m}^3$
- $n=\dfrac{q_t}{q\cdot k}=\dfrac{5.41}{1.34\times 1.15} \quad \therefore 3.51\text{회}$
- $T_1=\dfrac{D}{V_1}\times 60=\dfrac{10}{50}\times 60=40\text{분}$
- $T_2=\dfrac{D}{V_2}\times 60=\dfrac{10}{20}\times 60=30\text{분}$

$$\therefore M=\frac{0.7}{0.9}\times\frac{60(40+0.5+30+0.4)}{44.4\times 3.51}+\frac{1}{0.9}=22.34 \quad \therefore 23\text{대}$$

□□□ 03④, 07②, 11①, 14①

08 아래와 같이 백호로 굴착을 하고 통로박스 시공 후, 되메우기를 한다. 이때 15ton 덤프트럭을 2대 사용하며 1일 작업시간을 6시간으로 하고, 덤프트럭의 $E=0.9$, $C_m=300$분일 경우, 아래 물음에 답하시오.
(단, 암거길이는 10m, $C=0.8$, $L=1.25$, $\gamma_t=1.8\text{t/m}^3$)

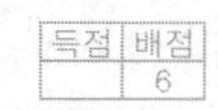

*잠깐
15t이 150kN일 경우 1.8t/m³은 18.0kN/m³으로 변경

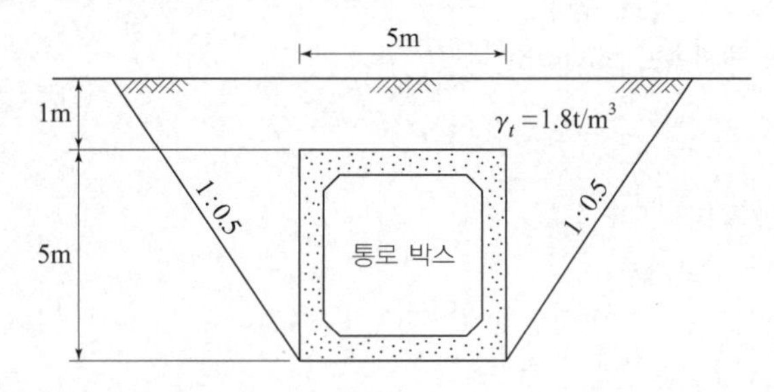

가. 사토량(捨土量)을 본바닥토량으로 구하시오.

계산 과정) 답 : ________

나. 덤프트럭 1대의 시간당 작업량을 구하시오.

계산 과정) 답 : ________

다. 덤프트럭 2대를 사용할 경우, 사토에 필요한 소요일수는 몇 일인가?

계산 과정) 답 : ________

해답 가.

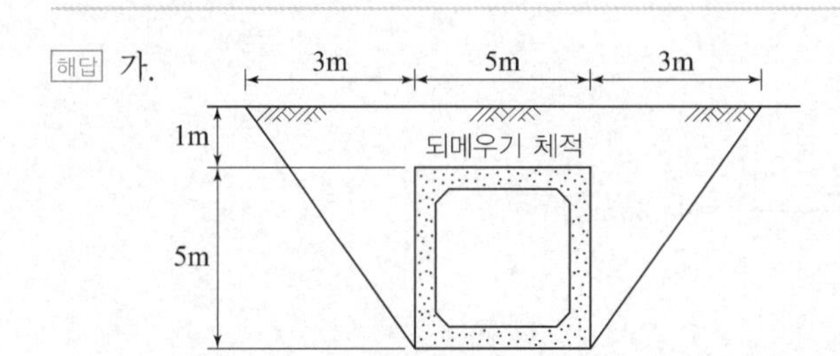

- 굴착토량 $=\dfrac{\text{윗변길이}+\text{밑변길이}}{2}\times\text{높이}\times\text{암거길이}=\dfrac{(3+5+3)+5}{2}\times 6\times 10=480\text{m}^3$
- 통로박스 체적 $=5\times 5\times 10=250\text{m}^3$
- 뒤메우기량 $=(480-250)\times\dfrac{1}{0.8}=287.5\text{m}^3$

$\therefore$ 사토량 $=480-287.5=192.5\text{m}^3$

나. 덤프트럭의 적재량 $Q=\dfrac{60\cdot q_t\cdot f\cdot E}{C_m}$

- $q_t=\dfrac{T}{\gamma_t}L=\dfrac{15}{1.8}\times 1.25=10.42\text{m}^3$

$$\therefore\ Q=\frac{60\times 10.42\times\dfrac{1}{1.25}\times 0.9}{300}=1.50\text{m}^3/\text{h}$$

다. 소요일수 $=\dfrac{192.5}{1.5\times 6\times 2}=10.69$ $\quad\therefore$ 11일

*잠깐
15t이 150kN일 경우 γ_t는 18kN/m³로 변경

□□□ 94②, 97①, 01②, 03①, 04④, 07①, 12①

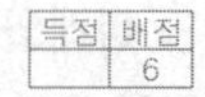

득점	배점
	6

09 **$0.6m^3$ 용량의 백호와 15t 덤프트럭의 조합 토공현장에서 현장의 조건이 아래와 같을 경우, 다음 물음에 답하시오.**
(단, 현장흙의 단위중량(γ_t)은 $1.7t/m^3$이며, 덤프트럭의 운반거리는 5km이다.)

【조 건】

- 트럭의 운반속도 30km/hr, 트럭의 귀환속도 25km/hr
- 흙부리기 시간 1.0분
- 싣기 대기시간 0.5분
- 토량변화율 $L=1.25$, $C=0.85$, 백호 버킷계수 1.10
- 백호 사이클 타임 30초
- 트럭의 작업효율 $E_t=0.9$
- 백호의 작업효율 $E_s=0.7$

가. 백호의 시간당 작업량을 구하시오.

계산 과정)　　　　답 : ________

나. 덤프트럭의 시간당 작업량을 구하시오.

계산 과정)　　　　답 : ________

다. 조합토공에 있어서 백호 1대당 덤프트럭의 소요대수는 몇 대인가?

계산 과정)　　　　답 : ________

해답 가. 백호의 작업량

$$Q_S=\frac{3,600\cdot q\cdot K\cdot f\cdot E_s}{C_m}=\frac{3,600\times 0.6\times 1.10\times \dfrac{1}{1.25}\times 0.70}{30}=44.35\,m^3/hr$$

나. $Q_t=\dfrac{60\cdot q\cdot f\cdot E_t}{C_m}$

- $q_t=\dfrac{T}{\gamma_t}\cdot L=\dfrac{15}{1.7}\times 1.25=11.03\,m^3$
- $n=\dfrac{q_t}{q\times k}=\dfrac{11.03}{0.6\times 1.10}=16.71$　　∴ 17회
- $C_{mt}=\dfrac{C_{ms}\times n}{60\times E_s}+\left(\dfrac{L}{V_1}+\dfrac{L}{V_2}\right)\times 60+t_3+t_4$

$$=\frac{30\times 17}{60\times 0.7}+\left(\frac{5}{30}+\frac{5}{25}\right)\times 60+1+0.5=35.64\text{분}$$

$$\therefore\ Q_t=\frac{60\times 11.03\times \dfrac{1}{1.25}\times 0.9}{35.64}=13.37\,m^3/hr$$

다. $N=\dfrac{Q_s}{Q_t}=\dfrac{44.35}{13.37}=3.32$　　∴ 4대

□□□ 94②, 97①, 01②, 03①, 04②, 04④, 07①, 09①, 12①, 13①

10 버킷용량 3.0m³의 셔블과 15ton 덤프트럭을 사용하여 토공사를 하고 있다. 다음 물음에 답하시오.

득점	배점
	6

【조 건】

- 흙의 단위중량 : 1.8t/m³
- 토량변화율(L) : 1.2
- 셔블의 버킷계수 : 1.1
- 사이클 타임 : 30초
- 셔블의 작업효율 : 0.5
- 덤프트럭의 사이클 타임 : 30분
- 덤프트럭의 작업효율 : 0.8
- 30분 중 상차시간 : 2분
- 덤프트럭 1대를 적재하는 데 필요한 셔블의 사이클 횟수 : 3

가. 셔블의 시간당 작업량은 얼마인가?

계산 과정)　　　　　　　　　　　　　　　　　　　　　답 : ________

나. 덤프트럭의 시간당 작업량은 얼마인가?

계산 과정)　　　　　　　　　　　　　　　　　　　　　답 : ________

다. 셔블 1대당 덤프트럭의 소요대수는 얼마인가?

계산 과정)　　　　　　　　　　　　　　　　　　　　　답 : ________

해답 가. $Q_s = \dfrac{3{,}600 \cdot q \cdot K \cdot f \cdot E_s}{C_m} = \dfrac{3{,}600 \times 3.0 \times 1.1 \times \dfrac{1}{1.2} \times 0.5}{30} = 165\ \text{m}^3/\text{hr}$

나. $Q_t = \dfrac{60 \cdot q_t \cdot f \cdot E_t}{C_m}$

$q_t = \dfrac{T}{\gamma_t} \cdot L = \dfrac{15}{1.8} \times 1.2 = 10\text{m}^3$

$\therefore\ Q_t = \dfrac{60 \times 10 \times \dfrac{1}{1.2} \times 0.8}{30} = 13.33\text{m}^3/\text{hr}$

다. $N = \dfrac{Q_s}{Q_t} = \dfrac{165}{13.33} = 12.38$대　　$\therefore$ 13대

□□□ 06②, 22②

11 버킷용량 2.3m³의 백호로 15ton 덤프트럭에 적재하는 경우 백호의 적재시간을 계산하시오.
(단, 백호 : 버킷계수(K)=0.9, 효율(E)=0.5, 사이클 타임(C_m)=24초, 덤프트럭 : E=0.9, 흙의 단위중량 γ_t=1.8t/m³, L=1.15임.)

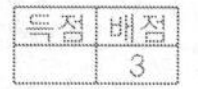

득점	배점
	3

계산 과정)　　　　　　　　　　　　　　　　　　　　　답 : ________

해답 적재시간$=\dfrac{C_{ms}\cdot n}{60\cdot E_s}$

$q_t=\dfrac{T}{\gamma_t}\cdot L=\dfrac{15}{1.8}\times 1.15=9.58\text{m}^3$

적재횟수 $n=\dfrac{q_1}{q\cdot k}=\dfrac{9.58}{2.3\times 0.9}=4.63$ ∴ 5회

∴ 적재시간 $C_{mt}=\dfrac{24\times 5}{60\times 0.5}=4$분

□□□ 88③, 89②, 94②, 97①, 01②, 03①, 04②④, 07①, 12①, 13①②, 23③

12 **0.7m³ 용량의 백호와 15t 덤프트럭의 조합 토공현장에서 현장의 조건이 아래와 같을 경우 다음 물음에 답하시오.**

득점	배점
	6

【조 건】

- 백호의 버킷계수(K) : 1.1
- 토량환산계수(f) : 0.8
- 백호의 사이클 타임 : 19초
- 백호의 작업효율(E) : 0.9
- 자연상태 흙의 단위중량 : 1.7t/m³
- 토량변화율(L) : 1.25
- 덤프의 운반거리 : 20km
- 덤프트럭의 사이클 타임 : 60분
- 덤프트럭의 토량환산계수(f) : 1.0
- 덤프트럭의 작업효율 : 0.9

가. 백호의 시간당 작업량을 구하시오.

계산 과정) 답 : ________

나. 덤프트럭의 시간당 작업량을 구하시오.

계산 과정) 답 : ________

다. 백호 1대당 덤프트럭의 소요대수는 몇 대인가?

계산 과정) 답 : ________

해답 가. 백호의 작업량

$$Q_s=\frac{3,600\cdot q\cdot K\cdot f\cdot E_s}{C_m}$$

$$=\frac{3,600\times 0.7\times 1.1\times 0.8\times 0.9}{19}=105.04\text{m}^3/\text{hr}$$

나. $Q_t=\dfrac{60\cdot q_t\cdot f\cdot E_t}{C_m}$

$$q_t=\frac{T}{\gamma_t}\cdot L=\frac{15}{1.7}\times 1.25=11.03\text{m}^3$$

$$\therefore\ Q_t=\frac{60\times 11.03\times \dfrac{1}{1.25}\times 0.9}{60}=7.94\text{m}^3/\text{hr}$$

다. $N=\dfrac{Q_s}{Q_t}=\dfrac{105.04}{7.94}=13.23$ ∴ 14대

□□□ 03②, 12②

13 15t 덤프트럭에 흙을 적재하여 운반하고자 할 때, 버킷용량이 $0.6m^3$이며 버킷계수가 0.9인 백호를 사용하여 덤프트럭 1대를 적재하려면 필요한 시간은 얼마인가?
(단, 흙의 단위중량 $1.8t/m^3$, $L=1.2$, 백호의 cycle time : 30초, 백호의 작업효율 : 0.8)

득점	배점
	3

계산 과정)　　　　　　　　　　　　　　　　　　　　　답 : ____________

해답 적재시간 $C_{mt}=\dfrac{C_{ms}\cdot n}{60\cdot E_s}$

$q_t=\dfrac{T}{\gamma_t}\cdot L=\dfrac{15}{1.8}\times 1.2=10\text{m}^3$

$n=\dfrac{q_t}{q\cdot k}=\dfrac{10}{0.6\times 0.9}=18.52$ $\therefore$ 19회

$\therefore$ 적재시간 $C_{mt}=\dfrac{30\times 19}{60\times 0.8}=11.88$분

적재시간 $C_{mt}=\dfrac{C_{ms}\cdot n}{60\cdot E_s}$

$q_t=\dfrac{T}{\gamma_t}\cdot L=\dfrac{15}{1.8}\times 1.2=10\text{m}^3$

$n=\dfrac{q_t}{q\cdot k}=\dfrac{10}{0.6\times 0.9}=18.52$ $\therefore$ 18.52회

$\therefore$ 적재시간 $C_{mt}=\dfrac{30\times 18.52}{60\times 0.8}=11.58$분

05 다짐기계

기억해요
탬핑롤러의 종류 3가지를 쓰시오.

• 롤러(roller)계

전압식	로드롤러(road roller)	머캐덤롤러(macadam roller) 탠덤롤러(tandem roller)
	타이어롤러(tire roller)	
	탬핑롤러 (tamping roller)	턴 풋 롤러(turn foot roller) 시프스 풋 롤러(sheeps foot roller) 그리드 롤러(grid roller) 태퍼 풋 롤러(tapper foot roller)
충격식	프로그 래머(frog-rammer) 래머(rammer) 탬퍼(tamper)	
진동식	진동롤러(vibration roller) 진동콤팩터(vibration compactor) 소일콤팩터(soil compactor)	

1 전압식 다짐기계

머캐덤롤러

탠덤롤러

탬핑롤러

타이어롤러

(1) 로드롤러 Road roller

모든 흙에 사용이 가능하고 전압효과를 증가시키기 위해서 블라스트를 설치하기도 한다.

① 머캐덤롤러(macadam roller) : 3륜 형식으로 전진과 후진을 쉽게 조작할 수 있으므로 엷게 펴깔기한 흙이나 자갈 및 쇄석층의 포장기층면의 초기 전압에 큰 효과가 있다.

② 탠덤롤러(tandem roller) : 2륜 형식으로 주로 머캐덤롤러의 작업 후 마무리 다짐 또는 아스팔트 포장의 끝마무리에 사용

(2) **탬핑롤러** Tamping roller

많은 羊(양)발굽형 돌기를 붙여 땅 깊숙이 전압함과 동시에 흙덩어리를 분쇄하여 토립자를 이동 혼합하는 효과가 있어서 함수비의 조절도 되고 함수비가 높은 점토질의 다짐에 대단히 유효한 다짐기계

(3) **타이어롤러** Tire roller

접지압을 공기압으로 조절하여 접지압이 크면 깊은 다짐을 하고 접지압이 작으면 표면다짐을 한다.

2 충격식 다짐기계

(1) **래머** Rammer

내연기관의 폭발로 인한 반력과 낙하하는 충격으로 다짐, 댐 코어 다짐과 같은 국부적인 다짐에 유효

래머

(2) **프로그 래머** Frog rammer

대형래머로 점성토지반 및 어스댐 공사에 많이 사용

(3) **탬퍼** Tamper

전압판의 연속적인 충격으로 전압하는 기계로 갓길 및 소규모 도로 토공에 이용

3 진동식 다짐기계

기계의 진동 발생장치에 의하여 자중과 강제 진동으로 다진다.

(1) **진동롤러** vibration roller

소형이고 자중이 가벼운 대신에 진동에 의한 다짐효과는 점성토에는 작고 모래, 사질토에는 크므로 많이 사용한다.

진동롤러

(2) **소일콤팩터** Soil compactor

가동성이 큰 탬핑 롤러로 땅고르기를 겸하며 전후, 좌우로 자유로이 다짐을 할 수 있는 기계이다.

(3) **진동콤팩터** Vibration compactor

기계가 작고 무게가 가벼우므로 소규모 공사나 다짐기계를 운반할 수 없는 협소한 부분의 다짐에 사용한다.

기억해요
- 시간당 전압토량을 구하시오.
- 시간당의 전압면적을 구하시오.

4 다짐기계의 작업능력

(1) 롤러의 작업능력

$$Q = \frac{1{,}000 \cdot V \cdot W \cdot H \cdot f \cdot E}{N}$$

$$A = \frac{1{,}000 \cdot V \cdot W \cdot E}{N}$$

여기서, Q : 1시간당 다짐토량(m^3/hr)
A : 1시간당 작업면적(m^2/hr)
V : 작업속도(km/hr)
W : 유효다짐폭(m)
H : 끝손질 두께(m)
f : 토량환산계수
E : 작업효율
N : 다짐횟수(회/hr)

기억해요
래머의 시간당 작업능력을 계산하시오.

(2) 충격식 래머의 작업능력

$$Q(m^3/hr) = \frac{A \cdot N \cdot H \cdot f \cdot E}{P}$$

여기서, A : 1회의 유효찍기 다짐면적(m^2)
N : 1시간당 찍기 다짐횟수(회/hr)
H : 깔기 두께 또는 1층의 끝손질 두께(m)
f : 토량환산계수
E : 충격식 다짐기계의 작업효율
P : 되풀이 찍기 다짐횟수

| 다짐기계 |

05 핵심 기출문제 

□□□ 91②③④, 01②

01 도로나 댐공사에서 흙을 다질 때 탬핑롤러를 사용하는 경우가 많다. 탬핑롤러의 종류를 3가지만 쓰고, 탬핑롤러를 사용하여 다짐을 하기에 적합한 토질 재료명을 1가지만 쓰시오.

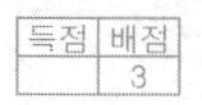

가. 탬핑롤러의 종류

① ________ ② ________  ________

나. 적합한 토질 재료명

○

해답 가. ① 턴 풋 롤러 ② 시프스 풋 롤러 ③ 그리드 롤러 ④ 태퍼 풋 롤러
나. 함수비가 높은 점질토

□□□ 89①

02 로드롤러(road roller : KS D 5410)를 사용하여 전압횟수 8회, 전압두께 0.5m, 유효전압폭 2.04m, 전압속도는 저속으로 1.7km/h라고 할 때 시간당의 전압토량 Q와 시간당의 전압 면적 A를 구하시오.
(단, 롤러의 효율은 0.8이고 $f=1$이다.)

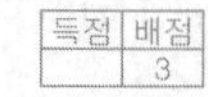

계산 과정) 답 : ________

해답 • $Q=\dfrac{1,000\,V\cdot W\cdot H\cdot f\cdot E}{N}$

$=\dfrac{1,000\times 1.7\times 0.5\times 2.04\times 1\times 0.8}{8}=173.4\text{m}^3/\text{hr}$

• $A=\dfrac{1,000\,V\cdot W\cdot E}{N}$

$=\dfrac{1,000\times 1.7\times 2.04\times 0.8}{8}=346.8\text{m}^2/\text{hr}$

□□□ 96④, 99①, 03②, 13①, 17①

03 60kg의 래머를 이용하여 하층노반의 다짐작업을 하는 데 시간당 작업능력 Q를 구하시오.
(단, 1층의 흙깔기 두께=0.3m, 토량환산계수 $f=0.8$, 작업효율=0.5, 다지기 횟수=6회, 1회의 유효 다지기 면적=0.029m², 작업속도=3,900회/시간, 소수점 아래 넷째자리에서 반올림하시오.)

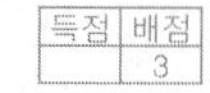

계산 과정) 답 : ________

해답 $Q=\dfrac{A\cdot N\cdot H\cdot f\cdot E}{P}$

$=\dfrac{0.029\times 3,900\times 0.3\times 0.8\times 0.5}{6}=2.262\text{m}^3/\text{hr}$

□□□ 89②, 99②, 07④, 11④, 14②

04 **80kg의 래머를 사용하여 보조기층의 다짐작업을 할 경우 시간당 작업량을 구하시오.**

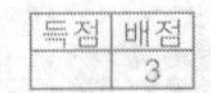

(조건 : 1회의 유효찍기 다짐면적(A)=0.033m², 1시간당의 찍기 다짐횟수=3,600회, 1층의 끝손질 두께=0.3m, 토량환산계수(f)=0.7, 작업효율=0.5, 되풀이 찍기 다짐횟수=6)

계산 과정)　　　　　　　　　　　　　　　　　　답 : ________

해답
$$Q=\frac{A\cdot N\cdot H\cdot f\cdot E}{P}$$
$$=\frac{0.033\times 3,600\times 0.3\times 0.7\times 0.5}{6}=2.08\,\text{m}^3/\text{hr}$$

□□□ 89②, 09②, 13②

05 **도로 구조물 뒤채움 작업을 80kg의 래머를 사용하여 다짐작업시의 작업량 $Q(\text{m}^3/\text{hr})$를 계산하시오.**

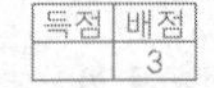

(단, 깔기두께(D)=0.15m, 토량변화계수(f)=0.7, 중복다짐횟수 P=7회, 작업효율 E=0.6, 1회당 유효다짐면적(A)=0.0924m³, 시간당 타격횟수(N)=3,600회/h이다.)

계산 과정)　　　　　　　　　　　　　　　　　　답 : ________

해답
$$Q=\frac{A\cdot N\cdot H\cdot f\cdot E}{P}=\frac{0.0924\times 3,600\times 0.15\times 0.7\times 0.6}{7}=2.99\,\text{m}^3/\text{hr}$$

06 준설선

준설선(dredger)은 해저, 호저, 하천 및 저수지 밑바닥의 퇴사나 니토 등을 굴착하거나 걷어내는 작업, 수심을 깊게 하기 위하여 물속의 바닥을 준설하는 작업에 사용되는 기계이다.

기억해요
준설선의 종류 4가지를 쓰시오.

1 준설선의 종류

(1) 펌프 준설선 pump dredger

원심력 펌프의 일종인 샌드펌프(sand pump)를 대선(pontoon) 위에 장치하여 해저 토사를 회전형 Cutter로 깎아 펌프로 흡입하여 매립지로 배송(排送)하는 준설선

장 점	단 점
• 준설과 매립을 동시에 할 수 있다. • 준설능력이 크다. • 준설공사비가 싸다. • 매립공사에 많이 사용한다.	• 암석에는 부적당하다. • 파도의 영향을 받기 쉽다. • Pipe 부설에 시일이 소요된다. • Pipe 거리에 제한이 있다.

펌프 준설선

(2) 그래브 준설선 Grab dredger

대선 위에 shovel계 굴착기인 크램셸을 선박에 장치한 작업선으로 소규모 준설에 적합하다.

장 점	단 점
• 소규모 및 협소한 장소에 적합하다. • 가계가 간편하고 준설비가 저렴하다. • 준설깊이를 용이하게 조절할 수 있다. • 준설작업시 선체가 이동하지 않는다.	• 준설능력이 적다. • 굳은 토질에 부적당하다. • 준설단가가 비교적 크다. • 준설 후 바닥을 평탄하게 할 수 없다.

그래브 준설선

(3) 디퍼 준설선 Dipper dredger

육상 굴착에 이용하는 파워셔블(power shovel)을 대선(pontoon)에 설치한 준설선이다. 굴착력이 강해 그래브 준설선과 버킷 준설선으로 굴착할 수 없는 암석, 굳은 토질, 파쇄암 등의 준설에 적합하지만 연한 토질에는 능력이 떨어지고 단가가 고가이다.

핵심용어
디퍼 준설선

디퍼 준설선

장 점	단 점
• 굳은 토질에 접합하다. • 기계고장이 적다. • 작업장소가 넓지 않아도 된다.	• 연한 토질에는 능률이 저하된다. • 준설단가가 비싸다. • 연속식에 비해 준설능력이 떨어진다.

(4) **버킷 준설선** Bucket dredger

버킷 준설선

버킷 굴착기를 대선에 장착한 준설선으로 광범위한(점토부터 연암까지) 토질에 적용되며, 중경토에 적합한 가장 많이 사용되는 준설선이다.

장 점	단 점
• 준설능력이 상당히 크다. • 준설단가가 비교적 싸다. • 광범위한 토질에 적합하다. • 조류에 대한 저항성이 크다.	• 암석 및 굳은 토질에는 부적합하다. • 수리비가 많이 든다. • 닻을 넣는 데 시간이 많이 걸린다. • 예인선 및 토운선이 필요하다.

(5) **쇄암선** rock cutter

쇄암선

① 해저의 암반이나 암초를 쇄암추나 쇄암기의 끝에 특수한 강철로된 날끝을 달아 암석을 파쇄하는 준설선이다.

② 파쇄된 암석은 주로 펌프식 준설선을 이용하여 준설한다.

2 펌프 준설선의 동력

$$P = \frac{1,000\gamma QH}{75\eta}$$

여기서, γ : 토사를 함유한 물의 단위중량

H : 총수두

η : 펌프의 효율

Q : 압송유량

기억해요
펌프의 동력은 몇 마력(HP)인가?

| 준설선 |

06 핵심 기출문제 □□□

□□□ 00②, 06④, 11④, 15④, 22①

01 해저, 호저, 하천 및 저수지 밑바닥의 퇴사나 니토 등을 굴착하거나 걷어내는 작업을 하는 데 필요한 준설선의 종류를 4가지 쓰시오.

득점	배점
	3

① ____________ ② ____________ ③ ____________ ④ ____________

해답 ① 펌프 준설설 ② 디퍼 준설선 ③ 그래브 준설선 ④ 버킷 준설선

□□□ 92②, 95③

02 준설선에 있어서 조류에 대한 저항성이 크고 비교적 밑바닥을 평탄하게 시공할 수 있으나, 예인선 및 토운선이 필요하여 준설공비가 비교적 비싼 준설선은?

득점	배점
	2

○

해답 버킷 준설선(bucket dredger)

□□□ 15②

03 다음 준설기계에 대한 설명에 적합한 준설선의 명칭을 쓰시오.

득점	배점
	3

가. 원심력 펌프의 일종인 샌드펌프를 대선 위에 장치하여 해저 토사를 회전형 Cutter로 깎아 펌프로 흡입하여 매립지로 배송(排送)하는 준설선

○

나. 해저의 암반이나 암초를 쇄암기나 쇄암추의 끝에 특수한 강철로된 날끝을 달아 파쇄하는 준설선

○

다. 육상 굴착에 이용되는 파워셔블(power shovel)을 대선에 설치한 준설선

○

해답 가. 펌프 준설선(pump dredger)
나. 쇄암 준설선(rock cutter dredger)
다. 디퍼 준설선(dipper dredger)

□□□ 99④, 06②, 10②, 11②

04 펌프 준설선으로 준설을 하고자 한다. 압송유량은 초당 1.5m³/sec, 수면으로 부터 배출구까지의 수두차는 5m, 손실수두의 총합은 44m, 토사를 함유한 물의 단위중량은 1.2t/m³, 펌프의 효율은 0.6이라 할 때, 필요한 펌프의 동력은 몇 마력(HP)인가?

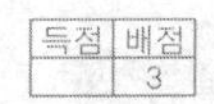

계산 과정)　　　　　　　　　　　　　　　　　　　　　　　　답 : ________

해답 $P=\dfrac{1,000\gamma Q H_e}{75\eta}$

- $\gamma = 1.2\text{t/m}^3$, $Q = 1.5\text{m}^3/\text{sec}$
- $H_e = H + \sum h = 5 + 44 = 49\text{m}$

$\therefore P=\dfrac{1,000\times 1.2\times 1.5\times 49}{75\times 0.6}=1,960\text{HP}$

과년도 예상문제

건설기계의 개요

□□□ 89②

01 어떤 공사장에서 불도저로 작업을 하는 데 기계의 고장, 준비 불량에 소요된 시간이 30분, 인력부족 및 인원초과로 대기시킨 시간이 1시간이라면, 1일의 총작업시간 8시간 중 실작업시간을 6시간으로 볼 때, 가동률은 얼마인가?

계산 과정)

답 : ______________

해답 가동률

$$= \left\{ \frac{\text{실 작업시간}}{\text{총 작업시간}} - \left(\frac{\text{기계고장 및 준비불량에 의한 시간}}{\text{총작업시간}} \right) + \frac{\text{작업에 관계되는 인적 여유시간}}{\text{총작업시간}} + \frac{\text{작업에 무관계한 인적 여유시간}}{\text{총작업시간}} \right\} \times 100$$

$$= \left\{ \frac{6}{8} - \left(\frac{0.5+1}{8} \right) \right\} \times 100 = 56.25\%$$

□□□ 98⑤

02 한 건설회사에서 8,000만원을 주고 백호 한 대를 구입하였다. 이 장비는 만 5년간 사용하고 1,000만원에 처분할 계획이었다. 그러나 사정이 생겨 이 장비를 만 2년을 사용하고 팔아야 했다. 이 장비의 판매가격은 얼마가 적절하겠는가? (단, 연 계수적산(SOYD : Sum Of Year Digit)법으로 감가상각을 계산하여 가격을 산정하시오.)

계산 과정)

답 : ______________

해답 • 연간 상각비 $= \frac{\text{구입가격} - \text{잔존가격}}{\text{경제적 내용연수}}$

$= \frac{8{,}000\text{만원} - 1{,}000\text{만원}}{5}$

$= 1{,}400(\text{만원/년})$

• 2년 후 감가상각액 1,400만원×2 = 2,800만원

∴ 판매가격 = 8,000만원 − 2,800만원 = 5,200만원

□□□ 86②

03 기계화 시공에 있어서 중장비의 비용계산 중 기계손료를 구성하는 요소를 3가지만 쓰시오.

① ______________ ② ______________

③ ______________

해답 ① 상각비 ② 정기정비비 ③ 기계관리비

□□□ 85①, 88②

04 운반거리가 단거리(80m 이하)일 때, 운반장비의 종류 3가지만 쓰시오.

① ______________ ② ______________

③ ______________

해답 ① 불도저(bulldozer)
② 트랙터 셔블(tracter shovel)
③ 스크레이퍼(Scraper)

□□□ 92④, 95⑤

05 연속적 버킷이 장착된 굴착기계로서 수도나 하수 파이프 등의 매설을 위한 도랑을 파는 데 편리한 토공기계는?

○

해답 트렌처(trencher)

□□□ 92①

06 Ladder를 이용하여 버킷을 체인의 힘으로 전후 이동시켜 지표를 얇게 깎아내는 기계로 좁은 곳, 얇은 굴착에 유효하다. 이 기계의 이름 무엇인가?

○

해답 스키머 스쿠프(skimmer scoup)

□□□ 92④

07 시공장비의 주행의 난이도를 무엇이라 하는가? 또 주행의 난이도를 판정하는 방법(척도)으로 많이 쓰이고 있는 것은 무엇인가?

가. 주행의 난이도 :

나. 판정방법 :

해답 가. 트래피커빌리티(trafficability)
나. Cone 지수(q_c)

□□□ 92③

08 다음과 같은 토공운반조건에서의 적절한 토공기계의 조합방법(조합기계의 명칭)을 한 가지씩 예를 들어 쓰시오.

가. 단거리(30 ~ 50m) :

나. 단중거리(100 ~ 200m) :

다. 중거리 :

라. 중장거리 :

해답 가. 단거리 : 불도저와 드래그라인 조합
나. 단중거리 : 불도저와 컨베이어의 조합
다. 중거리 : 불도저와 로더, 덤프트럭의 조합
라. 중장거리 : 불도저와 파워셔블과 덤프트럭의 조합

□□□ 87③

09 다음 그림은 mass curve 위에 운반기계를 표시한 것이다. A, B, C 구간에 적당한 기계를 1가지씩 쓰시오.

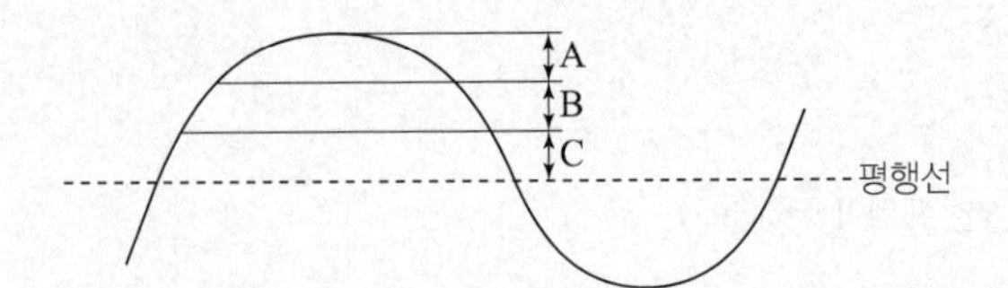

A :

B :

C :

해답 A : 불도저
B : 스크레이퍼
C : 셔블+덤프트럭 조합

□□□ 96①

10 리퍼(Ripper)를 이용한 암석의 굴착가능성(ripperbility)여부를 결정하는 데 주로 활용되는 지반의 특성치는 무엇인가?

○

해답 탄성파 속도

□□□ 85③

11 다음의 표에서 각 작업에 사용되는 중기의 부호(가, 나, 다 등)를 답안지에 기입하시오.
(단, 같은 중기가 2가지 이상의 작업과도 관계가 있으니 관계가 있는 것은 모두 쓰시오.)

작업	중기
① 흙의 굴착	가. Motor scraper
② 흙의 싣기	나. Motor grader
③ 흙의 운반	다. Power shovel
④ 흙의 펴기	라. Clam shell
⑤ 흙의 다짐	마. Bulldozer
⑥ 중기의 견인	바. Tractor
⑦ 흙의 고르기	사. Dump truck
	아. Belt conveyer

① 흙의 굴착 : ② 흙의 싣기 :

③ 흙의 운반 : ④ 흙의 펴기 :

⑤ 흙의 다짐 : ⑥ 중기의 견인 :

⑦ 흙의 고르기 :

해답 ① 흙의 굴착 : 가, 다, 라, 마 ② 흙의 싣기 : 다, 라
③ 흙의 운반 : 가, 마, 사, 아 ④ 흙의 펴기 : 나, 마
⑤ 흙의 다짐 : 마 ⑥ 중기의 견인 : 바
⑦ 흙의 고르기 : 가, 나, 마

□□□ 89①

12 hammer drill의 소형으로 도로공사 등에서 concrete 포장의 파괴에 사용되는 장비는?

○

해답 콘크리트 브레이커(concrete breaker)

토공용 기계

□□□ 88①

13 다음과 같은 조건일 때 손수레의 1일 작업량을 구하시오.
(조건 : 작업속도 2.5km/hr, 싣고 부리기 시간 4분, 1회 운반량 300kg, 운반거리 90m, 경사거리 40m, 경사에 관한 계수(a)1.25, 1일 작업시간 450분, 토사의 단위중량 1,800kg/m^3, 작업효율 1)

계산 과정)

답 : ____________

해답 1일 운반량 $Q=\dfrac{N \cdot q}{\gamma_t}$

$$N=\dfrac{T \cdot E}{\dfrac{60 \cdot L}{V}\times 2+t}=\dfrac{450\times 1}{\dfrac{60\times(50+40\times 1.25)}{2.5\times 1{,}000}\times 2+4}$$

$=51.14$회

$$\therefore\ Q=\dfrac{51.14\times 300}{1{,}800}=8.52\,\text{m}^3/\text{day}$$

□□□ 98⑤

14 불도저가 다음과 같은 조건일 때 1시간당의 작업량(원지반의 토량)은 얼마인가?

【조 건】
- 평균굴착압토거리 : 40m
- 전진속도 : 40m/min
- 후진속도 : 100m/min
- 토량변화율(L) : 1.20
- 기어를 바꾸어 넣는 데 필요한 시간 및 가속시간 : 0.2min(1cycle 2회로)
- 1회의 굴착압토량(흐트러진 양) : 2.8m^3
- 작업효율 : 0.6

계산 과정)

답 : ____________

해답 $Q=\dfrac{60 \cdot q \cdot f \cdot E}{C_m}$

$$C_m=\dfrac{l}{V_1}+\dfrac{l}{V_2}+t=\dfrac{40}{40}+\dfrac{40}{100}+0.2=1.6\text{분}$$

$$\therefore\ Q=\dfrac{60\times 2.8\times\dfrac{1}{1.20}\times 0.6}{1.6}=52.50\,\text{m}^3/\text{h}$$

□□□ 95③, 96④, 97④

15 리퍼(ripper)와 불도저(bulldozer)의 조합으로 풍화암지반의 굴착작업을 실시하려고 한다. 리퍼의 작업능력이 140m^3/h이고, 불도저의 작업능력이 45m^3/h일 때 이들 기계의 조합 작업능력을 계산하시오.

계산 과정)

답 : ____________

해답 $Q=\dfrac{Q_D\times Q_R}{Q_D+Q_R}=\dfrac{45\times 140}{45+140}=34.05\,\text{m}^3/\text{h}$

□□□ 97②

16 사질토로 된 본바닥을 정지하기 위하여 용량이 1.2m^3(느슨한 상태)인 불도저로 작업할 때 1시간당 작업량을 구하시오.
(단, 작업효율 0.6, 토량변화율 L=1.25, 평균운반거리 30m, 전진속도 20m/분, 후진속도 25m/분, 기어변속시간 0.3분이다.)

계산 과정)

답 : ____________

해답 $Q=\dfrac{60 \cdot q \cdot f \cdot E}{C_m}$

$$C_m=\dfrac{l}{V_1}+\dfrac{l}{V_2}+t=\dfrac{30}{20}+\dfrac{30}{25}+0.3=3.0\text{분}$$

$$\therefore\ Q=\dfrac{60\times 1.2\times\dfrac{1}{1.25}\times 0.6}{3.0}=11.52\,\text{m}^3/\text{h}$$

□□□ 92①, 94②

17 캐터필러형 불도저의 제원이 다음과 같을 때 접지압은?
(단, 전장비 중량 22t, 접지장 270cm, 캐터필러의 폭 55cm, 캐터필러의 중심거리 : 3m)

계산 과정)

답 : ____________

해답 $\text{접지압}=\dfrac{\text{전장비 중량}}{(\text{접지장}\times\text{캐터필러폭}\times 2)}=\dfrac{22{,}000}{(270\times 55\times 2)}$

$=0.74\,\text{kg/cm}^2$

□□□ 87②

18 19ton 불도저 작업거리가 30m, 전진속도 53m/min, 후진속도 58m/min, 기어변환시간 0.33분, 1회 토공량 $3.2m^3$, 토량변화계수 0.72, 작업효율 0.637일 때, 시간당 작업량(m^3/hr)은 얼마인가?
(단, 불도저는 평탄한 곳에서 경지정리작업을 하며, 구배계수 $\rho=0.92$이다.)

계산 과정)

답 : ____________

해답 $Q=\dfrac{60\cdot(q\cdot\rho)\cdot f\cdot E}{C_m}$

$C_m=\dfrac{l}{V_1}+\dfrac{l}{V_2}+t=\dfrac{30}{53}+\dfrac{30}{58}+0.33=1.41$분

$\therefore\ Q=\dfrac{60\times3.2\times0.92\times0.72\times0.637}{1.41}=57.46\text{m}^3/\text{hr}$

□□□ 98④

19 배토량 $4,000m^3$의 굴착작업을 다음과 같은 조건의 불도저 2대를 사용할 때, 소요작업일수를 구하시오.

【조 건】

- 도저의 굴착용량 : $2.4m^3$
- 작업효율 : 80%
- 도저의 전진속도 : 4km/h
- 1일 작업시간 : 8시간
- 도저의 후진속도 : 6km/h
- 흙의 운반거리 : 60m
- 도저의 기어변환시간 : 30초
- 거리 및 구배계수 : 0.85
- 토량변화율 L : 1.2

계산 과정)

답 : ____________

해답 $Q=\dfrac{60\times(q_0\cdot\rho)\times f\times E}{C_m}=\dfrac{60(q_0\cdot\rho)\cdot\dfrac{1}{L}\cdot E}{C_m}$

- $C_m=\dfrac{l}{V_1}+\dfrac{l}{V_2}+t=\left(\dfrac{60}{4,000}+\dfrac{60}{6,000}\right)\times60+\dfrac{30}{60}$
$=2.0$분

- $Q=\dfrac{60\times2.4\times0.85\times\dfrac{1}{1.2}\times0.80}{2.0}=40.80\text{m}^3/\text{hr}$

$\therefore$ 2대의 소요일수$=\dfrac{4,000}{40.8\times2\times8}=6.13$ $\quad\therefore$ 7일

□□□ 85②

20 평균구배 10%의 하향 굴착작업으로 평균운반거리 30m에 있어서 20t급 불도저의 운전시간당의 작업량을 구하시오.
(단, 소수 셋째자리에서 반올림하고, $q_o=2.8m^3$, 반로(搬路)의 구배에 관한 계수 $\rho=1.18$, $C_m=0.037l+0.25$, $L=1.25$, $E=0.6$)

계산 과정)

답 : ____________

해답 $Q=\dfrac{60\times(q_0\cdot\rho)\times f\times E}{C_m}=\dfrac{60(q_0\cdot\rho)\cdot\dfrac{1}{L}\cdot E}{C_m}$

$C_m=0.037l+0.25=0.037\times30+0.25=1.36$분

$\therefore\ Q=\dfrac{60\times2.8\times1.18\times\dfrac{1}{1.25}\times0.6}{1.36}=69.97\text{m}^3/\text{hr}$

□□□ 98④

21 32t급 리퍼장치 불도저를 리핑 단면적 $A_n=0.4m^2$, 작업거리 $l=50m$, 토량환산계수 $f=1$, 작업효율 $E=0.8$일 때, 리퍼의 시간당 작업량을 계산하시오.
(단, 사이클 타임은 $C_m=0.05l+0.33$으로 한다.)

계산 과정)

답 : ____________

해답 $Q=\dfrac{60\cdot A_n\cdot l\cdot f\cdot E}{C_m}$

$C_m=0.05l+0.33=0.05\times50+0.33=2.83$분

$\therefore\ Q=\dfrac{60\times0.4\times50\times1\times0.8}{2.83}=339.22\text{m}^3/\text{hr}$

□□□ 96⑤

22 활주로 또는 폭이 넓은 도로공사에 사용되는 토공기계로서, 절토 – 싣기 – 운반 – 사토(또는 성토)의 작업을 연속적으로 수행하여 cycle 시간을 단축시킬 수 있는 기계의 명칭은?

계산 과정)

답 : ____________

해답 스크레이퍼(scraper)

□□□ 93②

23 19t 불도저 작업거리가 50m, 전진속도 53m/min, 후진속도 58m/min, 기어변환시간 0.33분, 1회 토공량 3.2m³, 토량변화계수 0.72, 작업효율 0.7일 때, 시간당 작업량(m³/hr)은 얼마인가?
(단, 구배계수 $\rho=0.92$)

계산 과정)

답 : ______________

해답 $Q=\dfrac{60\cdot(q\cdot\rho)\cdot f\cdot E}{C_m}$

$C_m=\dfrac{l}{V_1}+\dfrac{l}{V_2}+t=\dfrac{50}{53}+\dfrac{50}{58}+0.33=2.14$분

$\therefore\ Q=\dfrac{60\times3.2\times0.92\times0.72\times0.7}{2.14}=41.60\text{m}^3/\text{h}$

□□□ 98④

24 작업량 21,600m³의 굴착 성토작업을 불도저 5대로 시공할 때, 시간당 작업량과 소요공기를 구하시오.
(단, 평균운반거리 50m, 사이클 타임 $C_m=2.0$분, 1회 굴착압토량 $q=2.0\text{m}^3$, 작업효율 $E=0.75$, 토량환산계수 $f=0.8$, 하루 평균작업시간 6시간, 실제가동률 50%)

계산 과정)

답 : ______________

해답 • $Q=\dfrac{60\cdot q\cdot f\cdot E}{C_m}=\dfrac{60\times2.0\times0.8\times0.75}{2.0}=36.0\text{m}^3/\text{hr}$

• 5대의 시간당 작업량

Q=1대 작업량×대수×실제가동률

$=36\times5\times0.50=90\text{m}^3/\text{hr}$

$\therefore$ 소요공기 $=\dfrac{21,600}{90\times6}=40$일

□□□ 96②

25 앵글도저와 유사한데 절삭날을 바람개비와 같은 방향으로 300° 회전시킬 수 있어 수평지반뿐 아니라 비탈면도 고를 수 있는 기계다. 절삭날 크기를 폭 4m, 높이 60cm이고, 최고속도는 끝마무리할 때 10km/h, 쌓기를 할 때 6km/h이다. 노면이나 비탈면에 깎기나 바로잡기 또는 도랑깎기에 쓰이는 기계는 무엇인가?

계산 과정)

답 : ______________

해답 그레이더(Grader)

□□□ 94①, 97④, 21②

26 본바닥토량 30,000m³를 굴착하여 평균운반거리 40m까지 11ton급 불도저 2대를 사용하여 성토작업을 하고자 한다. 아래의 시공조건을 이용하여 시간당 작업량과 전체의 공사를 끝내는 데 필요한 공기를 구하시오.

【조 건】

• 사이클 타임(C_m) : 2.1분
• 1회 굴착압토량(q) : 1.89m³
• 토량환산계수(f) : 0.85
• 작업효율(E) : 0.80
• 1일 평균작업시간(t_d) : 6hr
• 실제 가동일수율 : 50%

계산 과정)

답 : ______________

해답 • $Q=\dfrac{60\cdot q\cdot f\cdot E}{C_m}=\dfrac{60\times1.89\times0.85\times0.8}{2.1}=36.72\text{m}^3/\text{hr}$

• 2대의 시간당 작업량

Q=1대 작업량×대수×실제가동률

$=36.72\times2\times0.50=36.72\text{m}^3/\text{hr}$

$\therefore$ 소요공기 $=\dfrac{30,000}{36.72\times6}=136.17$ $\quad\therefore$ 137일

□□□ 86②

27 다음과 같은 조건일 때, 시간당 Ripper의 작업량을 계산하시오.
(단, 소수 셋째자리에서 반올림하시오.)

【조 건】

• 보통암(탄성파 속도 900m/sec 정도)
• $E=0.60$, 기종 : 20ton급, $A=0.30\text{m}^2$
• 작업거리 $l=30$m, 토량환산계수 : $C_m=0.05l+0.33$
(작업량을 자연상태로 표시할 때임.)

계산 과정)

답 : ______________

해답 $Q=\dfrac{60\cdot A_n\cdot l\cdot f\cdot E}{C_m}$

$C_m=0.05l+0.33=0.05\times30+0.33=1.83$분

$\therefore\ Q=\dfrac{60\times0.30\times30\times1\times0.60}{1.83}=177.05\text{m}^3/\text{hr}$

($\because$ 리퍼의 작업량은 굴착토량이 본바닥토량 : $f=1$)

□□□ 88③, 93④

28 **자중 20t인 자주식 스크레이퍼가 30m^{3}의 흙을 싣고 3% 경사의 길을 올라가려고 한다. 노면은 자갈로 덮여 있으며 적재시 구동륜에는 전 중량의 60%가 걸린다고 한다. 다음 자료를 사용하여 이 스크레이퍼의 최대주행속도를 구하시오.**
(단, 원지반 흙의 단위중량 : 1.8t/m^3, 토량환산계수 $L=$ 1.25, $C=$0.93, 자갈길에서 타이어의 견인계수 : 0.30, 소요 림풀(Rimpull)=견인계수×구동륜 하중, 경사저항 : 경사 1% 증가에 대하여 총중량의 1%씩 증가)

〈스크레이퍼의 주행제원〉

기어	속 도(km/hr)	Rim pull
1단	10	17t
2단	27	8t
3단	58	4t

계산 과정)

답 : ______________

해답
- 총중량=자중+흙의 무게$\left(\dfrac{q \cdot \gamma_t}{L}\right)$
  $=20+\dfrac{30\times1.8}{1.25}=63.20\text{t}$
- 구동륜 하중$=63.20\times0.60=37.92\text{t}$
- 소요 Rimpull=구동륜 하중×견인계수+총중량×경사
  $=37.92\times0.30+63.20\times0.03=13.27\text{t}$

∴ Rimpull이 13.27t이므로 1단 기어를 사용 주행속도는 10km/hr

□□□ 94④, 97④

29 **폭 4.0m의 Blade를 가진 Bulldozer가 시속 6.0km/h의 속도로 작업을 하고 있다. Blade 작업효율이 75%일 때, 폭 9.0m, 길이 100m의 면적 토공작업시 필요한 작업시간은?**

계산 과정)

답 : ______________

해답
- 블레이드의 유효폭$=4.0\times0.75=3.00\text{m}$
- 통과횟수 $=\dfrac{\text{작업지역의 폭}}{\text{블레이드의 유효폭}}=\dfrac{9.0}{3.00}=3$회(편도)
- 1회 통과시간 $=\dfrac{\text{작업거리}}{\text{속도}}=\dfrac{100}{6,000}\times60$분$=1.0$분

∴ 작업시간$=1.0\times3\times2=6.0$분

□□□ 98③

30 **벌개 제근작업을 위해서 폭 0.4m의 S형 블레이드를 달고서 시속 8km/h 속도의 3단 기어로 작업하는 불도저가 있다. 이 블레이드는 80%가 유효하고 폭 0.8m, 길이 100m의 면적에서 제거작업을 할 경우, 필요한 작업시간은?**

계산 과정)

답 : ______________

해답
- 블레이드의 유효폭$=0.4\times0.8(80\%)=0.32\text{m}$
- 통과횟수 $=\dfrac{\text{작업지역의 폭}}{\text{블레이드의 유효 폭}}=\dfrac{0.8}{0.32}=2.5$회

  ∴ 3회(편도)
- 1회 통과시간 $=\dfrac{\text{작업지역의 길이}}{\text{속도}}=\dfrac{100}{8\times1,000}\times60$분
  $=0.75$분

  ∴ 작업시간=1회 통과시간×통과횟수
  $=0.75\times3\times2$(왕복)$=4.5$분

□□□ 00②, 02②, 18③

31 **어떤 도저(dozer)가 폭 3.58m의 철제 블레이드(blade)를 달고 속도 5.9km/hr의 3단기어로 작업하고 있다. 이때 블레이드의 효율이 72%라면, 폭 30m, 길이 100m의 면적에서 제거작업을 할 경우, 필요한 작업시간은 몇 분인가?**
(단, 후진속도는 7km/hr이다.)

계산 과정)

답 : ______________

해답
- 작업시간=1회 왕복시간×왕복횟수
- Blade의 유효폭$=3.58\times0.72=2.58\text{m}$
- 통과횟수 $=\dfrac{\text{작업지역의 폭}}{\text{블레이드의 유효폭}}=\dfrac{30}{2.58}=11.63$

  ∴ 12회
- 1회 왕복통과시간 $=\dfrac{\text{작업거리}}{\text{속도}}$
  $=\left(\dfrac{100}{5,900}+\dfrac{100}{7,000}\right)\times60$(분)$=1.87$분

  ∴ 작업시간=1회 통과시간×통과횟수$=1.87\times12$
  $=22.44$분

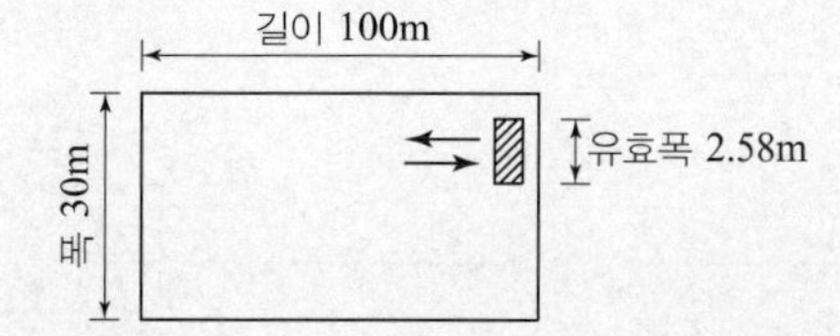

□□□ 00①, 04①, 11②

32 탄성파 속도 1,200m/sec 중질사암으로 된 수평한 지반을 운반거리 40m, 트랙터 규격 30톤급의 불도저로 리퍼날 2본 사용, 리핑하면서 도저작업을 할 때의 1시간당의 작업량을 본바닥토량으로 구하시오.
(단, 토공판 용량 $q_o=4.8\text{m}^3$, 운반거리계수 $\rho=0.88$, 1회 리핑 단면적 $A_n=0.4\text{m}^2$(2개날사용), 토량환산계수 $f=1$(리핑작업시), $f=\dfrac{1}{1.7}$(도저작업시), $E=0.5$, $C_m=0.05l+0.25$(리핑작업시), $C_m=0.037l+0.25$(도저작업시)

계산 과정)

답 : ______________

해답 조합 작업량 $Q=\dfrac{Q_D\times Q_R}{Q_D+Q_R}$

■ 리핑 작업량

$$Q_R=\frac{60\cdot A_n\cdot l\cdot f\cdot E}{C_m}$$

$C_m=0.05l+0.25=0.05\times40+0.25=2.25$분

$$\therefore\ Q_R=\frac{60\times0.4\times40\times1\times0.5}{2.25}=213.33\text{m}^3/\text{hr}$$

(∵ 리퍼의 작업량은 본바닥토량이므로 $f=1$이다.)

■ 불도저 작업량

$$Q_D=\frac{60\cdot(q_o\cdot\rho)\cdot f\cdot E}{C_m}$$

$C_m=0.037l+0.25=0.037\times40+0.25=1.73$분

$$\therefore\ Q_D=\frac{60\times(4.8\times0.88)\times\frac{1}{1.7}\times0.5}{1.73}=43.09\text{m}^3/\text{hr}$$

(∵ 불도저의 작업량은 흐트러진 토량에서 본바닥토량으로 환산하므로 $f=\dfrac{1}{L}$이다.)

$$\therefore\ \text{조합 작업량 } Q=\frac{43.09\times213.33}{43.09+213.33}=35.85\text{m}^3/\text{h}$$

□□□ 86①

33 로더(loader)의 중량이 23,000kg이고, 구동륜에는 56%의 중량이 전달된다. 8,500kg에서 미끄러지기 시작했을 때, 이 로더의 견인계수는?
(단, 소수 셋째자리에서 반올림하시오.)

계산 과정)

답 : ______________

해답 Rimpull＝구동륜 하중×견인계수(μ)에서

$$\therefore\ \mu=\frac{\text{Rimpull}}{\text{구동륜 하중}}=\frac{8{,}500}{23{,}000\times0.56}=0.66$$

□□□ 98②

34 불도저가 폭 3.3m의 철제 블레이드를 달고 시속 6.5km로 작업하고 있다. 블레이드의 효율이 75%라면 폭 9.4m, 길이 250m의 공간을 작업하는 데 걸리는 시간은 몇 분인가?

계산 과정)

답 : ______________

해답 • 블레이드의 유효폭＝$3.3\times0.75=2.48$m

• 통과횟수 ＝ $\dfrac{\text{작업지역의 폭}}{\text{블레이드의 유효폭}}=\dfrac{9.4}{2.48}=3.79$

∴ 4회(편도)

• 1회 통과 시간＝ $\dfrac{\text{작업지역의 길이}}{\text{속도}}=\dfrac{250}{6{,}500}\times60$분 ＝2.31분

∴ 작업시간＝$2.31\times4\times2=18.48$분

□□□ 85②, 20④

35 20km 구간의 도로보수작업에서 그레이더 작업을 하루(기준시간 8시간)에 완료하고자 한다. 첫 번째에는 1회 통과 2단기어(5.4km/hr), 두 번째 2회 통과 3단기어(9km/hr), 세 번째 2회 통과 4단기어(13.1km/hr)로 한다면 몇 대의 그레이더가 필요한가?
(단, 효율은 0.7)

계산 과정)

답 : ______________

해답 • 평균작업속도 $V_m=\dfrac{1\times5.4+2\times9+2\times13.1}{1+2+2}=9.92\text{km/h}$

• 소요작업시간 $H=\dfrac{\text{통과횟수}\times\text{작업거리}}{\text{작업속도}\times\text{작업효율}}=\dfrac{5\times20}{9.92\times0.7}=14.40$시간

∴ 소요대수 $N=\dfrac{14.40}{8}=1.8$　　∴ 2대

□□□ 85①③, 87③

36 어떤 도저(dozer)가 폭 3.58m의 철제 블레이드(blade)를 달고 속도 5.9km/hr의 3단기어로 작업하고 있다. 이때 블레이드의 효율이 72%라면 폭 7.74m, 길이 100m의 면적에서 제거작업을 할 경우, 필요한 작업시간은 얼마인가?
(단, 분(分)으로 풀이하여 소수 둘째자리에서 반올림하시오.)

계산 과정)

답 : ______________

해답 • 블레이드의 유효폭 $= 3.58 \times 0.72 = 2.58\text{m}$

• 통과횟수 $= \dfrac{\text{작업지역의 폭}}{\text{블레이드의 유효 폭}} = \dfrac{7.74}{2.58} = 3\text{분(편도)}$

• 1회 통과시간 $= \dfrac{\text{작업거리}}{\text{속도}} = \dfrac{100}{5,900} \times 60\text{분} = 1.02\text{분}$

$\therefore$ 작업시간 $= 1.02 \times 3 \times 2 = 6.12\text{분}$

□□□ 86①, 96①, 99①

37 모터그레이더(블레이드 유효길이 2.8m)로서 폭 504m, 길이 200m의 성토를 1회 정지하는 데 몇 시간을 요하는가? (단, 작업계수=0.8, V_1=4km/h, V_2=6km/h)

계산 과정)

답 :

해답 시간 $H = \dfrac{\text{통과횟수} \times \text{작업거리}}{\text{작업속도} \times \text{작업효율}}$

• 통과횟수 $N = \dfrac{\text{작업폭}}{\text{유효길이}} = \dfrac{504}{2.8} = 180\text{회}$

$\therefore H = \dfrac{180 \times 200}{4,000 \times 0.8} + \dfrac{180 \times 200}{6,000 \times 0.8} = 18.75\text{시간}$

□□□ 85②, 92③

38 그레이더를 사용하여 도로연장 20km의 정지작업을 한다. 2단 기어속도(6km/hr)로 1회, 3단 기어속도(10km/hr)를 2회, 4단 기어속도(15km/hr)로 2회 통과작업을 행할 때, 소요작업시간은? (단, 기계의 작업효율 0.7)

계산 과정)

답 :

해답 평균작업속도 $V_m = \dfrac{1 \times 6 + 2 \times 10 + 2 \times 15}{1 + 2 + 2} = 11.2\text{km/h}$

$\therefore$ 소요작업시간 $H = \dfrac{\text{통과횟수} \times \text{작업거리}}{\text{작업속도} \times \text{작업효율}}$

$= \dfrac{5 \times 20}{11.2 \times 0.7} = 12.76\text{시간}$

□□□ 98③

39 모터그레이더로 폭 500m, 거리 200m의 성토를 1회 정지하는데 필요한 시간은 얼마인가? (단, 블레이드의 유효길이 B : 3m, 전진속도 V_1=5km/h, 후진속도 V_2=6.5km/h, 작업계수 E : 0.8)

계산 과정)

답 :

해답 시간 $H = \dfrac{\text{통과횟수} \times \text{작업거리}}{\text{작업속도} \times \text{작업효율}}$

• 통과횟수 $N = \dfrac{\text{작업폭}}{\text{유효길이}} = \dfrac{500}{3} = 166.67 \quad \therefore 167\text{회}$

$\therefore H = \dfrac{167 \times 200}{5,000 \times 0.8} + \dfrac{167 \times 200}{6,500 \times 0.8} = 14.77\text{시간}$

□□□ 87③

40 경험에 의하면 작업지반의 경사가 1% 반복됨에 따라 작업차량이 극복해야 할 저항은 장비중량의 1%만큼 변화한다. 중량 18t인 차량이 평지에서 작업을 할 때 필요한 Rim pull(구동륜의 접지점에서의 접선방향 힘)이 8t이라고 하면 그림과 같은 경사를 올라갈 때는 얼마의 Rimpull이 필요한가?

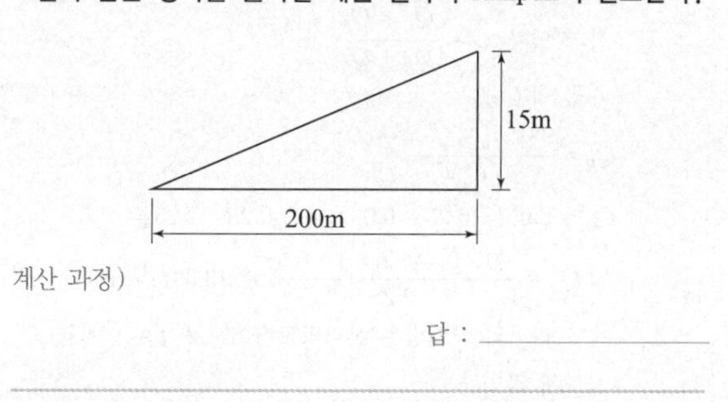

계산 과정)

답 :

해답 Rimpull = 평지의 소요 Rimpull + 총중량 × 경사

$= 8 + 18 \times \dfrac{15}{200} = 9.35\text{t}$

□□□ 96⑤, 98③

41 중량 8ton인 트럭이 15ton의 흙을 싣고 비포장 6% 경사를 올라간다. 이 도로의 회전저항(rolling resistance)이 45kg/ton 이라고 하면 필요한 구동력(rimpull)을 계산하시오. (단, 경사저항은(경사 %) 10kg/ton이다.)

계산 과정)

답 :

해답 총중량 $= 8 + 15 = 23\text{t}$

$\therefore$ Rimpull = 총중량 × 회전저항 + 총중량 × 경사저항 × 경사(%)

$= 23 \times 45 + 23 \times 10 \times 6 = 2,415\text{kg}$

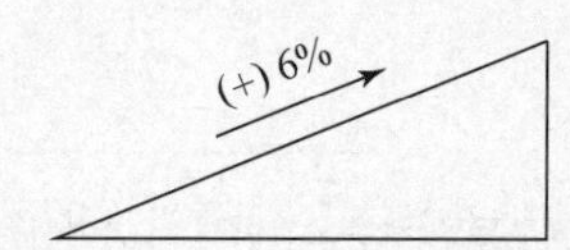

셔블(shovel)계 굴착기

□□□ 96④

42 셔블계(shovel) 굴착기가 다른 기종에 비하여 가진 가장 큰 장점 3가지만 쓰시오.

① ______ ② ______

③ ______

해답 ① 사이클 타임이 짧다. ② 굴착범위가 넓다.
③ 광범위하게 사용된다. ④ 운전경비가 싸다.
⑤ 내용연수가 길다.

□□□ 93①

43 건설기계 작업종별로 분류할 때 굴착 및 싣기에 적당한 기계의 명칭을 4가지만 쓰시오.

① ______ ② ______

③ ______ ④ ______

해답 ① 파워셔블(power shovel)
② 백호(backhoe)
③ 클램셸(clam shell)
④ 드래그라인(drag line)

□□□ 93②

44 다음과 같이 나열된 토공장비와 적절한 사용용도를 올바르게 파악하여 장비별로 연결하시오.

【보 기】

백호, 파워셔블, 스크레이퍼, 클램셸

가. 중거리 운반용 :

나. 우물통 기초 :

다. 낮은 곳의 절토 :

라. 높은 곳의 절토 :

해답 가. 스크레이퍼
나. 클램셸
다. 백호
라. 파워셔블

□□□ 85③, 95③

45 $0.6m^3$의 백호(back hoe) 한 대를 사용하여 $10,000m^3$의 기초굴착을 할 때, 요하는 일수를 다음 조건을 보고 계산하시오.
(단, 소수 셋째자리에서 반올림하시오.)

【조 건】

- 백호 사이클 타임 : 24sec
- dipper 계수 : 0.9, 토량환산계수(f) : 0.8
- 작업효율 : 0.8, 1일 운전시간 : 8시간

계산 과정)

답 : ______

해답 $Q=\dfrac{3,600\cdot q\cdot K\cdot f\cdot E}{C_m}$

$=\dfrac{3,600\times0.6\times0.9\times0.8\times0.8}{24}=51.84m^3/hr$

$\therefore$ 소요일수$=\dfrac{\text{터파기량}}{\text{작업량}\times\text{작업일수}}$

$=\dfrac{10,000}{51.84\times8}=24.11$ $\quad\therefore$ 25일

□□□ 90②

46 우물통 기초에 가장 많이 쓰이는 장비는 (①)이고, 원지반보다 낮은 곳의 굴착에 사용되는 장비의 대표적인 것은 (②)이다. ( ) 안에 알맞은 장비명을 쓰시오.

① ______ ② ______

해답 ① 클램셸(clam shell) ② 백호(back hoe)

□□□ 84③

47 버킷의 용량 : $0.6m^3$, 버킷계수 : 0.9, 토량환산계수 : 0.8, 작업효율 E : 0.7, 사이클 타임 : 25sec일 경우, 파워셔블(power shovel)의 시간당 작업 토량을 계산한 값은? (단, 소수 셋째자리에서 반올림하시오.)

계산 과정)

답 : ______

해답 $Q=\dfrac{3,600\cdot q\cdot K\cdot f\cdot E}{C_m}$

$=\dfrac{3,600\times0.60\times0.9\times0.8\times0.7}{25}=43.55m^3/hr$

□□□ 97②

48 유입식 크롤러(crawler)형의 백호(back hoe)를 사용해서 12,000m³의 기초굴착을 할 때 완료하는 데 몇 일이 소요되는가?

(단, 표준버킷용량 0.9m³, 백호의 사이클 타임 : 24초, dipper 계수 0.9, 토량환산계수 0.85, 작업능률 0.7, 1일 운전시간 8시간이다.)

계산 과정)

답 : ______________

해답 $Q=\dfrac{3,600\cdot q\cdot K\cdot f\cdot E}{C_m}$

$=\dfrac{3,600\times0.9\times0.9\times0.85\times0.7}{24}=72.29\text{m}^3/\text{hr}$

$\therefore$ 소요일수 $=\dfrac{\text{총작업량}}{\text{시간당 작업량}\times\text{일 운전시간}}$

$=\dfrac{12,000}{72.29\times8}=20.75 \quad \therefore$ 21일

□□□ 88③, 93④, 21③

49 0.7m³의 백호 2대를 사용하여 16,300m³의 기초터파기를 다음 조건으로 했을 때, 터파기에 소요되는 일수는 구하시오. (단, 정수로 산출하시오.)

【조 건】

- 백호 cycle time : 20sec
- 버킷계수 : 0.9
- 작업효율 : 0.75
- 토량환산율(f) : 0.8
- 1일 운전시간 : 8hr

계산 과정)

답 : ______________

해답 소요일수 $=\dfrac{\text{총작업량}}{\text{시간당 작업량}\times\text{소요대수}\times\text{일 운전시간}}$

• $Q=\dfrac{3,600\cdot q\cdot K\cdot f\cdot E}{C_m}$

$=\dfrac{3,600\times0.7\times0.9\times0.8\times0.75}{20}=68.04\text{m}^3/\text{hr}$

$\therefore$ 소요일수$=\dfrac{16,300}{68.04\times2\times8}=14.97 \quad \therefore$ 15일

□□□ 94④

50 좁은 도랑을 파거나 가스관, 수도관, 암거를 묻기 위해서 파는 기계로 알맞은 기계의 종류 2가지를 쓰시오.

① ______________ ② ______________

해답 ① 트렌처(trencher) ② 백호(back hoe)

□□□ 87③, 88③

51 0.5m³의 백호 한 대를 사용하여 9,000m³의 기초굴착을 할 때, 굴착에 요하는 일수를 구하시오.

(단, 백호 사이클 타임 : 24sec, dipper의 계수 : 0.9, 토량 환산계수 : 0.8, 작업능률 : 0.8, 1일 운전시간 : 8시간)

계산 과정)

답 : ______________

해답 작업량 $Q=\dfrac{3,600\cdot q\cdot K\cdot f\cdot E}{C_m}$

$Q=\dfrac{3,600\times0.5\times0.9\times0.8\times0.8}{24}=43.20\text{m}^3/\text{hr}$

굴착일수$=\dfrac{\text{터파기량}}{\text{작업량}\times\text{작업일수}}$

$\therefore$ 굴착일수$=\dfrac{9,000}{43,20\times8}=26.04 \quad \therefore$ 27일

□□□ 86①

52 본바닥 토량 20,000m³를 0.6m³ 백호를 사용하여 굴착코자 할 때 공기(工期)는 몇 일이 되겠는가?

(단, K=1.2, E=0.7, C_m=25초, L=1.2, 1일 작업시간 : 8시간, 뒷정리 : 1일)

계산 과정)

답 : ______________

해답 작업량 $Q=\dfrac{3,600\cdot q\cdot K\cdot f\cdot E}{C_m}$

공기 $=\dfrac{\text{터파기량}}{\text{1일 작업량}}+\text{뒷정리}$

• $Q=\dfrac{3,600\times0.6\times1.2\times\dfrac{1}{1.2}\times0.7}{25}=60.48\text{m}^3/\text{hr}$

• 1일 작업량 $=60.48\times8=483.84\text{m}^3/\text{day}$

$\therefore$ 공기$=\dfrac{20,000}{483.84}+1=42.34 \quad \therefore$ 43일

□□□ 84①

53 지하철과 같이 지반보다 낮은 곳의 흙을 굴착하여 적재하기 위한 적당한 장비를 3가지만 쓰시오.

① ______ ② ______

③ ______

해답 ① 백호(back hoe) ② 드래그라인(drag line)
③ 클램셸(clamshell)

□□□ 84①

54 버킷 평적용량 1.0m³인 트랙터셔블(Tractor shovel)의 운전 1시간당의 싣기 작업량(느슨해진 토량)을 구하시오.
(단, 버킷계수 K : 1.2, 토량변화율 L : 1.25, 작업효율 E : 0.75, 사이클타임 : 45sec이다.)

계산 과정)

답 : ______

해답 작업량 $Q=\dfrac{3,600\cdot q\cdot K\cdot f\cdot E}{C_m}$

$=\dfrac{3,600\times1\times1.2\times1\times0.75}{45}=72\text{m}^3/\text{hr}$

□□□ 87②

55 $q=1.2\text{m}^3$인 트랙터셔블로 쇄석의 싣기작업에 있어서 1시간당의 작업량을 구하시오.
(단, 버킷계수 K=0.65, 토량환산계수 f=1, 작업효율 E=0.75, 계산시의 계수 m=2.0sec/m, 운반거리 l=8m, 버킷으로 재료를 담아 올리는 시간 t_1=10sec, 기어변환시간 t_2=12sec임.)

계산 과정)

답 : ______

해답 $Q=\dfrac{3,600\cdot q\cdot K\cdot f\cdot E}{C_m}$

$C_m=ml+t_1+t_2=2\times8+10+12=38$초

$\therefore\ Q=\dfrac{3,600\times1.2\times0.65\times1\times0.75}{38}=55.42\text{m}^3/\text{hr}$

□□□ 85①, 91①

56 평적용량 0.6m³의 트랙터셔블의 1일당 싣기작업량(본바닥의 토량)은 얼마인가?
(단, 버킷계수(K) : 1.1, 토량변화율(L) : 1.2, 1일 운전시간 : 6시간, 사이클 타임(C_m) : 45초, 작업효율(E) : 0.75)

계산 과정)

답 : ______

해답 작업량 $Q=\dfrac{3,600\cdot q\cdot K\cdot f\cdot E}{C_m}$

$=\dfrac{3,600\times0.6\times1.1\times\dfrac{1}{1.2}\times0.75}{45}=33.0\text{m}^3/\text{hr}$

$\therefore$ 1일당 싣기작업량$=33\times6=198\text{m}^3/\text{day}$

□□□ 89②

57 다음과 같은 조건일 때 0.6m³ 백호 2대를 이용하여 본바닥 20,000m³을 파기 위한 공기를 계산하시오.

【조 건】

- 파괴계수 : 0.9
- 작업효율 : 0.7
- 사이클 타임 : 25초(90° 선회)
- 토량변화율(L) : 1.2
- 1일 운전시간 : 7시간
- 가동률 : 0.8
- 굴착 전의 준비공 : 2일
- 뒤처리 : 1일이 걸린다고 하며, 파낸 흙을 모두 처리할 수 있는 덤프트럭이 있음.

계산 과정)

답 : ______

해답 공기 $=\dfrac{\text{터파기량}}{\text{작업량}\times\text{작업일수}}+\text{준비}+\text{뒷정리}$

작업량 $Q=\dfrac{3,600\cdot q\cdot K\cdot f\cdot E}{C_m}$

- $Q=\dfrac{3,600\times0.6\times0.9\times\dfrac{1}{1.2}\times0.7}{25}=45.36\text{m}^3/\text{hr}$
- 1일 작업량$=45.36\times2$(대)$\times7$(시간)$\times0.8$
$=508.03\text{m}^3/\text{day}$

$\therefore$ 공기$=\dfrac{20,000}{508.03}+2+1=42.37$ $\therefore$ 43일

□□□ 94①

58 넓은 범위의 굴착에 적합하고 기계보다 낮은 곳 모두 사용할 수 있으나 운반로보다 낮은 장소에 적합하고 하상 굴착, 배수로의 굴착, 골재 채취, 연약지반 굴착에 사용되는 셔블계 굴착기는 무엇인가?

○

해답 드래그라인(drag line)

덤프트럭(Dump truck)

□□□ 85②

59 흐트러진 상태의 $L=1.25$, 단위중량이 1.6t/m^3인 보통 토사를 8t 덤프트럭으로 운반하고자 할 때, 적재 가능량은?

계산 과정)

답 :

해답 $q_t = \dfrac{T}{\gamma_t} \times L = \dfrac{8}{1.6} \times 1.25 = 6.25\text{m}^3$

□□□ 92①, 94③

60 3km의 거리에서 $20,000\text{m}^3$의 자갈을 5m^3 덤프트럭으로 운반하려면 1일에 몇 번 운반할 수 있으며 10일간 전량을 운반하려면 1일 몇 대의 트럭이 소요되는가?
(단, 1일 작업시간=8시간, 상하차시간=38분, 평균속도=35km/h임.)

계산 과정)

답 :

해답 1일 운반횟수

• $N = \dfrac{T}{\dfrac{60L}{V} \times 2 + t} = \dfrac{8 \times 60}{\dfrac{60 \times 3}{35} \times 2 + 38} = 9.94 \quad \therefore$ 10회

• 1일 트럭 1대의 운반량=10회×5m^3=50m^3

• 트럭 1대의 10일 동안 운반량=50×10=500m^3

$\therefore$ 1일 소요대수 $N = \dfrac{20,000}{500} = 40$대

□□□ 96①, 22③

61 직경 1m짜리 토관을 지하 1m 깊이에 100m 길이로 그림과 같이 매설하려고 한다. 이때 되묻고 남은 흙의 총량은 8ton 덤프트럭으로 최소한 몇 대 분인가?
(단, 흙의 단위중량은 $\gamma=1.7\text{t/m}^3$(본바닥)로 일정하며 $C=0.8$, $L=1.2$임.)

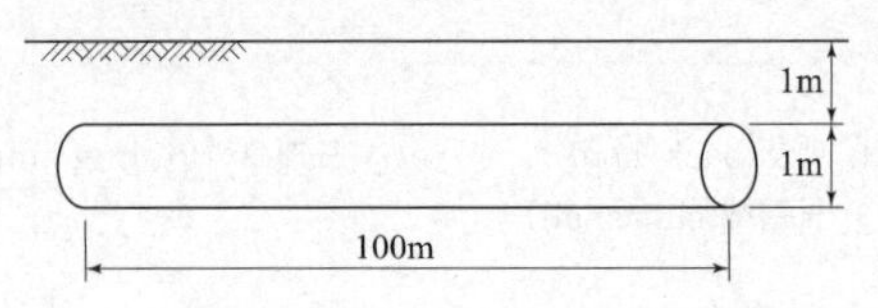

계산 과정)

답 :

해답 • 굴착토량$=\left(1\times1.5+\dfrac{\pi\times1^2}{4}\times\dfrac{1}{2}\right)\times100=189.27\text{m}^3$

• 되메움토량$=\left(1\times1.5-\dfrac{\pi\times1^2}{4}\times\dfrac{1}{2}\right)\times100\times\dfrac{1}{C}$

$=110.73\times\dfrac{1}{0.8}=138.41\text{m}^3$

• 남는 토량$=189.27-138.41=50.86\text{m}^3$(자연상태)

• 트럭 적재량 $q_t=\dfrac{T}{\gamma_t}\cdot L=\dfrac{8}{1.7}\times1.2=5.65$

$\therefore$ 트럭 소요대수 $M=\dfrac{50.86\times L}{5.65}=\dfrac{50.86\times1.2}{5.65}$

$=10.8 \quad \therefore$ 11대

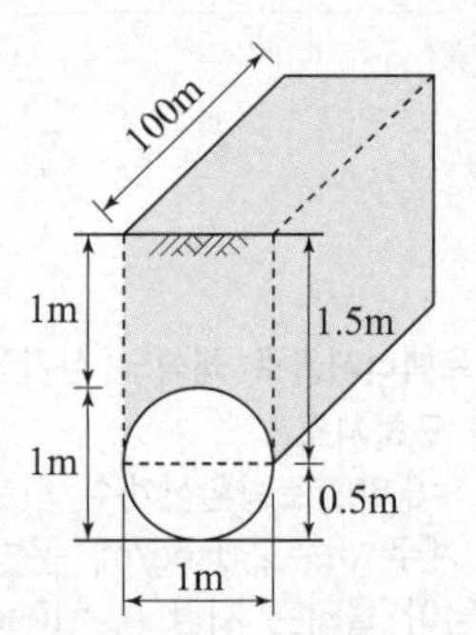

□□□ 89①, 95①

62 트럭과 굴착기를 조합하여 작업을 한다. 이런 경우에는 트럭의 적당한 대수를 준비해 두어야 한다. 이때 왕복과 사토(捨土)에 요하는 시간이 30분, 원위치에 도착하였을 때부터 싣기를 완료한 후 출발할 때까지의 시간이 5분이라면 굴착기가 쉬지 않고 작업할 수 있는 여유 대수는 얼마인가?

계산 과정)

답 :

해답 트럭의 여유 대수 $N=\dfrac{T_1}{T_2}+1=\dfrac{30}{5}+1=7$대

(∵ 6대 운반하는 동안 1대는 적재)

□□□ 94④

63 버킷용량이 2m³인 백호를 사용하여 15ton 덤프트럭에 흙을 적재하여 운반하고자 할 때, 다음을 구하시오.
(단, 흙의 단위중량 1.5t/m³, 토량변화율 $L=1.4$, 버킷계수 $K=0.7$, 백호 사이클 타임 $C_m=30$초, 백호 작업효율 $E=0.8$이다.)

가. 백호의 적재횟수를 구하시오.

계산 과정)

답 : ____________

나. 덤프트럭에 적재하는 데 걸리는 소요시간을 구하시오.

계산 과정)

답 : ____________

해답 가. $q_t=\dfrac{T}{\gamma_t}\cdot L=\dfrac{15}{1.5}\times1.4=14\text{m}^3$

적재횟수 $n=\dfrac{q_t}{q\cdot k}=\dfrac{14}{2\times0.7}=10$회

나. 적재시간$=\dfrac{C_{ms}\cdot n}{60\cdot E_s}=\dfrac{30\times10}{60\times0.8}=6.25$분

□□□ 93③, 98①

64 15t 덤프트럭에 사이클 타임이 20초인 0.8m³ 용적의 굴삭기 1대를 조합해서 사용할 때, 트럭 1대를 적재하는 데 필요한 시간은 얼마인가?
(단, 굴삭기 효율 : 1.0, 버킷계수 : 0.9, 자연상태의 $\gamma_t=1.9\text{t/m}^3$, $L=1.15$이다.)

계산 과정)

답 : ____________

해답 적재시간 $C_{mt}=\dfrac{C_{ms}\cdot n}{60\cdot E_s}$

- $q_t=\dfrac{T}{\gamma_t}\cdot L=\dfrac{15}{1.9}\times1.15=9.08\text{m}^3$
- $n=\dfrac{q_t}{q\cdot k}=\dfrac{9.08}{0.8\times0.9}=12.61$ ∴ 13회

∴ 적재시간 $C_{mt}=\dfrac{20\times13}{60\times1.0}=4.33$분

□□□ 84②, 96①

65 15t 덤프트럭으로 보통 토사를 운반하려고 한다. 적재장비로 2.3m³의 버킷을 가진 백호를 사용할 때 한 트럭을 적재하는 데 소요되는 백호 적재시간은 얼마인가?
(단, 흙의 단위중량 1.5t/m³, $L=1.2$, $C=0.8$, 버킷계수 $K=0.9$, 백호 사이클 타임 : 25초, 백호 효율 $E=0.75$이다.)

계산 과정)

답 : ____________

해답 적재시간 $C_{mt}=\dfrac{C_{ms}\cdot n}{60\cdot E_s}$

- $q_t=\dfrac{T}{\gamma_t}\cdot L=\dfrac{15}{1.5}\times1.2=12\text{m}^3$
- $n=\dfrac{q_t}{q\cdot k}=\dfrac{12}{2.3\times0.9}=5.8$ ∴ 6회

∴ 적재시간 $C_{mt}=\dfrac{25\times6}{60\times0.75}=3.33$分

□□□ 96①

66 불도저로 밀어 놓은 단위체적중량 1.8t/m³인 사질토 10,000m³ 있다. 싣기 기계 셔블을 이용하여 10km 떨어져 있는 사토장에 10t(적재량) 덤프를 이용하여 사토시키고자 한다. 셔블의 총작업시간과 셔블이 쉬지 않고 작업하기 위한 덤프트럭 대수를 구하시오.

【조 건】

- 셔블의 조건 : 버킷의 평적용량 1.48m³, 버킷계수 1.1, 토량환산계수 1.0, 작업효율 0.75, 사이클 타임 48초
- 덤프의 조건 : 토량변화율 1.0, 작업효율 0.9, 적재시간 3.65분, 왕복평균시속 50km/h, 적재시간과 왕복주행 이외의 기타 소요시간 5분

계산 과정)

답 : ____________

해답 • 셔블 $Q_s=\dfrac{3,600\cdot q\cdot K\cdot f\cdot E}{C_m}$

$=\dfrac{3,600\times1.48\times1.1\times1\times0.75}{48}=91.58\text{m}^3/\text{hr}$

• 덤프 $Q_t=\dfrac{60q_t\cdot f\cdot E}{C_m}=\dfrac{60\times5.56\times1\times0.9}{32.65}=9.20\text{m}^3/\text{h}$

$q_t=\dfrac{T}{\gamma_t}\cdot L=\dfrac{10}{1.8}\times1=5.56\text{m}^3$

$C_{mt}=3.65+\left(\dfrac{10}{50}\times60\right)\times2+5=32.65$분

∴ 쇼벨의 총작업시간$=\dfrac{10,000}{91.58}=109.19$시간

∴ 덤프트럭 대수$=\dfrac{Q_s}{Q_t}=\dfrac{91.58}{9.20}=9.95$ ∴ 10대

□□□ 84①, 86②

67 **2km의 거리에서 15,000m³의 자갈을 3m³ 덤프트럭으로 운반하려면 1일에 몇 번 운반할 수 있으며, 5일간 전량을 운반하려면 1일 몇 대의 트럭이 소요되는가?**
(단, 1일 작업시간 : 8시간, 상하차시간 : 40분, 평균속도 : 30km/hr로 한다.)

계산 과정)

답 : ______________

해답 • 1일 운반횟수

$$N=\frac{T}{\frac{60L}{V}\times2+t}=\frac{8\times60}{\frac{60\times2}{30}\times2+40}=10\text{회}$$

• 1일 트럭 1대의 운반량=10회×3m³=30m³

$$\therefore \text{ 1일 소요대수 } N=\frac{15,000}{30\times5}=100\text{대}$$

□□□ 88③

68 **사질토사 50,000m³(원지반상태)를 굴착하여 2km 지점에 운반 사토시 장비조합 및 1일 8시간 실가동시 실작업 일수는?**

【조 건】

- Dozer : 1 cycle당 작업량(흐트러진 토량) 3m³, $E=0.5$, 토량변화율 : $C=0.9$, $L=1.25$, Cycle time : 1.1분
- Shovel : 1 cycle당 작업량(흐트러진 토량) 1.9m³, $K=0.8$, $E=0.6$, Cycle time 42초
- Truck : 5ton=5.25m³(실적재함 용량) $E=0.9$, Cycle time 18분임

계산 과정)

답 : ______________

해답 • Dozer : $Q_D=\dfrac{60\cdot q_t\cdot f\cdot E}{C_m}$

$$=\frac{60\times3\times\frac{1}{1.25}\times0.5}{1.1}=65.46\text{m}^3/\text{hr}$$

• Shovel : $Q_s=\dfrac{3,600\cdot q\cdot K\cdot f\cdot E}{C_m}$

$$=\frac{3,600\times1.9\times0.8\times\frac{1}{1.25}\times0.6}{42}$$

$$=62.54\text{m}^3/\text{hr}$$

• Truck : $Q_t=\dfrac{60\cdot q_t\cdot f\cdot E}{C_m}$

$$=\frac{60\times5.25\times\frac{1}{1.25}\times0.9}{18}=12.60\text{m}^3/\text{hr}$$

• Truck의 소요대수 : $M=\dfrac{Q_s}{Q_t}=\dfrac{62.54}{12.60}=4.96=5$대

∴ 장비조합 : Dozer 1대, Shovel 1대 및 Truck 5대

• 작업일수$=\dfrac{50,000}{62.54\times8}=99.9$ ∴ 100일

□□□ 94②, 97①, 01②, 03①, 04②④

69 **0.6m³ 용량의 백호와 10t 덤프트럭의 조합토공현장에서 현장의 조건이 아래와 같을 경우 다음 물음에 답하시오.**
(단, 현장 흙의 단위중량(γ_t)은 1.7t/m³이며, 덤프트럭의 운반거리는 5km이다.)

【조 건】

- 트럭의 운반속도 30km/hr
- 귀환속도 25km/hr
- 흙부리기 시간 1.0분
- 싣기 대기시간 0.5분
- 토량변화율 $L=1.25$, $C=0.85$
- 백호 버킷계수 1.10
- 백호 사이클 타임 30초
- 트럭의 작업효율 $E_t=0.9$
- 백호의 작업효율 $E_s=0.7$

가. 백호의 시간당 작업량을 구하시오.

계산 과정)

답 : ______________

나. 덤프트럭의 시간당 작업량을 구하시오.

계산 과정)

답 : ______________

다. 조합토공에 있어서 백호 1대당 덤프트럭의 소요대수는 몇 대인가?

계산 과정)

답 : ______________

해답 가. 백호의 작업량

$$Q_s=\frac{3,600\cdot q\cdot K\cdot f\cdot E}{C_m}$$

$$=\frac{3,600\times0.6\times1.10\times\frac{1}{1.25}\times0.70}{30}=44.35\text{m}^3/\text{hr}$$

나. $Q_t=\dfrac{60\cdot q\cdot f\cdot E}{C_m}$

• $q_t=\dfrac{T}{\gamma_t}\cdot L=\dfrac{10}{1.7}\times1.25=7.35\text{m}^3$

• $n=\dfrac{q_t}{q\times k}=\dfrac{7.35}{0.6\times1.10}=11.14$ ∴ 12회

• $C_{mt}=\dfrac{C_{ms}\times n}{60\times E_s}+\left(\dfrac{L}{V_1}+\dfrac{L}{V_2}\right)\times60+t_3+t_4$

$$=\frac{30\times12}{60\times0.7}+\left(\frac{5}{30}+\frac{5}{25}\right)\times60+1+0.5=32.07\text{분}$$

$$\therefore Q_t=\frac{60\times7.35\times\frac{1}{1.25}\times0.9}{32.07}=9.90\text{m}^3/\text{hr}$$

다. $N=\dfrac{Q_s}{Q_t}=\dfrac{44.35}{9.90}=4.48$ ∴ 5대

다짐기계

□□□ 96③, 99④

70 Tamping Roller는 드럼에 많은 양(羊)발굽형 돌기를 붙여 땅 깊숙이 다지는 기계이다. Tamping Roller의 3가지 종류를 쓰시오.

① ______ ② ______

③ ______

해답 ① 턴 풋 롤러(turn foot roller)
② 시프스 풋 롤러(sheeps foot roller)
③ 그리드 롤러(grid roller)
④ 태퍼 풋 롤러(tapper foot roller)

□□□ 88②

71 다짐기계 중 진동롤러와 탬핑롤러의 주요작업 대상 재료를 쓰시오.

가. 진동롤러 :

나. 탬핑롤러 :

해답 가. 사질토(쇄석층) 나. 함수비가 높은 점질토

□□□ 87②

72 1일에 1,500m^3(흐트러진 토량)의 흙이 운반되어 오는 성토공사에 있어서 유효다짐폭 2.0m의 tire roller 1대를 사용하여 다짐을 행하는 경우 평균 까는 두께 30cm, 평균작업속도 4km/hr, 다짐횟수를 8회로 하면, 이 공사에 있어서 tire roller가 1일에 소비하는 연료는 어느 정도인가?
(단, tire roller의 1시간당 연료소비량은 $5l$이다.)

계산 과정)

답 : ______

해답 1일 작업시간

$$T=\frac{\text{총작업량}}{\text{1시간당 작업량}}$$
$$=\frac{\text{운반토량}\times\text{다짐횟수}}{\text{깔기 두께}\times\text{유효 다짐폭}\times\text{작업속도}}$$
$$=\frac{1,500\times 8}{0.3\times 2\times 4,000}=5\text{시간}$$

∴ 1일 연료소비량=1시간당 연료소비량×1일 작업시간
$=5\times 5=25l$

□□□ 95④

73 다음 장비 중 왼쪽에 주어진 토질에 따라 가장 적합한 다짐장비 1가지를 골라서 ( ) 안에 쓰시오.

마카담 롤라, 탬핑 롤라, 진동 롤라

가. 사질 및 자갈질토 :

나. 점토질흙 :

다. 쇄석기층 :

해답 가. 진동롤러(vibration roller)
나. 탬핑롤러(tamping roller)
다. 머캐덤롤러(macadam roller)

□□□ 86①

74 탬핑롤러는 어떤 흙에 사용하면 가장 유효하게 적용되며 그 종류를 3가지만 쓰시오.

가. 적용 :

나. 탬핑롤러의 종류 :

해답 가. 함수비가 높은 점질토
나. ① 턴 풋 롤러(turn foot roller)
② 시프스 풋 롤러(sheeps foot roller)
③ 그리드 롤러(grid roller)
④ 태퍼 풋 롤러(tapper foot roller)

□□□ 87②, 89①

75 1회 유효다짐폭 2m의 10t macadam roller 1대를 사용하여 성토다짐을 시행할 때 1층의 끝손질 두께 20cm, 평균작업속도 2km/h, 다짐횟수를 8회로 하면 1시간당 작업량은 얼마인가?
(단, 토량환산계수 0.8, 작업효율 0.5이다.)

계산 과정)

답 : ______

해답
$$Q_s=\frac{1,000\cdot V\cdot W\cdot H\cdot f\cdot E}{N}$$
$$=\frac{1,000\times 2\times 2\times 0.20\times 0.8\times 0.5}{8}=40m^3/hr$$

□□□ 87②

76 흙덩어리를 분쇄하여 토립자를 이동 혼합하는 효과가 있어서 함수비의 조절도 되고 함수비가 높은 점토질의 다짐에 대단히 유효한 다짐기계는?

○

해답 탬핑롤러(tamping roller)

□□□ 92③

77 유효다짐폭 2m의 10t macadam roller 1대를 사용하여 성토다짐할 1층의 끝손질 다짐두께 20cm, 평균작업속도 2km/h, 다짐횟수 6회, 토량환산계수 0.8, 작업효율 0.6으로 하면 1시간당 작업량은 얼마인가?

계산 과정)

답 :

해답 $Q_s = \dfrac{1{,}000 \cdot V \cdot W \cdot H \cdot f \cdot E}{N}$

$= \dfrac{1{,}000 \times 2 \times 2 \times 0.20 \times 1 \times 0.6}{6} = 80\text{m}^3/\text{hr}$

□□□ 93①

78 자갈, 모래 등이 많이 포함된 소성이 작은 흙이나 다짐두께가 얕은 곳에 유효한 다짐기계는?

○

해답 타이어롤러(tire roller)

□□□ 88①

79 아스팔트 포장시 현장에 준비해야 할 기계 종류 5가지만 쓰시오.

① ②

③ ④

⑤

해답 ① 아스팔트 믹싱 플랜트(Asphalt mixing plant)
② 아스팔트 피니셔(Asphalt finisher)
③ 아스팔트 디스트리뷰터(asphalt distributor)
④ 골재 살포기(aggregate spreader)
⑤ 아스팔트 스프레이어(asphalt sprayer)

□□□ 87③

80 성토장에서 다짐에 사용하는 roller, 유효폭은 3m, 평균속도는 4km/hr이며, 시방서에 규정된 바로는 다짐횟수 4회, 1층의 다짐 후 두께는 20cm이다. 이 roller는 시간당 유효작업시간이 55분이며, 덤프트럭 1회전 시간(상차 → 운반 → 덤프 → 복귀)이 15분이라면, 최소한 몇 대의 덤프트럭을 가동시켜야 다짐장비와의 균형이 이루어 지겠는가?
(단, 토량환산계수는 L=1.3, C=0.9, 덤프트럭의 표준효율 E_T=0.9, 덤프트럭 적재용량 q_t=12m³이다.)

계산 과정)

답 :

해답 • Roller 작업량

$Q_R = \dfrac{1{,}000 \cdot V \cdot W \cdot H \cdot f \cdot E}{N}$

$= \dfrac{1{,}000 \times 4 \times 3 \times 0.2 \times \dfrac{1}{0.9} \times \dfrac{55}{60}}{4} = 611.11\text{m}^3/\text{hr}$

• 덤프트럭 작업량

$Q_T = \dfrac{60 q_t \times f \times E_T}{C_m}$

$= \dfrac{60 \times 12 \times \dfrac{1}{1.3} \times 0.9}{15} = 33.23\text{m}^3/\text{hr}$

$M = \dfrac{Q_R}{Q_T} = \dfrac{611.11}{33.23} = 18.39$대 ∴ 19대

□□□ 89①

81 규격 100t 아스팔트 플랜트를 사용하여 포장두께 t=5cm, 포장폭 B=6m의 도로연장 10km를 아스팔트 콘크리트로 포장하고자 한다. 아스팔트 페이버(피니셔)의 시간당 작업량을 구하시오.
(단, 아스팔트 페이버의 평균작업속도(V)=180m/hr, 페이버의 시공폭(W)=3m, 다져진 후의 밀도(d)=2.34t/m³, 작업효율(E) : 0.8)

계산 과정)

답 :

해답 $Q = V \cdot W \cdot t \cdot d \cdot E$

$= 180 \times 3 \times 0.05 \times 2.34 \times 0.8 = 50.54\text{t/hr}$

□□□ 88①

82 다음 성토의 비탈면 다짐기계를 쓰시오.

가. 사질토 :

나. 점성토 :

해답 가. 진동롤러 나. 탬핑롤러

□□□ 88③, 98①

83 60kg의 래머를 사용하여 보조기층 다짐작업시의 작업량 $Q(m^3/hr)$를 다음 조건에 의하여 구하시오.
(단, 1층의 끝손질 두께(D)=0.3m, f=0.7, 작업효율 E=0.5, 1회당 유효다짐면적(A)=0.029m^2, 1시간당 찍기다짐 횟수(N)=3,900회/h, 되풀이 찍기횟수 P=6회)

계산 과정)

답 : ______________

해답 $Q=\dfrac{A\cdot N\cdot H\cdot f\cdot E}{P}$
$=\dfrac{0.029\times 3{,}900\times 0.3\times 0.7\times 0.5}{6}=1.98\text{m}^3/\text{hr}$

□□□ 92②

84 콘크리트 포장 슬래브의 포설, 다짐, 표면 끝손질 등의 기능을 겸비하여 거푸집을 설치하지 않고 연속적으로 포설하는 장비는 무엇인가?

○

해답 슬립 폼 페이버(slip form paver)

□□□ 94②

85 충격식 다짐기 중량 80kg의 래머로 구조물과 접속부분의 도로 노체를 다짐작업할 때 래머의 1시간당의 작업량(다짐 상태)을 계산하시오.
(단, 계산결과는 소수점 셋째자리에서 반올림하고, 1회당 유효 다짐면적 A=0.0924m^2, 1시간당 타격횟수 N=36,000회/hr, 1층의 다짐두께 H=0.15m, 중복 다짐횟수 P=57회, 토량변화율 L=1.3, C=0.9, 작업효율 E=0.6)

계산 과정)

답 : ______________

해답 $Q=\dfrac{A\cdot N\cdot H\cdot f\cdot E}{P}$
$=\dfrac{0.0924\times 36{,}000\times 0.15\times 1\times 0.6}{57}=5.25\text{m}^3/\text{hr}$

□□□ 89②, 99②

86 도로구조물 뒤채움 작업을 80kg의 래머를 사용하여 다짐작업시의 작업량 $Q(m^3/hr)$을 계산하시오.
(단, 깔기두께(D)=0.15m, 토량변화계수(f)=0.6, 중복다짐=횟수 P=7회, 작업효율 E= 0.6, 1회당 유효다짐면적 (A)0.0924m^2, 시간당 타격횟수(N)=3,600회/h 이다.)

계산 과정)

답 : ______________

해답 $Q=\dfrac{A\cdot N\cdot H\cdot f\cdot E}{P}$
$=\dfrac{0.0924\times 3{,}600\times 0.15\times 0.6\times 0.6}{7}=2.57\text{ m}^3/\text{hr}$

준설선

□□□ 04②, 06④, 11④, 15④, 22①

87 해안 준설·매립공사시 사용되는 준설선의 종류를 4가지만 쓰시오.

① ______________ ② ______________
③ ______________ ④ ______________

해답 ① 펌프 준선설 ② 디퍼 준설선
③ 그래브 준설선 ④ 버킷 준설선

□□□ 85③

88 수중에서 기계에 의하여 다량의 암석을 제거하는 방법 3가지를 쓰시오.

① ______________ ② ______________
③ ______________

해답 ① 준설선(dredger)에 의한 방법
② 중추식 쇄암선에 의한 방법
③ 맥키난테리 수중쇄암기

□□□ 21①

89 **토공 중 운반로 선정시 고려할 사항 3가지를 쓰시오.**

① ________ ② ________

③ ________

해답 ① 운반장비의 주행성
② 운반로의 구배가 완만할 것
③ 평탄성이 좋을 것

3 chapter

콘크리트공

콘크리트공

연도별 출제경향

✔ 체크	출제경향	출제연도
□□□	01 포틀랜드 시멘트의 종류 중 아래표의 2가지를 제외한 나머지 종류 3가지를 쓰시오.	06④
□□□	02 혼합 시멘트의 종류 3가지를 쓰시오.	05②, 08②
□□□	03 시멘트가 풍화되었을 때 나타나는 현상 3가지를 쓰시오.	89①, 01①, 04①, 05②, 08①, 23②
□□□	04 폐기물 쓰레기에서 나온 오니를 혼합해서 재활용하는 시멘트는 무엇인가?	07④
□□□	05 혼화재의 종류 3가지를 쓰시오.	12①, 22①
□□□	06 Fly ash를 사용한 concrete의 성질 중 장점 3가지를 쓰시오.	96①, 09①
□□□	07 균열의 감소와 방지, 충진성의 향상, 박리 방지 등을 주목적으로 사용하는 혼화제	96④, 01④
□□□	08 경화촉진제로서 거푸집의 제거시간을 앞당기는 장점이 있으나 내구성이 떨어지고 철근을 부식시키는 단점이 있는 촉진제는?	88③, 98③, 02①
□□□	09 연행된 공기가 콘크리트의 성질에 미치는 영향에 대하여 5가지를 쓰시오.	02④
□□□	10 골재의 함수상태를 나타낸 그림에서 ( ) 안에 알맞은 말을 적어 넣으시오.	00①, 05②, 19①
□□□	11 굵은골재를 중량비 1 : 2의 비율로 혼합할 때의 조립률을 구하시오.	08④
□□□	12 포장공사에 사용되는 콘크리트 재료의 계량오차 허용범위는 몇 %씩인가?	06①②
□□□	13 미리 정해 둔 비비기 시간의 몇 배 이상 계속하지 않아야 하는가?	11②
□□□	14 가경식 믹서, 강제식 믹서를 사용할 때 비빔시간은?	11②
□□□	15 내부진동기 사용방법의 표준에 대한 물음에 답하시오.	07②
□□□	16 콘크리트 이어치기 허용시간 간격의 기준은?	06④, 11①, 21③
□□□	17 비비기로부터 타설이 끝날 때까지의 시간은?	12①
□□□	18 압송성(Pumpability) 향상을 위한 방안 3가지를 쓰시오.	04④, 21①
□□□	19 cold joint에 대해 간단히 설명하시오.	92①, 05④
□□□	20 일반적으로 많이 쓰이는 양생방법의 종류명 4가지를 쓰시오.	00③
□□□	21 일반적인 연직시공이음부의 거푸집 제거시기는?, 거푸집의 종류?	12④, 18①, 22①
□□□	22 일평균기온에 따른 습윤상태 보호기간의 표준일수를 쓰시오.	84①, 08①, 14①
□□□	23 일평균기온이 15℃ 이상일 때, 사용 시멘트에 따른 습윤상태 보호기간의 표준일수를 쓰시오.	10①, 14②
□□□	24 촉진양생법의 종류 3가지를 쓰시오.	13①, 16②, 17②, 18②

✓ 체크	출제경향	출제연도
☐☐☐	25 측압에 영향을 미치는 인자를 4가지 쓰시오.	03①
☐☐☐	26 콘크리트 압축강도를 시험하여 거푸집널의 해체시기를 결정하는 압축강도는?	94④, 98④, 12②
☐☐☐	27 구조물이 변형될 때 발생하는 자체의 음을 이용한 안전도를 추정하는 계측장비의 이름은?	95④, 01①, 04②
☐☐☐	28 콘크리트의 분리와 블리딩 방지방법 4가지를 쓰시오.	88②③, 89①, 95⑤, 98①, 99④, 00④, 01④, 03②
☐☐☐	29 콘크리트의 워커빌리티 측정방법 3가지를 쓰시오.	87③, 13④, 19②, 21①
☐☐☐	30 Bleeding 현상이 심한 경우 콘크리트에 미치는 영향 3가지를 쓰시오.	04②
☐☐☐	31 콘크리트의 응결이 종료할 때까지 발생하는 초기균열의 종류 3가지를 쓰시오.	95①, 00④, 05①, 07④, 13①, 18①
☐☐☐	32 콘크리트 균열에 대한 보수기법의 종류 4가지를 쓰시오.	01②, 18③
☐☐☐	33 균열의 보수·보강공법 4가지를 쓰시오.	03④
☐☐☐	34 염화물 함유량 측정하는 시험방법 3가지를 쓰시오.	05④
☐☐☐	35 콘크리트 성능저하 및 철근부식에 대한 성능저하를 가져오는 현상과 대책방법 3가지를 쓰시오.	10④
☐☐☐	36 철근의 정착방법 3가지를 쓰시오.	08①, 09②
☐☐☐	37 PS 콘크리트에서 Prestress 감소원인 5가지를 쓰시오.	99②, 04②, 06②, 08②, 09①
☐☐☐	38 타설이 끝났을 때의 콘크리트 온도를 계산하시오.	05④, 09④, 11④, 15①, 18①
☐☐☐	39 서중콘크리트 치기에 있어 지켜야 할 점 4가지를 쓰시오.	87②, 94③, 99③, 01④, 06①, 10②
☐☐☐	40 수중콘크리트(水中 concrete) 작업시 주의사항 3가지를 쓰시오.	84①, 85②, 10①, 13④, 22①
☐☐☐	41 수중콘크리트를 시공할 때 시공장비에 의한 시공방법 4가지를 쓰시오.	84②, 86①, 04①, 10④
☐☐☐	42 선행냉각(Pre-cooling) 방법의 종류 3가지, 냉각방법을 쓰시오.	17①, 23②
☐☐☐	43 간이법에 의한 온도균열 발생확률을 구하면?	14④, 19②
☐☐☐	44 레디믹스트 콘크리트의 비비기와 운반방법 3가지를 쓰시오.	94②, 95①, 97②, 98①, 01①
☐☐☐	45 레디믹스트 콘크리트에서 현장 품질관리시험의 종류 4가지를 쓰시오.	03④
☐☐☐	46 경량콘크리트를 제조하는 방법에 따라 크게 3가지를 쓰시오.	02①
☐☐☐	47 콘크리트-폴리머 복합체로 이루어진 콘크리트의 종류 3가지를 쓰시오.	02②, 06②, 09④

03 콘크리트공

01 시멘트(cement) □□□

더 알아두기

1 시멘트의 종류

포틀랜드 시멘트	혼합 시멘트	특수 시멘트
① 보통포틀랜드 시멘트 ② 중용열포틀랜드 시멘트 ③ 조강포틀랜드 시멘트 ④ 백색포틀랜드 시멘트 ⑤ 저열포틀랜드 시멘트	① 고로슬래그 시멘트 (고로 시멘트) ② 플라이 애시 시멘트 ③ 포졸란 시멘트(실리카 시멘트)	① 알루미나 시멘트 ② 초속경 시멘트 ③ 팽창 시멘트 ④ 초조강 포틀랜드 시멘트 ⑤ 유정 시멘트

기억해요
포틀랜드 시멘트의 종류를 2가지 쓰시오.

(1) 포틀랜드 시멘트의 종류

① 보통포틀랜드 시멘트 : 석회석과 점토와 같은 원료로 제조되었으며, 우리나라 전체 시멘트 생산량의 거의 90%가 된다.

② 중용열포틀랜드 시멘트 : 조기강도는 작으나 수화열이 작고 내구성이 좋아 댐과 같은 매시브한 콘크리트에 사용한다.

③ 조강포틀랜드 시멘트 : 보통포틀랜드 시멘트가 재령 28일에 나타내는 강도를 재령 7일에서 낼 수 있으며, 수화열이 많으므로 한중콘크리트 시공에 적합하다.

④ 백색포틀랜드 시멘트 : 시멘트 원료 중 점토에서 산화철 성분을 제거하여 백색으로 만들어지며 주로 건축물의 미장, 장식용, 채광용 등에 쓰인다.

⑤ 저열포틀랜드 시멘트 : 중용열포틀랜드시멘트보다도 수화열을 5～10% 정도 적게 한 것으로 댐 등의 매스콘크리트의 시공에 적합하다.

⑥ 내황산염포틀랜드 시멘트 : C_3A를 5% 이하로 줄이고 내황산염 저항성이 큰 C_4AF를 약간 늘려 준 시멘트이다.

기억해요
혼합 시멘트의 종류 3가지를 쓰시오.

(2) 혼합 시멘트의 종류

① 포졸란 시멘트 : 천연산이나 인공 실리카질 혼화재료를 총칭하여 포졸란이라 하며, 포졸란을 포틀랜드 시멘트 클링커에 조합하여 적당량의 석고를 가해 만든 시멘트를 포졸란 시멘트 또는 실리카 시멘트(silica cement)라 한다.

② 고로슬래그 시멘트 : 고로슬래그 시멘트는 고로슬래그의 잠재수경성으로 초기강도는 작으나 장기강도는 보통 시멘트와 거의 같다.
③ 플라이 애시 시멘트 : 미분탄을 사용하는 화력발전소에서 전기집진기 등으로 포집한 플라이 애시를 포틀랜드 시멘트에 혼합한 것으로 워커빌리티를 증가시킬 수 있고 값이 싸고 수화작용이 늦은 시멘트이다.

(3) 특수 시멘트

① 알루미나 시멘트 : 알루미나가 다량 함유된 시멘트로 재령 24시간에 보통 포틀랜드 시멘트의 28일 강도를 낸다.
② 초속경 시멘트 : 미국에서 개발된 시멘트로 응결, 경화시간을 임의로 바꿀 수 있는 시멘트를 말하며, 일명 제트 시멘트(Jet Cement)라고도 불린다. 이 시멘트는 강도발현이 빠르기 때문에 긴급을 요하는 공사, 동절기 공사, Shotcrete, 그라우팅용 등으로 사용된다.
③ 팽창 시멘트 : 경화 중에 콘크리트에 팽창을 일으키게 하여 콘크리트의 건조수축으로 인한 균열을 방지하고 화학적 프리스트레스를 도입하여 구조물에 프리스트레스를 주어 압축응력을 받도록 개발된 시멘트이다.
④ 유정 시멘트 : 고온고압하의 유정에 사용하기 위하여 만든 시멘트로서 특수하게 제조된 포틀랜드 시멘트에 각종 혼화재료를 넣어 만든 것이다.
⑤ 콜로이드 시멘트 : 벨라이트 시멘트는 포틀랜드 시멘트 클링커의 조성을 크게 변화시키지 않고도 클링커 제조시 에너지소비를 줄일 수 있으며 보통 포틀랜드 시멘트 제조에 필요한 것보다 적은 양의 석회석이 사용 가능하다.

(4) 기타 특수 시멘트

① 에코 시멘트(Eco cement) : 폐기물로 배출되는 도시 쓰레기 소각회나 각종 오니에 시멘트 원료 성분이 포함되어 있는 점에 착안하여 이들을 주원료로 하여 시멘트로서 재활용하기 위하여 탄생한 새로운 자원순환형 시멘트이다.
② MDF 시멘트(macro defect free cement) : 초고강도 시멘트로 시멘트에 수용성 폴리머를 혼합하여 시멘트 경화체의 공극을 채우고, 압출, 사출 방법으로 성형하여 건조상태로 양생한다.
③ DSP 시멘트 : 시멘트와 초미립자, 고성능 감수제를 조합하여 낮은 물-시멘트비에서 수화시킨 것으로서 경화체의 공극률을 감소시켜 고강도를 얻는다.

기억해요
시멘트가 풍화되었을 때 나타나는 현상을 3가지 쓰시오.

2 시멘트의 일반적 성질

(1) 시멘트의 풍화

① 시멘트는 저장 중에 공기 중의 수분을 흡수하여 경미한 수화작용을 일으키고, 동시에 공기 중의 탄산가스를 흡수하는 것을 풍화(風化)라 한다.

② 풍화된 시멘트의 특징

- 비중이 작아진다.
- 응결이 지연된다.
- 강열감량이 증가된다.
- 강도의 발현이 저하된다.

(2) 시멘트의 비중 밀도

① 일반적으로 시멘트 비중이 작아지는 이유

- 클링커의 소성이 불충분할 때 비중이 작아진다.
- 혼합물이 섞여 있을 때 비중이 작아진다.
- 시멘트가 풍화되었을 때 비중이 작아진다.
- 저장기간이 길었을 때 비중이 작아진다.

② $\text{시멘트 비중} = \dfrac{\text{시멘트의 무게(g)}}{\text{비중병의 눈금 차(mL)}}$

(3) 시멘트의 창고면적

$$A = 0.4\frac{N}{n}$$

여기서, n : 쌓아 올린 포대수
N : 저장되는 시멘트의 총포대수

| 시멘트(cement) |

01 핵심 기출문제 □□□

□□□ 06④

01 KS에 규정되어 있는 포틀랜드 시멘트의 종류 중 아래 표의 2가지를 제외한 나머지 종류 3가지만 쓰시오.

득점	배점
	3

• 보통포틀랜드 시멘트	• 중용열포틀랜드 시멘트

① ______ ② ______ ③ ______

해답 ① 조강포틀랜드 시멘트
② 내황산염포틀랜드 시멘트
③ 백색포틀랜드 시멘트
④ 저열포틀랜드 시멘트

□□□ 05②, 08②

02 혼합 시멘트의 종류 3가지를 쓰시오.

득점	배점
	3

① ______ ② ______ ③ ______

해답 ① 고로슬래그 시멘트(고로 시멘트)
② 플라이 애시 시멘트
③ 포졸란 시멘트(실리카 시멘트)

□□□ 89①, 01①, 04①, 05②, 08①, 23②

03 시멘트가 풍화되었을 때 나타나는 현상을 3가지만 쓰시오.

득점	배점
	3

① ______ ② ______ ③ ______

해답 ① 비중 저하
② 응결 지연
③ 강열감량 증가
④ 강도발현 저하

02 혼화재료(mineral admixture)

1 혼화재

■ 혼화재의 종류

기억해요
혼화재의 종류 3가지를 쓰시오.

혼화재	혼화제
① 플라이 애시(fly ash) ② 팽창재 ③ 고로슬래그 미분말 ④ 실리카 퓸(silica fume) ⑤ 착색재	① AE제 ② 경화촉진제 ③ 지연제(retarder) ④ 수축저감제 ⑤ 감수제(AE감수제)

(1) **혼화재** additive

포졸란 반응 규산물질인 포졸란 재료가 그 자신은 굳지 않지만 물의 존재에서 자극제와 반응하여 저용해도의 화합물을 생성하면서 굳어지는 현상

혼화재는 사용량이 시멘트 무게의 5% 이상으로 비교적 많아서 그 자체의 부피가 콘크리트의 배합계산에 관계되는 것이다.

① **플라이 애시**(fly ash) : 화력발전소에서 미분탄을 연소시킬 때 발생하는 재의 미분말을 집진기로 포집한 것으로 장기 강도증진, 수밀성, 내구성, 화학저항성의 항상, 단위수량의 저감, 워커빌리티의 개선효과가 있는 혼화재

② **팽창재** : 콘크리트 부재의 건조수축을 줄여 균열의 발생을 방지할 목적으로 사용한다.

③ **고로슬래그 미분말** : 제철소에서 선철을 만들 때 고로에서 부산물로 나오는 것으로 수화열 속도의 감소 및 콘크리트 온도상승 억제에 효과가 있다.

④ **실리카 퓸**(silica fume) : 금속 실리콘, 페로 실리콘 합금 등을 제조할 때 발생하는 폐가스 중에 포함되어 있는 SiO_2를 집진기로 모아서 얻어지는 초미립자의 산업부산물로서 매우 미세하고 결합성이 강해 고강도 콘크리트 제조에 사용된다.

(2) **혼화제** agent

AE제의 종류
• 음이온계 AE제
• 양이온계 AE제
• 비이온계 AE제

핵심용어
수축저감제

혼화제는 사용량이 시멘트 무게의 1% 이하로 적어서 콘크리트 배합계산에 무시되는 것이다.

① **AE제** : 독립된 미세한 연행공기(AE)를 만들어 콘크리트의 워커빌리티를 개선하고 동결융해 저항성을 현저히 증대시킨다.

② **지연제** : 콘크리트의 응결시간 지연, 서중콘크리트 타설시, 워커빌리티 저하시 사용된다.

③ **수축저감제** : concrete에 있어 균열의 감소와 방지, 충진성의 향상, 박리방지 등을 주목적으로 사용한다.

④ **경화촉진제** : 한중콘크리트, 급속을 요하는 구조물 등에서 경화를 촉진시키기 위해 염화칼슘, 규산나트륨 등을 사용한다.

- 염화칼슘($CaCl_2$) : 경화촉진제로서 한중콘크리트에 사용하는 것으로, 조기발열의 증가, 동결온도의 저하 및 조기강도의 증대를 촉진시킴으로써 콘크리트의 보호기간을 단축하여 거푸집의 제거시간을 앞당기는 장점이 있으나 내구성이 떨어지고 철근을 부식시키는 단점이 있는 촉진제
- 규산나트륨 : 응결단축, 내수성, 마모저항을 크게 하고 시멘트량의 3% 사용시 효과가 증대된다.

⑤ **감수제** : 시멘트 입자를 분산시킴으로써 콘크리트의 소요의 워커빌리티를 얻는 데 필요한 단위수량을 감소시킬 목적으로 사용된다.

2 혼화재를 사용한 콘크리트

(1) 플라이 애시를 사용한 콘크리트의 성질

① 유동성 향상
② 장기강도 향상
③ 수화열의 감소
④ 알칼리 골재반응의 억제
⑤ 황산염에 대한 저항성
⑥ 콘크리트 수밀성의 향상

기억해요
플라이 애시를 사용한 콘크리트의 성질 중 장점 3가지 쓰시오.

(2) AE제를 사용한 콘크리트의 성질

① 워커빌리티가 좋아진다.
② 블리딩 등의 재료분리를 작게 한다.
③ 사용수량은 15% 정도 감소시킬 수 있다.
④ 발열증발이 적고 수축균열이 적게 일어난다.
⑤ 골재의 알칼리 반응이 감소한다.
⑥ 동결융해에 대한 저항성이 크다.

AE제 공기연행제라 하며, 미소하고 독립된 수없이 많은 기포를 발생시켜 이를 콘크리트 중에 고르게 분포시키기 위하여 사용되는 혼화제

플라이 애시 사용상 주의점
- 초기양생의 중요성
- 연행공기량의 감소
- 응결시간의 지연
- 플라이 애시의 고결

(3) 염화칼슘를 혼합한 콘크리트의 성질

① 마모에 대한 저항성 증대
② 건습에 의한 팽창 수축 증대
③ 유산염에 대한 저항성 감소
④ 알칼리 골재반응을 촉진
⑤ 응결이 촉진되고 슬럼프치가 감소

| 혼화재료(mineral admixture) |

02 핵심 기출문제

□□□ 12①, 22①

01 Concrete 배합에 사용되는 혼화재료는 혼화제와 혼화재로 구분된다. 혼화재의 종류를 3가지만 쓰시오.

득점	배점
	3

① ______ ② ______ ③ ______

해답 ① 플라이 애시 ② 팽창재 ③ 고로슬래그 미분말 ④ 실리카 퓸

□□□ 96①, 09①

02 Fly ash를 사용한 concrete의 성질 중 장점을 3가지만 쓰시오.

득점	배점
	3

① ______ ② ______ ③ ______

해답 ① 유동성의 향상
② 장기강도의 향상
③ 콘크리트의 수밀성 향상
④ 알칼리 골재반응의 억제
⑤ 수화열의 감소
⑥ 황산염에 대한 저항성

□□□ 96④, 01④

03 Concrete에 있어 균열의 감소와 방지, 충진성의 향상, 박리 방지 등을 주목적으로 사용하는 혼화제를 무엇이라고 하는가?

득점	배점
	3

○

해답 수축저감제

03 골재(aggregate)

1 골재의 함수상태

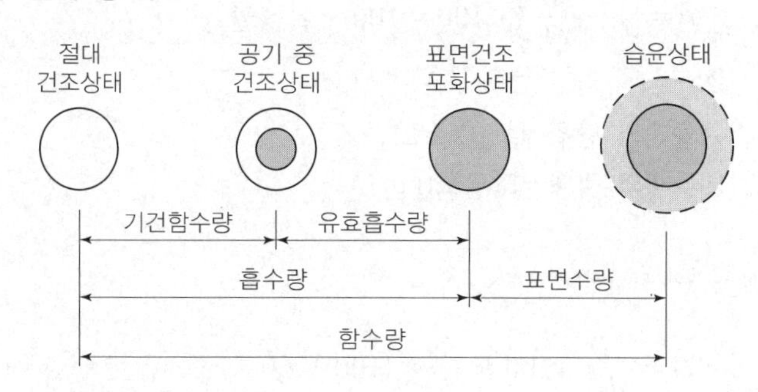

기억해요
골재의 함수상태의 각 명칭을 적어 넣으시오.

(1) 골재의 함수상태

① 골재의 습윤상태 : 골재입자의 내부에 물이 채워져 있고, 표면에도 물이 부착되어 있는 상태이다.

② 골재의 표면건조 포화상태 : 골재알의 표면에는 표면수가 없고, 골재알 속의 빈틈만 물로 차 있는 상태이다.

③ 골재의 공기 중 건조상태 : 골재알 속의 빈틈 일부만 물로 차 있는 상태로 기건상태라고도 한다.

④ 골재의 절대건조 상태 : 건조로에서 105±5℃의 온도로 질량이 일정하게 될 때까지 완전히 건조시킨 상태로 절건상태라고도 한다.

*굵은골재
- 5mm체에 거의 다 남는 골재
- 5mm에 다 남는 골재

*잔골재
- 10mm체를 전부 통과하고 5mm체를 거의 다 통과하며 0.08mm체에 거의 다 남는 골재
- 5mm체를 다 통과하고, 0.08mm체에 다 남는 골재

(2) 골재의 수량상태

① 함수율$=\dfrac{\text{습윤상태의 중량}-\text{절대건조상태의 중량}}{\text{절대건조상태의 중량}}\times 100$

② 흡수율$=\dfrac{\text{표면건조 포화상태의 중량}-\text{절대건조상태의 중량}}{\text{절대건조상태의 질량}}\times 100$

③ 유효흡수율$=\dfrac{\text{표면건조 포화상태의 중량}-\text{공기중 건조상태의 중량}}{\text{절대건조상태의 중량}}\times 100$

④ 표면수율$=\dfrac{\text{습윤상태의 중량}-\text{표면건조 포화상태의 질량}}{\text{표면건조 포화상태의 질량}}\times 100$

⑤ 골재의 유효흡수율 : 골재가 표면건조 포화상태가 될 때까지 흡수하는 수량의 절대건조상태의 골재질량에 대한 백분율

⑥ 골재의 흡수율 : 표면건조 포화상태의 골재에 함유되어 있는 전체 수량의 절건상태 골재질량에 대한 백분율

핵심용어
절대건조상태=노건조상태

공극률(빈틈률) 골재의 단위용적 중의 공극의 비율을 백분율로 나타낸 것

골재의 실적률 용기에 채운 절대골재 용적의 그 용기용적에 대한 백분율로, 단위질량을 밀도로 나눈 값의 백분율

2 공극률과 실적률

(1) **공극률** 빈틈률 percentage of voids

$$\nu = \left(1 - \frac{M}{G_s}\right) \times 100 = 100 - 실적률$$

여기서, M : 골재의 단위 질량(kg/L)

G_s : 골재의 절대건조밀도(kg/L)

(2) **실적률** solid volume percentage

$$G = \frac{T}{d_D} \times 100 = \frac{T}{d_s} \times (100 + Q)$$

여기서, G : 골재의 실적률(%)

T : 단위용적질량(kg/L)

d_D : 골재의 절건밀도(kg/L)

d_S : 골재의 표건밀도(kg/L)

Q : 골재의 흡수율(%)

3 굵은골재의 최대치수 maximum size of coarse aggregate

굵은골재의 최대치수란 질량비로 90% 이상을 통과시키는 체 중에서 최소치수인 체의 호칭치수로 나타낸 굵은골재의 치수를 말한다.

(1) **굵은골재의 최대치수**

콘크리트의 종류		굵은골재의 최대치수	
철근콘크리트	일반적인 경우	20mm 또는 25mm	1) 부재 최소치수의 1/5 이하 2) 철근 최소수평순간격의 3/4 이하
	단면이 큰 경우	40mm	
무근콘크리트		1) 40mm 2) 부재 최소치수의 1/4 이하	

(2) **굵은골재의 최대치수는 다음 값을 초과하지 않아야 한다.**

① 거푸집 양측 사이의 최소거리의 1/5

② 슬래브 두께의 1/3

③ 개별철근, 다발철근, 긴장재 또는 덕트 사이 최소순간격의 3/4

4 골재의 조립률 F.M(fineness modulus) of aggregate

(1) 75mm, 40mm, 20mm, 10mm, 5mm, 2.5mm, 1.2mm, 0.6mm, 0.3mm, 0.15mm의 10개 체를 사용한다.

(2) **통과율 계산방법**

① 잔류율$=\dfrac{\text{그 체의 잔류량}}{\sum \text{잔류량}}\times 100$

② 가적잔류율$=\sum$잔류율의 누계

③ 통과율$=100-$가적잔류율

(3) 조립률(F.M) $=\dfrac{\sum \text{각 체에 잔류한 중량백분율(\%)}}{100}$

(4) 잔류율, 가적잔류율, 가적통과률 계산 예

체번호	잔류량(g)	잔류율(%)	가적잔류율(%)	통과율(%)
75mm	0	0.0	0.0	100
40mm	160	8.0	8.0	92
20mm	330	16.5	24.5	75.5
13mm	380	19.0	43.5	56.5
10mm	420	21.0	64.5	35.5
5mm	510	25.5	90.0	10
2.5mm	200	10.0	100	0
1.2mm	0	0	100	0
0.6mm	0	0	100	0
0.3mm	0	0	100	0
0.15mm	0	0	100	0
PAN	0	0	–	–
계	2,000	100	730.5	

■ 조립률(F.M)$=\dfrac{0+8+24.5+64.5+90+100\times 5}{100}=6.87$

기억해요
조골재의 조립률을 계산하시오.

(5) **혼합골재의 조립률**

$$f_a=\frac{p}{p+q}f_s+\frac{q}{p+q}f_g$$

여기서, p : q : 잔골재와 굵은골재의 질량비

f_s : 잔골재 조립률

f_g : 굵은골재 조립률

기억해요
혼합조립률을 계산하시오.

5 알칼리 골재반응 alkali aggregate reaction

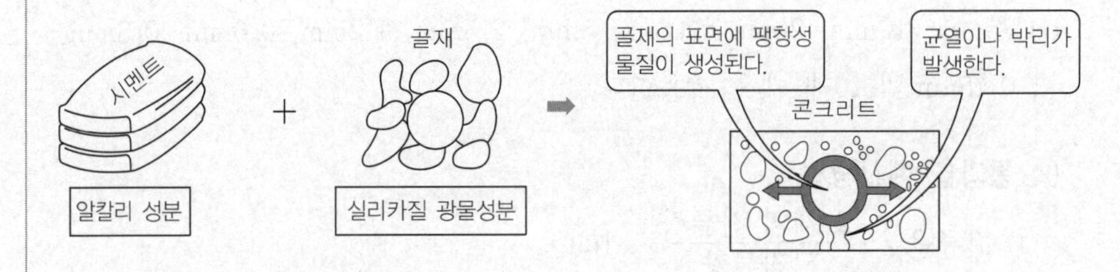

(1) 알칼리 골재반응의 정의

콘크리트 중의 알칼리와의 반응성을 가지는 골재가 시멘트, 그 밖의 알칼리와의 장기간에 걸쳐 반응하여 콘크리트에 팽창 균열, 박리 등을 일으키는 현상

(2) 총알칼리량

$$R_2O = Na_2O + 0.658K_2O$$

여기서, R_2O : 포틀랜드 시멘트 중의 전 알칼리의 질량(%)
Na_2O : 포틀랜드 시멘트(저알칼리형) 중의 산화나트륨의 질량(%)
K_2O : 포틀랜드 시멘트(저알칼리형) 중의 산화칼륨의 질량(%)

(3) 골재의 알칼리 잠재반응 시험방법

① 화학적 방법 : 화학적 시험은 비교적 신속히 결과를 얻을 수 있으나 실제적으로 해가 없는 골재가 유해로 판정되는 경우가 있다.
② 모르타르 봉 방법 : 실제적인 결과를 얻을 수 있으나 시험에 6개월 정도의 오랜 기간이 소요되는 결점이 있다.

(4) 알칼리 골재반응의 종류

① 알칼리 실리카 반응
② 알칼리 탄산염 반응
③ 알칼리 실리게이트 반응

(5) 알칼리 골재반응의 방지대책

① 반응성 골재를 사용하지 않을 것
② 콘크리리트의 치밀도를 증대할 것
③ 콘크리트의 시공시에 초기결함이 발생하지 않도록 할 것
④ 낮은 알칼리량의 시멘트를 사용할 것

| 골재 |

03 핵심 기출문제 □□□

□□□ 00①, 05②, 19①

01 다음 그림은 골재의 함수상태를 나타낸 그림이다. ( ) 안에 알맞은 말을 적어 넣으시오.

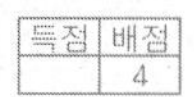

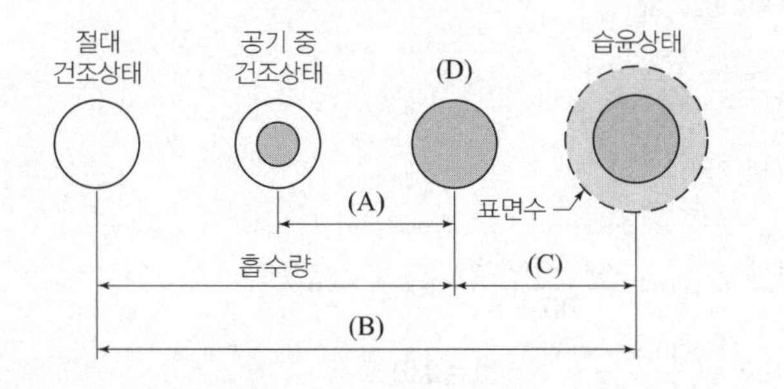

A :

B :

C :

D :

해답 A : 유효흡수량 B : 함수량 C : 표면수량 D : 표면건조 포화상태

□□□ 00①, 05②

02 조골재의 체가름시험 결과, 다음 표와 같은 결과를 얻었다. 이 조골재의 조립률을 계산하시오.

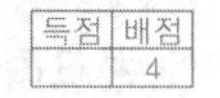

체의 공칭치수(mm)	40	30	25	20	15	10	5	2.5	1.2	0.6	0.3	0.15	pan
각 체에 남는 가적 중량 백분율	1	5	14	45	60	75	100	100	100	100	100	100	100

계산 과정) 답 : ____________

해답 $FM = \dfrac{0+1+45+75+100\times 6}{100} = \dfrac{721}{100} = 7.21$

(∵ FM체 : 75mm, 40mm, 20mm, 10mm, 5mm, 2.5mm, 1.2mm, 0.6mm, 0.3mm, 0.15mm, 10개의 체)

□□□ 08④

03 조립률 3.5인 잔골재와 8.0인 굵은골재를 중량비 1 : 2의 비율로 혼합할 때의 조립률을 구하시오.

계산 과정) 답 : ____________

해답 $f_a = \dfrac{p}{p+q} f_s + \dfrac{q}{p+q} f_g$

$= \dfrac{1}{1+2} \times 3.5 + \dfrac{2}{1+2} \times 8.0 = 6.5$

□□□ 20④

04 골재를 각 상태에서 계량한 결과가 아래와 같을 때 이 골재의 유효흡수율과 표면수율을 구하시오.

득점	배점
	4

• 노건조 상태 : 767.5g • 공기 중 건조 상태 : 769.2g
• 표면건조포화 상태 : 806g • 습윤 상태 : 830.3g

계산 과정)

【답】 유효흡수율 : ______________, 표면수율 : ______________

해답 • 유효 흡수율 $= \dfrac{\text{표면건조포화상태} - \text{공기중 건조상태}}{\text{노건조상태}} \times 100 = \dfrac{806 - 769.2}{767.5} \times 100 = 4.79\%$

• 표면 수율 $= \dfrac{\text{습윤 상태} - \text{표면 건조 포화 상태}}{\text{표면 건조 포화 상태}} \times 100 = \dfrac{830.3 - 806}{806} \times 100 = 3.01\%$

참고 흡수율$= \dfrac{\text{표면건조포화상태} - \text{노건조상태}}{\text{노건조상태}} \times 100 = \dfrac{806 - 767.5}{767.5} \times 100 = 5.02\%$

□□□ 예상문제

05 콘크리트 중의 알칼리와의 반응성을 가지는 골재가 시멘트, 그 밖의 알칼리와의 장기간에 걸쳐 반응하여 콘크리트에 팽창균열, 박리 등을 일으키는 현상에 대하여 아래의 물음에 답하시오.

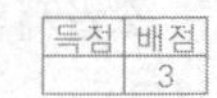

가. 이러한 현상을 무엇이라 하는가?

○

나. 이러한 현상의 종류를 3가지만 쓰시오.

①

②

③

다. Na_2O는 0.43%, K_2O는 0.4%일 때, 전 알칼리량을 구하시오.

계산 과정) 답 : ______________

해답 가. 알칼리 골재반응

나. ① 알칼리 실리카 반응
② 알칼리 탄산염 반응
③ 알칼리 실리게이트 반응

다. 전 알칼리량$= Na_2O + 0.658K_2O = 0.43 + 0.658 \times 0.4 = 0.69\%$

04 일반 콘크리트의 시공

1 콘크리트 시공

(1) 재료의 계량

① 재료의 계량은 현장배합에 의해 실시하는 것으로 한다.

② 각 재료는 1배치씩 질량으로 계량하여야 한다.

③ KCS 14 20 10 1회분의 계량 허용 오차

재료의 종류	측정단위	허용오차(%)
시멘트	질량 또는 부피	−1%, +2%
물	질량	−2%, +1%
혼화재	질량	±2
골재	질량 또는 부피	±3
혼화제	질량 또는 부피	±3

기억해요
재료의 1회 계량 허용오차의 범위는 얼마인가?

(2) 비비기

① 믹서의 종류

구분	가경식 믹서	강제식 믹서
방식	드럼이 회전	내부의 날개를 회전시킴
용도	① 큰 구조물 ② 된반죽의 콘크리트 ③ 콘크리트 포장 및 댐공사	① 된반죽의 콘크리트 ② 부배합(富配合) 콘크리트 ③ 경량골재 사용시

② 비비기는 미리 정해 둔 비비기 시간의 3배 이상 계속하지 않아야 한다.

③ 비비기 시간에 대한 시험을 실시하지 않는 경우

믹서 종류	시간
강제식 믹서	1분 이상
가경식 믹서	1분 30초 이상

기억해요
- 비비기는 미리 정해 둔 비비기 시간의 몇 배 이상 계속하지 않는가?
- 강제식 믹서의 경우, 최소 비비기 시간은 얼마인가?
- 가경식 믹서의 경우, 최소 비비기 시간은 얼마인가?

(3) 운반

① 운반시 고려사항

- 재료분리 방지
- 슬럼프 및 공기량의 감소 방지
- 신속하게 운반
- 즉시 타설하고, 충분히 다짐

② 콘크리트 운반방법

기계명	특징
버킷(bucket)	• 가장 많이 사용
트럭믹서 (truck mixer)	• 중거리 된반죽 • 포장 및 댐콘크리트 공사 • 철근, 무근 콘크리트 등 큰 용량에 사용
벨트 컨베이어 (belt conveyor)	• 연속적인 운반 가능 • 기상조건에 제약을 받음
슈트(chute)	• 반죽질기가 질 때 • 골재의 최대치수가 작을 때 • 경사슈트는 재료가 분리되기 쉽다.
콘크리트 펌프 (concrete pump)	• 사용이 대형이고 고층빌딩 공사 • 재료분리가 일어나지 않는다.

③ 콘크리트 펌프

■ 콘크리트 펌프의 장단점

장점	• 기동성이 좋고 현장 사이의 이동이 용이하다. • 재료분리가 잘 안 되고 콘크리트 손실이 적다. • 협소한 장소, 복잡한 장소에 타설이 가능하다. • 기상조건 및 작업조건에 영향을 적게 받는다.
단점	• 관이 막히면 시공능률이 재하된다. • 관의 폐쇄가 우려된다. • 압송거리, 압송높이에 한계가 있다. • 타설중단 또는 정전시 관 내부의 청소가 곤란하다.

④ 압송성(Pumpability) 향상을 위한 방안

펌퍼빌리티가 좋은 굳지 않은 콘크리트란 직선관속을 활동하는 유동성, 곡관이나 테이퍼관을 통과할 때의 변형성, 관 내 압력이 시간적 위치적 변동에 대한 분리저항성의 3가지 성질을 균형 있게 유지하는 것이다.

펌퍼빌리티(pumpability)
펌프에 의한 운반을 실시하는 경우 콘크리트의 압송성

■ 콘크리트 배합설계시

• 슬럼프값은 100 ~ 180mm 이상
• 단위시멘트량은 250kg/m^3 이상
• 잔골재율은 35 ~ 80%
• 굵은골재의 최대치수는 25mm 이하

기억해요
압송성 향상을 위한 방안을 3가지 쓰시오.

■ 시공시 유의사항
- 수송관 배관시 굴곡을 적게 배관
- 서중 한중시 수송관 보온단열덮개 설치
- 사용 전후 청소 철저
- 수송관 이음부분 확인 철저
- 수송관 일정 간격으로 air comperssor의 공기주입구 설치하여 압송 불능시 대처

④ 비비기로부터 타설이 끝날 때까지의 시간

외기온도	시간
25℃ 이상	1.5시간을 넘지 않을 것
25℃ 미만	2시간을 넘지 않을 것

(4) 타설

① 타설한 콘크리트는 거푸집 안에서 횡방향으로 이동시키지 않아야 한다.
② 한 구획 내의 콘크리트는 타설이 완료될 때까지 연속해서 타설하여야 한다.
③ 한 구획 내에서는 거의 수평이 되도록 타설하는 것을 원칙으로 한다.
④ 철근 및 매설물의 배치나 거푸집이 변형 및 손상되지 않도록 주의하여야 한다.
⑤ 2개층 이상 콘크리트를 타설할 경우 허용이어치기 시간간격의 표준

외기온도	허용 이어치기 시간간격
25℃ 초과	2.0시간
25℃ 이하	2.5시간

⑥ 슈트, 펌프배관, 버킷, 호퍼 등의 배출구와 타설면까지의 높이는 1.5m 이하를 원칙으로 한다.
⑦ 벽 또는 기둥 등의 타설속도는 일반적으로 30분에 1~1.5m 정도로 하는 것이 적당하다.

(5) 콘크리트 다짐방법

① 봉다짐 : 묽은 반죽 콘크리트에 사용하며 가벼운 공구로 많은 횟수로 다지는 것이 효과적
② 진동다짐 : 콘크리트가 거푸집 구석까지 들어가 조밀한 콘크리트를 만들기 위해서 사용

기억해요
- 외기온도가 25℃를 초과하는 경우 허용 이어치기 시간간격의 표준을 쓰시오.
- 외기온도가 25℃ 이하인 경우 허용 이어치기 시간간격의 표준을 쓰시오.

허용 이어치기 시간 간격
하층 콘크리트 비비기 시작에서부터 하층 콘크리트 타설을 완료한 후, 정치시간을 포함하여 상층 콘크리트가 타설되기까지의 시간

- 내부진동기 : 매스콘크리트, 무근콘크리트, 된반죽이고 단면이 큰 경우에 사용
- 외부진동기 : 얇은 벽이나 내부진동기를 사용할 수 없는 경우에 거푸집에 진동을 주는 데 사용

③ 거푸집을 두드리는 법 : 콘크리트를 친 직후에 거푸집의 외측을 가볍게 두드리는 것으로 거푸집 구석구석까지 콘크리트가 잘 채워지도록 하는 방법

④ 원심력 다짐 : 원심력을 이용한 원통형으로 고강도 제품에 주로 사용

⑤ 가압 다짐 : 고강도 제품에 주로 사용

(6) 내부진동기의 사용방법

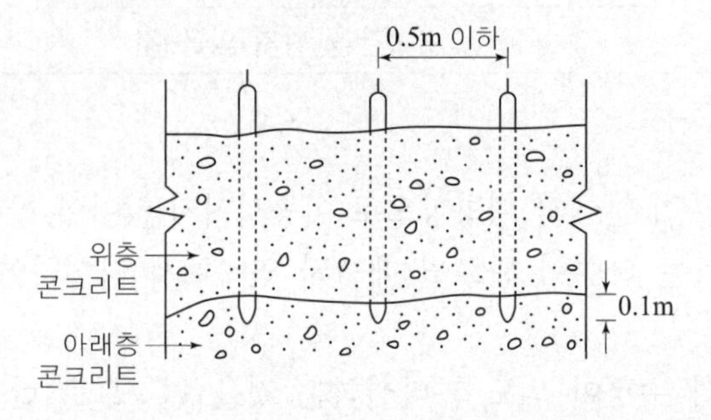

① 내부진동기를 하층의 콘크리트 속으로 0.1m 정도 찔러 넣는다.

② 삽입간격은 일반적으로 0.5m 이하로 하는 것이 좋다.

③ 1개소당 진동시간은 5~15초로 한다.

④ 내부진동기는 콘크리트로부터 천천히 빼내어 구멍이 남지 않도록 한다.

⑤ 내부진동기는 콘크리트를 횡방향으로 이동시킬 목적으로 사용하지 않아야 한다.

(7) 양생 curing

콘크리트 치기를 끝내면 건조수축에 의한 균열이 생기지 않고 충분히 경화되도록 일정한 기간 적당한 온도와 습도를 유지시켜 보존시키는 작업을 양생이라고 한다.

기억해요
- 양생방법의 종류명을 4가지로 쓰시오.
- 보통포틀랜드 시멘트를 사용한 경우로서 일평균기온에 따른 습윤상태 보호기간의 표준일수를 쓰시오.

① **습윤양생**(moist curing)
- 정의 : 콘크리트를 친 후 일정 기간을 습윤상태로 유지시키는 양생
- 습윤양생의 기본 : 수중, 담수, 살수, 젖은 포(양생매트, 가마니), 젖은 잔골재

• 습윤양생기간의 표준

일평균기온	보통포틀랜드 시멘트	고로슬래그 시멘트 2종 플라이 애시 시멘트 2종	조강포틀랜드 시멘트
15℃ 이상	5일	7일	3일
10℃ 이상	7일	9일	4일
5℃ 이상	9일	12일	5일

② **막양생**(피복양생, membrane curing)
- 정의 : 콘크리트 표면에 막양생제를 도포하여 콘크리트 표면에 피막을 형성시켜 물의 증발을 억제하는 양생방법
- 막(膜)양생제 : 비닐유제, 플라스틱 시트, 아스팔트 유제, 방수지
- 용도 : 터널 라이닝이나 포장콘크리트에 이용

③ **증기양생**(steam curing) : 콘크리트 공장제품 제조시에 사용하며, 단기간에 높은 강도를 얻기 위하여 고온, 고습 또는 고압의 증기로 양생하는 방법

■ 증기양생의 4단계 cycle
- 1단계 : 전(前)양생기간(1 ~ 4시간)-거푸집과 함께 증기양생실에 넣어 양생실의 온도를 균일하게 유지(20℃)
- 2단계 : 온도상승기간(3 ~ 4시간)-비빈 후 3 ~ 4시간 후부터 정기양생실 실시(22 ~ 33℃)
- 3단계 : 등온양생기간(3시간)-최고기온 66 ~ 82℃
- 4단계 : 온도강하기간(3 ~ 7시간)

④ **전기양생**(electric curing) : 한중콘크리트에서 콘크리트 속에 전류를 송전하여 전기저항에 의해 열을 발생시키는 양생

⑤ **고압증기양생**(autoclave curing) : 양생온도 180℃ 정도, 증기압 0.8MPa 정도의 고온고압상태에서 양생하는 방법

⑥ **촉진양생**(accelerated curing)
- 정의 : 콘크리트의 경화나 강도 발현을 촉진하기 위해 실시하는 양생방법
- 종류 : 증기양생, 오토클레이브 양생, 온수양생, 전기양생, 적외선 양생, 고주파 양생

기억해요
촉진양생방법을 3가지 쓰시오.

(8) 이음 joint

① 시공이음(construction joint)
- 설치위치 : 전단력이 적은 위치, 부재의 압축력이 작용하는 방향과 직각
- 전단력이 큰 위치에 부득이하게 시공이음을 설치하는 경우 : 장부(요철)를 만드는 방법, 홈을 만드는 방법, 철근으로 보강하는 방법

기억해요
시공이음의 설치위치를 쓰시오.

• 시공이음의 설치위치

시공이음	설치위치
바닥틀과 일체로 된 기둥, 벽의 시공이음	바닥틀과의 경계부근에 설치
바닥틀의 시공이음	슬래브 또는 보의 경간 중앙부 부근에 설치
아치의 시공이음	아치축에 직각방향이 되도록 설치

■ 역방향 타설 콘크리트의 시공
• 직접법 : 구콘크리트면을 경사지게 타설을 중지하여 신콘크리트의 기포와 블리딩수가 배출되기 쉽도록 한 것
• 충전법 : 신콘크리트를 이음면보다 아래에서 타설을 중지하여 그 사이에 팽창계의 모르타르를 충진시키는 방법
• 주입법 : 구콘크리트에 주입관을 붙여 두고 팽창성의 시멘트풀 등을 주입하는 방법

기억해요
연직시공이음부의 거푸집 제거 시간을 쓰시오.

② 연직시공이음
• 연직시공이음부의 거푸집 제거시기

계절	시간(콘크리트 타설 후)
여름	4 ~ 6시간
겨울	10 ~ 15시간

③ 신축이음(expansion joint) : 온도변화, 건조수축, 기초의 부등침하 등에서 생기는 균열을 방지하기 위하여 콘크리트 구조물에 설치하는 이음
• 지수판 이음에는 필요에 따라 이음재, 지수판 등을 배치
• 지수판 재료 : 동판, 스테인레스판, 염화비닐수지, 고무제품

④ 균열유발이음 : 콘크리트 구조물은 온도변화, 건조수축 등에 의해서 균열이 발생되기 쉽다. 이러한 이유로 균열을 정해진 장소에 집중시킬 목적으로 단면 결손부를 설치이음
• 균열유발 이음이 간격 : 부재높이의 1배 이상에서 2배 이내 정도
• 단면의 결손율 : 20%를 약간 넘을 정도
• 이음부의 철근부식을 방지 : 에폭시 도포

⑤ 콜드조인트(cold joint) : 먼저 타설된 콘크리트와 나중에 타설되는 콘크리트 사이에 완전히 일체화가 되어 있지 않음에 따라 발생하는 이음

(9) 표면 마무리

① 콘크리트 마무리의 평탄성

콘크리트면의 마무리	평탄성
• 마무리 두께 7mm 이상 또는 바탕의 영향을 많이 받지 않는 마무리의 경우	1m당 10mm 이하
• 마무리 두께 7mm 이하 또는 양호한 평탄함이 필요한 경우	3m당 10mm 이하
• 제물치장 마무리 또는 마무리 두께가 얇은 경우	3m당 7mm 이하

2 거푸집 및 동바리

(1) 거푸집 및 동바리에 고려되는 하중

① 연직방향 하중 : 고정하중, 활하중
② 횡방향 하중 : 작업시의 진동, 충격, 풍하중
③ 콘크리트 측압 : 거푸집 설계에 고려하는 굳지 않은 콘크리트의 측압
④ 특수하중 : 비대칭 콘크리트의 편심하중

(2) 거푸집널의 해체시기

① 콘크리트의 압축강도를 시험할 경우 거푸집널의 해체시기

기억해요
거푸집널의 해체시기를 결정할 때 콘크리트의 압축강도기준을 쓰시오.

부재		콘크리트의 압축강도(f_{cu})
기초, 보, 기둥, 벽 등의 측면		5MPa 이상
슬래브 및 보의 밑면, 아치 내면	단층구조인 경우	설계기준압축강도의 2/3배 이상 또는 최소 14MPa 이상
	다층구조인 경우	설계기준 압축강도 이상 (필러 동바리 구조를 이용할 경우는 구조계산에 의해 기간을 단축할 수 있음. 단, 이 경우라도 최소강도는 14MPa 이상으로 함)

② 콘크리트의 압축강도를 시험하지 않을 경우 거푸집널의 해체시기(기초, 보, 기둥 및 벽의 측면)

시멘트의 종류 / 평균기온	조강 포틀랜드 시멘트	보통포틀랜드 시멘트 고로슬래그 시멘트(1종) 포틀랜드포졸란 시멘트(1종) 플라이 애시시멘트(1종)	고로슬래그 시멘트(2종) 포틀랜드 포졸란 시멘트(2종) 플라이 애시 시멘트(2종)
20℃ 이상	2일	4일	5일
20℃ 미만 10℃ 이상	3일	6일	8일

(3) 거푸집 존치기간의 대체적인 표준

부재의 종류 / 시멘트의 종류	부재 측면의 거푸집(일)	부재 저면의 거푸집(일)	지간이 6m 미만의 아치의 중앙(일)	기간이 6m 이상인 아치의 중앙(일)
보통포틀랜드 시멘트	4	7	10 ~ 15	14 ~ 21
조강포틀랜드 시멘트	2	4	7 ~ 10	8 ~ 14

(4) 거푸집 측압의 영향 요인

기억해요
굳지 않은 콘크리트의 측압을 고려해야 하는데 측압에 영향을 미치는 인자 4가지를 쓰시오.

① 콘크리트 배합 : 슬럼프가 클수록 측압이 크다.
② 콘크리트의 타설속도 : 속도가 빠를수록 측압이 크다.
③ 콘크리트의 타설높이 : 타설높이가 높을수록 측압이 크다.
④ 콘크리트의 온도 : 온도가 높으면 경화가 빠르므로 측압이 작아진다.
⑤ 다짐과다 : 다짐이 많을수록 측압이 크다.
⑥ 콘크리트의 반죽질기 : 묽은 콘크리트일수록 측압이 크다.

(5) 특수 거푸집 공법

*slip form공법의 주요부품
- 멍에(yoke)
- 거푸집널(form)
- 띠장(wale)
- 작업발판(Jack)

특수 거푸집(KCS 14 20 12)
- 슬립폼
- 클라이밍폼
- 태형패널 거푸집

① sliding form 공법 : 콘크리트를 연속적으로 칠 경우에 쓰이는 거푸집으로 콘크리트를 타설하면서 연직방향이나 또는 수평방향으로 연속적으로 이동하면서 사용하는 이동거푸집
② travelling form 공법 : 터널의 복공에 사용하는 철재의 거푸집으로 그 자체에 운반용 가대를 가지고 있어서 이동이 쉽도록 설계
③ slip form 공법 : 거푸집을 일단 조립하면 콘크리트 타설작업이 완료될 때까지 거푸집을 해체하지 않고 상향이나 수평으로 그대로 이동시켜 재타설 할 수 있고 사일로, 교각 타워 등에 이용하는 강제거푸집
④ side form 공법 : 소정 두께의 콘크리트판을 시공하는 공법으로 콘크리트 포장에 이용

3 콘크리트 품질관리

(1) 콘크리트의 시공 품질검사 항목

콘크리트의 타설검사	콘크리트의 양생검사	콘크리트의 표면상태 검사
① 타설장비 및 인원 배치 ② 타설방법 ③ 타설량	① 양생설비 및 인원 배치 ② 양생방법 ③ 양생기간	① 노출면의 상태 ② 균열 ③ 시공이음

(2) 콘크리트 공사 중 검사시험 항목

구분	시험 항목
공사 개시 전 검사시험	① 시멘트 시험(비중, 분말도) ② 유해물 함유량 시험 ③ 골재시험(체가름, 비중, 안정성, 마모성)
공사 중 검사시험	① 슬럼프시험 ② 공기량 시험 ③ 콘크리트 압축강도시험 ④ 콘크리트의 단위용적 중량시험
공사 종료 후 검사시험	① 콘크리트의 비파괴시험 ② 구조물에서 절취한 콘크리트 공시체에 대한 시험 ③ 구조물의 재하시험

(3) 콘크리트 비파괴시험

평가항목	시험법
콘크리트 강도 평가	① 반발경도법 ② 초음파속도법 ③ 조합법 ④ 코어강도시험 ⑤ 인발법
콘크리트에 발생 균열깊이 평가	① T법 ② Tc-To법 ③ BS법
철근배근 조사	① 전자유도법 ② 전자파 레이더법
철근부식 평가	① 자연전위법 ② 분극저항법 ③ 전기저항법

(4) 콘크리트 비파괴시험의 종류

① **반발경도법**(슈미트 해머법) : 콘크리트의 표면경도를 측정한 값으로부터 압축강도를 판정하는 검사방법으로 슈미트 해머(Schmidt Hammer)법이 가장 널리 사용된다.

- 슈미트 해머 : 콘크리트 또는 암석 등의 대략적인 압축강도를 알기 위하여 표면에 타격 후 그 반발값으로 압축강도를 측정하는 비파괴시험기

② **초음파속도법** : 주로 물체 내를 전파하는 초음파의 전파속도를 측정하여 해당 물체의 강도나 균열깊이, 내부결함 등에 관한 정보를 얻을 수 있는 비파괴시험이다.

③ **음향방출법**(AE법 : acoustic emission method)은 콘크리트 결함 평가방법으로 결함부위에서 방출되는 에너지 중 청각적인 효과를 평가하여 콘크리트 내부결함을 측정하는 비파괴시험이다.

핵심용어
음향방출법

④ **전자파 레이더법** : 콘크리트구조물 내의 매설물 및 콘크리트 부재두께, 공동 등을 조사하는 방법 중 하나로서 취급이 간단하면서 단시간에 광범위한 조사가 가능하다.

| 일반 콘크리트의 시공 |

04 핵심 기출문제 □□□

□□□ 00⑤

01 현장배합시 콘크리트 각 재료의 1회 계량 허용오차의 범위는 얼마인가?
(단, KCS 14 20 10 1회분의 계량 허용오차 기준)

득점 | 배점 3

재료	1회 계량의 허용오차(%)
시멘트	
골재	
물	
혼화재	
혼화제	

해답

재료	1회 계량의 허용오차(%)
시멘트	−1%, +2%
골재	±3
물	−2%, +1%
혼화재	±2
혼화제	±3

□□□ 06④, 11①

02 콘크리트를 2층 이상으로 나누어 타설할 경우, 상층의 콘크리트 타설은 원칙적으로 하층의 콘크리트가 굳기 시작하기 전에 해야 하며, 상층과 하층이 일체가 되도록 시공하여야 한다. 이러한 시공을 위하여 콘크리트 이어치기 허용시간 간격의 기준을 정하고 있는데, 아래의 각 경우에 대한 답을 쓰시오.

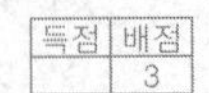

가. 외기온도가 25℃를 초과하는 경우, 허용 이어치기 시간간격의 표준을 쓰시오.

○

나. 외기온도가 25℃ 이하인 경우, 허용 이어치기 시간간격의 표준을 쓰시오.

○

해답 가. 2시간
나. 2.5시간

□□□ 06①②

03 콘크리트의 포장공사에 사용되는 콘크리트 재료의 계량오차 허용범위는 몇 %씩인가?
(단, KCS 14 20 10 1회 계량분에 대한 계량오차 기준)

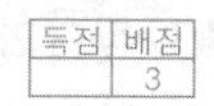

재료의 종류	허용오차(%)
시멘트	①
골재	②
혼화제	③

해답 ① −1%, +2% ② ±3, ③ ±3

□□□ 11②

04 콘크리트의 비비기에 대한 아래의 물음에 답하시오.

가. 콘크리트 비비기는 미리 정해 둔 비비기 시간의 몇 배 이상 계속하지 않아야 하는가?
o

나. 비비기 시간은 시험에 의해 정하는 것을 원칙으로 한다. 비비기 시간에 대한 시험을 실시하지 않은 경우, 그 최소시간의 표준을 아래의 각 경우에 대해 답하시오.

① 가경식 믹서를 사용할 때 :

② 강제식 믹서를 사용할 때 :

해답 가. 3배
나. ① 1분 30초 이상
② 1분 이상

□□□ 04④

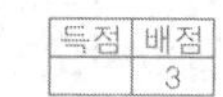

05 최근 들어 구조물이 대형화되고 치기높이가 높아짐에 따라 콘크리트 펌프를 사용하여 콘크리트를 치는 경우가 많다. 그러나 압송관이 막혀 공사가 중단되는 사례가 발생하기도 한다. 압송성(Pumpability) 향상을 위한 방안을 3가지만 기술하시오.

① ______ ② ______ ③ ______

해답 ① 수송관 배관시 굴곡을 적게 배관
② 서중 한중시 수송관 보온단열덮개 설치
③ 사용 전후 청소 철저
④ 수송관 이음부분 확인 철저
⑤ 수송관 일정 간격으로 air compressor의 공기주입구 설치하여 압송 불능시 대처

□□□ 07②

06 콘크리트 다지기에는 내부진동기의 사용을 원칙으로 하고 있다. 내부진동기 사용방법의 표준에 대한 아래의 설명에서 (   ) 안을 채우시오.

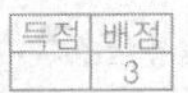

가. 진동다지기를 할 때에는 내부진동기를 하층의 콘크리트 속으로 (   )m 정도 찔러 넣는다.

나. 내부진동기는 연직으로 찔러 넣으며, 그 간격은 진동이 유효하다고 인정되는 범위의 지름 이하로 일정한 간격으로 한다. 삽입간격은 일반적으로 (   )m 이하로서 하는 것이 좋다.

다. 1개소당 진동시간은 (   )초로 한다.

해답 가. 0.1   나. 0.5   다. 5~15

□□□ 12①

07 일반 콘크리트의 시공에 관한 아래의 각 경우에 대한 답을 쓰시오.

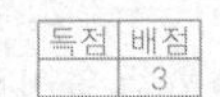

> 콘크리트는 신속하게 운반하여 즉시 치고 다져야하고, 충분히 다져야 한다. 비비기로부터 타설이 끝날 때까지의 시간은 원칙적으로 외기온도가 25℃ 이상일 때는 (①)시간, 25℃ 미만일 때에는 (②)시간을 넘어서는 안 된다.

① ____________________ ② ____________________

해답 ① 1.5   ② 2

□□□ 84①, 08①, 10①

08 콘크리트 양생에서 강도증진을 위해서는 될 수 있는 대로 오랫동안 습윤상태로 유지하는 것이 좋다. 그러나 장시간 습윤양생하는 것은 시공상 곤란하고 또 비경제적이므로, 콘크리트 표준시방서에서 습윤양생기간의 표준을 규정하고 있다. 보통포틀랜드 시멘트를 사용한 일반 콘크리트의 경우 일평균기온에 따른 습윤양생기간의 표준은 몇 일인지 아래의 경우에 대해 답하시오.

① 일평균기온이 15℃ 이상인 경우 :

② 일평균기온이 10℃ 이상 15℃ 미만인 경우 :

③ 일평균기온이 5℃ 이상 10℃ 미만인 경우 :

해답 ① 5일   ② 7일   ③ 9일

□□□ 12④

09 콘크리트 시공에서 시공이음면의 거푸집 철거는 콘크리트가 굳은 후 되도록 빠른 시기에 하여야 한다. 일반적인 연직시공이음부의 거푸집 제거시기에 대한 아래의 물음에 답하시오.

득점	배점
	4

가. 여름의 경우 콘크리트를 타설하고 난 후 몇 시간 정도에 연직시공이음부의 거푸집을 제거하여야 하는지 그 범위를 쓰시오.

○

나. 겨울의 경우 콘크리트를 타설하고 난 후 몇 시간 정도에 연직시공이부의 거푸집을 제거하여야 하는지 그 범위를 쓰시오.

○

해답 가. 4～6시간　　나. 10～15시간

□□□ 92①, 05④

10 다음 용어를 간단히 설명하시오.

득점	배점
	3

○ cold joint

해답 먼저 타설된 콘크리트와 나중에 타설되는 콘크리트 사이에 완전히 일체화가 되어 있지 않은 이음부위

□□□ 00③

11 콘크리트 치기를 끝내면 건조수축에 의한 균열이 생기지 않고 충분히 경화되도록 일정한 기간 적당한 온도와 습도를 유지시켜 보존시키는 작업을 양생이라 한다. 일반적으로 많이 쓰이는 양생방법의 종류명을 4가지만 쓰시오.

득점	배점
	3

① ________ ② ________ ③ ________ ④ ________

해답 ① 습윤양생　② 증기양생　③ 막양생　④ 전기양생

□□□ 13①, 16②, 17②, 18②

12 콘크리트의 경화나 강도발현을 촉진하기 위해 실시하는 양생을 촉진양생이라고 한다. 이러한 촉진양생법의 종류를 3가지만 쓰시오.

득점	배점
	3

① ________ ② ________ ③ ________

해답 ① 증기양생　② 오토클레이브 양생　③ 전기양생
④ 온수양생　⑤ 적외선 양생　⑥ 고주파 양생

□□□ 84①, 08①, 14①

13 콘크리트는 타설한 후 습윤상태로 노출면이 마르지 않도록 하여야 하며, 수분의 증발에 따라 살수를 하여 습윤상태로 보호하여야 한다. 보통포틀랜드 시멘트를 사용한 경우로서 일평균기온에 따른 습윤상태 보호기간의 표준일수를 쓰시오.

득점	배점
	3

① 일평균기온이 15℃ 이상인 경우 :

② 일평균기온이 10℃ 이상 15℃ 미만인 경우 :

③ 일평균기온이 5℃ 이상 10℃ 미만인 경우 :

해답 ① 5일 ② 7일 ③ 9일

□□□ 10①, 14②

14 콘크리트는 타설한 후 습윤상태로 노출면이 마르지 않도록 하여야 하며, 수분의 증발에 따라 살수를 하여 습윤상태로 보호하여야 한다. 일평균기온이 15℃ 이상일 때 사용 시멘트에 따른 습윤상태 보호기간의 표준일수를 쓰시오.

득점	배점
	3

① 보통포틀랜드 시멘트 :

② 고로슬래그 시멘트 :

③ 조강포틀랜드 시멘트 :

해답 ① 5일 ② 7일 ③ 3일

□□□ 16②, 21③

15 콘크리트 구조물에서 시공이음을 설치하고자 할 때 그 위치 또는 방향에 대해 아래의 각 물음에 답하시오.

득점	배점
	3

가. 바닥틀과 일체로 된 기둥 또는 벽의 시공이음 위치로 적합한 곳 :

나. 바닥틀의 시공이음 위치로 적합한 곳 :

다. 아치에 시공이음을 설치하고자 할 때 적합한 방향 :

해답 가. 바닥틀과 경계 부근에 설치
나. 슬래브 또는 보의 경간 중앙부 부근에 설치
다. 아치축에 직각방향이 되도록 설치

□□□ 03①

16 거푸집의 설계에는 굳지 않은 콘크리트의 측압을 고려해야 하는데 측압에 영향을 미치는 인자를 4가지만 쓰시오.

득점	배점
	3

① ______________ ② ______________

③ ______________ ④ ______________

해답 ① 콘크리트 배합　② 콘크리트의 타설속도
③ 콘크리트의 타설높이　④ 콘크리트의 온도
⑤ 다짐과다　⑥ 콘크리트의 반죽질기

□□□ 94④, 98④, 12②, 20②

17 콘크리트 압축강도를 시험하여 거푸집널의 해체시기를 결정하는 경우 그 기준을 나타내는 아래 표의 빈칸을 채우시오.

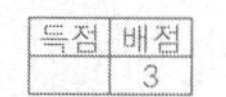

부재	콘크리트 압축강도(f_{cu})
기초, 보, 기둥, 벽 등의 측면	①
슬래브 및 보의 밑면, 아치 내면 (단층구조인 경우)	②

해답 ① 5MPa
② 14MPa 이상, 설계기준 압축강도의 $\frac{2}{3}$배 이상

□□□ 95④, 01①, 04②

18 최근 들어 토목구조물의 안전진단문제가 날로 심각해지고 있다. 이를 위한 검사 장비로서 구조물이 변형될 때 발생하는 자체의 음을 이용한 안전도를 추정하는 계측장비의 이름을 쓰시오.

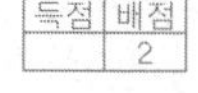

○

해답 음향방출법(AE법 : Acoustic Emission Method)

05 콘크리트의 성질

1 굳지 않은 콘크리트의 용어

(1) **반죽질기** consistency

주로 물의 양이 많고 적음에 따르는 반죽이 되고 진 정도를 나타내는 굳지 않은 콘크리트의 성질

(2) **워커빌리티** workability

반죽질기의 정도에 따르는 작업의 난이성 및 재료의 분리성 정도를 나타내는 굳지 않은 콘크리트의 성질

유동성(fluidity)
중력이나 밀도에 따라 유동하는 정도를 나타내는 굳지 않은 콘크리트의 성질

(3) **성형성** plasticity

거푸집에서 쉽게 다져 넣을 수 있고 거푸집을 제거하면 천천히 형상이 변하기는 하지만 허물어지거나 재료의 분리가 일어나는 일이 없는 정도의 굳지 않은 콘크리트의 성질

(4) **피니셔빌리티** finishability

굵은골재의 최대치수, 잔골재율, 잔골재의 입도, 반죽질기 등에 따르는 표면 마무리를 하기 쉬운 정도를 나타내는 굳지 않은 콘크리트의 성질

(5) **되비비기**

콘크리트 또는 몰탈이 엉기기 시작하였을 경우에 다시 비비는 작업

(6) **거듭비비기**

콘크리트 또는 몰탈이 엉기기 시작하지는 않았으나 비빈 후 상당한 시간이 지났거나 또는 재료가 분리한 경우에 다시 비비는 작업

2 워커빌리티 workability

(1) **워커빌리티 측정법**

기억해요
굳지 않은 콘크리트의 워커빌리티 측정방법을 3가지 쓰시오.

① **흐름시험**(flow test) : 콘크리트의 유동성을 측정하는 방법으로서 콘크리트에 상하운동을 주어 콘크리트가 흘러 퍼지는 데에 따라 변형저항을 측정하는 것이다.

② **구관입시험**(ball penetration test) : 켈리볼(Kelly ball) 시험이라고도 하며, 포장콘크리트와 같이 평면으로 타설된 콘크리트의 반죽질기를 측정하는 데 편리한 방법으로 측정한 값의 1.5 ~ 2배가 슬럼프값에 해당한다.

③ **슬럼프시험**(flow test) : 슬럼프 콘에 콘크리트를 3층으로 나누어 넣고, 각 층을 다짐대로 25번씩 다진 후, 슬럼프 콘을 빼올렸을 때 콘크리트가 무너져 내려앉은 값을 슬럼프값이라 한다.

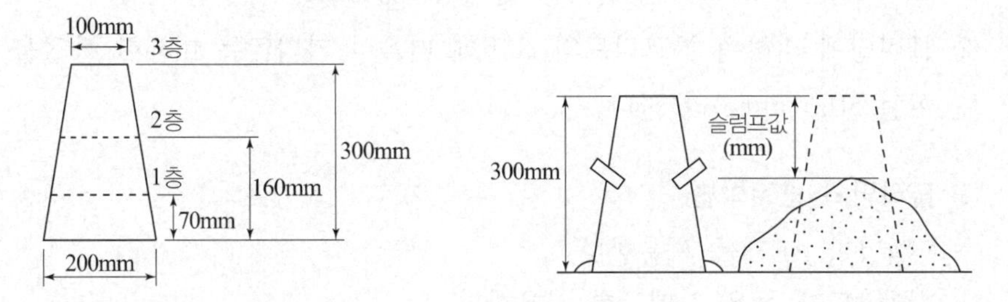

④ **리몰딩시험**(Remolding test) : 슬럼프 몰드 속에 콘크리트를 채우고 원판을 콘크리트면에 얹어 놓은 다음 흐름시험판에 약 6mm의 상하운동을 주면 콘크리트가 유동하여 내외의 간격을 통해 내륜의 외측으로 상승한다.

⑤ **비비시험**(Vee-Bee test) : 진동대 위의 원통용기에 슬럼프시험과 같은 조작으로 슬럼프시험을 한 후 투명 플라스틱 원판을 콘크리트 위에 놓고 진동을 주어 원판의 전면에 콘크리트가 완전히 접할 때까지의 시간을 초(sec)로 측정한다.

⑥ **다짐계수시험**(compacting factor test) : 높은 곳에서 콘크리트를 용기 속으로 떨어뜨려서 용기에 채워진 콘크리트의 무게를 측정하는 방법으로 슬럼프가 매우 작고 진동다짐을 실시하는 콘크리트에 유효한 시험방법이다.

(2) 워커빌리티에 영향을 끼치는 요소

① 시멘트 : 시멘트의 양이 많을수록, 분말도가 높을수록 워커빌리티가 좋다.
② 혼화재료 : 플라이 애시, 고로슬래그 미분말 등의 혼화재의 AE제, 감수제, AE감수제 등의 혼화제를 사용하면 워커빌리티가 좋아진다.
③ 골재 : 골재알의 모양이 둥글수록 워커빌리티가 좋아진다.
④ 물 : 워커빌리티에 가장 영향을 끼치는 것은 물이다.

(3) 워커빌리티를 좋게 하는 방법

① 단위수량을 크게 한다.
② 단위시멘트 사용량을 크게 한다.
③ 분말도가 큰 혼화재(플라이 애시)를 사용한다.
④ AE를 사용하여 공기를 연행시킨다.
⑤ 입형이 좋은 골재를 사용한다.
⑥ 비비기 시간을 충분히 한다.

3 블리딩과 레이턴스

(1) 콘크리트를 친 후 시멘트와 골재알이 가라앉으면서 물이 올라와 콘크리트의 표면에 떠오르는 현상을 블리딩(bleeding)이라 한다.

(2) 블리딩에 의하여 콘크리트의 표면에 떠올라 가라앉는 미세한 물질을 레이턴스(laitance)라 한다.

(3) 블리딩의 방지방법

① 적당한 AE제를 사용한다.
② 분말도가 높은 시멘트를 사용한다.
③ 단위시멘트량을 크게 한다.
④ 가능한 단위수량을 적게 한다.
⑤ 잔골재율을 크게 한다.

기억해요
- 블리딩의 방지법을 3가지 쓰시오.
- 블리딩현상이 콘크리트에 미치는 영향을 3가지 쓰시오.

(4) Bleeding 현상이 콘크리트에 미치는 영향

① 콘크리트 수밀성 저하
② 콘크리트 표면에 침하균열 발생
③ 철근과 콘크리트의 부착강도 저하
④ 콘크리트의 강도 저하

4 공기량

AE제, AE감수제 등에 의하여 콘크리트 속에 생긴 공기를 AE공기 또는 연행공기라 하며, 그 밖의 공기를 갇힌 공기라 한다.

(1) 공기량 시험

① 무게법 : 공기가 전혀 없는 것으로 하여 시방배합에서 계산한 콘크리트의 이론상 단위무게와 실측한 단위무게와의 차로서 공기량을 구하는 것이다.
② 부피법 : 콘크리트 속에 있는 공기를 물로 치환하여 공기량을 측정하는 것이다.
③ 공기실 압력법 : 워싱턴형 공기량 측정기를 사용하며, 공기실의 일정한 압력을 콘크리트에 주었을 때, 공기량으로 인하여 공기실의 압력이 떨어지는 것으로부터 공기량을 구한다.

(2) 공기량 계산

$$A = A_1 - G$$

여기서, A : 콘크리트의 공기량　　A_1 : 겉보기 공기량
　　　G : 골재의 수정계수

5 콘크리트 균열

(1) 콘크리트의 초기균열

concrete를 거푸집에 타설한 후부터 응결이 종결될 때까지에 발생하는 균열을 일반적으로 초기균열이라고 한다. 이러한 초기균열의 종류 4가지는 다음과 같다.

① **침하수축균열** : 콘크리트 타설 후 콘크리트의 표면 가까이에 있는 철근, 매설물 또는 입자가 큰 골재 등이 콘크리트의 침하를 국부적으로 방해하기 때문에 일어난다.

② **플라스틱수축균열** : 콘크리트 칠 때 또는 친 직후 표면에서의 급속한 수분의 증발로 인하여 수분이 증발되는 속도가 콘크리트 표면의 블리딩 속도보다 빨라질 때, 콘크리트 표면에 미세한 균열이 발생한다.

③ **거푸집 변형에 의한 균열** : 콘크리트의 응결, 경화 과정 중에 콘크리트의 측압에 따른 거푸집의 변형 등에 의해서 발생한다.

④ **진동 및 경미한 재하에 따른 균열** : 콘크리트 타설을 완료할 즈음에 인근에서 말뚝을 박거나 기계류 등의 진동이 원인이 되어 발생한다.

기억해요
초기균열의 종류를 3가지 쓰시오.

(2) 콘크리트 균열에 대한 보수 기법

① **에폭시 주입법** : 0.05mm 정도의 폭을 가진 균열에 에폭시를 주입함으로써 부착시키는 방법

② **봉합법** : 발생된 균열이 멈추어 있거나 구조적으로 중요하지 않은 경우 균열에 봉합재(sealant)를 넣어 보수하는 방법

③ **짜깁기법** : 균열의 양측에 어느 정도 간격을 두고 구멍을 뚫어 철쇠를 박아 넣는 방법

④ **보강철근 이용방법** : 교량 거더 등의 균열에 구멍을 뚫고 에폭시를 주입하며, 철근을 끼워 넣어 보강하는 방법

⑤ **그라우팅** : 콘크리트댐이나 두꺼운 콘크리트 벽체 등에서 발생하는 폭이 넓은 균열들을 시멘트 그라우트를 주입함으로써 보수하는 방법

⑥ **드라이패킹** : 물-시멘트비가 아주 작은 모르타르를 손으로 채워 넣는 방법으로 정지하고 있는 균열에 효과적인 기법

기억해요
콘크리트 균열에 대한 보수기법의 종류를 4가지 쓰시오.

(3) 균열의 보수·보강공법

① **표면처리공법(patching)** : 0.2mm 이하의 미세한 균열 위에 도막을 형성하여 방수성, 내구성을 향상시키는 방법

② **충전공법(filling)** : 균열폭이 0.5mm 이상의 비교적 큰 경우의 보수에 적합한 공법

기억해요
균열의 보수·보강공법을 4가지 쓰시오.

③ 주입(injection)공법 : 중간 정도의 폭을 갖는 균열에 주입하여 방수성과 내구성을 향상시킬 목적으로 사용하는 공법
④ 강재앵커공법(접합용 U형 철근 삽입공법) : 비교적 큰 균열의 보수에 적용하여 균열의 추가를 억제하는 공법
⑤ 강판부착공법 : 구조물의 인장측 표면에 강판을 접착하여 일체화시킴으로 내력을 향상시키는 공법
⑥ Prestress 공법 : 균열부분에 prsstress를 부여함으로써 부재에 발생하고 있는 인장응력을 감소시켜 균열을 복귀시키는 공법

6 콘크리트의 내구성을 저하시키는 열화원인

콘크리트의 내구성이란 구조물의 성능저하와 외력에 대해 저항하며, 역학적, 기능적 성능을 보유하는 콘크리트 구조체의 수명을 말한다.

(1) 물리적 반응

① 동해(凍害) : 콘크리트 내부의 수분이 0 이하로 되었을 때의 동결팽창에 의하여 발생하는 것이며, 오랜 기간에 걸쳐 동결과 융해의 반복작용에 의해 콘크리트가 서서히 열화하는 현상
② 손식(損蝕) 원인 : 교통하중, 모래에 의한 마모, 공동(cavitation) 발생

(2) 화학적 반응

① 산, 알칼리 골재반응(콘크리트 부식)
- 일반적인 산은 다소 정도의 차이는 있으나 시멘트 수화물 및 수산화칼슘을 분해하여 침식한다.
- 알칼리 골재반응 : 시멘트 중의 알칼리 성분과 골재 중의 「반응성 광물 + 물」이 작용하여 시멘트 경화제가 팽창하여 콘크리트 균열 손상을 발생시킴

② 탄산화, 염해(철근의 부식)
- 콘크리트 탄산화 : 콘크리트가 시간이 지남에 따라 공기중의 탄산가스 작용으로 수산화칼슘이 탄산칼슘으로 되어 알칼리성을 잃는 현상
- 염해(鹽害) : 콘크리트 중에 염화물이 존재하여 강재가 부식함으로써 콘크리트 구조물에 손상을 끼치는 현상

③ 화학적 침식 : 콘크리트 결합재인 시멘트 수화물이 화학물질과 반응하여 조직이 다공화되거나 팽창하여 열화현상이 생김

내구성을 저하시키는 반응
- 물리적 반응
  - 동해
  - 손식
- 화학적 반응
  - 알칼리 골재반응
  - 탄산화
  - 염해
  - 화학적 침식

기억해요
열화원인을 화학적 반응 및 물리적 반응으로 구분하여 2가지씩 쓰시오.

7 염화물

염화물이 콘크리트 내에 함유되면 철근부식에 영향을 미친다. 부식요인으로는 pH, Cl이온량, 용존산소, 콘크리트의 전기전도도, 콘크리트의 밀실도, 피복두께, 균열 및 환경조건 등이다.

(1) 염화물 함유량 시험

염화물 함유량 시험은 슬럼프 50mm 이상의 굳지 않은 콘크리트 중의 염화물 함유량을 염화물이온 선택전극을 사용한 전위차 적정법을 통해 측정한다.

(2) 염화물 함유량 측정시험방법

① **전위차 적정법** : 지시약에 의해 색깔이 변하는 것을 관찰하는 것이 아니라 전기화학적인 변화를 미량분석에 적용한 것
② **질산은 적정법** : 지시약으로서 크롬산칼륨을 이용하고, 질산은 용액으로 염화물이온을 측정하는 방법
③ **흡광광도법** : 크롬산은이나 티오시안산 제2수은염화물을 이온과 반응하여 나타난 발색도차를 흡광광도계를 이용하여 측정하는 방법
④ **이온전극법** : 시료에 수산화나트륨을 넣어 pH 11 ~ 13으로 하여 암모늄이온을 암모니아로 변화시킨 다음 암모니아 이온전극을 이용하여 염화물이온을 측정하는 방법

기억해요
염화물 함유량 측정하는 시험방법을 3가지만 쓰시오.

(3) 콘크리트의 염화물 방지방법

① 방청재를 사용한다.
② 방식성능이 높은 강재를 사용한다.
③ 수분, 산소 및 Cl^- 등의 부식성 물질을 콘크리트로부터 제거한다.
④ 부식성 물질이 피복콘크리트 속으로 침입, 확산하는 것을 방지한다.
⑤ 피복콘크리트 중의 반응성 물질이 강재 표면에 도달하는 것을 방지한다.

8 콘크리트의 탄산화

(1) 탄산화의 정의

① 콘크리트 표면에서 공기 중의 탄산가스의 작용을 받아 콘크리트 중의 수산화칼슘이 서서히 탄산칼슘으로 되어 콘크리트의 알칼리성을 상실하는 현상
② 굳은 콘크리트는 표면으로부터 공기 중의 탄산가스를 흡수하여 콘크리트 내부에서 수화반응으로 생성된 수산화칼슘($Ca(OH)_2$)이 탄산칼슘($CaCO_3$)으로 변화하면서 알칼리성을 잃게 되는 현상

기억해요
탄산화의 정의를 쓰시오.

기억해요
탄산화 현상에 대해 구조물 신축시의 대책을 3가지만 쓰시오.

(2) 탄산화를 촉진하는 외부 환경조건

① 온도가 높을수록 탄산화 속도가 빠르게 진행한다.
② 습도가 낮을수록 탄산화 속도가 빠르게 진행한다.
③ 공기 중의 탄산가스의 농도가 높을수록 탄산화 속도가 빠르게 진행한다.

(3) 탄산화의 판정방법

① 지시약 : 페놀프탈레인 용액
② 페놀프탈레인 용액은 95% 에탄올 90mL에 페놀프탈레인 분말 1g을 녹여 물을 첨가하여 100mL로 한 것이다.
③ 탄산화반응이 되면 수산화칼슘 부분의 pH 12~13가 탄산화한 부분인 pH 8.5~10로 된다.
④ 콘크리트의 시험면에 페놀프탈레인 용액을 분무하면 수산화칼슘의 부분은 적자색으로 변색하지만 탄산칼슘의 부분은 변색하지 않는다. 즉 탄산화가 되지 않은 부분은 적자색으로 착색되며, 탄산화된 부분은 색의 변화가 없다.

(4) 탄산화에 대한 대책 구조물 건설시의 대책

① 양질의 골재를 사용한다.
② 물-시멘트비를 작게 한다.
③ 철근 피복두께를 확보한다.
④ 콘크리트의 다짐을 충분히 한 후 습윤양생을 한다.
⑤ 탄산화 억제효과가 큰 투기성이 낮은 마감재를 사용한다.

(5) 탄산화깊이 측정 시험방법

① 쪼아내기에 의한 방법
② 코어채취에 의한 방법
③ 드릴에 의한 방법

(6) 탄산화 속도

$$X = A\sqrt{t}$$

여기서, X : 탄산화 깊이(mm)
t : 경과연수(년)
A : 탄산화 속도계수(mm $\sqrt{년}$)

| 콘크리트의 성질 |

05 핵심 기출문제 □□□

□□□ 88②③, 95④, 99④, 00④, 01④

01 콘크리트 시공에서 bleeding의 방지법을 3가지만 쓰시오.

득점	배점
	3

① ______ ② ______ ③ ______

해답 ① 적당한 AE제를 사용한다. ② 단위시멘트량을 크게 한다.
③ 가능한 한 단위수량을 적게 한다. ④ 분말도가 높은 시멘트를 사용한다.
⑤ 잔골재율을 크게 한다.

□□□ 88②③, 89①, 95⑤, 98①, 99④, 00④, 03②

02 콘크리트의 분리와 블리딩 방지방법을 4가지만 쓰시오.

득점	배점
	3

① ______ ② ______
③ ______ ④ ______

해답 ① 적당한 AE제를 사용한다. ② 분말도가 높은 시멘트 사용한다.
③ 단위시멘트량을 크게 한다. ④ 가능한 한 단위수량을 적게 한다.
⑤ 잔골재율을 크게 한다.

□□□ 87③, 13④

03 굳지 않은 콘크리트의 워커빌리티(workability) 측정방법을 3가지 쓰시오.

득점	배점
	3

① ______ ② ______ ③ ______

해답 ① 슬럼프시험(slump test) ② 흐름시험(flow test)
③ 구관입시험(ball penetration test) ④ 리몰딩시험(remolding test)
⑤ 비비시험(Vee-Bee test) ⑥ 다짐계수시험(compacting factor test)

□□□ 05④

04 염화물이 콘크리트 내에 함유되면 철근부식에 영향을 미친다. 이러한 염화물 함유량을 측정하는 시험방법을 3가지만 쓰시오.

득점	배점
	3

① ______ ② ______ ③ ______

해답 ① 전위차 적정법 ② 질산은 적정법 ③ 흡광광도법 ④ 이온전극법

□□□ 04②

05 Bleeding 현상이 심한 경우 콘크리트에 미치는 영향을 3가지만 쓰시오.

득점	배점
	3

① ____________ ② ____________ ③ ____________

해답 ① 콘크리트 수밀성 저하
② 콘크리트 표면에 침하균열 발생
③ 철근과 콘크리트의 부착강도저하
④ 콘크리트의 강도 저하

□□□ 95①, 00④, 05①, 13①, 17①

06 콘크리트 타설시 타설에서 콘크리트의 응결이 종료할 때까지 발생하는 초기균열의 종류를 3가지만 쓰시오.

득점	배점
	3

① ____________ ② ____________ ③ ____________

해답 ① 침하수축균열(침하균열)
② 플라스틱수축균열(초기건조균열)
③ 거푸집 변형에 의한 균열
④ 진동 및 경미한 재하에 의한 균열

□□□ 13①

07 콘크리트를 거푸집에 타설한 후부터 응결이 종료할 때까지 발생하는 균열을 일반적으로 초기균열이라고 한다. 이러한 초기균열의 종류를 3가지만 쓰시오.

득점	배점
	3

① ____________ ② ____________ ③ ____________

해답 ① 침하수축균열(침하균열) ② 플라스틱수축균열(초기건조균열)
③ 거푸집 변형에 의한 균열 ④ 진동 및 경미한 재하에 의한 균열

□□□ 95①, 00④, 07④, 13①, 18①

08 Concrete를 거푸집에 타설한 후부터 응결이 종결될 때까지에 발생하는 균열을 일반적으로 초기균열이라고 한다. 초기균열은 그 원인에 의하여 크게 나눌 수 있는데 3가지만 쓰시오.

득점	배점
	3

① ____________ ② ____________ ③ ____________

해답 ① 침하수축균열(침하균열) ② 플라스틱수축균열(초기건조균열)
③ 거푸집 변형에 의한 균열 ④ 진동 및 경미한 재하에 의한 균열

□□□ 01②, 18③

09 콘크리트 균열에 대한 보수기법의 종류를 4가지만 쓰시오.

득점	배점
	3

① ________ ② ________

③ ________ ④ ________

해답 ① 에폭시 주입법 ② 봉합법 ③ 짜깁기법
④ 보강철근 이용방법 ⑤ 그라우팅 ⑥ 드라이패킹

□□□ 03④

10 콘크리트는 다공질 구조체로 역학적 거동이나 특성이 복잡, 다양하다. 콘크리트 균열도 그 발생원인이나 기구(mechanism)가 복잡하다. 이로 인해 발생하는 균열의 보수·보강공법을 4가지만 기술하시오.

득점	배점
	3

① ________ ② ________

③ ________ ④ ________

해답 ① 표면처리공법 ② 충전공법 ③ 주입공법
④ 강재앵커공법 ⑤ 강판부착공법 ⑥ Prestress 공법

□□□ 10④, 22③

11 콘크리트 구조물은 보통 pH 12～13 정도인 강알칼리성이나 대기 중의 약산성의 탄산가스(CO_2) 등과 결합하여 pH가 8.5～10 정도로 낮아지는 산성화가 진행되어 콘크리트 성능저하 및 철근부식에 대한 성능저하를 가져온다. 이런 현상에 대하여 아래의 물음에 답하시오.

득점	배점
	5

가. 이러한 현상을 무엇이라 하는가?

○

나. 이러한 현상에 대해 구조물 신축시의 대책을 3가지만 쓰시오.

① ________

② ________

③ ________

해답 가. 탄산화현상
나. ① 양질의 골재를 사용한다.
② 물-시멘트비를 작게 한다.
③ 철근 피복두께를 확보한다.
④ 콘크리트의 다짐을 충분히 한 후 습윤양생을 한다.
⑤ 탄산화 억제효과가 큰 투기성이 낮은 마감재를 사용한다.

> 철근의 끝부분이 콘크리트로부터 빠져나오지 않도록 고정하는 것을 철근의 정착이라 한다.

> 기억해요
> 철근의 정착방법을 3가지 쓰시오.

> 기억해요
> PS 콘크리트에서 prestress 감소원인을 5가지 쓰시오.

06 특수 콘크리트 □□□

1 철근 및 PS 콘크리트

(1) 철근콘크리트

■ 철근의 정착방법

① 매입길이에 의한 방법 : 부착에 의하여 정착, 이형철근에 사용
② 갈고리에 의한 방법 : 철근 끝에 표준갈고리를 부착, 원형철근에 사용
③ 기계적 정착에 의한 방법 : 철근의 가로방향에 따로 철근을 용접하여 사용
④ 특별한 정착장치를 사용하는 방법

■ 철근의 이음방법

① 용접이음
② 가스압접이음
③ 기계적 이음
④ 슬리브이음

(2) 프리스트레스트 콘크리트 PSC : prestressed concrete

콘크리트가 하중을 받기 전에 미리 인장응력 또는 압축응력을 주어 놓고 실제 하중에 작용하여 일어난 인장응력과 균형을 이루도록 한 콘크리트

■ PSC의 장·단점

장점	단점
① 균열이 거의 생기지 않으므로 내구성, 수밀성이 좋다. ② 구조물의 무게를 줄일 수 있고, 경간을 길게 할 수 있다. ③ 전단면이 유효하고, 복원성이 좋다. ④ 구조물의 처짐이 작고, 안전성이 좋다. ⑤ precast를 사용할 경우 거푸집이 불필요하다.	① 단면이 작기 때문에 변형이 크게 일어나고 진동하기가 쉽다. ② 고온에 접하면 강도가 갑자기 감소하고 내화성에서 불리하다. ③ 고강도 재료 사용으로 공사비가 많이 든다. ④ 공사가 복잡하여 고도의 기술을 요한다.

■ 프리스트레스의 손실 원인

도입 시 손실=즉시 손실	도입 후 손실=시간적 손실
① 정착장치의 활동 ② 콘크리트의 탄성수축 ③ 포스트텐션 긴장재와 덕트 사이의 마찰	① 콘크리트의 크리프 ② 콘크리트의 건조수축 ③ PS 강재의 릴랙세이션(relaxation)

■ 포스트텐션의 정착방식

정착방식	공법명
쐐기식	Freyssinet공법, VSL공법, CCL공법
나사식	Dywidag공법, Lee-Mc Call공법
버튼식	BBRV공법, OSPA공법
루프식	Leoba공법, Baur-Leonhardt공법

■ PS 강재의 정착방법

분 류	적용 공법
쐐기식	• 마찰저항을 이용한 쐐기로 정착하는 방법 • Freyssinet공법, VSL공법, CCL공법
지압식	• 너트와 지압판에 의해 정착하는 방법 • BBRV공법, Dywidag공법
루프식	• 루프형 강재의 부착이나 지압에 의해 정착하는 방법 • Leoba공법, Baur-Leonhardt공법

2 한중콘크리트 cold weather concrete

하루의 평균기온이 4℃ 이하가 예상되는 조건일 때는 한중콘크리트로 시공한다.

(1) 한중콘크리트의 시공시 주의사항

① 응결경화 초기에 동결시키지 않을 것

② 양생종료 후 따뜻해질 때까지 받는 동결융해작용에 대하여 충분한 저항성을 가질 것

③ 공사 중의 각 단계에서 예상되는 하중에 대하여 충분한 강도를 가지게 할 것

(2) 한중콘크리트의 재료

① 시멘트는 포틀랜드시멘트를 사용하는 것을 표준으로 한다.

② 한중콘크리트에는 공기연행(AE제, AE감수제, 고성능 AE감수제) 콘크리트를 사용하는 것을 원칙으로 한다.

③ 골재는 동결되어 있거나 빙설이 혼입되어 있으면 그대로 사용할 수 없다.

④ 재료를 가열할 때는 물과 골재만 가열하는 것으로 한다.

⑤ 시멘트는 어떠한 경우라도 직접가열하지 않는다.

⑥ 골재를 65℃ 이상으로 가열하면 시멘트가 급결할 우려가 있다.

⑦ 물과 골재는 40℃ 이하로 가열하면 급결할 우려가 없다.

⑧ 가열한 재료를 믹서에 투입하는 순서

• 먼저 가열한 물과 굵은 골재를 넣고 다음에 잔골재를 넣어서 믹서 안의 재료온도가 40℃ 이하가 된 후 최후에 시멘트를 넣는다.

(3) 콘크리트 온도

① 콘크리트 비비기

$$T_2 = T_1 - 0.15(T_1 - T_0)\cdot t$$

여기서, T_o : 주위의 온도(℃)

T_1 : 비볐을 때의 콘크리트의 온도(℃)

T_2 : 타설이 끝났을 때의 콘크리트의 온도(℃)

t : 비빈 후부터 타설이 끝났을 때까지의 시간(h)

기억해요
타설이 끝났을 때의 콘크리트 온도를 계산하시오.

② 재료를 가열했을 때의 콘크리트 온도

$$T = \frac{C_S(T_a W_a + T_c W_c) + T_m W_m}{C_S(W_a + W_c) + W_m}$$

여기서, W_a 및 T_a : 골재의 중량(kg) 및 온도(℃)

W_c 및 T_c : 시멘트의 중량(kg) 및 온도(℃)

W_m 및 T_m : 비비기에 사용한 물의 중량(kg) 및 온도(℃)

C_S : 시멘트 및 골재의 비열이며 평균비열 0.2로 가정해도 좋다.

③ 적산온도(Maturity Factor)

$$M = \sum_0^t (\theta + A)\Delta t = \sum_0^t (\theta + 10℃)\Delta t$$

여기서, M : 적산온도(°D·D, 또는 ℃·D)

θ : Δt시간 중의 콘크리트의 일평균 양생온도(℃)

Δt : 시간(일)

적산온도 M
• 수화가 진행됨에 따라 시멘트의 강도도 강해진다는 사실로 콘크리트의 강도는 콘크리트가 양생기간 동안 온도와의 관계를 콘크리트의 적산온도라 한다.
• 초기 콘크리트 경화 정도를 평가하는 지표가 된다.

(4) 한중콘크리트 배합

① 한중콘크리트에는 공기연행 콘크리트를 사용하는 것을 원칙으로 한다.

② 단위수량은 초기동해를 작게 하기 위하여 소요의 워커빌리티를 유지할 수 있는 범위 내에서 되도록 적게 정하여야 한다.

③ 물-결합재비는 원칙적으로 60% 이하로 하여야 한다.

④ 압축강도 시험을 할 재령(일)

$$Z_{30} = \frac{M}{30}(\text{일})$$

여기서, M : 배합을 정하기 위하여 사용한 적산온도의 값(°D·D)

(5) 타설

① 타설할 때의 콘크리트 온도는 5~20℃의 범위에서 정하여야 한다.

② 기상조건이 가혹한 경우나 부재두께가 300mm 이하인 경우에는 콘크리트의 최저온도는 10℃ 정도를 확보하여야 한다.

(6) 양생

① 초기양생

- 단열보온양생 : 단열성이 높은 재료로 콘크리트의 주위를 감싸 시멘트의 수화열을 이용하여 소정 강도가 얻어질 때까지 보온하는 것이다.
- 가열보온양생 : 기온이 낮을 경우 단면이 얇은 경우에 보온만으로는 동결온도 이상의 온도를 유지할 수 없을 때 가열에 의해서 양생하는 것이다.

② 보온양생

보온양생방법 : 급열양생, 단열양생, 피복양생

■ 한중콘크리트의 양생종료 때의 소요 압축강도의 표준(MPa)

구조물의 노출 \ 단면(mm)	300 이하	300 초과 800 이하	800 초과
① 계속해서 또는 자주 물로 포화되는 부분	15	12	10
② 보통의 노출상태에 있고 ①에 속하지 않는 경우	5	5	5

■ 소요의 압축강도를 얻는 양생일수의 표준(보통의 단면)

구조물의 노출상태 \ 시멘트의 종류		보통포틀랜드 시멘트	조강포틀랜드 시멘트 보통포틀랜드 + 촉진제	종합시멘트 B종
① 계속해서 또는 자주 물로 포화되는 부분	5℃	9일	5일	12일
	10℃	7일	4일	9일
② 보통의 노출상태에 있고 ①에 속하지 않는 부분	5℃	4일	3일	5일
	10℃	3일	2일	4일

보온양생 단열성이 높은 재료 등으로 콘크리트 표면을 덮어 열의 방출을 적극 억제하여 시멘트의 수화열을 이용해서 필요한 온도를 유지하는 양생

급열양생 양생기간 중 어떤 열원을 이용하여 콘크리트를 가열하는 양생

3 서중콘크리트 hot wether concrete

하루 평균기온이 25℃를 초과하는 것이 예상되는 경우 서중콘크리트로 시공한다.

(1) 배합

① 배합온도는 소요의 강도 및 워커빌리티를 얻을 수 있는 범위 내에서 단위수량 및 단위시멘트량을 적게 하여야 한다.
② 단위수량은 185kg/m^3 이하로 관리하는 것이 좋다.
③ 기온이 10℃의 상승에 대하여 단위수량은 2~5% 증가한다.

(2) 타설작업시 유의사항

기억해요
서중콘크리트 치기에 있어 지켜야 할 점 4가지 쓰시오.

① 콘크리트로부터 물을 흡수할 우려가 있는 부분을 습윤상태로 유지해야 한다.
② 콘크리트는 비빈 후 1.5시간 이내에 타설하여야 한다.
③ 콘크리트를 타설 할 때의 온도는 35℃ 이하이어야 한다.
④ 콜드조인트가 생기지 않도록 적절한 계획에 따라 실시해야 한다.
⑤ 하루 평균기온이 25℃ 또는 최고온도가 30℃를 초과하는 경우 서중콘크리트로 타설준비를 하는 것이 좋다.

4 수중콘크리트 underwater concrete

(1) 용어의 정의

① 수중콘크리트 : 담수 중이나 안정액 중 혹은 해수 중에 타설되는 콘크리트
② 수중불분리성 콘크리트(anti-washout concrete underwater) : 수중불분리성 혼화제를 혼합함에 따라 재료분리 저항성을 높인 수중콘크리트

(2) 구성재료

① 굵은골재의 최대치수

■ 수중불분리성 콘크리트
- 40mm 이하를 표준으로 한다.
- 부재 최소치수의 1/5 및 철근의 최소순간격의 1/2을 초과하면 안 된다.

■ 현장타설말뚝 및 지하연속벽
- 25mm 이하를 표준으로 한다.
- 철근 순간격의 1/2 이하를 표준으로 한다.

② 수중불분리성 콘크리트의 수중분리 저항성
- 현탁물질량 50mg/l 이하
- pH는 12.0 이하
- 수중분리 저항성의 요구가 비교적 높은 경우 수중·공기 중 강도비 0.8 이상
- 수중분리 저항성의 요구가 일반적인 경우 수중·공기 중 강도비 0.7 이상

(3) 배합강도

① 일반 수중콘크리트는 수중에서 시공할 때의 강도가 표준공시체 강도의 0.6 ~ 0.8배가 되도록 배합강도를 설정하여야 한다.
② 수중불분리성 콘크리트의 공기량은 4% 이하로 하여야 한다.
③ 현장타설말뚝 및 지하연속벽 콘크리트는 수중에서 시공할 때 강도가 대기 중에서 시공할 때 강도의 0.8배, 안정액 중에서 시공할 때 강도가 대기 중에서 시공할 때 강도의 0.7배로 하여 배합강도를 결정한다.
④ 수중콘크리트의 물-결합재비 및 단위시멘트량

종류	일반 수중콘크리트	현장타설말뚝 및 지하연속벽에 사용하는 수중콘크리트
물-결합재비	50% 이하	55% 이하
단위시멘트량	370kg/m^3 이상	350kg/m^3 이상

(4) 비비기

① 수중불분리성 콘크리트의 비비기는 제조설비가 갖추어진 배치 플랜트에서 물을 투입하기 전 건식으로 20 ~ 30초를 비빈 후 전 재료를 투입하여 비비기를 하여야 한다.
② 수중불분리성 콘크리트의 1회 비비기 양은 믹서의 공칭용량의 80% 정도로 하여야 한다.
③ 강제식 믹서를 사용할 경우 비비는 시간은 90 ~ 180초를 표준으로 한다.

(5) 수중콘크리트의 타설원칙

① 물을 정지시킨 정수 중에서 타설하여야 한다. 완전히 물막이를 할 수 없을 경우에도 유속은 50mm/s 이하로 하여야 한다.
② 콘크리트는 수중에 낙하시켜서는 안 된다.
③ 콘크리트가 경화될 때까지 물의 유동을 방지하여야 한다.
④ 수평을 유지하면서 소정의 높이에서 연속해서 쳐야 한다.
⑤ 레이턴스를 모두 제거하고 다시 타설하여야 한다.
⑥ 시멘트가 물에 씻겨서 흘러나오지 않도록 타설하여야 한다.

기억해요
수중콘크리트 작업시 주의사항을 3가지 쓰시오.

(6) **수중불분리성 콘크리트의 타설**

① 타설은 유속이 50mm/s 정도 이하의 정수 중에서 수중 낙하높이 0.5m 이하이어야 한다.

② 타설은 콘크리트 펌프 또는 트레미 사용을 원칙으로 한다. 수중불분리성 콘크리트를 콘크리트 펌프로 압송할 경우, 압송압력은 보통콘크리트의 2～3배, 타설속도는 1/2～1/3 정도가 되도록 해야 한다.

③ 수중불분리성 콘크리트는 유동성이 크고 유동에 따른 품질변화가 적기 때문에 일반 수중콘크리트보다 트레미 1개 및 콘크리트 배관 1개당 콘크리트 타설면적을 크게 할 수 있다. 수중 유동거리는 5m 이하로 하여야 한다.

(7) **수중콘크리트 타설장비** 시공방법

기억해요
수중콘크리트 타설장비를 3가지 쓰시오.

① **트레미**(tremie) : 내경이 25～50mm인 수밀한 연직강관을 이용하여 수면상에서 콘크리트를 타설

② **콘크리트 펌프**(concrete pump) : 펌프의 안지름 0.10～0.15m 정도가 좋으며, 수송관 1개로 타설할 수 있는 면적은 $5m^2$ 정도로 한다.

③ **밑열림 상자** : 콘크리트를 넣은 상자나 자루가 물 밑에 닫았을 때 콘크리트를 배출

④ **밑열림 포대** : 거친 천으로 만든 포대나 자루에 2/3 정도 콘크리트를 담아 자루 밑구멍을 꽉 감아서 콘크리트가 응결하기 전에 물속에 배출

5 매스콘크리트 mass concrete

선행냉각(pre cooling)
매스콘크리트의 시공에서 콘크리트를 타설하기 전에 콘크리트의 온도를 제어하기 위해 얼음이나 액체질소 등으로 콘크리트 원재료를 냉각하는 방법

기억해요
선행냉각방법의 종류를 3가지 쓰시오.

부재 혹은 구조물의 치수가 커서 시멘트의 수화열에 의한 온도 상승 및 강하를 고려하여 설계·시공해야 하는 콘크리트

(1) **선행냉각방법**

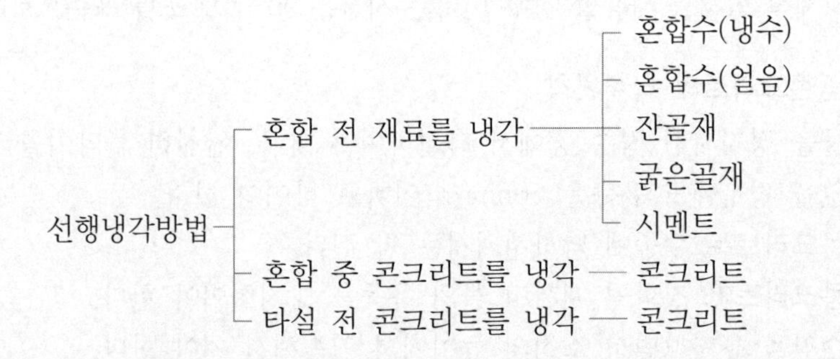

(2) 콘크리트 타설온도를 제어하는 방법

① 냉수나 얼음을 사용하는 방법
② 냉각한 골재를 사용하는 방법
③ 액체질소를 사용하는 방법

(3) 온도균열지수에 의한 평가

① 온도균열지수

• 정밀한 해석방법에 의한 온도균열지수

$$\text{온도균열지수 } I_{cr}(t) = \frac{f_{sp}(t)}{f_t(t)}$$

여기서, $f_t(t)$: 재령 t일에서의 수화열에 의하여 생긴 부재 내부의 온도응력 최대값(MPa)
$f_{sp}(t)$: 재령 t일에서의 콘크리트의 쪼갬인장강도로서, 재령 및 양생온도를 고려하여 구함(MPa).

• 연질의 지반 위에 타설된 평판구조 등과 같이 내부구속응력이 큰 경우

$$I_{cr} = \frac{15}{\Delta T_i}$$

여기서, ΔT_i : 내부온도가 최고일 때 내부와 표면과의 온도차(℃)

• 암반이나 매시브한 콘크리트 위에 타설된 벽체나 평판구조 등과 같이 외부구속응력이 큰 경우

$$I_{cr} = \frac{10}{R \cdot \Delta T_o}$$

여기서, ΔT_o : 부재의 평균 최고온도와 외기온도와의 온도차(℃)
R : 외부구속의 정도를 표시하는 계수

■ R계수값

R계수의 타설할 때의 조건	R계수값
비교적 연한 암반 위에 콘크리트를 타설할 때	0.50
중간 정도의 단단한 암반 위에 콘크리트를 타설할 때	0.65
경암 위에 콘크리트를 타설할 때	0.80
이미 경화된 콘크리트 위에 타설할 때	0.60

온도균열지수 콘크리트를 타설한 후 일정 기간 콘크리트의 온도를 제어하는 양생

기억해요
콘크리트 타설온도를 제어하는 방법 3가지를 쓰시오.

기억해요
온도균열 발생확률을 구하시오.

② 온도균열지수와 균열발생확률

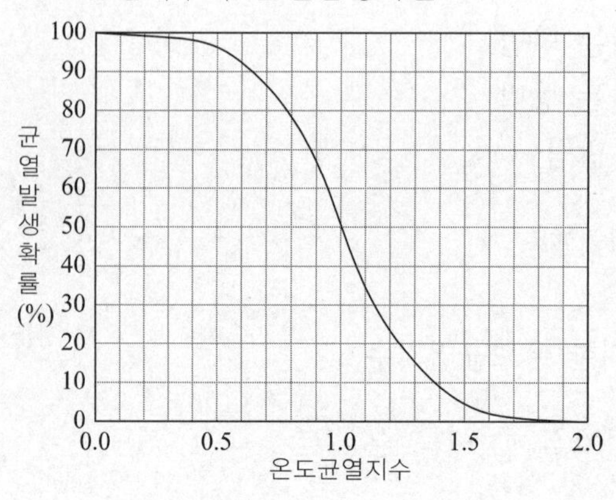

③ 철근이 배치된 일반적인 구조물의 표준적인 온도균열지수의 값
- 균열발생을 방지하여야 할 경우 : 1.5 이상
- 균열발생을 제한할 경우 : 1.2 ~ 1.5
- 유해한 균열발생을 제한할 경우 : 0.7 ~ 1.2

6 레디믹스트 콘크리트 Remicon : ready mixed concrete

(1) 레미콘의 제조 및 운반 방법

기억해요
레디믹스트 콘크리트 비비기와 운반 방법을 3가지 쓰시오.

① **센트럴믹스트 콘크리트**(central mixed concrete) : 제조공장에 있는 고정믹서에서 혼합을 끝낸 콘크리트를 애지테이터 트럭 또는 트럭믹서로 교반해서 배달지점에 운반하는 방법

② **쉬링크믹스트 콘크리트**(shrink mixed concrete) : 공장에 있는 고정믹서에서 어느 정도 혼합하고 트럭믹서 안에서 혼합을 완료하는 방법

③ **트랜싯믹스트 콘크리트**(transit mixed concrete) : 플랜트에서 재료를 계량하여 트럭믹서에 싣고, 운반 중에 물을 넣고 혼합하는 방법

(2) 재료의 계량오차

재료의 종류	측정단위	1회 재량 분량의 한계오차
물	질량 또는 부피	−2%, +1%
시멘트	질량	−1%, +2%
혼화재	질량	±2%
골재	질량	±3%
혼화제	질량 또는 부피	±3%

(3) 레디믹스트 콘크리트의 품질

레디믹스트 콘크리트의 품질시험은 강도, 슬럼프, 슬럼프 플로, 공기량 및 염화물 함유량에 대하여 실시하고 합격 여부를 판정한다.

① 강도

- 1회의 시험결과는 구입자가 지정한 호칭강도값의 85% 이상이어야 한다.
- 3회의 시험결과 평균값은 구입자가 지정한 호칭강도값 이상이어야 한다.
- 강도시험에서 공시체의 재령은 지정이 없는 경우 28일, 지정이 있는 경우는 구입자가 지정한 일수로 한다.

② 슬럼프

■ 슬럼프의 허용오차

슬럼프	슬럼프 허용차
25mm	±10mm
50mm 및 65mm	±15mm
80mm 이상	±25mm

③ 슬럼프 플로

■ 슬럼프 플로의 허용오차

슬럼프 플로	슬럼프 플로의 허용차
500mm	±75mm
600mm	±100mm
700mm	±100mm

* 슬럼프 플로 700mm에서 굵은 골재의 최대치수가 13mm인 경우에 한하여 적용한다.

④ 공기량

콘크리트의 종류	공기량(%)	공기량의 허용오차(%)
보통콘크리트	4.5	±1.5
경량콘크리트	5.5	
포장콘크리트	4.5	
고강도콘크리트	3.5	

기억해요
레디믹스트 콘크리트의 현장품질관리 시험 4가지를 쓰시오.

⑤ 염화물 함유량 : 레디믹스트 콘크리트의 염화물 함유량은 염소이온(Cl^{-1})량으로서 $0.30kg/m^3$ 이하로 한다. 다만, 구입자의 승인을 얻은 경우에는 $0.60kg/m^3$ 이하로 할 수 있다.

7 기타 특수콘크리트

(1) AE 콘크리트

■ AE 콘크리트의 장점

① 내구성이 크다.
② 워커빌리티가 좋아진다.
③ 사용수량은 15% 정도 감소시킬 수 있다.
④ 발열증발이 적고 수축균열이 적게 일어난다.
⑤ 골재의 알칼리 반응이 감소한다.
⑥ 수밀성이 증대된다.
⑦ 동결융해에 대한 저항성이 크다.

(2) 프리플레이스트 콘크리트 preplaced concrete

미리 거푸집 속에 특정한 입도를 가지는 굵은골재를 채워 놓고 그 간극에 모르타르를 주입하여 제조한 콘크리트

① 혼화재료

프리플레이스트 콘크리트용 시멘트로서는 포틀랜드 시멘트, 혼화재료로서는 플라이 애시, 양질의 감수제 및 알루미늄 분말 또는 감수제와 알루미늄 분말의 효과를 갖춘 혼화제를 사용하는 것을 원칙으로 하고 있다.

② 주입 모르타르의 유동성

- 유하시간의 설정값은 16 ~ 29초를 표준으로 한다.
- 고강도 프리플레이스트 콘크리트는 유하시간을 25 ~ 50초를 표준으로 한다.

③ 블리딩률의 설정값

- 시험시작 후 3시간에서의 값이 5 ~ 10%를 표준으로 한다.
- 고강도 프리플레이스트 콘크리트의 값이 2 ~ 5%를 표준으로 한다.

(3) 유동화 流動化콘크리트 flowing concrete

최근의 건설현장에서 인부들이 시공이 어려워 레미콘에 물을 타서 시공을 하여 강도 및 내구성에 상당한 영향을 주고 있다. 유동화 콘크리트는 이 문제의 근본적인 해결을 위해 개발된 콘크리트이다.

① 유동화 콘크리트의 슬럼프 증가량은 100mm 이하를 원칙으로 하며, 50 ~ 80mm를 표준으로 한다.

② 유동화 콘크리트의 제조방식

- 현장첨가방식 : 공사현장에서 유동화제를 첨가하고 현장에서 교반하는 방식
- 공장유동화방식 : 레미콘공장에서 유동화제를 첨가하고 공장에서 교반하는 방식
- 공장첨가방식 : 레미콘공장에서 유동화제를 첨가하여 공사현장에서 교반하는 방식

(4) 경량콘크리트 lightweight concrete

■ 제조방법에 따른 분류

① **경량골재 콘크리트**(lightweight aggregate concrete) : 일반적으로 밀도가 낮은 다공질의 경량골재를 사용한 콘크리트

② **경량기포 콘크리트**(autoclaved lightweight concrete) : 약칭해서 A.L.C 라 하고 고온고압으로 양생시킨 것으로 단열과 방음 효과가 크고 경화 후 변형이 적은 장점이 있으나 흡수율이 큰 단점이 있는 콘크리트

③ **무세골재 콘크리트** : 골재 사이에 공극을 형성시키기 위하여 잔골재의 사용을 배제한 콘크리트

기억해요
경량콘크리트를 제조하는 방법에 따라 3가지로 분류하시오.

(5) 중량콘크리트 heavy weight concrete

소요밀도를 보유하고 건조수축이나 온도응력에 의한 균열이 없고 기건중량이 3 ~ 6t/m^3이며, 방사선 차폐를 주목적으로 원자력 발전시설 구조물에 사용하는 콘크리트

(6) 강섬유보강 콘크리트 steel fiber reinforced concrete

① 강섬유보강 콘크리트 : 숏크리트의 취약점을 보완하기 위하여 0.25 ~ 0.5mm 정도의 steel fiber를 concrete 속에 단위시멘트량의 1.0 ~ 1.5% 섞어 보강효과를 나타내는 콘크리트

② 섬유보강 콘크리트(fiber reinforced concrete) : 콘크리트의 인성 및 균열에 대한 저항성을 높이기 위하여 콘크리트에 강(鋼), 섬유, 레이온, 나이론 등 재료를 혼합하여 만든 콘크리트

③ 강섬유보강 콘크리트가 일반콘크리트보다 유리한 점

- 인성(靭性)이 크다.
- 균열에 대한 저항성이 크다.
- 인장강도, 휨강도, 전단강도가 크다.

기억해요
강섬유보강 콘크리트가 일반콘크리트보다 유리한 점 4가지를 쓰시오.

- 동결융해 작용에 대한 저항성이 크다.
- 내충격성이 크다.

(7) 콘크리트-폴리머 복합체

기억해요
콘크리트-폴리머 복합체로 이루어진 콘크리트의 종류를 3가지 쓰시오.

시멘트 콘크리트가 갖는 결점을 개선할 목적으로 폴리머(polymer)를 사용하여 만든 콘크리트를 총칭해서 콘크리트-폴리머 복합체라 한다.

① **폴리머 시멘트 콘크리트**(polymer cement concrete) : 시멘트 콘크리트에서 결합재인 시멘트의 일부를 폴리머 라텍스 등으로 대체시켜 만든 것을 폴리머 시멘트 콘크리트라 한다.

② **폴리머 콘크리트**(polymer concrete) : 결합재로서 시멘트와 같은 무기질 시멘트를 전혀 사용치 않고 폴리머만으로 골재를 결합시켜 콘크리트를 제조한 것으로 레진 콘크리트(resin concrete) 또는 폴리머 콘크리트라 한다.

③ **폴리머 함침 콘크리트**(polymer impregnated concrete) : 시멘트계의 재료를 건조시켜 미세한 공극에 액상 모노머를 함침 및 중합시켜 일체화시켜 만든 것을 폴리머 함침 콘크리트이다.

(8) 해양콘크리트 offshore concrete

항만, 해양 또는 해양에 위치하여 해수 또는 바닷바람의 작용을 받는 구조물에 쓰이는 콘크리트

① 해양콘크리트 구조물에 쓰이는 콘크리트의 설계기준강도는 30MPa 이상으로 한다.

② 만조위로부터 위로 0.6m, 간조위로부터 아래로 0.6m 사이의 감조부분에는 시공이음이 생기지 않도록 시공계획을 세워야 한다.

③ 해양콘크리트에서 시멘트는 해수의 작용에 대하여 특히 내구적인 고로슬래그 시멘트, 중용열포틀랜드 시멘트, 플라이 애시 시멘트 등을 사용하는 것이 원칙이다.

④ 고로슬래그 시멘트 등 혼합시멘트를 사용할 경우 보호하여야 하는 기간
- 보통포틀랜드 시멘트 : 5일간
- 고로슬래그 시멘트 : 설계기준압축강도의 75% 이상의 강도가 확보될 때까지 연장하여야 한다.

⑤ 해양콘크리트 철근의 부식을 억제하는 방법
- 피복두께를 크게 한다.
- 균열폭을 작게 한다.
- 콘크리트 표면을 피복한다.
- 방청 철근(에폭시수지 도장 철근, 아연도금철근)을 사용한다.

| 특수 콘크리트 |

06 핵심 기출문제

□□□ 08①, 09②

01 철근 콘크리트는 철근이 콘크리트 속에 묻혀서 인장력이나 압축력을 부담하고 있으므로, 철근이 그 능력을 발휘하기 위해서는 철근의 단부가 콘크리트로부터 빠져나오지 않도록 해야 한다. 이와 같이 철근의 끝부분이 콘크리트로부터 빠져나오지 않도록 고정하는 것을 철근의 정착이라고 하는데, 이러한 철근의 정착방법을 3가지만 쓰시오.

득점	배점
	3

① ______ ② ______ ③ ______

해답 ① 매입길이에 의한 방법
② 갈고리에 의한 방법
③ 기계적 정착에 의한 방법
④ 특별한 정착장치를 사용하는 방법

□□□ 예상문제

02 포스트텐션 방식을 크게 다음 4가지로 분류된다. 이들 방식을 적용하는 공법을 각각 1개씩만 쓰시오. (쐐기식, 나사식, 버튼식, 루프식)

득점	배점
	3

가. 쐐기식 :

나. 나사식 :

다. 버튼식 :

라. 루프식 :

해답 가. 쐐기식 : ① Freyssinet공법 ② VSL공법 ③ CCL공법
나. 나사식 : ① Dywidag공법 ② Lee-Mc Call공법
다. 버튼식 : ① BBRV공법 ② OSPA공법
라. 루프식 : ① Leoba공법 ② Baur-Leonhardt공법

□□□ 99②, 06②, 09①

03 PS 콘크리트에서 Prestress 감소원인을 5가지만 쓰시오.

득점	배점
	3

① ______ ② ______ ③ ______

④ ______ ⑤ ______

해답 ① 정착장치의 활동 ② 콘크리트의 탄성수축 ③ 콘크리트의 건조수축
④ 콘크리트의 크리프 ⑤ PS강재의 릴랙세이션 ⑥ 포스트텐션 긴장재와 덕트 사이의 마찰

□□□ 04②, 08②

04 PSC 교량에 사용되는 PS 강재의 프리스트레스는 여러 가지 원인에 의하여 감소한다. 프리스트레스를 도입할 때 일어나는 손실의 원인을 3가지만 쓰시오.

득점	배점
	3

① ______ ② ______ ③ ______

해답 ① 정착장치의 활동
② 콘크리트의 탄성수축
③ 포스트텐션 긴장재와 덕트 사이의 마찰

□□□ 05③, 08④

05 PSC 교량에 사용되는 PS 강재의 프리스트레스는 여러 가지 원인에 의하여 감소한다. 프리스트레스를 도입 후에 시간의 경과에 따라 일어나는 손실의 원인 3가지만 쓰시오.

득점	배점
	3

① ______ ② ______ ③ ______

해답 ① 콘크리트의 건조수축 ② 콘크리트의 크리프 ③ PS강재의 릴랙세이션

□□□ 02②, 06②

06 신 건설재료의 일종으로 콘크리트-폴리머 복합체로 이루어진 콘크리트의 종류 3가지를 쓰시오.

득점	배점
	3

① ______ ② ______
③ ______

해답 ① 폴리머 콘크리트(PC : Polymer Concrete
② 폴리머 시멘트 콘크리트(PCC : Polymer Cement Concrete)
③ 폴리머 함침 콘크리트(PIC : Polymer Impregnated Concrete)

□□□ 13②

07 수중콘크리트 타설장비를 3가지만 쓰시오.

득점	배점
	3

① ______ ② ______
③ ______

해답 ① 트레미 ② 콘크리트 펌프
③ 밑열림 상자 ④ 밑열림 포대

□□□ 05④, 09④, 11④, 15①, 18①

08 **한중콘크리트 시공에서 비볐을 때의 콘크리트의 온도는 기상조건, 운반시간 등을 고려하여 타설할 때에 소요의 콘크리트 온도가 얻어지도록 해야 한다. 비볐을 때의 콘크리트 온도 및 주위 기온이 아래 표와 같을 때 타설이 끝났을 때의 콘크리트 온도를 계산하시오.**

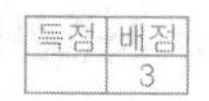

득점	배점
	3

- 비볐을 때의 콘크리트 온도 : 25℃
- 주위의 기온 : 3℃
- 비빈 후부터 타설이 끝났을 때까지의 시간 : 1시간 30분

해답 주위의 온도 $T_2 = T_1 - 0.15(T_1 - T_0)t$

$= 25 - 0.15 \times (25 - 3) \times 1.5 = 20.05℃$

□□□ 00③

09 **한중콘크리트를 시공하려고 한다. 시멘트, 조골재 및 물의 온도가 아래 표와 같으며, 조골재 및 잔골재의 표면수는 각각 1%, 4%이며 표면수의 온도는 4℃이다. 콘크리트 타설시 온도를 10℃ 이상으로 하기 위해 물의 온도는 얼마로 해야 하는가?**
(단, 건조재료의 비열은 0.2, 비비기 중의 콘크리트 온도저하는 2℃로 가정한다.)

득점	배점
	3

구분	시멘트	조골재	잔골재	물
단위수량(kg/m^3)	310	1,160	700	135
온도(℃)	2	4	3	–

계산 과정) 답 : ________

해답 $T = \dfrac{C_S(T_a W_a + T_c W_c) + T_f W_f + T_w W_w}{C_S(W_a + W_c) + W_f + W_w}$ 에서

- $T_a = 3,\ W_a = 7,\ T_a = 4,\ W_a = 1{,}160,\ T_c = 2,\ W_c = 310$
- 타설온도 $T = 10 + 2 = 12℃$
- $W_a = 700 + 1{,}160 = 1{,}860\,kg/m^3$
- $W_f = 700 \times 0.04 + 1{,}160 \times 0.01 = 39.6\,kg/m^3$
- $W_w = 135 - 39.6 = 95.4\,kg/m^3$

$$12 = \frac{0.2(3 \times 700 + 4 \times 1{,}160 + 2 \times 310) + 4 \times 39.6 + T_w \times 95.4}{0.2(700 + 1{,}160 + 310) + 39.6 + 95.4}$$

$\therefore\ T_w = 54.48℃$

참고 SOLVE 사용

□□□ 87②, 94③, 99③, 01④, 06①

10 서중콘크리트 치기에 있어 지켜야 할 점 4가지를 쓰시오.
(단, 표준시방서 내용을 기준으로 작성하고 재료에 관한 사항은 제외)

득점	배점
	3

① ______________ ② ______________

③ ______________ ④ ______________

해답 ① 콘크리트로부터 물을 흡수할 우려가 있는 부분을 습윤상태로 유지해야 한다.
② 콘크리트는 비빈 후 1.5시간 이내에 타설하여야 한다.
③ 콘크리트를 타설할 때의 온도는 35℃ 이하이어야 한다.
④ 콜드조인트가 생기지 않도록 적절한 계획에 따라 실시해야 한다.

□□□ 10②

11 하루 평균기온이 25℃를 초과하는 것이 예상되는 경우에는 서중콘크리트로서 시공을 실시하여야 한다. 이때 서중콘크리트 타설작업시 콘크리트 표준시방서에서 규정한 유의사항을 3가지만 쓰시오.
(단, 재료에 관한 사항은 제외한다.)

득점	배점
	3

① ______________

② ______________

③ ______________

해답 ① 콘크리트로부터 물을 흡수할 우려가 있는 부분을 습윤상태로 유지해야 한다.
② 콘크리트는 비빈 후 1.5시간 이내에 쳐야한다
③ 콘크리트를 타설할 때의 온도는 35℃ 이하여야 한다.
④ 콜드조인트가 생기지 않도록 적절한 계획에 따라 실시해야 한다.

□□□ 85②, 10①, 13④, 22①

12 수중콘크리트(水中 concrete) 작업시 주의사항을 3가지만 쓰시오.

득점	배점
	3

① ______________ ② ______________

③ ______________

해답 ① 물을 정지시킨 정수 중에서 타설하여야 한다.
② 콘크리트는 수중에 낙하시켜서는 안 된다.
③ 콘크리트가 경화될 때까지 물의 유동을 방지하여야 한다.
④ 수평을 유지하면서 소정의 높이에서 연속해서 쳐야 한다.
⑤ 레이턴스를 모두 제거하고 다시 타설하여야 한다.
⑥ 시멘트가 물에 씻겨서 흘러나오지 않도록 타설하여야 한다.

□□□ 84①, 10①

13 일반 수중(水中) 콘크리트 타설의 원칙에 대해 아래의 표와 같이 3가지만 쓰시오.
(단, 표의 내용은 정답에서 제외하며, 콘크리트표준시방서에 규정된 사항에 대하여 쓰시오.)

득점	배점
	3

물을 정지시킨 정수 중에서 타설하여야 한다.

①

②

③

해답 ① 콘크리트는 수중에 낙하시켜서는 안 된다.
② 콘크리트가 경화될 때까지 물의 유동을 방지하여야 한다.
③ 수평을 유지하면서 소정의 높이에서 연속해서 쳐야 한다.
④ 레이턴스를 모두 제거하고 다시 타설하여야 한다.
⑤ 시멘트가 물에 씻겨서 흘러나오지 않도록 타설하여야 한다.

□□□ 84②, 86①, 10④

14 수중콘크리트를 시공할 때 시공장비에 의한 시공방법을 4가지만 쓰시오.

득점	배점
	3

① ②

③ ④

해답 ① 트레미 방법
② 콘크리트 펌프 방법
③ 밑열림 상자 방법
④ 밑열림 포대 방법

□□□ 96④, 00④

15 강섬유보강 콘크리트가 일반콘크리트보다 유리한 점을 4가지만 쓰시오.

득점	배점
	3

① ②

③ ④

해답 ① 인성(靭性)이 크다.
② 균열에 대한 저항성이 크다.
③ 인장강도, 휨강도, 전단강도가 크다.
④ 동결융해작용에 대한 저항성이 크다.
⑤ 내충격성이 크다.

□□□ 14④

16 매스콘크리트의 시공에서 콘크리트를 타설하기 전에 콘크리트의 온도를 제어하기 위해 실시하는 방법인 선행냉각(pre-cooling) 방법의 종류를 3가지만 쓰시오.

득점	배점
	3

① ______ ② ______

③ ______

해답 ① 혼합 전 재료를 냉각 ② 혼합 중 콘크리트를 냉각 ③ 타설 전 콘크리트를 냉각

□□□ 94②, 95①, 97②, 98①, 01①

17 레디믹스트 콘크리트는 비비기와 운반방법의 조합에 의하여 3가지로 나눈다. 이 3가지를 쓰시오.

득점	배점
	3

① ______ ② ______

③ ______

해답 ① 센트럴믹스트 콘크리트(central mixed concrete)
② 쉬링크믹스트 콘크리트(shrink mixed concrete)
③ 트랜싯믹스트 콘크리트(transit mixed concrete)

□□□ 03④

18 레디믹스트 콘크리트를 사용하여 구조물공사를 수행할 때, 반드시 실시해야 할 현장품질관리시험의 종류를 4가지만 쓰시오.

득점	배점
	3

① ______ ② ______

③ ______ ④ ______

해답 ① 슬럼프시험 ② 슬럼프 플로 시험 ③ 공기량시험 ④ 강도시험 ⑤ 염화물 함유량 시험

□□□ 16②, 20①, 21①

19 매스콘크리트에서는 구조물에 필요한 기능 및 품질을 손상시키지 않도록 온도균열을 제어하기 위한 적절한 조치를 강구해야 한다. 온도 균열을 억제하기 위한 방법을 3가지만 쓰시오.

득점	배점
	3

① ______ ② ______

③ ______

해답 ① 냉수나 얼음을 사용하는 방법 ② 냉각한 골재를 사용하는 방법
③ 액체질소를 사용하는 방법

□□□ 14④, 16④, 19②

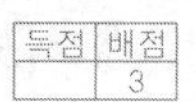

득점	배점
	3

20 **이미 경화한 매시브한 콘크리트 위에 슬래브를 타설할 때 부재평균 최고온도와 외기온도와의 균형시의 온도차가 12.8℃ 발생하였을 때 아래의 표를 이용하여 온도균열 발생확률을 구하면? (단, 간이법 적용)**

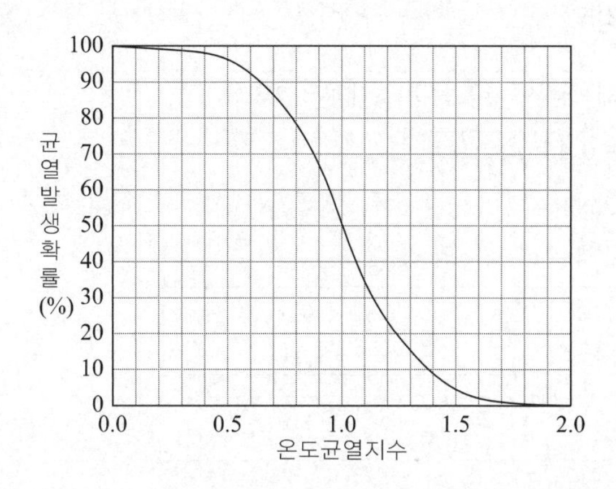

해답 온도균열지수 $I_{cr} = \dfrac{10}{R \cdot \Delta T_o}$

- 이미 경화된 콘크리트 위에 콘크리트를 타설할 때 : $R = 0.60$
- 부재의 최고 평균온도와 외기온도와의 온도차 : $\Delta T_o = 12.8$℃
- $I_{cr} = \dfrac{10}{0.60 \times 12.8} = 1.30$

∴ 온도균열지수 1.30에 대응되는 균열발생확률은 약 15%이다.

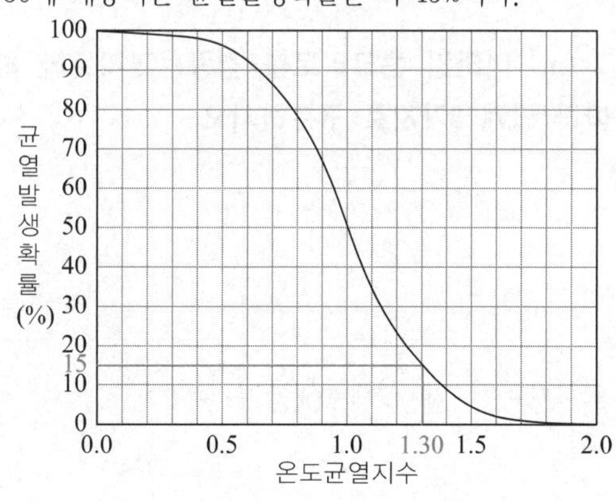

□□□ 예상문제

21 **매스콘크리트를 시공할 때는 구조물에 필요한 기능 및 품질을 손상시키지 않도록 온도균열 제어를 통해 균열발생을 제어하여야 한다. 이러한 온도균열발생에 대한 검토는 온도균열지수에 의해 평가한다. 아래의 조건에서 재령 28일에서의 온도균열지수는? (단, 보통포틀랜드 시멘트를 사용한 경우)**

득점	배점
	3

- 재령 28일에서의 수화열에 의한 부재 내부의 온도응력 최대값 : 2MPa
- $f_{cu}(t) = \dfrac{t}{a+bt} d_i f_{ck}$, $f_{sp}(t) = 0.44\sqrt{f_{cu}(t)}$
- 콘크리트 설계기준압축강도(f_{ck}) : 30MPa
- 보통포틀랜드 시멘트를 사용할 경우 계수 a, b, c의 값

a	b	d_i
4.5	0.95	1.11

해답
- $f_{cu}(t) = \dfrac{t}{a+bt} d_i f_{ck}$
  $= \dfrac{28}{4.5+0.95\times 28} \times 1.11 \times 30 = 29.98\text{MPa}$
- $f_{sp}(t) = 0.44\sqrt{f_{cu}(t)} = 0.44\sqrt{29.98} = 2.41\text{MPa}$

$\therefore\ I_{cr(28)} = \dfrac{f_{sp(t)}}{f_{t(t)}} = \dfrac{2.41}{2} = 1.21$

□□□ 02①, 16④

22 **보통콘크리트보다 단위중량이 작은 $2t/m^3$ 이하인 콘크리트를 경량콘크리트라 하는데, 이러한 경량콘크리트를 제조하는 방법에 따라 크게 3가지로 구분하시오.**

득점	배점
	3

① ____________ ② ____________

③ ____________

해답 ① 경량골재 콘크리트 ② 경량기포 콘크리트 ③ 무세골재 콘크리트

□□□ 02②, 09④

23 **콘크리트-폴리머 복합체로 이루어진 콘크리트의 종류 3가지를 쓰시오.**

득점	배점
	3

① ____________ ② ____________

③ ____________

해답 ① 폴리머 콘크리트(PC : Polymer concrete)
② 폴리머 시멘트 콘크리트(PCC : Polymer Cement Concrete)
③ 폴리머 함침 콘크리트(PIC : Polymer Impregnated Concrete)

제3장 콘크리트공

과년도 예상문제

시멘트

□□□ 84③

01 3,000포의 보통시멘트를 10포대씩 쌓아 올리기 위한 창고의 필요한 면적은?
(단, 통로는 없는 것으로 가정한다.)

계산 과정) 답 : ______

해답 $A = 0.4\frac{N}{n} = 0.4 \times \frac{3,000}{10} = 120\text{m}^2$

□□□ 84②

02 면적이 800m^2의 창고에 저장할 수 있는 최대 시멘트량은 몇 포대인가?
(단, 통로가 없는 것으로 가정한다.)

계산 과정) 답 : ______

해답 $A = 0.4\frac{N}{n}$ 에서

$\therefore N = \frac{A \cdot n}{0.4} = \frac{800 \times 13}{0.4} = 26,000$포대

(∵ 시멘트 보관 시 최대 13포 쌓을 수 있다.)

□□□ 93③, 97①

03 미국에서 개발된 시멘트로 응결, 경화 시간을 임의로 바꿀 수 있는 시멘트를 말하며, 일명 제트시멘트(Jet Cement)라고도 불린다. 이 시멘트는 강도발현이 빠르기 때문에 긴급을 요하는 공사, 동절기 공사, Shotcrete, 그라우팅용 등으로 사용된다. 이 시멘트는?

○

해답 초속경 시멘트(regulated cement)

□□□ 92②

04 혼합시멘트의 종류 중 워커빌리티를 증가시킬 수 있고 값이 싸고 수화작용이 늦은 시멘트는?

○

해답 플라이 애시 시멘트(fly ash cement)

□□□ 07④

05 폐기물 쓰레기에서 나온 오니를 혼합해서 재활용하는 시멘트는 무엇인가?

○

해답 에코 시멘트(Eco cement)

혼화재료

□□□ 84①

06 콘크리트 혼화제의 용도별 종류를 3가지 쓰고 그 혼화제가 콘크리트의 성질에 주는 영향을 간단히 쓰시오.

① ______ ② ______

③ ______

해답 ① AE제 : 콘크리트 내에 미세한 연행공기(AE)를 만들어 워커빌리티를 개선하고 수축열이 적어진다.
② 경화촉진제 : 한중콘크리트, 급속을 요하는 구조물 등에서 경화를 촉진시키기 위해 염화칼슘 등을 사용한다.
③ 지연제 : 콘크리트의 응결을 지연시키기 위해 사용한다.
④ 수축저감제 : 콘크리트에 있어 균열 감소와 방지 목적으로 사용한다.

□□□ 89①

07 화력발전소와 같은 대형공장에서 석탄연료를 사용할 때 연소 후에 수집된 석탄연료의 부산물의 가는 분말인데, 주로 실리카 알루미나와 여러 산화물과 알칼리로 구성된 포조란은?

○

해답 플라이 애시(fly ash)

□□□ 88③, 98③, 02①

08 경화촉진제로서 한중콘크리트에 사용하는 것으로, 수화열의 발생과 조기강도의 발전을 촉진시킴으로써 콘크리트의 보호기간을 단축하여 거푸집의 제거시간을 앞당기는 장점이 있으나 내구성이 떨어지고 철근을 부식시키는 단점이 있는 촉진제는?

○

해답 염화칼슘($CaCl_2$)

□□□ 92②

09 콘크리트 혼화제 중 콘크리트 경화촉진제를 두 가지 쓰시오.

① ②

해답 ① 염화칼슘($CaCl_2$) ② 규산나트륨

□□□ 89①, 97①

10 염화칼슘($CaCl_2$)을 혼합한 콘크리트의 성질을 4가지만 쓰시오.

① ②
③ ④

해답 ① 조기강도 증가
② 마모저항성 증대
③ 슬럼프값 감소
④ 철근의 부식
⑤ 수화열 증가
⑥ 알칼리골재반응 촉진

□□□ 97②

11 염화칼슘($CaCl_2$)을 콘크리트에 혼합할 경우, 기대할 수 있는 장점을 3가지만 쓰시오.

① ②
③

해답 ① 조기강도 증가
② 마모저항성 증대
③ 슬럼프값 감소
④ 수화열 증가

□□□ 97①

12 고속도로 노상판의 보수공사, 교량공사, 기계의 바닥 및 기초공사 등과 같이 단시간 내의 강도를 발현시켜야 하는 경우나 터널공사시 용수나 누수를 막기 위해 속경성과 수압에 견딜 수 있는 조기강도의 발현이 필요한 경우에 쓰이는 혼화제를 무엇이라고 하는가?

○

해답 급경제(急硬劑)

□□□ 97①

13 콘크리트 혼화제인 AE제에 의해 콘크리트 내부에 연행된 공기가 콘크리트의 성질에 미치는 영향에 대하여 5가지만 쓰시오.

①
②
③
④
⑤

해답 ① 워커빌리티가 좋아진다.
② 블리딩 등의 재료분리를 작게 한다.
③ 사용수량은 15% 정도 감소시킬 수 있다.
④ 발열증발이 적고 수축균열이 적게 일어난다.
⑤ 골재의 알칼리반응이 감소한다.
⑥ 동결융해에 대한 저항성이 크다.

골재(aggregate)

□□□ 84③

14 골재는 크러싱 플랜트(crushing plant)로 몇 개의 골재 군으로 생산하여 시방입도가 되게 혼합하는데, 골재의 혼합비를 산출하는 방법 4가지만 쓰시오.

① ______ ② ______

③ ______ ④ ______

해답 ① 시산법
② 연립방정식을 이용하는 방법
③ 도표를 사용하는 방법
④ 중량배합법

□□□ 90②

15 골재 Plant에서 발생하는 공해의 소음, 분진 및 탁수에 대한 대책을 각각 1가지씩 쓰시오.

가. 소음 :

나. 분진 :

다. 탁수 :

해답 가. 소음 : 방음벽 설치
나. 분진 : 분진망 설치
다. 탁수 : 정수시설 설치

일반 콘크리트의 시공

□□□ 84①

16 강제식 믹서는 어떤 콘크리트를 비비는 데 적당한지 2가지만 쓰시오.

① ______ ② ______

해답 ① 된반죽의 콘크리트
② 부배합(富配合) 콘크리트
③ 경량골재 사용시

□□□ 85①

17 콘크리트의 재료(물, 모래, 자갈, 시멘트)를 모두 용적 계량하고자 한다. 배합오차가 많은 재료부터 순서대로 열거하시오.

○

해답 모래 – 자갈 – 물 – 시멘트

재료	계량오차
시멘트	−1%, +2%
물	−2%, +1%
골재	3.0%
혼화제	3.0%

□□□ 95④

18 콘크리트의 재료로 사용되는 시멘트, 모래, 자갈, 물의 용적을 측정하고자 한다. 이때 배합오차 허용범위가 적은 재료로부터 나열하시오.

○

해답 물 – 시멘트 – 모래 – 자갈

□□□ 94③

19 콘크리트 타설시 이음은 구조물의 강도, 내구성 및 외관에 큰 영향을 미치는 경우가 있다. 콘크리트 구조물의 성질상 시공이음을 설치하여야 할 위치 및 원칙, 부득이 설치할 경우, 시공이음 계획시 고려할 사항 등에 각각 1가지씩만 쓰시오.

가. 위치 및 설치시 원칙 :

나. 부득이 설치할 경우 :

다. 시공이음 계획시 고려할 사항 :

해답 가. ① 전단력이 작은 위치에 설치
② 부재의 압축력이 작용하는 방향과 직각이 되도록 설치
나. ① 장부(凹凸) 또는 홈을 만드는 방법
② 철근으로 보강하는 방법
다. 수화열 및 외기온도에 의한 온도응력과 건조수축 균열의 발생을 고려하여 위치와 구조를 결정

□□□ 84②

20 콘크리트의 재료분리를 방지하기 위한 다음 보기의 운반방법 중 어느 것을 사용하는 것이 가장 적당한가?

덤프트럭, 버킷, 벨트 컨베이어, 슈트

ㅇ

해답 버킷(bucket)

□□□ 92②, 93③, 97③, 98⑤

21 콘크리트 운반시에 고려되어야 할 가장 중요한 사항을 3가지만 쓰시오.

① ②

③

해답 ① 신속하게 운반 ② 재료분리 방지
③ 슬럼프 및 공기량의 감소 방지

□□□ 84①

22 콘크리트 타설에 있어서 다짐방법의 종류를 4가지만 쓰시오.

① ②

③ ④

해답 ① 봉다짐 ② 진동다짐
③ 거푸집을 두드리는 법 ④ 원심력 다짐
⑤ 가압다짐

□□□ 96⑤

23 콘크리트의 타설시 다짐방법의 종류 4가지만 쓰시오.

① ②

③ ④

해답 ① 봉다짐 ② 진동다짐
③ 거푸집을 두드리는 법 ④ 원심력 다짐
⑤ 가압다짐

□□□ 89②

24 콘크리트 타설시의 다짐방법을 5가지만 쓰시오.

① ②

③ ④

⑤

해답 ① 봉다짐
② 진동다짐
③ 거푸집을 두드리는 법
④ 원심력 다짐
⑤ 가압다짐

□□□ 84③

25 콘크리트 타설에 콘크리트 펌프를 많이 사용하는데, 사용 도중에 파이프가 막히는 plugging 현상이 발생한다. 그 이유를 4가지만 쓰시오.

① ②

③ ④

해답 ① 골재의 치수가 너무 클 때
② slump값이 너무 작을 때
③ 관경이 너무 작을 때
④ 관로의 길이가 너무 길 때
⑤ 콘크리트가 경화되었을 때

□□□ 93④

26 최근 도심지 콘크리트 타설공사시 많이 이용되는 콘크리트 펌프 시공시의 장·단점을 한 가지씩 쓰시오.

가. 장점 :

나. 단점 :

해답 가. ① 기동성이 좋고 현장 사이의 이동이 용이하다.
② 재료분리가 잘 안 되고 콘크리트 손실이 적다.
③ 협소한 장소, 복잡한 장소에 타설이 가능하다.
나. ① 관의 폐쇄가 우려된다.
② 압송거리, 압송높이에 한계가 있다.
③ 관이 막히면 시공능률이 저하된다.

□□□ 84①

27 콘크리트 타설시 주입장소가 다음과 같을 때 적합한 장비 1가지씩 쓰시오.

① 주입장소가 상대적으로 낮을 때 :

② 주입장소가 수평면에 있을 때 :

③ 주입장소가 상대적으로 높을 때 :

④ 주입장소가 대단히 높을 때 :

⑤ 주입장소가 수중일 때 :

해답 ① 경사 슈트 ② 트럭믹서 ③ 콘크리트 펌프
④ 타워 크레인(tower crane) ⑤ 트레미(tremie)

□□□ 96②

28 다음 ( ) 안에 알맞은 말을 넣으시오.

> 진동기는 콘크리트를 고르는 데 사용해서는 안 되고 과도한 진동을 주어서도 안되며 한자리에서 ( )초 이상 머물러 있어도 안 된다.

해답 20초(적당한 진동시간 5～20초)

□□□ 95①

29 다음과 같은 이유로 두는 이음(joint)을 무슨 이음이라고 하는가?

> ① 무리한 야간작업을 피함
> ② 거푸집의 여러 번 사용이 가능함
> ③ 댐 콘크리트의 경우에는 콘크리트의 온도상승을 되도록 억제하기 위함
> ④ 대단히 견고한 거푸집 및 동바리공을 축조하지 않아도 됨

○

해답 시음이공(construction joint)

□□□ 92①

30 시공이음 계획 및 설치에 있어서 주의하여야 할 사항을 3가지만 쓰시오.

①

②

③

해답 ① 전단력이 작은 위치에 설치
② 전단이 큰 위치에는 장부 또는 홈을 만들거나 강재를 배치하여 보강
③ 수화열 및 외기온도에 의한 온도응력과 건조수축 균열의 발생을 고려하여 위치와 구조를 결정

□□□ 90②, 99⑤

31 전단력이 큰 곳에서 부득이 시공이음을 설치하여야 할 필요성이 있는 곳에 설치하는 철근은?

○

해답 전단보강철근

□□□ 95⑤, 97④

32 온도변화, 건축수축, 기초의 부등침하 등에서 생기는 균열을 방지하기 위하여 콘크리트 구조물에 설치하는 것을 무엇이라 하는가?

○

해답 신축이음(expansion joint)

□□□ 92④

33 공사현장에서 이행하는 콘크리트 관리시험의 종류를 3가지만 쓰시오.

① ②

③

해답 ① 슬럼프시험
② 공기량 시험
③ 콘크리트 압축강도시험
④ 콘크리트의 단위용적 중량시험

□□□ 87③

34 콘크리트 신축이음의 재료가 갖추어야 할 조건 중 중요한 것 3가지만 쓰시오.

①

②

③

해답 ① 온도변화 등에 의한 신축이 자유로울 것
② 스트레인(strain) 변화 등에 의한 변위가 자유로울 것
③ 강성(剛性)이 높은 것
④ 내구성(耐久性)이 클 것
⑤ 구조가 간단하고 시공이 쉬울 것
⑥ 평탄하고 주행성이 있을 것
⑦ 방수 또는 배수가 완전할 것

□□□ 92①

35 신축이음 재료로 쓰이는 충진재(filler)는 방수와 미관의 두 조건을 만족시켜야 된다. 충진재를 4가지만 쓰시오.

① ②

③ ④

해답 ① sealing
② compound
③ 합성고무
④ 코르타르
⑤ 매스틱(mastic)
⑥ 아스팔트

□□□ 87②

36 콘크리트의 신축이음 재료로서 충진재(filler), 줄눈, 지수판(water stop plate)의 3가지로 크게 구분된다. 이 중 지수판으로 어떤 재료가 가장 많이 이용되는지 2가지를 쓰시오.

① ②

해답 ① 동판
② 강판
③ 연질 염화비닐
④ 천연고무
⑤ 합성고무

□□□ 85③

37 콘크리트에 신축이음을 두는 가장 큰 이유는?

○

해답 콘크리트 구조물의 온도변화, 건조수축, 기초의 부등침하 등에서 생기는 균열방지

□□□ 96⑤

38 대량의 콘크리트를 연속해서 타설할 경우 이미 친 콘크리트가 경화를 시작한 후 그 위에 타설한 콘크리트는 일체로 되지 않고 불연속상태로 된다. 이 불연속면을 무엇이라 부르는가?

○

해답 콜드조인트(cold joint)

□□□ 92①, 92②, 99①, 99④

39 콘크리트의 양생 중 막(膜)양생제로 쓰이는 것을 3가지만 쓰시오.

① ②

③

해답 ① 비닐 유제
② 플라스틱 시트(plastic sheet)
③ 아스팔트 유제
④ 방수지

□□□ 91①, 97③

40 강제거푸집의 내용연수(耐用年數)를 4년 잔존가격이 0.1 (10%)인 경우 연상각률을 구하시오.

계산 과정) 답 :

해답 $\text{연상각률} = \dfrac{\text{구입가격} - \text{잔존가격}}{\text{내용연수}} \times 100$

$= \dfrac{1-0.1}{4} \times 100 = 22.5\%$

□□□ 96③

41 콘크리트의 증기양생의 양생 cycle에 대하여 4단계를 쓰시오.

① 1단계 : ____________________

② 2단계 : ____________________

③ 3단계 : ____________________

④ 4단계 : ____________________

해답 ① 1단계 : 전(前)양생기간(1～4시간)-거푸집과 함께 증기양생실에 넣어 양생실의 온도를 균일하게 유지(20℃)
② 2단계 : 온도상승기간(3～4시간)-비빈 후 3～4시간 후부터 정기양생실 실시(22～33℃)
③ 3단계 : 등온양생기간(3시간)-최고기온 66～82℃
④ 4단계 : 온도강하기간(3～7시간)

□□□ 84①

42 콘크리트 습윤양생기간은 길수록 좋으나 다음과 같은 경우 적어도 어느 정도 습윤상태를 유지하여야 하는가?
(단, 해수, 산, 알칼리, 물의 침식 등의 영향을 받지 않을 경우)

① 무근콘크리트에서 보통포틀랜드 시멘트를 사용한 경우

② 철근콘크리트에서 조강포틀랜드 시멘트를 사용한 경우

③ 포장콘크리트에서 보통포틀랜드 시멘트를 사용한 경우

④ 댐콘크리트에서 중용열포틀랜드 시멘트를 사용한 경우

⑤ 댐콘크리트에서 고로 시멘트를 사용한 경우

해답 ① 5일　② 3일
③ 14일　④ 14일
⑤ 21일

□□□ 92①

43 거푸집 박리제의 사용목적을 2가지만 쓰시오.

① ____________　② ____________

해답 ① 거푸집에 콘크리트의 부착방지
② 거푸집 해체용이
③ 수분흡수 방지

□□□ 98①

44 콘크리트 제품의 촉진양생 중 증기양생에 의한 콘크리트의 강도는 성숙도(maturity=degree(℃)×hour)와 관계가 있다. 만일 45℃에서 $13\frac{1}{3}$시간 양생하여 일정 강도를 얻은 콘크리트가 있다. 같은 종류의 콘크리트를 60℃에서 양생한다면 몇 시간에 같은 강도를 얻을 수 있는가?

계산 과정)　　　　답 : ____________

해답 성숙도=온도×시간$=45\times13\frac{1}{3}=60\times H$

∴ 시간 H=10시간

(∵ 주의 : $13\frac{1}{3}$ 시간$=\left(13+\frac{1}{3}\right)$시간임.)

□□□ 84③

45 콘크리트 타설 전에 거푸집을 검사하여야 하는데, 검사할 사항 5가지만 쓰시오.

① ____________________

② ____________________

③ ____________________

④ ____________________

⑤ ____________________

해답 ① 거푸집 위치와 치수
② 거푸집 연결부의 조립상태
③ 거푸집의 청결 여부
④ 콘크리트 타설 중 거푸집의 변형 가능성
⑤ 해체를 위한 박리제 도포여부
⑥ 거푸집 구석에 모따기 설치 여부

□□□ 92①, 96③

46 다음의 부재(不在) 중 거푸집 존치기간이 긴 것부터 순서를 쓰시오.

① 부재 저면의 거푸집

② Span(지간) 6m 이상인 Arch 구조물 중앙

③ Span(지간) 6m 미만인 Arch 구조물 중앙

④ 부재측면의 거푸집

해답 ②→③→①→④

□□□ 98③

47 동바리의 설계시 고려사항을 4가지만 쓰시오.

① ________________

② ________________

③ ________________

④ ________________

해답 ① 하중을 안전하게 기초에 전달해야 한다.
② 조립하고 떼어내기가 편리한 구조이어야 한다.
③ 콘크리트 자중에 따른 침하, 변형을 고려해야 한다.
④ 이음이나 접촉부에서 하중을 안전하게 전달해야 한다.
⑤ 동바리의 기초가 과도한 침하나 부등침하가 생기지 않아야 한다.
⑥ 중요한 구조물의 동바리에 대해서는 시공상세도를 작성해야 한다.

□□□ 93③

48 거푸집, 동바리는 여러 가지 시공조건을 고려하여 어떤 하중을 생각하고 설계하여야 하는지 3가지만 쓰시오.

① ________________ ② ________________

③ ________________

해답 ① 연직방향 하중 ② 횡방향 하중
③ 콘크리트 측압 ④ 특수하중

□□□ 84②

49 다음 보기의 구조 중 거푸집의 존치기간(存置期間)이 짧은 것부터 순서대로 열거하시오.

기둥, footing 기초, 스팬이 짧은 보, 스팬이 긴 보, 콘크리트 포장

○

해답 콘크리트 포장 → footing 기초 → 기둥 → 스팬이 짧은 보 → 스팬이 긴 보

□□□ 92①, 96③

50 Travelling form이란 무엇인가, 그리고 그 사용되는 공사는?

가. Travelling form이란 무엇인가

○

나. 사용되는 공사

○

해답 가. 이동식 거푸집
나. 터널의 복공에서 사용되는 철재거푸집

□□□ 86②

51 강제거푸집 공법 중 슬립 폼(slip form) 공법의 작업방법에 대하여 설명하고 주요부품을 4가지만 쓰시오.

가. 작업방법을 간략하게 설명하시오.

○

나. 주요부품

① ________________ ② ________________

③ ________________ ④ ________________

해답 가. 거푸집을 일단 조립하면 콘크리트 타설작업이 완료될 때까지 거푸집을 해하지 않고 상향이나 수평으로 그대로 이동시키면서 연속적으로 콘크리트를 타설한다.
나. ① 멍에(yoke) ② 거푸집널(form)
③ 띠장(wale) ④ 작업발판(Jack)

□□□ 87③, 95④

52 이 공법의 특성은 거푸집을 일단 조립하면 콘크리트 타설작업이 완료될 때까지 거푸집을 해체하지 않고 계속 작업을 할 수 있어 동일 규격의 단면을 갖는 콘크리트 작업시 사용되며, 거푸집을 상향이나 수평으로 콘크리트면에 밀착시킨 상태에서 그대로 이동시켜 재타설할 수 있고 사일로, 벽, 교각 타워 등에 이용하면 좋은 강제거푸집 공법은?

○

해답 Slip form 공법

□□□ 96①, 98②, 99⑤, 18①, 22①

53 높은 교각이나 사이로, 수조 등의 공사에 사용하는 특수 거푸집으로 시공속도가 빠르고 이음이 없는 수밀성의 콘크리트 구조물을 만들 수 있는 대표적 특수 거푸집 공법 3가지를 쓰시오.

① ______ ② ______

③ ______

해답 ① sliding form 공법
② 슬립 폼(slip form) 공법
③ travelling form 공법

□□□ 94④, 98④

54 거푸집은 콘크리트가 소정의 강도에 달하면 가급적 빨리 떼어내는 것이 바람직하다. 다음 부재의 거푸집을 떼어내어도 좋은 콘크리트의 압축강도는 어느 정도인가?

가. 확대기초의 측면 :

나. 기둥이나 벽 측면 :

다. 보의 밑면 또는 슬래브 :

해답 가. 5MPa 이상 나. 5MPa 이상 다. 14MPa 이상

□□□ 87③

55 옹벽이나 교량 등이 일반적인 토목공사에서 콘크리트를 타설할 때, 현장에서 시행하는 관리사항 중 반드시 시행하여야 할 시험 2가지를 쓰시오.

① ______ ② ______

해답 ① 슬럼프 시험 ② 공기량시험 ③ 압축강도시험

□□□ 87③, 96③

56 콘크리트 또는 암석 등의 대략적인 압축강도를 알기 위하여 표면에 타격 후 그 반발값으로 압축강도를 측정하는 비파괴시험기는 무엇인가?

○

해답 슈미트 해머(schumidt hammer)

□□□ 98④

57 콘크리트공사에서 다음 3단계에 해당하는 대표적인 시험 종류를 각각 3가지씩 쓰시오.

가. 공사개시 전 검사

① ______ ② ______

③ ______

나. 공사 중 검사

① ______ ② ______

③ ______

다. 공사종료 후 검사

① ______ ② ______

③ ______

해답 가. ① 시멘트 시험(비중, 분말도)
② 유해물 함유량 시험
③ 골재시험(체가름, 비중, 안정성, 마모성)
나. ① 슬럼프시험
② 공기량 시험
③ 콘크리트 압축강도시험
④ 콘크리트의 단위용적 중량시험
다. ① 콘크리트의 비파괴시험
② 구조물에서 절취한 콘크리트 공시체에 대한 시험
③ 구조물의 재하시험

□□□ 94①

58 콘크리트의 비파괴시험 방법을 3가지만 쓰시오.

① ______ ② ______

③ ______

해답 ① 슈미트 해머법 ② 초음파 속도법
③ 음향방출법(AE법) ④ 전자파 레이더법

□□□ 85①, 86①, 87②

59 계속해서 콘크리트를 쳤을 경우, 먼저 친 콘크리트와 나중에 친 콘크리트와의 사이에서 비교적 긴 시간차로 말미암아 계획되지 않은 곳에 생기는 이음을 무엇이라 하는가?

○

해답 콜드조인트(cold joint)

□□□ 89②

60 시멘트에 대한 품질시험을 위한 휨강도시험에서 최대 하중이 P일 때 최대하중 $P\times\frac{15}{64}$가 휨강도로 표시되는 근거를 쓰시오.
(단, 공시체의 크기는 4cm×4cm×16cm이고, 지간은 10cm임.)

○

해답 $f=\frac{M}{Z}=\frac{\frac{Pl}{4}}{\frac{bh^2}{6}}=\frac{\frac{P\times10}{4}}{\frac{4\times4^2}{6}}=P\times\frac{15}{64}$

□□□ 92②

61 원통형 암석시편에 압축하중을 가하여 암석의 인장강도를 결정하는 간접인장시험방법을 무엇이라 하며, 이때 인장강도(f_t) 산정식은?
(단, 파괴시 압축하중 : P, 시편하중 : D, 시편길이 : L이다.)

가. 간접인장시험방법을 무엇이라 하는가?

○

나. 인장강도 산정식 :

해답 가. 할열인장시험(Brazilian test)
나. $f_t=\frac{2P}{\pi DL}$

□□□ 93④

62 공사 중에는 필요에 따라 콘크리트시험을 실시하는데, 가장 중요한 것 4가지만 쓰시오.

① ______ ② ______
③ ______ ④ ______

해답 ① 슬럼프시험
② 공기량 시험
③ 콘크리트 압축강도시험
④ 콘크리트의 단위용적 중량시험
⑤ 염화물 함유량 시험

□□□ 93①

63 콘크리트의 품질관리시험은 공사 전, 공사 중, 공사 후의 3단계로 나누어 시험한다. 그중 공사 중 시행하는 시험의 종류를 3가지만 쓰시오.

① ______ ② ______
③ ______

해답 ① 슬럼프시험
② 공기량 시험
③ 콘크리트 압축강도시험
④ 콘크리트의 단위용적 중량시험
⑤ 염화물 함유량 시험

콘크리트의 성질

□□□ 89②

64 굵은골재의 최대지수, 잔골재율, 잔골재의 입도, 반죽질기 등에 의한 마무리가 쉬운 정도를 나타내는 굳지 않는 콘크리트의 성질을 무엇이라고 하는가?

○

해답 피니셔빌리티(finishability)

□□□ 87③

65 워커빌리티(workbility)의 측정방법을 5가지 쓰시오.

① ______
② ______
③ ______
④ ______
⑤ ______

해답 ① 슬럼프시험(slump test)
② 흐름시험(flow test)
③ 구관입시험(ball penetration tesst)
④ 리몰딩시험(Remolding test)
⑤ 비비시험(Vee-Bee test)
⑥ 다짐계수시험(compacting factor test)

□□□ 86②

66 콘크리트 또는 모르타르가 엉기기 시작하였을 경우에 다시 비비는 작업을 무엇이라 하는가?

○

해답 되비비기

□□□ 85②

67 콘크리트 또는 모르타르가 엉기기 시작하지는 않았으나 비빈 후 상당한 시간이 지났거나 또는 재료가 분리한 경우에 다시 비비는 작업을 무엇이라 하는가?

○

해답 거듭비비기

□□□ 86②

68 콘크리트의 워커빌리티(workability)를 좋게 사용하는 방법 5가지만 쓰시오.

①

②

③

④

⑤

해답 ① 단위수량을 크게 한다.
② 분발도가 큰 시멘트를 사용한다.
③ 단위시멘트 사용량을 크게 한다.
④ AE를 사용하여 공기를 연행시킨다.
⑤ 입형이 좋은 골재를 사용한다.
⑥ 비비기 시간을 충분히 한다.

□□□ 85②

69 굳지 않은 콘크리트나 모르타르에 있어서 물이 상승하는 현상을 무엇이라 하는가?

○

해답 블리딩(bleeding)

□□□ 87③

70 반죽질기 여하에 따르는 작업난이의 정도 및 재료의 분리에 저항하는 정도를 나타내는 굳지 않은 콘크리트의 성질을 무엇이라 하는가?

○

해답 워커빌리티(workability, 시공연도)

□□□ 88②

71 콘크리트 반죽질기시험(consistency test)에 필요한 슬럼프 몰드(mold), 일명 cone의 높이는 몇 mm인가?

○

해답 300mm

□□□ 93④

72 콘크리트의 초기균열인 침하수축균열의 원인을 간단히 설명하시오.

○

해답 묽은 비빔 콘크리트에서의 bleeding이 클 때

□□□ 95④, 99⑤

73 Concrete는 여러 가지 환경에서 표면에 손상을 받는다. 이것을 손식(損蝕)이라고 하기도 하며, 결국 콘크리트 구조물의 내구성에 나쁜 영향을 끼친다. 손식작용의 4가지 현상을 쓰시오.

①

②

③

④

해답 ① 콘크리트의 강도저하
② 콘크리트의 균열발생
③ 수밀성 저하
④ 콘크리트 구조물에 백화발생
⑤ 철근부식

□□□ 95④, 98②

74 콘크리트 표면에서 공기 중의 탄산가스의 작용을 받아 콘크리트 중의 수산화칼슘이 서서히 탄산칼슘으로 변하여 콘크리트의 알칼리성을 상실하는 것을 무엇이라고 하는가?

○

해답 콘크리트의 중성화(中性化, 탄산화)

□□□ 96⑤

75 Concrete의 내구성을 저하시키는 열화원인을 화학적 반응 및 물리적 반응으로 구분하여 2가지씩 쓰시오.

가. 화학적 반응

①

②

나. 물리적 반응

①

②

해답 가. ① 알칼리 골재반응
② 중성화
③ 염해
나. ① 동해
② 손식

□□□ 84③

76 콘크리트 강도에 영향을 주는 요소 5가지만 쓰시오.

①

②

③

④

⑤

해답 ① 물-결합재비 ② 시멘트의 품질
③ 혼화재료 ④ 골재의 성질
⑤ 골재의 입도 ⑥ 배합
⑦ 비비기 ⑧ 치기
⑨ 양생 ⑩ 압축강도 시험방법

□□□ 93②

77 구조물 표면이 하얗게 얼룩지는 현상을 말하는 것으로 이는 구조물이 비에 젖었다 말랐다 하면서 염분용해와 수분증발이 되풀이되면서 생기는 것인데 이러한 현상을 무엇이라고 하는가?

○

해답 백화(efflorescence) 현상

□□□ 96⑤

78 철근콘크리트 구조물 공사시 철근을 소요두께의 콘크리트로 덮는 이유(일명 콘크리트 피복두께라고도 함) 3가지를 쓰시오.

① ②

③

해답 ① 철근의 산화 방지
② 내화구조로 만들기 위해
③ 부착응력의 확보

특수 콘크리트

□□□ 99②

79 프리스트레스 콘크리트의 손실원인 5가지를 쓰시오.

① ②

③ ④

⑤

해답 ① 정착장치의 활동
② 콘크리트의 탄성수축
③ 콘크리트의 건조수축
④ 콘크리트의 크리프
⑤ PS 강재의 릴랙세이션
⑥ 포스트텐션 긴장재와 덕트 사이의 마찰

□□□ 84③

80 프리스트레스트 콘크리트에서 포스트텐션(post-tension) 방법으로 널리 알려진 방식을 3가지만 쓰시오.

① ______________ ② ______________

③ ______________

해답 ① 프레시네 공법(freyssinet method)
② BBRV공법
③ 디비닥 공법(dywidag method)
④ 레온하르(Leonhartd) 공법
③ VSL 공법

□□□ 87①

81 콘크리트가 하중을 받기 전에 미리 인장응력 또는 압축응력을 주어 놓고 실제 하중이 작용하여 일어난 인장응력과 균형을 이루도록 한 콘크리트는?

○

해답 프리스트레스트 콘크리트(PSC, PS 콘크리트)

□□□ 89②

82 다음은 콘크리트 시방서에 규정된 한중콘크리트의 시공에 관한 사항이다. ( ) 안에 알맞은 내용을 쓰시오.

가. 시멘트는 ( ) 시멘트를 사용하는 것을 표준으로 한다.

나. 가열한 재료와 시멘트를 믹서에 투입하는 순서를 쓰시오.
○

다. 양생 중의 콘크리트의 온도를 약 ( )℃로 유지하는 것을 표준으로 한다.

라. 물-시멘트비가 55%, 온도가 10℃이고, 보통포틀랜트 시멘트를 사용할 경우 자주 물로 포화되는 부분의 양생일수 표준은 며칠인가?
○

마. 골재를 ( )℃ 이상 가열하면 취급이 곤란하고 시멘트를 급결시킬 염려가 있다.

해답 가. 포틀랜드
나. 가열한 물 - 굵은골재 - 잔골재 - 시멘트
다. 10
라. 7일
마. 65

□□□ 94②

83 스위스에서 개발된 PSC 공법으로 PS 강선을 동시에 긴장하여 쐐기 정착시키는 공법으로 케이블은 반집중식 또는 분산식이며, 작은 인장력에서 큰 인장력으로 임의 변경할 수 있는 이 공법은?

○

해답 BBRV공법

□□□ 87②

84 독일에서 개발된 PSC 공법의 일종으로 PS 강봉을 사용하며, 정착, 이음매 기구의 용이성, 확실성에 특징이 있는 공법으로 우리나라에서도 근래 시공경험이 있는 공법의 이름은?

○

해답 디비닥 공법(dywidag method)

□□□ 96③, 99②

85 프리스트레스트 콘크리트(prestressed concrete)의 주요한 단점 3가지를 쓰시오.

① ______________

② ______________

③ ______________

해답 ① 강성이 작아서 변형이 크고 진동하기 쉽다.
② 내화성에서 불리하다.
③ 공사가 복잡하여 고도의 기술을 요한다.
④ 고강도 재료의 사용으로 공사비가 많이 든다.

□□□ 91③

86 한중콘크리트 시공시 단위수량을 적게 하는 가장 큰 이유는?

○

해답 초기 동해 방지

□□□ 92②

87 다음 (   ) 안에 알맞은 말을 적으시오.

콘크리트는 일평균기온 4℃ 이하로 예상될 경우 한중콘크리트로 시공해야 하는데 기온이 (①)℃에서는 간단히 주위를 보온으로, (②)℃ 에서는 물과 골재를 가열하여야 하며, (③)℃ 이하에서는 본격적으로 한중콘크리트로서 필요에 따라 적절한 보온, 급열에 의하여 쳐넣은 콘크리트를 소요의 온도로 유지하는 등의 조치를 취하여야 한다.

해답 ① 0 ~ 4 ② -3 ~ 0 ③ -3

□□□ 85②

88 콘크리트 표준시방에 규정된 한중콘크리트의 시공에서 특히 주의할 사항 3가지만 쓰시오.

① ②
③

해답 ① 초기 동해 방지
② 동결융해작용에 대하여 충분한 저항성 확보
③ 예상되는 하중에 대하여 충분한 강도 확보

□□□ 94③, 99③

89 서중콘크리트 시공에 있어서 기온이 높아지면 그에 따라 콘크리트의 타설온도가 높아져서 서중콘크리트 시방규정에 따라 시공하여야 한다. 서중콘크리트 치기작업시 콘크리트 표준시방서에서 규정한 유의사항 4가지만 쓰시오.

①
②
③
④

해답 ① 콘크리트로부터 물을 흡수할 우려가 있는 부분을 습윤상태로 유지해야 한다.
② 콘크리트는 비빈 후 1.5시간 이내에 타설하여야 한다.
③ 콘크리트를 타설할 때의 온도는 35℃ 이하이어야 한다.
④ 콜드조인트가 생기지 않도록 적절한 계획에 따라 실시해야 한다.

□□□ 86①

90 동계 콘크리트를 시공하려고 한다. 시방서에는 타설시 콘크리트의 온도를 10℃ 이상으로 하며 양성기간 중에는 적절한 보온수단을 강구할 것을 규정하고 있다.
(현재 시멘트, 조골재 및 세골재의 온도는 -2℃이며, 배합비는 아래 표와 같다.)

시멘트	조골재	세골재	물
300kg/m³	1,150kg/m³	650kg/m³	150kg/m³

혼합수를 미리 가열하여 콘크리트의 온도를 조절하려 할 경우 몇 ℃까지 가열해야 하는가?
(단, 소수 첫째자리에서 반올림하고, 시멘트, 조골재 및 세골재의 비열은 0.22로 가정한다.)

계산 과정) 답 :

해답 $T=\dfrac{C_s(T_a W_a+T_c W_c)+T_f W_f+T_w W_w}{C_s(W_a+W_c)+W_f+W_w}$ 에서

$$10=\frac{0.22\{(-2\times 1,800)+(-2\times 300)\}+0+T_w\times 150}{0.22\times(1,800+300)+0+150}$$

$\therefore\ T_w=46.96℃$ $\therefore$ 47℃

참고 SOLVE 사용

□□□ 84②, 86①

91 수중콘크리트를 치는 방법을 4가지만 쓰시오.

① ②
③ ④

해답 ① 트레미 ② 콘크리트 펌프
③ 밑열림 상자 ④ 밑열림 포대

□□□ 95①, 97②

92 레디믹스트 콘크리트(ready mixed concrete) 제조방법 3가지를 쓰시오.

①
②
③

해답 ① 센트럴믹스트 콘크리트(central mixed concrete)
② 쉬링크믹스트 콘크리트(shrink mixed concrete)
③ 트랜싯믹스트 콘크리트(transit mixed concrete)

□□□ 92①

93 다음 ( ) 안에 알맞은 말을 써넣으시오.

가. 일평균기온이 (①)℃ 이하에서 한중콘크리트 타설준비를 하여야 하며, 콘크리트리트 타설시의 기온이 (②)℃를 넘으면 서중콘크리트로서의 여러 가지 성상이 현저해지므로 일평균기온이 (③)℃ 이상일 때는 서중 콘크리트 타설준비를 하는 것이 좋다

나. 콘크리트는 신속하게 운반하여 즉시 치고 다져야 하는데 비비기로부터 치기가 끝날 때까지 시간은 원칙으로 대기온도가 25℃ 이상일 때는 (①)시간, 25℃ 이하일 때도 (②)시간을 넘어서는 안 된다.

해답 가. ① 4 ② 30 ③ 25
나. ① 1.5 ② 2

□□□ 84①

94 수중(水中) 콘크리트 시공상 특히 주의하여야 할 사항을 4가지만 쓰시오.

①
②
③
④

해답 ① 콘크리트는 수중에 낙하시켜서는 안 된다.
② 콘크리트가 경화될 때까지 물의 유동을 방지하여야 한다.
③ 수평을 유지하면서 소정의 높이에서 연속해서 쳐야 한다.
④ 레이턴스를 모두 제거하고 다시 타설하여야 한다.
⑤ 시멘트가 물에 씻겨서 흘러나오지 않도록 타설하여야 한다.

□□□ 95③, 97①, 97④

95 현장으로 운반되어져 오는 레미콘의 인수시, 인수자가 해야 할 시험을 최근의 현장조건에 비추어 3가지만 쓰시오.

① ②
③

해답 ① 슬럼프시험
② 공기량 시험
③ 염화물 함유량 시험

□□□ 85②

96 수중콘크리트(水中 concrete) 작업시 주의사항 5가지만 쓰시오.

①
②
③
④
⑤

해답 ① 콘크리트는 수중에 낙하시켜서는 안 된다.
② 콘크리트가 경화될 때까지 물의 유동을 방지하여야 한다.
③ 수평을 유지하면서 소정의 높이에서 연속해서 쳐야 한다.
④ 레이턴스를 모두 제거하고 다시 타설하여야 한다.
⑤ 시멘트가 물에 씻겨서 흘러나오지 않도록 타설하여야 한다.

□□□ 85②

97 서중콘크리트 치기에 있어서 준수하여야 할 사항 3가지만 쓰시오.

①
②
③

해답 ① 콘크리트로부터 물을 흡수할 우려가 있는 부분을 습윤상태로 유지해야 한다.
② 콘크리트는 비빈 후 1.5시간 이내에 타설하여야 한다.
③ 콘크리트를 타설할 때의 온도는 35℃ 이하이어야 한다.
④ 콜드조인트가 생기지 않도록 적절한 계획에 따라 실시해야 한다.

□□□ 89①, 91③

98 레미콘 사용에서 운반시간의 허용범위와 1회 채취시 강도는 주문강도의 몇 % 이상인가?
(단, Agitator 사용시)

가. 허용범위 :

나. 주문강도 :

해답 가. 1.5시간 이내
나. 85% 이상

□□□ 86②

99 보통콘크리트와 비교할 때 AE(air entrained) 콘크리트 장점 4가지만 쓰시오.

①

②

③

④

해답 ① 내구성이 크다.
② 워커빌리티가 좋아진다.
③ 사용수량은 15% 정도 감소시킬 수 있다.
④ 발열증발이 적고 수축균열이 적게 일어난다.
⑤ 알칼리골재 반응이 감소한다.
⑥ 수밀성이 증대된다.
⑦ 동결융해에 대한 저항성이 크다.

□□□ 84①

100 AE(Air Entrained) 콘크리트의 장점을 3가지만 쓰시오.

①

②

③

해답 ① 내구성이 크다.
② 워커빌리티가 좋아진다.
③ 사용수량은 15% 정도 감소시킬 수 있다.
④ 발열증발이 적고 수축균열이 적게 일어난다.
⑤ 알칼리골재반응이 감소한다.
⑥ 수밀성이 증대된다.
⑦ 동결융해에 대한 저항성이 크다.

□□□ 88③

101 처음에는 조골재를 거푸집 내에 채우고 Pump에 의하여 특수 모르타르를 서서히 주입하여 콘크리트를 만드는 공법은?

○

해답 프리플레이스트 콘크리트(preplaced concrete)

□□□ 84①, 86②, 96③

102 AE 콘크리트는 공기연행 콘크리트라고 하며, 혼화제를 콘크리트 속에 혼합하면 무수히 많은 미세한 기포가 유동성이 좋은 콘크리트가 된다. 이 AE 콘크리트의 장점 5가지만 쓰시오.

①

②

③

④

⑤

해답 ① 내구성이 크다.
② 워커빌리티가 좋아진다.
③ 사용수량을 15% 정도 감소시킬 수 있다.
④ 발열증발이 적고 수축균열이 적게 일어난다.
⑤ 골재의 알칼리골재반응이 감소한다.
⑥ 수밀성이 증대된다.
⑦ 동결융해에 대한 저항성이 크다.

□□□ 88②

103 Preplaced Concrete에 쓰이는 혼화재료를 2가지만 쓰시오.

① ②

해답 ① 플라이 애시 ② 고로슬래그 미분말 ③ 감수제

□□□ 95⑤, 98④

104 최근의 건설현장에서 인부들이 시공이 어려워 레미콘에 물을 타서 시공을 하여 강도 및 내구성에 상당한 영향을 주고 있다. 이 문제의 근본적인 해결을 위해 개발된 콘크리트를 쓰시오.

○

해답 유동화(流動化) 콘크리트

□□□ 96②

105 경량콘크리트의 일종으로 잔골재를 사용하지 않고 석회질과 규산질을 주원료로 하여 여기에 기포제를 가하여 다공질화하여 양생한 콘크리트는?

○

해답 경량기포 콘크리트(autoclaved light weight concrete)

□□□ 95⑤, 98④

106 약칭해서 ALC라 하고 고온고압으로 양생시킨 것으로 단열과 방음 효과가 크고 경화 후 변형이 작은 장점이 있으나 흡수율이 큰 단점이 있는 콘크리트를 무엇이라 하는가?

○

해답 경량기포 콘크리트(ALC : Autoclaved Light weight Concrete)

□□□ 94③

107 소요밀도를 보유하고 건조수축이나 온도응력에 의한 균열이 없고 기건중량이 $3 \sim 6t/m^3$이며, 방사선 차폐를 주목적으로 원자력 발전시설 구조물에 사용하는 콘크리트의 명칭은?

○

해답 방사선 차폐용 콘크리트

□□□ 87②

108 강섬유보강 콘크리트(steel fiber reinforced concrete)가 보통콘크리트에 비하여 갖는 장점을 3가지만 쓰시오.

①

②

③

해답 ① 인성(靭性)이 크다.
② 균열에 대한 저항성이 크다.
③ 인장강도, 휨강도, 전단강도가 크다.
④ 동결융해작용에 대한 저항성이 크다.
⑤ 내충격성이 크다.

□□□ 87①

109 콘크리트의 인장력을 보강하기 위해 스틸화이버를 넣어서 만든 콘크리트는?

○

해답 강섬유보강 콘크리트(steel fiber reinforced concrete)

□□□ 95①

110 숏크리트(shotcrete)의 취약점을 보완하기 위하여 0.25～0.5mm 정도의 steel fiber를 concrete 속에 단위시멘트량의 1.0～1.5% 섞어 보강효과를 나타내는 콘크리트는?

○

해답 강섬유보강 콘크리트(SFRC : steel fiber reinforced concrete)

□□□ 87③

111 콘크리트의 인성 및 균열에 대한 저항성을 높이기 위하여 콘크리트에 강(鋼), 섬유, 레이온, 나이론 등의 재료를 혼합하여 만든 콘크리트를 무엇이라 하는가?

○

해답 섬유보강 콘크리트(FRC : Fiber Reinforced concrete)

□□□ 97③

112 해양콘크리트 철근의 부식을 억제하는 방법을 4가지만 쓰시오.

① ②

③ ④

해답 ① 피복두께를 크게 한다.
② 균열폭을 작게 한다.
③ 콘크리트 표면을 피복한다.
④ 방청철근(에폭시수지 도장 철근, 아연도금 철근)을 사용한다.

□□□ 21①

113 다음 콘크리트의 용어에 대한 정의를 간단히 쓰시오.

가. 워커빌리티(workability) :

나. 유동성(fluidity) :

해답 가. 반죽질기의 정도에 따르는 작업의 난이성 및 재료의 분리성 정도를 나타내는 굳지 않은 콘크리트의 성질
나. 중력이나 밀도에 따라 유동하는 정도를 나타내는 굳지 않은 콘크리트의 성질

4 chapter

배합설계

배합설계 연도별 출제경향

✔ 체크	출제경향	출제연도
□□□	01 $f_{28}=28$MPa, 표준편차 $s=2.0$MPa일 때 f_{cr}값을 구하시오.	05②
□□□	02 $f_{28}=28$MPa, 표준편차 $s=2.4$MPa일 때 배합강도를 구하시오.	08①, 12①, 21②
□□□	03 $f_{28}=40$MPa, 표준편차 $s=4.5$MPa일 때 배합강도를 구하시오.	12②④, 16②, 23③
□□□	04 $f_{28}=-14.7+20.7(C/W)$얻었을 때 물-시멘트비를 구하시오.	14②, 23②
□□□	05 호칭강도가 24MPa이고 압축강도시험의 기록이 없는 경우 배합강도를 구하시오.	11④, 20③
□□□	06 호칭강도(f_{cn})가 20MPa이고 압축강도에 대한 표준편차의 정보가 없는 경우 배합강도를 구하시오.	09①
□□□	07 호칭강도가 28MPa이고 18회로부터 구한 $s=3.6$MPa 일 때 배합강도를 구하시오.	10④
□□□	08 품질기준강도(f_{cq})가 40MPa이고 27회로부터 구한 $s=5.0$MPa일 때 배합강도를 구하시오.	14①, 19③, 20①②
□□□	09 $f_{28}=24$MPa일 때 14회 반복압축강시험했을 때 배합강도를 구하시오.	07④
□□□	10 물-시멘트비 60% 및 50%에서 압축강도가 20MPa, 25MPa일 때 물-시멘트비 40%의 압축강도를 구하시오.	03②
□□□	11 시험횟수 17회의 호칭강도가 24MPa일 때 압축강도의 평균값과 표준편차를 구하시오.	09④, 14④
□□□	12 시험횟수 16회의 호칭강도가 28MPa일 때 압축강도의 평균값과 표준편차를 구하시오.	10①, 23①
□□□	13 시험횟수 16회의 품질기준강도가 24MPa일 때 압축강도의 평균값과 표준편차를 구하시오.	11②
□□□	14 시험횟수 21회의 품질기준강도가 24MPa일 때 압축강도의 평균값과 표준편차를 구하시오.	06④
□□□	15 시험횟수 16회의 호칭강도가 45MPa일 때 표준편차와 배합강도를 구하시오.	08④
□□□	16 공기량 4.5%일 때 콘크리트 $1m^3$ 에 소요되는 굵은골재량을 구하시오.	12④
□□□	17 콘크리트 $1m^3$ 에 소요되는 잔골재 및 굵은골재량을 구하시오.	11①, 20③
□□□	18 콘크리트의 잔골재율을 구하시오.	02③, 14①, 21②
□□□	19 공기량 2%일 때 콘크리트 $1m^3$ 에 소요되는 굵은골재량을 구하시오.	00①, 03④, 07①

✔ 체크	출제경향	출제연도
□□□	20 콘크리트의 단위 굵은골재량과 잔골재율을 구하시오.	13①
□□□	21 갇힌 공기량이 1%일 때 단위 잔골재량을 구하시오.	87②, 05②
□□□	22 공기량 4%일 때 콘크리트 $1m^3$ 에 소요되는 잔골재량, 굵은골재량을 구하시오.	09②
□□□	23 잔골재의 표면수량이 잔골재량의 3%일 때 잔골재의 현장배합량을 구하시오.	05①
□□□	24 공기량 2%일 때 콘크리트 $1m^3$에 소요되는 잔골재량 및 굵은골재량을 구하시오.	01②, 04②
□□□	25 물-시멘트비가 58.8%일 때 배합표를 완성하시오.	00②
□□□	26 설계조건 및 재료를 이용하여 배합표를 완성하시오.	10②, 13②, 16①, 17④
□□□	27 골재의 현장 야적상태가 표와 같을 때 단위 수량, 현장 잔골재량, 현장 굵은골재량을 구하시오.	99④, 07②, 14①, 18①, 19①, 20②
□□□	28 콘크리트의 시방배합을 현장골재상태에 맞게 현장배합으로 환산하여 단위수량을 구하시오.	99②, 06①, 08②, 13②
□□□	29 시방배합과 현장골재상태로부터 현장배합의 단위량을 결정하시오.	94③, 04①, 10②
□□□	30 프리플레이스트 콘크리트에 사용되는 배합표를 완성하시오.	03②
□□□	31 시방배합을 현장배합으로 환산하시오.	99⑤, 00④, 01①, 02②, 18①
□□□	32 현장야적상태가 표와 같을 때 현장배합의 단위량을 결정하시오.	04④, 14①
□□□	33 시방배합과 현장배합의 단위량 표시방법은 어떻게 다른가?	88③, 89①, 93①
□□□	34 물 - 시멘트비를 증가시키지 않고 슬럼프값을 크게 하는 방법을 3가지 쓰시오.	88③, 93①
□□□	35 교량의 슬랩에서 콘크리트를 배합설계 하시오.	85①

04 배합설계

01 배합강도 □□□

더 알아두기

1 배합강도

(1) 콘크리트의 배합은 소요의 강도, 내구성, 수밀성, 균열저항성, 철근 또는 강재를 보호하는 성능을 갖도록 정하여야 한다.

(2) **콘크리트의 배합강도의 결정**

- 배합강도(f_{cr})는 호칭강도(f_{cn})를 변동의 크기에 따라 증가시켰을 때 35MPa 기준으로 분류한다.
- 현장 배치플랜트인 경우는 호칭강도(f_{cn})대신에 기온보정강도(T_n)를 고려한 품질기준강도(f_{cq})를 사용할 수 있다.

기억해요
배합강도를 구하시오.

① $f_{cn} \leq$ 35MPa인 경우

$$f_{cr} = f_{cn} + 1.34s\,(\text{MPa})$$
$$f_{cr} = (f_{cn} - 3.5) + 2.33\,s\,(\text{MPa})$$
두 값 중 큰 값 사용

② $f_{cn} >$ 35MPa인 경우

$$f_{cr} = f_{cn} + 1.34s\,(\text{MPa})$$
$$f_{cr} = 0.9f_{cn} + 2.33\,s\,(\text{MPa})$$
두 값 중 큰 값 사용

여기서, s : 표준 편차(MPa)

f_{ck}
설계기준강도

f_{cq}
품질기준강도

f_{cn}
호칭강도

f_{cu}
평균압축강도

품질기준강도(f_{cq})
현장 배치플랜트인 경우 호칭강도(f_{cn}) 대신 품질기준강도(f_{cq})를 사용할 수 있다.

(3) 콘크리트 압축강도의 표준편차를 알지 못할 때, 또는 압축강도의 시험횟수가 14 이하이거나 기록이 없는 경우의 배합강도는 다음 표와 같이 정한다.

호칭강도 f_{cn}(MPa)	배합강도 f_{cr}(MPa)
21 미만	$f_{cn} + 7$
21 이상 35 이하	$f_{cn} + 8.5$
35 초과	$1.1f_{cn} + 5.0$

2 표준편차의 설정

(1) 표준편차의 설정

① 콘크리트 압축강도의 표준편차

실제 사용한 콘크리트의 30회 이상의 시험실적으로부터 결정하는 것을 원칙으로 한다.

$$s=\sqrt{\frac{\sum(X_i-\overline{\mathrm{x}})^2}{n-1}}=\left[\frac{(X_i-\overline{\mathrm{x}})^2}{n-1}\right]^{\frac{1}{2}}$$

여기서, s : 표준편차
X_i : 각 강도 시험값
$\overline{\mathrm{x}}$: n회의 압축강도 시험값의 평균값
n : 연속적인 압축강도 시험횟수

② 표준편차의 보정계수

압축강도의 시험횟수가 29회 이하이고 15회 이상인 경우는 그것으로 계산한 표준편차에 보정계수를 곱한 값을 표준편차로 사용할 수 있다.

■ 시험횟수가 29회 이하일 때 표준편차의 보정계수

시험횟수	표준편차의 보정계수
15	1.16
20	1.08
25	1.03
30 또는 그 이상	1.00

* 위 표에 명시되지 않은 시험횟수는 직선 보간한다.

(2) 잔골재율

$$S/a=\frac{V_s}{V_s+V_g}\times 100$$

여기서, V_s : 잔골재의 절대부피
V_g : 굵은골재의 절대부피

| 배합강도 |

01 핵심 기출문제

□□□ 05②, 08①, 12①

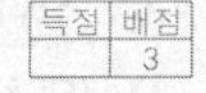

01 재령 28일 호칭강도가 $f_{cn}=28$MPa이고 30회 반복 압축강도시험을 했을 때, 표준편차가 2.0MPa인 경우의 f_{cr}의 값은 얼마인가?

계산 과정) 답 : ______

해답 $f_{cn} \le 35$MPa인 경우

- $f_{cr}=f_{cn}+1.34s=28+1.34\times2.0=30.68$MPa
- $f_{cr}=(f_{cn}-3.5)+2.33s=(28-3.5)+2.33\times2.0=29.16$MPa

∴ 배합강도 $f_{cr}=30.68$MPa(∵ 두 값 중 큰 값)

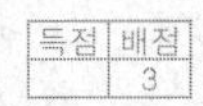

□□□ 05②, 08①, 12①, 21①

02 30회 이상의 콘크리트 압축강도시험 실적으로부터 결정한 압축강도의 표준편차가 2.4MPa이고 호칭강도가 28MPa일 때 배합강도를 구하시오.

계산 과정) 답 : ______

해답 $f_{cn} \le 35$MPa인 경우 배합강도 f_{cr}

- $f_{cr}=f_{cn}+1.34s=28+1.34\times2.4=31.22$ MPa
- $f_{cr}=(f_{cn}-3.5)+2.33s=(28-3.5)+2.33\times2.4=30.09$ MPa

∴ $f_{cr}=31.22$MPa(∵ 두 값 중 큰 값)

□□□ 12②, 15④, 17②, 19③

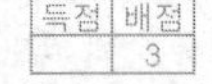

03 22회의 시험실적으로부터 구한 압축강도의 표준편차가 4.5MPa이었고, 콘크리트의 품질기준강도(f_{cq})가 40MPa일 때 배합강도는?
(단, 표준편차의 보정계수는 시험횟수가 20회인 경우 1.08이고, 25회인 경우 1.03이다.)

계산 과정) 답 : ______

해답 $f_{cq}=40$MPa $>$ 35MPa일 때

- 22회의 보정계수$=1.08-\dfrac{1.08-1.03}{25-20}\times(22-20)=1.06$
- 수정 표준편차 $s=4.5\times1.06=4.77$MPa
- $f_{cr}=f_{cq}+1.34s=40+1.34\times4.77=46.39$MPa
- $f_{cr}=0.9f_{cq}+2.33s=0.9\times40+2.33\times4.77=47.11$MPa

∴ 배합강도 $f_{cr}=47.11$MPa(∵ 두 값 중 큰 값)

□□□ 14②

04 콘크리트의 배합설계에서 품질기준강도 $f_{cq}=28$MPa, 30회 이상의 압축강도 시험으로부터 구한 표준편차 $s=5$MPa이다. 시험을 통해 시멘트-물(C/W)비와 재령 28일 압축강도 f_{28}과의 관계가 $f_{28}=-14.7+20.7(C/W)$로 얻었을 때 콘크리트의 물-시멘트비(W/C)비를 결정하시오.

득점	배점
	3

계산 과정) 답 :

해답 ■ $f_{cq} \leq 35$MPa인 경우

- $f_{cr}=f_{cq}+1.34s=28+1.34\times5=34.7$MPa
- $f_{cr}=(f_{cq}-3.5)+2.33s=(28-3.5)+2.33\times5=36.15$MPa

∴ 배합강도 $f_{cr}=36.15$MPa(∵ 두 값 중 큰 값)

■ $f_{28}=-14.7+20.7\dfrac{C}{W}$에서

$$36.15=-14.7+20.7\frac{C}{W} \rightarrow \frac{C}{W}=\frac{36.15+14.7}{20.7}=\frac{50.85}{20.7}$$

$$\therefore \frac{W}{C}=\frac{20.7}{50.85}=0.4071 \qquad \therefore 40.71\%$$

□□□ 11④, 20③

05 콘크리트의 호칭강도가 24MPa이고, 이 현장에서 압축강도시험의 기록이 없는 경우 배합강도를 구하시오.

득점	배점
	3

계산 과정) 답 :

해답 배합강도 $f_{cr}=f_{cn}+8.5=24+8.5=32.5$MPa (∵ $21\leq f_{ck}\leq 35$인 경우)

□□□ 09①

06 콘크리트의 호칭강도(f_{cn})가 20MPa이고, 다음 표와 같은 조건일 때 콘크리트의 배합강도를 구하시오.

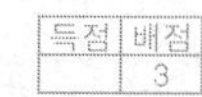

득점	배점
	3

공사초기에 콘크리트 압축강도에 대한 표준편차의 정보가 없거나, 압축강도의 시험횟수가 14회 이하인 경우

계산 과정) 답 :

해답 배합강도 $f_{cr}=f_{cn}+7=20+7=27$MPa

시험횟수가 14회 이하이거나 기록이 없는 경우의 배합강도(∵ $f_{cn}=21$MPa 미만인 경우)

□□□ 10④, 12②④, 14①, 22③

07 콘크리트의 호칭강도(f_{cn})가 28MPa이고, 18회의 압축강도시험으로부터 구한 표준편차는 3.6MPa이다. 아래 표를 참고하여 이 콘크리트의 배합강도를 구하시오.

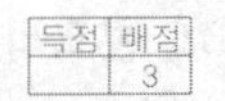

【시험횟수가 29회 이하일 때 표준편차의 보정계수】

시험횟수	표준편차의 보정계수	비고
15	1.16	이 표에 명시되지 않은 시험횟수에 대해서는 직선 보간한다.
20	1.08	
25	1.03	
30 또는 그 이상	1.00	

계산 과정)

답 :

해답 • 시험횟수 18회일 때의 표준편차의 보정계수

$\therefore 1.16 - \dfrac{1.16-1.08}{20-15} \times (18-15) = 1.112$

• 표준편차 : $s = 3.6 \times 1.112 = 4\text{MPa}$

• $f_{cn} \leq$ 35MPa인 경우의 배합강도

• $f_{cr} = f_{cn} + 1.34s = 28 + 1.34 \times 4 = 33.36\text{MPa}$

• $f_{cr} = (f_{cn} - 3.5) + 2.33s = (28 - 3.5) + 2.33 \times 4 = 33.82\text{MPa}$

$\therefore$ 배합강도 $f_{cr} = 33.82\text{MPa}$($\because$ 두 값 중 큰 값)

□□□ 10④, 14①, 20②

08 콘크리트의 호칭강도(f_{cn})는 40MPa이고, 27회의 압축강도 시험으로부터 구한 표준편차는 5.0MPa이다. 아래 표를 참고하여 이 콘크리트의 배합강도를 구하시오.

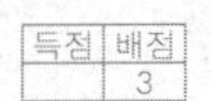

【시험횟수가 29회 이하일 때 표준편차의 보정계수】

시험 횟수	표준편차의 보정계수
15	1.16
20	1.08
25	1.03
30 또는 그 이상	1.00

계산 과정)

답 :

해답 • 시험횟수 27회일 때의 표준편차의 보정계수

$$1.03 - \frac{1.03 - 1.00}{30 - 25} \times (27 - 25) = 1.018$$

∴ 수정 표준편차 : $s = 5 \times 1.018 = 5.09\,\text{MPa}$

• $f_{cn} = 45\text{MPa} > 35\text{MPa}$인 경우의 배합강도

$f_{cr} = f_{cn} + 1.34\,s = 40 + 1.34 \times 5.09 = 46.82\,\text{MPa}$

$f_{cr} = 0.9 f_{cn} + 2.33\,s = 0.9 \times 40 + 2.33 \times 5.09 = 47.86\,\text{MPa}$

∴ $f_{cr} = 47.86\,\text{MPa}$(두 값 중 큰 값)

□□□ 07④, 20③

09 콘크리트의 호칭강도가 38MPa이고, 이 현장에서 압축강도시험의 기록이 없는 경우 배합강도를 구하시오.

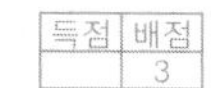

득점 | 배점 3

계산 과정) 답 : ________

해답 배합강도 $f_{cr} = 1.1 f_{cn} + 8.5 = 1.1 \times 38 + 5.0 = 46.8\,\text{MPa}$

□□□ 03②

10 콘크리트의 압축강도는 일반적으로 시멘트－물비와 비례한다고 가정할 경우 물－시멘트비 60% 및 50%에서의 압축강도를 측정한 결과가 20MPa, 25MPa이었다. 물－시멘트비 40%인 콘크리트의 압축강도를 구하시오.

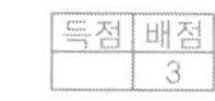

득점 | 배점 3

계산 과정) 답 : ________

해답

물－시멘트비(W/C)	60%	50%	40%
압축강도	20MPa	25MPa	?

$f_{cr} = A + B\dfrac{C}{W}$에서

$20 = A + B \times \dfrac{1}{0.60}$ ························ (1)

$25 = A + B \times \dfrac{1}{0.50}$ ························ (2)

(1)과 (2)에서

$A = -5,\ B = 15$

∴ $W/C = 40\%$일 때

$f_{cr} = -5 + 15 \times \dfrac{1}{0.40} = 32.5\,\text{MPa}$

□□□ 09④, 14④

11 콘크리트의 배합강도를 구하기 위해 전체 시험횟수 17회의 콘크리트 압축강도 측정결과가 아래 표와 같고 호칭강도(f_{cn})가 24MPa일 때 다음 물음에 답하시오.

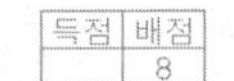

득점	배점
	8

【압축강도 측정결과(단위 MPa)】

26.8	22.1	26.5	26.2	26.4	22.8	23.1
25.7	27.8	27.7	22.3	22.7	26.1	27.1
22.2	22.9	26.6				

가. 위 표를 보고 압축강도의 평균값을 구하시오.

계산 과정) 답 : ________

나. 압축강도 측정결과 및 아래의 표를 이용하여 배합강도를 구하기 위한 표준편차를 구하시오.

【시험횟수가 29회 이하일 때 표준편차의 보정계수】

시험횟수	표준편차의 보정계수	비고
15	1.16	이 표에 명시되지 않은 시험횟수에 대해서는 직선 보간 한다.
20	1.08	
25	1.03	
30 또는 그 이상	1.00	

계산 과정) 답 : ________

다. 배합강도를 구하시오.

계산 과정) 답 : ________

해답 가. 평균값 $\bar{x}=\dfrac{\Sigma X_i}{n}=\dfrac{173.9+179.4+71.7}{17}=\dfrac{425}{17}=25\text{MPa}$

나. • 표준편차제곱합 $S=\Sigma(X_i-\bar{x})^2$

$$S=(26.8-25)^2+(22.1-25)^2+(26.5-25)^2+(26.2-25)^2+(26.4-25)^2$$
$$+(22.8-25)^2+(23.1-25)^2+(25.7-25)^2+(27.8-25)^2+(27.7-25)^2$$
$$+(22.3-25)^2+(22.7-25)^2+(26.1-25)^2+(27.1-25)^2+(22.2-25)^2$$
$$+(22.9-25)^2+(26.6-25)^2$$
$$=17.30+24.07+26.04+6.97=74.38$$

• 표준편차 $s=\sqrt{\dfrac{S}{n-1}}=\sqrt{\dfrac{74.38}{17-1}}=2.16\text{MPa}$

• 17회의 보정계수$=1.16-\dfrac{1.16-1.08}{20-15}\times(17-15)=1.128$

∴ 수정 표준편차 $s=2.16\times1.128=2.44\text{MPa}$

다. $f_{cn}=24\text{MPa}\le35\text{MPa}$인 경우의 배합강도

• $f_{cr}=f_{cn}+1.34s=24+1.34\times2.44=27.27\text{MPa}$

• $f_{cr}=(f_{cn}-3.5)+2.33s=(24-3.5)+2.33\times2.44=26.19\text{MPa}$

∴ 배합강도 $f_{cr}=27.27\text{MPa}$(∵ 두 값 중 큰 값)

□□□ 10①, 17①

12 콘크리트의 배합강도를 구하기 위한 시험횟수 16회의 콘크리트 압축강도 측정결과가 아래 표와 같고 품질기준강도(f_{cq})가 28MPa일 때 아래 물음에 답하시오.

득점	배점
	8

【압축강도 측정결과(단위 MPa)】

26.0	29.5	25.0	34.0	25.5	34.0	29.0
24.5	27.5	33.0	33.5	27.5	25.5	28.5
26.0	35.0					

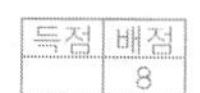

주의점
줄별로 계산하면 검산이 편리함

가. 위 표를 보고 압축강도의 평균값을 구하시오.

계산 과정) 답 : ________

나. 압축강도 측정결과 및 아래의 표를 이용하여 배합강도를 구하기 위한 표준편차를 구하시오.

【시험횟수가 29회 이하일 때 표준편차의 보정계수】

시험횟수	표준편차의 보정계수	비고
15	1.16	이 표에 명시되지 않은 시험횟수에 대해서는 직선 보간한다.
20	1.08	
25	1.03	
30 또는 그 이상	1.00	

계산 과정) 답 : ________

다. 배합강도를 구하시오.

계산 과정) 답 : ________

해답 가. 평균값 $\bar{x}=\dfrac{\Sigma X_i}{n}=\dfrac{203.0+200.0+61.0}{16}=\dfrac{464}{16}=29\text{MPa}$

나. 표준편차제곱합 $S=\Sigma(X_i-\bar{x})^2$

$$S=(26-29)^2+(29.5-29)^2+(25.0-29)^2+(34-29)^2+(25.5-29)^2$$
$$+(34-29)^2+(29-29)^2+(24.5-29)^2+(27.5-29)^2+(33-29)^2$$
$$+(33.5-29)+(27.5-29)^2+(25.5-29)^2+(28.5-29)^2+(26-29)^2+(35-29)^2$$
$$=62.5+63.5+80=206$$

• 표준편차$(s)=\sqrt{\dfrac{S}{n-1}}=\sqrt{\dfrac{206}{16-1}}=3.71\text{MPa}$

• 16회의 보정계수$=1.16-\dfrac{1.16-1.08}{20-15}\times(16-15)=1.144$

∴ 수정 표준편차 $s=3.71\times1.144=4.24\text{MPa}$

다. $f_{cq}=28\text{MPa}\le35\text{MPa}$인 경우의 배합강도

• $f_{cr}=f_{cq}+1.34s=28+1.34\times4.24=33.68\text{MPa}$

• $f_{cr}=(f_{cq}-3.5)+2.33s=(28-3.5)+2.33\times4.24=34.38\text{MPa}$

∴ 배합강도 $f_{cr}=34.38\text{MPa}$(∵ 두 값 중 큰 값)

□□□ 06④, 08④, 09④, 10①, 11②, 14④, 16①, 18②

13 콘크리트 배합강도를 구하기 위한 전체 시험횟수 16회의 콘크리트 압축강도 측정결과가 아래표와 같고 품질기준강도(f_{cq})가 24MPa일 때 아래 물음에 답하시오.

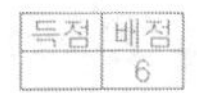

【압축강도 측정결과(단위 MPa)】

27.4	28.5	26.3	26.9	23.3	28.8	24.2
23.1	22.4	23.9	27.9	23.1	23.3	21.7
22.3	26.9					

합계산정
- 첫 번째 줄 : 185.4
- 두 번째 줄 : 165.4
- 세 번째 줄 : 49.2

가. 위 표를 보고 압축강도의 평균값을 구하시오.

계산 과정) 답 : ______

나. 압축강도 측정결과를 아래의 표를 이용하여 배합강도를 구하기 위한 표준편차를 구하시오.

【시험횟수가 29회 이하일 때 표준편차의 보정계수】

시험횟수	표준편차의 보정계수	비고
15	1.16	이 표에 명시되지 않은 시험횟수에 대해서는 직선 보간 한다.
20	1.08	
25	1.03	
30 또는 그 이상	1.00	

계산 과정) 답 : ______

다. 배합강도를 구하시오.

계산 과정) 답 : ______

해답 가. 평균값 $\bar{x}=\dfrac{\Sigma X_i}{n}=\dfrac{185.4+165.4+49.2}{16}=\dfrac{400}{16}=25\,\text{MPa}$

나. • 표준편차제곱합 $S=\Sigma(X_i-\bar{x})^2$

$$\begin{aligned}S&=(27.4-25)^2+(28.5-25)^2+(26.3-25)^2+(26.9-25)^2+(23.3-25)^2\\&\quad+(28.8-25)^2+(24.2-25)^2+(23.1-25)^2+(22.4-25)^2+(23.9-25)^2\\&\quad+(27.9-25)^2+(23.1-25)^2+(23.3-25)^2+(21.7-25)^2+(22.3-25)^2\\&\quad+(26.9-25)^2\\&=26.2+26.66+33.09+3.61=89.56\end{aligned}$$

• 표준편차 $s=\sqrt{\dfrac{S}{n-1}}=\sqrt{\dfrac{89.56}{16-1}}=2.44\,\text{MPa}$

• 16회의 보정계수 $1.16-\dfrac{1.16-1.08}{20-15}\times(16-15)=1.144$

∴ 수정 표준편차 $s=2.44\times1.144=2.79\,\text{MPa}$

다. $f_{cq}=24\,\text{MPa}\le35\,\text{MPa}$인 경우의 배합강도

• $f_{cr}=f_{cq}+1.34s=24+1.34\times2.79=27.74\,\text{MPa}$

• $f_{cr}=(f_{cq}-3.5)+2.33s=(24-3.5)+2.33\times2.79=27.00\,\text{MPa}$

∴ 배합강도 $f_{cr}=27.74\,\text{MPa}$(∵ 두 값 중 큰 값)

□□□ 09③, 22②

14 콘크리트의 배합강도를 구하기 위해 전체 시험횟수 17회의 콘크리트 압축강도 측정결과가 아래 표와 같고 호칭강도(f_{cn})가 24MPa일 때 다음 물음에 답하시오.

득점	배점
	6

【압축강도 측정결과 (단위 MPa)】

26.8	22.1	26.5	26.2	26.4	22.8	23.1
25.7	27.8	27.7	22.3	22.7	26.1	27.1
22.2	22.9	26.6				

가. 위 표를 보고 압축강도의 평균값을 구하시오.

계산 과정) 답 : ________

나. 압축강도 측정결과 및 아래의 표를 이용하여 배합강도를 구하기 위한 표준편차를 구하시오.

【시험횟수가 29회 이하일 때 표준편차의 보정계수】

시험횟수	표준편차의 보정계수	비고
15	1.16	이 표에 명시되지 않은 시험횟수에 대해서는 직선 보간 한다.
20	1.08	
25	1.03	
30 또는 그 이상	1.00	

계산 과정) 답 : ________

다. 배합강도를 구하시오.

계산 과정) 답 : ________

해답 가. 평균값 $\bar{x} = \dfrac{\Sigma X_i}{n} = \dfrac{173.9 + 179.4 + 71.7}{17} = \dfrac{425}{17} = 25\,\text{MPa}$

나. 표준편차제곱합 $S = \Sigma(X_i - \bar{x})^2$

$$= (26.8-25)^2 + (22.1-25)^2 + (26.5-25)^2 + (26.2-25)^2 + (26.4-25)^2$$
$$+ (22.8-25)^2 + (23.1-25)^2 + (25.7-25)^2 + (27.8-25)^2 + (27.7-25)^2$$
$$+ (22.3-25)^2 + (22.7-25)^2 + (26.1-25)^2 + (27.1-25)^2 + (22.2-25)^2$$
$$+ (22.9-25)^2 + (26.6-25)^2$$
$$= 17.30 + 24.07 + 26.04 + 6.97 = 74.38$$

- 표준편차(s) $= \sqrt{\dfrac{S}{n-1}} = \sqrt{\dfrac{74.38}{17-1}} = 2.16\,\text{MPa}$
- 17회의 보정계수 $1.16 - \dfrac{1.16 - 1.08}{20 - 15} \times (17 - 15) = 1.128$

 ∴ 수정 표준편차 $s = 2.16 \times 1.128 = 2.44\,\text{MPa}$

다. $f_{cn} = 24\,\text{MPa} \le 35\,\text{MPa}$인 경우의 배합강도

$f_{cr} = f_{cn} + 1.34s = 24 + 1.34 \times 2.44 = 27.27\,\text{MPa}$

$f_{cr} = (f_{cn} - 3.5) + 2.33s = (24 - 3.5) + 2.33 \times 2.44 = 26.19\,\text{MPa}$

∴ $f_{cr} = 27.27\,\text{MPa}$(∵ 두 값 중 큰 값)

□□□ 06④

15 콘크리트 배합강도를 구하기 위한 시험횟수 21회의 콘크리트 압축강도 측정결과가 아래 표와 같고 품질기준강도(f_{cq})가 24MPa일 때 아래 물음에 답하시오.

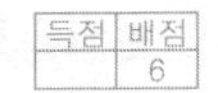

【압축강도 측정결과(단위 MPa)】

27.4	28.5	26.3	26.9	23.3	28.9	24.2
23.1	22.4	21.9	27.9	21.1	23.3	21.7
21.3	26.9	27.8	29.0	26.9	22.2	24.1

가. 위표를 보고 압축강도의 평균값을 구하시오.

계산 과정) 답 : ______

나. 압축강도 측정결과를 아래의 표를 이용하여 배합강도를 구하기 위한 표준편차를 구하시오.

【시험횟수가 29 이하일 때 표준편차의 보정계수】

시험횟수	표준편차의 보정계수	비고
15	1.16	이 표에 명시되지 않은 시험횟수에 대해서는 직선 보간한다.
20	1.08	
25	1.03	
30 또는 그 이상	1.00	

계산 과정) 답 : ______

다. 배합강도를 구하시오.

계산 과정) 답 : ______

해답 가. 평균값 $\bar{x}=\dfrac{\Sigma X_i}{n}=\dfrac{185.5+161.4+178.2}{21}=\dfrac{525.1}{21}=25\text{MPa}$

나. • 표준편차제곱합 $S=\Sigma(X_i-\bar{x})^2$

$$S=(27.4-25)^2+(28.5-25)^2+(26.3-25)^2+(26.9-25)^2+(23.3-25)^2$$
$$+(28.9-25)^2+(24.2-25)^2+(23.1-25)^2+(22.4-25)^2+(21.9-25)^2$$
$$+(27.9-25)^2+(21.1-25)^2+(23.3-25)^2+(21.7-25)^2+(21.3-25)^2+(26.9-25)^2$$
$$+(27.8-25)^2+(29.0-25)^2+(26.9-25)^2+(22.2-25)^2+(24.1-25)^2$$
$$=26.2+35.83+54.7+26.1=152.83$$

• 표준편차 $s=\sqrt{\dfrac{S}{n-1}}=\sqrt{\dfrac{152.83}{21-1}}=2.76\text{MPa}$

• 21회의 보정계수 $1.08-\dfrac{1.08-1.03}{25-20}\times(21-20)=1.07$

∴ 수정 표준편차 $s=2.76\times1.07=2.95\text{MPa}$

다. $f_{cq}=24\text{MPa}\le 35\text{MPa}$ 인 경우의 배합강도

• $f_{cr}=f_{cq}+1.34s=24+1.34\times2.95=27.95\text{ MPa}$

• $f_{cr}=(f_{cq}-3.5)+2.33s=(24-3.5)+2.33\times2.95=27.37\text{MPa}$

∴ 배합강도 $f_{cr}=27.95\text{MPa}$(두 값 중 큰 값)

□□□ 08④, 10①, 12④, 15②, 20①

16 배합강도 결정을 위한 콘크리트의 압축강도 측정결과가 다음과 같을 때 배합설계에 적용할 표준편차를 구하고 호칭강도가 45MPa일 때 콘크리트의 배합강도를 구하시오.
(단, 소수점 이하 셋째자리에서 반올림하시오.)

득점	배점
	6

【압축강도 측정결과(MPa)】

48.5	40	45	50	48	42.5	54	51.5
52	40	42.5	47.5	46.5	50.5	46.5	47

가. 배합강도 결정에 적용할 표준편차를 구하시오.
(단, 시험 횟수가 15회일 때 표준편차의 보정계수는 1.16이고, 20회일 때는 1.08이다.)

계산 과정) 답 : ____________

나. 배합강도를 구하시오.

계산 과정) 답 : ____________

해답 가. • 평균값 $\bar{x} = \frac{\Sigma X_i}{n} = \frac{379.50 + 372.50}{16} = \frac{752}{16} = 47.0\text{MPa}$

• 편차의 제곱합 $S = \Sigma(X_i - \bar{x})^2$

$S = (48.5-47)^2 + (40-47)^2 + (45-47)^2 + (50-47)^2 + (48-47)^2$
$+ (42.5-47)^2 + (54-47)^2 + (51.5-47)^2 + (52-47)^2 + (40-47)^2$
$+ (42.5-47)^2 + (47.5-47)^2 + (46.5-47)^2 + (50.5-47)^2 + (46.5-47)^2$
$+ (47-47)^2$
$= 65.25 + 163.50 + 33.25 + 0 = 262$

• 표준편차 $S = \sqrt{\frac{S}{n-1}} = \sqrt{\frac{262}{16-1}} = 4.18\text{MPa}$

• 16회의 보정계수 $= 1.16 - \frac{1.16 - 1.08}{20 - 15} \times (16 - 15) = 1.144$

∴ 수정 표준편차 $s = 4.18 \times 1.144 = 4.78\text{MPa}$

나. $f_{cn} = 45\text{MPa} > 35\text{MPa}$ 인 경우의 배합강도

• $f_{cr} = f_{cn} + 1.34s = 45 + 1.34 \times 4.78 = 51.41\text{MPa}$

• $f_{cr} = 0.9f_{cn} + 2.33s = 0.9 \times 45 + 2.33 \times 4.78 = 51.64\text{MPa}$

∴ $f_{cr} = 51.64\text{MPa}$(∵ 두 값 중 큰 값)

□□□ 11②

17 **콘크리트의 압축강도 측정결과가 다음과 같을 때 배합설계에 적용할 표준편차를 구하고 품질 기준강도가 40MPa일 때 콘크리트의 배합강도를 구하시오.**

득점	배점
	8

【압축강도 측정결과(MPa)】

34	43	40	46	47	44	42	47	39
45	44	35	38	37	41	36	41	39

가. 위 표를 보고 압축강도의 평균값을 구하시오.

계산 과정) 답 : ________

나. 압축강도 측정결과 및 아래의 표를 이용하여 배합강도를 구하기 위한 표준편차를 구하시오.

【시험횟수가 29회 이하일 때 표준편차의 보정계수】

시험횟수	표준편차의 보정계수	비고
15	1.16	이 표에 명시되지 않은 시험횟수에 대해서는 직선보간 한다.
20	1.08	
25	1.03	
30 또는 그 이상	1.00	

계산 과정) 답 : ________

다. 배합강도를 구하시오.

계산 과정) 답 : ________

해답 가. 평균값 $\bar{x} = \dfrac{\Sigma X_i}{n} = \dfrac{382+356}{18} = \dfrac{738}{18} = 41\,\text{MPa}$

나. • 표준편차제곱합 $S = \Sigma(X_i - \bar{x})^2$

$$= (34-41)^2 + (43-41)^2 + (40-41)^2 + (46-41)^2 + (47-41)^2$$
$$+ (44-41)^2 + (42-41)^2 + (47-41)^2 + (39-41)^2 + (45-41)^2$$
$$+ (44-41)^2 + (35-41)^2 + (38-41)^2 + (37-41)^2 + (41-41)^2$$
$$+ (36-41)^2 + (41-41)^2 + (39-41)^2$$
$$= 115 + 66 + 70 + 29 = 280$$

• 표준편차 $s = \sqrt{\dfrac{S}{n-1}} = \sqrt{\dfrac{280}{18-1}} = 4.06\,\text{MPa}$

• 18회의 보정계수 $= 1.16 - \dfrac{1.16-1.08}{20-15} \times (18-15) = 1.112\,\text{MPa}$

∴ 수정 표준편차 $= 4.06 \times 1.112 = 4.51\,\text{MPa}$

다. $f_{cq} = 40\,\text{MPa} > 35\,\text{MPa}$ 인 경우의 배합강도

$f_{cr} = f_{cq} + 1.34s = 40 + 1.34 \times 4.51 = 46.04\,\text{MPa}$

$f_{cr} = 0.9f_{cq} + 2.33s = 0.9 \times 40 + 2.33 \times 4.51 = 46.51\,\text{MPa}$

∴ 배합강도 $f_{cr} = 46.51\,\text{MPa}$(∵ 두 값 중 큰 값)

합계산정
• 첫 번째 줄 : 382
• 두 번째 줄 : 356

02 배합설계

1 시방배합

(1) 시방배합 설계

① 단위 시멘트량$=\dfrac{\text{단위수량}}{\text{물}-\text{시멘트비}(W/C)}$

② 시멘트의 절대용적 $V_c=\dfrac{\text{단위 시멘트량}}{\text{시멘트 밀도}\times 1{,}000}$

③ 단위 골재량의 절대 부피(m^3)

$$V_a=1-\left(\frac{\text{단위 수량}}{1{,}000}+\frac{\text{단위 시멘트량}}{\text{시멘트의 밀도}\times 1{,}000}+\frac{\text{단위 혼화재량}}{\text{혼화재의 밀도}\times 1{,}000}+\frac{\text{공기량}}{100}\right)$$

④ 단위 잔골재량의 절대부피(V_s)=단위 골재량의 절대부피(V_a)×잔 골재율(S/a)

⑤ 단위 잔골재량(S)=단위 잔골재량의 절대부피(V_s)×잔골재의 밀도×1,000

⑥ 단위 굵은골재량의 절대부피(m^3)=단위 골재량의 절대부피(V_a)−단위 잔골재량의 절대부피(V_s)

⑦ 단위 굵은골재량(G)=단위 굵은골재의 절대부피(V_g)×굵은골재의 밀도×1,000

(2) 단위수량

① 콘크리트의 단위굵은골재용적, 잔골재율 및 단위수량의 대략값

굵은 골재 최대 치수 (mm)	단위 굵은 골재 용적 (%)	공기연행제를 사용하지 않은 콘크리트			공기연행 콘크리트				
		갇힌 공기 (%)	잔골재율 S/a (%)	단위 수량 (kg)	공기량 (%)	양질의 공기연행제를 사용한 경우		양질의 공기연행 감수제를 사용한 경우	
						잔골재율 S/a(%)	단위수량 W (kg/m^3)	잔골재율 S/a(%)	단위수량 W (kg/m^3)
15	58	2.5	53	202	7.0	47	180	48	170
20	62	2.0	49	197	6.0	44	175	45	165
25	67	1.5	45	187	5.0	42	170	43	160
40	72	1.2	40	177	4.5	39	165	40	155

주 1) 이 표의 값은 보통의 입도를 가진 잔골재(조립률 2.8 정도)와 부순 돌을 사용한 물-결합재비 55% 정도, 슬럼프 80mm 정도의 콘크리트에 대한 것이다.
주 2) 사용재료 또는 콘크리트의 품질이 1)의 조건과 다를 경우에는 위 표의 값을 다음 표에 따라 보정한다.

② 배합수 및 잔골재율의 보정방법

구 분	S/a의 보정(%)	W의 보정(kg)
잔골재의 조립률이 0.1만큼 클(작을) 때마다	0.5만큼 크게(작게) 한다.	보정하지 않는다.
슬럼프값이 10mm만큼 클 (작을) 때마다	보정하지 않는다.	1.2%만큼 크게(작게) 한다.
공기량이 1% 만큼 클(작을) 때마다	0.5～1.0(0.75) 만큼 작게(크게) 한다.	3% 만큼 작게(크게) 한다.
물-결합재비가 0.05 클(작을) 때마다	1만큼 크게(작게) 한다.	보정하지 않는다.
S/a가 1% 클(작을) 때마다	보정하지 않는다.	1.5kg만큼 크게(작게) 한다.
자갈을 사용할 경우	3～5만큼 작게 한다.	9～15kg 만큼 작게 한다.
부순모래를 사용할 경우	2～3만큼 크게 한다.	6～9만큼 크게 한다.

주) 단위굵은골재용적에 의하는 경우에는 잔골재의 조립률이 0.1만큼 커질(작아질) 때마다 단위 굵은골재용적을 1%만큼 작게(크게) 한다.

【배합표】

굵은골재 최대치수 (mm)	슬럼프 (mm)	공기량 (%)	W/B (%)	잔골재율 (S/a) (%)	단위량(kg/m^3)				혼화제 단위량 (g/m^3)
					물 (W)	시멘트 (C)	잔골재 (S)	굵은골재 (G)	

2 현장배합

(1) 현장배합의 결정시 고려사항

① 골재의 입도분포
② 현장 잔골재의 표면수량
③ 현장 굵은골재의 표면수량
④ 잔골재의 표면수로 인한 체적팽창
⑤ 현장골재의 저장방법과 계량방법

(2) 현장배합의 결정

① 입도 보정 골재량

$$잔골재량 : X = \frac{100S - b(S+G)}{100-(a+b)}$$

$$굵은골재량 : Y = \frac{100G - a(S+G)}{100-(a+b)}$$

여기서, X : 실제 계량할 단위잔골재량(kg/m^3)
Y : 실제 계량할 단위굵은골재량(kg/m^3)
S : 시방배합의 단위잔골재량(kg)
G : 시방배합의 단위굵은골재량(kg)
a : 잔골재 속의 5mm체에 남는 양(%)
b : 굵은골재 속의 5mm체를 통과하는 양(%)

② 표면수에 대한 보정
골재의 함수상태에 따라 시방배합의 물양과 골재량을 보정한다.

- 잔골재의 표면수량 : $W_S = X \cdot \frac{c}{100}$
- 굵은골재의 표면수량 : $W_G = Y \cdot \frac{d}{100}$

여기서, W_S : 실제 계량할 단위잔골재의 표면수량(kg)
W_G : 실제 계량할 단위굵은골재의 표면수량(kg)
c : 현장 잔골재의 표면수량(%)
d : 현장 굵은골재의 표면수량(%)
W : 시방배합의 단위 수량(kg)

③ 현장배합량

- 단위수량 : $W' = W-(W_S+W_G)$
- 단위 잔골재량 : $x' = X+W_S$
- 단위 굵은골재량 : $y' = Y+W_G$

여기서, W' : 실제 계량해야 할 단위수량(kg/m^3)
x' : 실제 계량해야 할 단위잔골재량(kg/m^3)
y' : 실제 계량해야 할 단위굵은골재량(kg/m^3)

| 배합설계 |

02 핵심 기출문제

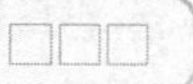

□□□ 12④, 20③

01 굵은골재 최대치수 25mm, 단위수량 157kg, 물-시멘트비 50% 슬럼프 80mm, 잔골재율 40%, 잔골재 표건밀도 2.60g/cm³, 굵은골재 표건밀도 2.650g/cm³, 시멘트 밀도 3.140g/cm³, 공기량 4.5%일 때 콘크리트 1m³에 소요되는 굵은골재량을 구하시오.

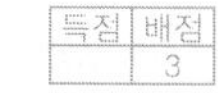

득점	배점
	3

계산 과정)

답 : ______

해답
- $\frac{W}{C}=50\%$에서

∴ 단위시멘트량 $C=\frac{157}{0.50}=314\text{kg/m}^3$

- 단위골재의 절대체적

$$V_a=1-\left(\frac{\text{단위수량}}{1{,}000}+\frac{\text{단위시멘트량}}{\text{시멘트 밀도}\times1{,}000}+\frac{\text{공기량}}{100}\right)$$

$$=1-\left(\frac{157}{1{,}000}+\frac{314}{3.14\times1{,}000}+\frac{4.5}{100}\right)=0.698\text{m}^3$$

- 단위굵은골재의 절대부피=단위 골재의 절대 부피$\times\left(1-\frac{S}{a}\right)$

$$=0.698\times(1-0.40)=0.4188\text{m}^3$$

∴ 단위굵은골재량 G=단위 굵은골재의 절대부피×굵은골재 밀도×1,000

$$=0.4188\times2.65\times1{,}000=1{,}109.82\text{kg/m}^3$$

□□□ 11①

02 굵은골재 최대치수 20mm, 단위수량 140kg, 물-시멘트비 50%, 슬럼프 80mm, 잔골재율 42%, 잔골재 표건밀도 2.60g/cm³, 굵은골재 표건밀도 2.65g/cm³, 시멘트 밀도 3.16g/cm³, 공기량 4.5%일 때 콘크리트 1m³에 소요되는 잔골재량, 굵은골재량을 구하시오.

득점	배점
	3

잔골재량 : ______, 굵은골재량 : ______

해답
■ $V_a=1-\left(\frac{\text{단위수량}}{1{,}000}+\frac{\text{단위시멘트량}}{\text{시멘트 밀도}\times1{,}000}+\frac{\text{공기량}}{100}\right)$

- $\frac{W}{C}$=50%에서 ∴ 단위시멘트량 $C=\frac{140}{0.50}=280\text{kg/m}^3$
- 단위골재의 절대 부피

$$V_a=1-\left(\frac{140}{1000}+\frac{280}{3.16\times1000}+\frac{4.5}{100}\right)=0.726\text{m}^3$$

- 단위잔골재량=단위잔골재량의 절대부피×잔골재 밀도×1,000

$$=0.726\times0.42\times2.60\times1000=792.79\text{kg/m}^3$$

- 단위굵은골재량=단위굵은골재의 절대부피×굵은골재 밀도×1,000

$$=0.726\times(1-0.42)\times2.65\times1000=1{,}115.86\text{kg/m}^3$$

□□□ 03④, 06④, 07①, 11①, 12④

03 콘크리트 1m^{3}을 만드는데 소요되는 굵은골재량을 구하시오.
(단, 단위 시멘트량 220kg/m^3, 물-시멘트비 55%, 잔골재율(S/a) 34%, 시멘트의 밀도 3.15 g/cm^3, 잔골재의 밀도 2.65g/cm^3, 굵은골재의 밀도 2.70g/cm^3, 공기량 2% 이다.)

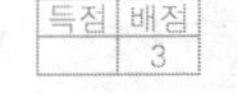

계산 과정) 답 : ____________

해답 • $\frac{W}{C}=55\%$에서, 단위수량 $W=C\times 0.55=220\times 0.55=121\text{kg/m}^3$

• 단위 골재의 절대 체적

$$V_a=1-\left(\frac{\text{단위수량}}{1,000}+\frac{\text{단위 시멘트량}}{\text{시멘트 밀도}\times 1,000}+\frac{\text{공기량}}{100}\right)$$

$$=1-\left(\frac{121}{1,000}+\frac{220}{3.15\times 1,000}+\frac{2}{100}\right)=0.789\text{m}^3$$

• 단위굵은골재의 절대부피=단위골재의 절대 부피$\times\left(1-\frac{S}{a}\right)$

$$=0.789\times(1-0.34)=0.521\text{m}^3$$

∴ 굵은 골재량 G=단위 굵은골재의 절대부피×굵은골재 밀도×1,000

$$=0.521\times 2.70\times 1,000=1,406.7\text{kg/m}^3$$

□□□ 02③, 07④, 13①, 21①

04 시멘트의 밀도는 3.15g/cm^3, 잔골재의 밀도는 2.62g/cm^3, 굵은골재의 밀도는 2.67g/cm^{3}인 재료를 사용하여 물-시멘트비 55%, 단위수량 165kg/m^3, 단위 잔골재량 780kg/m^{3}인 배합을 실시하여 콘크리트의 단위중량을 측정한 결과가 2,290kg/m^{3}일 경우 이 콘크리트의 단위 굵은골재량과 잔골재율을 구하시오.

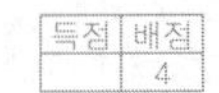

단위 굵은 골재량 : ____________, 잔골재율 : ____________

해답 가. • $\frac{W}{C}=55\%$에서 $C=\frac{165}{0.55}=300\text{kg/m}^3$

• 단위 굵은골재량 G
=콘크리트의 단위중량−(단위수량+단위 시멘트량+단위 잔골재량)
=2,290−(165+300+780)=1,045kg/m^3

나. 잔골재율 $S/a=\frac{V_s}{V_s+V_g}\times 100$

• 단위 굵은골재량의 절대부피

$$V_g=\frac{\text{단위 굵은골재량}}{\text{굵은골재의 밀도}\times 1,000}=\frac{1,045}{2.67\times 1,000}=0.391\text{m}^3$$

• 단위 잔 골재량의 절대부피

$$V_s=\frac{\text{단위 잔골재량}}{\text{잔골재의 밀도}\times 1,000}=\frac{780}{2.62\times 1,000}=0.298\text{m}^3$$

$$\therefore S/a=\frac{0.298}{0.298+0.391}\times 100=43.25\%$$

□□□ 03④, 06④, 11①, 12④

05 콘크리트 $1m^3$을 만드는 데 소요되는 굵은골재량을 구하시오.

득점	배점
	3

(단, 단위 수량 $165kg/m^3$, 물-시멘트비 55%, 잔골재율(S/a) 34%, 시멘트의 밀도 $3.15g/cm^3$, 잔골재의 밀도 $2.65g/cm^3$, 굵은골재의 밀도 $2.70g/cm^3$, 공기량 2%이다.)

계산 과정) 답 :

해답 • $\frac{W}{C}=55\%$에서

∴ 단위시멘트량 $C=\frac{165}{0.55}=300kg/m^3$

• 단위골재의 절대체적

$$V_a=1-\left(\frac{단위수량}{1,000}+\frac{단위시멘트량}{시멘트\ 밀도\times1,000}+\frac{공기량}{100}\right)$$
$$=1-\left(\frac{165}{1,000}+\frac{300}{3.15\times1,000}+\frac{2}{100}\right)=0.720m^3$$

• 단위굵은골재의 절대부피=단위 골재의 절대체적$\times\left(1-\frac{S}{a}\right)$

$$=0.720\times(1-0.34)=0.475m^3$$

∴ 굵은골재량 G=단위 굵은 골재의 절대 체적×굵은 골재 밀도×1,000

$$=0.475\times2.70\times1,000=1,282.50kg/m^3$$

□□□ 87②, 00①, 05②

06 단위 수량 W=175kg, 단위 굵은골재량 G=1,150kg, 물-시멘트비 W/C= 60%, 굵은 골재비중 $2.65g/cm^3$, 잔골재 밀도 $2.60g/cm^3$, 시멘트 밀도 $3.15g/cm^3$, 갇힌 공기량이 1%일 때, 단위 잔골재량 S는?

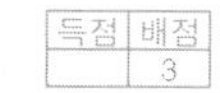

득점	배점
	3

계산 과정) 답 :

해답 • $\frac{W}{C}$=60%에서

∴ 단위 시멘트량 $C=\frac{175}{0.60}=291.67kg$

• 단위골재의 절대 체적

$$V_a=1-\left(\frac{단위수량}{1,000}+\frac{단위\ 시멘트량}{시멘트\ 밀도\times1,000}+\frac{공기량}{100}\right)$$
$$=1-\left(\frac{175}{1,000}+\frac{291.67}{3.15\times1,000}+\frac{1}{100}\right)=0.722m^3$$

• 단위 굵은골재량=단위 굵은골재의 절대체적×굵은골재밀도×1,000

$1,150=V_G\times2.65\times1,000$

∴ 단위 굵은골재량의 절대체적 $V_G=0.434$

∴ 단위 잔골재량=단위잔골재의 절대체적×잔골재 밀도×1,000

$=(0.722-0.434)\times2.60\times1,000=748.80kg/m^3$

□□□ 01①, 18①

07 다음 콘크리트의 시방 배합을 현장 배합으로 환산하시오.

득점	배점
	3

【시방 배합】

- 단위 수량 : 200kg/m^3
- 단위시멘트량 : 400kg/m^3
- 모래 : 800kg/m^3
- 자갈 : 1,500kg/m^3
- 모래의 표면수 : 5%
- 자갈의 표면수 : 1%
- 모래의 No 4(5mm)체 잔류량 : 4%
- 자갈의 No 4(5mm)체 통과량 : 5%

단위 수량 : ____________, 단위모래량 : ____________, 단위자갈량 : ____________

해답 ① 입도에 의한 조정

- $S=800\text{kg},\ G=1{,}500\text{kg},\ a=4\%,\ b=5\%$
- 모래 $x=\dfrac{100S-b(S+G)}{100-(a+b)}=\dfrac{100\times800-5\times(800+1{,}500)}{100-(4+5)}=752.75\text{kg}$
- 자갈 $y=\dfrac{100G-a(S+G)}{100-(a+b)}=\dfrac{100\times1{,}500-4\times(800+1{,}500)}{100-(4+5)}=1{,}547.25\text{kg}$

② 표면수에 의한 조정

- 모래의 표면 수량$=752.75\times\dfrac{5}{100}=37.64\text{kg}$
- 자갈의 표면수량$=1{,}547.25\times\dfrac{1}{100}=15.47\text{kg}$

③ 현장 배합량

- 단위수량=200−(37.64+15.47)=146.89kg/m^3
- 단위 모래량=752.75+37.64=790.39kg/m^3
- 단위 자갈량=1,547.25+15.47=1,562.72kg/m^3

□□□ 93③, 95①, 97①

08 어떤 콘크리트의 시방배합에서 잔골재량이 720kg/m^3, 굵은골재량이 1,200kg/m^{3}이다. 이 골재의 현장 조건이 다음과 같을 때 현장배합 잔골재량과 굵은 골재량을 구하시오.

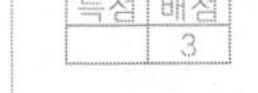

【조 건】

- 현장 잔골재 : 야적상태에서 포함된 굵은 골재=2%
- 현장 굵은 골재 : 야적상태에서 포함된 잔골재=4%

계산 과정)

[답] 잔골재량 : ____________ 굵은 골재량 : ____________

해답 $a=2\%,\ b=4\%$

- 잔골재량 $X=\dfrac{100S-b(S+G)}{100-(a+b)}$
$$=\frac{100\times720-4(720+1200)}{100-(2+4)}=684.26\text{kg/m}^3$$
- 굵은골재량 $Y=\dfrac{100G-a(S+G)}{100-(a+b)}$
$$=\frac{100\times1{,}200-2\times(720+1{,}200)}{100-(2+4)}=1{,}235.74\text{kg/m}^3$$

□□□ 09②

09 다음과 같은 배합설계에 의해 콘크리트 $1m^3$를 배합하고자 한다. 이때 필요한 단위 잔골재량, 단위 굵은골재량을 구하시오.
(단, 소수점이하 넷째자리에서 반올림하시오.)

득점	배점
	4

- 잔골재율(S/a) : 38%
- 단위시멘트량 : $450kg/m^3$
- 시멘트 밀도 : $3.15g/cm^3$
- 물-시멘트비(W/C) : 55%
- 잔골재의 표면건조 밀도 : $2.60g/cm^3$
- 굵은골재의 표면건조 밀도 : $2.65g/cm^3$
- 공기량 : 4%

단위 잔골재량 : ______________ 단위 굵은 골재량 : ______________

해답
- $\frac{W}{C}=55\%$에서 $W=C\times 0.55=450\times 0.55=247.50kg/m^3$
- 단위 골재량의 절대체적
$$V_a=1-\left(\frac{\text{단위수량}}{1,000}+\frac{\text{단위 시멘트량}}{\text{시멘트 밀도}\times 1,000}+\frac{\text{공기량}}{100}\right)$$
$$=1-\left(\frac{247.5}{1,000}+\frac{450}{3.15\times 1,000}+\frac{4}{100}\right)=0.570m^3$$
- 단위잔골재량의 절대부피
$V_s=V_a\times S/a=0.570\times 0.38=0.217m^3$
- 단위굵은골재량의 절대체적
$V_g=V_a-V_s=0.570-0.217=0.353m^3$
∴ 단위잔골재량$=V_s\times$잔골재 밀도$\times 1,000$
$=0.217\times 2.60\times 1,000=564.20kg/m^3$
∴ 단위굵은골재량$=V_g\times$굵은골재 밀도$\times 1,000$
$=0.353\times 2.65\times 1,000=935.45kg/m^3$

□□□ 05①

10 콘크리트 배합시 시방배합의 잔골재 $450kg/m^3$, 굵은골재 $550kg/m^3$로 결정된 후, 현장의 입도시험 결과 굵은골재는 정량으로 계량되었으나, 5mm 체에 남는 잔골재량이 잔골재 배합량의 5%이고, 잔골재의 표면수량이 잔골재량의 3%일 때 잔골재의 현장배합량을 구하시오.

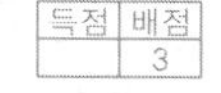

득점	배점
	3

계산 과정) 답 : ______________

해답
- 입도조정에 의한 잔골재량(∵ $a=5$, $b=0$)
$$X=\frac{100S-b(S+G)}{100-(a+b)}=\frac{100\times 450-0(450+550)}{100-(5+0)}=473.68kg/m^3$$
- 잔골재의 표면수량
$X=473.68\times 0.03=14.21kg/m^3$
∴ 현장 잔골재량$=473.68+14.21=487.89kg/m^3$

□□□ 00②

11 골재의 최대치수 25mm, 슬럼프 120mm, 갇힌 공기량 2%, 물-시멘트비 58.8%의 콘크리트 1m³을 만들기 위한 다음 배합표를 완성하시오. (단, 시멘트의 비중 3.17, 잔골재 밀도 2.57g/cm³, 잔골재 조립율 2.85, 굵은골재 밀도 2.75g/cm³, AE제는 사용하지 않는다.)

득점 | 배점 10

【배합설계 참고표】

굵은골재 최대치수 (mm)	단위 굵은 골재용적 (%)	공기연행제를 사용하지 않은 콘크리트			공기연행 콘크리트				
		갇힌 공기 (%)	잔골 재율 S/a (%)	단위 수량 W (kg/m³)	공기량 (%)	양질의 공기연행제를 사용한 경우		양질의 공기연행 감수제를 사용한 경우	
						잔골재율 S/a(%)	단위 수량 W(kg/m³)	잔골 재율 S/a(%)	단위 수량 W(kg/m³)
15	58	2.5	53	202	7.0	47	180	48	170
20	62	2.0	49	197	6.0	44	175	45	165
25	67	1.5	45	187	5.0	42	170	43	160
40	72	1.2	40	177	4.5	39	165	40	155

주 ① 이표의 값은 보통의 입도를 가진 잔골재(조립률 2.8 정도)와 자갈을 사용한 물-결합재비 55%정도, 슬럼프 약 80mm 정도의 콘크리트에 대한 것이다.
② 사용재료 또는 콘크리트의 품질이 ①의 조건과 다를 경우에는 위 표의 값을 아래 표와 같이 보정한다.

【배합수 및 잔골재율 보정표】

구 분	S/a의 보정(%)	W의 보정(kg)
잔골재의 조립률이 0.1만큼 클(작을) 때마다	0.5만큼 크게(작게)한다.	보정하지 않는다.
슬럼프값이 10mm 만큼 클(작을) 때마다	보정하지 않는다.	1.2%만큼 크게(작게) 한다.
공기량이 1% 만큼 클(작을) 때마다	0.5~1.0만큼 작게(크게) 한다.	3% 만큼 작게(크게) 한다.
물-결합재비가 0.05 클(작을) 때마다	1만큼 크게(작게) 한다.	보정하지 않는다.
S/a가 1% 클(작을) 때마다	보정하지 않는다.	1.5kg만큼 크게(작게) 한다.

비고 : 단위 굵은골재용적에 의하는 경우에는 잔골재의 조립률이 0.1만큼 커질(작아질) 때마다 단위 굵은골재용적을 1% 만큼 작게(크게)한다.

【배합표】

굵은골재의 최대치수(mm)	슬럼프 (mm)	W/C (%)	잔골재율 S/a(%)	단위량(kg/m³)			
				물	시멘트	잔골재	굵은골재
25	120	58.8					

해답 S/a 및 W의 보정(굵은골재 최대치수 25mm 기준으로 보정)

보정항목	배합참고표	설계조건	잔골재율(S/a) 보정	단위수량(W)의 보정
굵은골재의 치수 25mm일 때			$S/a=45\%$	W=187kg
모래의 조립률	2.80	2.85(↑)	$\frac{2.85-2.80}{0.1}\times0.5=0.25$(↑)	보정하지 않는다.
슬럼프값	80mm	120mm(↑)	보정하지 않는다.	$\frac{120-80}{10}\times1.2$ $=4.8\%$(↑)
공기량	1.5	2.0(↑)	$\frac{2-1.5}{1}\times(-0.75)$ $=-0.375\%$(↓)	$\frac{2-1.5}{1}\times(-3)$ $=-1.5\%$(↓)
W/C	55%	58.8%(↑)	$\frac{0.588-0.55}{0.05}\times1=0.76\%$(↑)	보정하지 않는다.
S/a	45%	45.64(↑)	보정하지 않는다.	$\frac{45.64-45}{1}\times1.5$ $=0.96\text{kg}$(↑)
보정값			$S/a=45+0.25-0.375+0.76$ $=45.64\%$	$187\left(1+\frac{4.8}{100}-\frac{1.5}{100}\right)$ $+0.96=194.13\text{kg}$

- 단위수량 W=194.13kg
- 단위시멘트량 C : $\frac{W}{C}=0.588$, $\frac{194.13}{0.588}=330.15$ $\therefore$ $C=330.15\text{kg}$
- 단위골재량의 절대체적

$$V_a=1-\left(\frac{\text{단위수량}}{1,000}+\frac{\text{단위 시멘트}}{\text{시멘트 비중}\times1,000}+\frac{\text{공기량}}{100}\right)$$

$$=1-\left(\frac{194.13}{1,000}+\frac{330.15}{3.17\times1,000}+\frac{2}{100}\right)=0.682\text{m}^3$$

- 단위 잔골재량

$S=V_a\times S/a\times$잔골재 밀도$\times1,000$

$=0.682\times0.4564\times2.57\times1,000=799.95\text{kg/m}^3$

- 단위 굵은골재량

$G=V_g\times(1-S/a)\times$굵은골재 밀도$\times1,000$

$=0.682\times(1-0.4564)\times2.75\times1,000=1,019.52\text{kg/m}^3$

【배합표】

굵은골재의 최대치수(mm)	슬럼프 (mm)	W/C (%)	잔골재율 S/a(%)	단위량(kg/m^3)			
				물	시멘트	잔골재	굵은골재
25	120	58.8	45.64	194.13	330.15	799.95	1,019.52

⚠ 주의점
공기연행제(AE제)를 사용하지 않는 것에 요주의

⚠ 주의점
공기량이 증가(↑)되면 잔골재율(↓)과 단위수량은 감소(↓)

⚠ 주의점
공기량은 갇힌 공기량 2% 이용

□□□ 03②

12 **프리플레이스트 콘크리트에 사용된 굵은골재는 단위 용적중량(절건상태)이 1,580kg/m³, 밀도가 2.65g/cm³, 흡수율 1.2%이며, 주입모르타르는 아래 조건과 같이 배합하고자 한다. 굵은골재의 공극률 및 프리플레이스트 콘크리트의 단위 시멘트량(C), 단위 잔골재량(S), 단위 수량(W) 및 단위 플라이애시량(F)을 구하여 아래의 표를 완성하시오.**

득점	배점
	6

【조 건】

- $W/(C+F)=0.4$
- $F/(C+F)=0.2$
- $S/(C+F)=1.0$
- 시멘트의 비중=3.15
- 플라이 애시의 밀도=2.20g/cm³
- 잔골재의 밀도=2.62g/cm³

계산 과정)

답 : ______

【배합표】

굵은 골재의 공극률(%)	주입모르타르의 단위량(kg/m³)			
	수량(W)	시멘트량(C)	플라이애시량(F)	잔골재량(S)

해답 • 굵은골재의 공극률

$$\nu=\left(1-\frac{T}{d_D}\right)\times 100$$

$$=\left(1-\frac{1.58}{2.65}\right)\times 100=40.38\%(\because\ 1{,}580\text{kg/m}^3=1.58\text{g/cm}^3)$$

• 표건상태기준 단위 굵은골재량

$G=1{,}580(1+0.012)=1{,}598.96\text{kg/m}^3$

• 굵은골재의 단위절대부피

$$V_G=\frac{G}{G_g\times 1{,}000}=\frac{1{,}598.96}{2.65\times 1{,}000}=0.603\text{m}^3$$

• 굵은골재 이외의 단위절대부피 $=1-0.603=0.397\text{m}^3$

• 부피비율 계산

기호	무게비율	부피비율=$\frac{\text{무게비율}}{\text{밀도(비중)}}$
W	0.4	$\frac{0.4}{1.0}=0.4$
F	0.2	$\frac{0.2}{2.20}=0.091$
C	0.8($S=C+0.2=1$)	$\frac{0.8}{3.15}=0.254$
S	1.0($S=C+F=1$)	$\frac{1.0}{2.62}=0.382$
부피비율 합계		1.127

! 주의점

g/cm³=t/m³

• 재료량 계산

$$W=\frac{0.397}{1.127}\times 0.4\times 1{,}000=140.91\,\text{kg/m}^3$$

$$C=\frac{0.397}{1.127}\times 0.8\times 1{,}000=281.81\,\text{kg/m}^3$$

$$F=\frac{0.397}{1.127}\times 0.2\times 1{,}000=70.45\,\text{kg/m}^3$$

$$S=\frac{0.397}{1.127}\times 1.0\times 1{,}000=352.26\,\text{kg/m}^3$$

굵은 골재의 공극률(%)	주입모르타르의 단위량(kg/m^3)			
	수량(W)	시멘트량(C)	플라이 애시량(F)	잔골재량(S)
40.38	140.91	281.81	70.45	352.26

□□□ 93②, 94③, 99②, 06①, 08②, 10①, 13②

13 단위 시멘트량이 310kg/m^3, 단위수량=160kg/m^3, 단위잔골재량이 690kg/m^3, 단위굵은 골재량이 1,360kg/m^3인 콘크리트의 시방배합을 아래 표의 현장 골재상태에 맞게 현장배합으로 환산하여 이때의 단위 수량을 구하시오.

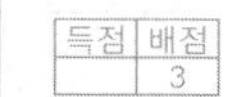

득점	배점
	3

【현장 골재 상태】

• 잔골재가 5mm체에 남는 양 : 3.5%
• 잔골재의 표면수 : 4.6%
• 굵은골재가 5mm체를 통과하는 양 : 4.5%
• 굵은골재의 표면수 : 0.7%

계산 과정)　　　　　　　　　　　　　　　　답 : ________

해답 ■ 입도에 의한 조정($a=3.5\%$, $b=4.5\%$)

• 잔골재량 $X=\dfrac{100S-b(S+G)}{100-(a+b)}$

$$=\frac{100\times 690-4.5(690+1{,}360)}{100-(3.5+4.5)}=649.73\,\text{kg/m}^3$$

• 굵은 골재량 $Y=\dfrac{100G-a(S+G)}{100-(a+b)}$

$$=\frac{100\times 1{,}360-3.5(690+1{,}360)}{100-(3.5+4.5)}=1{,}400.27\,\text{kg/m}^3$$

■ 표면수에 의한 조정

• 모래의 표면수량$=649.73\times\dfrac{4.6}{100}=29.89\,\text{kg/m}^3$

• 굵은 골재의 표면수량$=1{,}400.27\times\dfrac{0.7}{100}=9.80\,\text{kg/m}^3$

∴ 단위수량$=160-(29.89+9.80)=120.31\,\text{kg/m}^3$

⚠ 주의점

a : 잔골재에서 굵은 골재로 된 것

b : 굵은 골재에서 잔골재로 된 것

□□□ 10②, 13②

14 다음 표와 같은 설계조건 및 재료, 참고표를 이용하여 콘크리트를 배합설계하여 아래 배합표를 완성 하시오.

득점	배점
	10

【설계조건 및 재료】

- 물-시멘트비는 50%로 한다.
- 굵은골재는 최대치수 25mm의 부순돌을 사용한다.
- 양질의 공기연행제(AE제)를 사용하며 그 사용량은 시멘트 질량의 0.03%로 한다.
- 목표로 하는 슬럼프는 120mm, 공기량은 5%로 한다.
- 사용하는 시멘트는 보통 포틀랜드 시멘트로서 밀도는 $0.00315 g/mm^3$이다.
- 잔골재의 표건밀도는 $0.0026 g/mm^3$이고, 조립률은2.85이다.
- 굵은골재의 표건밀도는 $0.0027 g/mm^3$이다.

【배합설계 참고표】

굵은골재 최대치수 (mm)	단위굵은 골재용적 (%)	공기 연행제를 사용하지 않은 콘크리트			공기 연행 콘크리트				
						양질의 공기 연행제를 사용한 경우		양질의 공기연행 감수제를 사용한 경우	
		갇힌 공기 (%)	잔골 재율 S/a (%)	단위 수량 W (kg/m³)	공기량 (%)	잔골 재율 S/a(%)	단위수량 W(kg/m³)	잔골 재율 S/a(%)	단위수량 W(kg/m³)
15	58	2.5	53	202	7.0	47	180	48	170
20	62	2.0	49	197	6.0	44	175	45	165
25	67	1.5	45	187	5.0	42	170	43	160
40	72	1.2	40	177	4.5	39	165	40	155

주 ① 이 표의 값은 보통의 입도를 가진 잔골재(조립률 2.8정도)와 부순돌을 사용한 물-시멘트비 55%정도, 슬럼프 약 80mm 정도의 콘크리트에 대한 것이다.

② 사용재료 또는 콘크리트의 품질이 ①의 조건과 다를 경우에는 위 표의 값을 아래 표와 같이 보정한다.

【S/a 및 W의 보정표】

구 분	S/a의 보정(%)	W의 보정(kg)
잔골재의 조립률이 0.1 만큼 클(작을) 때마다	0.5 만큼 크게(작게) 한다.	보정하지 않는다.
슬럼프값이 10mm 만큼 클(작을) 때마다	보정하지 않는다.	1.2% 만큼 크게(작게) 한다.
공기량이 1% 만큼 클(작을) 때마다	0.5～1.0(0.75) 만큼 작게(크게) 한다.	3% 만큼 작게(크게) 한다.
물-시멘트비가 0.05 클(작을) 때마다	1 만큼 크게(작게) 한다.	보정하지 않는다.
S/a가 1% 클(작을) 때마다	보정하지 않는다.	1.5kg 만큼 크게(작게) 한다.

비고 : 단위 굵은골재 용적에 의하는 경우에는 잔골재의 조립률이 0.1 만큼 커질(작아질) 때마다 단위 굵은골재 용적을 1% 만큼 작게(크게) 한다.

【배합표】

굵은골재 최대치수 (mm)	슬럼프 (mm)	공기량 (%)	W/B (%)	잔골재율 (S/a) (%)	단위량(kg/m^3)				혼화제 단위량 (g/m^3)
					물 (W)	시멘트 (C)	잔골재 (S)	굵은 골재 (G)	
25	120	5	50						

해답 S/a 및 W의 보정(굵은골재 최대치수 25mm 기준으로 보정)

보정항목	배합참고표	설계 조건	잔골재율(S/a) 보정	단위수량(W)의 보정
굵은골재의 치수 25mm 일 때			$S/a=42\%$	W=170kg
모래의 조립률	2.80	2.85(↑)	$\frac{2.85-2.80}{0.10}\times 0.5=+0.25$(↑)	보정하지 않는다.
슬럼프값	80mm	120mm(↑)	보정하지 않는다.	$\frac{120-80}{10}\times 1.2=4.8\%$(↑)
공기량	5	5	$\frac{5-5}{1}\times 0.75=0\%$	$\frac{5-5}{1}\times 3=0\%$
W/C	55%	50%(↓)	$\frac{0.55-0.50}{0.05}\times(-1)$ $=-1.0\%$(↓)	보정하지 않는다.
S/a	42%	41.25%(↓)	보정하지 않는다.	$\frac{42-41.25}{1}\times(-1.5)$ $=-1.125kg$(↓)
보정값			$S/a=42+0.25+0-1.0$ $=41.25\%$	$170\left(1+\frac{4.8}{100}\right)-1.125$ $=177.04kg$

- 단위수량 W=177.04kg
- 단위시멘트량 C : $\frac{W}{C}=0.50$, $\frac{177.04}{0.50}=354.08$ $\therefore$ $C=354.08kg$
- 공기연행(AE)제 : $354.08\times\frac{0.03}{100}=0.106224kg/m^3=106.22g/m^3$
- 단위골재량의 절대체적

$$V_a=1-\left(\frac{단위수량}{1,000}+\frac{단위\ 시멘트}{시멘트\ 밀도\times 1,000}+\frac{공기량}{100}\right)$$

$$=1-\left(\frac{177.04}{1,000}+\frac{354.08}{3.15\times 1000}+\frac{5}{100}\right)=0.661m^3$$

- 단위 잔골재량

$$S=V_a\times S/a\times 잔골재\ 밀도\times 1,000$$

$$=0.661\times 0.4125\times 2.6\times 1,000=708.92kg/m^3$$

⚠ 주의점
양질의 공기연행제(AE제)를 사용함에 요주의

⚠ 주의점
g/mm^3
$=1,000g/cm^3$

• 단위 굵은골재량

$G = V_a \times (1 - S/a) \times$굵은골재 밀도$\times 1,000$

$= 0.661 \times (1 - 0.4125) \times 2.7 \times 1,000 = 1,048.51\,\text{kg/m}^3$

【방법 1】

• 단위수량 W=177.04kg

• 단위시멘트량(C) : $\dfrac{W}{C} = 0.50 = \dfrac{177.04}{C}$ ∴ 단위 시멘트량 C=354.08kg

• 시멘트의 절대용적 : $V_c = \dfrac{354.08}{0.00315 \times 1,000} = 112.41\,l$

• 공기량 : $1,000 \times 0.05 = 50\,l$

• 골재의 절대용적 : $1,000 - (112.41 + 177.04 + 50) = 660.55\,l$

• 잔골재의 절대용적 : $660.55 \times 0.4125 = 272.48\,l$

• 단위 잔골재량 : $272.48 \times 0.0026 \times 1,000 = 708.45\,\text{kg/m}^3$

• 굵은 골재의 절대용적 : $660.55 - 272.48 = 388.07\,l$

• 단위 굵은 골재량 : $388.07 \times 0.0027 \times 1,000 = 1,047.79\,\text{kg}$

• 공기연행제량 : $354.08 \times \dfrac{0.03}{100} = 0.106224\,\text{kg/m}^3 = 106.22\,\text{g/m}^3$

∴ 배합표

굵은골재의 최대치수(mm)	슬럼프 (mm)	W/C (%)	잔골재율 S/a(%)	단위량(kg/m³)				혼화제 g/m³
				물	시멘트	잔골재	굵은골재	
25	120	50	41.25	177.04	354.08	708.92	1,048.51	106.22

□□□ 99④, 04④, 07②, 14①, 19①

15 **어떤 골재를 이용하여 시방배합을 수행한 결과 단위 시멘트 320kg/m³, 단위 수량 165kg/m³, 단위 잔골재 650kg/m³, 단위 굵은골재 1,200kg/m³이 얻어졌다. 이 골재의 현장 야적 상태가 표와 같을 때 이를 이용하여 현장 배합설계를 수행하여 단위 수량, 현장 잔골재량, 현장 굵은골재량을 구하시오.**

득점	배점
	6

잔골재		굵은골재	
체	잔류량(g)	체	잔류량(g)
5mm	20	40mm	10
2.5mm	55	30mm	120
1.2mm	120	25mm	150
0.6mm	145	19mm	160
0.3mm	110	15mm	180
0.15mm	35	10mm	220
0.07mm	15	5mm	140
팬	0	팬	20
표면수=3%		표면수=−1%	

가. 단위수량을 구하시오.

계산 과정)

답 : ____________

나. 단위 잔골재량을 구하시오.

계산 과정)　　　　　　　　　　　　　　　　　　　　　답 : ____________

다. 단위 굵은골재량을 구하시오.

계산 과정)　　　　　　　　　　　　　　　　　　　　　답 : ____________

해답 가. • 잔유율 및 가적잔유율 계산

잔골재				굵은골재			
체	잔류량(g)	잔류율	가적잔류율	체	잔류량(g)	잔류율	가적 잔류율
#4	20	4	4	40mm	10	1	1
#8	55	11	15	30mm	120	12	13
#16	120	24	39	25mm	150	15	28
#30	145	29	68	19mm	160	16	44
#50	110	22	90	15mm	180	18	62
#100	35	7	97	10mm	220	22	84
#200	15	3	100	#4	140	14	98
팬	0	0	100	팬	20	2	100
계	500	100			1000	100	

• 5mm체 가적잔골재율$=\dfrac{\text{잔류량}}{\Sigma \text{잔골재량}}=\dfrac{20}{500}\times 100=4\%$

• 5mm체 굵은골재 가적잔유율$=\dfrac{\text{잔류량}}{\Sigma \text{잔골재량}}=\dfrac{980}{1000}\times 100=98\%$

• 5mm체 통과 굵은 골재량$=100-$가적 잔류율$=100-98=2\%$

• $a=4\%,\ b=2\%$

∴ 단위수량$=165-(19.56-11.98)=157.42\,\text{kg/m}^3$

나. • 잔골재량 $X=\dfrac{100S-b(S+G)}{100-(a+b)}$

$$=\frac{100\times 650-2(650+1,200)}{100-(4+2)}=652.13\,\text{kg/m}^3$$

• 잔골재 표면수량$=652.13\times\dfrac{3}{100}=19.56\,\text{kg/m}^3$

∴ 단위 잔골재량$=652.13+19.56=671.69\,\text{kg/m}^3$

다. • 굵은골재량 $Y=\dfrac{100G-a(S+G)}{100-(a+b)}$

$$=\frac{100\times 1,200-4(650+1,200)}{100-(4+2)}=1,197.87\,\text{kg/m}^3$$

• 굵은골재의 표면수량$=1,197.87\times\dfrac{-1}{100}=-11.98\,\text{kg/m}^3$

∴ 굵은골재량$=1,197.87-11.98=1,185.89\,\text{kg/m}^3$

주의점
a : 굵은 골재
b : 잔골재

• 3%
단위수량에서 19.56kg/m^3 만큼 공제

• −1%
단위수량에서 11.98kg/m^3 추가

□□□ 88③, 96③, 98④, 00④

16 다음 시방배합을 현장배합으로 환산하시오.

득점	배점
	3

(단, 현장골재의 상태 : 모래의 표면수 4.2%, 자갈의 표면수 0.9%, 모래가 5mm(No.4)체에 남는 양 : 3.2%, 자갈이 5mm(No.4)체 통과한 양 : 4.3%)

【시방 배합】

• 단위시멘트량 : 280kg/m³ • 단위잔골재량 : 690kg/m³ • 단위굵은골재량 : 1,320kg/m³

단위잔골재량 : ________________, 단위굵은골재량 : ________________

해답 ① 입도에 의한 조정

$S=690\text{kg},\ G=1{,}320\text{kg},\ a=3.2\%,\ b=4.3\%$

• 잔골재량 $X=\dfrac{100S-b(S+G)}{100-(a+b)}$

$=\dfrac{100\times690-4.3(690+1{,}320)}{100-(3.2+4.3)}=652.51\text{kg/m}^3$

• 굵은골재량 $Y=\dfrac{100G-a(S+G)}{100-(a+b)}$

$=\dfrac{100\times1{,}320-3.2(690+1{,}320)}{100-(3.2+4.3)}=1{,}357.49\text{kg/m}^3$

② 표면수에 의한 조정

• 잔골재 표면수량$=652.51\times\dfrac{4.2}{100}=27.41\text{kg/m}^3$

• 굵은 골재의 표면수량$=1{,}357.49\times\dfrac{0.9}{100}=12.22\text{kg/m}^3$

③ 현장 배합의 단위량

• 잔골재량$=652.51+27.41=679.92\text{kg/m}^3$

• 굵은골재량$=1{,}357.49+12.22=1{,}369.71\text{kg/m}^3$

□□□ 93②, 94③, 99②, 04①, 06①, 08②

17 다음의 콘크리트 시방배합과 현장 골재상태로부터 현장배합의 단위량을 결정하시오.

득점	배점
	3

[시방배합] 단위수량=180kg/m³, 단위 시멘트량=380kg/m³, 잔골재량=800kg/m³
굵은골재량=1,200kg/m³

[현장상태] 잔골재 표면수량=4%, 굵은골재 표면수량=0.5%, 5mm체 잔류 잔골재량=3%
5mm체 통과 굵은골재량=5%

단위 수량 : __________ 단위 잔골재량 : __________ 단위 굵은 골재량 : __________

해답 ■ 입도에 의한 조정($a=3\%,\ b=5\%$)

• 잔골재량 $X=\dfrac{100S-b(S+G)}{100-(a+b)}$

$=\dfrac{100\times800-5(800+1{,}200)}{100-(5+3)}=760.87\text{kg/m}^3$

- 굵은골재량 $Y=\dfrac{100G-a(S+G)}{100-(a+b)}$
$=\dfrac{100\times 1{,}200-3(800+1{,}200)}{100-(5+3)}=1{,}239.13\text{kg/m}^3$

■ 표면수에 의한 조정
- 잔골재 표면수량$=760.87\times\dfrac{4}{100}=30.43\text{kg/m}^3$
- 굵은골재의 표면수량$=1{,}239.13\times\dfrac{0.5}{100}=6.20\text{kg/m}^3$

■ 현장배합의 단위량
- 단위수량 $=180-(30.43+6.20)=143.37\text{kg/m}^3$
- 잔골재량$=760.87+30.43=791.30\text{kg/m}^3$
- 굵은 골재량$=1{,}239.13+6.20=1{,}245.33\text{kg/m}^3$

□□□ 10②

18 다음 콘크리트의 시방배합과 현장 골재상태로부터 현장배합의 단위량을 결정하시오.

득점	배점
	3

【시방배합】

[시방배합]
- 단위수량=155kg/m³
- 단위시멘트량=300kg/m³
- 단위잔골재량=685kg/m³
- 단위굵은골재량=1,300kg/m³

[현장상태]
- 잔골재의 표면수량=5%
- 굵은골재의 표면수량=1%
- 5mm체 잔류 잔골재량=3%
- 5mm체 통과 굵은 골재량=4%

단위수량 : ______ 단위잔골재량 : ______ 단위굵은골재량 : ______

해답 ① 입도에 의한 조정($a=3\%,\ b=4\%$)
- 잔골재량 $X=\dfrac{100S-b(S+G)}{100-(a+b)}$
$=\dfrac{100\times 685-4(685+1{,}300)}{100-(3+4)}=651.18\text{kg/m}^3$
- 굵은골재량 $Y=\dfrac{100G-a(S+G)}{100-(a+b)}$
$=\dfrac{100\times 1{,}300-3(685+1{,}300)}{100-(3+4)}=1{,}333.82\text{kg/m}^3$

② 표면수에 의한 조정
- 잔골재 표면수량$=651.18\times\dfrac{5}{100}=32.56\text{kg/m}^3$
- 굵은골재의 표면수량$=1{,}333.82\times\dfrac{1}{100}=13.34\text{kg/m}^3$

③ 현장배합의 단위량
- 단위수량$=155-(32.56+13.34)=109.10\text{kg/m}^3$
- 잔골재량$=651.18+32.56=683.74\text{kg/m}^3$
- 굵은골재량$=1{,}333.82+13.34=1{,}347.16\text{kg/m}^3$

□□□ 01②, 04②

19 콘크리트 $1m^3$을 만드는 데 필요한 잔골재량 및 굵은골재량을 구하시오.

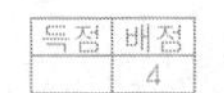

(단, 단위시멘트량=220kg/m^3, 물-시멘트비=55%, 잔골재율(S/a)=34%, 시멘트 비중=3.15, 모래의 밀도=2.65g/cm^3, 자갈의 밀도=2.70g/cm^3, 공기량 2%)

단위 잔골재량 : ______________ 단위굵은골재량 : ______________

해답
• $\frac{W}{C}=55,\ W=C\times 0.55=220\times 0.55=121.00\text{kg/m}^3$

• 단위골재량의 절대체적

$$V_a=1-\left(\frac{\text{단위수량}}{1,000}+\frac{\text{단위 시멘트량}}{\text{시멘트 비중}\times 1,000}+\frac{\text{공기량}}{100}\right)$$
$$=1-\left(\frac{121}{1,000}+\frac{220}{3.15\times 1,000}+\frac{2}{100}\right)=0.789\text{m}^3$$

• 단위잔골재량의 절대부피 $V_s=V_a\times S/a$
$$=0.789\times 0.34=0.268\text{m}^3$$

• 단위굵은골재량의 절대체적 $V_g=V_a-V_s$
$$=0.789-0.268=0.521\text{m}^3$$

∴ 단위잔골재량 $S=V_s\times$ 잔골재밀도 $\times 1,000$
$$=0.268\times 2.65\times 1,000=710.20\text{kg/m}^3$$

∴ 단위굵은골재량 $G=V_g\times$ 굵은골재의 밀도 $\times 1,000$
$$=0.521\times 2.70\times 1,000=1,406.7\text{kg/m}^3$$

□□□ 94②, 98⑤, 01④

20 시방배합에서는 단위시멘트량 300kg, 단위수량 152kg, 단위잔골재량 695kg/m^3, 단위 굵은골재량 1,298kg/m^3이 되어 있다. 현장의 골재상태는 모래의 표면수량이 4.1%, 모래가 5mm체에 남은 양이 3.0%, 자갈의 표면수량이 0.3%, 자갈이 5mm체에 빠지는 양은 5.0%라 한다. 현장 배합을 계산하시오. (단, 잔 골재량, 굵은 골재량, 물의 양을 계산하시오.)

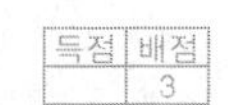

물 : ______________, 잔골재량 : ______________, 굵은 골재량 : ______________

해답
① 입도에 의한 조정($a=3\%,\ b=5\%$)

• 잔골재량 $X=\frac{100S-b(S+G)}{100-(a+b)}=\frac{100\times 695-5(695+1,298)}{100-(3+5)}=647.12\text{kg}$

• 굵은골재량 $Y=\frac{100G-a(S+G)}{100-(a+b)}=\frac{100\times 1,298-3(695+1,298)}{100-(3+5)}=1,345.88\text{kg}$

② 표면수에 의한 조정
• 모래의 표면 수량=647.12×0.041=26.53kg
• 굵은골재의 표면수량=1,345.88×0.003=4.04kg

③ 현장 배합량
• 물=152−(26.53+4.04)=121.43kg/m^3
• 단위잔골재량=647.12+26.53=673.65kg/m^3
• 단위굵은골재량=1,345.88+4.04=1,349.92kg/m^3

□□□ 91③, 95⑤, 99⑤, 02②

21 다음 콘크리트의 시방배합을 현장배합으로 환산하시오.

득점	배점
	3

단위시멘트량 300kg/m³, 단위수량 155kg/m³, 모래 685kg/m³, 자갈 1,300kg/m³이며 현장골재의 상태는 모래의 표면수 4.6%, 자갈의 표면수 0.7%, 모래 No4(5mm)체의 잔류량 3.4%, 자갈 No4(5mm)체 통과량 4.6%이다.

단위수량 : ______________ 단위모래량 : ______________ 단위자갈량 : ______________

해답 ■ 입도에 의한 조정

$S=685\text{kg},\ G=1,300\text{kg},\ a=3.4\%,\ b=4.6\%$

• 모래량 $X=\dfrac{100S-b(S+G)}{100-(a+b)}$

$=\dfrac{100\times 685-4.6(685+1,300)}{100-(3.4+4.6)}=645.32\text{kg/m}^3$

• 자갈량 $Y=\dfrac{100G-a(S+G)}{100-(a+b)}$

$=\dfrac{100\times 1,300-3.4(685+1,300)}{100-(3.4+4.6)}=1,339.68\text{kg/m}^3$

■ 표면수에 의한 조정

• 모래의 표면수량$=645.32\times\dfrac{4.6}{100}=29.68\text{kg/m}^3$

• 자갈의 표면수량$=1,339.68\times\dfrac{0.7}{100}=9.38\text{kg/m}^3$

■ 현장배합량

• 단위수량$=155-(29.68+9.38)=115.94\text{kg/m}^3$
• 단위모래량$=645.32+29.68=675\text{kg/m}^3$
• 단위자갈량$=1,339.68+9.38=1,349.06\text{kg/m}^3$

과년도 예상문제

배합강도

□□□ 88③, 89①, 93①

01 콘크리트 배합시 시방배합과 현장배합이 있는데 단위량의 표시방법은 어떻게 다른가?

○ 시방배합 :

○ 현장배합 :

해답 ○ 시방배합 : $1m^3$당으로 표시
○ 현장배합 : 1batch량으로 표시

□□□ 93①

02 물-시멘트비(W/C)를 증가시키지 않고 슬럼프값을 크게 하는 방법을 3가지 쓰시오.

① ______ ② ______

③ ______

해답 ① AE제를 사용 ② 잔골재율을 증대
③ 감수제를 사용 ④ 분말도가 큰 시멘트 사용

□□□ 85②

03 보통콘크리트의 28일 압축강도는 $f_{28} = -210 + \frac{215}{R}$ (kg/cm²) 식으로 추정할 수 있다고 한다. 28일 압축강도를 180kg/cm²로 하고자 할 때, 콘크리트 1m³당의 시멘트량이 300kg이라면 혼합수의 양은 몇 l/m^3 이하로 제한해야 하는가?
(단, R : 물-시멘트비이고, 소수 둘째자리에 반올림하시오.)

계산 과정) 답 : ______

해답 $f_{ck} = 180 = -210 + \frac{215}{R}$ 에서 $\therefore\ R = 0.55$

$R = \frac{W}{C} = 0.55$에서

$\therefore\ W = C \times R = 300 \times 0.55 = 165\text{kg/m}^3$

□□□ 87①

04 콘크리트의 호칭강도 $f_{cn} = 21\text{MPa}$이고, 증가계수 $\alpha = 1.15$일 때 콘크리트의 배합강도를 구하시오.

계산 과정) 답 : ______

해답 $f_{cr} = f_{cn} \times \alpha = 21 \times 1.15 = 24.15\text{MPa}$

□□□ 86③

05 보통포틀랜드 시멘트로 만드는 콘크리트에 있어서 물-결합재비와 압축강도의 관계식은?

○

해답 $f_{28} = -13.8 + 21.6\frac{B}{W}(\text{MPa})$

□□□ 88③

06 사용하는 물의 양을 증가시키지 않고 콘크리트 배합에서 슬럼프를 증가하는 방법을 2가지만 쓰시오.

① ______

② ______

해답 ① AE제를 사용 ② 잔골재율을 증대
③ 감수제를 사용 ④ 분말도가 큰 시멘트 사용

배합설계

□□□ 85①

07 교량의 슬래브(slab)용 콘크리트를 배합설계한다. 배합설계의 각 조건 및 재료의 시험결과가 다음과 같을 때 물음에 답하시오.

- 설계기준강도 : f_{ck} : 30MPa
- 골재의 최대치수 : 25mm
- 슬럼프(slump) : 800mm
- 시멘트의 비중 : 3.15
- 모래의 조립률 : 2.85
- 굵은골재의 밀도 : 2.65g/cm^3(강자갈)
- 잔골재의 밀도 : 2.61g/cm^3(하천모래)
- 공기량 : 2%(감수제 사용)

가. 배합강도 및 물-시멘트비(比)를 결정하시오.
(소수 셋째자리에서 반올림하시오.)

[조건] • 사용 예정 믹서의 변동계수=10%
• 교량 슬래브의 활동계수=1.07
• 감수제 사용시 $f_{28}=-7.6+19.0\dfrac{C}{W}$

계산 과정) 답 : ______

나. 골재 최대치수 및 감수제 사용에 의한 보정결과 $S/a=$ 38%, $W=157\text{kg/m}^3$이면 콘크리트 1m^3 중의 잔골재량과 굵은골재량을 구하시오. (단, 소수 첫째자리에서 반올림하시오.)

계산 과정) 답 : ______

해답 가. • 배합강도 $f_{28}=f_{ck}\cdot a=30\times1.07=32.1\text{MPa}$

• $f_{28}=-7.6+19.0\dfrac{C}{W}$에서 $32.1=-7.6+19.0\dfrac{C}{W}$

∴ 물-시멘트비 $\dfrac{W}{C}=\dfrac{19}{32.1+7.6}=0.48$

나. • 단위시멘트량 : 물-시멘트비 $\dfrac{W}{C}=0.48$

∴ 단위시멘트량 $C=\dfrac{W}{0.48}$
$=\dfrac{157}{0.48}=327.08\text{kg/m}^3$

• 단위골재량의 절대체적(Va)

$$V_a=1-\left(\frac{\text{단위수량}}{1,000}+\frac{\text{단위시멘트량}}{\text{시멘트 비중}\times1,000}+\frac{\text{공기량}}{100}\right)$$
$$=1-\left(\frac{157}{1,000}+\frac{327.08}{3.15\times1,000}+\frac{2}{100}\right)=0.719\text{m}^3$$

• 단위잔골재의 절대부피 $V_s=V_a\times S/a$
$=0.719\times0.38=0.273\text{m}^3$

• 단위굵은골재량의 절대체적 $V_g=V_a-V_s$
$=0.719-0.273=0.446\text{m}^3$

∴ 단위잔골재량 $S=V_s\times$잔골재의 밀도$\times1,000$
$=0.273\times2.61\times1,000$
$=712.53\text{kg/m}^3$

∴ 단위굵은골재량 $G=V_g\times$굵은골재의 밀도$\times1,000$
$=0.446\times2.65\times1,000$
$=1,181.9\text{kg/m}^3$

□□□ 96②, 99①

08 콘크리트의 시방배합 결과, 필요한 잔골재량이 300kg, 굵은골재량이 700kg이었다. 현장배합을 위한 검사 결과 No.4체에 남는 잔골재량이 10%이고, No.4체를 통과하는 굵은골재량이 10%일 때, 수정된 굵은골재량은 얼마인가?

계산 과정) 답 : ______

해답 $a=10\%$, $b=10\%$

굵은골재량 $Y=\dfrac{100G-a(S+G)}{100-(a+b)}$

$=\dfrac{100\times700-10(300+700)}{100-(10+10)}=750\text{kg/m}^3$

(∵ a : 모래가 5mm(No.4)체에 남는 양,
b : 굵은 골재가 5mm(No.4)체를 통과하는 양)

□□□ 88③, 96③, 98④

09 다음의 시방배합을 현장배합으로 환산하시오.
(단, 단위시멘트량 280kg, 단위수량 150kg, 단위잔골재량 690kg, 단위굵은골재량 1,320kg이며, 현장골재의 상태는 모래의 표면수 4.2%, 자갈의 표면수 0.9%, 모래가 No.4 (5mm)체에 남는 양 3.2%, 자갈이 No.4(5mm)체 통과량 4.3%이다.)

단위수량 : ______

단위모래량 : ______

단위자갈량 : ______

해답 ① 입도에 의한 조정
$S=690\text{kg}$, $G=1,320\text{kg}$, $a=3.2\%$, $b=4.3\%$

• 모래량 $X=\dfrac{100S-b(S+G)}{100-(a+b)}$

$=\dfrac{100\times690-4.3(690+1,320)}{100-(3.2+4.3)}$

$=652.51\text{kg/m}^3$

• 자갈량 $Y=\dfrac{100G-a(S+G)}{100-(a+b)}$

$=\dfrac{100\times1,320-3.2(690+1,320)}{100-(3.2+4.3)}$

$=1,357.49\text{kg/m}^3$

② 표면수에 의한 조정

• 모래 표면수량$=652.51\times\dfrac{4.2}{100}=27.41\text{kg/m}^3$

• 자갈의 표면수량$=1,357.49\times\dfrac{0.9}{100}=12.22\text{kg/m}^3$

③ 현장배합의 단위량

• 단위수량 $=150-(27.41+12.22)=110.37\text{kg/m}^3$

• 단위모래량$=652.51+27.41=679.92\text{kg/m}^3$

• 단위자갈량$=1,357.49+12.22=1,369.71\text{kg/m}^3$

□□□ 94①, 96④, 99③

10 시방배합으로 단위수량 148kg, 단위시멘트량 320kg, 단위잔골재량 730kg 단위굵은골재량 1,230kg으로 계산되었다. 그러나 현장골재의 입도시험의 결과는 다음과 같았다. 이 시험결과로부터 현장배합으로 수정하시오.

• 잔골재가 4.76mm체에 남는 중량이 4%
• 굵은골재가 4.76mm체에 통과하는 중량이 5%

잔골재량 : ______ 굵은골재량 : ______

해답 $a=4\%,\ b=5$

• 잔골재량 $X=\dfrac{100S-b(S+G)}{100-(a+b)}$

$=\dfrac{100\times730-5(730+1,230)}{100-(4+5)}=694.51\text{kg/m}^3$

• 굵은골재량 $Y=\dfrac{100G-a(S+G)}{100-(a+b)}$

$=\dfrac{100\times1,230-4(730+1,230)}{100-(4+5)}$

$=1,265.50\text{kg/m}^3$

5 chapter

포장공

포 장 공

연도별 출제경향

✔ 체크	출제경향	출제연도
□□□	01 설계속도 $V=100$km/hr, 편경사 6%, 횡방향 미끄럼마찰계수 0.11일 때 최소곡선반경을 구하시오.	96④, 07②, 17②, 20③
□□□	02 곡선반경이 710m, 설계속도가 120km/hr일 때의 최소편구배를 계산하시오.	00②, 05④, 18③, 21①
□□□	03 도로 노상의 지지력을 평가할 수 있는 현장시험 평가방법을 3가지 쓰시오.	10②, 13①, 14①, 21②
□□□	04 도로 토공현장에서 다짐도를 판정하는 방법을 5가지만 쓰시오.	89②, 94④, 99②, 05②
□□□	05 배수시설 종류별로 대표적인 것 1가지씩만 쓰시오.	14②, 20②
□□□	06 측구의 형식을 3가지만 쓰시오.	11②, 20①, 23②
□□□	07 도로선형의 구성요소 3가지를 쓰시오.	23②
□□□	07 동상이 발생하기 쉬운 3가지 중요한 조건을 쓰시오.	01①, 03②, 06②, 13④, 20③
□□□	08 수정 동결지수를 구하시오.	97①, 00①
□□□	09 동결지수를 구하시오.	92①, 95⑤, 01①, 11④, 21③
□□□	10 데라다(寺田)의 공식을 이용하여 동결깊이를 구하시오.	96③, 02④, 19③
□□□	11 도로에서 동상방지층 설계방법 3가지를 쓰시오.	09④, 12④
□□□	12 콘크리트 공법에 비해 아스팔트 포장공법의 장점 3가지를 쓰시오.	98②, 00②, 16②, 20③
□□□	13 연성포장과 강성포장에서 표층의 역할을 각각의 차이점 위주로 쓰시오.	04④
□□□	14 강성포장 구조체에 설치된 보조기층의 주요기능을 3가지만 쓰시오.	05②
□□□	15 기층을 만들기 위해 사용되는 공법을 3가지만 쓰시오.	09②, 11②, 16①
□□□	16 도로 시공시 노상, 기층, 표층의 평탄성 평가 및 측정방법에 대하여 쓰시오.	96③, 02①
□□□	17 도로에서 차량의 충격위험을 방지하는 충격흡수시설의 종류를 3가지 쓰시오.	00③, 08①, 14①
□□□	18 포장설계를 위한 설계 CBR을 구하시오.	96⑤, 97④, 98②, 04②, 99⑤, 00①, 01①, 06④, 09②, 10④, 11④, 12①, 14④, 16①, 17④, 19③, 21②, 23③
□□□	19 각층 재료별 상대강도계수와 표층, 기층의 두께를 배분할 경우의 보조기층 두께를 구하시오.	06②, 12①, 14②, 22①
□□□	20 White Base와 Black Base란 무엇인가?	93①, 95⑤, 00⑤, 19①
□□□	21 좌굴현상으로 인하여 슬래브가 솟아 오르는 것을 무엇이라고 하는가?	88②, 97①, 07①
□□□	22 시멘트 콘크리트 포장에서 Slab 하부에 공극과 공동이 생겨 단차가 발생하는 현상을 무엇이라 하는가?	12②

✔ 체크	출제경향	출제연도
□□□	23 국부적인 압축파괴를 일으켜 발생하는 균열을 무엇이라 하는가?	09④
□□□	24 아스팔트 포장두께 결정요소를 3가지만 쓰시오.	08②, 10①, 11④
□□□	25 급속경화형(RC), 중속경화형(MC), 완속경화형(SC) 3가지로 분류하는 아스팔트를 무슨 아스팔트라고 부르는가?	96④, 00②, 08④
□□□	26 연한 스트레이트 아스팔트에서 점도를 저하시켜 유동성을 양호하게 한 아스팔트를 무엇이라 하는가?	94④, 02②
□□□	27 포설하는 아스팔트 혼합물 층과의 부착이 잘 되게 하기 위하여 기층 위에 역청재료를 살포하는 것을 무엇이라고 하는가?	00①, 01①, 19①
□□□	28 기층 및 보조기층의 안정처리공법을 4가지 쓰시오.	94①, 09①, 12①
□□□	29 안정처리공법에서 첨가제에 의한 공법을 3가지 쓰시오.	02①
□□□	30 포장공사에서 노반의 안정처리공법 3가지만 쓰시오.	98①, 00④
□□□	31 채움골재로 공극을 채우면서 다짐을 하여 기층처리를 하는 공법은?	95⑤, 02②
□□□	32 Marshall 안정도시험 결과로 안정도와 흐름치를 구하시오. 안정도시험의 압축 변위속도는 얼마인가?	94④, 99④, 02④
□□□	33 마샬 안정도시험 결과로부터 얻을 수 있는 3가지의 설계기준을 쓰시오.	97①, 01③, 05①, 14①, 19②, 23③
□□□	34 아스팔트 포장에 생긴 균열보수방법을 3가지 쓰시오.	97④, 00⑤, 04①, 10①, 16①
□□□	35 아스팔트 포장 중 실코트의 중요목적을 3가지 쓰시오.	93③, 94①, 96②, 98①, 99①, 03①, 04①, 07②, 17①, 18③, 20①, 22①②, 23②
□□□	36 배수성 포장의 효과를 3가지만 쓰시오.	12④, 21①
□□□	37 골재의 맞물림 효과를 최대로 하여 기존 밀입도 아스팔트 혼합물의 단점을 개선한 공법은?	05①
□□□	38 SMA 포장의 장점 3가지만 쓰시오.	10④, 18③, 23①
□□□	39 길어깨 방향으로 흘러 투수가 시작되는 개립도 아스팔트 포장의 명칭을 쓰시오.	10②
□□□	40 Asphalt의 품질개선을 위한 고무 아스팔트의 장점을 4가지 쓰시오.	95⑤, 98⑤, 00③, 02②
□□□	41 피니셔나 인력으로 포설하는 아스팔트로서 마모저항성이 커서 교면포장에 쓰는 아스팔트의 명칭은?	11①
□□□	42 연속식 배치 플랜트에서 재료의 계량오차 허용범위는 각 몇 %인가?	93④, 06①

05 포장공

01 도로 계획 □□□

더 알아두기

🅥 **평면선형** 도로의 중심선이 입체적으로 그리는 형상을 평면적으로 본 것

1 평면선형

(1) 선형의 구성요소

평면선형은 자동차의 주행궤적에 알맞도록 직선, 원곡선, 완화곡선을 적절하게 구성해야 한다. 선형을 구성할 때 고려해야 할 요소는 다음과 같다.

① 평면 곡선반경
② 평면 곡선길이
③ 곡선부의 편구배
④ 곡선부의 확폭
⑤ 완화구간

기억해요
선형을 구성할 때 고려해야 할 요소를 3가지만 쓰시오.

(2) 곡선반경

자동차가 곡선부를 안전하고 원활하게 주행할 수 있도록 하기 위해서는 곡선부에 최소곡선반경을 규정해야 한다.

기억해요
• 최소곡선반경을 구하시오.
• 최소편구배를 계산하시오.

$$곡선반경\ R = \frac{V^2}{127(f+i)}$$

$$편구배\ i = \frac{V^2}{127R} - f$$

여기서, R : 최소곡선반경(m)
V : 주행속도(km/hr)
f : 횡방향 미끄럼마찰계수
i : 편구배(%)

■ 설계속도와 최소곡선반경

설계속도(km/hr)	120	100	80	70	60	50
f(마찰계수)	0.10	0.11	0.12	0.13	0.14	0.15
최소곡선반경(m)	709	463	280	203	142	94

2 도로토공 Road earthwork

(1) 토공구간에서 도로각부의 명칭

① 포장(pavement) : 노상부 위의 구조물로서 표층, 기층, 보조기층을 말한다.

② 노상(subgrade) : 포장두께 결정시 기초가 되는 포장 아랫면의 흙부분으로 거의 균일한 두께 1m인 층을 말한다.

③ 노체(fill) : 성토에서 노상 이외의 부분을 말한다.

(2) 노상의 성토다짐 판정방법

① 건조밀도로 규정하는 방법

② 포화도와 공극률로 규정하는 방법

③ 강도로 규정하는 방법 : 콘지수, CBR, K치

④ 변형특성으로 규정하는 방법 : Proof Rolling

⑤ 다짐기계 또는 다짐횟수로 판정하는 방법

(3) 노상재료의 규정

구 분	상부노상	하부노상
두께	40cm	60cm
최대치수	100mm 이하	150mm 이하
No.4체 통과량	25~100%	–
No.200체 통과량	0~25%	50%
소성지수	10 이하	30 이하
수침 CBR	10 이상	5 이상
1층 시공두께	20cm	20cm
Proof Rolling	5mm 이하	–

(4) 보조기층 재료의 품질기준

구분	기준	시험방법
액성한계	25 이하	KS F 2303
소성지수	6 이하	KS F 2304
마모감량	50 이하	KS F 2308
수정 CBR	10 이상	KS F 2320
모래당량	20% 이상	KS F 2340

도로토공(road earthwork)
도로를 건설하기 위해 자연지반을 절토하거나 기초지반 위에 성토하는 것

기억해요
도로 토공현장에서 다짐도를 판정하는 방법을 5가지만 쓰시오.

(5) 도로공사 토공시험 관리시험종목

노체부	노상부	구조물의 접촉부
① 흙의 함수량시험 ② 다짐시험 ③ 현장밀도시험 ④ 흙의 분류시험 ⑤ CBR시험 ⑥ 평판재하시험	① 흙의 함수량시험 ② 흙의 분류시험 ③ 다짐시험 ④ 현장밀도시험 ⑤ 프루프 롤링 ⑥ CBR시험 ⑦ 평판재하시험	① 흙의 함수량시험 ② 흙의 분류시험 ③ 현장밀도시험 ④ 다짐시험

3 구조물과 토공의 접속부

교대, 암거(culvert) 등과 같은 구조물과 성토의 접속부는 부등침하가 생겨 포장의 평탄성이 손상될 뿐만 아니라 포장의 파손을 가중시키게 된다.

부등침하 unequal sinking
연약지반상에 축조된 성토 또는 제방이 불균일한 침하에 의해서 생기는 변형

(1) 부등침하의 원인

① 지형상 다짐작업이 어려워 뒤채움 작업이 불량했을 때
② 지하수의 용출, 지표수의 침투에 의한 성토체의 연약화
③ 구조물 주위지반의 지지력이 상이할 때
④ 성토체의 기초지반이 경사져 있을 때
⑤ 토압으로 인해 구조물이 변형되었을 때
⑥ 불량한 연약지반 처리 후 시공했을 때

(2) 부등침하의 대책

① 잔류침하가 허용치 이내로 되도록 시공한다.
② 연약지반에서는 연약지반 처리 후에 시공한다.
③ 뒤채움 재료를 시멘트나 아스팔트로 안정처리하여 사용한다.
④ 포장체의 강성을 증가시킨다.
⑤ 답괴판(Approach Slab)나 Approach Cushion을 설치한다.

▶ 구조물과 토공접속부의 부등침하 방지를 위한 대책

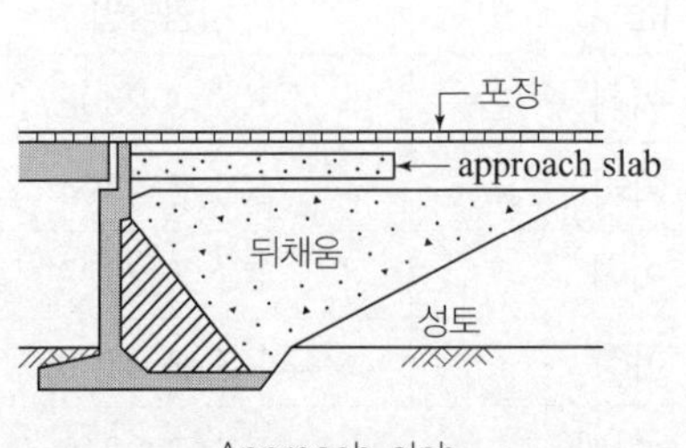

Approach slab

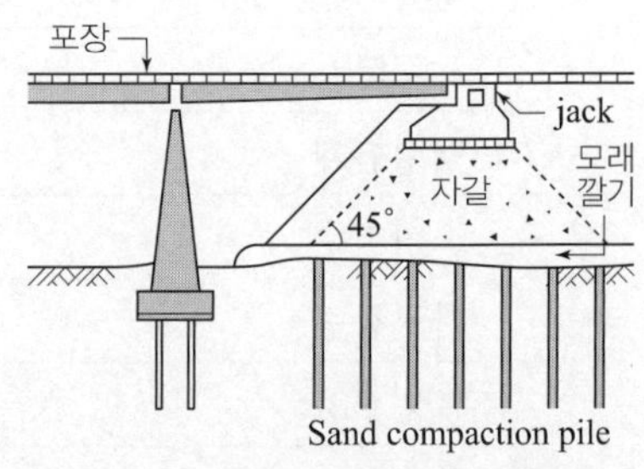

Approach cushion

⑶ 뒤채움 재료가 갖추어야 할 특성

항 목	범위
최대입경(mm)	100
No.4체 통과량(%)	25 ~ 100%
No.200체 통과량(%)	0 ~ 25%
소성지수	10 이하

⑷ 땅깎기부의 노상

① 암깎기 구간의 노상부 굴착시 발생된 요철(凹凸)부위는 평균 15cm 이내이어야 하며, 요(凹)부에는 물이 고이지 않도록 적절한 배수시설을 한 후 감독관이 승인한 보조기층재, 동상방지층 재료 또는 동등 이상의 재료로 되메움하고 소정의 다짐을 하여야 한다.

② 암이 아닌 구간의 노상부는 마무리면에서 15cm 깊이 내의 모든 재료를 긁어 일으킨 후 최적함수비가 되도록 수분을 조절하여 다짐기준에 맞는 다짐을 실시하여야 한다.

⑸ 노체의 암성토 시공시 유의사항

① 공극이 최소가 되도록 포설한다.

② 큰 암덩어리의 최대입경은 60cm 이내로 한다.

③ 큰 암덩어리의 평균크기만큼의 두께로 포설한다.

④ 다짐장비는 되도록 무거운 것, 지진력이 큰 것을 사용한다.

⑤ 공극을 돌부스러기 등의 재료로 채워 맞물림(interlocking)에 의한 안정한 다짐이 되도록 한다.

⑹ 캔티공법 canty method

핵심용어
캔티공법

산지나 도시하천 연변의 도로폭 확장시 일정한 폭의 구조물을 설치하여 절·성토량을 줄이면서 자연경관의 손상과 파괴를 최소화할 수 있는 경제적인 공법을 캔티공법이라 한다. 도시하천의 연변도로는 교통난을 해소하기 위하여 광폭방법은 대개 이 공법을 많이 사용하고 있으며 특징은 다음과 같다.

① 기설도로의 공사기간 중에 폐쇄기간이 적은 일수로 광폭공사를 가능하게 할 수 있다.

② 절토·성토를 최소한으로 억제하기 때문에 자연경관을 손상, 파괴하지 않는다.

③ 사용부재가 precast화가 되어 있으므로 현장에서의 작업이 적고, 공사 기간을 단축할 수 있으며, 부재가 precast화에 동반하여 제품관리, 현장관리가 양호하게 된다.

4 도로 노상의 지지력

(1) 도로 노상의 지지력 측정방법

지지력을 평가하는 방법은 CBR, K값, Cone값, N치 등이 있다. 노상의 지지력을 측정하는 CBR시험은 아스팔트포장에 이용되고, 평판재하시험(PBT)은 콘크리트 포장에 이용된다.

① CBR시험 : 설계 CBR은 포장두께 설계시 노상지지력계수(SSV)를 산정하는 값으로 균일한 포장두께로 시공할 구간을 결정하는 값이다.

② 평판재하시험(PBT) : 도로현장에서 시공된 노상이나 보조기층의 지지력을 평가하여 지지력계수(K값)를 구하는 시험이다.

③ 콘관입시험(CPT ; cone penetration test) : 원뿔형 콘이 땅속을 뚫고 들어갈 때 생기는 저항력(Cone값)으로 지반의 단단함과 다짐 정도를 조사하는 시험. 점성토나 느슨한 모래 지반에는 정적 관입 시험, 잘 다져진 모래 지반에는 동적 관입 시험을 각각 실시한다.

④ 표준관입시험(SPT) : 표준관입시험에서 얻은 N값으로 지반의 지지력을 직접측정할 수 있다.

⑤ 회복탄성계수시험(M_R) : 교통하중이 반복되는 도로조건에서 포장체의 탄성체인 탄성적 거동 특성을 평가하기 위하여 동적 삼축압축 시험에서 반복축차응력을 가했을 때 축방향 회복변형률에 대한 축차응력의비로서 노상토와 같이 탄성계수를 직접 구하기 어려운 경우에 사용되는 탄성물성이다.

$$M_R = \frac{\sigma_d}{\epsilon_R}$$

여기서, σ_d : 반복축차응력, ϵ_R : 축방향 회복변형률

(2) 도로 노상의 강도

노상토의 강도를 구하는 방법에는 다음과 같다.

① 노상토의 성질에 의한 방법 : 군지수(GI)

② 노상토의 역학적 특성에 의한 방법 : CBR, 동탄성계수(M_R)

③ 노상토의 지지력에 의한 방법 : 평판재하시험(K값), Proof Rolling

④ 기타 : 삼축압축시험, R-Value

기억해요
도로 노상의 지지력을 평가할 수 있는 현장시험 평가방법을 3가지만 쓰시오.

5 배수공 drainage method

(1) 배수의 목적

① 도로의 지지력 약화, 우수에 의한 절토, 성토사면의 세굴 및 붕괴를 방지
② 집수되는 물이 직접 도로구체를 붕괴 및 손상시키는 경우를 방지
③ 노면상에 물이 정체되어 교통의 정체나 미끄럼 사고를 방지

(2) 배수의 종류

도로 구조의 안정과 안전한 교통을 유지하기 위해서는 배수공을 설치해야 한다.

① **표면배수** : 노면 비탈면 및 도로에 인접하는 지역에 내린 비 또는 눈에 의하여 생긴 지표수를 배제하는 것으로, 주로 측구에 의해 배제시키는 것을 말한다.

② **지하배수** : 땅 위에서 땅속으로 스며든 물이나 땅속에서 흐르고 있는 지하수를 저하시킨다든지 비탈면에 침투한 물을 차단하기 위하여 맹암거 등을 설치하여 물을 배제시키는 것을 말한다.

■ **보조기층 배수구**

구멍 뚫린 관의 내경은 20～30cm를 표준으로 하고 10cm 이하는 관속이 토사로 막히기 쉬우므로 사용하지 않는 것이 좋다. 구멍수는 관둘레 면적 $1m^2$당 50개 이상, 구멍의 면적은 관둘레 면적당 150～$200cm^2$ 이상을 뚫어 놓는 것이 좋다. 또 배수구의 폭은 배수관의 외경보다 약 30cm 더 넓혀야 한다.

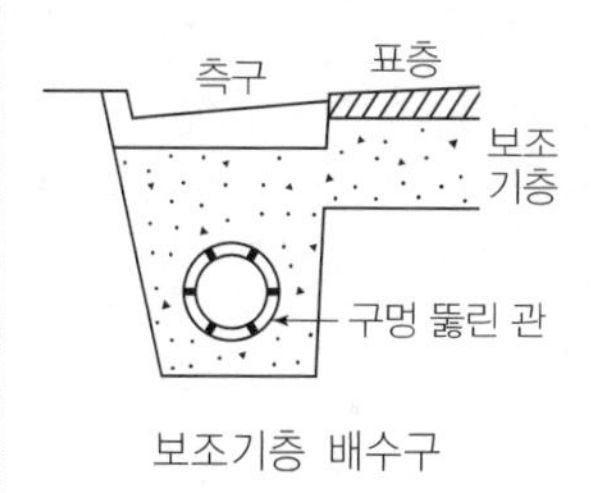

보조기층 배수구

③ **횡단배수** : 도로의 중앙에서 좌우로 내리막 구배를 만들어 두는 것으로 땅 표면의 물을 좌우에 만들어 둔 배수관거, 암거에 의해 배제시키는 것을 말한다.

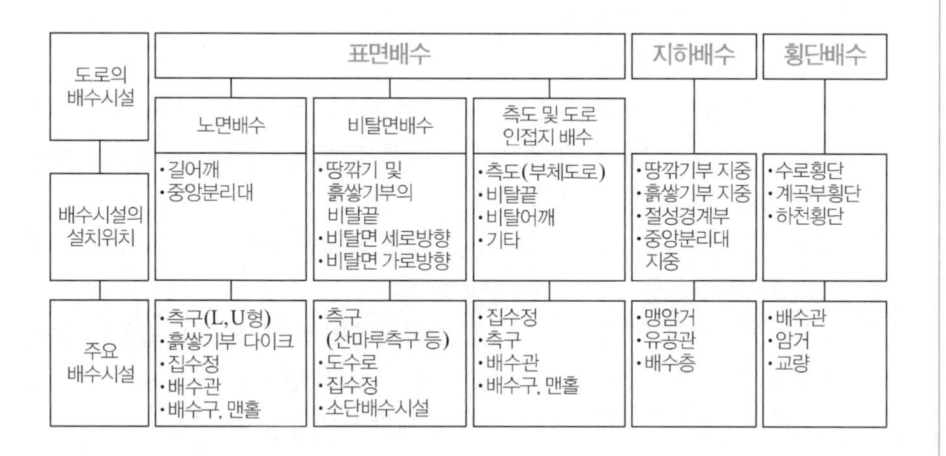

도로의 배수시설	표면배수			지하배수	횡단배수
	노면배수	비탈면배수	측도 및 도로 인접지 배수		
배수시설의 설치위치	•길어깨 •중앙분리대	•땅깎기 및 흙쌓기부의 비탈끝 •비탈면 세로방향 •비탈면 가로방향	•측도(부체도로) •비탈끝 •비탈어깨 •기타	•땅깎기부 지중 •흙쌓기부 지중 •절성경계부 •중앙분리대 지중	•수로횡단 •계곡부횡단 •하천횡단
주요 배수시설	•측구(L, U형) •흙쌓기부 다이크 •집수정 •배수관 •배수구, 맨홀	•측구 (산마루측구 등) •도수로 •집수정 •소단배수시설	•집수정 •측구 •배수관 •배수구, 맨홀	•맹암거 •유공관 •배수층	•배수관 •암거 •교량

도로배수시설의 구분 ◀

기억해요
배수시설 종류별로 대표적인 것 1가지씩만 쓰시오.

기억해요
측구의 형식을 3가지만 쓰시오.

U형 측구

측구의 형식
- L형 측구
- U형 측구
- V형 측구
- 산마루형 측구

(3) 측구 roadside drain

도로의 배수에서 노면에 흐르는 물 및 근접하는 지대로부터 도로면에 흘러 들어오는 물을 집수하고, 배수하기 위하여 도로의 종단방향에 따라 설치한 배수구를 측구(側溝)라 한다.

① 막파기 측구 : 연도의 가옥이 없는 산지, 농경지를 지나는 도로 등에 사용되는 것으로 단면형은 V형 또는 사다리형으로 하고 측면의 구배는 되도록 완만하게 한다.

② 콘크리트 측구 : 우리나라에서 가장 많이 사용하는 노견측구로 L형과 U형의 무근 콘크리트 또는 철근 콘크리트제로 프리캐스트형과 현장타설형이 있다.

③ 떼붙임 측구 : 측구 바닥면의 세굴을 막기 위하여 조약돌 등을 붙여서 보강한 것으로 배수량이 그다지 많지 않은 곳에 사용한다.

④ 돌쌓기 측구 : 측구의 측면을 돌쌓기 또는 블록쌓기로 한 것인데 바닥면은 필요에 따라서 돌붙이기 또는 콘크리트 붙이기를 하여 보호한다.

6 동상 frost heave

동상이란 겨울에 흙 속에 포화되어 있는 수분이 얼어 체적이 팽창하여 지면이 부풀어 오르는 현상을 말한다.

■ 동상방지층 재료의 품질기준

구분	기준	시험방법
소성지수	10 이하	KS F 2304
수정 CBR	10 이상	KS F 2320
모래당량	20% 이상	KS F 2340

(1) 동결깊이를 결정하는 방법

① 실험에 의한 방법
- 동결심도계를 이용하는 방법 : 동결시 동결부분의 색이 변하는 메틸렌 블루 동결심도계를 동결 전 대상지반에 삽입하고 동결 후 이것을 빼내 색깔차로 동결깊이를 결정한다.
- Test Pit에서 관찰하는 방법 : 조사공을 굴착하고 동결기 동안 지중 온도나 동결상황을 관측하는 방법이다.

② 일평균기온으로 구하는 방법 : 일평균기온이 ⊕에서 ⊖로 변하는 달에서부터 시작하여 일평균기온이 ⊖에서 ⊕로 변하는 날까지의 일평균기온을 누계하여 ⊕, ⊖최대치의 절대값이 동결지수이다.

$$Z = C\sqrt{F} = C\sqrt{\theta \cdot t}$$

여기서, Z : 동결깊이(cm)

F : 영하온도(θ)×지속일수(t)

C : 흙의 함수비, 건조밀도, 동결 전후의 지표면 온도 등에 따라 결정되는 계수(3～5)

기억해요
데라다의 공식을 이용하여 동결깊이를 구하시오.

③ 열전도율에 의한 방법

열전달이 흙과 물의 잠재열로 이루어진다고 가장하여 다음 식으로 동결깊이를 구한다.

$$Z = \sqrt{\frac{48k \cdot F}{L}}$$

여기서, k : 열전도율

F : 동결지수(℃·day)

L : 융해잠재열(cal/cm^2)

⑵ 동상이 일어나는 원인

동상현상은 많은 요인에 의해서 지배되지만 주된 요인은 3가지 요인이 만족할 때 동상현상이 발생한다.

기억해요
동상이 일어나기 쉬운 조건 3가지만 쓰시오.

① 토질 : 지반의 토질이 동상을 일으키기 쉬울 때
② 수분 : 동상에 필요한 물의 공급이 충분할 때
③ 온도 : 흙 속의 온도가 빙정(氷晶)을 발생시킬 정도로 강하할 때

⑶ 동결에 미치는 요소과 인자

① 지표면의 온도 : 기온, 풍속, 일사 등 기상조건, 식생상태, 지표면상태, 적설, 냉각면의 방위와 상태
② 흙의 열적 성질 : 흙의 종류, 밀도, 함수조건(열전도율, 열용량, 동결잠열)
③ 지하수위 변동 : 지형, 지질조건에 의한 지하수위 고저, 물의 이동, 수분공급 조건

⑷ 흙의 동결을 방지하는 방법

① 치환공법으로 동결되지 않는 흙으로 바꾸는 방법
② 지하수위 상층에 조립토층을 설치하는 방법
③ 배수구 설치로 지하수위를 저하시키는 방법
④ 흙 속에 단열재료를 매입하는 방법
⑤ 지표부의 흙을 안정처리하는 방법

동상 대책공법 동상의 3조건 중 1가지 이상을 제거 또는 개선하여 동상을 방지 또는 억제하는 것

기억해요
도로에서 동상방지층 설계방법 3가지를 쓰시오.

(5) 동상 대책공법

동상현상은 토질, 온도, 지중수의 3조건이 동시에 만족할 때 일어나고 이 조건 중 하나라도 제거 또는 개선하면 일어나지 않는다.

① **차단공법** : 지하수위를 저하시키거나 성토를 하여 동상에 필요한 공급수를 차단하는 것이다.

② **단열공법** : 포장 바로 밑에 스티로폼, 기포콘크리트 층을 두어 흙의 온도저하를 작게 하는 것이다.

③ **안정처리공법** : 동결온도를 낮추기 위해 흙에 NaCl, $CaCl_2$ 등을 섞어 화학적 안정처리를 시공하는 것이다.

④ **치환공법** : 동결이 일어나는 깊이를 동상이 일어나지 않는 재료로 치환하는 공법이다.

⑤ **배수층 설치공법** : 동결토의 융해로 인한 과잉수로 인한 지반연약화를 방지하는 방법

■ 도로에서 동결에 대한 동상방지층 설계방법

구분	내용	비고
① 완전 방지법	동결깊이까지 비동결성 재료층을 설치	비경제적인 설계 우려
② 감소 노상 강도법	노상으로 동결이 관입되어 발생하는 융기를 어느 정도 범위에서 허용	노상이 균일한 경우 적용
③ 노상 동결 관입 허용법	동결로 인한 융기량이 포장파괴를 일으킬 만한 양이 아닐 경우에 적용되는 방법	동결심도에 무관한 설계

| 도로 계획 |

01 핵심 기출문제

□□□ 96④, 07②, 17②, 20③

01 도로의 설계속도 $V=100$km/hr, 편경사 6%, 횡방향 미끄럼마찰계수 0.11일 때, 최소곡선 반경을 구하시오.

계산 과정)　　　　　　　　　　　　　　　　답 : ________

해답 $R=\frac{V^2}{127(f+i)}=\frac{100^2}{127(0.11+0.06)}=463.18\text{m}$

□□□ 00②, 05④, 08①, 18③, 21①

02 도로 곡선부의 평면선형을 설계함에 있어서 곡선반경이 710m, 설계속도가 120km/hr일 때의 최소편구배를 계산하시오.
(단, 타이어와 노면의 횡방향 미끄럼마찰계수는 0.10임.)

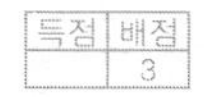

계산 과정)　　　　　　　　　　　　　　　　답 : ________

해답 $R=\frac{V^2}{127(f+i)}$ 에서 $710=\frac{120^2}{127(0.10+i)}$

$\therefore\ i=0.06$　　$\therefore$ 6%

참고 SOLVE 사용

□□□ 96③, 02④

03 어느 지역의 월평균기온이 아래 표와 같다. 데라다(寺田)의 공식을 이용하여 동결깊이를 구하시오. (단, 정수 $C=4.0$으로 한다.)

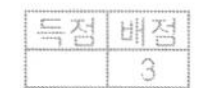

월	월평균기온(℃)
11	3.5
12	−7.8
1	−9.6
2	−4.2
3	−1.1

계산 과정)

답 : ________

해답 동결깊이 $Z=C\sqrt{F}$

• 동결지수 F=(영하온도(θ)×지속일수(t))의 총합
　$=7.8\times31+9.6\times31+4.2\times28+1.1\times31=691.1$℃ · days

$\therefore\ Z=4.0\sqrt{691.1}=105.16\text{cm}$

□□□ 89②, 94④, 99②, 05②

04 도로 토공현장에서 다짐도를 판정하는 방법을 5가지만 쓰시오.

득점 | 배점 3

① ______ ② ______ ③ ______

④ ______ ⑤ ______

해답 ① 건조밀도로 규정하는 방법
② 포화도와 공극률로 규정하는 방법
③ 강도특성으로 규정하는 방법
④ 다짐기계, 다짐횟수로 규정하는 방법
⑤ 변형특성으로 규정하는 방법

□□□ 14②, 20②

05 도로의 배수처리는 도로의 기능 및 교통안전에 중요한 요소로 작용한다. 다음 배수시설 종류별로 대표적인 것 1가지씩만 쓰시오.

득점 | 배점 3

① 표면배수 : ______

② 지하배수 : ______

③ 횡단배수 : ______

해답 ① 측구, 집수정　② 맹암거, 유공관, 배수층　③ 배수관, 암거

□□□ 11②, 20①

06 도로의 배수에서 노면에 흐르는 물 및 근접하는 지대로부터 도로면에 흘러 들어오는 물을 집수하고, 배수하기 위하여 도로의 종단방향에 따라 설치한 배수구를 측구(側溝)라 한다. 측구의 형식을 3가지만 쓰시오.

득점 | 배점 3

① ______ ② ______ ③ ______

해답 ① L형 측구　② U형 측구　③ V형 측구　④ 산마루형 측구

□□□ 10②, 13①, 14①, 16④, 17④, 21①

07 도로 노상의 지지력을 평가할 수 있는 현장시험 평가방법을 3가지만 쓰시오.

득점 | 배점 3

① ______ ② ______ ③ ______

해답 ① CBR(CBR시험)　② K값(PBT)　③ Cone값(CPT)　④ N치(SPT)

□□□ 09④, 12④

08 겨울철에 0℃ 이하의 기온이 계속되면 흙 속의 물이 동결하여 얼음층(Ice Lens)이 발생한다. 이로 인해 지표면이 융기하는 현상을 동상(凍上)현상이라 한다. 도로에서 동상방지층 설계방법 3가지를 쓰시오.

득점	배점
	3

① ______ ② ______ ③ ______

해답 ① 완전 방지법(complete protection method)
② 감소 노상 강도법(reduced subgrade strength method)
③ 노상 동결 관입 허용법(limited subgrade frost penetration method)

□□□ 97①, 00①

09 다음의 조건에 대하여 수정 동결지수를 구하시오.

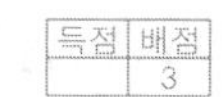

득점	배점
	3

【조 건】

- 인천 측후소 표고 : 84.9m
- 계획지점이 가장 높은 표고 : 260m
- 동결지수 : 592°F
- 동결기간 : 37일

계산 과정)

답 : ______

해답 수정 동결지수=동결지수±0.9×동결시간×$\dfrac{\text{표고차}}{100}$

$$= 592 + 0.9 \times 37 \times \frac{260 - 84.9}{100} = 650.31\ °\text{F} \cdot \text{days}$$

□□□ 92①, 95⑤, 01①, 11④, 21③

10 어느 지역의 월평균기온이 아래 표와 같다. 동결지수를 구하시오.

득점	배점
	3

월	월평균기온(℃)
11	+1
12	−6.3
1	−8.3
2	−6.4
3	−0.2

계산 과정)

답 : ______

해답 동결지수 F= (영하온도(θ)× 지속일수)의 총합
=6.31×31+8.3×31+6.4×28+0.2×31=638.31℃ · days

□□□ 01①, 03②, 06②

11 **아스팔트 콘크리트 포장의 두께 결정에 있어 기상조건을 고려해야 할 점 중의 하나가 동상을 방지하기 위한 동결심도이다. 동상이 일어나기 쉬운 조건 3가지만 쓰시오.**

득점	배점
	3

① ______________ ② ______________ ③ ______________

해답 ① 동상을 받기 쉬운 흙이 존재할 것
② 0℃ 이하의 온도가 오래 지속될 것
③ 물의 공급이 충분할 것

□□□ 13④

12 **동상현상이 발생하면 지면이 융기하게 되고 겨울철 토목공사에 많은 문제가 발생할 수 있다. 이러한 동상이 발생하기 쉬운 3가지 중요한 조건을 쓰시오.**

득점	배점
	3

① ______________ ② ______________ ③ ______________

해답 ① 동상을 받기 쉬운 흙이 존재할 것
② 0℃ 이하의 온도가 오래 지속될 것
③ 물의 공급이 충분할 것

02 도로 포장

1 도로 각층의 구성

(1) 포장 구조의 명칭

- 도로 : 포장층과 노상 및 노체로 구성
- 포장층 : 콘크리트 포장 또는 아스팔트 포장의 구분에 따라 표층, 중간층, 보조기층 또는 표층, 중간층, 기층, 보조기층으로 구성

포장	표층
	중간층
	기층
	보조기층
노상(약1m)	동상 방지층
	노상
노체	노체

포장	표층
	중간층
	보조기층
노상(약1m)	동상 방지층
	노상
노체	노체

① 노체 : 노상의 밑에 위치하여 노상 및 포장층에서 전달되는 하중을 지지하는 층

② 노상 : 포장중 밑에 위치하는 성토, 절토의 최상부로 1m부분을 말하며, 포장층과 일체가 되어 교통하중을 지지하는 층

③ 보조기층

- 노상위에 위치하여 상부에서 전달되는 교통하중을 노상으로 분산시켜 전달하는 층
- 콘크리트 포장에서는 상부의 콘크리트 slab를 지지하는 층으로 배수기능이 요구되는 층

④ 기층 : 아스팔트 포장에 있어서 상부에서 전달되는 교통하중을 하부층으로 넓게 분산시키는 층

⑤ 중간층(binder course)

- 아스팔트 포장에서 중간층은 교통하중이나 기상작용의 영향을 많이 받는 부분으로 요철상태를 보정하고 표층의 교통하중을 균일하게 기층으로 전달하는 역할
- 가열아스팔트 혼합물을 사용한다.

(2) 포장의 장단점

구분	아스팔트 포장	콘크리트 포장
장점	• 주행성이 좋다. • 평탄성이 우수하다. • 시공성이 좋다. • 주행충격이 작다.	• 내구성이 우수하다. • 미끄럼저항이 크다. • 포장의 수명이 길다. • 유지보수비가 적다.
단점	• 유지관리비가 크다. • 내구성이 낮다. • 습지에서는 파괴되기 쉽다.	• 부분적인 보수작업이 어렵다. • 평탄성이 낮다. • 양생기간이 길다.

마모층 표층 위에 2～3cm 정도의 두께로 위치하는 층으로서 비교적 얇은 내마모 혼합물이나 미끄럼 방지용 혼합물층을 말한다.

기억해요

콘크리트 포장공법에 비해 아스팔트 포장공법의 장점 3가지를 쓰시오.

보조기층의 역할

- 노상토의 동상을 방지하고 슬래브의 시공성 확보
- 노상토의 펌핑작용을 방지하고, 노상토의 팽창이나 수축에 의한 영향을 억제

(3) 기층 및 보조기층의 안정처리공법

구분		아스팔트 포장	콘크리트 포장
기층	입도조정공법	수정 CBR≥80, PI≤4	수정 CBR≥45, PI≤6
	시멘트 안정처리공법	수정 CBR≥20, PI≤9	PI≤9
	석회 안정처리공법	수정 CBR≥20, PI≤6~18	PI≤6~18
	역청 안정처리공법	PI≤9	PI≤9
보조기층	시멘트 안정처리공법	수정 CBR≥10, PI≤6	–
	석회 안정처리공법	수정 CBR≥10, PI≤6~18	–

(4) 포장층의 역할 기능

구분	아스팔트 포장	콘크리트 포장
포장구조	층구조, 가요성 포장	판구조, 강성 포장
하중전달	교통하중을 표층, 기층, 보조기층 노상으로 확산·분포시켜 하중을 경감하는 방식	교통하중을 콘크리트 슬래브가 지지하는 형식
표층	• 교통차량에 의한 마모와 전단에 저항 • 표면수의 침투를 방지하여 하부층을 보호 • 미끄럼 저항성과 평탄성을 가져옴.	• 슬래브 자체가 beam으로 작용하여 교통하중에 의해 발생되는 응력을 휨저항으로 지지
기층	• 입도조정처리 또는 아스팔트 혼합물로 구성 • 전달된 교통하중을 일부 지지하고 하부층으로 넓게 전달	–
보조기층	• 해로운 동해를 방지 • 노상의 용적변화를 최소한으로 감소시킴. • 수분의 과다에 의해서 연약해지는 것을 방지	• 콘크리트 슬래브 지지 • Pumping • 동상방지 • 배수 • 노상의 흡수팽창 방지

(6) 도로시공시 평탄성 평가 및 측정방법

구 분	측정방법	평탄성 평가
노 상	• Proof Rolling 실시	• 처짐량
기 층	• 3m 직선자 • 3m Profile Meter로 측정	• 표준편차로 규정
표 층	• 3m 직선자 • 3m Profile Meter로 측정	• 표준편차로 규정
	• 7.6m Profile Meter 사용	• 평탄성지수로 규정

(7) 충격흡수시설의 종류

일반적으로 도로에서 차량의 충격위험을 방지하는 충격흡수시설의 종류는 다음과 같다.

① 철제드럼
② 모래 채우기 플라스틱 통
③ 하이드로셀 샌드위치(Hi-dro cell sandwich)
④ 하이드로셀 클러스터(Hi-dro cell cluster)

기억해요
일반적으로 도로에서 차량의 충격위험을 방지하는 충격흡수시설의 종류를 3가지만 쓰시오.

(8) 포장두께의 결정시험

포장두께 결정을 위한 지지력시험에서 노상의 지지력을 측정하는 CBR시험은 아스팔트 포장에 이용되고, 평판재하시험(PBT)은 콘크리트 포장에 이용된다.

① CBR시험 : 일반적인 포장두께를 결정하기 위한 시험으로 아스팔트 포장에 사용
② 평판재하시험(PBT) : 콘크리트 포장의 두께 설계와 노상, 보조기층, 기층의 지지력을 판정을 위해 이용
③ 회복탄성계수시험(M_R) : 노상토와 같이 탄성계수를 직접 구하기 어려운 경우에 사용되는 탄성 물성이다.
④ 마샬시험 : 아스팔트 혼합물의 합리적인 배합설계와 혼합물의 소성유동에 대한 저항성을 측정하기 위해 많이 사용된다.

기억해요
도로포장 두께를 결정하기 위한 지반 현장시험 방법을 2가지만 쓰시오.

2 아스팔트 포장두께 결정

(1) 포장의 두께

① 아스팔트 포장두께=표층+중간층+기층+보조기층
② 아스팔트 콘크리트 포장두께=표층+기층+보조기층
③ 콘크리트 포장 두께=콘크리트 슬래브+보조기층

(2) AASHTO 1972 설계법

도로 이용자 측면의 서비스지수 개념 도입 및 포장체 강도 정량화

① 포장두께지수(SN) 결정요소 : 교통량, 서비스지수(P), 지역계수(R), 노상지지력값(S), 상대강도계수
② 포장두께지수 $SN=\alpha_1 D_1+\alpha_2 D_2+\cdots\cdots+\alpha_i D_i$

여기서, α_1, α_2, α_i : 표층, 기층, 보조기층 등 각층의 상대강도계수
D_1, D_2, D_i : 표층, 기층, 보조기층 등 각층의 두께

'86AASHTO 설계법 서비스지수 개념 재료별 특성에 따른 포장체 강도 이외에 신뢰도 개념 도입 및 환경조건 감안

(2) AASHTO 1986 설계법

① 포장두께지수(SN) 결정 요소 : 교통량, 신뢰도(Z_R), 표준편차(S_o), 서비스 손실(ΔPSI), 유효노상회복 탄성계수(M_R)

② 포장두께지수 $SN = \alpha_1 D_1 m_1 + \alpha_2 D_2 m_2 + \cdots\cdots + \alpha_i D_i m_i$

여기서, α_1, α_2, α_i : 표층, 기층, 보조기층 등 각층의 상대강도계수
D_1, D_2, D_i : 표층, 기층, 보조기층 등 각층의 두께
m_1, m_2, m_i : 표층, 기층, 보조기층 등 배수조정계수

3 포장두께 설계 T_A방법

(1) 교통량 분석

교통량 구분	대형차 교통량(대/일, 1방향)	해당 설계 윤하중(ton)
A	250 미만	3
B	250 ~ 1,000 미만	5
C	1,000 ~ 3,000 미만	8
D	3,000 이상	12

기억해요
포장설계를 위한 설계 CBR을 구하시오.

(2) 설계 CBR의 결정

포장두께를 결정하기 위하여 노상토를 채취해서 설계 CBR을 구한다.

① 평균 CBR : 각 지점의 CBR값 중 극단치를 제외하고 산술평균으로 구한다.

$$평균\ CBR = \frac{\Sigma CBR값}{n}$$

② $설계\ CBR = 평균\ CBR - \dfrac{CBR_{max} - CBR_{min}}{d_2}$

③ 설계 CBR은 소수점 이하는 절삭한다.

■ 설계 CBR 계산용 계수 d_2

개수(n)	2	3	4	5	6	7	8	9	10 이상
d_2	1.41	1.91	2.24	2.48	2.67	2.83	2.96	3.08	3.18

(단, 구해진 설계 CBR은 절삭하며, T_A와 설계 CBR을 포장 총두께의 목표치에 맞춘다. 예, 3.6 → 3, 9.5 → 9로 계산된다.)

(3) 포장두께 설계 T_A

$$T_A = a_1 T_1 + a_2 T_2 + \cdots\cdots + a_n T_n$$

여기서, a_1, a_2, $\cdots\cdots a_n$: 등치환산계수(等値換算係數)
T_1, T_2, $\cdots\cdots T_n$: 구성 각층의 두께(cm)

■ T_A와 포장층 두께의 목표치

설계 CBR	목표로 하는 값(cm)									
	L교통		A교통		B교통		C교통		D교통	
	T_A	두께	T_A	두께	T_A	두께	T_A	두께	T_A	두께
2	17	52	21	61	29	74	39	90	51	106
3	15	41	19	48	26	58	35	70	45	83
4	14	35	18	41	24	49	32	59	41	70
6	12	27	16	32	21	38	28	47	37	55
8	11	23	14	27	19	32	26	39	34	46
12	–	–	13	21	17	26	23	31	30	36
20 이상	–	–	–	–	–	–	20	23	26	27

■ T_A의 계산용 등치환산계수

사용하는 위치	공법·재료	조 건	등치 환산계수
표층 중간층	표층, 중간층용 가열 아스팔트 혼합물		1.00
기층	역청 안정처리	안정도 350kg 이상	0.80
		안정도 250 ~ 350kg	0.65
	시멘트 안정처리	일축압축강도 30kg/cm^2	0.55
	입도조정	수정 CBR 80 이상	0.35
	침투식		0.55
	머캐덤		0.35
	고로슬래그	입도 조정 고로슬래그 부순돌(MS)	0.35
	고로슬래그	수경성 고로 슬래그 부순돌(HMS)	0.55
보조기층	막부순돌, 자갈, 모래 등	수정 CBR 30 이상	0.25
		수정 CBR 20 ~ 30	0.20
	시멘트 안정처리	일축압축강도(7일), 10kg/cm^2	0.25
	석회 안정처리	일축압축강도(10일), 7kg/cm^2	0.25
	고로슬래그	고로슬래그 막부순돌(CS)	0.25

■ (표층+중간층)의 최소두께

교통량의 구분	표층+중간층의 최소 두께(cm)
L, A	5
B	10(5)
C	15(10)
D	20(15)

* (   ) 안은 기층에 역청안정처리를 사용할 경우의 최소두께이다.

■ 설계 예(cm)

교통	설계 CBR	표층	기층		보조기층	T_A	포장 총두께
		가열아스팔트 혼합물	역청 안정처리	입도조정	막자갈		
L교통	2	5	–	15	30	17.8	50
	3	5	–	15	20	15.3	40
	4	5	–	15	15	14.0	35
	6	5	–	10	15	12.3	30
	8	5	–	10	10	11.0	25
A교통	2	5	–	25	30	21.3	60
	3	5	–	20	30	19.5	55
	4	5	–	20	25	18.3	50
	6	5	–	15	25	16.5	45
	8	5	–	10	25	14.8	40
	12	5	–	10	20	13.5	35
B교통	2	5	12	20	30	29.1	67
	3	5	10	20	25	26.3	60
	4	5	10	15	25	24.5	55
	6	5	10	10	20	21.5	45
	8	5	10	–	25	19.3	40
	12	5	10	–	20	18.0	35
C교통	2	10	15	25	35	39.5	85
	3	10	12	25	30	35.9	77
	4	10	12	20	25	32.9	67
	6	10	10	15	20	28.3	55
	8	10	10	15	15	27.0	50
	12	10	10	–	20	23.0	40
	20 이상	10	8	–	15	20.2	33
D교통	2	15	20	30	40	51.5	105
	3	15	20	20	30	45.5	85
	4	15	18	20	20	41.4	73
	6	15	15	15	20	37.3	65
	8	15	13	15	15	34.4	58
	12	15	13	–	20	30.4	48
	20 이상	15	8	–	20	26.4	43

4 도로포장 용어

(1) **화이트베이스** White Base

파손된 구콘크리트에 사용하는 시멘트 콘크리트 기층

(2) **블랙베이스** Black Base

파손된 구아스팔트 포장에 사용하는 아스팔트 안정처리 기층

기억해요
도로포장이 파손되어 재포장을 하는 경우, White Base와 Black Base란 무엇인가?

(3) **Rutting** 바퀴 자국, 소성변형

주로 아스팔트 포장에서 발생되는 포장파괴현상으로 아스팔트 포장의 어느 한 부분을 차륜의 통과빈도가 가장 많은 위치에 규칙적으로 생기는 凹형으로 패이는 파손형태를 Rutting이라 한다. 따라서 강우시 배수가 되지 않고 주위 또는 통행인에게 물보라를 입히고 대형차, 후속차의 안전운행에 지장을 준다.

핵심용어
Rutting

■ Rutting의 원인과 대책

발생원인	방지대책
• 아스팔트량 과다 • 혼합물의 입도 불량 • 기층 이하의 침하 • 노상지지력 약화 • 과적 차량	• 내유동성이 큰 혼합물 사용 • 역청재료는 개질 아스팔트 사용 • 과하중 차량 통행 제한 • 기층 안정처리 • 노상지지력 증대

(4) **Proof Rolling**

노상, 보조기층, 기층의 다짐이 적당한 것인지, 불량한 곳은 없는지를 조사하기 위하여 시공시에 사용한 다짐기계와 같거나 그 이상의 다짐효과를 갖는 롤러나 덤프트럭 등으로 완료된 면을 수회 주행시켜 윤하중에 의한 표면의 침하량을 관측 또는 측정하는 다짐을 Proof Rolling이라 하며 Proof Rolling의 목적은 다음과 같다.

핵심용어
프루프 롤링

① 추가다짐(Additional Rolling) : 포장을 통해서 노상면에 가해지는 윤하중보다도 큰 윤하중의 덤프트럭, 타이어롤러 등을 노상면에 2~3회 주행시켜서 장차 다짐부족에 의한 침하와 변형이 일어나는 것을 막는 데 있다.

② 검사다짐(Inspection Rolling) : 타이어롤러 또는 덤프트럭을 주행시켜서 유해한 변형을 일으키는 불량 개소을 발견하여 불량부분에 대해서는 양질재료로 치환 등의 재시공을 하여 변형량이 허용치 이하가 되도록 개선하는 데 있다.

핵심용어
블로우업

(5) 블로우업 blow up

콘크리트 포장에서 기온의 상승 등에 따라 콘크리트 slab가 팽창할 때 줄눈의 부적정 등으로 더 이상 팽창력을 지탱할 수 없을 때 생기는 좌굴현상으로 인하여 슬래브가 솟아오르는 현상

① Blow up의 피해 : 교통 장해, 교통사고 유발, 도로기능 마비

② 보수방법
- 한쪽 슬래브를 전부 깨어내는 방법
- 솟아오른 부분을 깨어내고 곧 아스팔트 혼합물을 메운다.

▶ 블로우업

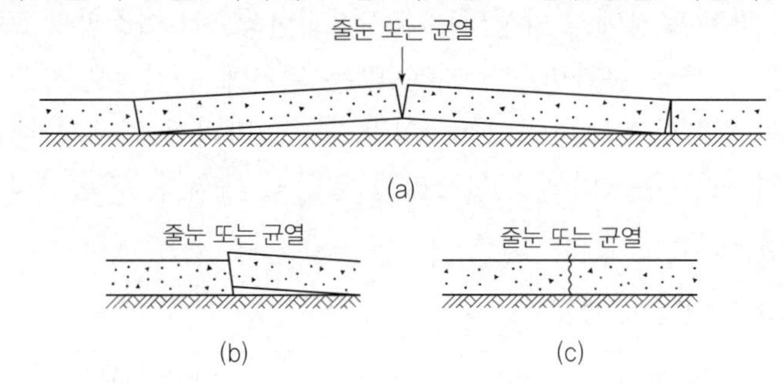

핵심용어
펌핑

(6) 펌핑 Pumping

콘크리트 포장 Slab의 보조기층이나 노상의 흙이 우수의 침입과 교통하중의 반복에 의해 이토화(泥土化)하여 줄눈 또는 균열을 통해 노면으로 뿜어나오는 현상

① 발생위치
- 콘크리트 Slab 줄눈 부위
- 콘크리트 Slab 균열 발생 부위

② 발생으로 인한 피해
- 포장 Slab 하부 공극과 공동 발생
- 콘크리트 Slab 파괴
- 단차 발생
- 보조기층 지지력 저하
- 표층오염

핵심용어
리플렉션 균열

(7) 리플렉션 균열 reflection crack, 반사균열

시멘트 콘크리트 포장 덧씌우기층에서 윤하중의 반복으로 인해 하부의 기존층에 존재하던 균열이 급속히 덧씌우기층으로 전달되어 포장체의 조기 파손을 초래시키는 균열

(8) 스폴링 spalling, 조각파손

핵심용어
스폴링

① 무근콘크리트 포장에서 줄눈이나 균열부에 단단한 입자가 침입하면 슬래브 팽창을 방해하게 된다. 이로 인해 국부적인 압축파괴를 일으켜 발생하는 균열

② 비압축성의 단단한 입자가 줄눈 중심에 침투하여 콘크리트 슬래브가 가열 팽창일 때 그것이 원인이 되어 국부적으로 압축파괴를 일으켜서 발생한다.

(9) 박리현상 stripping

아스팔트 혼합물의 골재와 아스팔트의 접착성이 소멸하여 포장 표면에서 골재가 벗겨지는 현상

(10) 펀치아웃 Punch out

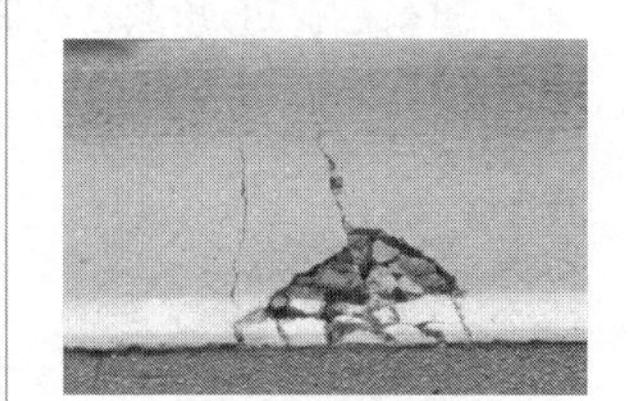
Punch out 현상

핵심용어
펀치아웃

① 펀치아웃은 포장체에서 작은 부분이 탈락하는 연속 철근 콘크리트 포장에서 가장 중대한 손상이며 교통하중이 반복되면 골재의 접합력이 소멸되고 철근 응력이 증가하여 파단이 발생한다.

② Punch out은 포장체의 지지력 부족, 균열 간격이 좁은 경우, 피로하중에 의하여 발생한다.

③ Punch out이 발생하면 배수시설의 개량, 시멘트 그라우팅, 슬래브의 보강과 균열을 충진하여 지반의 지지력 확보와 횡방향 균열 간격을 유지한다.

(11) 블랙아이스 black ice : 도로 결빙현상

기온이 갑작스럽게 내려갈 경우, 도로 위에 녹았던 눈이 다시 얇은 빙판으로 얼어붙는 현상

| 도로 포장 |

02 핵심 기출문제 □□□

□□□ 98②, 00②, 16②, 20④

01 도로 포장공법 중 콘크리트 포장공법에 비해 아스팔트 포장공법의 장점 3가지를 쓰시오.

득점	배점
	3

① ______ ② ______ ③ ______

해답 ① 주행성이 좋다. ② 평탄성이 좋다. ③ 시공성이 좋다.

□□□ 04④

02 연성포장과 강성포장에서 표층의 역할을 각각의 차이점 위주로 쓰시오.

득점	배점
	3

○ 연성포장 : ______

○ 강성포장 : ______

해답 • 연성포장 : 교통하중을 일부 지지하며 하부층에 전달
• 강성포장 : 교통하중에 의해 발생되는 응력을 휨저항으로 저지

□□□ 05②

03 강성포장 구조체에 설치된 보조기층의 주요기능을 3가지만 쓰시오.

득점	배점
	3

① ______ ② ______ ③ ______

해답 ① 콘크리트 슬래브를 지지 ② pumping 현상 방지
③ 배수 ④ 동상현상 방지

□□□ 09②, 11②

04 도로에서 기층은 표층에 가해지는 하중을 분산시켜 보조기층에 전달하며, 교통하중에 의한 전단에 저항하는 역할을 한다. 이러한 역할을 하는 기층을 만들기 위해 사용되는 공법을 3가지만 쓰시오.

득점	배점
	3

① ______ ② ______ ③ ______

해답 ① 입도조정공법 ② 시멘트 안정처리공법
③ 역청 안정처리공법 ④ 석회 안정처리공법

□□□ 96③, 02①

05 우리나라 도로시공시 노상, 기층, 표층의 평탄성 평가 및 측정방법에 대하여 쓰시오.

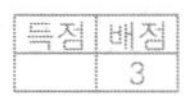

가. 노상 : ______

나. 기층 : ______

다. 표층 : ______

해답 가. 처짐량 : proof rolling 실시
나. 표준편차 : 3m 직선자(또는 3m profile meter)로 측정
다. 표준편차(또는 평탄성지수로 규정) : 3m 직선자(또는 3m profile meter)로 측정

□□□ 00③, 08①, 14①

06 일반적으로 도로에서 차량의 충격위험을 방지하는 충격흡수시설의 종류를 3가지만 쓰시오.

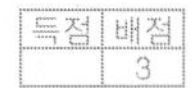

① ______ ② ______ ③ ______

해답 ① 철제 드럼
② 모래 채우기 플라스틱 통
③ 하이드로셀 샌드위치(Hi-dro cell sandwich)
④ 하이드로셀 클러스터(Hi-dro cell cluster)

□□□ 01①, 06④, 09②, 14④, 23③

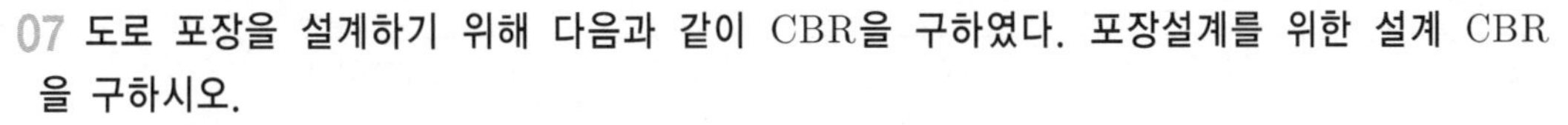

07 도로 포장을 설계하기 위해 다음과 같이 CBR을 구하였다. 포장설계를 위한 설계 CBR을 구하시오.
(단, CBR계수에 상관되는 계수(d_2)는 2.83을 적용한다.)

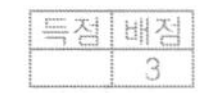

4.6	3.9	5.9	4.8	7.0	3.3	4.8

계산 과정) 답 : ______

해답 설계 CBR = 평균 CBR $- \dfrac{\text{CBR}_{\max} - \text{CBR}_{\min}}{d_2}$

• 평균 CBR $= \dfrac{\Sigma \text{CBR값}}{n} = \dfrac{4.6+3.9+5.9+4.8+7.0+3.3+4.8}{7} = 4.9$

∴ 설계 CBR $= 4.9 - \dfrac{7.0-3.3}{2.83} = 3.59$ ∴ 3

(∵ 설계 CBR은 소수점 이하는 절삭한다.)

□□□ 11④, 12①, 14④, 16①, 23③

08 도로 예정노선에서 일곱 지점의 CBR을 측정하여 아래 표와 같은 결과를 얻었다. 설계 CBR 은 얼마인가?
(단, 설계계산용 계수 d_2는 2.83)

득점	배점
	3

지점	1	2	3	4	5	6	7
CBR	4.2	3.6	6.8	5.2	4.3	3.4	4.9

계산 과정) 답 : ____________

해답 설계 CBR＝평균 CBR $-\dfrac{\text{CBR}_{max}-\text{CBR}_{min}}{d_2}$

• 평균 CBR $=\dfrac{\Sigma\text{CBR値}}{\text{n}}=\dfrac{4.2+3.6+6.8+5.2+4.3+3.4+4.9}{7}=4.63$

$\therefore$ 설계 CBR $=4.63-\dfrac{6.8-3.4}{2.83}=3.43$ $\therefore$ 3

($\because$ 설계 CBR은 소수점 이하는 절삭한다.)

□□□ 96⑤, 98②, 99⑤, 12①, 17④, 21①

09 도로연장 3km 건설구간에서 7지점의 시료를 채취하여 다음과 같은 CBR을 구하였다. 이때의 설계 CBR은 얼마인가?

득점	배점
	3

• 7지점의 CBR : 5.3, 5.7, 7.6, 8.7, 7.4, 8.6, 7.2

• 설계 CBR 계산용 계수

개수(n)	2	3	4	5	6	7	8	9	10 이상
d_2	1.41	1.91	2.24	2.48	2.67	2.83	2.96	3.08	3.18

계산 과정) 답 : ____________

해답 설계 CBR＝평균 CBR $-\dfrac{\text{CBR}_{max}-\text{CBR}_{min}}{d_2}$

• 평균 CBR $=\dfrac{\Sigma\text{CBR値}}{n}=\dfrac{5.3+5.7+7.6+8.7+7.4+8.6+7.2}{7}=7.21$

$\therefore$ 설계 CBR $=7.21-\dfrac{8.7-5.3}{2.83}=6.01$ $\therefore$ 6

($\because$ 설계 CBR은 소수점 이하는 절삭한다.)

□□□ 94②, 97④, 00①

10 다음과 같은 조건하에서 설계 CBR을 계산하시오.

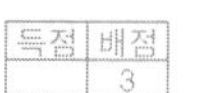

(단, 포장두께를 설계할 구간 내의 각 지점의 평균 CBR 및 개수(n)에 따른 계수(d_2)는 다음과 같다.)

• 각 지점의 평균 CBR치 : 4.5, 5.4, 6.2, 7.1, 7.4, 8.4

n	2	3	4	5	6	7	8	9
d_2	1.41	1.91	2.24	2.48	2.67	2.83	2.96	3.08

계산 과정) 답 : ____________

해답 설계 CBR＝평균 CBR $-\dfrac{\text{CBR}_{max}-\text{CBR}_{min}}{d_2}$

• 평균 CBR$=\dfrac{\Sigma\text{CBR값}}{n}=\dfrac{4.5+5.4+6.2+7.1+7.4+8.4}{6}=6.50$

∴ 설계 CBR$=6.50-\dfrac{8.4-4.5}{2.67}=5.04$ ∴ 5

(∵ 설계 CBR은 소수점 이하는 절삭한다.)

□□□ 94②, 96⑤, 97④, 98②, 99⑤, 00①, 04②, 06①, 10④, 11④, 12①, 14①, 17②, 22③

11 도로를 설계하기 위하여 5개 지점의 시료를 채취하여 각 지점에 있어서의 평균 CBR을 구하였다. 이때의 설계 CBR을 계산하시오.

• 각 지점의 평균 CBR : 6.8, 8.5, 4.8, 6.3, 7.2

• 설계 CBR 계산용 계수

개수(n)	2	3	4	5	6	7	8	9	10 이상
d_2	1.41	1.91	2.24	2.48	2.67	2.83	2.96	3.08	3.18

계산 과정) 답 : ____________

해답 설계 CBR＝평균 CBR $-\dfrac{\text{CBR}_{max}-\text{CBR}_{min}}{d_2}$

• 평균 CBR$=\dfrac{\Sigma\text{CBR값}}{n}=\dfrac{6.8+8.5+4.8+6.3+7.2}{5}=6.72$

∴ 설계 CBR$=6.72-\dfrac{8.5-4.8}{2.48}=5.23$ ∴ 5

(∵ 설계 CBR은 소수점 이하는 절삭한다.)

□□□ 89①, 99③, 02②

12 다음의 조건하에서 설계 CBR과 포장 두께를 T_A법에 의하여 구하시오.

득점	배점
	3

- 실내 CBR 시험결과치 : 5.6, 6.0, 5.0, 5.3, 6.2
- 설계 CBR 계산용 계수

n	2	3	4	5	6	7
d_2	1.41	1.91	2.24	2.48	2.67	2.83

- 교통량 "B" 교통
- T_A와 포장 총두께 목표치

설계 C.B.R	B교통	
	T_A(cm)	두께(cm)
3	26	58
4	24	49
6	21	38
8	19	32

- 등치환산계수

  표층 1.0, 아스팔트 역청안정처리 기층 0.8, 보조기층 0.25
- 동결심도는 고려치 않는다.

설계 CBR : ______________________ , 포장두께 : ______________________

해답 ■ 설계 CBR = 평균 CBR $-\dfrac{\text{CBR}_{\max}-\text{CBR}_{\min}}{d_2}$

- 평균 CBR $=\dfrac{\Sigma \text{CBR값}}{n}=\dfrac{5.6+6.0+5.0+5.3+6.2}{5}=5.62$

  ∴ 설계 CBR $=5.62-\dfrac{6.2-5.0}{2.48}=5.14$ ∴ 5(∵ 설계 CBR은 소수점 이하는 절삭한다.)

■ T_A 설계(설계 CBR = 4로 설계)

- 설계 CBR = 4일 때, T_A가 24cm 이상이 되도록 설계
- 표층 5cm, 기층 20cm, 보조기층 25cm으로 가정

  $T_A=a_1T_1+a_2T_2+a_3T_3$

  $=1.0\times5+0.8\times20+0.25\times25$

  $=27.25\text{cm} > 24\text{cm}$ ∴ OK
- 전체두께 $H=5+20+25=50\text{cm} > 49\text{cm}$ ∴ OK

  ∴ 포장두께 $H=50\text{cm}$

□□□ 06②, 12①, 14②, 22①

13 가요성 포장(flexible pavement)의 구조설계시, AASHTO(1972)설계법에 의한 소요포장 두께지수(SN)가 4.3으로 계산되었다. 포장을 표층, 기층 및 보조기층의 3개층으로 구성하고, 각층 재료별 상대강도계수와 표층, 기층 및 보조기층의 두께를 다음과 같이 배분할 경우의 보조기층 두께를 구하시오.

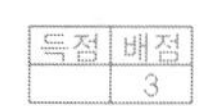

포장층	재료	상대강도계수	두께(cm)
표층	높은 안정도의 아스팔트 콘크리트	0.176	5
기층	쇄석	0.055	25
보조기층	모래 섞인 자갈	0.043	

계산 과정) 답 :

해답 포장두께지수 $SN = a_1D_1 + a_2D_2 + a_3D_3$

$4.3 = 0.176 \times 5 + 0.055 \times 25 + 0.043 \times D_3$

∴ 보조기층두께 $D_3 = 47.56\text{cm}$

참고 SOLVE 사용

□□□ 93①, 95⑤, 00⑤

14 도로 포장이 파손되어 재포장을 하는 경우, White Base와 Black Base란 무엇인가?

득점 배점 3

○ White Base :

○ Black Base :

해답 • White Base : 파손된 구콘크리트에 사용하는 시멘트 콘크리트 기층
• Black Base : 파손된 구아스팔트 포장에 사용하는 아스팔트 안정처리 기층

□□□ 88②, 97①, 07①

15 콘크리트 포장에서 기온의 상승 등에 따라 콘크리트 슬래브가 팽창할 때 줄눈의 부적정 등으로 더 이상 팽창력을 지탱할 수 없을 때 생기는 좌굴현상으로 인하여 슬래브가 솟아오르는 것을 무엇이라고 하는가?

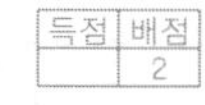

○

해답 블로우업(blow up)

□□□ 12②, 17②

16 시멘트 콘크리트 포장에서 보조기층이나 노상의 흙이 우수의 침입과 교통하중의 반복에 의해 이토화(泥土化)되어 균열틈이나 줄눈부로 뿜어오르는 현상으로 이와 같은 현상이 반복됨에 따라 Slab 하부에 공극과 공동이 생겨 단차가 발생하고 콘크리트 슬래브가 파괴에 이르게 된다. 이러한 현상을 무엇이라 하는가?

득점	배점
	2

○

해답 펌핑(pumping)

□□□ 09④

17 무근콘크리트 포장에서 줄눈이나 균열부에 단단한 입자가 침입하면 슬래브 팽창을 방해하게 된다. 이로 인해 국부적인 압축파괴를 일으켜 발생하는 균열을 무엇이라 하는가?

득점	배점
	2

○

해답 스폴링(spalling)

□□□ 15①

18 포장 파손의 현상에 대한 아래 표의 설명에서 (　　)에 적합한 용어를 쓰시오.

득점	배점
	3

> 일종의 좌굴현상으로 줄눈 또는 균열부에 이물질이 침투하여 슬래브(Slab)가 솟아오르는 현상을 (①)현상이라 하며 연속철근 콘크리트 포장(CRCP)에서 균열간격이 좁은 경우, 지지력 부족 및 피로하중에 의해 (②)이 발생한다. 또한 보조기층 또는 노상에 우수가 침투하여 반복하중에 의한 지지력 저하 및 단차원인이 되는 (③) 현상이 발생한다.

① ____________ ② ____________ ③ ____________

해답 ① 블로우업(blow-up)
② 펀칭아웃(punch out)
③ 펌핑(pumping)

03 아스팔트 포장

1 아스팔트의 분류

<table>
<tr><td rowspan="6">천연 아스팔트</td><td rowspan="3">천연 아스팔트</td><td>록 아스팔트(rock asphalt)</td></tr>
<tr><td>석유 아스팔트(lake asphalt)</td></tr>
<tr><td>샌드 아스팔트(sand asphalt)</td></tr>
<tr><td rowspan="3">아스팔타이트
(asphaltite)</td><td>길소나이트 피치(gilsonite pitch)</td></tr>
<tr><td>글랜스 피치(glance pitch)</td></tr>
<tr><td>그라하마이트(grahamite)</td></tr>
<tr><td rowspan="4">석유 아스팔트</td><td colspan="2">스트레이트 아스팔트(straight asphalt)</td></tr>
<tr><td colspan="2">블론 아스팔트(blown asphalt)</td></tr>
<tr><td colspan="2">세미블론 아스팔트(semi-blown asphalt)</td></tr>
<tr><td colspan="2">용제추출 아스팔트(propane asphalt)</td></tr>
</table>

(1) 천연 아스팔트

① 록 아스팔트 : 다공질의 퇴적암층에 아스팔트분이 깊숙이 침투되어 있는 것

② 레이크 아스팔트 : 무거운 원유가 지각의 지지대에 퇴적되어 있는 것

③ 샌드 아스팔트 : 아스팔트분과 모래가 섞여 있는 것

(2) 석유 아스팔트

① 스트레이트 아스팔트 : 원유로부터 아스팔트분을 될 수 있는 한 변질되지 않도록 증류법에 의해 비등점이 높은 성분을 잔류물로 분리시켜 얻은 아스팔트

② 블론 아스팔트 : 증류한 잔사유에 고온의 공기를 불어 넣어 아스팔트 성질이 변화된 가볍고 탄력성이 풍부한 아스팔트

(3) 역청재료

① 컷백 아스팔트(cut back asphalt) : 아스팔트는 상온에서 반고체 상태이므로 골재와 혼합하거나 살포시 가열해야 하는 불편이 있으므로 스트레이트 아스팔트에 용제(Flux)를 섞어 연하게 만들어 사용하는 것으로 용제의 종류에 따라 급속경화형(RC), 중속경화형(MC), 완속경화형(SC) 3가지로 분류하는 아스팔트

② 유화 아스팔트 : 비교적 연질인 석유 아스팔트와 안정제를 넣은 유화액을 유화기 속에 넣고 잘 섞어서 아스팔트 입자를 유화액 속에 분산시켜 만든 아스팔트

2 아스팔트 포장 시공

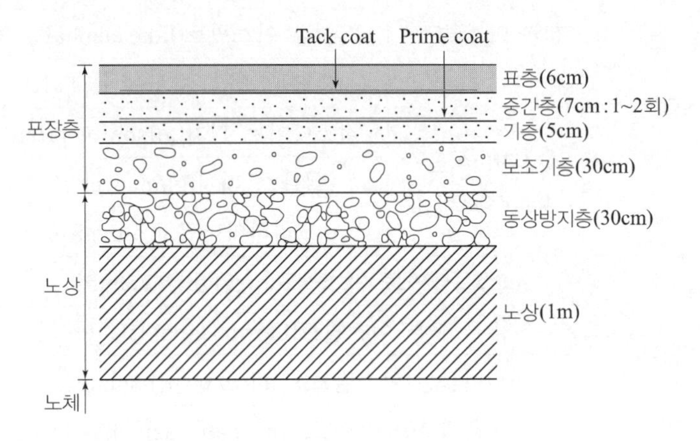

(1) 프라임코트 prime coat

입도조정공법이나 머캐덤공법 등으로 시공된 기층의 방수성을 높이고, 그 위에 포설하는 아스팔트 혼합물층과의 부착이 잘 되게 하기 위하여 기층 위에 역청재료를 살포하는 것을 프라임코트라 한다.

■ 프라임코트의 목적

① 입상재료층의 미세공극을 채움
② 기층과 아스팔트 혼합물의 부착력 향상
③ 기층의 방수성 향상

프라임코트

(2) 택코트 Tack coat

아스팔트 포장시 기존의 포장면 또는 아스팔트 안정처리기층에 역청재료를 살포하여 그 위에 포설할 아스팔트 혼합물층과 부착성을 높이는 것을 택코트라 한다.

■ 택코트의 목적

① 역청제안정처리층과 아스팔트 혼합물의 부착력 향상
② 포장의 일체 거동성 향상
③ 포장의 수밀성 향상

택코트

택코트 밑층과 그 위에 포설하는 아스팔트 혼합물과의 부착을 좋게 하기 위하여 시행한다.

(3) 표면처리공법

아스팔트 포장표면에 국부적인 균열, 변형, 마모 및 붕괴 등의 파손이 발생하는 경우에, 기존포장에 2.5cm 이하의 sealing층을 시공하는 공법이다.

① 실코트(Seal coat)

아스팔트 포장면의 내구성, 수밀성 또는 미끄럼저항성을 증진시키기 위해 역청재와 골재를 살포하여 전압하는 표면처리로 실코트의 목적은 다음과 같다.

- 표층의 노화방지
- 포장표면의 방수성
- 포장표면의 미끄럼 방지
- 포장표면의 내구성 증대
- 포장면의 수밀성 증대

② 아머코트(armor coat) : 실코트를 2층 이상 중복하여 시공하는 공법으로 재래노면의 노화 정도, 교통량 등에 따라 두꺼운 층이 필요한 경우에 사용된다.

③ 포그실(fog seal) : 물로 묽게 한 유화 아스팔트를 얇게 살포하는 것으로, 작은 균열과 표면의 공극을 채워 노면을 소생시키는 데, 특히 교통량이 적은 곳에 사용하면 효과가 있다.

④ 슬러리 실(slurry seal) : 세골재, 휠라, 아스팔트 유제에 적정량의 물을 가하여 혼합한 Slurry를 만들어 이것을 포장면에 얇게 깔아 미끄럼 방지와 균열을 덮어씌우는 데 사용되는 표면처리공법

실코트 표층 위에 필요한 경우에는 실코트를 실시한다.

기억해요
아스팔트 포장 시공시의 실코트의 목적 3가지를 쓰시오.

(4) 아스팔트 혼합물의 일반적인 다짐방법

1차 전압(초기전압)	2차 전압(중간전압)	마무리전압(완성전압)
Macadam roller	Tire roller	Tandem roller
110 ~ 140℃	70 ~ 90℃	60℃

【아스팔트 포장의 설계조건】

설계인자	'72 AASHTO설계법	'86 AASHTO설계법
교통조건	8.2t 교통량(ESAL)	8.2t 교통량(ESAL)
노상강도	노상지지력계수(SSV)	회복탄성계수
환경조건	지역계수	융해, 동상에 의한 손실
재료특성(강도)	상대강도계수	상대강도계수
시간변수	해석기간적용(20년)	공용기간

3 노상 및 보조기층의 안정처리공법

노상 및 보조기층의 안정처리공법은 물리적인 방법과 첨가제에 의한 방법으로 분류된다.

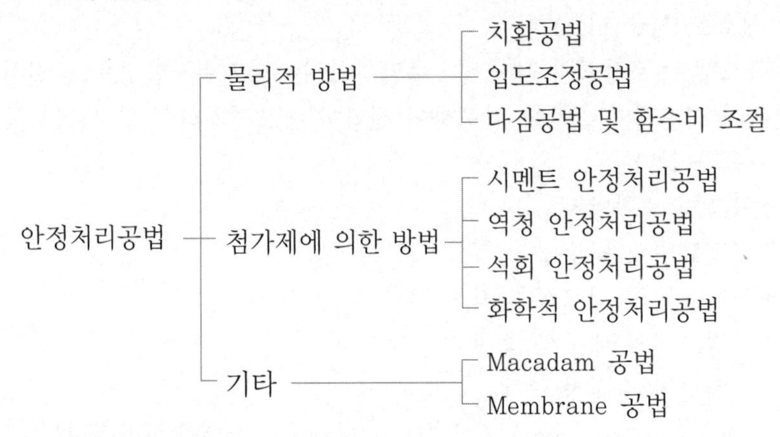

(1) 물리적인 방법

① 치환공법 : 불량토를 양질의 재료로 치환하는 것

② 입도조정공법 : 몇 종류의 재료를 혼합 합성하여 좋은 입도가 되도록 하여 다지는 것

③ 다짐공법 및 함수비 조절 : 재료의 함수비를 조절하고 다짐을 하여 지지력 약화방지, 강도 증가, 침하 방지의 효과를 얻는 것

(2) 첨가제에 의한 방법

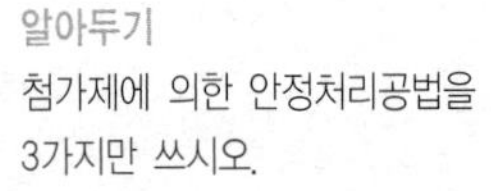

알아두기
첨가제에 의한 안정처리공법을 3가지만 쓰시오.

① 역청 안정처리공법 : 역청재료를 흙에 첨가하여 안정성을 주는 공법으로 낮은 함수비를 유지하기 위해 방수 목적으로 사용한다.

② 시멘트 안정처리공법 : 현지 재료 또는 보조기층 재료에 시멘트를 혼합하여 처리하는 공법으로 불투수성을 증가시켜, 건조, 습윤, 동결 등의 기상 작용에 대하여 내구성을 준다.

③ 석회 안정처리공법 : 현지 재료와 보조기층 재료에 석회를 첨가하여 안정처리 함으로써 재료 중 점토광물과 석회와의 화학반응에 의하여 경화하는 공법으로 내구성과 안정성이 기대된다.

④ 화학적 안정처리공법 : 흙 속에 첨가제로 염화칼슘이나 염화나트륨을 사용하는 공법

⑤ 머캐덤(macadam) 공법 : 주골재인 큰입자의 부순돌을 깔고, 이들이 서로 맞물림(interlocking)될 때까지 전압하여 그 맞물림 상태가 교통하중에 의하여 파괴되지 않도록 채움골재로 공극을 채워서 마무리하는 기층처리공법

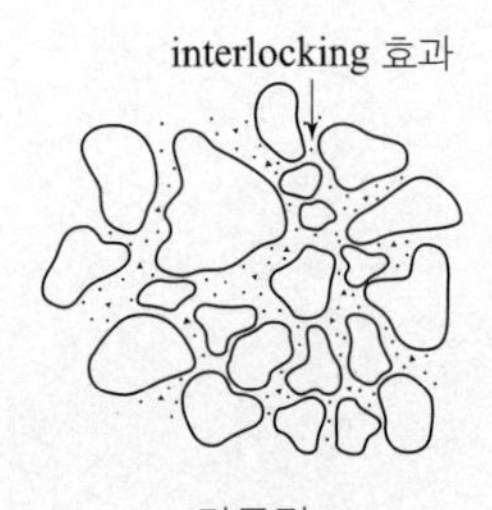

맞물림

4 마샬안정도시험 Marshall stability test

(1) 아스팔트 혼합물의 배합설계시험의 하나로 안정도, 흐름값, 공극률, 포화도, 밀도 등을 시험하여 최종적으로 설계 아스팔트량을 결정하기 위한 시험이다.

(2) 시험 개요

① 지름 101.6mm, 높이 63.5mm의 원주형 공시체를 제작하여 실온에서 12시간 이상 정치하고 밀도 및 두께를 측정한다.

② 공시체를 60±1℃의 수조에 30분 수침시킨 후에 일정한 변형속도 50.8mm/분으로 압축하고, 최대하중이 감소하기 시작하는 순간의 흐름값(flow값)을 0.01mm 단위로 읽고 기록한다.

③ 공시체의 밀도, 안정도 및 흐름값(flow)을 측정하고 공극률과 포화도를 산출한다.

④ 아스팔트 안정처리기층의 마샬안정도 시험기준치

구분	기준치
안정도(kg)	350 이상
흐름값(1/100cm)	10 ~ 40
공극률(%)	3 ~ 5

Marshall 안정도시험 ◀

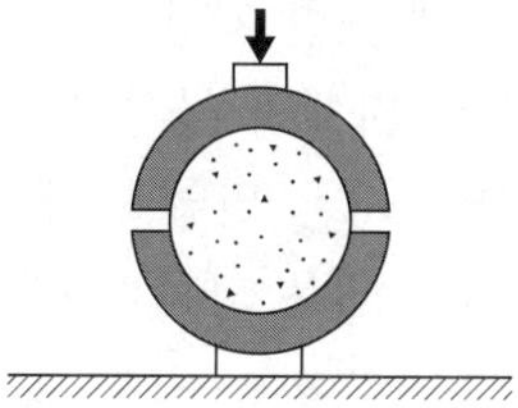

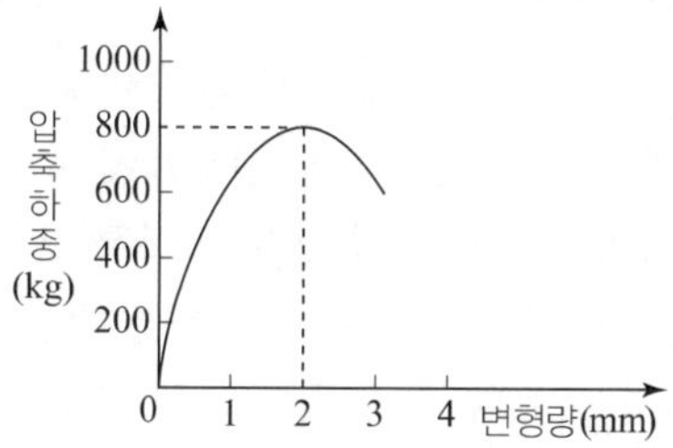

5 특수 아스팔트 포장의 종류

(1) **고무 아스팔트** rubberized asphalt

스트레이트 아스팔트(straight asphalt)에 2 ~ 5% 정도의 고무를 첨가하여 만든 것으로 고무와 슬래브와의 부착성과 마모 및 변형에 대한 저항성을 크게 하는 포장이다.

장 점	단점
① 감온성이 작다. ② 응집력 및 부착력이 크다. ③ 탄성 및 충격에 대한 저항성이 크다. ④ 내마모성 및 내노화성이 증대된다.	① 공극률이 증가될 우려가 있다. ② 배합설계시에는 점성으로 다짐 저항이 증대된다. ③ 다짐시에는 타이어 부착에 유의해야 한다.

기억해요
최근 들어 사용이 늘고 있는 고무 아스팔트의 장점을 3가지 쓰시오.

핵심용어
구스 아스팔트

(2) 구스 아스팔트 Guss Asphalt

기존 아스팔트와 달리 아스팔트 플랜트에서 생산된 혼합재를 쿠커(Cooker)에 넣어 교반가열하며 롤러로 전압하지 않고 피니셔나 인력으로 포설하는 아스팔트로서 응집력이 강하고 수밀성이 높으며, 마모저항성이 커서 교면포장(矯面鋪裝)에 쓰는 아스팔트

① 일반도로의 보조기층, 기층은 강성이 크고 변형이 적으므로 일반 아스팔트 혼합물을 사용하지만 강성이 적고 변형이 큰 강상판포장과 같은 교면포장에는 변형에 대한 저항력이 큰 구스 아스팔트가 사용된다.

② 구스 아스팔트 혼합물은 스트레스트 아스팔트에 열가소성 수지 등의 개질제를 혼합한 아스팔트에 조골재, 세골재 및 필러를 배합해서 쿠커 속에서 200 ~ 260℃의 고온으로 교반·혼합한 것이다.

③ 포설작업은 Roller의 다짐이 필요 없는 전용 피니셔나 인력으로 마무리하는 특성을 가지고 있다.

■ **교면포장**
교면포장은 교통하중의 반복 재하, 충격, 자연강우, 제설용 염화물의 침투 등에 의한 교면상판의 조기열화현상의 극소화, 교량의 내하력 손실방지, 주행의 쾌적성을 확보하기 위해 교량의 상판 위에 덧씌우는 포장공법

기억해요
SMA 포장의 장점 3가지만 쓰시오.

(3) SMA Stone Mastic Asphalt, 쇄석 매스틱 아스팔트 포장

아스팔트 포장의 단점인 소성변형(Rutting)에 대한 저항성이 우수한 포장공법으로 아스팔트 바인더(Asphalt Binder) 자체의 물성에 따른 혼합물 개념보다 골재의 맞물림 효과를 최대로 하여 기존 밀입도 아스팔트 혼합물의 단점을 개선한 공법으로 SMA 포장의 장점은 다음과 같다.

① 소성변형을 최소화한다.
② 균열발생을 최소화한다.
③ 유지보수 비용을 절감한다.
④ 미끄럼저항성이 우수하다.

기억해요
배수성 포장의 효과를 3가지만 쓰시오.

(4) 배수성 포장

배수성 포장은 공극률이 높고 다공질의 아스팔트 혼합물을 표층 또는 기층에 사용하므로 노면에서 빗물을 신속히 포장체 밖으로 배수하는 것을 목적으로 하는 포장공법으로서 다음과 같은 효과가 있다.

① 우천시 물튀김 방지
② 수막현상 방지
③ 야간 우천시 시인성 향상
④ 차량의 주행소음 저감

(5) 에코팔트 Ecophalt

핵심용어
에코팔트

공극률이 높은 다공질의 아스팔트 혼합물을 표층 또는 기층에 사용함으로써 강우시 시인성과 미끄럼저항성 개선으로 통행차량의 안전을 확보하고 교통소음의 저감에도 효과가 있는 포장으로 비가 내리게 되면 빗물은 공극으로 침투한다. 이때 물로 채워지게 되면 빗물이 밑면의 수평방향, 즉 길어깨 방향으로 흘러 투수가 시작되는 개립도(開粒度) 아스팔트 포장이다.

① 에코팔트는 건설교통부로부터 신기술(제206호/1999)로 지정받은 선진공법이다.
② 환경친화적인 아스팔트인 에코팔트는 포장체가 약 20%의 공극을 갖는 개립도 아스팔트 혼합물로 이루어졌으며, 하절기 소성변형을 억제하고, 동절기 취성파괴를 감소시켜 포장내구성을 현저히 향상시켰다.
③ 빗물이 포장체 내에서 공극을 통해 배수되므로 수막현상 및 물보라의 발생이 없어 빗길 교통사고를 현저히 감소시킨다.

6 아스팔트 균열보수공법

(1) 덧씌우기 over lay

기억해요
일반적인 보수방법을 3가지만 쓰시오.

포장표면에 균열이 많이 발생했거나 부분적 파손이 발생된 경우에 행하는 방법

(2) 절삭 재포장 절삭 over lay

소성변형과 전면적인 거북등 모양의 균열이 발생한 경우에 행하는 방법

(3) 표면처리

아스팔트 포장 표면에 국부적인 균열, 변형, 마모 및 붕괴 등의 파손이 발생하는 경우에 25mm 이하의 sealing층을 시공하는 방법

(4) 패칭 patching

포트홀, 단차, 부분적 균열이나 침하 등을 포장재료를 이용하여 응급적으로 채우는 방법

(5) 절삭 Milling

아스팔트 포장면에 연속적인 또는 단속적으로 요철이 발생하여 평탄성이 불량하게 된 경우, 이 부분을 기계로 깎아서 표면의 평탄성과 미끄럼저항성을 회복시키는 방법

⑹ 부분재포장

포장 파손이 심한 경우 표층, 기층 또는 노반으로부터 부분적으로 재포장하는 방법

⑺ 재포장

포장의 파손이 현저하여 다른 공법으로는 양호한 노면을 유지할 수 없다고 판단될 때 행한다.

| 아스팔트 포장 |

03 핵심 기출문제 □□□

□□□ 08②, 10①, 11④

01 아스팔트 포장두께 결정요소를 3가지만 쓰시오.
(단, '72 AASHTO 설계법 기준)

득점	배점
	3

① ______ ② ______ ③ ______

해답 ① 교통량(ESAL) ② 노상지지력계수(SSV)
③ 상대강도계수 ④ 지역계수(R)

□□□ 96④, 00②, 08④

02 아스팔트는 상온에서 반고체상태이므로 골재와 혼합하거나 살포시 가열하여야 하는 불편이 있으므로 스트레이트 아스팔트에 용제(Flux)를 섞어 연하게 만들어 사용하는 것으로 용제의 종류에 따라 급속경화형(RC), 중속경화형(MC), 완속경화형(SC) 3가지로 분류하는 아스팔트를 무슨 아스팔트라고 부르는가?

득점	배점
	2

○

해답 컷백 아스팔트(cut back asphalt)

□□□ 94④, 02②

03 연한 스트레이트 아스팔트(straight aspahalt)에 적당한 휘발성 용제를 가하여 점도를 저하시켜 유동성을 양호하게 한 아스팔트를 무엇이라 하는가?

득점	배점
	2

○

해답 컷백 아스팔트(cut back asphalt)

□□□ 예상문제

04 아스팔트 포장시 기존의 포장면 또는 아스팔트 안정처리기층에 역청재료를 살포하여 그 위에 포설할 아스팔트 혼합물층과 부착성을 높이는 것을 무엇이라고 하는가?

득점	배점
	2

○

해답 택코트(tack coat)

□□□ 01①

05 입도조정공법이나 머캐덤 공법 등으로 시공된 기층의 방수성을 높이고, 그 위에 포설하는 아스팔트 혼합물층과의 부착이 잘 되게 하기 위하여 기층 위에 역청재료를 살포하는 것을 무엇이라고 하는가?

득점	배점
	2

○

해답 프라임코트(prime coat)

□□□ 94①, 09①, 12①

06 아스팔트 포장은 일반적으로 표층, 기층 및 보조기층, 노상, 노체로 대별한다. 기층 및 보조기층의 안정처리공법을 4가지만 쓰시오.

득점	배점
	3

① ______ ② ______

③ ______ ④ ______

해답 ① 입도조정공법 ② 시멘트 안정처리공법
③ 석회 안정처리공법 ④ 역청 안정처리공법

□□□ 02①

07 도로 노상이나 보조기층의 지지력을 개선하기 위하여 우리나라에서 실용되고 있는 안정처리공법은 물리적인 방법과 첨가제에 의한 방법으로 구분할 수 있는데, 이 중 첨가제에 의한 공법을 3가지만 쓰시오.

득점	배점
	3

① ______ ② ______ ③ ______

해답 ① 시멘트 안정처리공법 ② 역청 안정처리공법
③ 석회 안정처리공법 ④ 화학적 안정처리공법

□□□ 98①, 00④

08 포장공사에서 노반의 안정처리공법 3가지만 쓰시오.

득점	배점
	3

① ______ ② ______ ③ ______

해답 ① 입도 조정공법 ② 역청 안정처리공법
③ 시멘트 안정처리공법 ④ 석회 안정처리공법
⑤ 물다짐 머캐덤공법 ⑥ 역청 침투식 공법

□□□ 95⑤, 02②

09 비교적 입자가 큰 쇄석을 깔아 치합(interlocking)이 잘 될 때까지 채움골재로 공극을 채우면서 다짐을 하여 기층처리를 하는 공법은?

득점	배점
	2

○

해답 머캐덤(macadam) 공법

□□□ 94④, 99④, 02④

10 Asphalt 혼합물의 Marshall 안정도시험 결과가 다음과 같았다. 안정도와 흐름치를 각각 구하시오. 또한 안정도 시험의 압축변위속도는 얼마인가?

득점	배점
	3

안정도 : ______, 흐름치 : ______, 압축변위속도 : ______

해답 안정도 : 800kg, 흐름치 : 25, 압축변위속도 : 50.8mm/min

□□□ 97①, 01③, 05①, 14①, 15②, 23③

11 마샬안정도시험(Marshall Stability Test)은 포장용 아스팔트 혼합물의 소성유동에 대한 저항성을 측정하여 설계아스팔트량 결정에 적용된다. 이 시험결과로부터 얻을 수 있는 3가지의 설계기준을 쓰시오.

득점	배점
	3

① ______ ② ______ ③ ______

해답 ① 안정도 ② 흐름값 ③ 공시체의 밀도

□□□ 97④, 00⑤

12 아스팔트 포장에 생긴 균열보수방법을 3가지만 쓰시오.

득점	배점
	3

① ______ ② ______ ③ ______

해답 ① 오버레이(over lay) ② 절삭 오버레이
③ 표면처리 ④ 패칭(patching)

□□□ 97④, 00⑤, 04①

13 아스팔트 포장에 생긴 균열에 대한 일반적인 보수방법을 3가지만 쓰시오.

득점	배점
	3

① ______ ② ______ ③ ______

해답 ① 오버레이(over lay) ② 절삭 오버레이
③ 표면처리 ④ 패칭(patching)

□□□ 10①

14 기존 아스팔트 포장에 생긴 균열에 대한 일반적인 보수방법을 3가지만 쓰시오.

득점	배점
	3

① ______ ② ______ ③ ______

해답 ① 패칭(patching)
② 표면처리
③ 덧씌우기(over lay)
④ 절삭재포장(절삭 over lay)

□□□ 99③, 04①, 07②, 17①, 20①, 22②

15 아스팔트 포장 중 실코트(seal coat)의 중요 목적 3가지만 쓰시오.

득점	배점
	3

① ______ ② ______ ③ ______

해답 ① 표층의 노화방지
② 포장표면의 방수성
③ 포장표면의 미끄럼 방지
④ 포장표면의 내구성 증대
⑤ 포장면의 수밀성 증대

□□□ 93③, 94①, 96②, 98①, 99①, 03①, 17①, 18③, 20①, 22①

16 아스팔트 포장 시공시의 실코트(Seal coat)의 목적 3가지만 쓰시오.

득점	배점
	3

① ______ ② ______ ③ ______

해답 ① 표층의 노화방지
② 포장표면의 방수성
③ 포장표면의 미끄럼 방지
④ 포장표면의 내구성 증대
⑤ 포장면의 수밀성 증대

□□□ 12④, 21①

17 특수 아스팔트 포장의 시공에서 최근 배수성 포장이 널리 적용되고 있다. 배수성 포장의 효과를 3가지만 쓰시오.

득점	배점
	3

① ______ ② ______ ③ ______

해답 ① 우천시 물튀김 방지
② 수막현상 방지
③ 야간의 우천시 시인성 향상
④ 차량의 주행 소음 저감

□□□ 05①, 18③

18 아스팔트 포장의 단점인 소성변형(Rutting)에 대한 저항성이 우수한 포장공법으로 아스팔트 바인더(Asphalt Binder) 자체의 물성에 따른 혼합물 개념보다는 골재의 맞물림 효과를 최대로 하여 기존 밀입도 아스팔트 혼합물의 단점을 개선한 공법은?

득점	배점
	3

○

해답 SMA(stone mastic asphalt) 포장공법(쇄석매스틱 아스팔트 포장)

□□□ 10④

19 SMA(Stone Mastic Asphalt) 포장의 장점 3가지만 쓰시오.

득점	배점
	3

① ______ ② ______ ③ ______

해답 ① 소성변형을 최소화한다. ② 균열발생을 최소화한다.
③ 유지보수 비용을 절감한다. ④ 미끄럼저항성이 우수하다.

□□□ 10②

20 공극률이 높은 다공질의 아스팔트 혼합물을 표층 또는 기층에 사용함으로써 강우시 시인성과 미끄럼저항성 개선으로 통행차량의 안전을 확보하고 교통소음의 저감에도 효과가 있는 포장으로, 비가 내리게 되면 빗물은 공극으로 침투한다. 이때 물로 채워지게 되면 빗물이 밑면의 수평방향, 즉 길어깨 방향으로 흘러 투수가 시작되는 개립도(開粒度) 아스팔트 포장의 명칭을 쓰시오.

득점	배점
	2

○

해답 에코팔트(Ecophalt)

□□□ 95⑤, 00③

21 최근 들어 사용이 늘고 있는 고무 아스팔트의 장점을 3가지 쓰시오.

득점	배점
	3

① ________ ② ________ ③ ________

해답 ① 감온성이 작다.
② 응집력 및 부착력이 크다.
③ 탄성 및 충격에 대한 저항성이 크다.
④ 내마모성 및 내노화성이 증대된다.

□□□ 98⑤, 02②

22 Asphalt의 품질개선을 위한 고무 아스팔트의 장점 4가지를 쓰시오.

득점	배점
	3

① ________ ② ________

③ ________ ④ ________

해답 ① 감온성이 작다.
② 응집력 및 부착력이 크다.
③ 탄성 및 충격에 대한 저항성이 크다.
④ 내마모성 및 내노화성이 증대된다.

□□□ 11①

23 기존 아스팔트와 달리 아스팔트 플랜트에서 생산된 혼합재를 쿠커(Cooker)에 넣어 교반가열하며 롤러로 전압하지 않고 피니셔나 인력으로 포설하는 아스팔트로서, 응집력이 강하고 수밀성이 높으며, 마모저항성이 커서 교면포장(矯面鋪裝)에 쓰는 아스팔트의 명칭을 쓰시오.

득점	배점
	2

○

해답 구스 아스팔트(Guss Asphalt)

04 시멘트 콘크리트 포장 □□□

1 콘크리트 포장의 종류

(1) 횡방향 줄눈 및 보강 철근의 유무에 따른 분류

① 무근콘크리트 포장(JCP) : 다월바와 타이바를 제외하고는 일체의 철근 보강이 없는 포장

② 철근콘크리트 포장(JRCP) : 무근콘크리트 포장의 약점인 많은 줄눈으로 인한 문제점을 해소하기 위한 포장공법이나 비용문제로 활용이 제한적이다.

③ 연속철근콘크리트 포장(CRCP) : 연속된 종방향의 철근을 사용하여 콘크리트 포장의 횡방향 줄눈을 생략시켜 주행성을 좋게 한 포장공법

④ 프리스트레스 콘크리트 포장(PCP) : 콘크리트 슬래브 내에 압축응력을 도입하여 인장응력 및 휨응력에 대하여 압축응력상태를 유지할 수 있도록 한 포장공법

기억해요
횡방향 줄눈 및 보강 철근의 유무에 따른 콘크리트 포장의 종류를 3가지만 쓰시오.

핵심용어
연속철근콘크리트 포장

(2) 전압콘크리트 포장 공법 RCCP : roller compacted concrete pavement

시멘트 콘크리트 포장공법 중 낮은 슬럼프(slump)의 된비빔 콘크리트를 토공에서와 같이 다져서 시공하는 공법이다.

① 단위수량이 적어 건조수축이 작게 발생되어 줄눈간격을 줄일 수 있다.

② 기계시공이므로 공기를 줄일 수 있고 골재의 맞물림이 증진돼 초기내하력이 증진되고 조기에 교통개방이 가능하다.

핵심용어
전압콘크리트 포장

(3) 진공콘크리트 공법 vacuum processed concrete pavement

양생방법을 개선시킨 것으로 표면마무리 직후의 콘크리트 표면에 진공 매트를 설치하고 진공펌프로 매트 속의 압력을 떨어뜨려 콘크리트 중에 있는 여분의 수분을 빼내면서 대기압을 이용하여 콘크리트를 다짐하는 공법으로 특징은 다음과 같다.

① 경화수축이 작다.

② 조기강도가 크다.

③ 마모에 대한 저항이 크다.

④ 교통 개방시기가 단축된다.

⑤ 동결융해에 대한 저항성이 크다.

기억해요
진공콘크리트 공법의 장점 3가지만 쓰시오.

2 콘크리트 포장의 시공

(1) 혼화재료

① Pozzolan : workability나 finishability를 개선시키고 bleeding을 감소시킨다.

② AE제 : workability 개선, 동결융해 작용에 대한 내구성 개선, 단위수량을 적게 하고, 재료분리 방지에 유리하다.

③ 감수제 : cement 입자에 물의 접촉을 쉽게 하여 수화작용을 촉진시키며 강도발현을 좋게 해 준다. 단위수량 5~7% 감소, 내구성 증대, 수밀성 개선, 강도증가

■ KCS 14 20 10 1회분의 계량 허용오차

재료의 종류	허용오차(%)
물	−2%, +1%
시멘트	−1%, +2%
혼화재	±2%
혼화제	±3%
골재	±3%

(2) 줄눈의 설계

콘크리트 슬래브에는 팽창, 수축, 굽음 등을 어느 정도 자유롭게 일어나도록 하여 온도응력을 경감하고 피할 수 없는 균열을 규칙적으로 일정한 장소에서 제어할 목적으로 설치한다. 줄눈은 기능에 따라 수축줄눈, 팽창줄눈 및 시공줄눈으로 분류되며 설치위치에 따라 가로방향 줄눈과 세로방향 줄눈이 있다.

기억해요
줄눈의 종류를 3가지만 쓰시오.

① 가로수축줄눈(transverse contraction joint) : 수분, 온도, 마찰에 의해 발생하는 수축응력을 경감하고 표층에 발생할 불규칙한 균열을 제어하기 위해 설치한다.

② 가로팽창줄눈(transverse expansion joint) : 온도변화에 의한 슬래브의 팽창을 해방시킬 수 있는 공간을 둠으로써 포장의 좌굴파괴를 방지하기 위해 설치한다.

③ 세로줄눈(longitudinal joint) : 일반적으로 차선에 설치한다. 그러나 5m를 넘지 않는 것이 좋다.

④ 시공줄눈(construction joint) : 1일 포장 종료시나 강우 등에 의해 시공을 중지할 때 설치하는 줄눈이다. 시공줄눈의 위치는 수축줄눈이나 팽창줄눈의 위치에 설치하는 것이 좋다.

■ 줄눈의 종류와 기능

줄눈의 종류	기 능	줄눈 위치
세로줄눈	• 세로방향 균열 방지	• 중앙차선 및 차도 단부 (차량 진행방향)
가로팽창줄눈	• 온도 상승에 의한 Blow Up 방지 • 포장 좌굴현상의 원인인 압축응력 발생 방지	• 차량 진행방향에 직각
가로수축줄눈	• 2차 응력에 의한 균열 방지	• 차량 진행방향에 직각
시공줄눈	• 1일 시공 마무리 지점에 설치	• 구조물 및 Ascon 접속부

(3) 시멘트 콘크리트 포장의 양생

콘크리트 포장의 양생에는 초기양생과 후기양생이 있다.

① 초기양생(early curing, 初期養生) : 표면마무리 종료에 이어 콘크리트 슬래브의 표면을 거칠게 하지 않고 양생작업이 될 정도로 콘크리트가 경화될 때까지의 사이에 행하는 양생

② 후기양생(after curing, 後期養生) : 초기양생에 연이어 콘크리트의 경화를 충분히 하기 위하여 수분의 증발을 막고 과대한 온도응력이 콘크리트 슬래브에 일어나지 않도록 하기 위한 양생

핵심용어
후기양생

(4) Slip form 공법

콘크리트 슬래브의 포설에는 일반적으로 사이드 폼(side form) 공법이 사용되나 시공량을 크게 할 목적 등으로 슬립 폼(slip form) 공법을 사용되는 경우가 있다.

■ Side form 방식과 Slip form 방식의 비교

① 사이드 폼은 시공속도가 슬립 폼의 1/10 정도이다.

② 사이드 폼은 소규모공사, 슬립 폼은 대규모공사에 적합하다.

③ 사이드 폼은 재래부터 주로 사용했으며, 슬립 폼은 콘크리트의 혼합, 운반이 원활해야 한다.

④ 사이드 폼은 장비비가 적게 들고, 슬립 폼은 구조물 설치개소가 적고 작업이 연속적으로 이루어진다.

(5) 표면마무리

표면마무리는 피니셔에 의한 초벌마무리, 표면마무리, 장비에 의한 평탄마무리 및 거친면 마무리 순으로 한다.

① 초벌마무리 : 슬립 폼 페이버의 피니싱 스크리드를 사용한다. 초벌마무리면의 높이 및 표면상태는 평탄마무리 작업에 큰 영향을 주므로 균일한 마무리면이 되도록 세심하게 시공해야 한다.

기억해요
마무리 작업 중 표면마무리의 종류 3가지를 쓰시오.

② 평탄마무리 : 표면 마무리기에 의한 기계 마무리로 하며 마무리 작업 중 콘크리트 표면에 물을 사용해서는 안 된다.
③ 거친면 마무리 : 거친면 마무리기를 이용하며 거친면 마무리에서 형성된 홈의 방향은 도로중심선에 직각이 되게 하고 평탄마무리 후 표면에 물의 비침이 없어진 후 콘크리트가 경화되기 직전에 실시해야 한다.

3 초기균열 premature crack, initial crack

콘크리트 슬래브를 포설한 직후부터 수일간까지의 사이에 균열이 발생하는 일이 있다. 이 균열은 주로 침하균열, 플라스틱 균열 및 온도균열 등으로, 이것을 초기균열이라 한다.

(1) 초기균열의 종류

① 침하 균열 : 침하균열의 발생은 포설 직후 콘크리트의 균등한 침하가 저해되는 것으로서 철근, 철망의 설치깊이와 포설속도, 기온, 온도, 바람 등의 기상조건 및 콘크리트의 재료, 배합 등의 각종 원인이 복합으로 작용하여 발생한다.
② 플라스틱 균열 : 플라스틱 균열은 갑작스런 강풍에서 충분한 양생이 되지 못할 경우와 너무 늦은 시기에 콘크리트 슬래브 표면을 인력으로 바로잡는 경우에 발생하기 쉬우며 콘크리트의 배합 등에 기인하는 경우도 있다.
③ 온도균열 : 콘크리트 온도, 기온, 습도, 바람 및 콘크리트 슬래브 구속조건 등의 각종 원인과 관계있는 것이라고 한다.

(2) 초기균열의 방지

① 단위시멘트량을 되도록 적게 할 것
② 고온의 시멘트를 사용하지 않을 것
③ 콘크리트의 단위수량을 적게 할 것
④ 블리딩이 가능한 한 적게 되도록 배합할 것
⑤ 서중콘크리트의 경우도 35℃ 이하가 되게 할 것

(3) 리플렉션 균열 reflection crack

기억해요
리플렉션 균열

시멘트 콘크리트 포장 덧씌우기층에서 윤하중의 반복으로 인해 하부의 기존층에 존재하던 균열이 급속히 덧씌우기층으로 전달되어 포장체의 조기 파손을 초래시키는 균열을 리플렉션 균열이라 한다.

| 시멘트 콘크리트 포장 |

04 핵심 기출문제

□□□ 93④, 06①

01 콘크리트 포장 공사를 위한 연속식 배치 플랜트(batch plant)가 있다. 다음 재료의 계량오차 허용범위는 각 몇 %인가? (단, KCS 14 20 10 1회분의 계량 허용오차 기준)

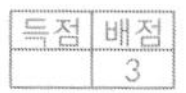

① 시멘트 : ______________________

② 골재 : ______________________

③ 물 : ______________________

해답 ① +1%, +2% ② ±3% ③ −2%, +1%

□□□ 04④

02 콘크리트 포장시 온도변화나 함수량의 변화에 따른 콘크리트 슬래브에 생기는 응력을 경감시키기 위하여 설치하는 것은?

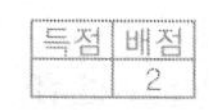

○

해답 줄눈(joint)

□□□ 87②, 11①, 17①

03 콘크리트의 슬래브 포장에서 팽창, 수축 등을 어느 정도 자유롭게 일어나도록 하여 온도응력을 경감하고 피할 수 없는 균열을 규칙적으로 일정한 장소로 제어할 목적으로 줄눈을 설치한다. 이 같은 줄눈의 종류를 3가지만 쓰시오.

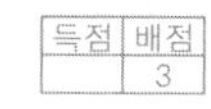

① ____________ ② ____________ ③ ____________

해답 ① 가로수축줄눈 ② 가로팽창줄눈 ③ 시공줄눈 ④ 세로줄눈

□□□ 87③, 09②

04 연속된 종방향의 철근을 사용하여 콘크리트 포장의 횡방향 눈줄을 생략시켜 주행성을 좋게 하는 포장공법을 무엇이라 하는가?

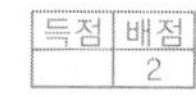

○

해답 연속철근콘크리트 포장(CRCP)

□□□ 96①, 01②

05 시멘트 콘크리트 포장공법 중 단위수량이 적은 낮은 슬럼프(slump)의 된비빔 콘크리트를 토공에서와 같이 다져서 시공하는 공법으로 건조수축이 작고 줄눈간격을 줄일 수 있으며, 공기단축이 가능한 반면에 포장표면의 평탄성이 결여되는 단점이 있는 포장 공법은?

득점	배점
	2

○

해답 전압콘크리트 포장공법(RCCP : roller compacted concrete pavement)

□□□ 96①, 01②③, 09④, 20④

06 시멘트 콘크리트 포장공법 중, 낮은 슬럼프(slump)의 된비빔 콘크리트를 토공에서와 같이 다져서 시공하는 공법으로서, 건조수축이 작고 줄눈간격을 줄일 수 있으며 공기단축이 가능한 반면에 포장표면의 평탄성이 결여되는 단점이 있는 포장공법은?

득점	배점
	2

○

해답 전압콘크리트 포장공법(RCCP : roller compacted concrete pavement)

□□□ 04②, 06④

07 콘크리트 포장은 콘크리트 균열을 조절하기 위해 설치하는 줄눈 및 철근의 유무에 따라 그 종류가 구분되는데, 그 종류를 3가지만 기술하시오.

득점	배점
	3

① ____________ ② ____________ ③ ____________

해답 ① 무근콘크리트 포장(JCP)
② 철근콘크리트 포장(JRCP)
③ 연속철근콘크리트 포장(CRCP)
④ 프리스트레스 콘크리트 포장(PCP)

□□□ 14②

08 횡방향 줄눈 및 보강 철근의 유무에 따른 콘크리트 포장의 종류를 3가지만 쓰시오.

득점	배점
	3

① ____________ ② ____________ ③ ____________

해답 ① 무근콘크리트 포장(JCP)
② 철근콘크리트 포장(JRCP)
③ 연속철근콘크리트 포장(CRCP)
④ 프리스트레스 콘크리트 포장(PCP)

□□□ 15②

09 아래의 표에서 설명하고 있는 시멘트 콘크리트 포장의 양생을 무엇이라고 하는가?

득점	배점
	2

초기양생에 연이어 콘크리트 슬래브의 수화작용(水和作用)이 충분히 이루어져 소요의 강도를 얻는 동시에 충분한 강도가 얻어지기 전에 과대한 온도응력이 슬래브에 일어나지 않도록 온도변화를 될 수 있는 대로 줄이기 위한 양생

○

해답 후기양생(後期養生)

과년도 예상문제

도로 계획

□□□ 96④, 07②, 17②

01 차량이 곡선부를 주행할 때 원심력으로 인하여 곡선부 바깥쪽으로 미끄러지거나 전도할 위험이 있으므로 최소곡선반경을 산정하여 차량이 안전하고 쾌적하게 주행할 수 있도록 하고 있다. 다음의 주어진 값을 적용하여 최소곡선반경(R)을 구하시오. (조건 : 설계속도 : 100km/hr, 횡방향 미끄럼마찰계수(f)=0.11, 편구배(i) : 6%)

계산 과정) 답 : ______

해답 $R=\dfrac{V^2}{127(f+i)}=\dfrac{100^2}{127(0.11+0.06)}=463.18\text{m}$

□□□ 94③

02 다음 표의 품질규정에 맞는 도로에 사용되는 재료의 명칭은?

구분	시험방법	규정
마모감량	KS F 2508	50% 이하
소성지수	KS F 2304	6% 이하
실내 CBR값	KS F 2320	30% 이상

○

해답 보조기층

□□□ 89①

03 도로공사의 성토작업시 노체시공의 현장 품질관리시험종목 중 가장 중요한 것을 3가지만 쓰시오.

① ______ ② ______

③ ______

해답 ① 흙의 함수량 시험 ② 현장밀도시험
③ 평판재하시험 ④ 다짐시험
*노상의 시공시험 : 함수량 시험, 현장밀도시험, 평판재하시험, 프로프 롤링

□□□ 96②

04 도로의 상부 노상재료로서의 다음 품질규정에 답하시오.

규 정	규 격
최대입경	①
No.4체 통과량	②
No.200체 통과량	③
소성지수	④
수침 CBR	⑤

○

해답 ① 100mm 이하 ② 25～100%
③ 0～25% ④ 10 이하
⑤ 10 이상

□□□ 96②

05 성토다짐, 아스팔트 콘크리트의 다짐 등의 품질검사에 있어서 그림과 같은 검사특성곡선이 사용된다. 이 곡선에서 P_o와 α는 무엇을 나타내는가?

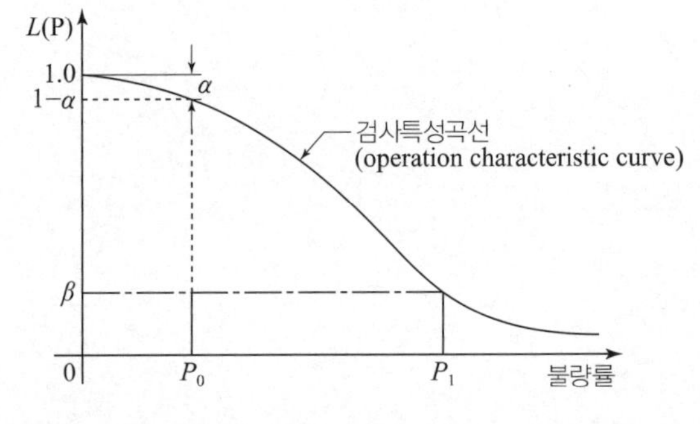

① P_o : ______ ② α : ______

해답 ① 합격 품질수준
② 생산자 위험률(producer's risk factor)

□□□ 86②

06 노상층은 포장두께를 결정하는 기초가 되므로 노상층 시공의 적부는 포장구조에 중대한 영향을 미치게 되어 그 재료다짐, 각층의 시공의 두께를 엄격히 규정하여 시공하게 하고 있다. 상부 노상의 시공에 있어서 재료의 성질에 답하시오.

① 최대입경 :

② No.4체 통과량 :

③ #200체 통과량 :

④ 소성지수 :

⑤ 수침 CBR :

○

해답 ① 100mm 이하 ② 25～100%
③ 0～25% ④ 10 이하
⑤ 10% 이상

□□□ 96③

07 일반적으로 작용하고 있는 도로 구조물의 뒤채움에 사용되는 재료의 규정에 대하여 다음의 물음에 따라 답하시오.

① 최대입경 :

② No.4체(4.75mm) 통과량 :

③ #200체(75μ) 통과량 :

④ 소성지수 :

⑤ 수침 CBR :

○

해답 ① 100mm 이하 ② 25～100%
③ 0～25% ④ 10 이하
⑤ 10% 이상

□□□ 95④, 97②

08 도로의 노체부위에 대한 성토작업을 할 때 실시해야 하는 품질관리시험 중 가장 중요한 것 3가지를 쓰시오.

① ②

③

해답 ① 흙의 함수량 시험 ② 현장밀도시험
③ 평판재하시험(PBT) ④ 다짐시험

□□□ 88②

09 다음과 같은 토공작업시 다짐의 기준과 매층별 토공두께를 쓰시오.

구분	다짐기준	1층 마무리두께
노 체		
노 상		
구조물뒤채움		

○

해답

구 분	다짐기준	1층 마무리두께
노 체	최대건조밀도의 90% 이상의 밀도가 되도록 균일하게 다짐	30cm 이하
노 상	최대건조밀도의 95% 이상의 밀도가 되도록 균일하게 다짐	20cm 이하
구조물 뒤채움	최대건조밀도의 95% 이상의 밀도가 되도록 균일하게 다짐	20cm 이하

□□□ 97①

10 암깎기 구간의 노상부를 굴착시 발생된 요철(凹凸) 부위는 평균 몇 cm 이내이어야 하는가? (단, 도로공사)

○

해답 15cm

□□□ 94②, 99②

11 도로 신설시 노체부분의 성토재료로서 암버럭이 사용되고 있다. 도로 성토재료로서 암버럭 사용시 특히 유의하여 시공하여야 할 사항을 4가지만 쓰시오.

① ②

③ ④

해답 ① 공극이 최소가 되도록 포설한다.
② 큰 암덩어리의 최대입경은 60cm 이내로 한다.
③ 큰 암덩어리의 평균크기만큼의 두께로 포설한다.
④ 다짐장비는 되도록 무거운 것, 지진력이 큰 것을 사용한다.
⑤ 공극을 돌부스러기 등의 재료로 채워 맞물림(interlocking)에 의한 안정한 다짐이 되도록 한다.

□□□ 97①

12 산지나 도시하천 연변의 도로폭 확장시 일정한 폭의 구조물을 설치하여 절·성토량을 줄이면서 자연경관의 손상과 파괴를 최소화할 수 있는 경제적인 공법을 무슨 공법이라 부르는가?

○

해답 캔티공법(canty method)

□□□ 96④

13 구조물과 토공 접속부 시공시 부등침하의 구체적인 원인 4가지를 쓰시오.

① ②

③ ④

해답 ① 구조물 주위지반의 지지력이 상이할 때
② 성토체의 기초지반이 경사져 있을 때
③ 토압으로 인해 구조물이 변형되었을 때
④ 불량한 연약지반 처리 후 시공했을 때
⑤ 지형상 다짐작업이 어려워 뒤채움 작업이 불량했을 때
⑥ 지하수의 용출, 지표수의 침투에 의한 성토체의 연약화

□□□ 95③

14 교량의 교대 뒷면에 설치하는 가장 중요한 답괴판의 설치 목적은?

○

해답 부등침하로 인한 단차 방지

□□□ 94③

15 교대에 인접한 도로 기초지반의 부등침하 대책공법을 2가지만 쓰시오.

① ②

해답 ① 포장체의 강성을 증가시킨다.
② 답괴판(approach slab)을 설치한다.
③ 연약지반에서는 연약지반 처리 후에 시공한다.
④ 뒤채움 재료를 안정처리하여 지지력을 높인다.

□□□ 92①

16 교량이나 되메우기 두께가 1m 이하(포장두께는 제외)인 강성 배수구 등 구조물에 접속된 토공부분의 되메우기 및 뒤채움 재료로서 적합한 입도와 소성지수는?

조 건	적합한 값	조 건	적합한 값
최대 입경(mm)	①	No.4체 통과량(%)	③
No.200체 통과량(%)	②	소성지수	④

① ②

③ ④

해답 ① 100 ② 0～25% ③ 25～100% ④ 10 이하

□□□ 94④

17 도로포장 두께를 결정하기 위하여 하는 지반 현장시험방법으로 대표적인 것 2가지만 쓰시오.

① ②

해답 ① CBR시험
② 평판재하시험(PBT)

□□□ 88③, 99③

18 필요에 따라 구조물과 성토의 접속부에 approach slab(踏괴版)를 설치하는 이유는?

○

해답 부등침하로 인한 단차 방지

□□□ 99③

19 현장에서 도로 포장두께를 결정하는 2가지 주요 시험방법은?

① ②

해답 ① CBR시험
② 평판재하시험(PBT)

□□□ 89②, 94④, 99②

20 **도로 토공현장에서 다짐도를 판정하는 방법을 5가지만 쓰시오.**

① ________ ② ________

③ ________ ④ ________

⑤ ________

해답 ① 건조밀도로 판정하는 방법
② 강도특성으로 판정하는 방법
③ 변형특성으로 판정하는 방법
④ 다짐기계, 다짐횟수로 판정하는 방법
⑤ 포화도 또는 공기공극률로 판정하는 방법

□□□ 86②, 19③

21 **현장다짐시 최대건조밀도 $\gamma_{d\max}=18\text{kN/m}^3$이었다. 다짐도를 90%로 정했을 때 흙의 건조밀도(r_d)를 구하고, 이 흙의 비중을 2.80, 함수비 16%라 할 때 포화도(S_r)를 구하시오. (단, 물의 단위무게 $\gamma_w=9.81\text{kN/m}^3$)**

계산 과정)

답 : ________

해답 ▪ 다짐도$=\dfrac{\gamma_d}{\gamma_{d\max}}\times100$에서

• $\gamma_d=\dfrac{\text{다짐도}(\%)}{100}\times\gamma_{d\max}=\dfrac{90}{100}\times18$
$=16.2\text{kN/m}^3$

$\therefore\ \gamma_d=\dfrac{G_s}{1+e}\gamma_w$에서 $e=\dfrac{\gamma_w}{\gamma_d}G_s-1$
$=\dfrac{2.80}{16.2}\times9.81-1=0.70$

▪ $S_r\cdot e=G_s\cdot w$에서

$\therefore\ S_r=\dfrac{G_s\cdot w}{e}=\dfrac{2.80\times16}{0.70}=64\%$

□□□ 99⑤

22 **동결심도를 구하는 방법을 2가지만 쓰시오.**

① ________ ② ________

해답 ① 동결심도계를 이용하는 방법
② Test Pit에서 관찰하는 방법
③ 일평균기온으로 구하는 방법
④ 열전도율에 의한 방법

□□□ 94①

23 **다음 그림은 도로의 보조기층 배수구이다. 구멍 뚫린 관의 내경은 (①)cm를 표준으로 하고 (②)cm 이하는 관속이 토사로 막히기 쉬우므로 사용하지 않는 것이 좋다. 구멍수는 관둘레 면적 1m^2당 (③)개 이상, 구멍의 면적은 관둘레 면적당 (④)cm^2 이상을 뚫어 놓는 것이 좋다. 또 배수구의 폭은 배수관의 외경보다 약 (⑤)cm 더 넓혀야 한다. ( ) 안에 알맞은 말을 써넣으시오.**

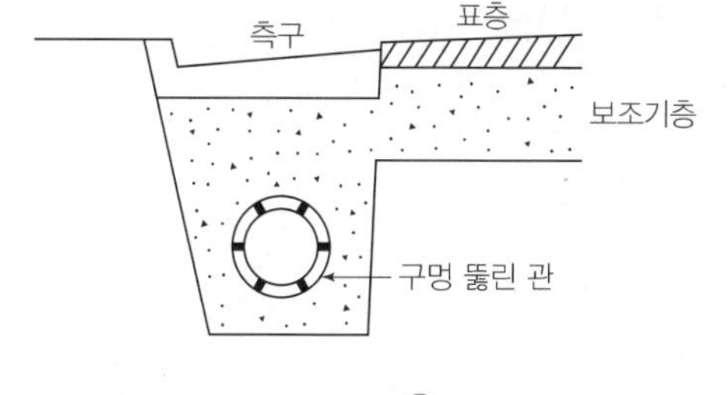

① ________ ② ________

③ ________ ④ ________

⑤ ________

해답 ① 20～30
② 10
③ 50
④ 150～200
⑤ 30

□□□ 96④

24 **그림과 같은 광장의 빗금 친 부분에 콘크리트 포장을 하려고 한다. 두께를 15cm로 고르게 할 경우 필요한 콘크리트량의 양은 얼마인가?**

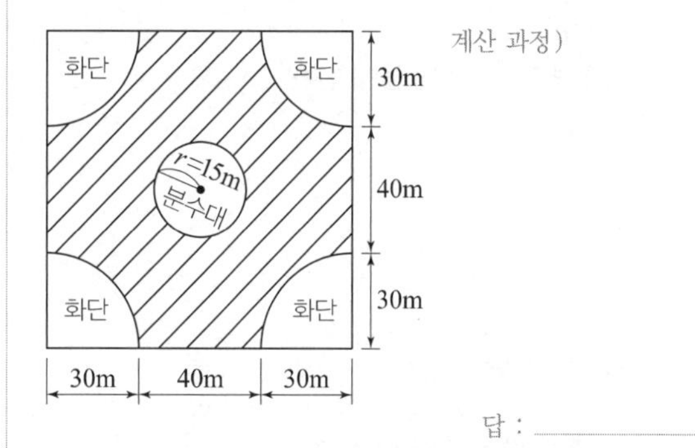

계산 과정)

답 : ________

해답 $\{(30+40+30)\times(30+40+30)-(\pi\times30^2+\pi\times15^2)\}\times0.15=969.86\text{m}^3$

□□□ 95④, 99②

25 다음 그림과 같은 지반이 있다. 인접 저수지의 영향으로 도로의 하부지반이 영향을 미쳐 파손되고 있다. 이에 대한 대책을 2가지 쓰시오.

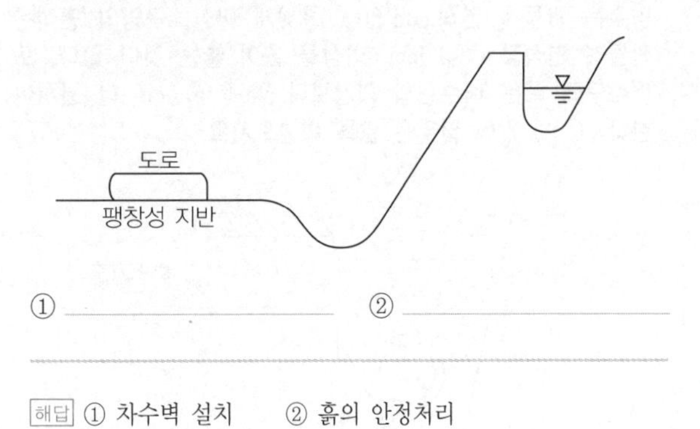

① ________ ② ________

해답 ① 차수벽 설치 ② 흙의 안정처리

□□□ 98④

26 아스팔트 포장의 두께결정에 있어서 동상을 방지하기 위한 동결심도를 고려해야 한다. 동상이란 겨울에 흙 속에 포화되어 있는 수분이 얼어 체적이 팽창하여 지면이 부풀어 오르는 현상을 말한다. 이러한 동상이 일어나는 원인을 3가지만 쓰시오.

① ________ ② ________
③ ________

해답 ① 지하수위의 위치
② 모관상승고의 크기
③ 흙의 투수성

□□□ 89①, 92③, 96①, 20③

27 흙의 동결을 방지하는 방법을 3가지만 쓰시오.

① ________ ② ________
③ ________

해답 ① 치환공법으로 동결되지 않는 흙으로 바꾸는 방법
② 지하수위 상층에 조립토층을 설치하는 방법
③ 배수구 설치로 지하수위를 저하시키는 방법
④ 흙 속에 단열재료를 매입하는 방법
⑤ 지표부의 흙을 안정처리하는 방법

□□□ 97②

28 지반의 동결 정도를 지배하는 인자를 4가지 쓰시오.

① ________ ② ________
③ ________ ④ ________

해답 ① 지하수위의 위치
② 모관상승고의 크기
③ 흙의 투수성
④ 동결온도의 지속시간

도로 포장

□□□ 86①

29 콘크리트 포장과 아스팔트 포장의 포장 표준구성층의 차이점을 그림을 그려 설명하시오.

○ ________

해답

마모층
표층
중간층
기층
보조기층
차단층
노상
포장층
노상
노체

아스팔트 포장

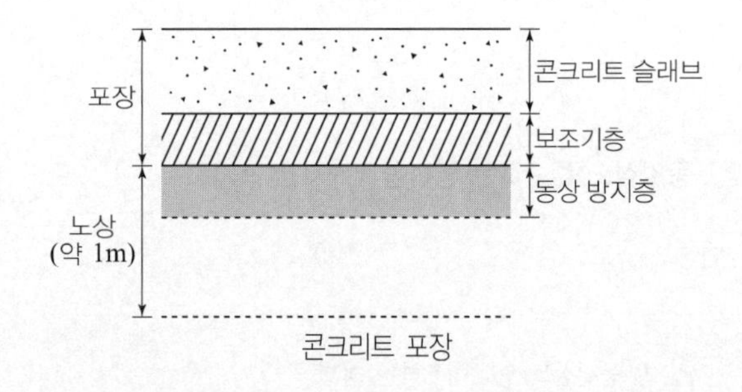

콘크리트 포장

□□□ 98⑤

30 도로의 포장공법 중 아스팔트 포장과 비교했을 때 시멘트 콘크리트 포장공법에 대한 단점 3가지를 쓰시오.

① ____________ ② ____________

③ ____________

해답 ① 평탄성이 낮다.
② 양생기간이 길다.
③ 주행성이 나쁘다.
④ 부분적인 보수작업이 어렵다.

□□□ 97③

31 노면의 한 개소를 차량이 집중 통과하여 표면재료가 마모되거나 유동을 일으켜서 노면이 얕게 패인 자국을 무엇이라 하는가?

○

해답 소성변형(Rutting)

□□□ 93②, 99④

32 강성포장 구조체에 설치된 보조기층의 주요기능을 3가지만 쓰시오.

① ____________ ② ____________

③ ____________

해답 ① 동상방지
② 배수
③ 노상의 흡수 팽창방지
④ 펌핑(pumping)

□□□ 99③

33 아스팔트 포장에서 차량의 진행방향을 따라 차 바퀴가 지나는 곳이 움푹하게 패여 나아가는 현상으로 다짐불량 및 과대 윤하중이 그 원인이 되며 심하면 비가 올 때 그곳을 따라 물이 괴어 Hydroplaning이 되어 매우 위험하다. 이러한 손상을 무엇이라고 하는가?

○

해답 소성변형(Rutting)

□□□ 94①, 99④, 20④

34 최근 포장설계시 노상지지력 계수, CBR 대신에 사용되는 포장재료 물성으로서 동적시험에 의해 결정되는 탄성물성은 무엇인가?

○

해답 동탄성계수(M_R : Resilient Modulus)

□□□ 97③

35 콘크리트 포장시 Slab의 줄눈 또는 균열부근에서 습도나 온도가 높을 때 이 물질 때문에 열팽창을 유지하지 못해 발생하는 일종의 좌굴현상은?

○

해답 블로우업(blow up)

□□□ 96⑤, 98③

36 그림과 같은 단면도에서 포장두께를 구하시오.
(단, 단위는 cm임.)

계산 과정)

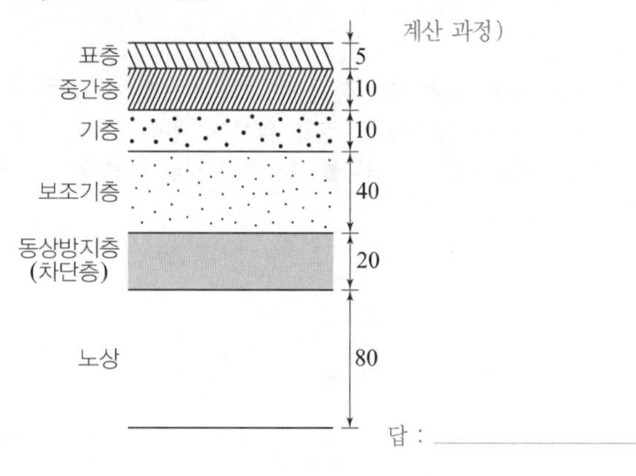

답 : ____________

해답 포장두께=표층+중간층+기층+보조기층
=5+10+10+40=65cm

□□□ 94④

37 고성토 구간이나 연약지반과 같이 침하나 변형이 필요한 도로에서 다짐도를 판정하는 방법으로 변형량을 측정하는 방법은?

○

해답 프루프 롤링(proof rolling)

□□□ 92①, 95④

38 **도로의 횡단방향의 요철(凹凸)로 차륜의 통과빈도가 가장 많은 위치에 규칙적으로 생기는 凹형 패임을 무엇이라고 하는가? (단, 강우시 배수가 되지 않고 주위 또는 통행인에게 물보라를 입히고 대형차, 후속차의 안전운행에 지장을 준다.)**

○

해답 소성변형(Rutting)

□□□ 96⑤

39 **노상, 보조기층, 기층의 다짐이 적당한 것인지, 불량한 곳은 없는지를 조사하기 위하여 시공시에 사용한 다짐기계와 같거나 그 이상의 다짐효과를 갖는 롤러나 트럭 등으로 완료된 면을 수회 주행시켜 윤하중에 의한 표면의 침하량을 관측 또는 측정하는 다짐을 무엇이라고 하는가?**

○

해답 프루프 롤링(proof rolling)

□□□ 93④

40 **노상, 보조, 기층 등의 완성면의 다짐상태를 검사하기 위하여 '롤러'나 '덤프트럭' 등을 완성면 위에 주행시켜 윤하중에 의한 표면의 침하량을 측정하는 것을 무엇이라고 하는가?**

○

해답 프루프 롤링(proof rolling)

□□□ 97①

41 **노상면의 최종 마무리를 하기 위하여 노상표면 프루프 롤링(proof rolling)을 실시하도록 하고 있다. 이때 실시하는 프루프 롤링의 목적 2가지를 쓰시오.**

① ②

해답 ① 장차 다짐부족에 의한 침하와 변형이 일어나는 것을 예방
② 유해한 변형을 일으키는 불량 개소를 발견하여 개선

□□□ 85①

42 **도로공사의 현장에서 마무리면의 품질(강도) 검정에 관한 시험은 모래치환법에 의한 현장밀도 측정과 같은 점(點)을 대상으로 관리하는 시험방법 외에 면(面)적인 관리방법도 많이 쓰인다. 면(面)적인 관리의 목적 및 방법을 쓰시오.**

① 목적 :

② 방법 :

해답 ① 목적 : 유해한 변형을 일으키는 불량 개소를 조사하기 위함.
② 방법 : proof rolling

아스팔트 포장

□□□ 85③

43 **아스팔트 포장 공사시 접착제(Binder)로 사용되는 역청제의 종류를 4가지만 쓰시오.**

① ②

③ ④

해답 ① 포장 타르 ② 아스팔트 유제(유화 아스팔트)
③ 컷백 아스팔트 ④ 도로 포장용 아스팔트

□□□ 88②

44 **아스팔트 포장공사를 시행할 때 혼합물을 포설한 후 전압을 위한 다짐장비를 투입순으로 쓰시오.**

○

해답 머캐덤롤러(Macadam roller) → 타이어롤러(Tire roller) → 탠덤롤러(Tandem roller)

□□□ 89②

45 **가열 아스팔트 혼합물의 다짐에 사용하는 롤러의 종류를 장비 투입순으로 쓰시오.**

○

해답 머캐덤롤러(Macadam roller) → 타이어롤러(Tire roller) → 탠덤롤러(Tandem roller)

□□□ 96①

46 보조기층, 입도조정기층 등의 입상재료층에 점성이 낮은 역청재료를 살포 침투시켜 이들 층의 방수성을 높이고 입상기층의 모세공극을 메워서 그 위에 포설하는 아스팔트 혼합물층과의 부착을 좋게 하기 위하여 역청재료를 얇게 피복하는 것을 무엇이라 일컫는가?

○

해답 프라임코트(prime coat)

□□□ 97③

47 아스팔트 혼합물의 다짐속도는 천천히 등속도로 하여야 한다. 즉, 빠르면 헤어크랙의 원인이 되고 그러면 혼합물의 온도저하로 다짐효과가 상당히 떨어진다. 최적의 다짐속도는 시간당 얼마인가?

○

해답 road roller : 2～3km/hr, tire roller : 6～10km/hr

□□□ 85②

48 아스팔트 포장 중 가열혼합식 공법은 포설시 혼합물의 온도가 (A)℃ 이하로 내려가서는 안되며, 원칙적으로 기온이 (B)℃ 이하일 때는 포설이 안 된다. (　) 안 A, B를 채우시오.

A :

B :

해답 A : 120　　B : 5

□□□ 94③

49 주골재인 큰입자의 부순돌을 깔고, 이들이 서로 맞물림(interlocking)될 때까지 전압하여 그 맞물림 상태가 교통하중에 의하여 파괴되지 않도록 채움골재로 공극을 채워서 마무리하는 기층처리공법은?

○

해답 머캐덤(macadam)공법

□□□ 94①

50 도로의 노상이나 보조기층의 지지력을 개선하기 위하여 우리나라에서 실용되고 있는 안정처리(천층 안정처리) 공법의 종류를 3가지만 쓰시오.

①　　②

③

해답 ① 역청 안정처리공법　② 시멘트 안정처리공법
③ 석회 안정처리공법　④ 화학적 안정처리공법

□□□ 99②

51 아스팔트 품질시험의 종류 4가지를 쓰시오.

①　　②

③　　④

해답 ① 침입도 시험
② 신도시험
③ 점도시험
④ 비중시험
⑤ 연화점 시험
⑥ 마샬안정도시험

□□□ 93②, 19②

52 Asphalt 혼합물의 Marshall 안정도시험에서 공시체를 (①)℃의 수조 속에 (②)분간 넣은 후 매분 (③)mm의 균일한 변형속도로 공시체를 압축시킨다. (　) 안에 알맞은 말을 쓰시오.

①　　②

③

해답 ① 60 ± 1　② 30　③ 50.8

□□□ 93②

53 세골재, 휠라, 아스팔트 유제에 적정량의 물을 가하면 혼합한 Slurry를 만들어 이것을 포장면에 얇게 깔아 미끄럼 방지와 균열을 덮어씌우는 데 사용되는 표면처리공법은?

○

해답 슬러리 실(slurry seal) 공법

□□□ 96②

54 아스팔트 포장면의 내구성, 수밀성 또는 미끄럼저항성을 증진시키기 위해 역청과 골재를 살포하여 전압하는 표면처리를 무엇이라 하는가?

○

해답 실코트(seal coat)

시멘트 콘크리트 포장

□□□ 91③

55 포장 콘크리트의 슬럼프값과 포장의 내구성을 증진시키기 위하여 사용되는 혼화제는 무엇인가?

○

해답 AE감수제

□□□ 84②

56 콘크리트의 포장공사에 사용되는 콘크리트 재료의 계량오차 허용범위는 몇 %씩 인가?

재료의 종류	허용오차(%)
물	①
시멘트	②
골재 및 혼화제용액	③

○

해답 ① −2%, +1% ② −1%, +2% ③ ±3%

□□□ 95③

57 콘크리트 포장 슬래브의 포설, 다짐, 표면 끝손질 등의 기능을 겸비하여 거푸집을 설치하지 않고 연속적으로 포설하는 장비는 무엇인가?

○

해답 슬립 폼 페이버(slip form paver)

□□□ 85①, 95②

58 콘크리트 포장방법을 크게 나누면 사이드 폼(side form) 방식과 슬립 폼(slip form) 방식이 있다. 이 두 가지 시공법의 차이점을 4가지만 쓰시오.

① ______ ② ______

③ ______ ④ ______

해답 ① 사이드 폼은 시공속도가 슬립 폼의 1/10 정도
② 사이드 폼은 소규모공사, 슬립 폼은 대규모공사에 적합
③ 사이드 폼은 재래부터 주로 사용했으며, 슬립 폼은 콘크리트의 혼합, 운반이 원활해야 함.
④ 사이드 폼은 장비비가 적게 들고, 슬립 폼은 작업이 연속적으로 이루어짐.

□□□ 87②

59 콘크리트 포장의 시공시 설치하는 줄눈의 종류를 3가지만 쓰시오.

① ______ ② ______

③ ______

해답 ① 세로줄눈
② 가로팽창줄눈
③ 가로수축줄눈
④ 시공줄눈

□□□ 89②, 95③, 97③

60 콘크리트 포장시공에서 초기균열의 종류를 3가지만 쓰시오.

① ______ ② ______

③ ______

해답 ① 침하균열 ② 플라스틱 균열 ③ 온도균열

□□□ 94②

61 무근콘크리트 도로 포장 시공시 콘크리트 표면의 직사광선, 온도의 급격한 저하, 강풍에 의하여 양생이 불량하여 생기는 균열은?

○

해답 플라스틱 균열(plastic shrinkage crack)

□□□ 96①, 99②

62 시멘트 콘크리트 포장 덧씌우기층에서 윤하중의 반복으로 인해 하부의 기존층에 존재하던 균열이 급속히 덧씌우기층으로 전달되어 포장체의 조기파손을 초래시키는 균열을 무엇이라 하는가?

○

해답 리플렉션 균열(reflection crack) 또는 반사균열

□□□ 91③

63 포장층을 통하여 빗물을 토반에 침투시켜 흙 속으로 물을 환원시키는 기능을 가지는 포장으로 보도, 주차장, 운동장 등에 적합한 포장의 이름은?

○

해답 투수성 포장

□□□ 96⑤

64 캐나다에서 최초로 실용화되어 현재 그 이용이 증대되고 있는 새로운 포장공법으로서 무슬럼프(Non-slump)의 콘크리트를 토공 다짐기계로 다져 시공을 하는 포장공법을 무슨 포장공법이라고 하는가?

○

해답 전압콘크리트 포장공법(RCCP)

□□□ 93③, 95③

65 포장 콘크리트 등에 있어서 진공매트(Vacuum mat) 또는 진공패널(Vacuum panel)을 이용하여 진공처리를 할 경우의 장점 3가지만 쓰시오.

① ________ ② ________

③ ________

해답 ① 초기강도가 크다.
② 경화수축이 감소한다.
③ 마모에 대한 저항이 크다.
④ 교통 개방시기가 단축된다.
⑤ 동결융해에 대한 저항성이 크다.

□□□ 94①, 97③

66 슬럼프가 없는 포틀랜드 시멘트 콘크리트를 사용하여 개조된 아스팔트 포장장비로 포설한 후 진동 및 타이어롤러에 의해 다져 만드는 포장공법은?

○

해답 전압콘크리트 포장 공법(RCCP)

□□□ 88③

67 콘크리트 slab의 표면은 치밀·견고하여 평탄성이 좋고 특히 세로방향의 작은 파형이 적도록 마무리하는 것이 중요하다. 마무리 작업 중 표면마무리의 종류 3가지를 쓰시오.

① ________ ② ________

③ ________

해답 ① 초벌마무리 ② 평탄마무리 ③ 거친면 마무리

□□□ 89②, 88②

68 콘크리트 포장에서 표면마무리의 종류를 시공순으로 쓰시오.

○

해답 ① 초벌마무리 ② 평탄마무리 ③ 거친면 마무리

□□□ 93③

69 콘크리트판이나 시멘트 안정처리를 기층으로 한 아스팔트 표층에 기층의 이음부 또는 균열이 그대로 표층에 나타나는 균열(crack)을 무엇이라 하는가?

○

해답 리플렉션 균열(reflection crack)

□□□ 20①

70 도로포장에서 노상위에 위치하여 표층에서 전달되는 교통하중을 노상에 고르게 나누어 주는 중간부분으로 배수와 동상방지역할을 하는 포장 구조체의 명칭을 쓰시오.

○

해답 보조기층(sub base course)

| memo |

6 chapter

공정관리

공정관리 연도별 출제경향

✔ 체크	연도	회별	출제경향	점수	출제연도
□□□	2007	1회	4일 단축시 최소의 여분출비를 계산하시오. 여분출비 : 21만원	8	01①, 07①
		2회	-		
		4회	인력관리도(산적표) 및 수정네트워크 작성하시오.(제한인원 7명)	8	02②, 07④, 10④, 23②
□□□	2008	1회	최적공기를 구하시오. 최적공기 : 20일(총 공사비 4,350만원)	8	05④, 08①, 13②, 19③
		2회	여유시간(TE, TL, TF)을 구하시오.(공기 23일)	8	08②, 20②
		4회	최적공기와 총 공사비를 구하시오. 최적공기 : 18일(총 공사비 118만원)	10	92③, 97②, 99④, 01③
□□□	2009	1회	최적공기를 구하시오. 최적공기 : 22일	10	05①, 09①, 19③
		2회	최적공기와 총 공사비를 구하시오. 최적공기 : 17일(총 공사비 : 4,290만원)	10	92④, 98②, 00④, 09②, 11①, 14①
		4회	Network를 그리고 여유시간(TF, FF, DF)을 구하시오. (CPM기법) (공기 31일)	10	00②, 05②, 09④, 11②, 14②
□□□	2010	1회	공사완료소요일수를 구하시오. 공사완료 소요일수 : 28일	8	03④, 06④, 10①
		2회	공기 3일 단축시 최소의 추가비용을 구하시오. 최소의 추가비용 : 33만원	10	10②, 13①, 21③
		4회	-		
□□□	2011	1회	최적공기와 총 공사비를 구하시오. 최적공기 : 17일(총 공사비 : 4,290만원)	10	92④, 98②, 00④, 09②, 11①, 14①, 18②, 22②
		2회	빈칸(TF, FF, DF)을 채우시오.(CPM기법)(공기31일)	10	00②, 05②, 09④, 11②, 14②
		4회	4일 단축시 추가비용의 최소치를 구하시오. 정상공사기간 : 18일(공사비용 : 265만원)	10	99③, 00⑤, 11④, 15②
□□□	2012	1회	공기 3일 단축시 추가 비용을 구하시오. 추가 소요되는 비용 : 35만원	10	89①, 91③, 94④, 02①, 12①, 14④, 15①, 18①
		2회	4일 단축시 추가비용의 최소치를 구하시오. 추가비용 : 56만원	10	04②, 06①, 12②, 19①
		4회	최적공기와 총 공사비를 구하시오. 최적공기 : 18일(총 공사비 118만원)	10	92③, 97②, 99④, 01③, 04①, 06②, 08④, 12④, 16①, 18③
□□□	2013	1회	공기 3일 단축시 최소의 추가비용을 구하시오. 최소의 추가비용 : 33만원	10	10②, 13①
		2회	최적공기 구하시오. 최적공기 : 20일(총 공사비 4,350만원)	8	05④, 08①, 13②
		4회	6일 단축시 추가최소비용 구하시오. 최소비용 : 59만원	10	98③, 00③, 13④, 19①
□□□	2014	1회	최적공기와 총 공사비를 구하시오. 최적공기 : 17일(총 공사비 : 4,290만원)	10	92④, 98②, 00④, 09②, 11①, 14①, 18②, 22②
		2회	빈칸(TF, FF, DF)을 채우시오.(CPM기법)(공기31일)	10	00②, 05②, 09④, 11②, 14②
		4회	공기 3일 단축시 추가비용을 구하시오. 추가 소요되는 비용 : 35만원	10	94④, 89①, 91③, 02①, 12①, 14④, 15①
□□□	2015	1회	공기 3일 단축시 추가비용을 구하시오. 추가 소요되는 비용 : 35만원	10	94④, 89①, 91③, 02①, 12①, 14④, 15①
		2회	정상공사기간을 4일 단축시 추가비용을 구하시오. 정상공사기간 : 18일(공사비용 : 265만원)	10	99③, 00⑤, 11④, 15②
		4회	네트워크에서 작업일수를 구하시오.(43일)	3	06①, 15④

✓ 체크	연도	회별	출제경향	점수	출제연도
□□□	2016	1회	최적공기와 총 공사비를 구하시오. 최적공기 : 18일(총 공사비 118만원)	10	92③, 97②, 99④, 01③, 05④, 08④, 16①, 22①
		2회	4일 단축시 추가비용의 최소치를 구하시오. 추가비용 : 56만원	10	04②, 06①, 07①, 09①, 12②, 16②, 19②
		4회	공기 3일 단축시 추가비용을 구하시오. 추가 소요되는 비용 : 35만원	10	94④, 02①, 12①, 14④, 15① 16④
□□□	2017	1회	Network를 그리고 여유시간(TF, FF, DF)을 구하시오. (CPM기법) (공기 31일)	10	00②, 05②, 09④, 11②, 14② 17①, 21②
		2회	공기 3일 단축시 추가비용을 구하시오. 추가 소요되는 비용 : 35만원	10	02①, 12①, 14④, 15①, 17②
		4회	4일 단축시 최소의 여분출비를 계산하시오. 여분출비 : 21만원	8	01①, 07①, 17④
□□□	2018	1회	기대소요일수와 분산을 구하시오.	4	98②, 05④, 07④, 18①
			공기 3일 단축시 추가비용을 구하시오.	10	89①, 91③, 94④, 02①, 12①, 14④, 15①, 18①
		2회	기성고 공정곡선의 장점 3가지를 구하시오.	3	03②, 08②, 18②
			최적공기와 총 공사비를 구하시오. 최적공기 : 17일(총 공사비 4,290만원)	10	92④, 98③, 00④, 09②, 11①, 14①, 18②, 22②
		3회	최적공기와 총 공사비를 구하시오. 최적공기 : 18일(총 공사비 118만원)	10	04①, 06②, 08④, 12④, 16①, 18③
□□□	2019	1회	6일 단축시 추가비용의 최소치를 구하시오. 최소비용 : 59만원	10	04②, 06①, 12②, 19①, 23③
		2회	4일 단축시 추가비용의 최소치를 구하시오. 최소비용 : 67만원	10	04②, 06①, 07①, 09①, 12②, 16②, 19②
		3회	최적공기를 구하시오. 최적공기 : 22일(총 공사비 440만원)	8	05④, 08①, 13②, 19③
□□□	2020	1회	기대시간(3점), 추가최소비용(10점)		20①
		2회	각 작업의 여유시간		18②, 20②
		3회	추가 비용의 최소치		20③
		4회	네트워크 작성 및 작업일수 계산		20④, 21①
□□□	2021	1회	네트워크 작성 및 작업일수 계산		20④, 21①
		2회	Network를 그리고 여유시간(TF, FF, DF)을 구하시오. (CPM기법) (공기 31일)	10	00②, 05②, 09④, 11②, 14② 17①, 21②
		3회	공기 3일 단축시 최소의 추가비용을 구하시오. 최소의 추가비용 : 33만원	10	10②, 13①, 21③
□□□	2022	1회	최적공기와 총 공사비를 구하시오. 최적공기 : 18일(총 공사비 118만원)	10	92③, 97②, 99④, 01③, 05④, 08④, 16①, 22①
		2회	최적공기와 총 공사비를 구하시오. 최적공기 : 17일(총 공사비 4,290만원)	10	92④, 98③, 00④, 09②, 11①, 14①, 18②, 22②
		3회	Network를 그리고 여유시간(TF, FF, DF)을 구하시오.	10	93①, 22③
□□□	2023	1회	전도관리 : 전체공기 영향	10	93②, 95④, 02④, 23①
		2회	인력관리도(산적표) 및 수정네트워크 작성하시오.(제한인원 7명)	8	02②,07④, 10④, 23②
		3회	6일 단축시 추가비용의 최소치를 구하시오. 최소비용 : 59만원	10	04②, 06①, 12②, 19①, 23③

06 공정관리

01 공정관리 기법 □□□

더 알아두기

공정표 공정계획을 도표화한 것으로 착공에서 준공까지의 공사의 진도, 평가의 척도가 된다.

1 공정표의 분류

공정관리(process control)란 정하여진 기간 내에 양질의 품질을 보다 경제적으로 안전하게 만들기 위하여 공사일정을 계획하고 조정하는 기법이다.

기억해요
- 막대 공정표의 장점 3가지를 쓰시오.
- 기성고 공정표의 장점 3가지를 쓰시오.

■ 공정표의 비교

구분	막대 공정표	기성고 공정곡선	Net Work 공정표
종류	• Bar Chart • Gantt Chart	• Graph식 공정표 • 바나나 곡선	• PERT • CPM
장점	① 착수와 완료일이 명시되어 작성이 용이하다. ② 일목요연하여 보기 쉽고 알기 쉽다. ③ 공정표가 단순하여 이용하기 쉽다.	① 예정과 실적의 차이를 파악하기 쉽다. ② 전체 경향과 시공 속도를 파악할 수 있다. ③ 작성이 쉽다. ④ 가격상황의 파악이 용이	① 합리적으로 설득성이 있다. ② 중점적으로 관리할 수 있다. ③ 각 작업의 상호관계가 명확하다. ④ 신뢰도가 크다.
단점	① 작업 간의 관계가 불분명하다. ② 전체의 합리성이 적다. ③ 대형공사에서는 세부적인 것을 표현할 수 없다.	① 개개작업의 조정을 할 수가 없다. ② 보조적인 수단에만 사용한다. ③ 중점관리를 할 수 없다.	① 작성 및 검토에 특별한 기능이 요구된다. ② 공정표 작성에 시간이 많이 걸린다. ③ 복잡한 네트워크가 되면 보기 힘들다.
이용	① 간단한 공정표 ② 개략적인 공정표 ③ 시급을 요할 경우	① 보조수단 ② 원가관리 ③ 경향분석	① 대형공사 ② 중요한 공사 ③ 복잡한 공사

(1) 막대 공정표 bar chart, gantt chart, 횡선식 공정표

세로축에 공사종목별 각 공사명을 배열하고 가로축에 날짜를 표기한 다음 공사명별로 공사의 소요시간을 횡선의 길이로서 나타내는 공정표이다.

(2) 기성고 공정곡선 graph chart, 사선식 공정표

작업의 관련성을 서로 나타낼 수 없으나 세로축에는 공사량, 총인부를 표시하고, 가로축에는 경과일수를 취하여 일정한 사선 점선을 가지고 공사의 기성고를 표시하는 데 편리한 공정표이다.

(3) 바나나 곡선 Banana Curve, S-Curve, 진도관리 곡선

계획선의 상하에 허용한계선을 설정하여 그 한계 내에 들도록 공정을 조정하는 기법이다.

기억해요
기성고 공정표의 장점 3가지를 쓰시오.

핵심용어
바나나 곡선

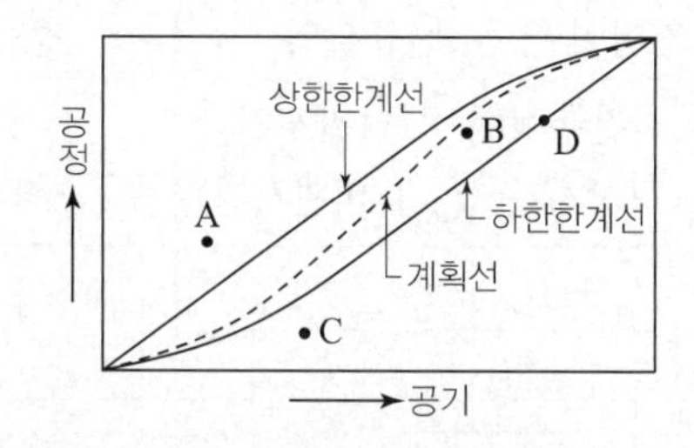

① A : 공정이 예정보다 많이 진행된 상태로 허용한계선 밖에 있으므로 비경제적인 시공이 되고 있어 검토가 필요하다.
② B : 공정이 예정대로 진행되고 있으므로 그 속도로 공사를 진행해도 좋다.
③ C : 공사가 허용한계를 벗어나 늦어지고 있으므로 공사를 촉진시켜야 한다.
④ D : 허용한계선상에 있으나 공기가 지연되기 쉬우므로 공사를 더욱 촉진시켜야 한다.

(4) Net Work 공정표

대상공사에 포함되는 모든 단위작업 간의 상호관계를 표와 화살표로 연결한 망상도이다.

(5) 네트워크 관리기법

PERT기법과 CPM기법이 있다.

① PERT기법(program evaluation and review technique)
- PERT는 최초 1957년 미 해군이 우주시대계획에 관한 과학적 관리기법 개발에 착수한 이래 1958년 폴라리스 미사일의 제1회 발사계획에 PERT가 처음으로 적용되었다.
- 정해진 기일 내에 주어진 일을 완성한다는 목표에 관리자의 주의를 맞추는 능력을 높이기 위해 시간자원기능에 관한 조정을 하는 방법이다.

② CPM(critical path method) 기법

- CPM은 1950년대 Morgan R. Walker와 James E. Kelly에 의해 개발되어 건설 및 설계를 포함한 복잡한 내용의 사업에 이용되었다.
- 경제적으로 가장 비용이 적게 드는 최적공기를 찾기 위해 반복 경험에 의한 시간측정으로 자금에 중점을 둔 시간계획이다.

1점 견적법 반복사업이나 경험이 있는 사업 등에서는 1점 시간견적을 행하여 공기를 추정하는데, 이는 3점 시간견적시의 t_m이 된다.

■ PERT기법과 CPM기법의 비교

구분	PERT기법	CPM기법
대상	경험이 없는 신규사업	경험이 있는 반복사업
추정	3점 시간추정(t_o : 낙관시간, t_m : 정상시간, t_p : 비관시간)	1점 시간추정 (최적시간치 $t_e = t_m$)
	$t_e = \frac{t_o + 4t_m + t_p}{6}$ 를 사용	t_m이 곧 t_e가 됨.
일정계산	T_E | T_L	LFT EFT | EST | LST
	• 단계중심(event)의 일정 계산 ① 최조(最早)시간 (T_E : early event time) ② 최지(最遲)시간 (T_L : late event time)	• 활동중심(activity)의 일정 계산 ① 최조(最早)개시시간 (EST : earliest start time) ② 최지(最遲)개시시간 (LST : latest start time) ③ 최조(最早)완료시간 (EFT : earliest finish time) ④ 최지(最遲)완료시간 (LFT : latest finish time)
여유의 발견	① 정여유(PS : positive slack) ② 영여유(ZS : zero slack) ③ 부여유(NS : negative slack)	① 총여유(TF : total float) ② 자유여유(FF : free float) ③ 간섭여유(IF : interfering float) ④ 독립여유 (INDF : independent float)
주공정	$T_L - T_E = 0$(굵은 선)	TF=FF=DF=0(굵은 선)
검토	• 확률론적 검토 ① $Z = \frac{T_P - T_E}{\sqrt{\sigma^2_{T_E}}}$ ② Z의 값을 정규표준분포 편차표에서 찾아 확률을 구함.	• MCX(minimum cost expediting) 이론 ① 정상소요 공기 및 공비(normal) ② 특급소요 공기 및 공비(crash) ③ 비용구배 $C = \left\lvert \frac{C(d) - C(D)}{D - d} \right\rvert$

$\sigma^2_{T_E}$ 주공정상의 누계분산

2 3점 시간견적법

(1) 낙관시간치 t_o : Optimistic time

모두가 평상상태보다 잘 진행될 때 그 활동을 완료시키는 데 필요한 최소 시간이다.

(2) 정상시간치 t_m : Most likely time

그 활동을 종료하는 데 필요한 시간 중의 최량추정치를 말한다.

(3) 비관시간치 t_p : Pessimistic time

모두가 뜻대로 되지 않았을 경우, 그 활동을 완료시키는 데 소요되는 시간

$$t_o \leq t_m \leq t_p$$

(4) 기대시간치 t_e : Expected time

세 가지 시간추정치를 평균하여 하나의 추정소요시간을 산출하게 되는데 이를 기대시간치라고 말한다.

$$t_e = \frac{t_o + 4t_m + t_p}{6}$$

(5) 분산 σ^2 : Variance

- 분산은 가장 낙관되는 최소시간과 가장 비관되는 최대시간의 차이에 관계되는 변동범위의 정도를 말한다.
- 어떤 분포를 수량적으로 특징지을 때 평균 외에 적어도 분산이 필요하다.

$$\sigma^2 = \left(\frac{t_p - t_o}{6}\right)^2$$

분산 분포의 범위가 크면 클수록 그 활동에 대한 불확실성은 크다고 볼 수 있다.

| 공정관리 기법 |

01 핵심 기출문제 □□□

□□□ 97①, 13①, 17①

01 공정관리법 중 막대 공정표의 장점을 3가지만 쓰시오.

득점 | 배점 3

① ______ ② ______ ③ ______

해답 ① 착수 및 완료일이 명시되어 작성이 용이하다.
② 일목요연하여 보기 쉽고 알기 쉽다.
③ 공정표가 단순하여 이해하기 쉽다.

□□□ 03②, 08②, 18②

02 공정관리 기법 중 기성고 공정곡선의 장점 3가지만 쓰시오.

득점 | 배점 3

① ______ ② ______ ③ ______

해답 ① 예정과 실적의 차이를 파악하기 쉽다.
② 전체 공정과 시공속도를 파악하기 쉽다.
③ 작성이 쉽다.

□□□ 84②, 89②, 07②, 10②, 13②

03 어느 토목공사의 공정에 있어서 낙관치 27일, 정상치 28일, 비관치 35일 때, 기대치를 계산하시오.

득점 | 배점 3

계산 과정) 답 : ______

해답 $t_e = \dfrac{t_0 + 4t_m + t_p}{6} = \dfrac{27 + 4 \times 28 + 35}{6} = 29$일

□□□ 84②, 89②, 07②, 10②, 14②, 18②, 20①

04 퍼트(PERT)기법에 의한 공정관리 방법에서 낙관적인 시간이 5일, 정상적인 시간이 8일, 비관적 시간이 11일 때, 공정상의 기대시간(Expected time)은 얼마인가?

득점 | 배점 3

계산 과정) 답 : ______

해답 $t_e = \dfrac{t_o + 4t_m + t_p}{6} = \dfrac{5 + 4 \times 8 + 11}{6} = 8$일

□□□ 04①, 06②

05 PERT기법에 의한 공정관리에서 정상적인 작업 소요시간이 12일이며, 가장 빨리 작업을 끝낼 수 있는 시간은 7일이 소요되고 가장 늦더라도 17일까지는 작업을 끝낼 수 있다. 이 작업에 기대되는 공정상의 기대시간(expected time)을 계산하시오.

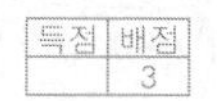

득점	배점
	3

계산 과정)　　　　　　　　　　　　　　답 : ____________

해답 $t_e = \dfrac{t_o + 4t_m + t_p}{6}$

$= \dfrac{7+4\times12+17}{6} = 12$ 일

□□□ 92④, 94②, 96④, 04③, 05④, 10①, 13④, 15④, 18②, 20④

06 PERT기법에 의한 공정관리 기법에서 낙관시간 2일, 정상시간 5일, 비관시간 8일일 때, 기대시간과 분산을 구하시오.

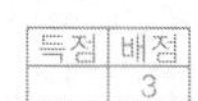

득점	배점
	3

기대시간 : ____________, 분산 : ____________

해답 • 기대시간 $t_e = \dfrac{t_0 + 4t_m + t_p}{6} = \dfrac{2+4\times5+8}{6} = 5$ 일

• 분산 $\sigma^2 = \left(\dfrac{t_p - t_0}{6}\right)^2 = \left(\dfrac{8-2}{6}\right)^2 = 1$

□□□ 98②, 00⑤, 07④, 18①

07 어느 작업의 소요일수는 15일이며, 가장 빨리 끝낼 경우 12일이 소요되고 아무리 늦어도 20일 이내에는 끝낼 수 있다. 이 작업이 기대되는 소요일수를 계산하고, 이때의 분산을 구하시오.

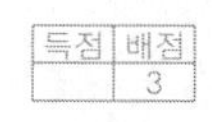

득점	배점
	3

기대소요일수 : ____________, 분산 : ____________

해답 • 기대소요일수 $t_e = \dfrac{t_0 + 4t_m + t_p}{6} = \dfrac{12+4\times15+20}{6} = 15.33$ 일

• 분산 $\sigma^2 = \left(\dfrac{b-a}{6}\right)^2 = \left(\dfrac{20-12}{6}\right)^2 = 1.78$

02 Net Work 작성

1 네트워크 공정표 작성

(1) 네트워크 공정표의 표현방법

① 화살선도(arrow diagram) : 화살선도로 각 작업활동(activity)의 진행 방향을 표시한다.

② 흐름도(flow diagram) : 더미(dummy)의 표현이 없는 일종의 결합선도로 흐름도를 통하여 전체적인 흐름방향을 파악할 수 있다.

③ 타임 스케일도(time scale diagram) : 일정 시간을 단위로 한 시간축 척도를 그리고, 그 밑에 어떤 공사에 소요되는 기일을 축척에 맞춘 화살표의 길이로 표시하는 방법이다.

(2) 네트워크의 표시

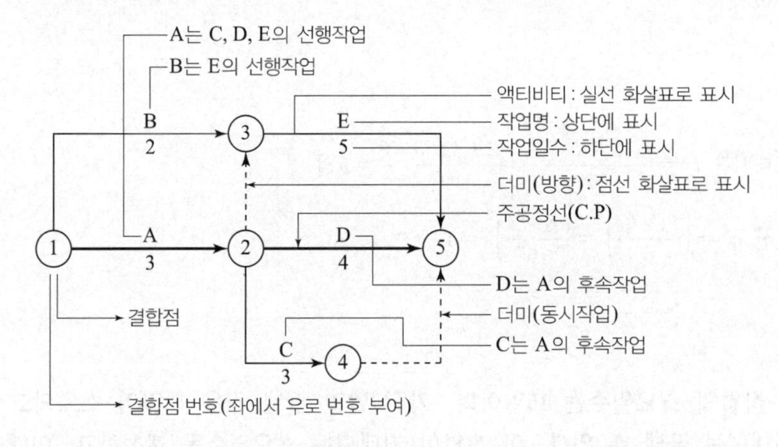

(3) 네트워크 관련 용어

① 작업활동(activity) : 전체 공사를 구성하는 하나하나의 개별 단위작업을 표시한다.

- 시간 또는 자원을 필요로 한다.
- 실제 활동은 한쪽 방향에 화살표를 가진 실선 ⟶ 으로 표시한다.

② 이벤트(event) : 작업이나 활동의 시작과 완료시점 및 다른 작업과의 연결시점을 표시하는 단계 표시법이다.

- 일반적으로 원(O)으로 표시한다.
- 시간이나 자원을 일절 필요로 하지 않는다.
- 단계마다 번호를 부여하여 관리에 편리하도록 한다.

③ 명목상의 활동(더미, dummy) : 명목상의 활동으로, 실제적으로는 시간과 물량이 없는 명목상의 작업으로 한쪽 방향에 화살표를 가진 점선 ---▸ 으로 표시한다.

④ 선행작업(predecessor) : 어떠한 작업에 있어 선행되는 작업(전공정)

⑤ 후속작업(successor) : 어떠한 작업에 있어 후속되는 작업(후공정)

2 네트워크 작성의 기본 4원칙

(1) **공정의 원칙 :** 계획 공정표상에 표시된 모든 공정은 공정의 순서에 따라 공정표를 작성한다.

i 작업명 / 작업일수 j → 1 착수 5 2 완료 3 3

(2) **단계의 원칙 :** activity의 시작과 끝은 반드시 event로 연결되어야 한다.

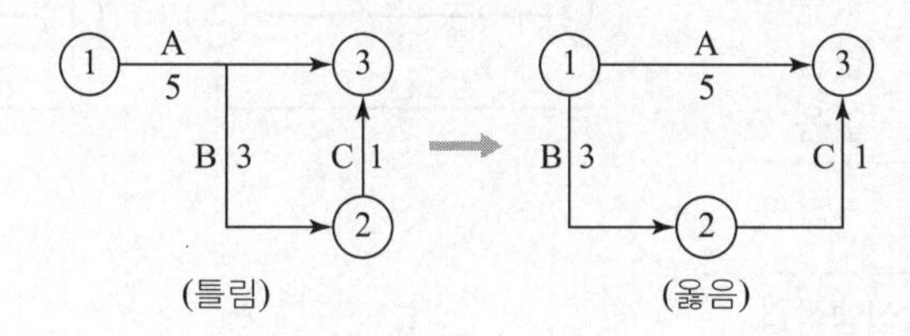

(3) **활동의 원칙 :** 결합점(event)과 결합점(event) 사이에는 하나의 activity로 연결되어야 한다.

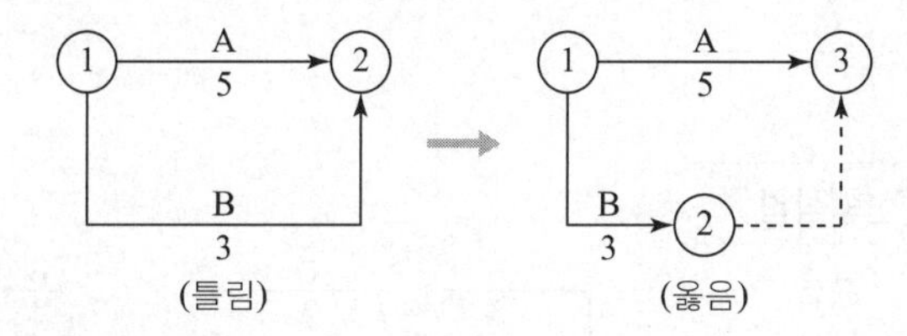

(4) **연결의 원칙 :** 네트워크의 최초 개시결합점과 최종 종료결합점은 하나가 되어야 한다.

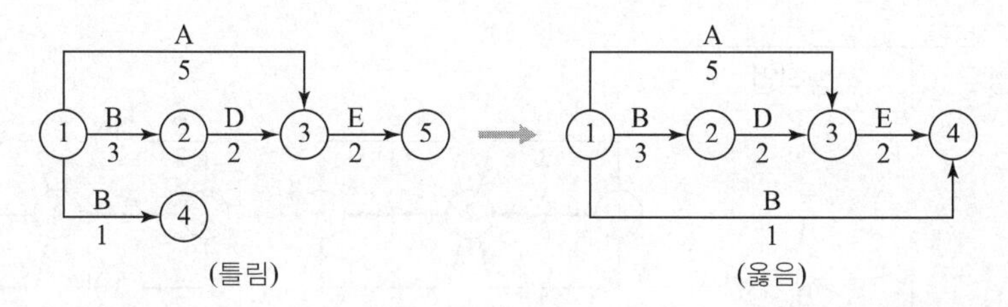

3 더미의 활용 예

네트워크 작성에서 더미(dummy)는 넘버링 방법과 논리적 방법으로 사용된다.

(1) 넘버링 더미 Numbering Dummy

한 event 구간에서 병행작업일 때 작업명의 중복을 피하기 위해 더미가 사용된다.

작업명	작업일수	선행작업
A	5	없음
B	3	없음

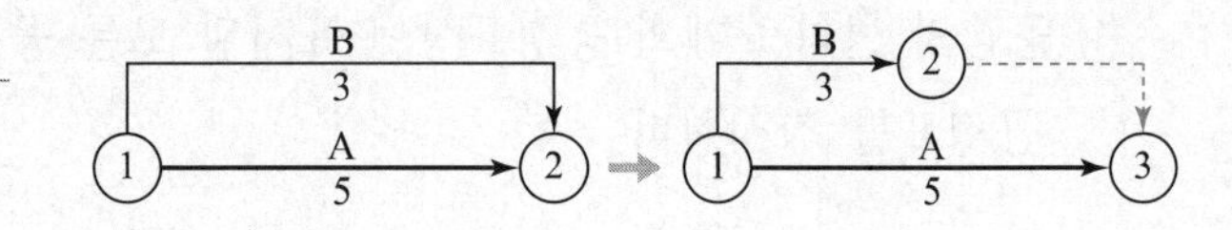

작업명	작업일수	선행작업
A	5	없음
B	3	없음
C	2	없음

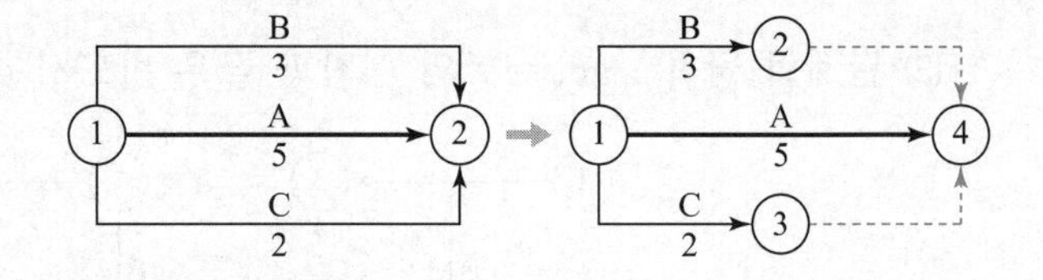

작업명	작업일수	선행작업
A	4	없음
B	5	없음
C	6	없음
D	3	A

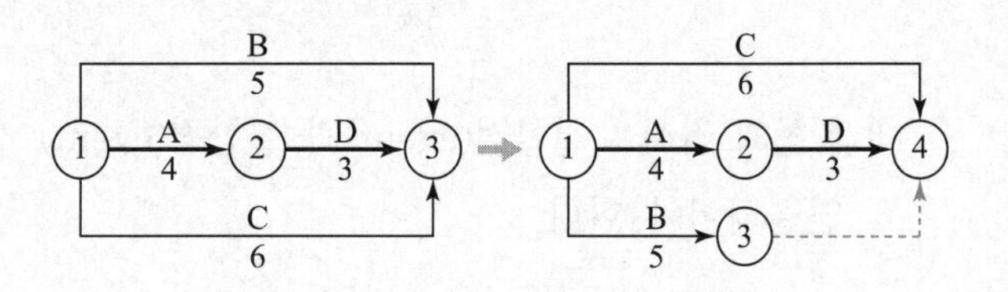

작업명	작업일수	선행작업
A	4	없음
B	3	없음
C	3	A, B
D	2	A, B

작업명	작업일수	선행작업
A	5	–
B	3	–
C	2	–
D	4	A, B, C
E	3	A, B, C
F	2	A, B, C

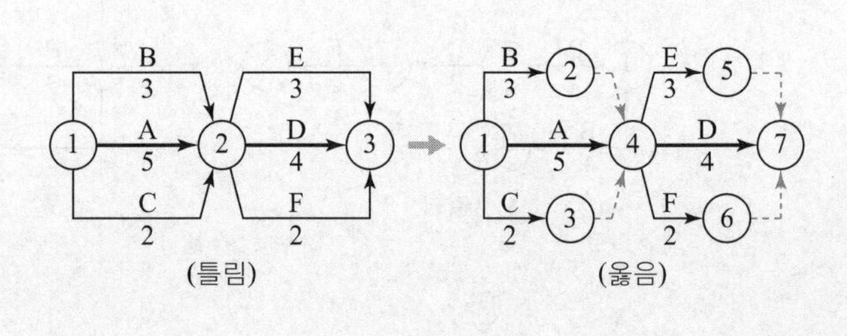

(2) 논리적 더미 Logical dummy

선행작업과 후속작업에서 더미가 없이는 공정표가 성립되지 않을 때 사용되는 더미이다.

작업명	작업일수	선행작업
A	3	없음
B	2	없음
C	3	A
D	4	A, B

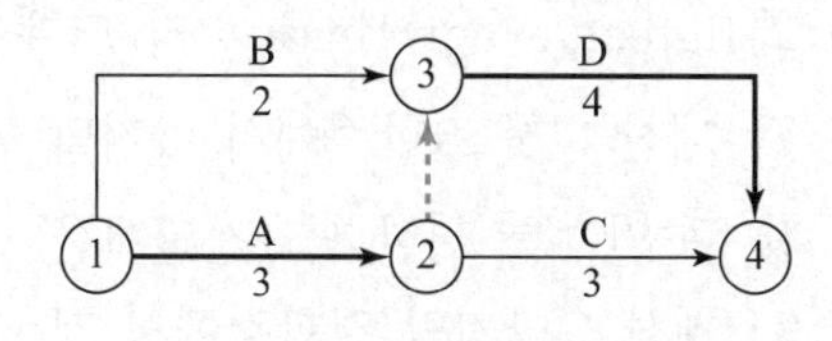

작업명	작업일수	선행작업
A	4	없음
B	5	없음
C	3	없음
D	3	A, B
E	2	B, C

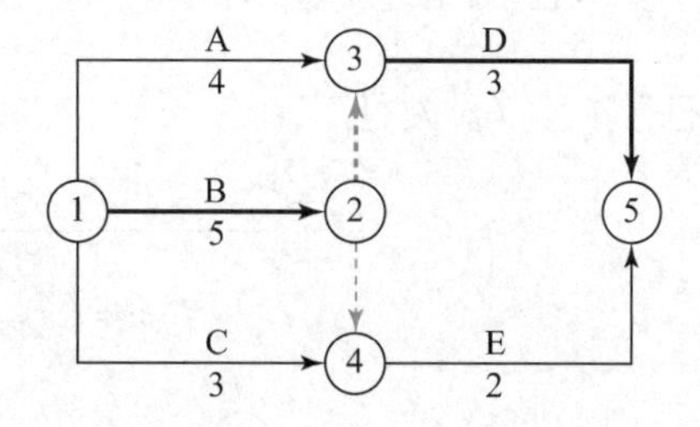

작업명	작업일수	선행작업
A	5	없음
B	4	없음
C	3	없음
D	4	A, B, C
E	3	A, B
F	2	A

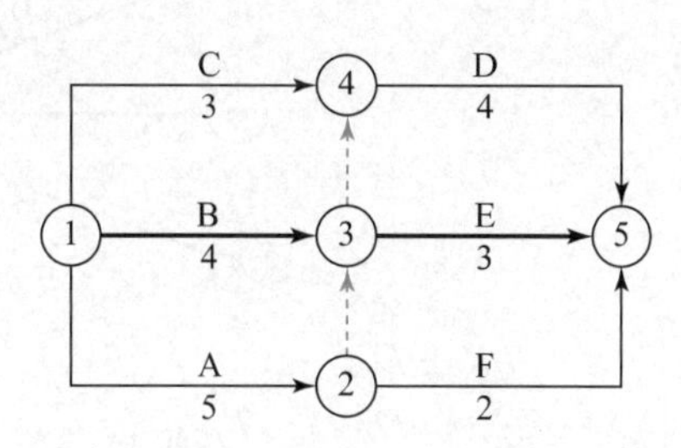

작업명	작업일수	선행작업
A	5	없음
B	4	없음
C	3	없음
D	3	B
E	4	A, B, C
F	2	C

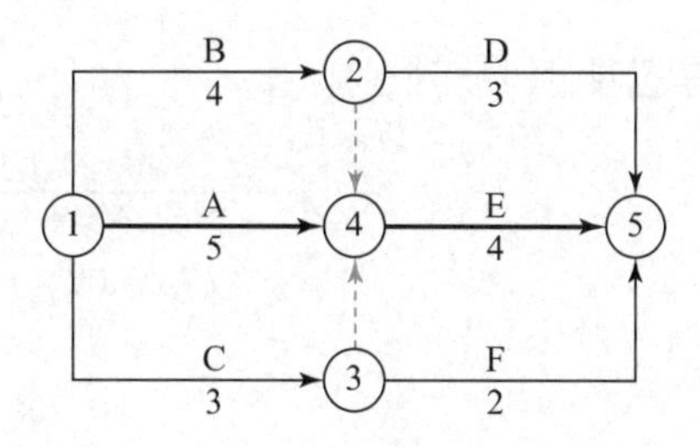

작업명	작업일수	선행작업
A	5	없음
B	4	없음
C	3	없음
D	3	A, B
E	4	A, B, C
F	2	A, C

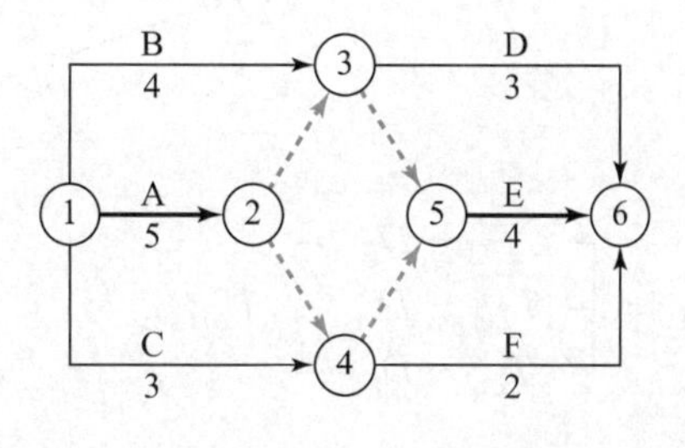

더 알아두기

4 네트워크 공정표의 일정계산

> **T_E와 T_L의 특성** 최종 이벤트에서의 $T_L - T_E$

(1) T_E와 T_L 계산

① T_E(early event time) : 각 단계가 가장 빨리 시작될 수 있는 시간

② T_L(latest event time) : 각 단계에서 가장 늦게 시작해도 좋은 시간

③ T_E 계산 : 첫 결합점에서 마지막 결합점으로 계산하며 동시작업 중 가장 큰 일수를 취한다. (전진계산)

④ T_L 계산 : 마지막 결합점에서 첫 결합점으로 계산하며 동시작업 중 가장 작은 작업일수를 취한다. (후진계산)

> **전진계산** 최초 개시단계에서 최종 완료단계를 향하여 계산해 나가는 방법

(2) 전진계산(T_E 계산)

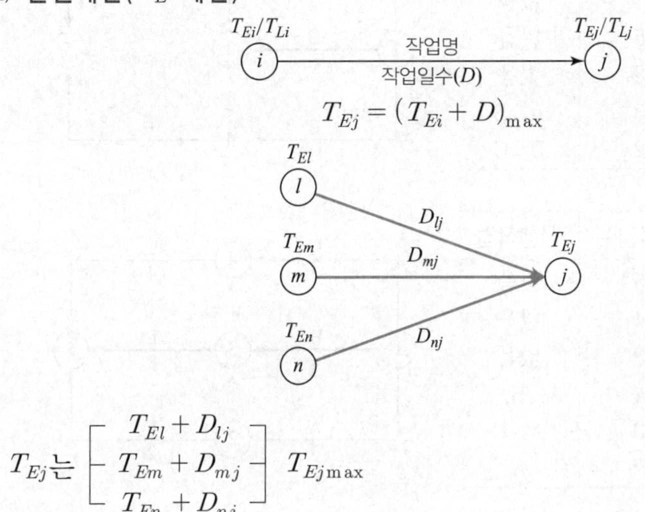

$$T_{Ej}\text{는} \left[\begin{array}{c} T_{El} + D_{lj} \\ T_{Em} + D_{mj} \\ T_{En} + D_{nj} \end{array} \right] T_{Ej\max}$$

> **후진계산** 최종 완료단계에서 최초 개시단계로 향하여 역으로 계산해 나가는 방법

(3) 후진계산(T_L 계산)

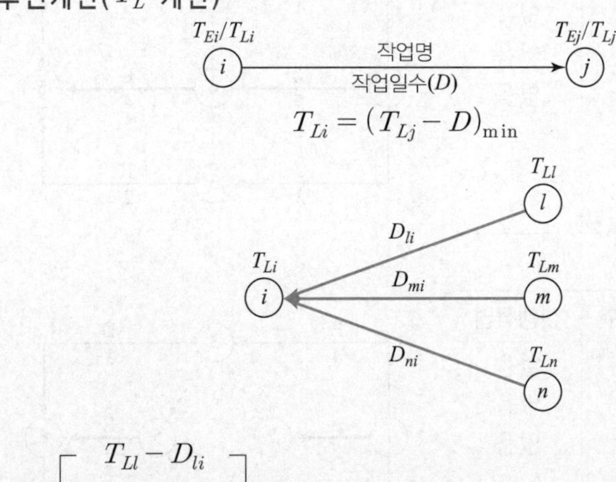

$$T_{Li}\text{는} \left[\begin{array}{c} T_{Ll} - D_{li} \\ T_{Lm} - D_{mi} \\ T_{\text{Ln}} - D_{nj} \end{array} \right] T_{Lj\min}$$

5 활동중심의 일정계산

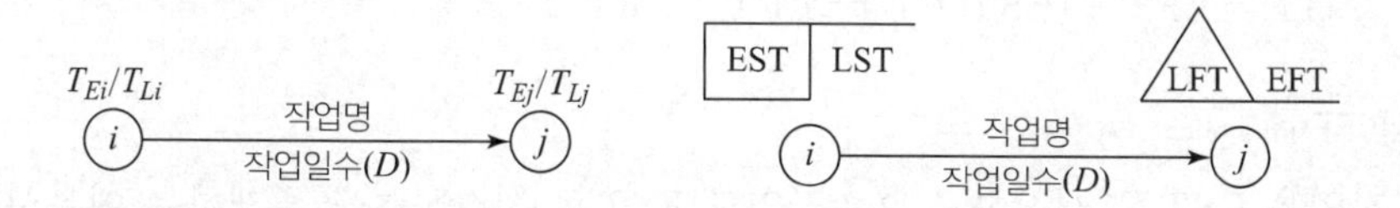

(1) 전진계산 EST, EFT

① EST(earliest start time : 최조개시시간)

어떤 작업을 착수하는 데 필요한 가장 빠른 시간

- EST = T_{Ei}
- EST = 0(맨 처음 단계)

② EFT(earliest finish time) : 최조완료시간

가장 빠른 종료시간으로, 작업을 끝낼 수 있는 가장 빠른 시각

- EFT = $T_{Ei} + D$
- EFT = 전 단계의 EST + 소요시간

(2) 후진계산 LST, LFT

① LST(latest start time) : 최지개시시간

어떤 작업을 늦어도 이 시점에서 착수하지 않으면 안 될 한계시점을 말하며, 이보다 늦게 착수하면 공기가 지연된다.

- LST= $T_{Lj} - D$
- LST = 다음 단계의 LFT − 소요공기(D)

② LFT(latest finish time) : 최지완료시간

어떤 활동을 늦어도 완료하지 않으면 안 될 한계시간을 말한다.

- LFT = T_{ij}
- LFT = 전 단계의 실제 LST + 소요시간(D)
- LFT = EFT(마지막 단계)

선행 이벤트 중간에 어떠한 이벤트도 개재됨이 없이 다음 이벤트로 직접 나가고 있는 이벤트를 말한다.

후속 이벤트 이벤트 중간에 어떠한 이벤트도 개재함이 없이 한 이벤트 다음에 직접 연속되어 있는 이벤트를 말한다.

6 여유시간 Float, Slack

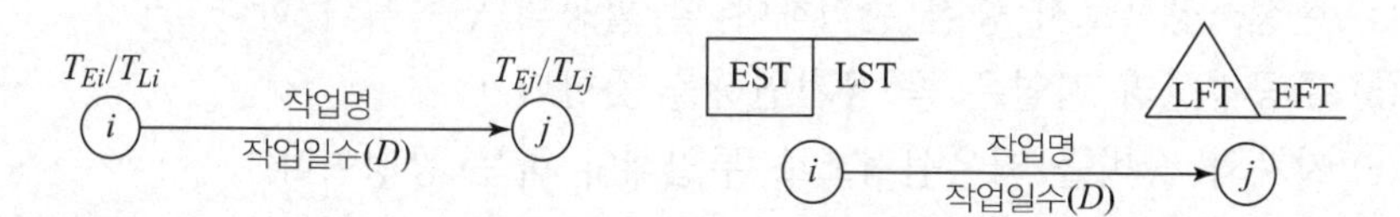

(1) TF Total Float, 총여유

작업을 EST로 시작하고 LFT로 완료할 때 생기는 여유시간

- $\text{TF} = T_{Lj} - (T_{Ei} + D)$
- $\text{TF} = \text{LFT} - (\text{EST} + D) = \text{LFT} - \text{EFT}$

기억해요
여유시간(TF, FF, DF)을 구하시오.

(2) FF Free Float, 자유여유

작업을 EST로 시작하고 후속작업도 EST로 시작하여도 존재하는 여유시간

- $\text{FF} = T_{Ej} - (T_{Ei} + D)$
- $\text{FF} = \text{EFT} - (\text{EST} + D)$

(3) DF Dependant Float, 간섭여유

다른 작업에 전혀 영향을 주지 않고 그 작업만으로서 소비할 수 있는 여유일수

- $\text{DF} = \text{TF} - \text{FF}$
- $\text{DF} = T_{Lj} - T_{Ej}$
- $\text{DF} = \text{LFT} - \text{EFT}$

(4) INDF Independent Float, 독립간섭여유

선행활동이 가장 늦은 착수시간에 시작되었음에도 불구하고 후속활동이 가장 빠른 착수시간에 시작되었을 경우에 생기는 여유시간

- INDF = 다음 단계의 EST − LFT

7 주공정선 C.P : critical path

최장 패스(LP : longest path)
임의의 두 결합점 간의 패스 중 소요시간이 가장 빠른 경로

기억해요
주공정선(C.P)을 굵은 선으로 표시하시오.

전체 공사의 소요시간을 결정할 수 있는 일연의 활동시간의 합이며, 시간적으로 개시결합점에서 종료결합점에 이르는 가장 긴 경로를 주공정선이라 한다.

(1) 공정에 전혀 여유가 없는 경로로, 총여유(TF)는 0가 된다.
(2) 주공정선은 굵은 선(⟶)으로 표시되며, 더미에서도 굵은 점선(- - -▸)으로 표시된다.
(3) 개시에서 종료결합점에 이르는 주공정선은 1개 이상이다.
(4) 현장소장으로서 중점 관리해야 할 활동의 연속을 뜻한다.
(5) 주공정선의 지연은 곧 공기연장을 뜻한다.
(6) 자재와 장비를 최우선적으로 투입해야 하는 공정이다.
(7) 공정표의 개시점에서 종료점까지의 경로 중에서 시간적으로 가장 긴 경로이다.
(8) 활동의 연속이 최장공기를 갖게 되며 자원배당시 조정이 불가능한 활동이다.

| Net Work 작성 |

02 핵심 기출문제 □□□

□□□ 00①, 15④

01 다음의 그림과 같은 Net Work에서 Critical Path와 공기를 구하시오.

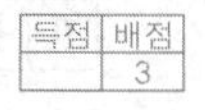

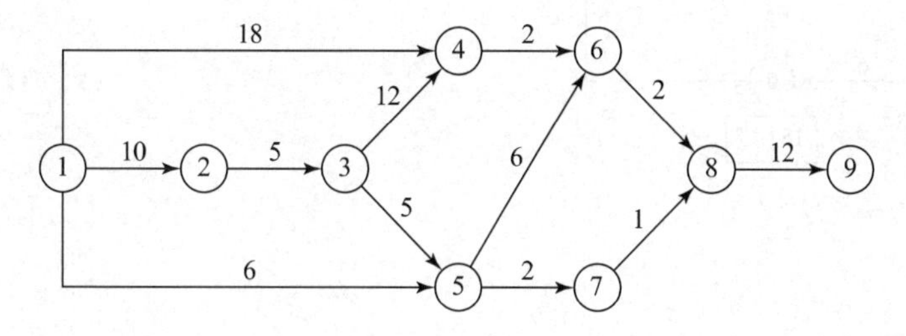

C.P : ______________________, 공기 : ______________________

해답

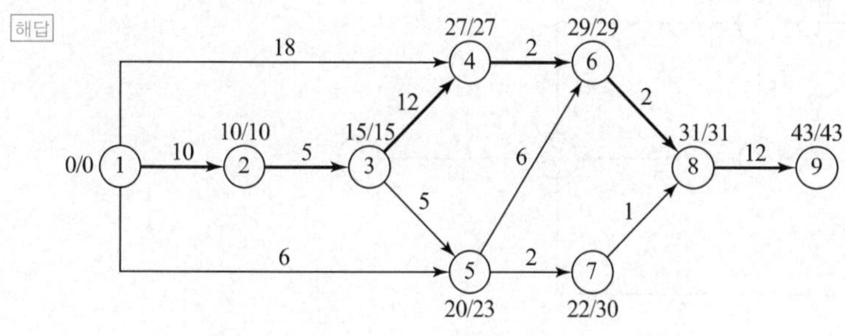

C.P : ①→②→③→④→⑥→⑧→⑨, 공기 : 43일

□□□ 85①, 85③, 89②

02 다음 네트워크(Net Work)와 최조착수시간 T_E와 최지착수시각 T_L을 계산하고, 주공정선 (Critical Path)은 굵은 선으로 표시하시오.

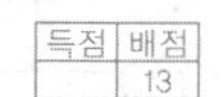

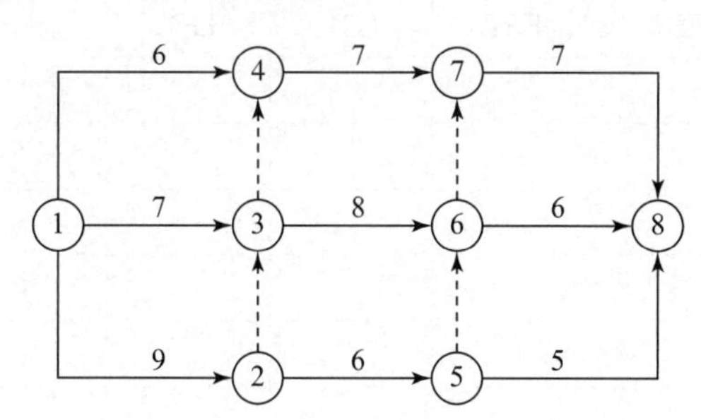

해답

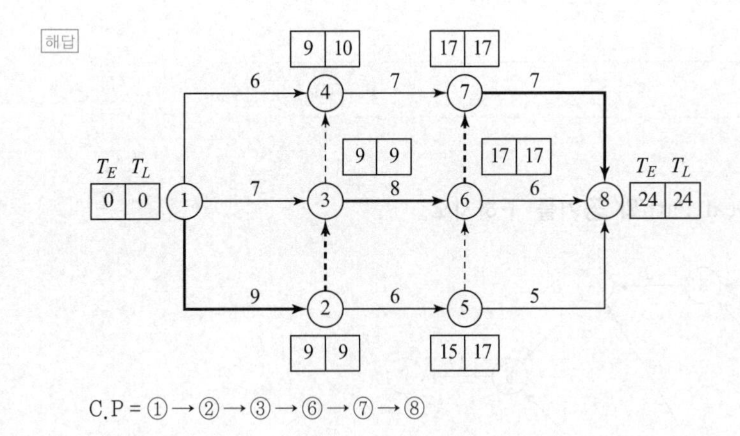

C.P = ① → ② → ③ → ⑥ → ⑦ → ⑧

□□□ 87③

03 다음과 같은 네트워크(Net Work) 공정표에서 물음에 답하시오.

득점	배점
	10

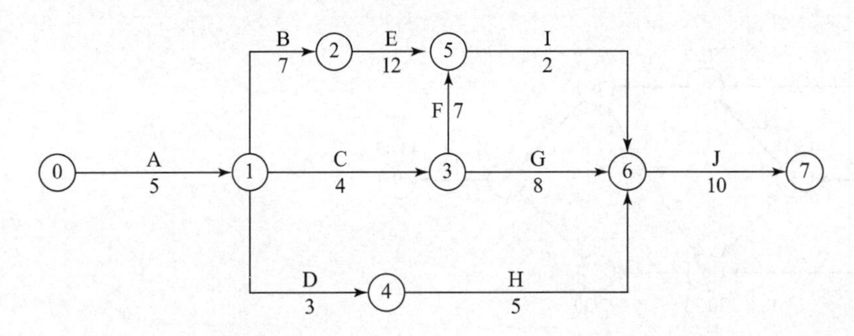

가. 한계공정선(critical path)을 구하시오.

C.P :

나. 작업(activity)의 총여유(total float)를 구하시오.

작업명	NODE	작업일수	TE		TL		TF
			EST	EFT	LST	LFT	
A	0→1	5					
B	1→2	7					
C	1→3	4					
D	1→4	3					
E	2→5	12					
F	3→5	7					
G	3→6	8					
H	4→6	5					
I	5→6	2					
J	6→7	10					

해답 가. 한계공정선

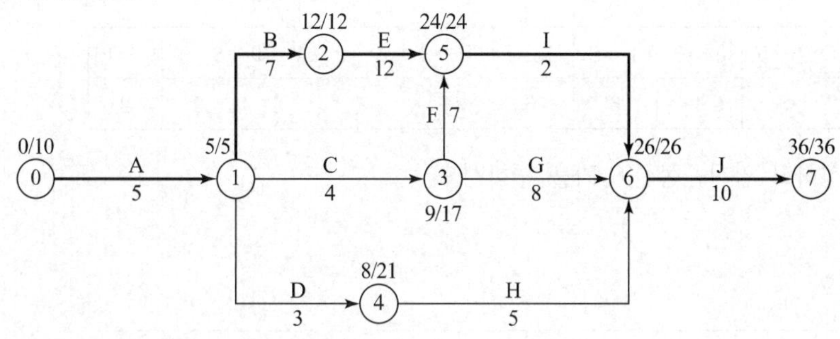

C.P : A→B→E→I→J

나.

작업명	NODE	작업일수	TE		TL		TF
			EST	EFT	LST	LFT	
A	0→1	5	0	0+5=5	5−5=0	5	5−0−5=0
B	1→2	7	5	5+7=12	12−7=5	12	12−5−7=0
C	1→3	4	5	5+4=9	17−4=13	17	17−5−4=8
D	1→4	3	5	5+3=8	21−3=18	21	21−5−3=13
E	2→5	12	12	12+12=24	24−12=12	24	24−12−12=0
F	3→5	7	9	9+7=16	24−7=17	24	24−9−7=8
G	3→6	8	9	9+8=17	26−8=18	26	26−9−8=9
H	4→6	5	8	8+5=13	26−5=21	26	26−8−5=13
I	5→6	2	24	24+2=26	26−2=24	26	26−24−2=0
J	6→7	10	26	26+10=36	36−10=26	36	36−26−10=0

□□□ 08②, 20④, 21①

04 다음과 같은 작업리스트가 있다. 아래 물음에 답하시오.

득점	배점
	8

작 업	1→2	2→3	2→4	2→5	3→6	4→6	4→7	5→8	6→9	7→9	8→9	9→10
작업일수	3	3	4	5	4	6	6	7	8	4	2	2

가. Network(화살선도)를 작성하고 임계공정선(C.P)을 구하시오.

나. 아래 표의 빈칸을 채우시오.

작 업	작업일수	TE		TL		TF
		EST	EFT	LST	LFT	
1→2						
2→3						
2→4						
2→5						
3→6						
4→6						
4→7						
5→8						
6→9						
7→9						
8→9						
9→10						

해답 가.

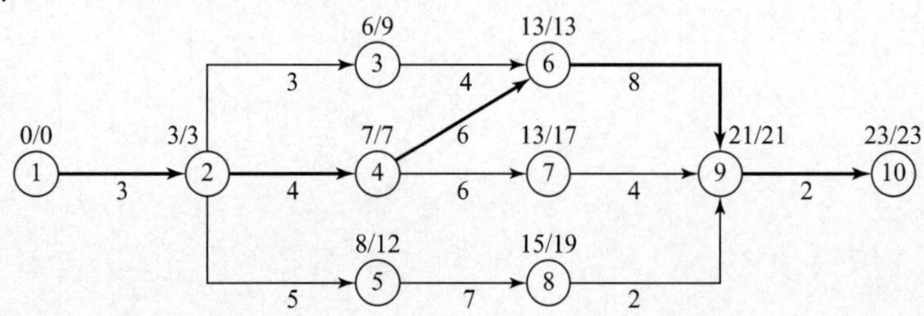

∴ C.P : ①→②→④→⑥→⑨→⑩

나.

작업	작업일수	TE		TL		TF
		EST	EFT	LST	LFT	
1→2	3	0	3	0	3	0
2→3	3	3	6	6	9	3
2→4	4	3	7	3	7	0
2→5	5	3	8	7	12	4
3→6	4	6	10	9	13	3
4→6	6	7	13	7	13	0
4→7	6	7	13	11	17	4
5→8	7	8	15	12	19	4
6→9	8	13	21	13	21	0
7→9	4	13	17	17	21	4
8→9	2	15	17	19	21	4
9→10	2	21	23	21	23	0

□□□ 84①

05 다음 데이터(data)를 네트워크 공정표로 작성하고 요구작업에 대해서 여유시간을 계산하시오. (단, 주공정선(C.P)은 굵은 선으로 표시하시오.)

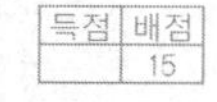

【데이터】

작업명	작업일수	선행작업	후속작업
A	5	–	D
B	4	–	D, E
C	6	–	D, E, F
D	7	A, B, C	G
E	8	B, C	G, H
F	4	C	G, H, I
G	5	D, E, F	J
H	4	E, F	J
I	5	F	J
J	2	G, H, I	–

가. 네트워크 공정표를 작성하시오.

나. 작업(activity)의 총여유(total float)를 구하시오.

작업명	TF	FF	DF
A			
B			
C			
D			
E			
F			
G			
H			
I			
J			

해답 가.

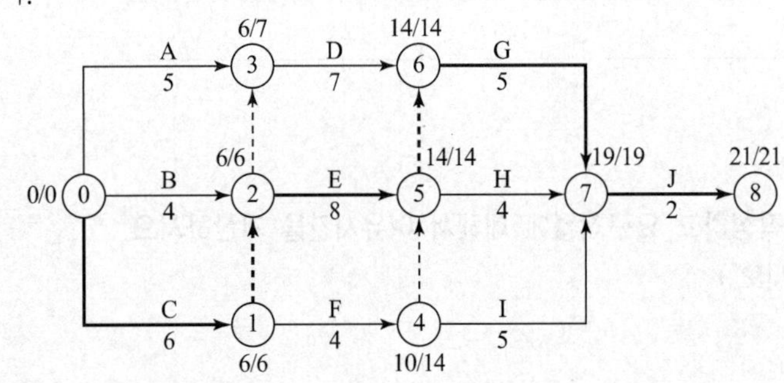

나.

작업명	TF	FF	DF
A	7−(0+5)=2	6−(0+5)=1	2−1=1
B	6−(0+4)=2	6−(0+4)=2	2−2=0
C	6−(0+6)=0	6−(0+6)=0	0−0=0
D	14−(6+7)=1	14−(6+7)=1	1−1=0
E	14−(6+8)=0	14−(6+8)=0	0−0=0
F	14−(6+4)=4	10−(6+4)=0	4−0=4
G	19−(14+5)=0	19−(14+5)=0	0−0=0
H	19−(14+4)=1	19−(14+4)=1	1−1=0
I	19−(10+5)=4	19−(10+5)=4	4−4=0
J	21−(19+2)=0	21−(19+2)=0	0−0=0

□□□ 99⑤

06 다음의 조건을 갖는 작업으로 구성된 공사의 Network를 그리고, Critical Path를 표시하시오.

득점	배점
	5

작업기호	A	B	C	D	E	F	G	H	I
선행작업	–	–	A, B	A, B	D	C, E	F	C, E	G, H
소요일수	3	6	2	1	2	2	2	5	1

해답

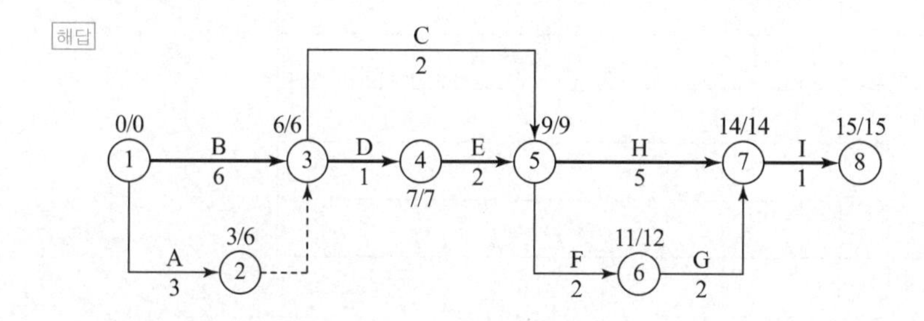

□□□ 00②, 05②, 09④, 11②, 14②, 17①

07 다음 작업리스트에서 네트워크 공정표를 작성하고, 각 작업의 여유시간을 구하시오.

득점	배점
	10

작업명	선행작업	작업일수	비고
A	없음	4	
B	A	6	
C	A	5	
D	A	4	① C.P는 굵은 선으로 표시하시오.
E	B	3	② 각 결합점에는 아래와 같이 표시하시오.
F	B, C, D	7	LFT EFT EST LST
G	D	8	③ 각 작업은 다음과 같이 표시한다.
H	E	6	*i* —작업명 / 작업일수→ *j*
I	E, F	5	
J	E, F, G	8	
K	H, I, J	6	

가. 공정표를 작성하시오.

나. 여유시간을 구하시오.

작업명	TF	FF	DF
A			
B			
C			
D			
E			
F			
G			
H			
I			
J			
K			

해답 가.

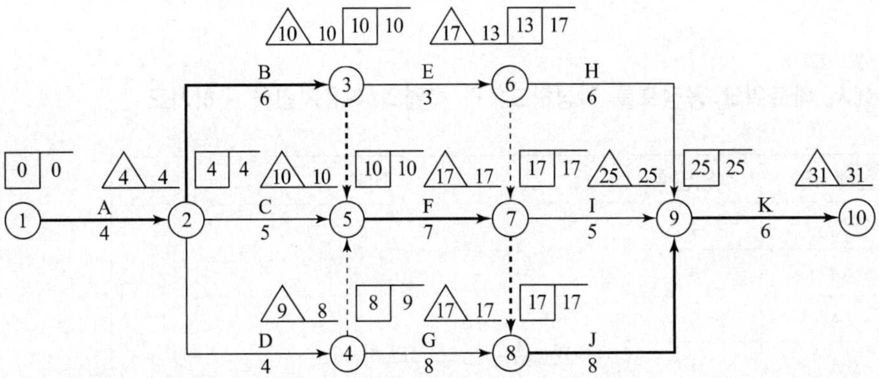

나.

작업명	TF	FF	DF	C.P
A	4−0−4=0	4−0−4=0	0−0=0	*
B	10−4−6=0	10−4−6=0	0−0=0	*
C	10−4−5=1	10−4−5=1	1−1=0	
D	9−4−4=1	8−4−4=0	1−0=1	
E	17−10−3=4	13−10−3=0	4−0=4	
F	17−10−7=0	17−10−7=0	0−0=0	*
G	17−8−8=1	17−8−8=1	1−1=0	
H	25−13−6=6	25−13−6=6	6−6=0	
I	25−17−5=3	25−17−5=3	3−3=0	
J	25−17−8=0	25−17−8=0	0−0=0	*
K	31−25−6=0	31−25−6=0	0−0=0	*

□□□ 03③, 06④, 10①

08 다음 조건을 갖는 공사의 Network를 그려 C.P를 표시하고 공사완료 소요일수를 구하시오.

득점	배점
	8

작업명	A	B	C	D	E	F	G	H	I	J	K	L	M	N	O	P	Q
선행작업	–	–	A,B	A,B	A,B	E	C,F	C,F	C,F	G,H,I	J	J	C,D,F	M	K,L	O	N
소요일수	5	3	2	3	2	2	3	2	2	7	3	4	4	3	3	2	5

가. 네트워크 공정표를 그리고 critical path를 표시하시오.

C.P :

나. 공사완료 소요일수를 구하시오.

계산 과정)　　　　　　　　　　　　　　　　　　　　답 : ____________

해답 가.

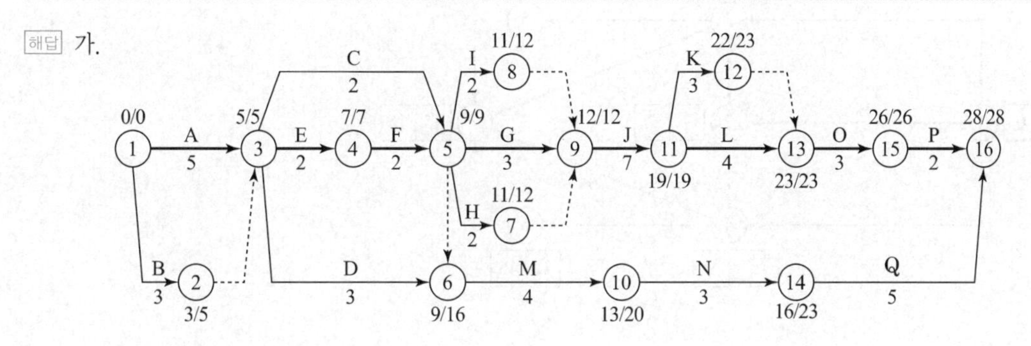

C.P : A→E→F→G→J→L→O→P

나. A(5)→E(2)→F(2)→G(3)→J(7)→L(4)→O(3)→P(2) : 28일

□□□ 96④, 01②

09 다음 데이터를 네트워크 공정표로 작성하시오.

득점	배점
	6

작업명	작업일수	선행작업	비고
A	5	없음	① 주공정선은 굵은 선으로 표기한다. ② 각 결합점 일정계산은 PERT기법에 의거 다음과 같이 계산한다. [ET | LT] 작업명/작업일수 → (i) → 작업명/작업일수 (단, 결합점 번호는 규정에 따라 반드시 기입한다.)
B	7	없음	
C	3	없음	
D	4	A,B	
E	8	A,B	
F	6	B,C	
G	5	B,C	

해답 ■ 방법 1

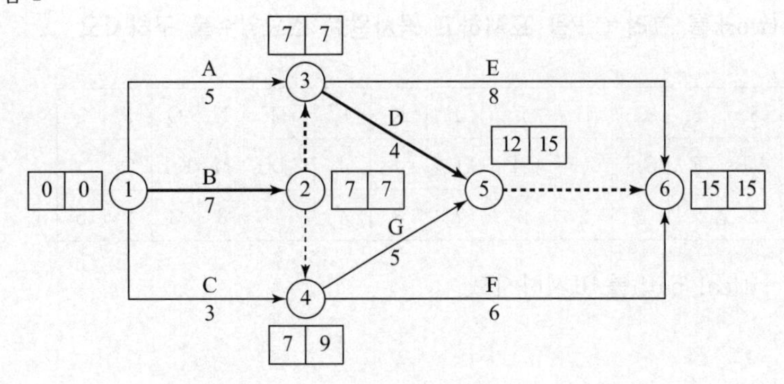

A
5
E
8
D
4
B
7
G
5
C
3
F
6
0 0
7 7
7 7
12 15
15 15
7 9
1
2
3
4
5
6

■ 방법 2

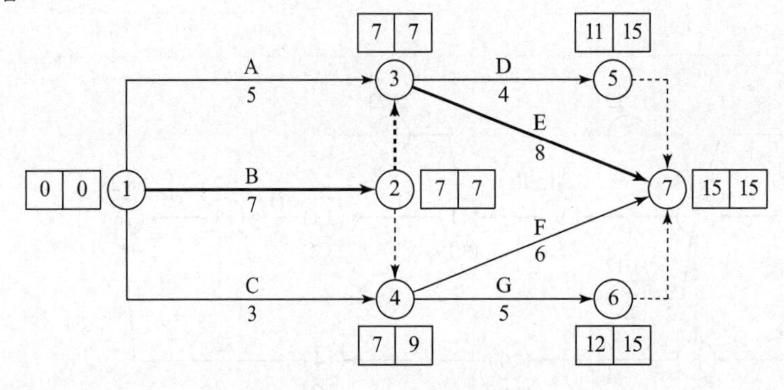

A
5
D
4
E
8
B
7
F
6
C
3
G
5
0 0
7 7
11 15
7 7
15 15
7 9
12 15
1
2
3
4
5
6
7

03 M.C.X

각 작업의 소요일수와 비용관계를 상호 연결시키면서 공기단축에서 공비를 최소로 하고 일정도 최적공기로 단축하도록 하는 최소의 비용으로 최적의 공기를 단축하는 관리수법을 M.C.X(Minimum Cost Expediting) 이론이라 한다.

1 비용견적

(1) 비용분류

① **직접비** : 공사에 직접 소비되는 비용
- 노임, 자재비, 기계사용료 및 운반비 등
- 직접비는 공기의 단축과 더불어 증가한다.

② **간접비** : 공사의 개별활동에 직접적인 관계를 가진 것이 아니고 전 계획사업에 관련되어 발생하는 비용
- 현장사무실의 임대료, 사무비, 관리비, 사무장비의 임대료, 시설감가상각비 등
- 간접비는 공기가 지연되면 이와 비례하여 증가한다.

③ **총공사비용** : 한 계획사업이나 공사의 총비용은 직접비와 간접비의 총합이다.

④ **최적비용** : 간접공사비와 직접공사비의 균형을 이루는 어느 기간에서 총공사비

⑤ **최적공비** : 최적비용일 때의 공비

⑥ **최적공기** : 경제적으로 가장 비용이 들지 않는 공기

(2) 총공사비용 곡선

활동에 대한 직접비는 공기가 단축되면 증가하고, 간접비는 감소한다. 따라서 간접공사비와 직접공사비의 균형을 이루는 어느 기간에서 총공사비가 최저비용이 되며, 이때의 공기가 최적공기가 된다.

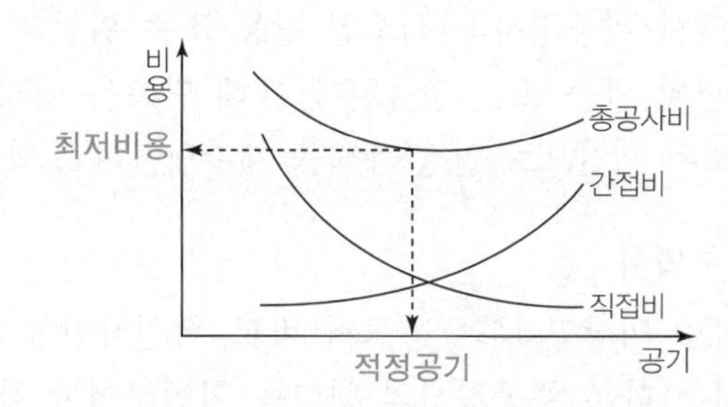

비용구배(cost slope) 작업을 1일 단축할 때 추가되는 비용

(2) 비용구배 Cost Slope, 비용경사

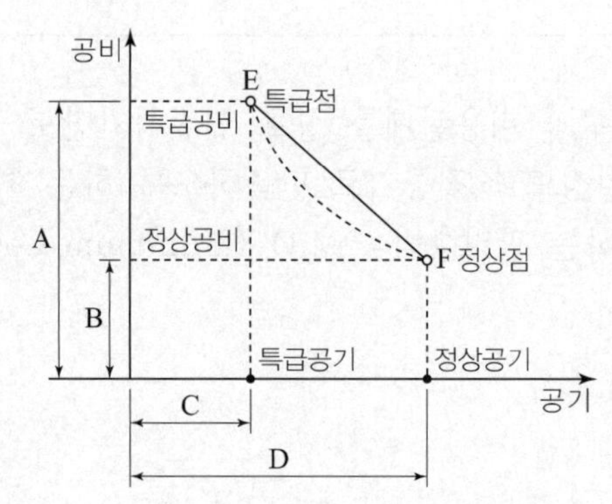

A : 특급소요비용, C : 특급소요공기
B : 정상소요비용, D : 정상소요공기

$$\text{비용구배} = \frac{\text{특급소요공비} - \text{정상소요공비}}{\text{정상소요공기} - \text{특급소요공기}}$$

① 정상소요공기(D : Normal Duration) : 보통상태로 어떤 공사를 할 경우의 소요공기를 말하며, CPM의 시간견적은 이 시간견적에 의하여 수립된다.
② 정상소요공비(C(D) : Normal Cost) : 정상소요공기로 작업을 할 경우의 직접자재비, 장비비 및 직접인건비 등 직접비가 포함된다.
③ 특급소요공기(D : Crash Duration) : 소요공기의 단축한계
④ 특급소요공비(C(d) : Crash Cost) : 특급소요공기에 소요되는 직접비

2 공기단축법

(1) 공기단축요령

① 비용구배를 계산한다.
② 주공정선(C.P)을 찾아낸다.
③ 단축가능일수를 계산한다.
④ 계획공정표상의 주공정활동을 대상으로 단축한다.
⑤ 주공정 중에서 비용경사가 최소인 활동 또는 활동의 조를 찾아낸다.
⑥ ④에서 발견된 활동 또는 활동군에 대해 단축을 실시한다.
⑦ ⑤에서 단축된 시간으로 일정 계획을 재수립하여 ①항으로 되돌아간다.

(2) 공기단축시 주의점

① 주공정선이 2 이상일 때는 반드시 비교·확인하여야 한다.
② 조합단축시는 다른 주공정선의 영향을 확인하여야 한다.

(3) 공기단축 예

다음 Network에서 비용경사와 최적공기 및 이때 소요되는 총공사비를 산출하시오. (단, 간접비용은 정상작업시 200,000원이며, 공기 1일 단축시 10,000원씩 절약된다고 본다.)

활 동		표준상태		특급상태		비용경사 (원/일)
작업명	단계	작업일수	비용(원)	작업일수	비용(원)	
A	①→②	6	50,000	5	60,000	
B	①→④	14	47,000	8	95,000	
C	②→③	6	37,000	3	55,000	
D	②→⑤	16	59,000	12	95,000	
E	③→④	8	44,000	5	65,000	
F	④→⑤	8	53,000	6	65,000	

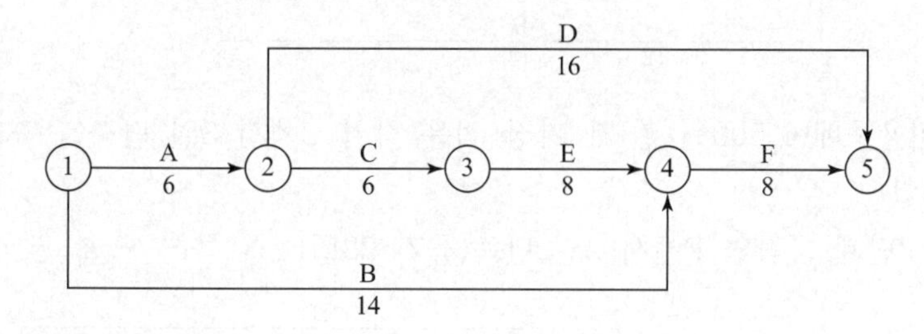

(4) 비용구배 계산

작업명	작업일수	단축가능일수	비용구배= $\frac{\text{특급비용}-\text{표준비용}}{\text{표준공기}-\text{특급공기}}$
A	6	1	$\frac{60,000-50,000}{6-5}=10,000$(원/일)
B	14	6	$\frac{95,000-47,000}{14-8}=8,000$(원/일)
C	6	3	$\frac{55,000-37,000}{6-3}=6,000$(원/일)
D	16	4	$\frac{95,000-59,000}{16-12}=9,000$(원/일)
E	8	3	$\frac{65,000-44,000}{8-5}=7,000$(원/일)
F	8	2	$\frac{65,000-53,000}{8-6}=6,000$(원/일)

(5) 공기단축

① 표준공기(공기 28일)

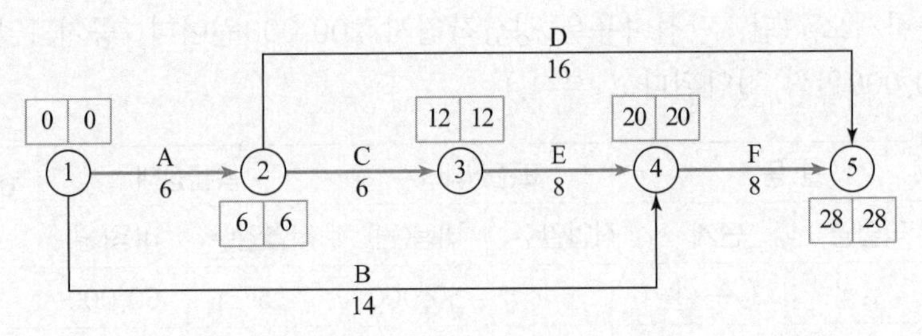

② 1단계 : 작업 C에서 3일 단축(공기 25일)

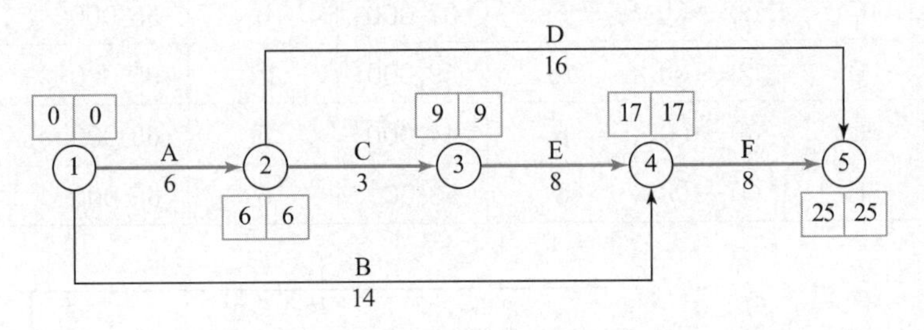

• 비용구배(6,000원/일)가 가장 적은 작업 C에서 3일 단축(단축가능일수 3일)

③ 2단계 : 작업 F에서 2일 단축(공기 23일)

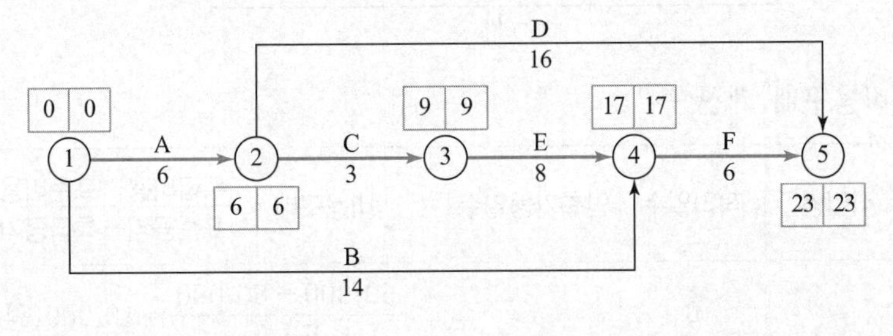

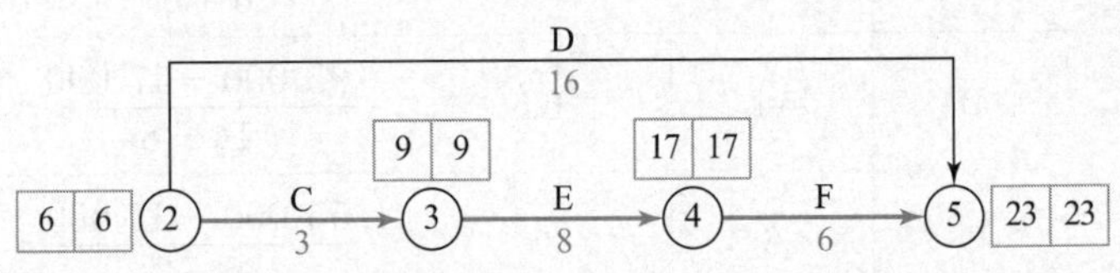

④ 3단계 : 작업 E에서 1일 단축(공기 22일)

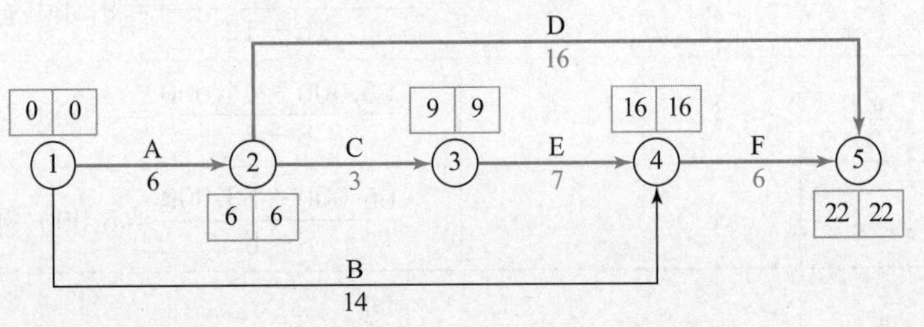

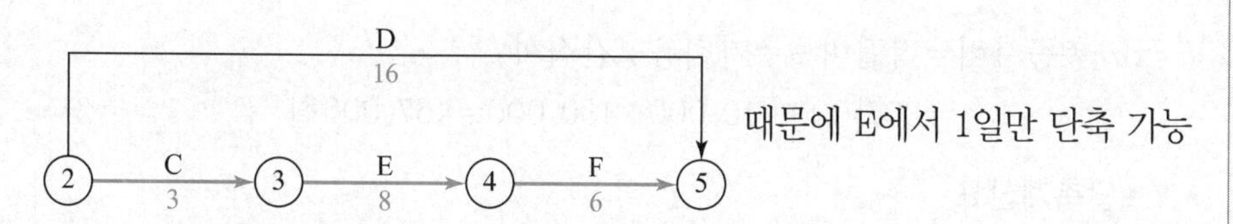

때문에 E에서 1일만 단축 가능

⑤ 4단계 : 작업 A에서 1일 단축(공기 21일)

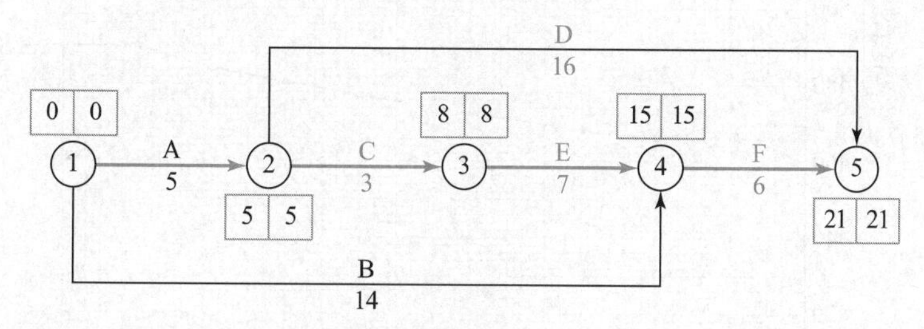

- 조합(작업 D와 작업 E)단축의 비용구배 : 9,000+7,000=16,000원
- 단축작업 A의 비용구배 : 10,000원

∴ 작업 A에서 1일 단축

⑥ 5단계 : 조합단축(작업 D와 작업 E)에서 1일 단축(공기 20일)

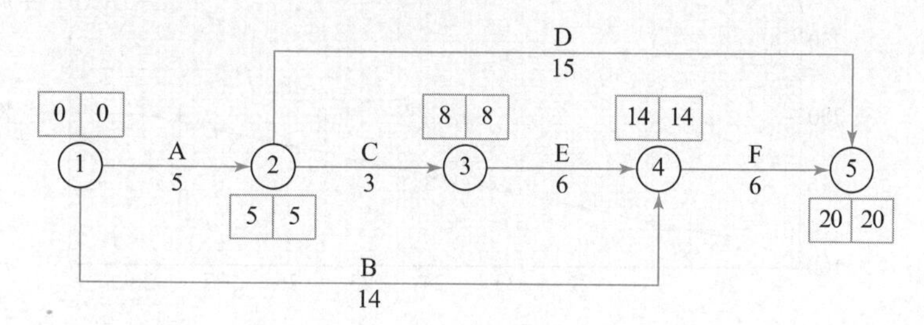

■ 단축계산표

작업명	작업일수	단축가능일수	비용구배	28(정상)	27(-1)	26(-2)	25(-3)	24(-4)	23(-5)	22(-6)	21(-7)	20(-8)
A	6	1	10,000								1	
B	14	6	8,000									
C	6	3	6,000		1	1	1					
D	16	4	9,000									1
E	8	3	7,000							1		1
F	8	2	6,000					1	1			
직접비				290,000	290,000	296,000	302,000	308,000	314,000	320,000	327,000	337,000
추가비용				0	6,000	6,000	6,000	6,000	6,000	7,000	10,000	16,000
간접비				200,000	190,000	180,000	170,000	160,000	150,000	140,000	130,000	120,000
총공사비				490,000	486,000	482,000	478,000	474,000	470,000	467,000	467,000	473,000

$\therefore$ 총공사비 = 직접비 + 추가비용 + 간접비

$= 327,000 + 10,000 + 130,000 = 467,000$원

■ 단축계산표

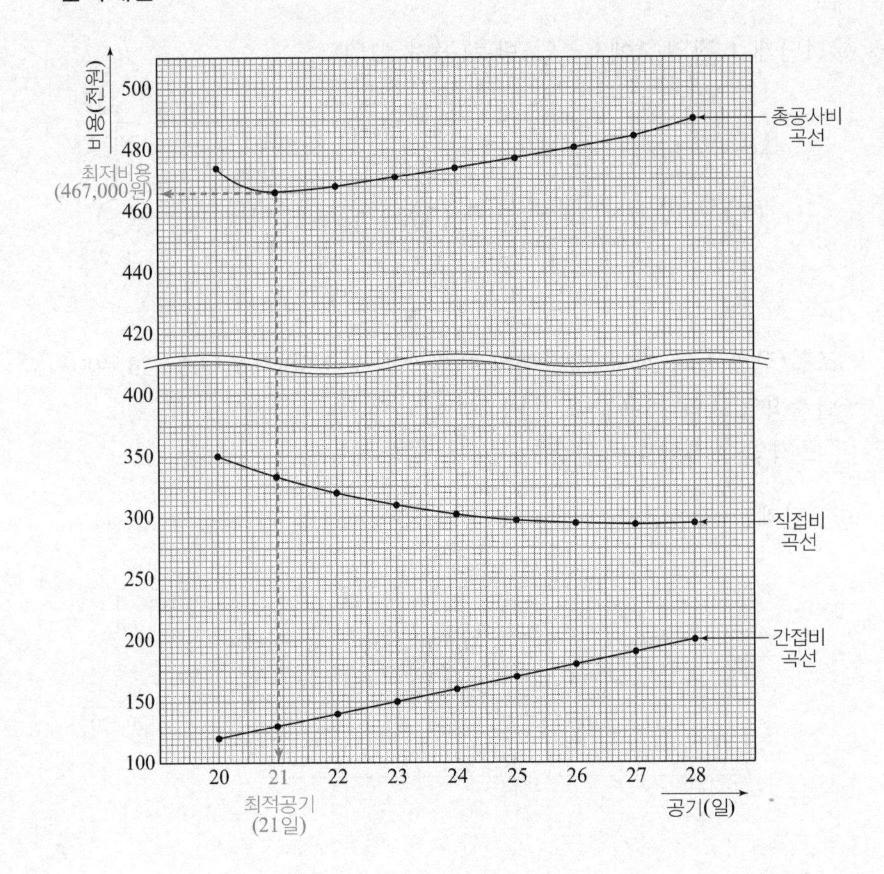

| M.C.X |

03 핵심 기출문제

□□□ 94①, 99⑤, 03②, 06④

01 거푸집제작공정에 따른 비용증가율을 그림과 같이 표현할 때 이 공정을 계획보다 3일 단축할 때 소요되는 추가직접비용은 얼마인가?

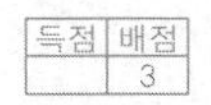

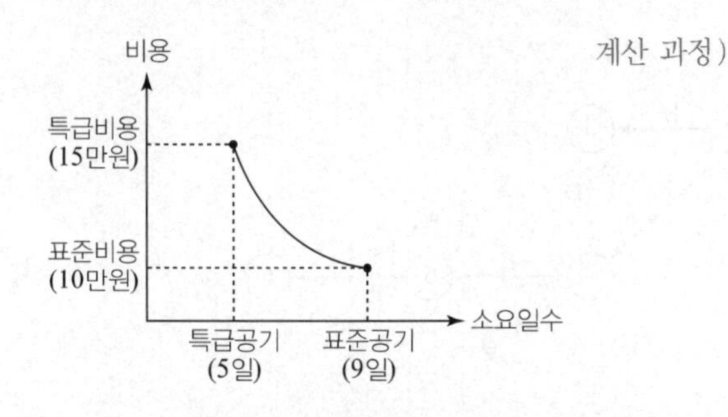

계산 과정)

답 : ____________

해답 비용구배$=\dfrac{\text{특급비용}-\text{표준비용}}{\text{표준공기}-\text{특급공기}}$

$=\dfrac{150,000-100,000}{9-5}=12,500$원/일

∴ 추가직접비용=12,500×3=37,500원

□□□ 94③, 98①, 00④

02 1일 1교대(8시간 근무)로 12일간의 업무를 야간작업도 하여 1일 2교대로 함으로써 6일간에 마치고자 한다. 주간 1교대시 20,000원/일씩 일당을 지급하고 야간작업시에는 50%의 야간수당을 더 줄 경우 비용증가율(비용경사)을 구하시오.

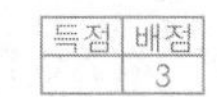

계산 과정)

답 : ____________

해답 비용증가율$=\dfrac{\text{특급비용}-\text{표준비용}}{\text{표준공기}-\text{특급공기}}$

- 특급비용=20,000×6+(20,000×1.5)×6=300,000원
- 표준비용=20,000×12=240,000원

∴ 비용증가율$=\dfrac{300,000-240,000}{12-6}=10,000$원/일

□□□ 88②, 95③

03 다음 Network와 작업 data는 어느 공사계획의 일부이다. 전체 공정에서 8일간의 공기를 단축할 필요가 생겼다. 어떤 작업에서 몇 일간씩 단축하여야만 최소의 추가비용이 발생하며 그 금액은 얼마인가? (단, 이 경우 증가비용은 단축일수에 비례하는 것으로 한다.)

득점	배점
	8

(단위 : 일/만원)

작업명	표준상태		특급상태		비용경사
A	10	75	10	75	
B	15	200	12	221	
C	25	300	20	350	
D	–	–	–	–	
E	20	700	14	748	
F	5	160	4	170	

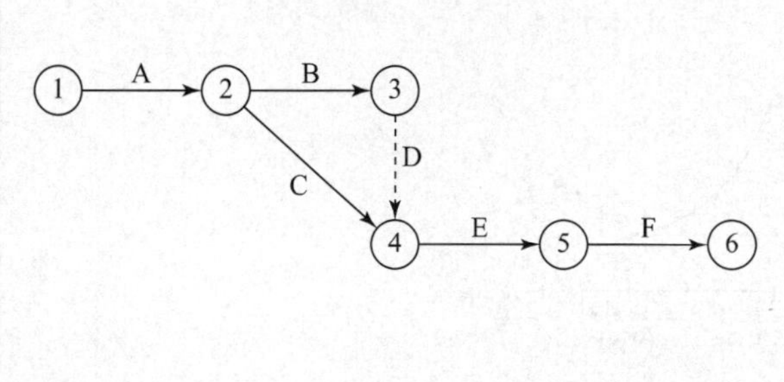

계산 과정)

답 : ______________

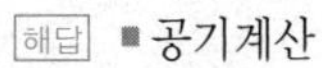
■ 공기계산

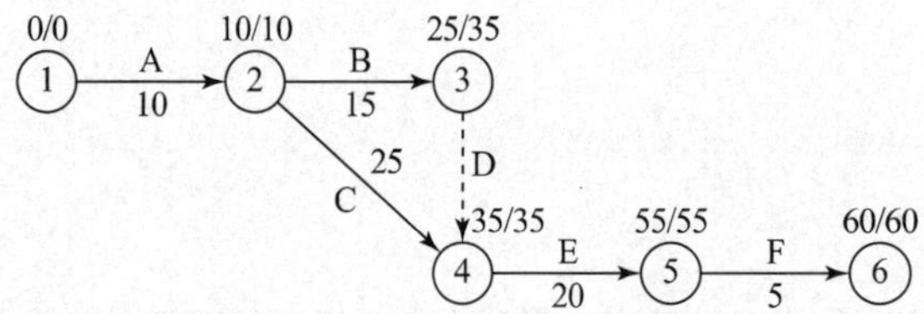

C.P : A → C → E → F

■ 비용경사

작업명	비용경사 (만원)	단축가능일수	단축일수		추가비용 (만원)	추가비용누계 (만원)
			첫번째	두번째		
A	0	–				
B	$\frac{221-200}{15-12}=7$	3				
C	$\frac{350-300}{25-20}=10$	5		2	20	20
D	–	–				
E	$\frac{748-700}{20-14}=8$	6	6		48	68
F	$\frac{170-160}{5-4}=10$	1				

∴ E작업에서 6일, C작업에서 2일 단축
최소의 추가비용 : 68만원

□□□ 89①, 91③, 94④, 02①

04 다음의 Network와 작업데이터는 어떤 공사계획의 일부이다. 이 공정에서 공기를 3일 단축할 필요가 생겼을 때 extra-cost(여분출비)는 얼마인가?
(단, 증가비용은 단축일수에 비례하는 것으로 한다.)

득점	배점
	8

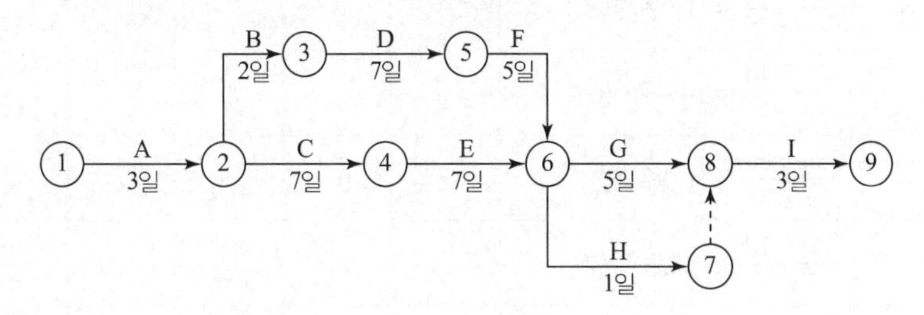

작업명	표준상태		Crash 상태	
	작업일수	비용	작업일수	비용
A	3	30만원	2	33만원
B	2	40만원	1	50만원
C	7	60만원	5	80만원
D	7	100만원	5	130만원
E	7	80만원	5	90만원
F	5	50만원	3	74만원
G	5	70만원	5	70만원
H	1	15만원	1	15만원
I	3	20만원	3	20만원

계산 과정)　　　　　　　　　　　　　　　　　　　　　　　답 :

해답 ■ 주공정선(C.P)

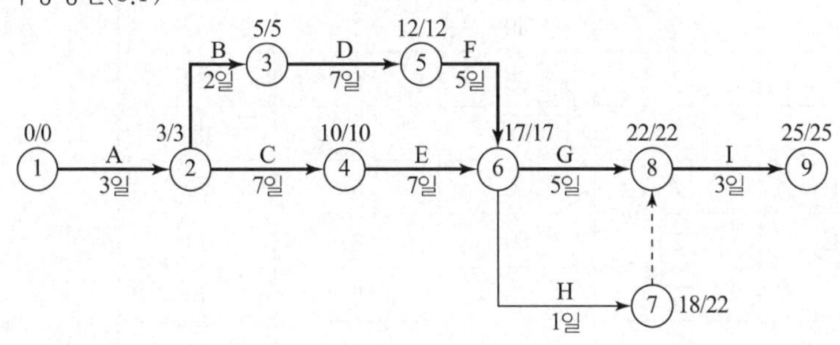

■ 여분출비 계산

작업명	단축 가능일수	비용구배 $=\frac{\text{특급비용}-\text{표준비용}}{\text{표준공기}-\text{특급공기}}$	25일 (정상)	24일 (−1)	23일 (−2)	22일 (−3)
A	1	$\frac{33-30}{3-2}=3$만원/일		1		
B	1	$\frac{50-40}{2-1}=10$만원/일			1	
C	2	$\frac{80-60}{7-5}=10$만원/일				
D	2	$\frac{130-100}{7-5}=15$만원/일				
E	2	$\frac{90-80}{7-5}=5$만원/일			1	1
F	2	$\frac{74-50}{5-3}=12$만원/일				1
G	−	−				
H	−	−				
i	−	−				
추가비용				3	15	17
추가비용누계				3	18	35

∴ 여분출비=35만원

□□□ 12①, 14④, 15①

05 다음의 작업리스트를 보고 아래 물음에 답하시오.

득점	배점
	10

작업명	선행작업	후속작업	표준		특급	
			일수	직접비(만원)	일수	직접비(만원)
A	−	B, C	3	30	2	33
B	A	D	2	40	1	50
C	A	E	7	60	5	80
D	B	F	7	100	5	130
E	C	G, H	7	80	5	90
F	D	G, H	5	50	3	74
G	E,F	I	5	70	5	70
H	E,F	I	1	15	1	15
I	G,H	−	3	20	3	20

가. Network(화살선도)를 작도하고, 표준상태에 대한 주공정선(C.P)을 표시하시오.

나. 공기를 3일 단축했을 때 추가로 소요되는 비용을 구하시오.

계산 과정) 답 : ______________

해답 가.

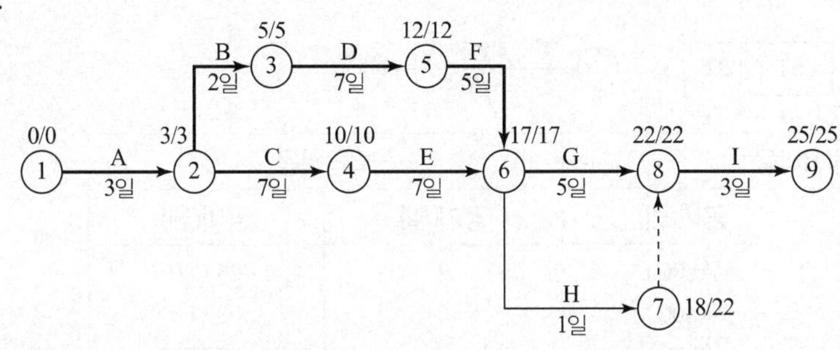

C.P : A→B→D→F→G→I
A→C→E→G→I

나.

작업명	단축가능일수	비용경사(만원/일)	25알 (정상)	24일 (−1)	23일 (−2)	22일 (−3)
A	1	$\frac{33-30}{3-2}=3$		1		
B	1	$\frac{50-40}{2-1}=10$			1	
C	2	$\frac{80-60}{7-5}=10$				
D	2	$\frac{130-100}{7-5}=15$				
E	2	$\frac{90-80}{7-5}=5$			1	1
F	2	$\frac{74-50}{5-3}=12$				1
G	−	−				
H	−	−				
I	−	−				
추가비용				3만원	15만원	17만원
추가비용누계				3만원	18만원	35만원

∴ 추가소요비용 : 35만원

□□□ 03①, 10②, 13①, 18①

06 다음 데이터를 이용하여 Normal time 네트워크 공정표를 작성하고 공기를 3일 단축할 때 최소의 추가공사비를 산출하시오.

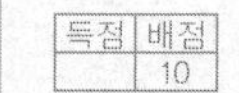

단, ① Net Work 공정표 작성은 화살표 Net Work로 한다.

② 주공정선(Critical path)는 굵은 선 또는 이중선으로 한다.

③ 각 결합점에는 다음과 같이 표시한다.

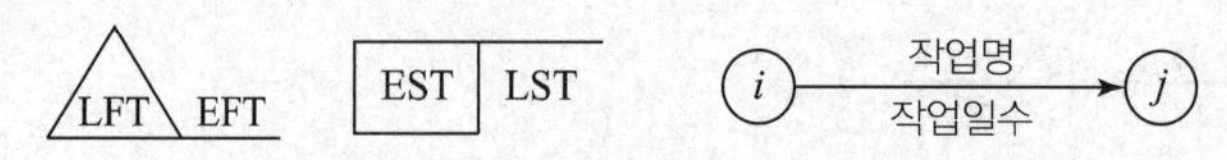

작업명 (activity)	정상비용		특급비용	
	공기(일)	공비(원)	공기(일)	공비(원)
A(0→1)	3	20,000	2	26,000
B(0→2)	7	40,000	5	50,000
C(1→2)	5	45,000	3	59,000
D(1→4)	8	50,000	7	60,000
E(2→3)	5	35,000	4	44,000
F(2→4)	4	15,000	3	20,000
G(3→5)	3	15,000	3	15,000
H(4→5)	7	60,000	7	60,000
계		280,000		334,000

가. Normal time 네트워크 공정표를 작성하시오.

나. 공기를 3일간 단축할 때 최소의 추가공사비를 구하시오.

계산 과정)

답 : ______________

해답 가.

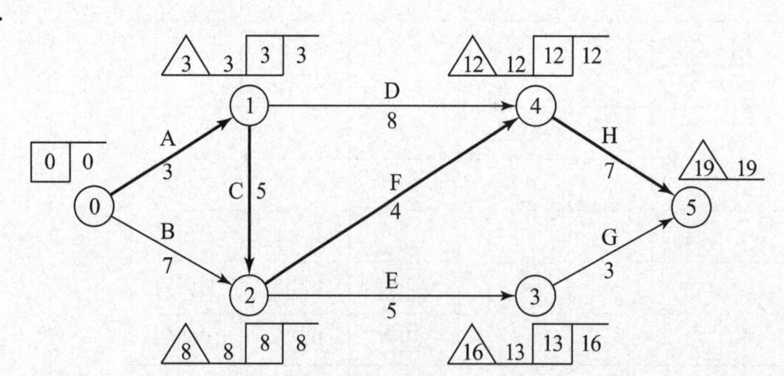

또는

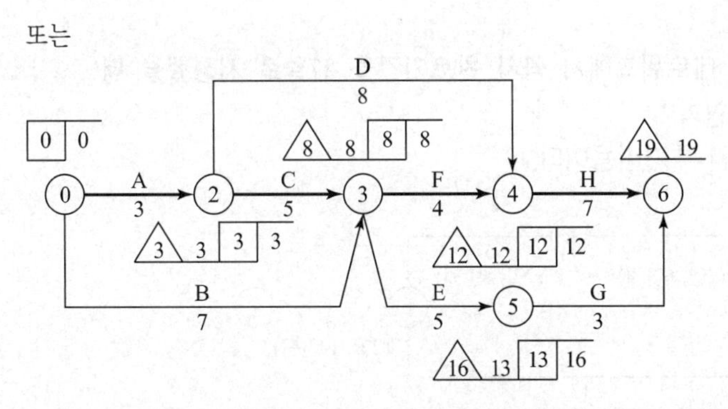

작업명	단축 가능일수	비용구배$=\frac{\text{특급비용}-\text{표준비용}}{\text{표준공기}-\text{특급공기}}$	19일 (정상)	18일 (−1일)	17일 (−2일)	16일 (−3일)
A	1	$\frac{26,000-20,000}{3-2}=6,000$			1	
B	2	$\frac{50,000-40,000}{7-5}=5,000$				1
C	2	$\frac{59,000-45,000}{5-3}=7,000$				1
D	1	$\frac{60,000-50,000}{8-7}=10,000$				1
E	1	$\frac{44,000-35,000}{5-4}=9,000$				
F	1	$\frac{20,000-15,000}{4-3}=5,000$		1		
G	−	−				
H	−	−				
추가비용(원)				5,000	6,000	22,000
추가비용누계(원)				5,000	11,000	33,000

∴ 최소추가비용 : 33,000원

□□□ 93③, 95⑤, 99②

07 각 작업별로 그림과 같은 공기를 가진 네트워크에서 공사 완료기간을 27일로 지정했을 때 추가 투입되는 직접비의 최소금액은 얼마인가?
(단, ( ) 안은 단축가능일수와 1일 단축시 추가비용이다.)

득점	배점
	10

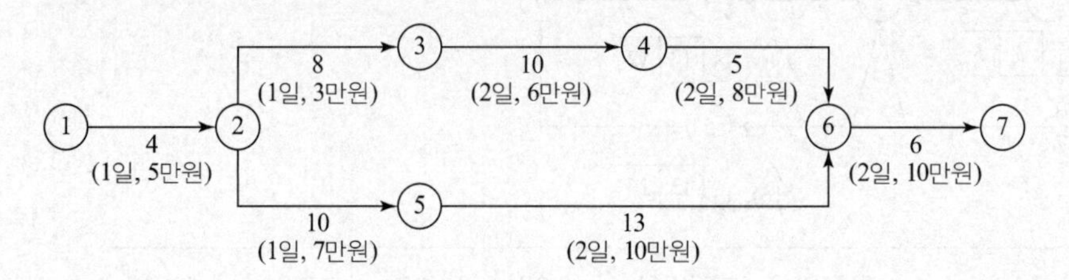

계산 과정)

답 : ______________

해답 ■ 주공정선(C.P) 계산

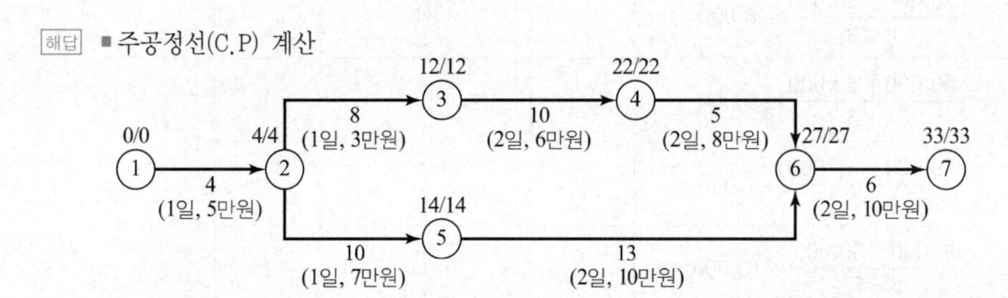

■ 비용계산

작업관계	단축가능일수	단축순서	비용구배	①-②-③-④-⑥-⑦	①-②-⑤-⑥-⑦
1-2	1	1단계	5만원	25,000 1	25,000 1
2-3	1	2단계 조합 (2-5)	3만원	30,000 1	
2-5	1	2단계 조합 (2-3)	7만원		70,000 1
3-4	2	4단계 조합 (5-6)	6만원	60,000 2	
4-6	2		8만원		
5-6	2	4단계 조합 (3-4)	10만원		100,000 2
6-7	2	3단계	10만원	50,000 2	50,000 2
계	추가비용			275,000원	395,000원
	단축일수			6일	6일

∴ 추가비용 = 275,000 + 395,000 = 670,000원

□□□ 98③, 00③, 13④, 23③

08 다음의 작업리스트에서 Net Work(화살선도)를 작도하고, 공사기간을 6일 단축했을 때, 추가로 소요되는 최소비용을 구하시오.

득점	배점
	10

작업명	작업일수	선행작업	단축가능일수(일)	비용경사(원/일)
A	5일	없음	1	60,000
B	7일	A	1	40,000
C	10일	A	1	70,000
D	9일	B	2	60,000
E	12일	C	2	50,000
F	6일	D	2	80,000
G	4일	E, F	2	100,000

가. Net Work(화살선도)를 작도하시오.

나. 공사기간을 6일 단축했을 때, 추가로 소요되는 최소비용을 구하시오.

계산 과정)　　　　　　　　　　　　　　　　　　　　　　　　　　　　답 : ____________

해답 가.

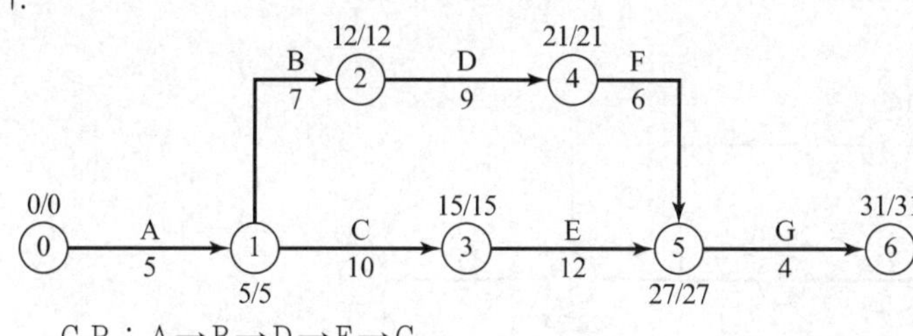

C.P : A → B → D → F → G
　　　A → C → E → G

나.

작업명	단축가능 일수(일)	비용경사 (원/일)	31일 (정상)	30일 (−1)	29일 (−2)	28일 (−3)	27일 (−4)	26일 (−5)	25일 (−6)
A	1	60,000		1					
B	1	40,000			1				
C	1	70,000							1
D	2	60,000						1	1
E	2	50,000			1			1	
F	2	80,000							
G	2	100,000				1	1		
추가비용(만원)				6	9	10	10	11	13
추가비용누계(만원)				6	15	25	35	46	59

∴ 추가 최소비용 59만원

□□□ 01①, 07①, 17④

09 다음과 같은 작업리스트가 있다. 아래 물음에 답하시오.

득점	배점
	8

작업명	진행작업	후속작업	표준일수(일)	단축가능 일수(일)	1일 단축의 소요비용(만원/일)
A	–	B, C	6	2	5
B	A	D	8	1	7
C	A	F	10	2	3
D	B	E	6	2	4
E	D	G	4	1	8
F	C	G	7	1	9
G	E, F	–	5	2	10

가. New Work(화살선도)를 작도하고, 표준일수에 대한 C.P를 찾으시오.

나. 공사기간을 4일 단축하고자 하는 경우, 최소의 여분출비(Extra Cost)를 계산하시오.

계산 과정)　　　　　　　　　　　　　　　　　　답 : ______________

해답 가.

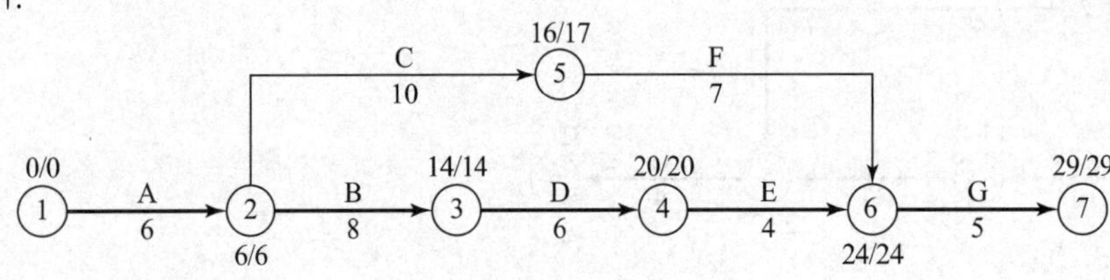

C.P : A→B→D→E→G

나.

작업명	단축가능일수	비용경사(만원/일)	29일(정상)	28일(−1)	27일(−2)	26일(−3)	25일(−4)
A	2	5			1	1	
B	1	7					
C	2	3					1
D	2	4		1			1
E	1	8					
F	1	9					
G	2	10					
추가비용(만원)			0	4	5	5	7
추가비용누계(만원)			0	4	9	14	21

∴ 최소여분출비=21만원

□□□ 04④

10 다음과 같은 작업리스트가 있다. 아래 물음에 답하시오.

득점	배점
	8

작업명	선행작업	후속작업	표준일수(일)	특급일수(일)	비용경사(만원/일)
A	–	B, C	4	3	5
B	A	D	8	7	3
C	A	F	10	9	7
D	B	E	10	8	6
E	D	G	5	3	8
F	C	G	13	11	10
G	E, F	–	6	4	10

가. New Work(화살선도)를 작도하시오.

나. 공사 완료기간을 27일로 지정했을 때, 추가 투입되는 직접비의 최소금액을 구하시오.

계산 과정)

답 :

해답 가.

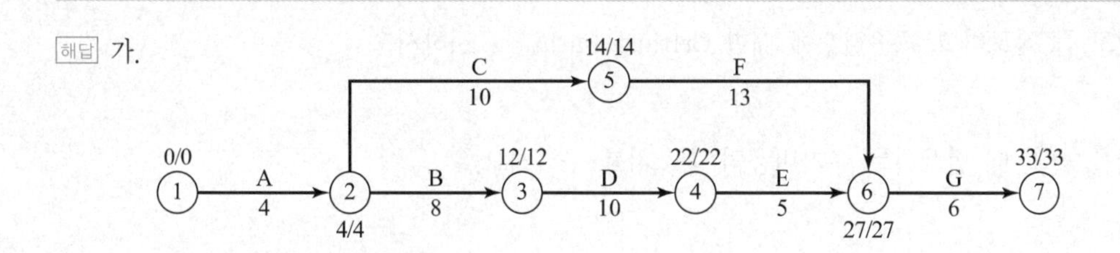

나.

작업명	단축 가능일수	비용경사 (만원/일)	33일 (정상)	32일 (–1)	31일 (–2)	30일 (–3)	29일 (–4)	28일 (–5)	27일 (–6)
A	1	5		1					
B	1	3			1				
C	1	7			1				
D	2	6						1	1
E	2	8							
F	2	10						1	1
G	2	10				1	1		
추가비용(만원)			0	5	10	10	10	16	16
추가비용누계(만원)			0	5	15	25	35	51	67

∴ 직접비의 최소금액 : 67만원

□□□ 04②, 06①, 12②, 16②, 22①

11 다음과 같은 공정표(CPM Table)를 보고 아래 물음에 답하시오.

NODE		공정명	정상기간	정상비용	특급기간	특급비용
1	2	A	3일	30만원	3일	30만원
1	3	B	4일	24만원	3일	30만원
1	4	C	4일	40만원	3일	60만원
2	3	DUMMY	0일	0만원	0일	0만원
2	5	E	7일	35만원	5일	49만원
3	5	F	4일	32만원	4일	32만원
3	6	H	6일	48만원	5일	60만원
3	7	G	9일	45만원	6일	69만원
4	6	I	7일	56만원	6일	66만원
5	7	J	10일	40만원	7일	55만원
6	7	K	8일	64만원	8일	64만원
7	8	M	5일	60만원	3일	96만원

가. Net Work(화살선도)를 작도하고 표준일수에 대한 Critical Path를 표시하시오.

나. 정상공사기간 4일을 줄일 때 발생하는 추가비용의 최소치를 구하시오.

계산 과정)　　　　　　　　　　　　　　　　　　　　　　　　답 : ____________

해답 가.

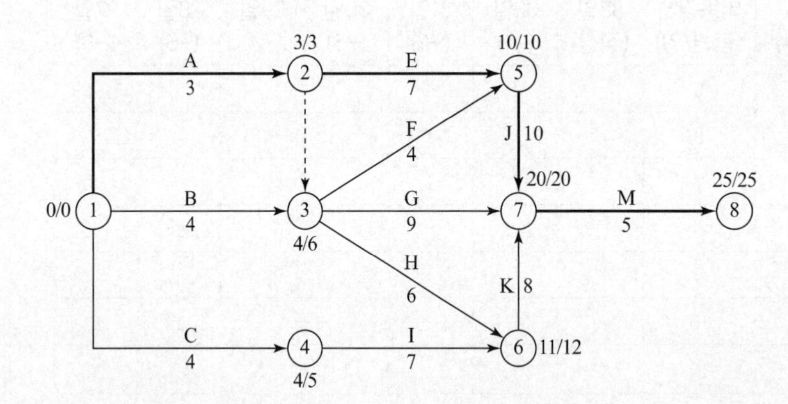

C.P : A→ E → J → M

나.

작업명	단축가능일수	비용경사(만원/일)	25(정상)	24(−1)	23(−2)	22(−3)	21(−4)
B	1	$\frac{30-24}{4-3}=6$					
C	1	$\frac{60-40}{4-3}=20$					
E	2	$\frac{49-35}{7-5}=7$					
H	1	$\frac{60-48}{6-5}=12$					
G	3	$\frac{69-45}{9-6}=8$					
I	1	$\frac{66-56}{7-6}=10$			1		
J	3	$\frac{55-40}{10-7}=5$		1	1		
M	2	$\frac{96-60}{5-3}=18$				1	1
추가비용(만원)			0	5	15	18	18
추가비용누계(만원)			0	5	20	38	56

∴ 추가비용의 최소치 : 56만원

□□□ 96③, 99③, 00⑤, 11④, 15②

12 **다음과 같은 공정표에서 임계공정선(C.P)을 구하고, 정상공사기간과 공사비용, 정상공사기간을 4일 줄일 때 발생하는 추가비용의 최소치를 계산하시오.**
(단, 기간의 단위는 "일"이며 비용의 단위는 "만원"이다.)

득점	배점
	10

node	공정명	정상기간	정상비용	특급기간	특급비용
0−2	A	3	15	3	15
0−4	B	5	20	4	25
2−6	D	6	36	5	43
2−8	F	8	40	6	50
4−6	E	7	49	5	65
4−10	G	9	27	7	33
6−8	H	2	10	1	15
6−10	C	2	16	1	22
10−12	K	4	28	3	38
8−12	J	3	24	3	24

가. 네트워크 공정표를 작성하고 임계공정선(C.P)을 구하시오.

나. 정상공사기간과 공사비용을 구하시오.

정상공사기간 : ______________________, 공사비용 : ______________________

다. 정상공사기간을 4일 줄일 때 발생하는 추가비용의 최소치를 구하시오.

계산 과정) 답 : ______________

해답 가.

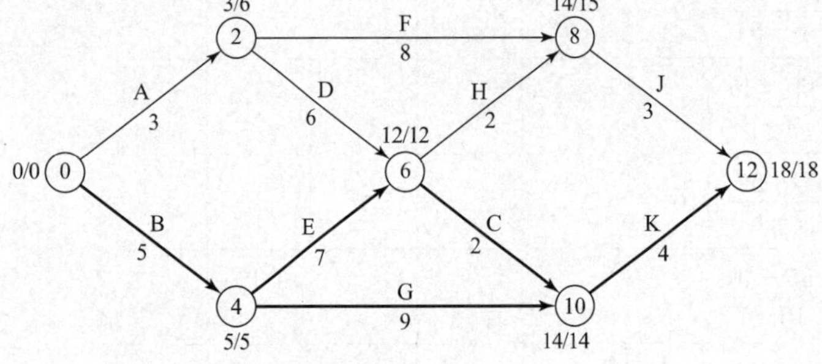

C.P : B → E → C → K, B → G → K

나. 정상공사기간 : 18일

공사비용 : 15+20+36+40+49+27+10+16+28+24=265만원

다.

작업명	단축 가능일수	비용경사= $\frac{특급비용-표준비용}{표준공기-특급공기}$	18일 (정상)	17일 (−1)	16일 (−2)	15일 (−3)	14일 (−4)
A	0	0					
B	1	$\frac{25-20}{5-4}=5$		1			
D	1	$\frac{43-36}{6-5}=7$					
F	2	$\frac{50-40}{8-6}=5$					
E	2	$\frac{65-49}{7-5}=8$				1	1
G	2	$\frac{33-27}{9-7}=3$				1	1
H	1	$\frac{15-10}{2-1}=5$					
C	1	$\frac{22-16}{2-1}=6$					
K	1	$\frac{38-28}{4-3}=10$			1		
J	0	0					
추가비용(만원)				5	10	11	11
추가비용합계(만원)				5	15	26	37

∴ 추가비용의 최소치 : 37만원

□□□ 96⑤

13 **각 작업에 따른 표준일수, 특급일수, 공비증가율이 아래와 같은 조건에서 총공기(工期)를 아래 그림의 화살선도와 같이 20일까지 단축(短縮)하였다. 이때 총공기를 19일로 1일 더 단축시키기 위해 가장 경제적인 방법을 설명하시오.**

득점	배점
	8

작업	표준일수	특급일수	공비증가율(만원/일)
A	4	3	7
B	8	6	8
C	6	4	5
D	9	7	3
E	4	1	20
F	5	4	9
G	3	3	0
H	7	6	15

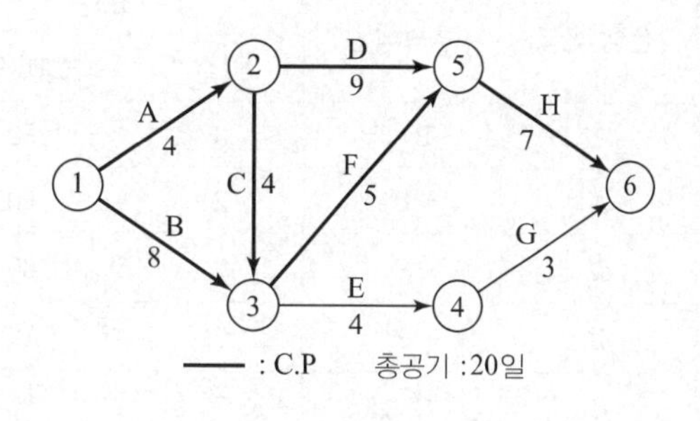

해답 ■ C.P가 일직선이 되도록 네트워크를 수정

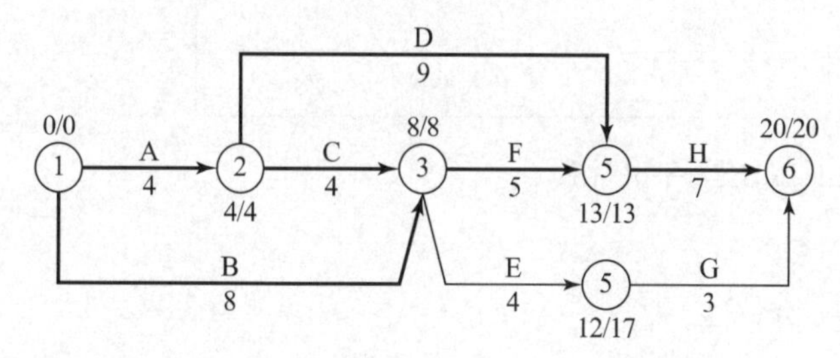

■ 공기증가율이 가장 작은 작업에서 1일 단축

작업	단축 가능일수	공비증가율 (만원/일)	(D+F)작업 단축	H작업 단축	(A+B)작업 단축
A	1	7			1
B	2	8			1
C	2	5			
D	2	3	1		
E	3	20			
F	1	9	1		
G	0	0			
H	1	15		1	
1일 단축시 추가비용			12만원	15만원	15만원

∴ (D+F)작업에서 각 1일 단축(총공기 : 19일)

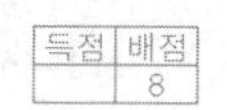

□□□ 05①, 09①

14 **다음 작업 List를 가지고 화살선도를 그리고 표준일수에 대한 Critical Path를 구하고 총 공사비(직접비+간접비)가 가장 적게 들기 위한 최적공기를 구하시오.**
(단, 간접비는 1일당 20만원이 소요됨.)

득점	배점
	10

작업명	선행작업	후속작업	표준		특급	
			일수	직접비(만원)	일수	직접비(만원)
A	–	B, C	3	30	2	33
B	A	D	2	40	1	50
C	A	E	7	60	5	80
D	B	F	7	100	5	130
E	C	G, H	7	80	5	90
F	D	G, H	5	50	3	74
G	E, F	I	5	70	5	70
H	E, F	I	1	15	1	15
I	G, H	–	3	20	3	20

가. 표준일수에 대한 화살선도를 그리고, Critical Path를 구하시오.

나. 총공사비가 가장 적게 들기 위한 최적공기를 구하시오.

계산 과정)　　　　　　　　　　　　　　　　　　　　　　　　답 : ________

해답 가. 화살선도

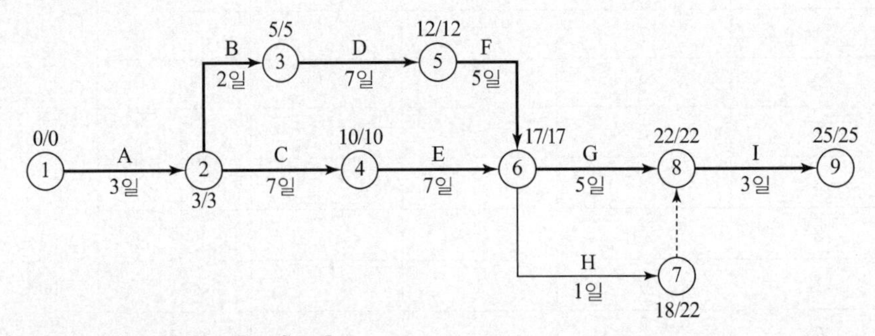

C.P : A→B→D→F→G→I
　　　A→C→E→G→I

나.

작업명	단축 가능일수	비용구배 $=\frac{\text{특급비용}-\text{표준비용}}{\text{표준공기}-\text{특급공기}}$	25일 (정상)	24일 (−1)	23일 (−2)	22일 (−3)	21일 (−4)
A	1	$\frac{33-30}{3-2}=3$		1			
B	1	$\frac{50-40}{2-1}=10$			1		
C	2	$\frac{80-60}{7-5}=10$					1
D	2	$\frac{130-100}{7-5}=15$					
E	2	$\frac{90-80}{7-5}=5$			1	1	
F	2	$\frac{74-50}{5-3}=12$				1	1
G	−	−					
H	−	−					
I	−	−					
직접비			465	465	468	483	500
추가비용				3	15	17	22
간접비(25일×20=500만원)			500	480	460	440	420
총공사비(만원)			965	948	943	940	942

∴ 최적공기 : 22일

□□□ 09①, 12①, 14④, 15①, 17②

15 다음의 작업리스트를 보고 아래 물음에 답하시오.

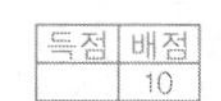
득점	배점
	10

작업명	선행작업	후속작업	표준		특급	
			일수	직접비(만원)	일수	직접비(만원)
A	−	B, C	3	30	2	33
B	A	D	2	40	1	50
C	A	E	7	60	5	80
D	B	F	7	100	5	130
E	C	G, H	7	80	5	90
F	D	G, H	5	50	3	74
G	E, F	I	5	70	5	70
H	E, F	I	1	15	1	15
I	G, H	−	3	20	3	20

가. Network(화살선도)를 작도하고, 표준상태에 대한 C.P를 표시하시오.

나. 공기를 3일 단축했을 때 추가로 소요되는 비용을 구하시오.

계산 과정) 답 : ____________

해답 가. 화살선도

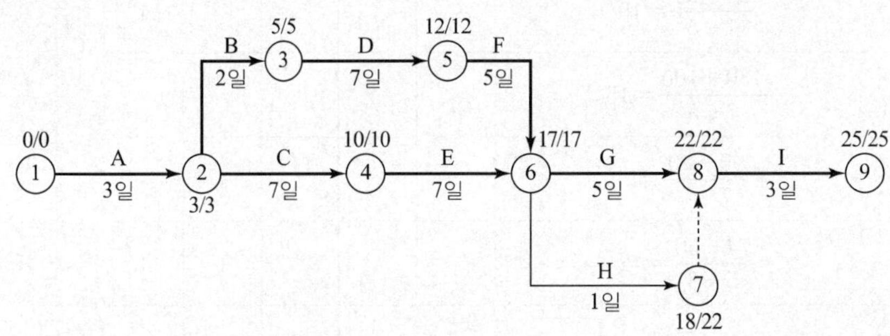

C.P : A→B→D→F→G→I
A→C→E→G→I

나.

작업명	단축 가능일수	비용구배$=\dfrac{\text{특급비용}-\text{표준비용}}{\text{표준공기}-\text{특급공기}}$	25일 (정상)	24일 (−1)	23일 (−2)	22일 (−3)	21일 (−4)
A	1	$\dfrac{33-30}{3-2}=3$		1			
B	1	$\dfrac{50-40}{2-1}=10$			1		
C	2	$\dfrac{80-60}{7-5}=10$					1
D	2	$\dfrac{130-100}{7-5}=15$					
E	2	$\dfrac{90-80}{7-5}=5$			1	1	
F	2	$\dfrac{74-50}{5-3}=12$				1	1
G	−	−					
H	−	−					
I	−	−					
직접비			465	465	468	483	500
추가비용				3	15	17	22
간접비(25일×20=500만원)			500	480	460	440	420
총공사비			965	948	943	940	942

∴ 추가비용$=3+15+17=35$만원

□□□ 03②, 05④, 08①, 20①

16 아래 작업 List를 가지고 화살선도를 그리고 표준일수에 대한 Critical Path를 구하고, 총 공사비(직접비+간접비)가 가장 적게 들기 위한 최적공기를 구하시오.
(단, 간접비는 1일당 60만원이 소요)

득점	배점
	10

작업명	선행작업	후속작업	표준		특급	
			일수	직접비(만원)	일수	직접비(만원)
A	–	C, D	4	210	3	280
B	–	E, F	8	400	6	560
C	A	E, F	6	500	4	600
D	A	H	9	540	7	600
E	B, C	G	4	500	1	1,100
F	B, C	H	5	150	4	240
G	E	–	3	150	3	150
H	D, F	–	7	600	6	750

가. 표준일수에 대한 화살선도를 그리고, Critical Path를 구하시오.

나. 총공사비가 가장 적게 들기 위한 최적공기를 구하시오.

계산 과정) 답 : ______________

해답 가.

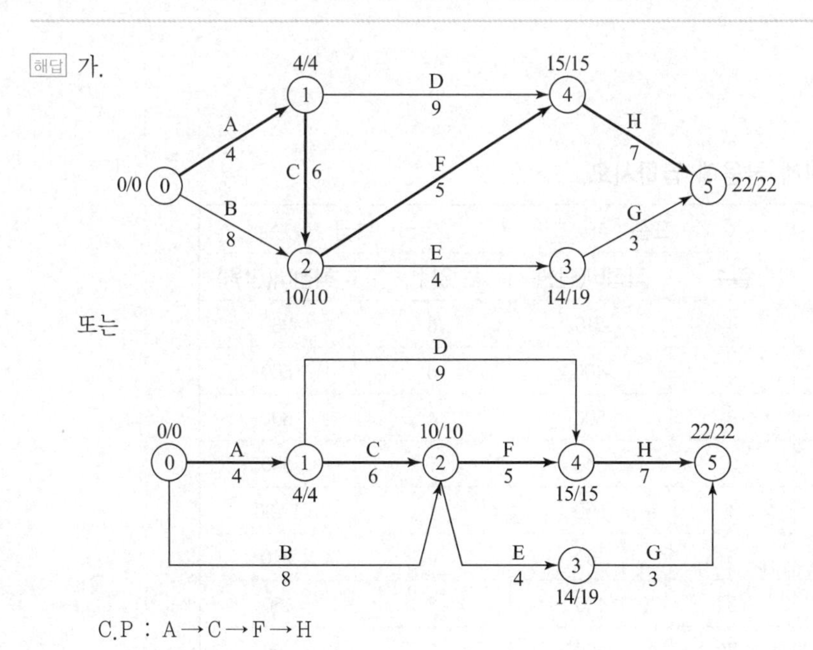

C.P : A→C→F→H

나.

작업명	단축 가능일수	비용구배= $\frac{\text{특급비용}-\text{표준비용}}{\text{표준공기}-\text{특급공기}}$	22일 (정상)	21일 (-1)	20일 (-2)	19일 (-3)	18일 (-4)
A	1	$\frac{280-210}{4-3}=70$					
B	2	$\frac{560-400}{8-6}=80$					
C	2	$\frac{600-500}{6-4}=50$		1	1		
D	3	$\frac{600-540}{9-7}=30$				1	
E	3	$\frac{1100-500}{4-1}=200$					
F	1	$\frac{240-150}{5-4}=90$				1	
G	–	–					
H	1	$\frac{750-600}{7-6}=150$					1
직접비(만원)			3,050	3,050	3,100	3,150	3,270
추가비용(만원)				50	50	120	150
간접비(22일×60=1,320만원)			1,320	1,260	1,200	1,140	1,080
총공사비(만원)			4,370	4,360	4,350	4,410	4,500

∴ 최적공기 : 20일

□□□ 88③

17 다음과 같은 작업 List가 있다. 아래 물음에 답하시오.

득점	배점
	10

작업명	선행작업	후속작업	표준		특급	
			일수	직접비(만원)	일수	직접비(만원)
A	–	C, D	4	210	3	280
B	–	E, F	8	400	6	560
C	A	E, F	6	500	4	600
D	A	H	9	540	7	600
E	B, C	G	4	500	1	1,100
F	B, C	H	5	150	4	240
G	E	–	3	150	3	150
H	D, F	–	7	600	6	750

가. 작업 List를 가지고 화살선도를 그리고 표준일수에 대한 Critical Path를 표시하시오.

나. 각 작업일 EST, LST, EFT, LFT, TF, FF, DF의 빈칸을 채우시오.

다. 총공사비(직접비+간접비)가 가장 적게 들기 위한 최적공기를 구하시오. (단, 간접비는 1일 당 60만원이 소요)

계산 과정) 답 : ______________

해답 가.

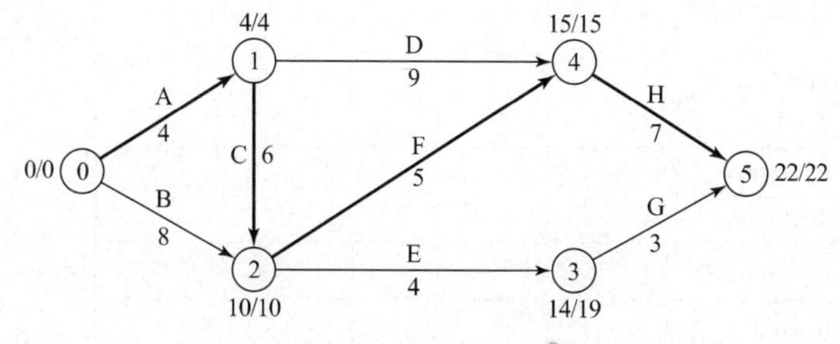

또는

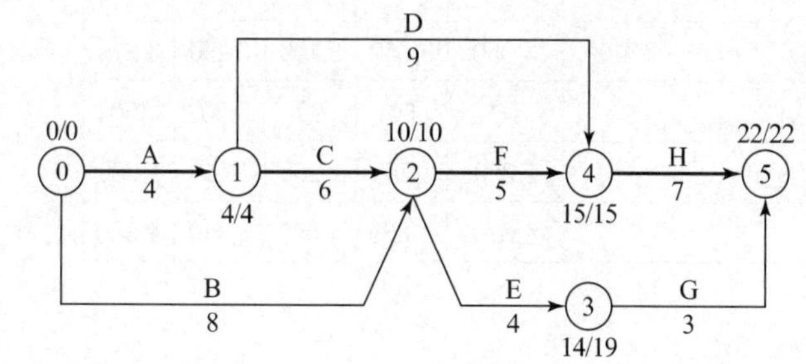

C.P : A→C→F→H

나.

작업명	작업일수	개시		완료		TF	FF	DF
		EST	LST	EFT	LFT			
A	4	0	4−4=0	0+4=4	4	4−(0+4)=0	4−(0+4)=0	0−0=0
B	8	0	10−8=2	0+8=8	10	10−(0+8)=2	10−(0+8)=2	2−2=0
C	6	4	10−6=4	4+6=10	10	10−(4+6)=0	10−(4+6)=0	0−0=0
D	9	4	15−9=6	4+9=13	15	15−(4+9)=2	15−(4+9)=2	2−2=0
E	4	10	19−4=15	10+4=14	19	19−(10+4)=5	14−(10+4)=0	5−0=5
F	5	10	15−5=10	10+5=15	15	15−(10+5)=0	15−(10+5)=0	0−0=0
G	3	14	22−3=19	14+3=17	22	22−(14+3)=5	22−(14+3)=5	5−5=0
H	7	15	22−7=15	15+7=22	22	22−(15+7)=0	22−(15+7)=0	0−0=0

다.

작업명	단축 가능일수	비용구배= $\frac{특급비용-표준비용}{표준공기-특급공기}$	22일 (정상)	21일 (−1)	20일 (−2)	19일 (−3)	18일 (−4)
A	1	$\frac{280-210}{4-3}=70$					
B	2	$\frac{560-400}{8-6}=80$					
C	2	$\frac{600-500}{6-4}=50$		1	1		
D	3	$\frac{600-540}{9-7}=30$				1	
E	3	$\frac{1100-500}{4-1}=200$					
F	1	$\frac{240-150}{5-4}=90$				1	
G	−	−					
H	1	$\frac{750-600}{7-6}=150$					1
직접비			3,050	3,050	3,100	3,150	3,270
추가비용				50	50	120	150
간접비(22일×60=1,320만원)			1,320	1,260	1,200	1,140	1,080
총공사비			4,370	4,360	4,350	4,410	4,500

∴ 최적공기 : 20일

□□□ 92④, 96②, 98②, 00④, 09②, 11①, 14①, 18②, 22②

18 다음과 같은 작업 List가 있다. 아래 물음에 답하시오.

득점	배점
	10

작업명	선행작업	후속작업	표준		특급	
			일수	공비(만원)	일수	공비(만원)
A	−	B,C	6	210	5	240
B	A	D,E	4	450	2	630
C	A	F,G	4	160	3	200
D	B	G	3	300	2	370
E	B	H	2	600	2	600
F	C	I	7	240	5	340
G	C, D	I	5	100	3	120
H	E	I	4	130	2	170
I	F, G, H	−	2	250	1	350

가. Net Work(화살선도)를 작도하고, 표준일수에 대한 Critical Path를 나타내시오.

나. 작업 List의 빈칸을 채우시오.

작업명	공비증가율 (인원)	개 시		완 료		여유시간		
		EST	LST	EFT	LFT	TF	FF	DF
A								
B								
C								
D								
E								
F								
G								
H								
I								

다. 총공기에 대한 간접비가 2천만원인데 표준일수를 단축하는 경우, 1일당 80만원씩 감소한다고 할 때 최적공기와 그때의 총공사비를 구하시오.

최적공기 : ________________, 총공사비 : ________________

해답 가.

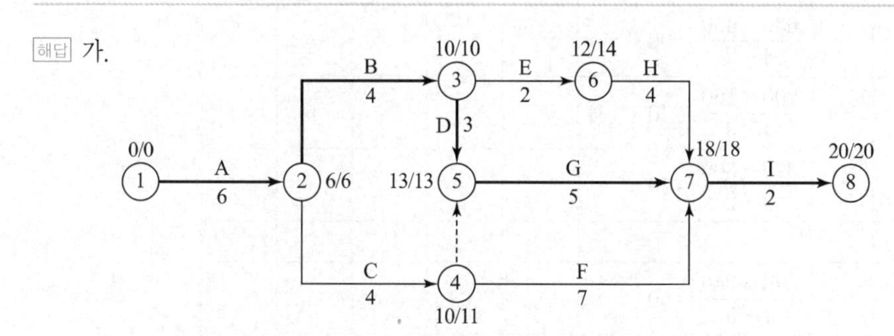

C.P : A → B → D → G → I

나.

작업명	공비증가율(만원/일)	개시		완료		여유시간		
		EST	LST	EFT	LFT	TF	FF	DF
A	$\frac{240-210}{6-5}=30$	0	0	6	6	0	0	0
B	$\frac{630-450}{4-2}=90$	6	6	10	10	0	0	0
C	$\frac{200-160}{4-3}=40$	6	7	10	11	1	0	1
D	$\frac{370-300}{3-2}=70$	10	10	13	13	0	0	0
E	불가	10	12	12	14	2	0	2
F	$\frac{340-240}{7-5}=50$	10	11	17	18	1	1	0
G	$\frac{120-100}{5-3}=10$	13	13	18	18	0	0	0
H	$\frac{170-130}{4-2}=20$	12	14	16	18	2	2	0
I	$\frac{350-250}{2-1}=100$	18	18	20	20	0	0	0

다.

작업명	단축일수	공비증가율	20일 (정상)	19일 (−1)	18일 (−2)	17일 (−3)	16일 (−4)
A	1	$\frac{240-210}{6-5}=30$			1		
B	2	$\frac{630-450}{4-2}=90$					
C	1	$\frac{200-160}{4-3}=40$				1	
D	1	$\frac{370-300}{3-2}=70$					
E	불가	-					
F	2	$\frac{340-240}{7-5}=50$					
G	2	$\frac{120-100}{5-3}=10$		1		1	
H	2	$\frac{170-130}{4-2}=20$					
I	1	$\frac{350-250}{2-1}=100$					1
직접비(만원)			2,440	2,450	2,480	2,530	2,630
간접비(만원)			2,000	1,920	1,840	1,760	1,680
총공사비(만원)			4,440	4,370	4,320	4,290	4,310

∴ 최적공기 : 17일, 총공사비 : 4,290만원

□□□ 04①, 06②, 08④, 12④, 16①, 18③

19 다음의 작업리스트를 이용하여 아래 물음에 답하시오.

득점	배점
	10

(단, 표준일수에 대한 간접비가 60만원이고 1일 단축시 5만원씩 감소하며 표준일수에 대한 직접비는 60만원이다.)

작업명	선행작업	후속작업	표준일수	특급일수	1일 단축하는 데 필요한 직접비용 증가액(만원/일)
A	—	B, C	5	2	6
B	A	E	4	2	4
C	A	F	6	4	7
D	—	G	5	4	5
E	B	H	6	3	8
F	C	—	4	3	5
G	D	H	7	5	8
H	E, G	—	5	3	9

가. Network(화살선도)를 작도하고 표준일수에 대한 C.P를 구하시오.

나. 최적공기와 그때의 총공사비를 구하시오.

최적공기 : ______________, 총공사비 : ______________

해답 가.

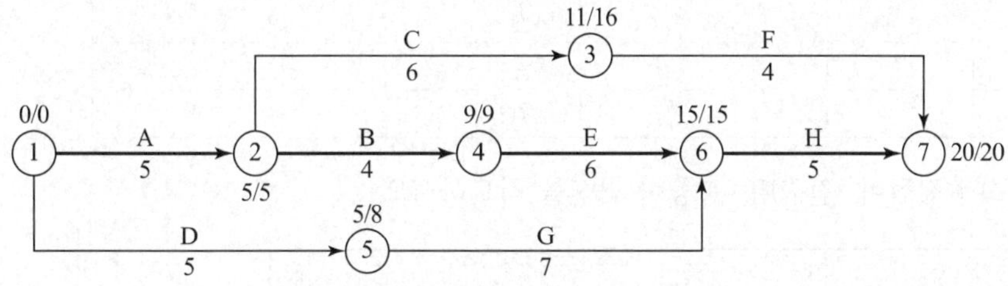

C.P : A→B→E→H

나.

작업명	단축일수	비용경사	20(정상)	19(−1)	18(−2)	17(−3)	16(−4)
A	3	6만원				1	
B	2	4만원		1	1		
C	2	7만원					
D	1	5만원					
E	3	8만원					
F	1	5만원					
G	2	8만원					
H	2	9만원					1
직 접 비(만원)			60	64	68	74	83
간 접 비(만원)			60	55	50	45	40
총공사비(만원)			120	119	118	119	123

∴ 최적공기 : 18일, 총공사비 : 118만원

□□□ 92③, 97②, 99④, 01④

20 아래 그림과 같은 화살선도가 있다. 화살선 밑의 숫자 좌측이 표준시간, 우측이 특급시간을 표시하고 있다. ( ) 안의 숫자는 1일 단축하는 데 필요한 직접비 할증비용, 즉 공비증가율이다. 표준시간에 대한 간접비가 60만원이고 1일 단축시 5만원씩 감소하며, 표준시간에 대한 직접비는 60만원일 때, 다음 사항을 구하시오.

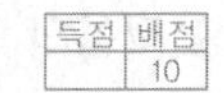

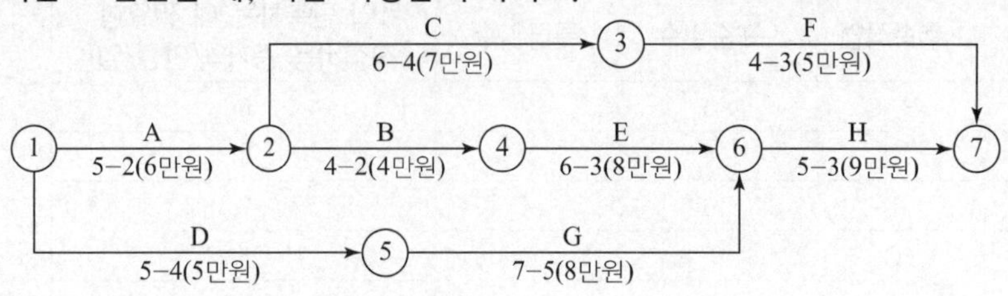

가. C.P를 찾으시오. (단, 표준시간에 대한)

나. 공기단축에 대한 답란의 공비증가액(직접비)이 적은 것부터 차례로 적어서 완성하시오.

단축작업명	단축일수	기간	직접비용 증가액
–	–	20일	–
	1	19일	
	1	18일	
	1	17일	
	1	16일	
	1	15일	
	1	14일	
	1	13일	
	1	12일	

다. 다음에 주어진 그래프에 직접비, 간접비, 총공비 곡선을 작도하시오.

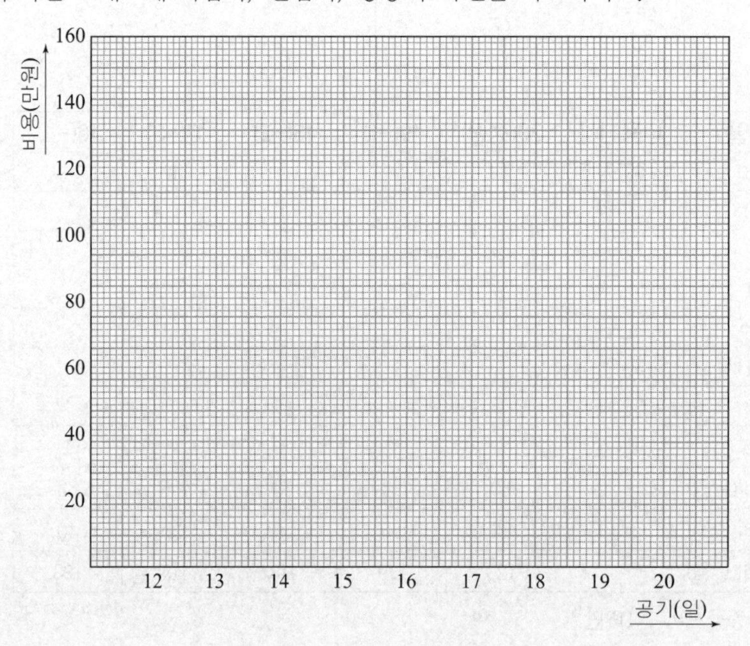

라. 최적공기와 그때의 총공비를 구하시오.

최적공기 : ______________________, 총공사비 : ______________________

해답 가. C.P : A → B → E → H

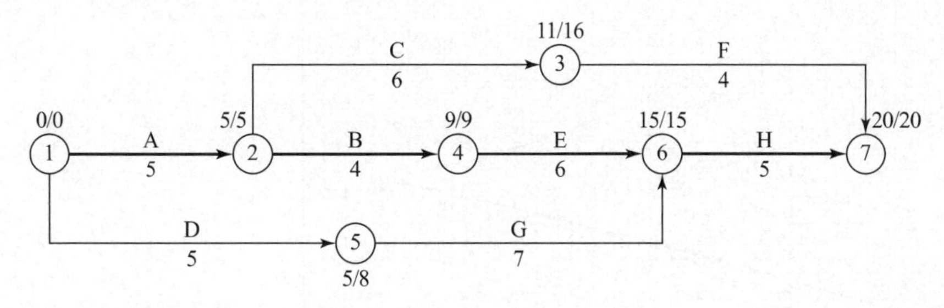

나.

작업명	단축일수	비용경사	20 (정상)	19 (−1)	18 (−2)	17 (−3)	16 (−4)	15 (−5)	14 (−6)	13 (−7)	12 (−8)
A	3	6만원				1			1	1	
B	2	4만원		1	1						
C	2	7만원									
D	1	5만원							1		
E	3	8만원									1
F	1	5만원									
G	2	8만원								1	1
H	2	9만원					1	1			
직 접 비(만원)			60	64	68	74	83	92	103	117	133
간 접 비(만원)			60	55	50	45	40	35	30	25	20
총공사비(만원)			120	119	118	119	123	127	133	142	153

단축작업명	단축일수	기간	직접비용 증가액
−	−	20일	−
B	1	19일	4만원
B	1	18일	4만원
A	1	17일	6만원
H	1	16일	9만원
H	1	15일	9만원
A+D	1	14일	11만원
A+G	1	13일	14만원
E+G	1	12일	16만원

다.

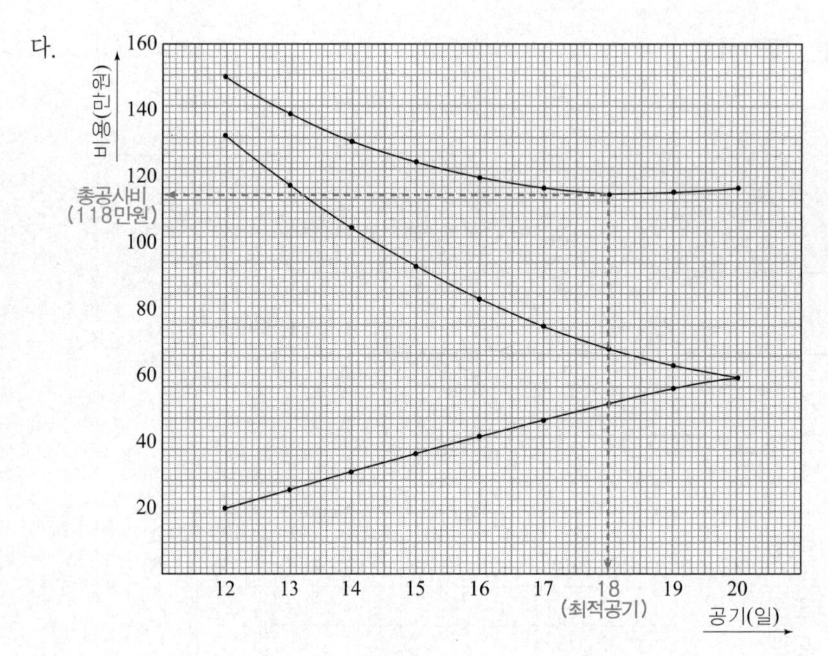

라. 최적공기 : 18일, 총공사비 : 118만원

04 네트워크 공정표의 활용

1 횡선식 공정표

횡선식 공정표(Bar Chart)는 공기와 각 작업의 소요일수가 명확하고 공정표의 작성이 용이하지만 선행작업과 후속작업의 표현이 어렵다.

(1) 장점

① 공정표가 단순하여 이용하기 쉽다.
② 일목요연하여 보기 쉽고 알기 쉽다.
③ 착수와 완료일이 명시되어 작성이 용이하다.

(2) 단점

① 전체의 합리성이 적다.
② 작업 간의 관계가 명확하지 못하다.
③ 대형공사에서는 세부적인 것을 표현할 수 없다.

(3) 횡선식 공정표를 네트워크 공정표로 작성 예

다음에 주어진 횡선식 공정표(Bar Chart)를 네트워크(Net Work)공정표로 작성하시오.
(단, ① 주공정선은 굵은 선으로 표시한다.
② 화살형 네트워크로 하며, 각 결합점에서의 계산은 다음과 같다.)

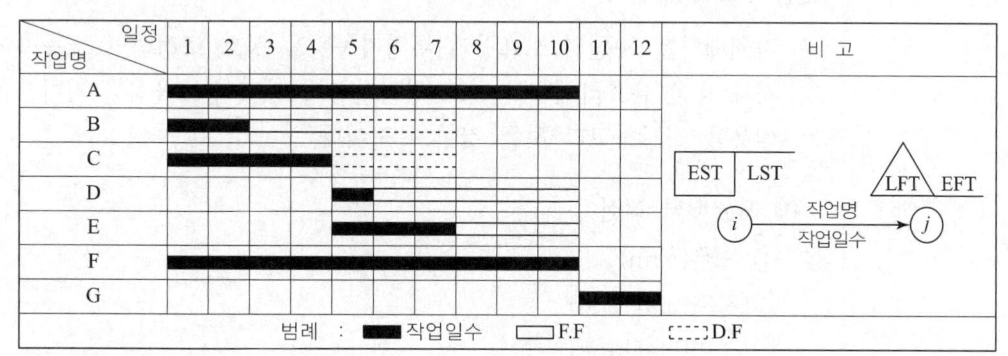

■ 1단계 : 작업 List 작성

작업명	작업일수	선행작업	후속작업	FF	DF
A	10	없음	G	0	0
B	2	없음	D, E	2	4
C	4	없음	D, E	0	4
D	1	B, C	G	5	0
E	3	B, C	G	3	0
F	10	없음	G	0	0
G	2	A, D, E, F	없음	0	0

■ 2단계 : 네트워크 작성

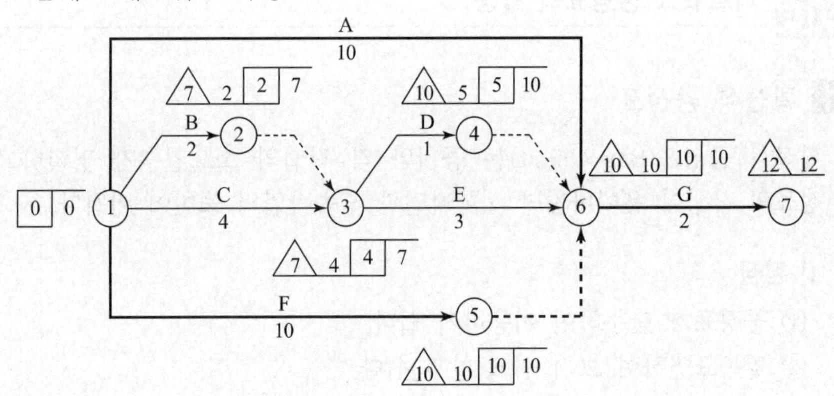

더미작성법

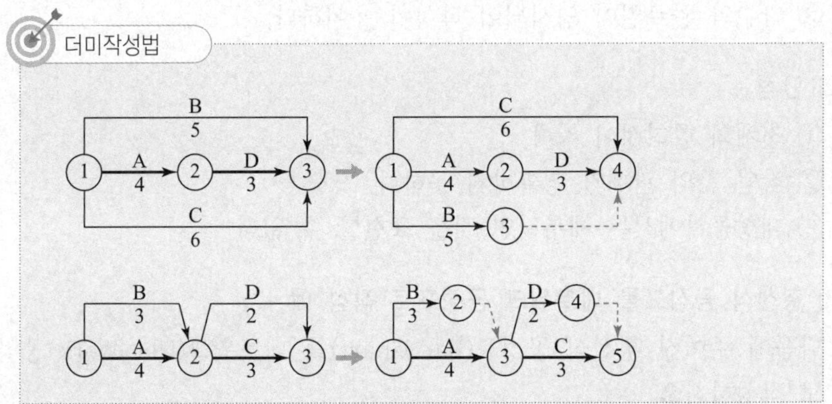

2 자원배당

자원배당은 자원의 소요량과 투입가능량을 상호 조정하여 노동력이나 기자재 등을 유효하게 배분하고 평균화하여 자원의 효율화를 기하고 아울러 비용을 절감하고자 하는 것이 목적이다.

(1) 자원배당 대상

① 노무(man)
② 자재(material)
③ 장비(machine)
④ 자금(money)

(2) 자원배당 순서

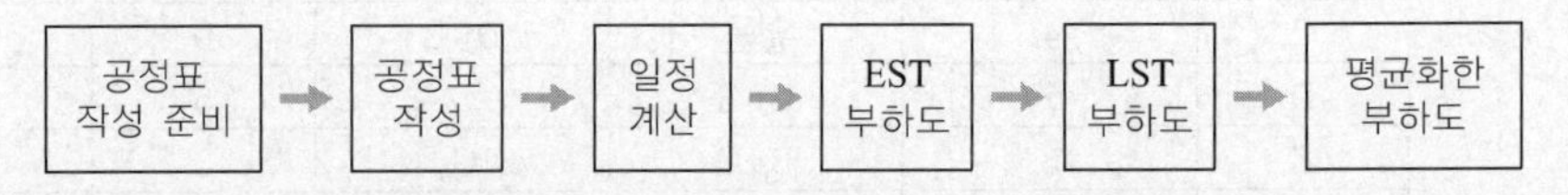

(3) 인력부하도

① EST에 의한 인력부하배당

EST에 의하여 자원을 배당할 때의 부하도로 EST에서부터 자원배당

② LST에 의한 인력부하배당

LST에 의하여 자원을 배당할 때의 부하도로 LST에서부터 자원배당

③ 최적계획에 의한 인력부하배당

EST와 LST부하도 간에 여유작업을 이동해 자원배당을 평준화하는 부하도

(4) 작원배당 작성 예

다음 네트워크(Network)를 보고 아래 물음에 답하시오.
(단, ( ) 안의 숫자는 1일당 소요인원이며, 하루 제한인원은 7명이다.)

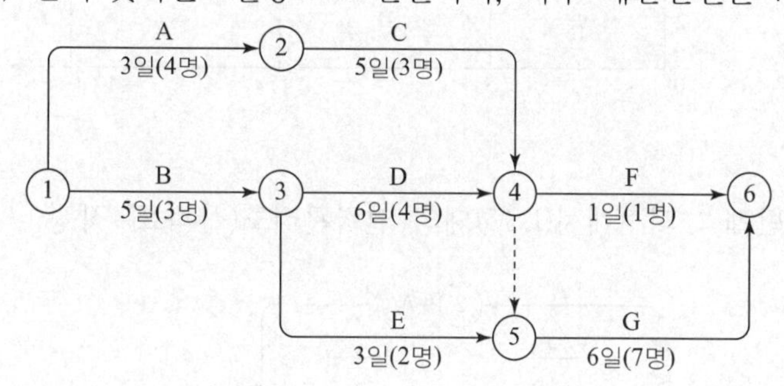

① 제1단계 : 네트워크 공정표의 주공정선(C.P)

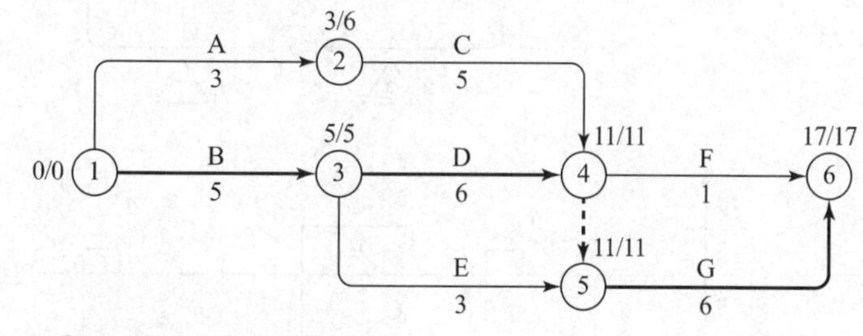

C.P : ①→③→④→⑤→⑥

또는 B→D－G

② 제2단계 : 최조개시(EST)때의 인력관리도(산적표) 작성

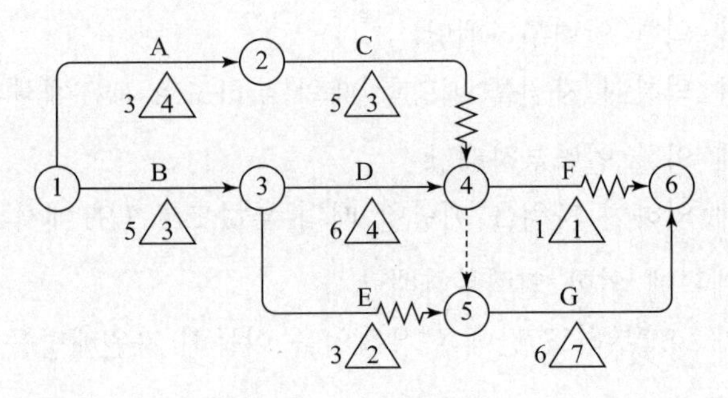

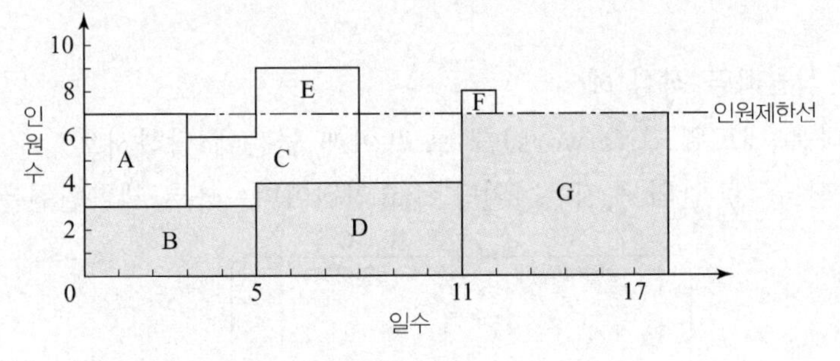

③ 제3단계 : 최지개시(LST)때의 인력관리도(산적표) 작성

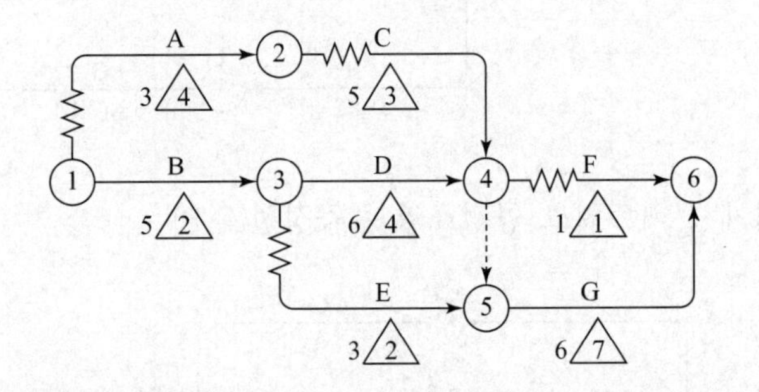

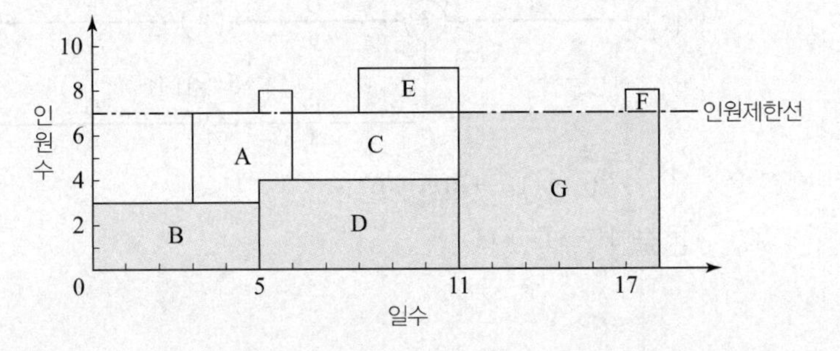

④ 제4단계 : 인력평준화표(산적표) 작성

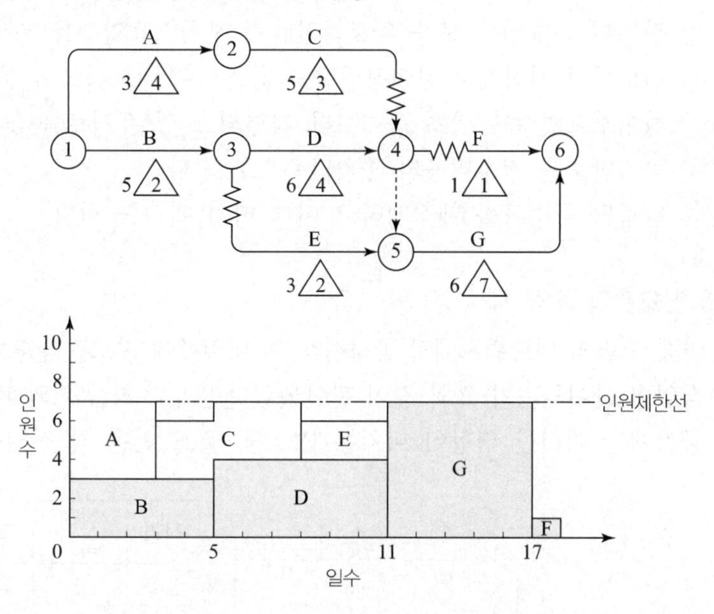

⑤ 제5단계 : 수정네트워크 작성(하루 제한인원 7명)

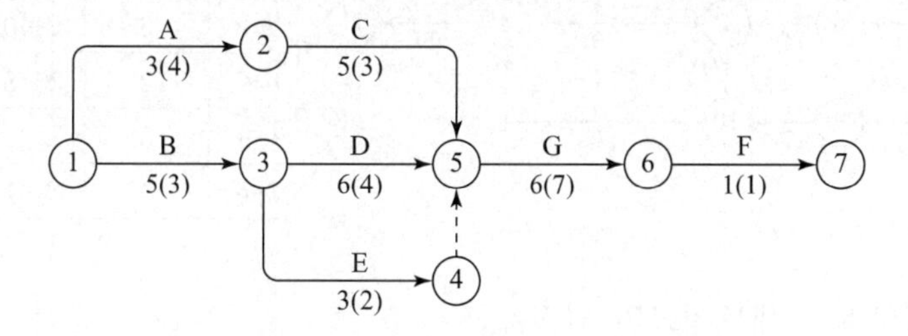

3 진도관리 follow up

진도관리란 각 공정의 계획공정표와 실시공정표를 비교분석하여 전체 공기를 준수할 수 있도록 현재의 시점에서 공사지연 대책을 강구하고 수정조치를 하는 것을 말한다.

(1) 작업진도보고

① 화살계획공정상에 작업진도를 기록하는 방법

② 도표형식의 일정계획양식에 진도를 기록하는 방법

③ 횡선식 공정표와 화살계획공정표를 합한 형태의 계획공정표를 사용하는 방법

(2) 진도관리의 순서

① 작업이 진행되는 도중 완료작업량과 잔여소요일수를 조사한다.
② 진도관리 시점에서 잔여작업량을 기준으로 네트워크 일정계산을 한다.
③ 잔여소요일수가 당초 공기보다 지연되고 있는 경로를 찾는다.
④ 공기단축은 최소비용의 공기단축으로 한다.
⑤ 단축된 공정표를 재작성하고 이에 따라 관리를 한다.

(3) 진도관리 작성 예

아래 그림의 네트워크에서 공사시작 후 15일째에 진도관리를 행한 결과, 각 작업별 잔여공기가 표와 같이 판단되었다면 당초의 공기와 비교하여 전체 공기에는 어떠한 영향이 미치는가? (단, 괄호 안은 각 작업공기이다.)

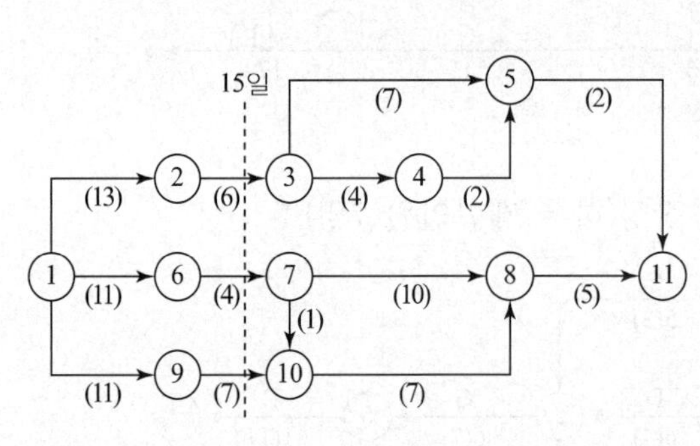

작업	잔여공기	작업	잔여공기
1–2	0	3–5	7
1–6	0	4–5	2
1–9	0	7–8	10
2–3	3	7–10	1
6–7	2	10–8	7
9–10	3	5–11	2
3–4	4	8–11	5

• 제1단계 : 네트워크의 일정계산

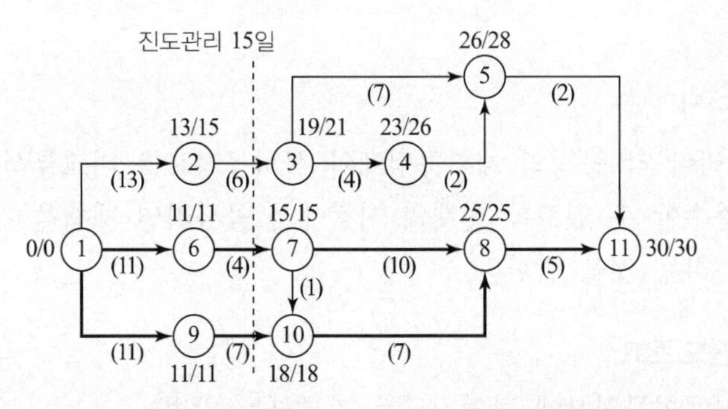

• 제2단계 : C.P ①→⑥→⑦→⑧→⑪, ①→⑨→⑩→⑧→⑪

• 제3단계 : 진도관리 15일을 기준으로 여유일과 잔여일 계산

작업	여유일	잔여공기	비고
①→②	공사완료	-	공사완료
①→⑥	공사완료	-	공사완료
①→⑨	공사완료	-	공사완료
②→③	21－15＝6일	3일	정상
⑥→⑦	15－15＝0일	2일	2일 초과
⑨→⑩	18－15＝3일	3일	정상

∴ C.P는 ⑥→⑦에서 2일 지연되므로 전체공기에서 2일 지연

| 네트워크 공정표의 활용 |

04 핵심 기출문제

□□□ 98⑤

01 다음에 주어진 횡선식 공정표(Bar Chart)를 네트워크(Net Work) 공정표로 작성하시오.

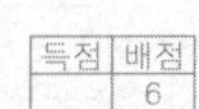

(단, ① 주공정선은 굵은 선으로 표시한다.
② 화살형 네트워크로 하며, 각 결합점에서의 계산은 다음과 같다.)

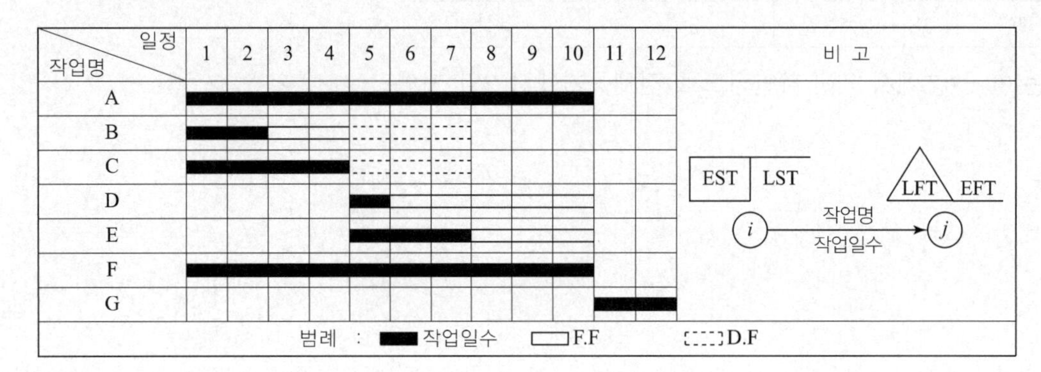

해답 ■ 작업 List

작업명	작업일수	선행작업	후속작업	FF	DF
A	10	없음	G	0	0
B	2	없음	D, E	2	3
C	4	없음	D, E	0	3
D	1	B, C	G	5	0
E	3	B, C	G	3	0
F	10	없음	G	0	0
G	2	A, D, E, F	없음	0	0

■ 네트워크 공정표

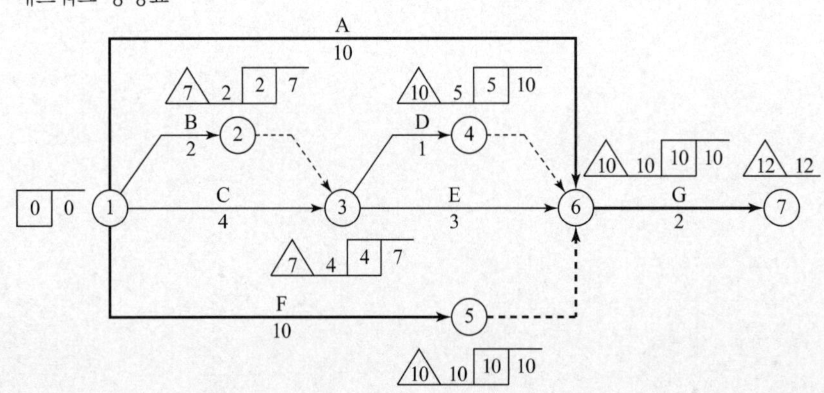

□□□ 예상문제

02 다음에 주어진 횡선식 공정표(Bar Chart)를 네트워크(Net Work) 공정표로 작성하시오.

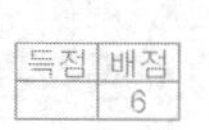

(단, ① 주공정선은 굵은 선으로 표시한다.
② 화살형 네트워크로 하며, 각 결합점에서의 계산은 다음과 같다.)

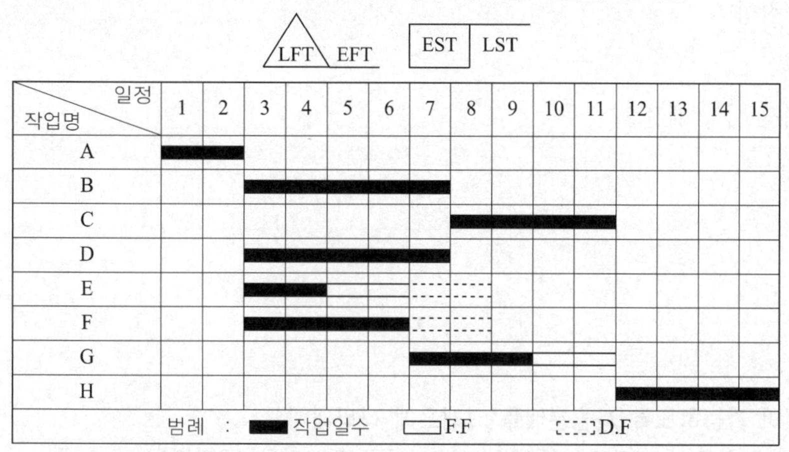

해답 ■ 작업 List

작업명	작업일수	선행작업	후속작업
A	2	없음	B, D, E, F
B	5	A	C
C	4	B, D	H
D	5	A	C
E	2	A	G
F	4	A	G
G	3	E, F	H
H	4	C, G	없음

■ Network 공정표

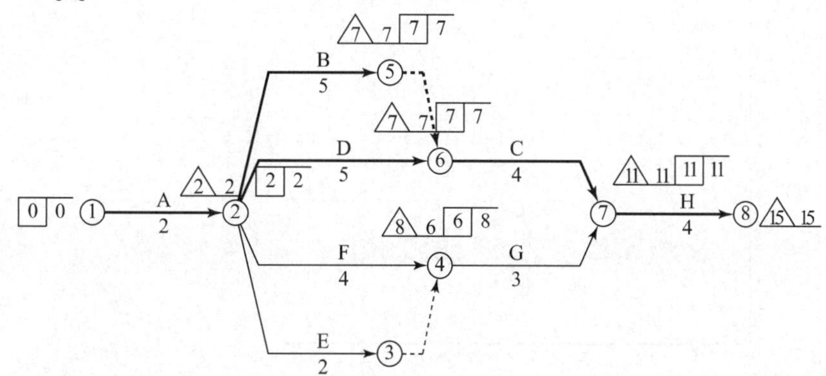

□□□ 98⑤

03 공정관리에서 자원배당의 목적은 최소의 자원 동원으로 최대의 효과를 보는 것이다. 자원배당에 관련된 각 항목을 순서대로 나열하시오.

득점	배점
	6

① Time Scale Network 작성

② 여유시간 내 자원평준화

③ 최조개시 시각, 최지개시 시각 계산

④ 일별 자원 불균형 집계

해답 ①→③→④→②

□□□ 98④

04 다음 보기를 보고 작업이 가능하도록 자원분배를 그래프에 나타내시오.
(단, 1일 최대 동원 가능한 인원을 10명으로 제한되어 있고, 총소요기간은 6일간임.)

득점	배점
	8

작업명	소요시간(일)	인원수/일
A	3	3
B	4	6
C	2	7
D	3	3

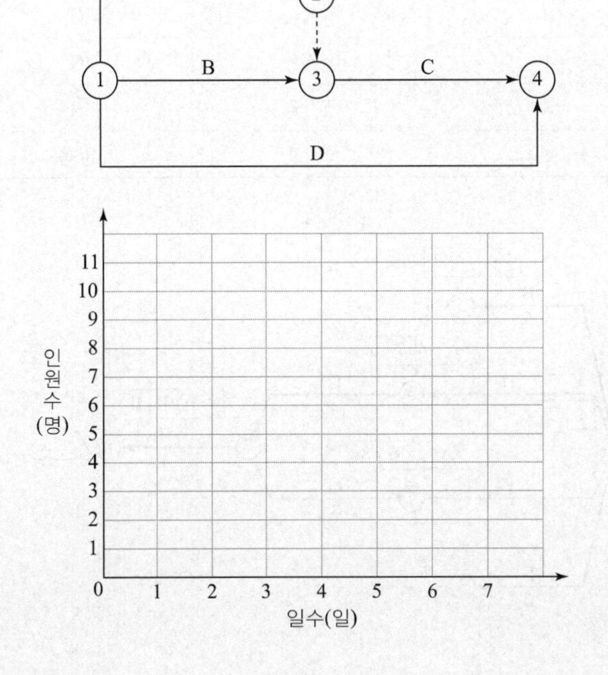

해답

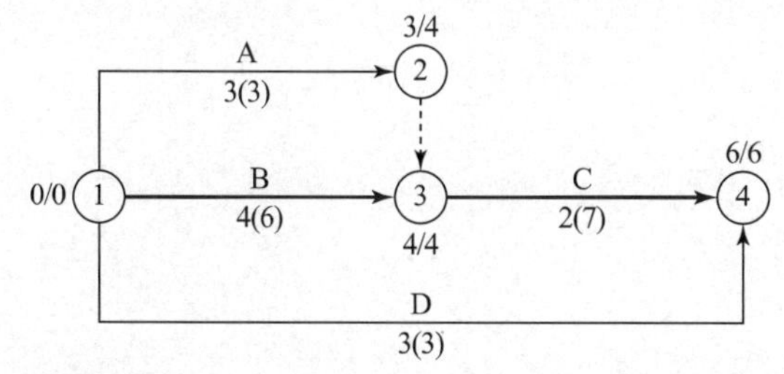

C.P : B → C

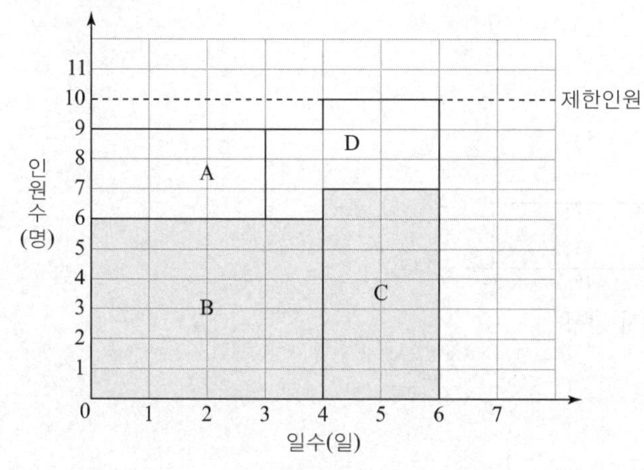

□□□ 98④

05 다음 네트워크 공정표를 근거로 아래 물음에 답하시오.

(단, ( ) 속의 숫자는 1일당 소요인원이고, 지정공기는 계산공기와 같다.)

득점	배점
	8

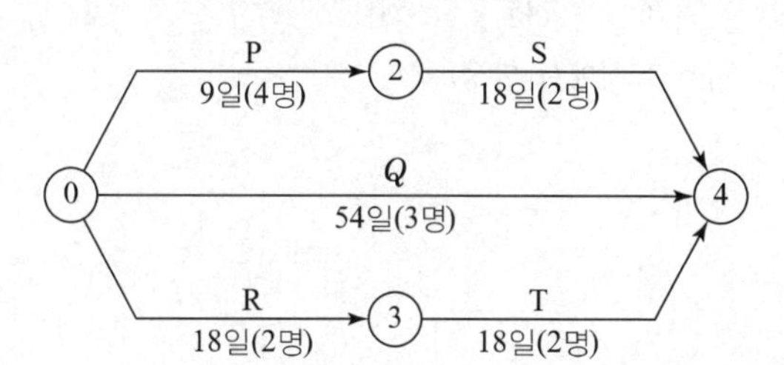

가. 각 작업을 EST에 따라 실시할 경우의 1일 최대소요인원은 얼마인가?

계산 과정)　　　　　　　　　　　　　　　　　　　　　　　답 : ________

나. 각 작업을 LST에 따라 실시할 경우의 1일 최대소요인원은 얼마인가?

계산 과정)　　　　　　　　　　　　　　　　　　　　　　　답 : ________

다. 가장 적합한 계획에 의해 인원 배당을 행할 경우의 1일 최대소요인원은 얼마인가?

계산 과정)　　　　　　　　　　　　　　　　　　　　　　　답 : ________

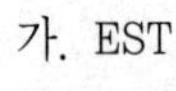

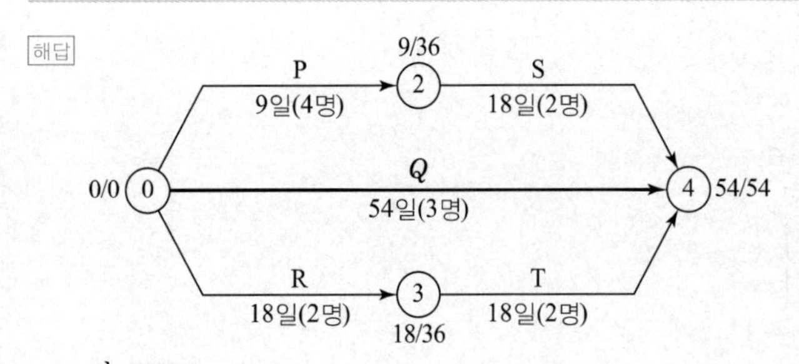

가. EST

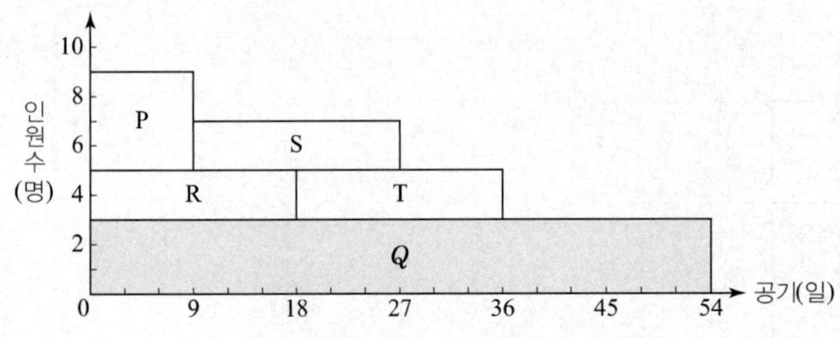

∴ 1일 최대소요인원 : 9명(∵ 0~9일에서 발생)

나. LST

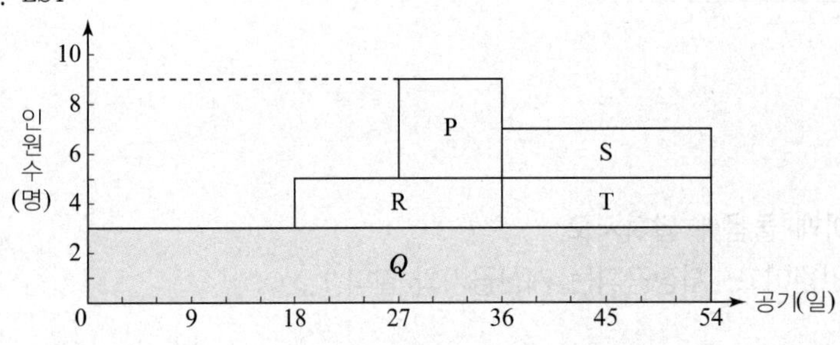

∴ 1일 최대소요인원 : 9명(∵ 27~36일에서 발생)

다. 인력평준화

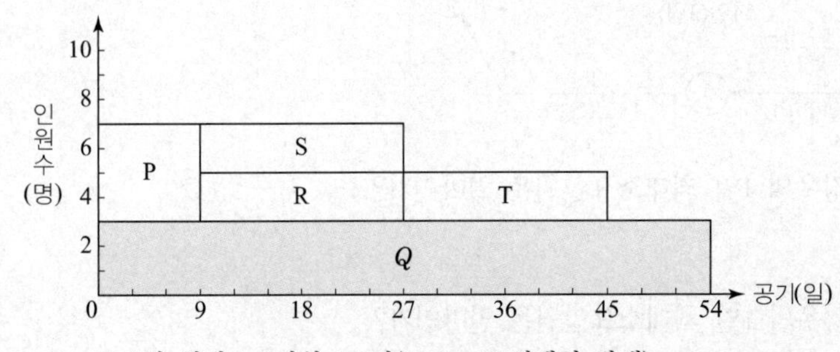

∴ 1일 최대소요인원 : 7명(∵ 0~27일에서 발생)

□□□ 02②, 07④, 10④, 23②

06 다음 네트워크(Network)를 보고 아래 물음에 답하시오.

(단, (　　) 안의 숫자는 1일당 소요인원)

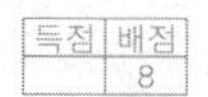
득점 | 배점
 | 8

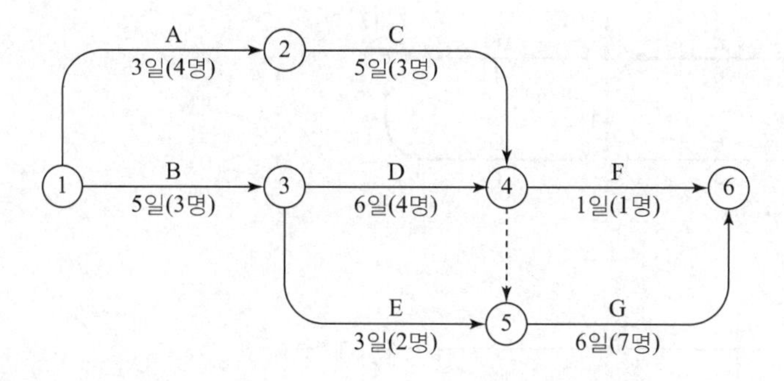

가. 최조개시 때의 산적표를 작성하시오.

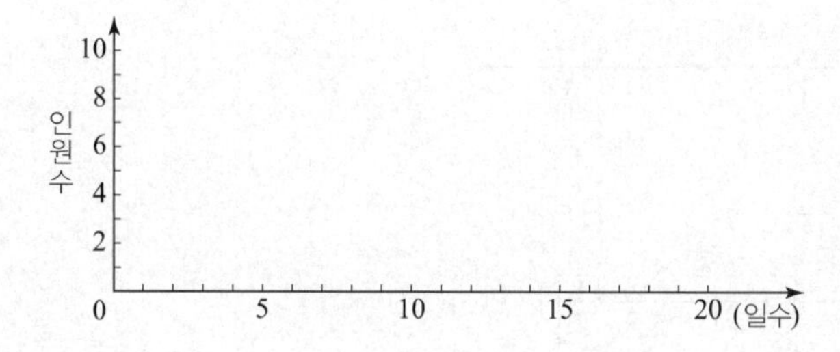

나. 최지개시 때의 산적표를 작성하시오.

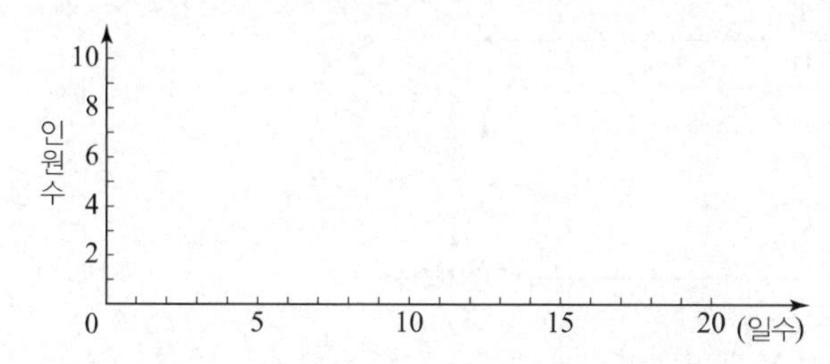

다. 인력평준화표를 작성하시오. (단, 제한인원은 7명으로 한다.)

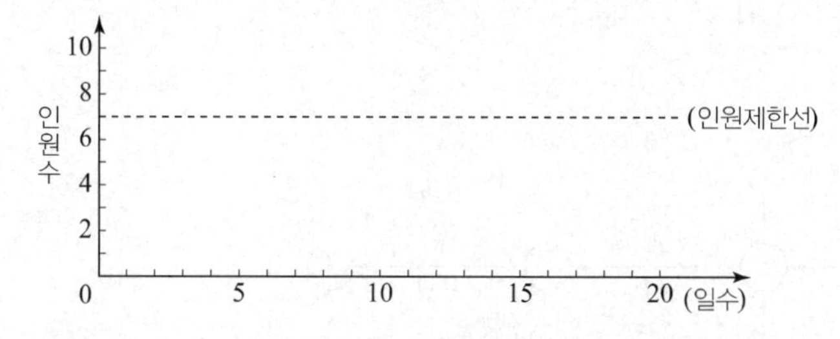

라. 1일 인원을 7명으로 제한한 경우, 수정네트워크를 작성하시오.

해답 최조시간과 최지시간 계산

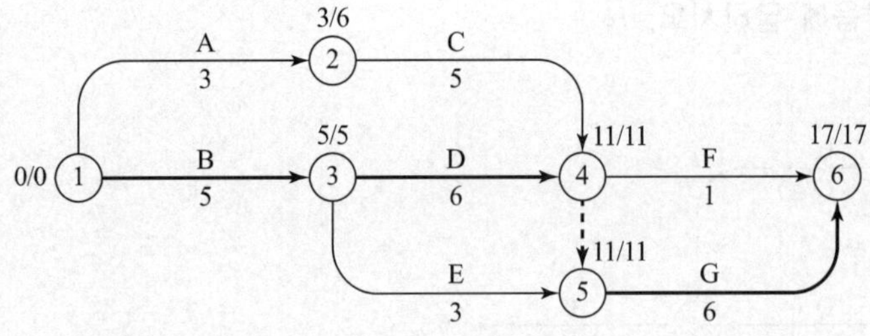

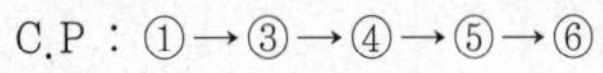

가.

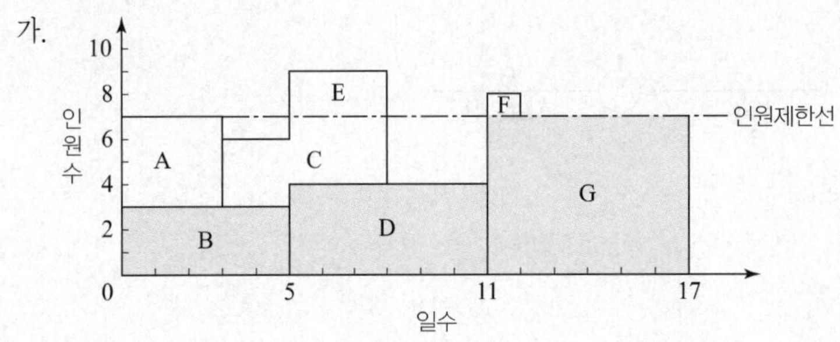

나.

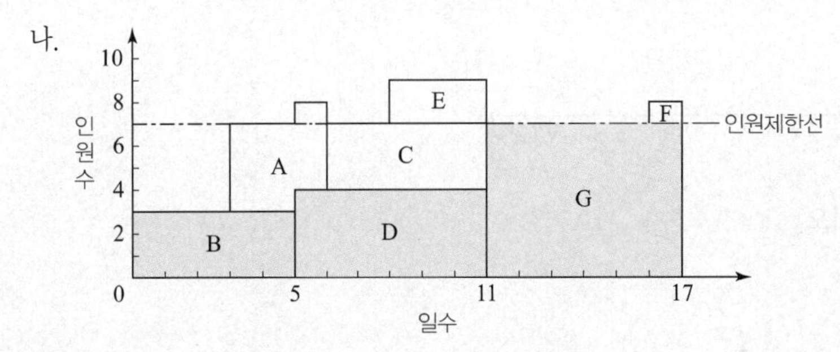

다.

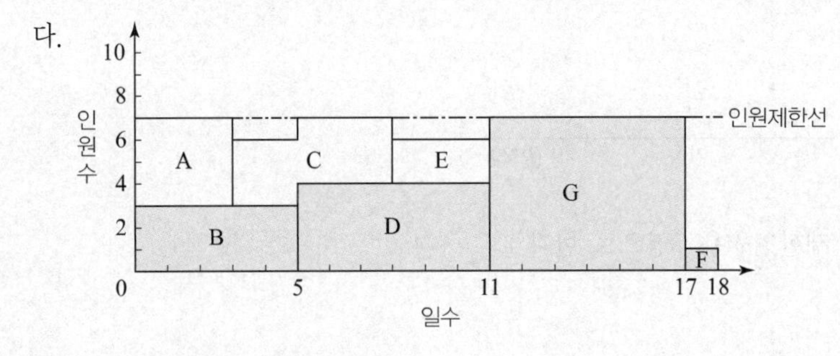

라.

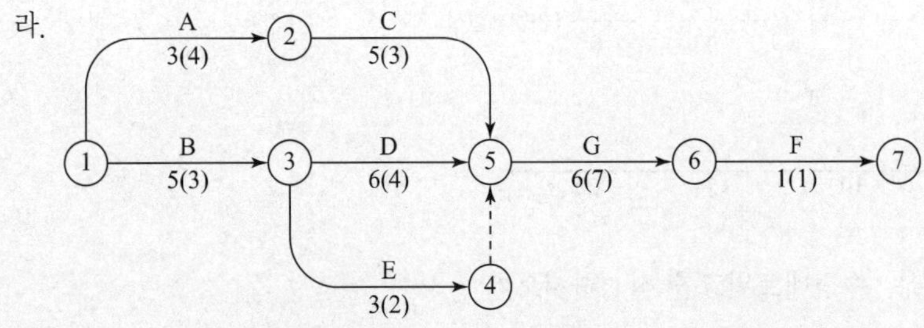

□□□ 93②, 95④, 02④, 23①

07 아래 그림의 네트워크에서 공사시작 후 15일째에 진도관리를 행한 결과 각 작업별 잔여공기가 표와 같이 판단되었다면 당초의 공기와 비교하여 전체 공기에는 어떠한 영향이 미치는가? (단, 괄호 안은 각 작업공기이다.)

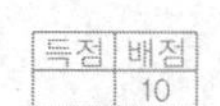

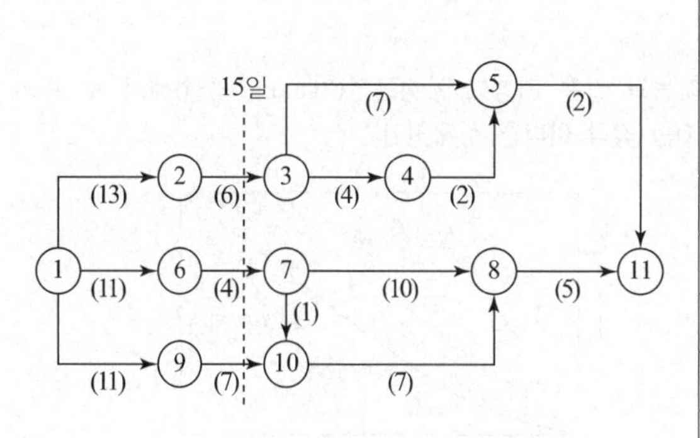

작업	잔여공기	작업	잔여공기
1-2	0	3-5	7
1-6	0	4-5	2
1-9	0	7-8	10
2-3	3	7-10	1
6-7	2	10-8	7
9-10	3	5-11	2
3-4	4	8-11	5

계산 과정)　　　　　　　　　　　　　　　　　　　　　　　　답 : ________

해답

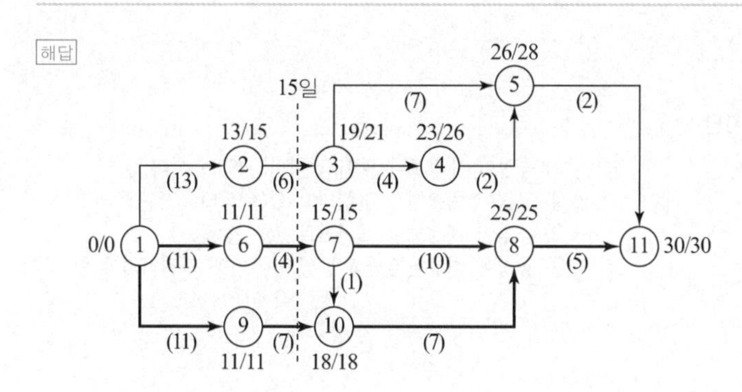

- C.P : ①→⑥→⑦→⑧→⑪
  ①→⑨→⑩→⑧→⑪
- 진도관리 15일을 기준으로 여유일과 잔여일 계산

작업	여유일	잔여공기	비고
①→②	완료	–	완료
①→⑥	완료	–	완료
①→⑨	완료	–	완료
②→③	21－15=6일	3일	정상
⑥→⑦	15－15=0일	2일	2일 초과
⑨→⑩	18－15=3일	3일	정상

∴ C.P는 ⑥→⑦에서 2일 지연되므로 전체공기에서 2일 지연

과년도 예상문제

공정관리 기법

□□□ 96②

01 다음 ( ) 안에 알맞는 말을 쓰시오.

> Network 공정표에 의한 공정관리 방법 중 PERT기법은 (①)는(은) 신규사업, CPM기법은 비용문제를 포함한 (②)는(은) 반복사업에 적합하다.

○

해답 ① 경험이 없 ② 경험이 있

□□□ 97①

02 공정관리 기법 중 막대그래프 공정표의 용도를 3가지만 쓰시오.

① ②

③

해답 ① 간단한 공정표 ② 개략적인 공정표
③ 시급을 요할 경우 ④ 보고, 선전용

□□□ 94①

03 어떤 작업의 최소 가능한 소요일수는 11일이며, 가장 빨리 끝낼 경우 8일이 소요되고 아무리 늦어도 15일 이내에는 끝낼 수 있다. 이 작업의 기대되는 소요일수는 몇 일이며, 이는 확률적으로 무엇을 의미하는가?

가. 소요일수

계산 과정) 답:

나. 확률적으로 의미하는 것

○

해답 가. $t_e = \dfrac{t_o + 4t_m + t_p}{6} = \dfrac{8+4\times11+15}{6} = 11.17$일

나. 3점 시간 추정

□□□ 93③, 98⑤

04 다음과 같은 기성고 공정곡선(Banana 곡선)에서 A, B, C, D는 각각 어떠한 상태인가?

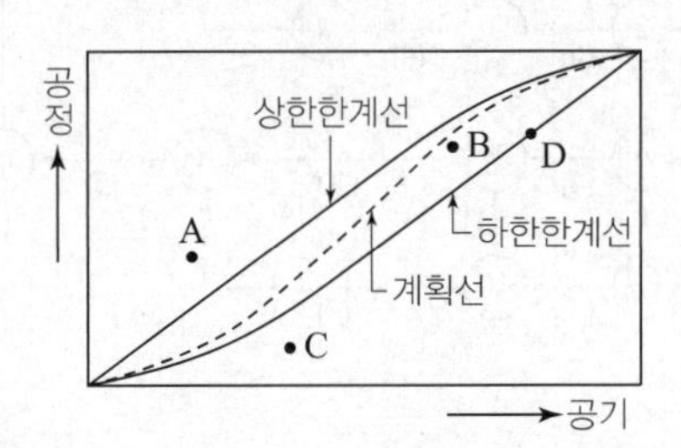

① A :

② B :

③ C :

④ D :

해답 ① 공정이 예정보다 많이 진척되고 있는 상태
② 공정이 예정대로 진행되고 있는 상태
③ 공정이 예정보다 늦어지고 있는 상태
④ 공정이 허용한계선상에 있으나 더욱 촉진시켜야 할 상태

□□□ 88②

05 공정표 작성에서 경험이 없는 처음 작업 소요시간을 구할 때 3개의 추정치를 취하여 이들에 대한 확률계산을 해서 공사기간을 산출하는 방법으로, $D=\dfrac{1}{6}(a+4m+b)$이다. 이때 a, b, m는 무엇을 뜻하는지 설명하시오.

① a :

② b :

③ m :

해답 ① a : 낙관시간치(낙관값)
② b : 비관시간치(비관값)
③ m : 정상시간치(최확값)

□□□ 07②

06 어느 토목공사의 공정에 있어서 낙관치 27일, 정상치 28일, 비관치 35일 때, 기대치를 계산하시오.

계산 과정) 답 : ____________

해답 $t_e = \dfrac{t_0 + 4t_m + t_p}{6} = \dfrac{27+4\times28+35}{6} = 29$일

□□□ 84②, 89②, 10②

07 PERT기법에 의한 공정관리 방법에서 낙관적인 시간이 5일 정상적인 시간이 8일, 비관적 시간이 11일 때 공정상의 기대시간(expected time)은 얼마인가?

계산 과정) 답 : ____________

해답 $t_e = \dfrac{t_o + 4t_m + t_p}{6} = \dfrac{5+4\times8+11}{6} = 8$일

□□□ 92④, 94②, 96④, 04③, 05④

08 PERT기법에 의한 공정관리에서 낙관시간이 3, 정상시간이 5, 비관시간이 7일일 때, 기대시간값과 분산을 구하시오.

계산 과정)

[답] 기대시간값 : ____________ 분산 : ____________

해답 • 기대시간값 $t_e = \dfrac{t_0 + 4t_m + t_p}{6} = \dfrac{3+4\times5+7}{6} = 5$일

• 분산 $\sigma^2 = \left(\dfrac{t_p - t_0}{6}\right)^2 = \left(\dfrac{7-3}{6}\right)^2 = 0.44$

□□□ 92④, 94②, 96④, 04③, 05④

09 PERT기법에 의한 공정관리 기법에서 낙관시간치 2, 정상시간치 5, 비관시간치 8일일 때 기대시간치과 분산을 구하시오.

계산 과정)

[답] 기대시간치 : ____________ 분산 : ____________

해답 • 기대시간치 $t_e = \dfrac{t_0 + 4t_m + t_p}{6} = \dfrac{2+4\times5+8}{6} = 5$일

• 분산 $\sigma^2 = \left(\dfrac{t_p - t_0}{6}\right)^2 = \left(\dfrac{8-2}{6}\right)^2 = 1$

□□□ 94②, 96①, 96④

10 PERT기법에 의한 공정관리 기법에서 정상시간이 11일, 비관적 시간이 14일, 낙관적 시간이 8일이라면 공정(工程)상의 기대(期待)시간과 분산(分散)은 각각 얼마인가?

계산 과정)

[답] 기대시간 : ____________ 분산 : ____________

해답 • 기대시간 $t_e = \dfrac{t_0 + 4t_m + t_p}{6} = \dfrac{8+4\times11+14}{6} = 11$일

• 분산 $\sigma^2 = \left(\dfrac{b-a}{6}\right)^2 = \left(\dfrac{14-8}{6}\right)^2 = 1$

□□□ 92③

11 어느 토목공사의 공정에 있어서 낙관값 a=7일, 최확값 m=9일, 비관값 b=13일 때, 3점 견적법에 의한 공기의 기대시간 및 분산값을 구하시오.

계산 과정)

[답] 기대시간 : ____________ 분산 : ____________

해답 • 기대소요일수 $t_e = \dfrac{t_0 + 4t_m + t_p}{6} = \dfrac{7+4\times9+13}{6} = 9.33$일

• 분산 $\sigma^2 = \left(\dfrac{b-a}{6}\right)^2 = \left(\dfrac{13-7}{6}\right)^2 = 1$

NetWork 작성

□□□ 95①, 98①

12 다음 작업 List를 가지고 Network를 그리고, Critical path를 굵은 선으로 표시하고 최종소요공기일수를 구하시오.

작업명	선행작업	후속작업	소요공기일수
A	—	C, D	5
B	—	E, F	9
C	A	E, F	7
D	A	H	8
E	B, C	G	5
F	B, C	H	4
G	E	—	4
H	D, F	—	8

해답

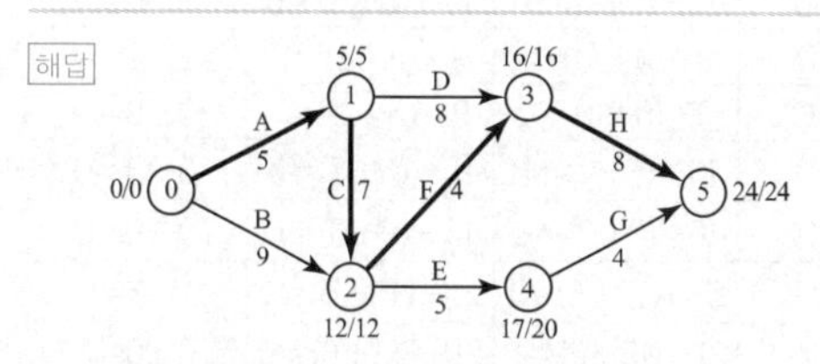

최종소요공기일수 : 24일

□□□ 84②, 86①

13 **다음과 같은 네트워크(Net Work) 공정표에서 작업(activity)의 총여유(total float)를 구하고 한계공정선(Critical Path)은 각 작업선에 굵게 표시하시오.**
(단, 전여유는 각 작업일수의 하단 ( ) 안에 표시하시오.)

가. 네트워크 공정표

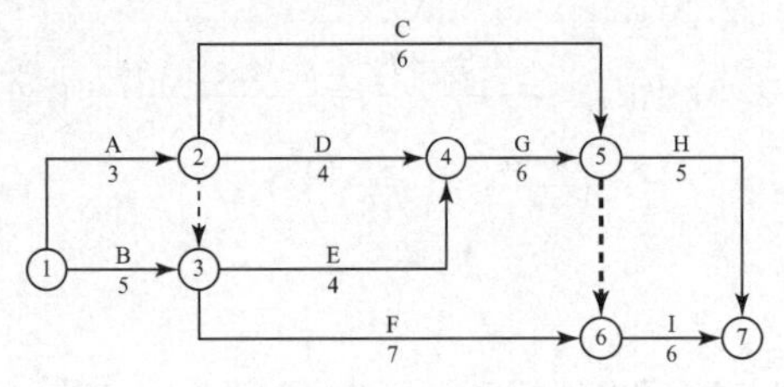

나. 전여유 시간을 구하시오.

작업명	TF (총여유)	FF (자유여유)	DF (독립여유)
A			
B			
C			
D			
E			
F			
G			
H			
I			

해답 가. 네트워크 공정표

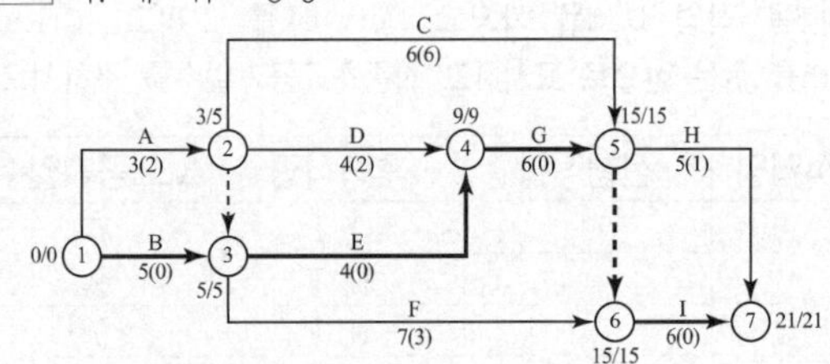

나. 총여유

작업명	TF (총여유)	FF (자유여유)	DF (독립여유)
A	5−(0+3)=2	3−(0+3)=0	2−0=2
B	5−(0+5)=0	5−(0+5)=0	0−0=0
C	15−(3+6)=6	15−(3+6)=6	6−6=0
D	9−(3+4)=2	9−(3+4)=2	2−2=0
E	9−(5+4)=0	9−(5+4)=0	0−0=0
F	15−(5+7)=3	15−(5+7)=3	3−3=0
G	15−(9+6)=0	15−(9+6)=0	0−0=0
H	21−(15+5)=1	21−(15+5)=1	1−1=0
I	21−(15+6)=0	21−(15+6)=0	0−0=0

□□□ 86②

14 **네트워크(Network)를 짤 때는 세 가지 사항(작업)을 반드시 고려하여 시행하여야 한다. 그 3가지를 쓰시오.**

① ____________ ② ____________

③ ____________

해답 ① 선행하여야 할 작업(선행작업)
② 후속되어야 할 작업(후속작업)
③ 병행되어야 할 작업(병행작업)

□□□ 92①, 95①, 97③

15 **Network가 작성되면 각 Activity time을 추정해야 한다. 이때 고려해야 될 중요사항을 3가지만 쓰시오.**

① ____________ ② ____________

③ ____________

해답 ① 우선순위를 고려한다.
② 일요일과 공휴일을 고려해야 한다.
③ 기후에 대한 영향을 고려해야 한다.
④ 시간추정은 정상적인 경우를 기준해야 한다.

□□□ 93①, 22③

16 **다음 데이터를 네트워크 공정표로 작성하시오.**

작업명	작업 일수	선행 작업	비고
A	1일	없음	단, 화살형 네트워크로 주공정선은 굵은 선으로 표시하고, 각 결합점에서의 계산은 다음과 같다.
B	2일	없음	
C	3일	없음	(LFT, EFT / EST, LST; i —작업명/작업일수→ j)
D	6일	A, B, C	
E	4일	B, C	
F	2일	C	

해답

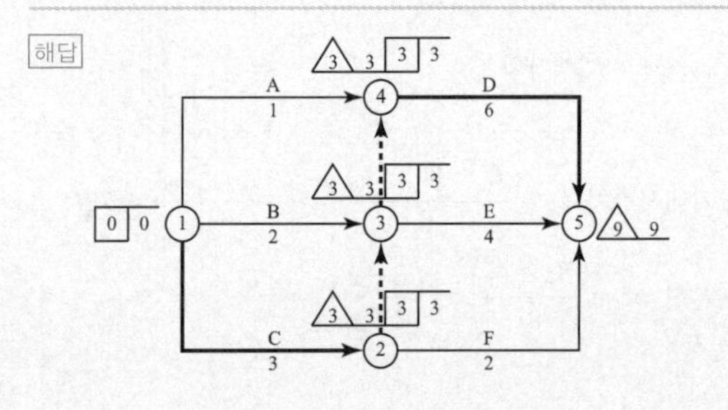

□□□ 96②, 97③

17 다음 Date와 같이 A에서부터 G의 일곱 가지 작업으로 된 공사의 작업순서가 있을 때, 애로우 다이어그램(Arrow diagram)을 작성하시오.

작업명	선행 작업	후속 작업	소요공기일수
A	없음	B, C, D	
B	A	E, F	
C	A	F	0 —A→ 1 (activity)
D	A	G	
E	B	G	
F	B, C	G	
G	D, E, F	없음	

해답

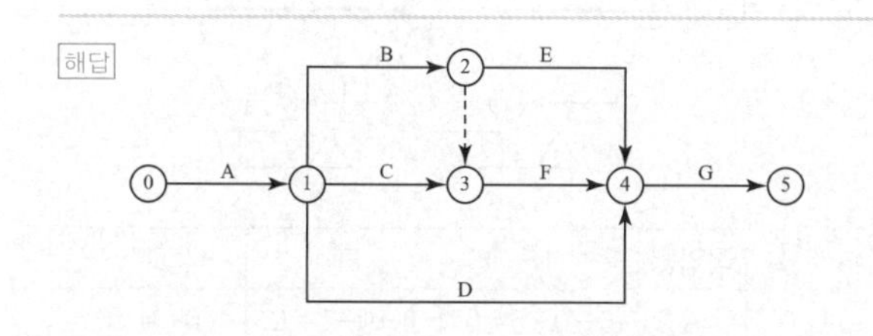

□□□ 예상문제

18 다음 데이터를 네트워크 공정표로 작성하시오.

작업명	작업 일수	선행 작업	비고
A	5	없음	주공정선은 굵은 선으로 표시한다. 각 결합점 일정계산은 PERT 기법에 의거하여 다음과 같이 계산한다.
B	2	없음	
C	4	없음	
D	5	A, B, C	
E	3	A, B, C	ET LT / 작업명 작업일수 → i → 작업명 작업일수
F	2	A, B, C	
G	2	D, E	
H	5	D, E, F	(단, 결합점 번호는 규정에 따라 반드시 기입한다.)
I	4	D, F	

해답

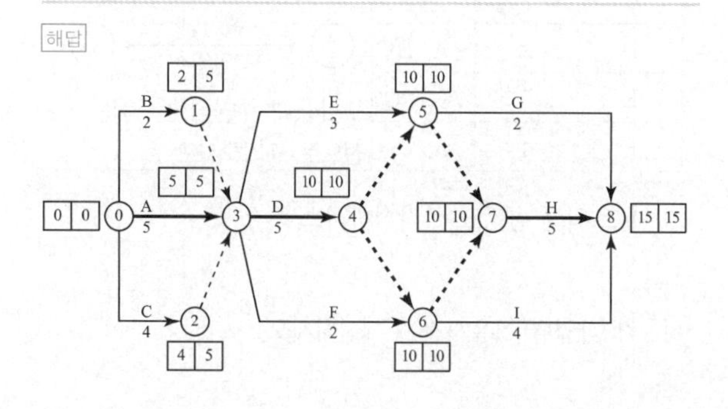

□□□ 92②, 97④

19 다음 데이터를 네트워크 공정표로 작성하시오.

(단, ① 결합점시작 및 작업여유시간은

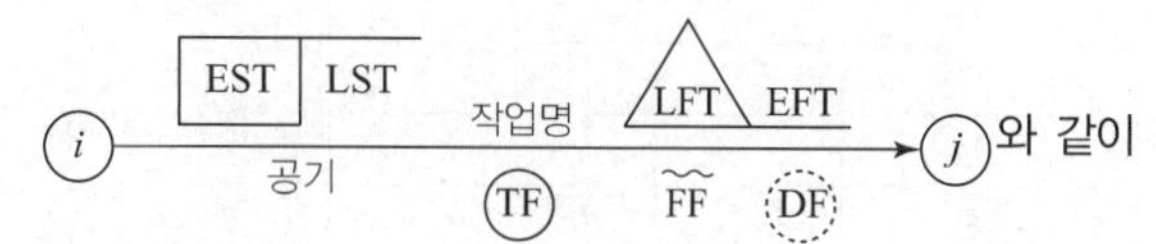

와 같이 표기한다.

② 주공정선은 굵은 선으로 표시한다.)

【데이터】

작업명	선행 작업	작업 일수	비고
A	없음	3	더미는 작업이 아니므로 여유시간 계산에서는 대상에서 제외하고 실작업의 여유만 계산한다.
B	없음	5	
C	없음	2	
D	B	3	
E	A, B, C	4	
F	C	2	

해답

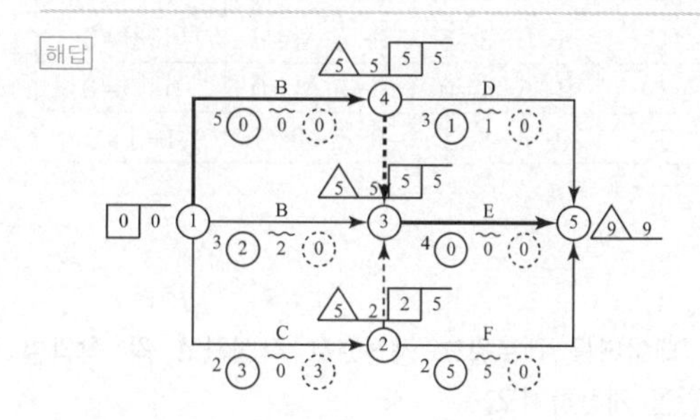

□□□ 예상문제

20 다음 데이터를 네트워크 공정표로 작성하고 각 작업별 여유시간을 산출하시오.

작업명	작업 일수	선행 작업	비고
A	2	없음	단, 크리티컬 패스는 굵은 선으로 표시하고, 결합점에서는 다음과 같이 표시한다.
B	5	없음	
C	3	없음	EST LST / LFT EFT
D	4	A, B	
E	3	A, B	i —작업명 / 작업일수→ j

가. 네트워크 공정표를 작성하시오.

나. 각 작업별 여유시간을 계산하시오.

작업명	TF	FF	DF
A			
B			
C			
D			
E			

해답 가. 네트워크 공정표

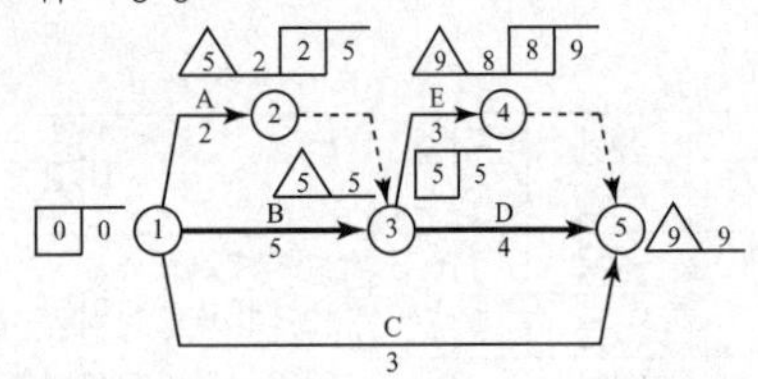

나. 여유시간

작업명	TF	FF	DF
A	5−0−2=3	5−0−2=3	3−3=0
B	5−0−5=0	5−0−5=0	0−0=0
C	9−0−3=6	9−0−3=6	6−6=0
D	9−5−4=0	9−5−4=0	0−0=0
E	9−5−3=1	9−5−3=1	1−1=0

□□□ 예상문제

21 다음 데이터를 네트워크 공정표로 작성하고 각 작업별 여유시간을 계산하시오.

작업명	작업일수	선행작업	비고
A	5	없음	1) 결합점에서는 다음과 같이 표시한다. EST LST LFT EFT ⓘ —작업명 / 작업일수→ ⓙ 2) 주공정선은 굵은 선으로 표시하시오.
B	2	없음	
C	4	없음	
D	4	A, B, C	
E	3	A, B, C	
F	2	A, B, C	

가. 네트워크 공정표를 작성하시오.

나. 각 작업별 여유시간을 계산하시오.

작업명	TF	FF	DF
A			
B			
C			
D			
E			
F			

해답 가.

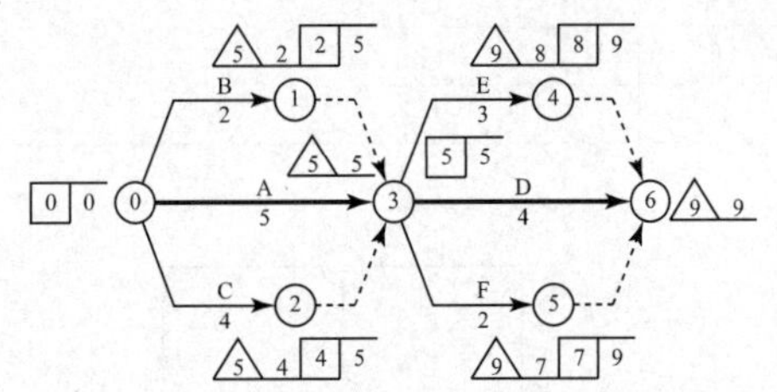

나.

작업명	TF	FF	DF
A	5−0−5=0	5−0−5=0	0−0=0
B	5−0−2=3	5−0−2=3	3−3=0
C	5−0−4=1	5−0−4=1	1−1=0
D	9−5−4=0	9−5−4=0	0−0=0
E	9−5−3=1	9−5−3=1	1−1=0
F	9−5−2=2	9−5−2=2	2−2=0

□□□ 93④, 21②

22 다음 데이터를 네트워크 공정표로 작성하고, 각 작업의 여유시간을 구하시오.

작업명	작업일수	선행작업	비고
A	5	없음	네트워크 작성은 다음과 같이 EST LST LFT EFT ⓘ —작업명 / 작업일수→ ⓙ 로 표기하고, 주공정선은 굵은 선으로 표기하시오.
B	3	없음	
C	2	없음	
D	2	A, B	
E	5	A, B C	
F	4	A, C	

가. 네트워크 공정표를 작성하시오.

나. 각 작업별 여유시간을 계산하시오.

작업명	TF	FF	DF
A			
B			
C			
D			
E			
F			

해답 가. 네트워크 공정표

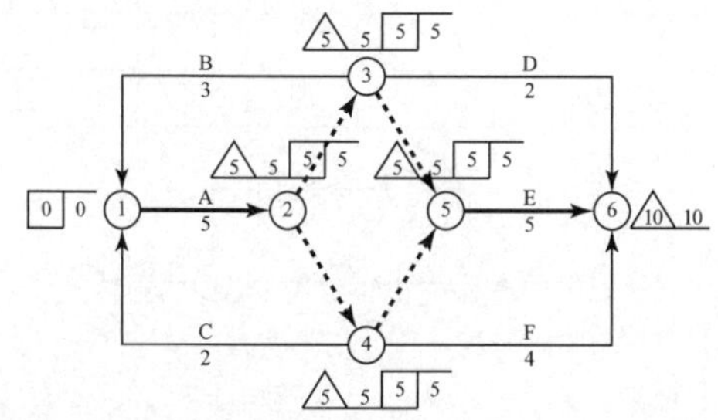

나. 각 작업별 여유시간

작업명	TF	FF	DF
A	5−0−5=0	5−0−5=0	0−0=0
B	5−0−3=2	5−0−3=2	2−2=0
C	5−0−2=3	5−0−2=3	3−3=0
D	10−5−2=3	10−5−2=3	3−3=0
E	10−5−5=0	10−5−5=0	0−0=0
F	10−5−4=1	10−5−4=1	1−1=0

□□□ 93⑤

23 다음 데이터를 네트워크 공정표로 작성하고, 각 작업의 총여유(TF)와 자유여유(FF)를 구하시오.

작업명	작업일수	선행작업	비고
A	5	−	네트워크 작성은 다음과 같이 EST LST LFT EFT ⓘ —작업명/작업일수→ ⓙ 로 표기하고, 주공정선은 굵은 선으로 표기하시오.
B	6	−	
C	5	A, B	
D	7	A, B	
E	3	B	
F	4	B	
G	2	C, E	
H	4	C, D, E, F	

가. 네트워크 공정표를 작성하시오.

나. 총여유와 자유여유를 계산하시오.

작업명	TF	FF
A		
B		
C		
D		
E		
F		
G		
H		

해답

가.

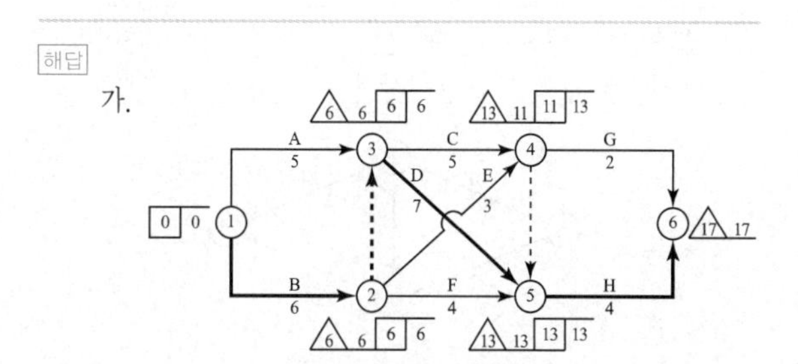

나.

작업명	TF	FF
A	6−0−5=1	6−0−5=1
B	6−0−6=0	6−0−6=0
C	13−6−5=2	11−6−5=0
D	13−6−7=0	13−6−7=0
E	13−6−3=4	11−6−3=2
F	13−6−4=3	13−6−4=3
G	17−11−2=4	17−11−2=4
H	17−13−4=0	17−13−4=0

□□□ 92①

24 다음 그림은 CPM의 고찰에 의한 비용과 시간증가율을 표시한 것이다. 그림의 기호에 해당하는 용어를 쓰시오.

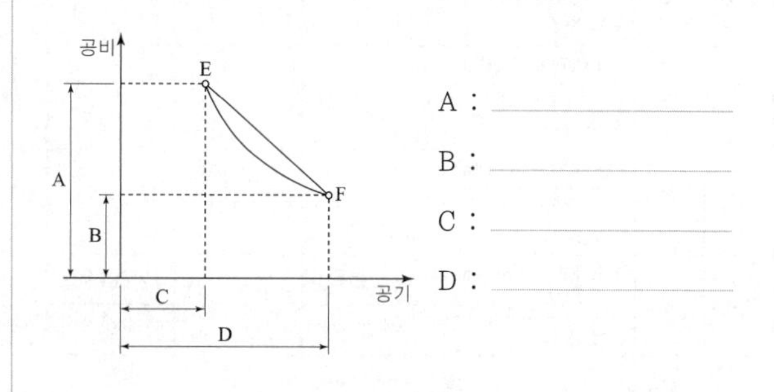

해답 A : 특급공비, B : 정상공비, C : 특급공기, D : 정상공기

□□□ 94②, 97①

25 다음 그림과 같은 NETWORK에 대하여 정상공기와 정상공기에 의한 공사비, 그리고 특급공기와 특급공기에 의한 공사비가 다음과 같이 주어져 있다. 공기를 4일간 단축하려고 한다. 최소의 추가공사비를 계산하시오.

소요작업	정 상		특 급	
	공기(일)	공비(원)	공기(일)	공비(원)
1-2	10	20,000	9	30,000
1-3	22	24,000	18	50,000
2-3	14	28,000	13	50,000
2-4	24	20,000	22	25,000
3-4	12	68,000	8	84,000
합 계		160,000		239,000

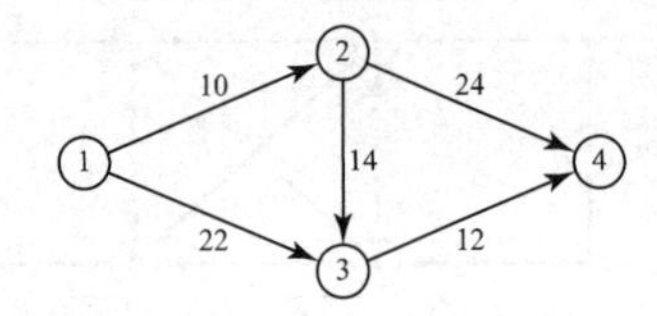

계산 과정)　　　　　　　　　　　　　답 :

해답 ■ 주공정선(C.P)

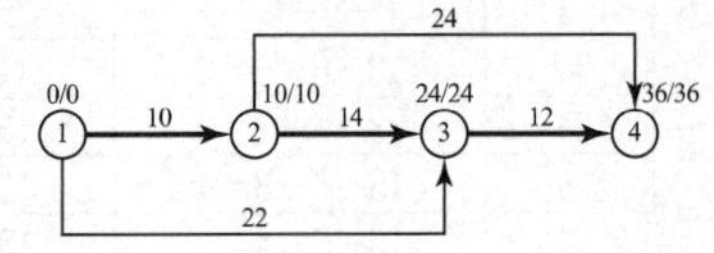

■ 공기단축 4일

소요작업	단축가능일수	비용경사 (만원/일)	①→②→③→④	①→②→④	①→③→④
1-2	1	$\frac{30,000-20,000}{10-9}$ = 10,000			
1-3	4	$\frac{50,000-24,000}{22-18}$ = 6,500			
2-3	1	$\frac{50,000-28,000}{14-13}$ = 22,000			
2-4	2	$\frac{25,000-20,000}{24-22}$ = 2,500		2,500원 2	
3-4	4	$\frac{84,000-68,000}{12-8}$ = 4,000	2,000원 4		2,000원 2

- 1단계 : ③ → ④ 4,000×2=8,000원
- 2단계 : ③ → ④와 ② → ④의 조합 (4,000+2,500)×2 =13,000원

∴ 추가비용=8,000+13,000=21,000원

□□□ 96①, 99①

26 다음의 작업표와 네트워크에서 5일간 공기를 단축시 더 들어가는 최소공사비는 얼마인가?

작업명	표준 일수(일)	단축가능 일수(일)	비용경사 (만원/일)
A	7	1	7
B	6	1	9
C	7	2	5
D	11	3	4
E	5	1	11
F	7	1	8
G	5	1	11

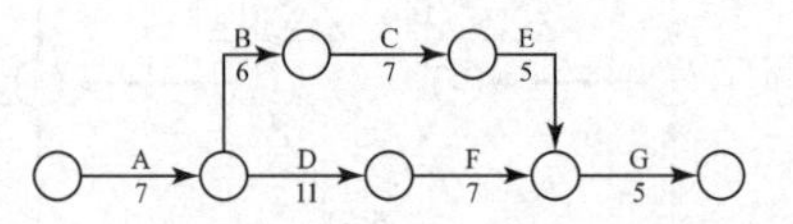

계산 과정)　　　　　　　　　　　　　답 :

해답 ■ 네트워크와 일정계산

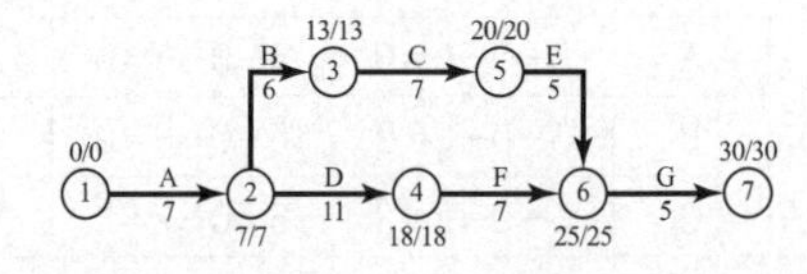

- C.P는 ①→②→③→⑤→⑥→⑦
- C.P는 ①→②→④→⑥→⑦

■ 추가비용 계산

작업명	단축 가능일	비용 경사	30	29	28	27	26	25
A	1	7		1				
B	1	9						1
C	2	5			1	1		
D	3	4			1	1		1
E	1	11						
F	1	8						
G	1	11					1	
추가비용(만원)				7	9	9	11	13
추가비용누계(만원)				7	16	25	36	49

∴ 최소공사비 49만원

M.C.X

□□□ 91②, 94④, 97③

27 다음은 어떤 공사의 작업에서 요하는 시간과 비용의 관계를 나타낸 곡선이다. 다음 물음에 답하시오.

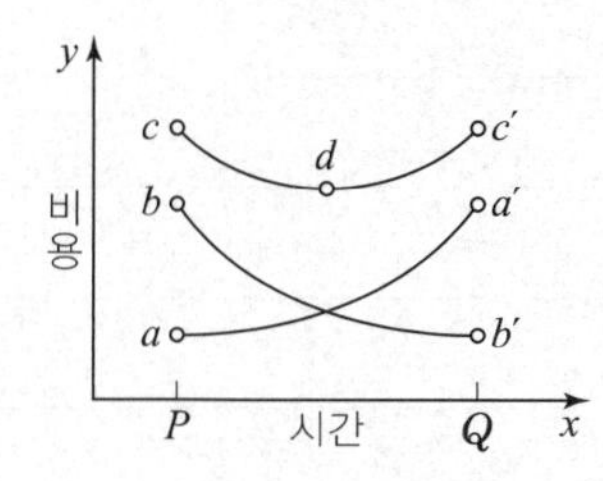

가. 곡선 aa', bb', cc'는 각각 무엇을 나타내며 이들 3곡선 사이의 관계는?

① aa' : ______

② bb' : ______

③ cc' : ______

나. d점의 x, y값은 각각 무엇을 나타내는가?

① x값 : ______

② y값 : ______

다. 공기를 Q에서 P로 단축할 때 bb'의 비용증가율은?
(단, b 및 b'점의 x, y값은 다음과 같다. b점 : $x=7$, $y=45,000$, b'점 : $x=10$, $y=30,000$)

계산 과정) 답 : ______

해답 가. ① aa' : 간접비 곡선
② bb' : 직접비 곡선
③ cc' : 총공사비 곡선
나. ① x값 : 최적 공기 ② y값 : 최저비용
다. 비용증가율$=\dfrac{y-y'}{x-x'}=\dfrac{45,000-30,000}{10-7}=5,000$원/일

□□□ 91①

28 최적공기를 나타낸 그림이다. 각 곡선 (가), (나), (다)는 무엇을 나타내는가?

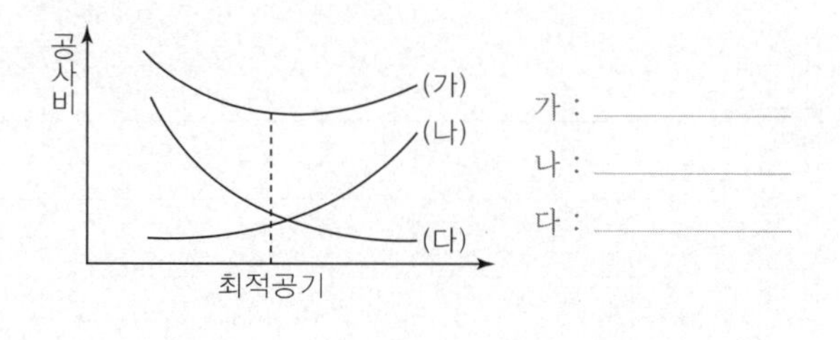

해답 가. 총공사비, 나. 간접비, 다. 직접비

| memo |

7 chapter

품질관리

품질관리

연도별 출제경향

✓ 체크	출제경향	출제연도
□□□	01 공사관리의 3대 요소를 쓰시오.	85①, 99④, 15①
□□□	02 시공의 3요소에 관련된 그래프를 완성하시오.	93③, 02③
□□□	03 공사관리의 3요소인 품질, 공정, 원가의 관계를 X축, Y축, Z축은 각각 무엇을 나타내는가?	96②
□□□	03 검사 특성 곡선에서 P_o, α는 무엇을 나타내는가?	00②
□□□	04 1차 관리 3가지를 쓰시오.	97①
□□□	05 현장 공사관리의 생산수단 5가지를 쓰시오.	86①
□□□	06 공사의 규모, 질, 공기 등을 고려하여 수주자의 자격을 검토하고 발주자에게 신용이 있는 회사만을 입찰시키는 방식은?	93③, 97②
□□□	07 '93년 7월부터 일정 공사비 이상의 정부 주요공사에 도입키로 한 제도는?	96①
□□□	08 건설공사의 품질관리에 있어서 생산자 위험이란?	94④
□□□	09 어느 sample값에서 측정한 데이터의 변동계수를 구하시오.	89①, 91③, 93①, 95③, 02④, 23③
□□□	10 5개의 데이터가 있을 때 표준편차를 구하시오.	85①, 87③
□□□	11 품질관리 시험 사항의 순서를 기호로 쓰시오.	99①
□□□	12 보기 중에서 공사 품질관리의 순서를 기록하시오.	85③
□□□	13 데이터로 범위, 분산, 표준편차, 변동계수를 계산하시오	94③
□□□	14 품질관리는 그 성질에 따라 분류되는 2가지를 쓰시오.	93③
□□□	15 댐콘크리트 시료 5개의 압축강도를 측정했을 때 변동계수를 구하여 품질관리를 판정하시오.	88②, 96②, 99④, 04②
□□□	16 콘크리트 구조물 공사에서 시료 5개의 압축강도를 측정했을 때 변동계수를 구하여 품질관리를 판정하시오.	03④
□□□	17 어떤 공사의 슬럼프시험값을 가지고 $\overline{X}$관리도의 관리한계(UCL)와 관리한계(LCL)를 구하시오.	88③, 93④, 01①, 03②, 12①
□□□	18 $\overline{X}$관리도의 관리한계(UCL)와 관리한계(LCL)를 구하시오.	99③, 00③, 15④, 19①
□□□	19 R관리도의 관리한계(UCL)와 관리한계(LCL)를 구하시오.	99③, 00③, 15④
□□□	20 $\overline{x}-R$관리도를 그리시오.	00①

✓ 체크	출제경향	출제연도
□□□	21 $\overline{x}-R$관리도에서 타점이 상한선과 하한선의 한계내에 있어도 관리에 이상이 있는 경우 3가지를 쓰시오.	92④, 01②
□□□	22 양측 규격인 경우 규격에 대한 여유값을 계산하시오.	92②, 95④, 00②, 06①, 21①
□□□	23 편측 규격인 경우 규격치에 대한 여유값을 계산하시오.	87②
□□□	24 어느 현장의 콘크리트 일축압축강도에서 공정능력지수와 규격치에 대한 여유치를 구하시오.	01②
□□□	25 어느 데이터의 히스토그램에서 하한 규격치에 대한 공정능력지수를 구하시오.	88③, 00④, 02②, 05①, 09②, 12④
□□□	26 데이터를 사용하여 공란을 채우고 $\overline{X}$관리도의 상한관리한계와 하한관리한계를 구하시오.	84①, 91③, 15④
□□□	27 콘크리트 공사에서 강도 평균치와 강도범위를 계사하시오.	85②
□□□	28 TQC를 추진하는 경우에 3가지의 밸런스를 쓰시오.	91③

07 품질관리

더 알아두기

품질관리(QC)란 수요자의 요구에 맞는 품질의 제품을 경제적으로 만들어 내기 위한 모든 수단의 체계이다. 또한 근대적 품질관리라는 통계적 수단을 채택하고 있으므로 통계적 품질관리(SQC)라고도 한다.

01 시공(공사) 관리

1 공사관리

(1) 공사관리의 4대요소

공사시행의 계획 및 관리를 총괄하여 공사관리라 한다. 공사관리는 생산수단 5M을 사용하여 공사관리의 3대요소를 통하여 목표 5R을 달성하는 데 있다.

① 공사관리의 4대요소

기억해요
공사관리의 3대 요소를 쓰시오.

공사의 요소	목 표	공사관리
품질	양호하게	품질관리
공사기한	신속하게	공정관리
경제성	저렴하게	원가관리
안전	안전하게	안전관리

② 5M과 5R

5M	5R
1) 인력(man) 2) 공사방법(methods) 3) 공사재료(materials) 4) 장비(machines) 5) 공사자금(money)	1) 적정한 생산(right product) 2) 적정한 품질(right quality) 3) 적정한 수량(right quantity) 4) 적당한 시간(right time) 5) 적당한 가격(right price)

(2) 평가단계

① 작업관리 : 작업량, 자재사용량 등 실적자료를 정리·검토

② 진도관리 : 공정 진척의 계획과 실적을 비교하고 진척상황을 보고

③ 시정관리 : 작업을 개선하고, 공정을 촉진하며 전체공정을 재계획

(3) 시공관리

시공 관리를 함에 있어 토목 공사의 목적에 직접 연결된 관리를 1차 관리라 하고, 1차 관리를 보충하기 위해서 필요한 관리를 2차 관리라 한다.

① 1차 관리 : 품질관리, 공정관리, 원가관리
② 2차 관리 : 재료관리, 노무관리, 건설기계관리, 자금관리, 설비관리, 전력관리, 안전관리, 작업관리, 시술관리, 실적자료관리, 사무관리

기억해요
1차 관리 3가지를 쓰시오.

(4) 공정, 품질, 원가의 관련성

기억해요
시공의 3요소에 관련된 그래프를 완성하시오.

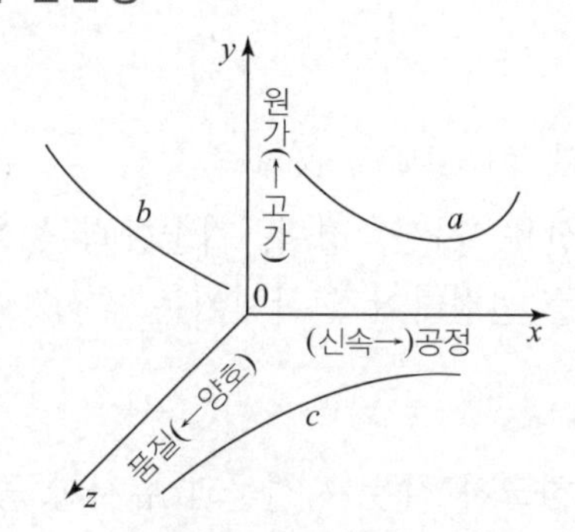

① 공정과 원가와의 관계(a곡선) : 공정을 어느 한도 이상으로 하면 원가는 높아지고, 어느 한도 이하로 하면 원가는 저하된다.
② 품질과 원가와의 관계(b곡선) : 품질을 좋게 하면 원가가 높아지고, 품질이 저하되면 원가는 저하된다.
③ 품질과 공정과의 관계(c곡선) : 품질이 향상되면 공정이 늦어지고, 공정이 빨라지면 품질은 저하된다.

2 입찰

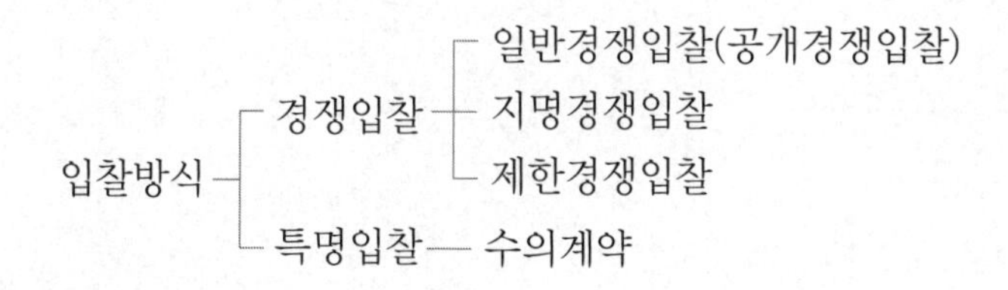

(1) 일반경쟁입찰 open bid system

입찰 참가자를 관보, 신문, 게시 등을 통하여 공모함으로써 모든 유자격자를 경쟁시켜, 최저가격 또는 적정 가격으로 계약하는 방식으로 정부 발주 공사에서 많이 취하고 있는 방식

(2) **제한경쟁입찰** limited open bid system

입찰에 참가할 수 있는 업체 자격에 일정한 제한을 가하여 양질의 공사를 기대하는 방식으로 대형업체의 공사 수주 편승을 방지하여 중소업체 및 지방업체를 보호하고 건설업을 전반적인 기술력 향상을 도모하는 계약방식

(3) **지명경쟁입찰** limited bid system

핵심용어
지명경쟁입찰

대상공사에 가장 적격하다고 인정되는 업체를 3~7개의 시공업자를 지정하여 입찰에 참여시키는 방법으로 확실한 공사의 수행을 위하여 채택되는 방식

(4) **특명 입찰 수의 계약** individual negotiation

발주자가 업체의 신용, 자산, 경력, 기술능력 등을 검토하여 발주공사에 가장 적합한 업체를 선정하여 입찰시키는 방식

(5) **PQ제도** Pre-Qualfication

핵심용어
PQ제도

① PQ제도는 건설하고자 하는 시설물과 유사한 공사의 시공실적, 건설기술자의 확보 수준, 회사 재정의 건실성 및 신임도 등을 기준으로 점수를 산정하며, 기준점 이상을 취득한 시공사에게 입찰자격을 주는 제도이다.

② PQ제도는 정부가 최근 잇달아 발생하고 있는 건설부분(철도, 지하철, 항만 등)부실공사의 근본적인 방지를 위해 '93년 7월부터 일정 공사비 이상의 정부 주요공사에 도입키로 한 제도이다.

| 시공(공사) 관리 |

01 핵심 기출문제 □□□

□□□ 85①, 99④, 15①

01 공사관리의 3대요소를 쓰시오.

득점	배점
	3

① ____________ ② ____________ ③ ____________

해답 ① 품질관리
② 공정관리
③ 원가관리

□□□ 02③

02 시공의 3요소에 관련된 다음 그래프를 완성하시오.

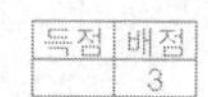

득점	배점
	3

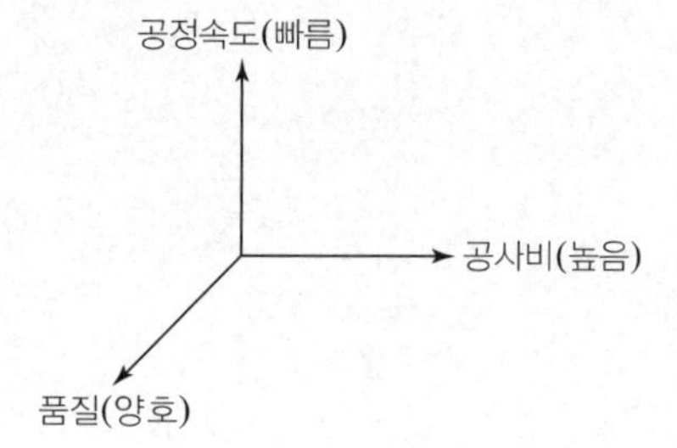

해답

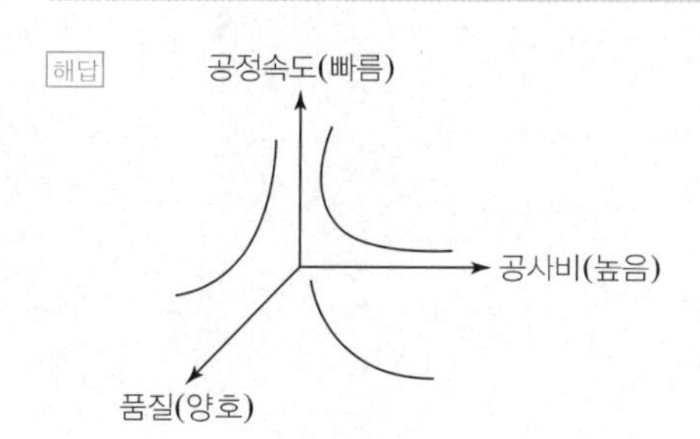

□□□ 00②

03 성토다짐, 아스팔트 콘크리트의 다짐 등의 품질검사에 있어서 아래와 같은 검사특성곡선이 사용된다. 이 곡선에서 P_o와 α는 무엇을 나타내는가?

득점	배점
	3

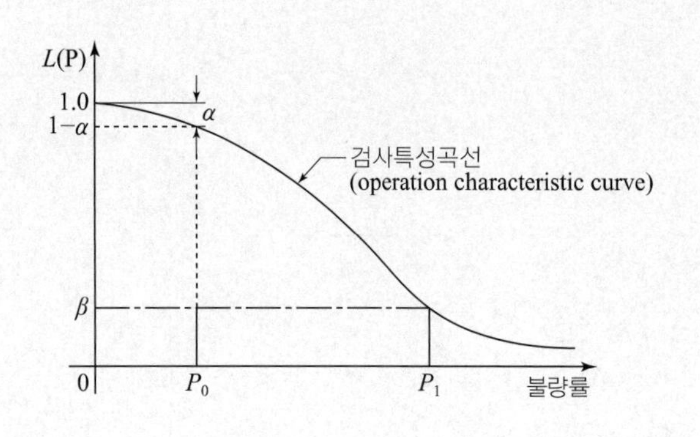

가. P_o : ______________

나. α : ______________

해답 가. 합격품질수준　　나. 생산자 위험률

02 품질관리(QC)

품질관리(Quality control)란 수요자가 요구하는 품질을 유지, 향상, 보증하기 위하여 기업이 품질관리 목표를 세우고 이를 합리적이고 경제적으로 달성할 수 있도록 수행하는 모든 활동체계를 말한다.

1 품질관리 개요

(1) 품질관리의 목표

① 시공능률의 향상
② 품질 및 신뢰성의 향상
③ 설계의 합리화
④ 작업의 표준화

(2) 품질관리 장점

① 공사 중에 생기는 결함을 미리 방지할 수 있다.
② 공사에 대한 신뢰성과 강도를 믿을 수 있다.
③ 작업 중에 생기는 새로운 문제점의 발견과 조치가 가능하다.
④ 결함발생이 감소하므로 비용 및 수리비의 절감이 기대된다.

(3) PDCA 사이클

■ 계획(Plan) → 실시(Do) → 검토(Check) → 조치(Action)
① 계획(Plan) : 공정표의 작성
② 실시(Do) : 공사의 지시, 감독, 작업원 교육
③ 검토(Check) : 작업량, 진도 체크
④ 조치(Action) : 작업법의 개선, 계획의 수정

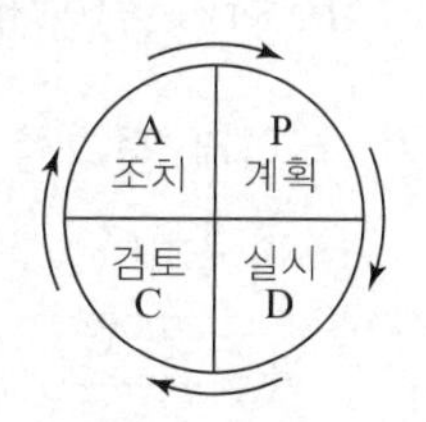

(4) 품질관리의 순서

① 관리대상 품질특성값의 설정한다.
② 품질의 표준을 설정 : 시방서와 설계표준 등을 참조하여 설정한다.
③ 작업표준 설정 : 기술표준, 작업표준을 정한다.
④ 작업의 실시 : 작업표준을 교육·훈련시킨다.
⑤ 주상도 또는 관리도 작성 : 작업표준에 따라서 일을 실시한다.
⑥ 이상원인의 조치 : 이상원인을 파악하여 조치한다.
⑦ 관리한계의 수정 : 조치 이상이 발견되면 그 원인을 찾아 시정한다.
⑧ 관리한계 결정 : 수정한 결과를 재검사한다.

품질특성 품질을 판정할 때의 목표가 되는 것을 말한다.

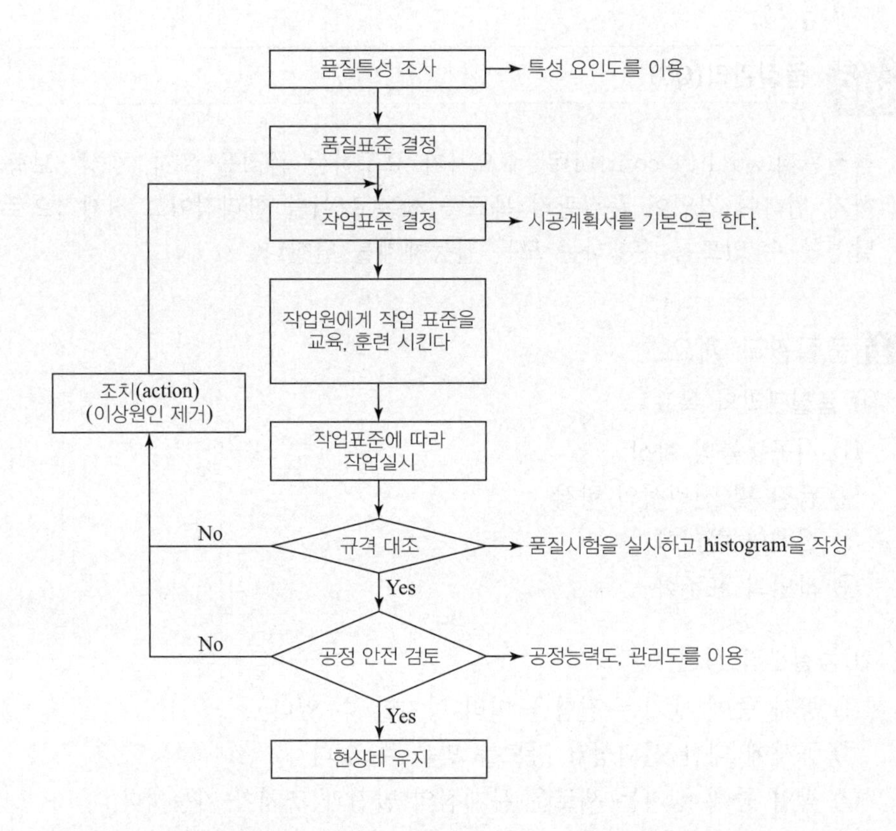

2 통계적 품질관리 SQC Statistical Quality Control

통계적 품질관리란 보다 유용하고 시장성 있는 제품을 보다 경제적으로 생산하기 위하여 생산의 모든 단계에 통계적인 수법을 응용한 것이다.

(1) 데이터 정리를 위한 기본통계

① 평균치($\overline{\mathrm{x}}$) : 데이터의 평균 산술값

$$\overline{\mathrm{x}} = \frac{\sum X_i}{n}$$

② 중앙값(median : M_e) : 데이터를 크기의 순으로 배열하였을 경우 중앙에 위치한 관측값, 짝수 Data에서는 중앙에 위치한 2개의 data의 평균값

③ 최빈값(mode : M_o) : 데이터 중에서 출현빈도가 가장 많은 관측값

④ 범위(R) : 데이터의 최대값과 최소값의 차

기억해요
범위(R)을 구하시오.

$$R = X_{\max} - X_{\min}$$

⑤ 편차의 제곱합(S) : 각 데이터와 평균치와의 차를 제곱한 합

$$S = \sum (X_i - \overline{\mathrm{x}})^2$$

⑥ 분산(s^2) : 편차의 제곱합을 데이터수로 나눈 값

$$s^2 = \frac{S}{n}$$

⑦ 불편분산(V) : 편차 제곱합을 $(n-1)$로 나눈 값

$$V = \frac{S}{n-1}$$

⑧ 표준편차(σ) : 불편분산의 제곱근

$$\sigma = \sqrt{\frac{S}{n-1}}$$

⑨ 변동계수(C_v) : 표준편차를 평균치로 나눈 값

$$C_v = \frac{\sigma}{\bar{x}} \times 100$$

변동 계수	품질관리
10% 이하	매우 우수
10 ~ 15%	우 수
15 ~ 20%	보 통
20% 이상	관리 불량

기억해요
표준편차를 구하시오.

기억해요
• 변동계수를 구하시오.
• 품질관리는 어떠한지 판정하시오.

(2) 데이터 정리를 위한 기본 통계계산 예

데이터 : 2, 3, 4, 5, 6, 7, 9, 9, 9, 11, 12

① 평균치 $\bar{x} = \frac{2+3+4+5+6+7+9+9+9+11+12}{11} = 7$

② 중앙값 $M_e = 7$(크기의 순으로 나열하면 중앙값은 7이다.)

③ 최빈값 $M_o = 9$

④ 범위 $R = x_{max} - x_{min} = 12 - 2 = 10$

⑤ 편차의 제곱합 $S = \Sigma (X_i - \bar{x})^2$

$$= (2-7)^2 + (3-7)^2 + (4-7)^2 + (5-7)^2 + (6-7)^2 + (7-7)^2$$
$$(9-7)^2 + (9-7)^2 + (9-7)^2 + (11-7)^2 + (12-7)^2 = 108$$

⑥ 분산 $s^2 = \frac{S}{n} = \frac{108}{11} = 9.82$

⑦ 불편분산 $V = \frac{S}{n-1} = \frac{108}{11-1} = 10.8$

⑧ 표준편차 $\sigma = \sqrt{\frac{S}{n-1}} = \sqrt{\frac{108}{11-1}} = 3.29$

⑨ 변동계수 $C_v = \frac{\sigma}{\bar{x}} \times 100 = \frac{3.29}{7} \times 100 = 47\%$

기억해요
TQC를 추진하는 경우에 3가지 밸런스를 쓰시오.

▶ TQC의 7도구

3 종합적 품질관리 TQC : Total Quality Control

소비자가 충분한 만족을 할 수 있도록 좋은 품질의 제품을 보다 경제적인 수준에서 생산하기 위해 사내의 각 부분에서 품질의 유지와 개선의 노력을 종합적으로 조정하는 효과적인 시스템을 말한다.

구분	내용
층별(Stratification)	• 집단을 구성하고 있는 많은 데이터를 어떤 특징에 따라서 몇 개의 부분집단으로 나누는 것
히스토그램 (Histogram)	• 데이터가 어떤 분포를 하고 있는지를 알아보기 위해 작성하는 그림
특성요인도 (Fish-bone Diagram)	• 결과에 원인이 어떤 관계하고 있는가를 한눈에 알 수 있도록 작성한 그림
파레토도 (Pareto Diagram)	• 불량 등의 발생건수를 분류항목별로 나누어 크기 순서대로 나열해 놓은 그림
체크시이트	• 계수치의 데이터가 분류항목의 어디에 집중되어 있는가를 알아보기 쉽게 나타낸 그림
각종 그래프	• 한눈에 파악되도록 한 각종 그래프
산점도	• 대응되는 두 개의 짝으로 된 데이터를 그래프 용지 위에 점으로 나타낸 그림

| 품질관리(QC) |

02 핵심 기출문제 □□□

□□□ 89①, 91③, 93①, 95③, 02④, 09①, 17②

01 어느 sample 값에서 측정한 다음 데이터의 변동계수를 구하시오. (단, 소수 둘째자리에서 반올림하시오.)

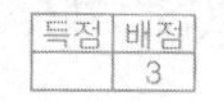

득점	배점
	3

【데이터】

4, 7, 3, 10, 6

계산 과정) 답 :

해답 변동계수 $C_v = \frac{\sigma}{\bar{x}} \times 100$

- 평균치 $\bar{x} = \frac{4+7+3+10+6}{5} = 6$
- 편차의 제곱합 $S = (4-6)^2 + (7-6)^2 + (3-6)^2 + (10-6)^2 + (6-6)^2 = 30$
- 표준편차 $\sigma = \sqrt{\frac{S}{n-1}} = \sqrt{\frac{30}{5-1}} = 2.74$

∴ 변동계수 $C_v = \frac{2.74}{6} \times 100 = 45.67\%$

□□□ 09①

02 품질관리를 위해 콘크리트 압축강도 시험을 실시하여 다음과 같은 자료를 얻었다. 콘크리트 압축강도의 변동계수를 구하시오.

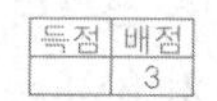

득점	배점
	3

21, 19, 20, 22, 23(MPa)

계산 과정) 답 :

해답 변동계수 $C_v = \frac{\text{표준편차}}{\text{평균값}} \times 100 = \frac{\sigma}{\bar{x}} \times 100$

- 평균값 $\bar{x} = \frac{21+19+20+22+23}{5} = 21\text{MPa}$
- $S = (X_i - \bar{x})^2$
  $= (21-21)^2 + (19-21)^2 + (20-21)^2 + (22-21)^2 + (23-21)^2 = 10$
- 표준편차 $\sigma = \sqrt{\frac{S}{n-1}} = \sqrt{\frac{10}{5-1}} = 1.58$

∴ $C_v = \frac{1.58}{21} \times 100 = 7.52\%$

□□□ 88②, 96②, 99④, 04②, 23③

03 **댐 콘크리트 시료 5개의 압축강도를 측정하여 각각 19.5MPa, 20.5MPa, 21.5MPa, 21.0MPa 및 20.0MPa의 측정치를 얻었다. 이 콘크리트 시료의 변동계수를 구하여 이 댐의 품질관리는 어떠한지 판정하시오.**
(단, 계산 근거를 명시하고 소수점 둘째자리까지 구하시오.)

득점	배점
	3

가. 변동계수 :

나. 품질관리 판정 :

해답 가. 변동계수 $C_v = \dfrac{\text{표준편차}}{\text{평균값}} \times 100 = \dfrac{\sigma}{\bar{x}} \times 100$

- 평균값 $\bar{x} = \dfrac{19.5+20.5+21.5+21.0+20.0}{5} = 20.5\text{MPa}$
- $S = \sum(X_i - \bar{x})^2$
  $= (19.5-20.5)^2+(20.5-20.5)^2+(21.5-20.5)^2+(21.0-20.5)^2+(20.0-20.5)^2$
  $= 2.50$
- 표준편차 $\sigma = \sqrt{\dfrac{S}{n-1}} = \sqrt{\dfrac{2.50}{5-1}} = 0.791$

  $\therefore\ C_v = \dfrac{0.791}{20.5} \times 100 = 3.86\%$

나. $C_v = 3.86\% \le 10\%$ $\therefore$ 매우 우수

□□□ 88②, 99④, 03④

04 **콘크리트 구조물 공사에서 콘크리트 시료 5개에 대한 압축강도를 측정하여 각각 19.4 MPa, 21.8MPa, 20.6MPa, 22.2MPa, 21.0MPa의 측정치를 얻었다. 이 콘크리트 시료의 변동계수를 이용하여 품질관리에 대하여 판정하시오.**

득점	배점
	3

계산 과정) 답 : ______

해답 ■ 변동계수 $C_v = \dfrac{\text{표준편차}(\sigma)}{\text{평균값}(\bar{x})} \times 100$

- 평균값 $\bar{x} = \dfrac{19.4+21.8+20.6+22.2+21.0}{5} = 21.0\text{MPa}$
- 편차의 제곱합
  $S = \sum(X_i - \bar{x})^2$
  $= (21.0-19.4)^2+(21.0-21.8)^2+(21.0-20.6)^2+(21.0-22.2)^2+(21.0-21.0)^2$
  $= 4.8$
- 표준편차 $\sigma = \sqrt{\dfrac{S}{n-1}} = \sqrt{\dfrac{4.8}{5-1}} = 1.095$
- 변동계수 $C_v = \dfrac{1.095}{21.0} \times 100 = 5.21\%$
- 품질관리 판정 : 변동계수 $C_v = 5.21\% \le 10\%$ $\therefore$ 매우 우수

더 알아두기

03 관리도

관리도(control chart)는 공정의 상태를 나타내는 특성치에 관해서 그려진 그래프로서 공정을 관리(안정)상태로 유지하기 위하여 사용된다.

1 관리도의 종류

KS(한국공업규격)에 규정되어있는 일반적인 관리도로서 사용하는 통계량에 따라 다음과 같이 분류한다.

종류	데이터의 종류	관리도	적용이론
계량값 관리도	길이, 중량, 강도, 슬럼프, 공기량과 같이 연속량으로 측정하는 통계량에 사용	$\bar{x}-R$ 관리도 (평균값과 범위의 관리도)	정규분포
		$\bar{x}-\sigma$ 관리도 (평균값과 표준편차의 관리도)	
		x 관리도 (측정값 자체의 관리도)	
계수값 관리도	제품의 불량률	P 관리도 (불량률 관리도)	이항분포
	불량계수	P_n 관리도 (불량계수 관리도)	
	결점수 (시료크기가 같을 때)	C 관리도 (결점수 관리도)	포와송분포
	단위당 결점수	U 관리도 (단위당 결점수 관리도)	

계량값 연속량으로 측정할 수 있는 품질특성의 값

계수값 개수를 세어 얻은 품질특성의 값

계수값 관리도
제품의 불량률, 불량개수, 결점수 등 개수로 셀 수 있는 통계량을 사용

2 $\bar{x}-R$ 관리도

(1) $\bar{x}-R$ 관리도의 특징

① $\bar{x}-R$ 관리도는 시료의 길이, 중량, 강도 등과 같은 계량값일 때 사용된다.

② $\bar{x}$관리도는 주로 분포의 평균값 변화를 위하여 사용된다.

③ R관리도는 분포의 폭, 수량의 변화를 보기 위하여 사용된다.

$\bar{x}$ 관리도 부분군에서 계산된 $\bar{x}$들을 타점하여 공정의 중심이 변화되고 있는가를 감시하는 관리도이다.

R 관리도 부분군에서 계산된 R을 타점한 후, 공정의 산포가 변화되고 있는가를 감시하는 관리도이다.

기억해요

- $\bar{x}$ 관리도의 상한 한계선과 하한 한계선을 계산하시오.
- R관리도의 상한 한계선과 하한 한계선을 계산하시오.

(2) $\bar{x}-R$ 관리도 작성법

■ $\bar{x}$ 관리도의 관리 한계선

① 중심선(center line) : $CL=\bar{x}$

② 상한 관리한계(upper control limite) : $UCL=\bar{x}+A_2\cdot\bar{R}$

③ 하한 관리한계(lower control limite) : $LCL=\bar{x}-A_2\cdot\bar{R}$

■ R 관리도의 관리 한계선

① 중심선 $CL=\bar{R}$

② 상한 관리한계 $UCL=D_4\cdot\bar{R}$

③ 하한 관리한계 $LCL=D_3\cdot\bar{R}$

여기서, D_3, D_4는 군의 크기에 따라 정하는 계수

■ $\bar{x}-R$ 관리도의 계수표

n	$\bar{x}$ 관리도	R 관리도	
	$UCL=\bar{x}+A_2\cdot\bar{R}$ $LCL=\bar{x}-A_2\cdot\bar{R}$	$UCL=D_4\cdot\bar{R}$ $UCL=D_3\cdot\bar{R}$	
	A_2	D_3	D_4
2	1.88	-	3.27
3	1.02	-	2.57
4	0.73	-	2.28
5	0.58	-	2.11
6	0.48	-	2.00
7	0.42	0.08	1.92
8	0.37	0.14	1.86
9	0.34	0.18	1.82
10	0.31	0.22	1.78

(3) 관리선 기입

① 전용 용지나 방안지를 사용하여 $\bar{x}$ 관리도를 위에, R 관리도를 아래에 조번호를 맞추어 서로 나란히 배치한다.

② 관리선의 기입은 중심선은 실선(——), 관리 한계선은 파선(--------)을 사용한다.

③ 점의 기입은 $\bar{x}$ 관리도는 ϕ 1mm 정도의 •, R관리도는 각 선 길이 2mm정도의 ×것을 사용한다.

(4) 타점이 UCL과 LCL의 한계 내에 있어도 이상이 있는 경우

① 점들이 연속하여 중심선 한쪽에 나타나는 경우

② 점들이 주기적으로 상승 또는 하강하는 경우

③ 점들이 중심선 부근에 집중되어 있는 경우

④ 점들이 한계선에 접하여 자주 나타나는 경우

기억해요

$\overline{x}-R$관리도에서 타점이 UCL과 LCL의 한계내에 있어도 관리에 이상이 있는 경우 3가지만 쓰시오.

■ 타점이 이상 있는 경우

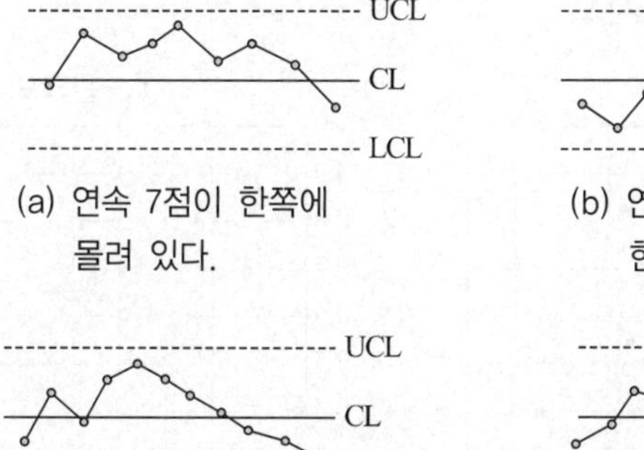

(a) 연속 7점이 한쪽에 몰려 있다.

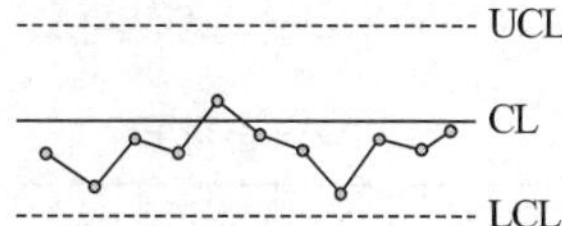

(b) 연속 11점 중 10점이 한쪽에 몰려있다.

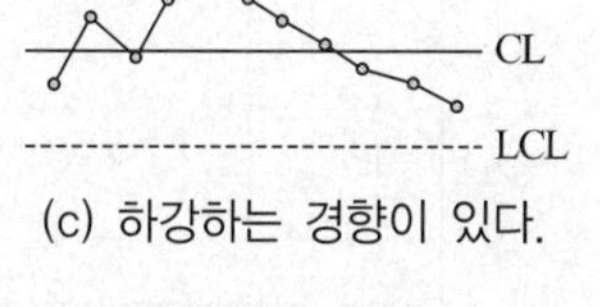

(c) 하강하는 경향이 있다.

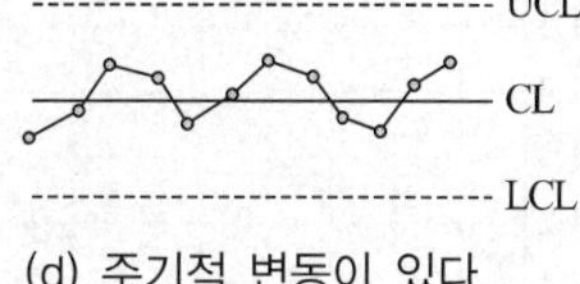

(d) 주기적 변동이 있다.

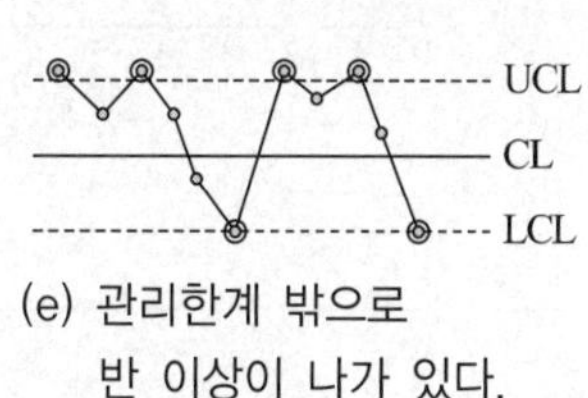

(e) 관리한계 밖으로 반 이상이 나가 있다.

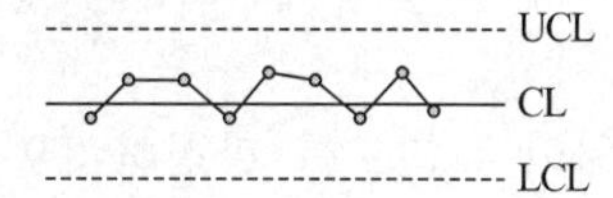

(f) 중심선 부근에 몰려 있다.

(5) $\overline{x}-R$관리도 작성 예

성토 다짐의 품질 관리를 위하여 흙의 건조 단위중량을 측정한 결과가 아래와 같다. $\overline{x}-R$ 관리도를 그리고 판정하시오. (단, 단위는 kN/m^3이다.)

【측정결과】

시료 No	1	2	3	4	5	6	7	8	9	10
n(시료 개수)	4	4	4	4	4	4	4	4	4	4
$\sum x$ (측정치 합계)	6.75	7.2	6.94	6.68	6.95	6.74	6.20	6.70	6.68	6.76
R(범위)	0.26	0.18	0.11	0.13	0.17	0.33	0.24	0.16	0.34	0.21

【n값에 따른 계수】

n	A_2	D_4	D_3
2	1.880	3.267	−
3	1.023	2.575	−
4	0.729	2.282	−
5	0.577	2.115	−

가. $\bar{x}-R$ 관리도를 그리시오.

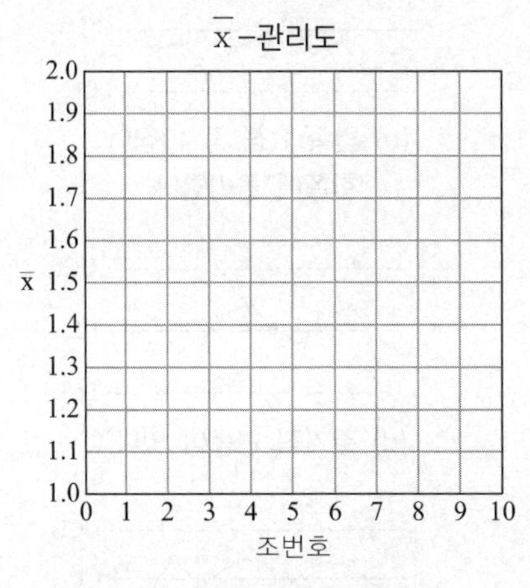

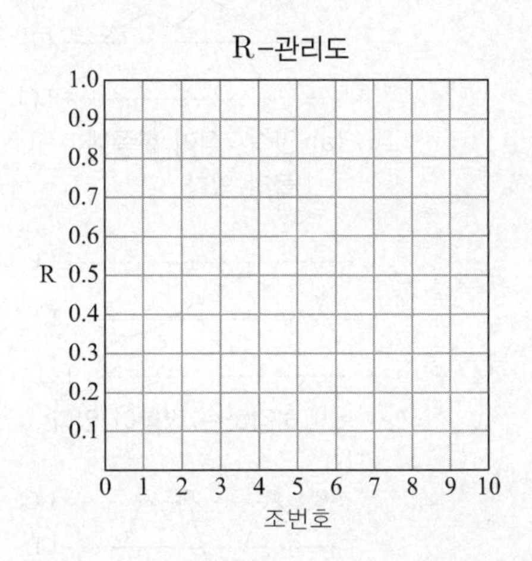

나. 위의 관리도를 판정하시오.

가.

No	1	2	3	4	5	6	7	8	9	10	계
$\bar{x}$	1.69	1.80	1.74	1.67	1.74	1.69	1.55	1.68	1.67	1.69	16.92
R	0.26	0.18	0.11	0.13	0.17	0.33	0.24	0.16	0.34	0.21	2.13

- 평균치 $\bar{\bar{x}}=\dfrac{\Sigma\bar{x}}{n}=\dfrac{16.92}{10}=1.69\text{kN/m}^3$
- 평균 범위 $\bar{R}=\dfrac{\Sigma R}{n}=\dfrac{2.13}{10}=0.21\text{kN/m}^3$
- $\bar{x}$ 관리도

  $CL=\bar{\bar{x}}=1.69\text{kN/m}^3$

  $UCL=\bar{\bar{x}}+A_2\cdot\bar{R}=1.69+0.729\times0.21=1.84\text{kN/m}^3$

  $UCL=\bar{\bar{x}}-A_2\cdot\bar{R}=1.69-0.729\times0.21=1.54\text{kN/m}^3$

- R 관리도

  $CL=\bar{R}=0.21\text{kN/m}^3$

  $UCL=D_4\cdot\bar{R}=2.282\times0.21=0.48\text{kN/m}^3$

  $LCL=D_3\cdot\bar{R}=0$

• $\overline{x}$−R 관리도 작성

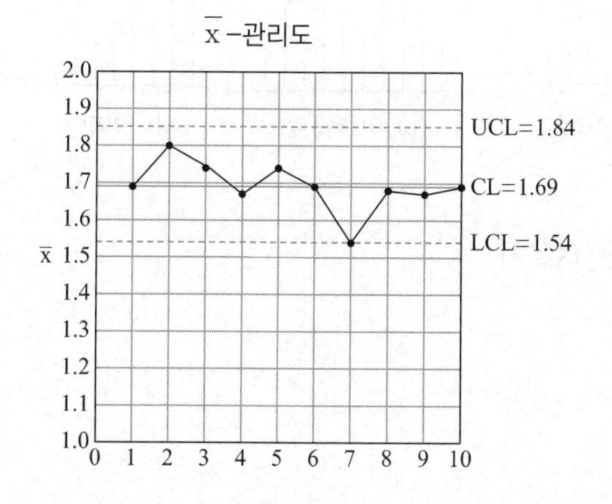

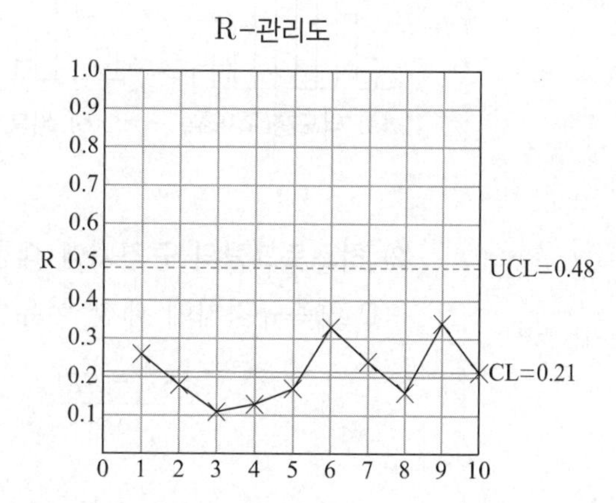

나. 점이 관리한계선을 벗어나지 않아 안정상태

3 계수값 관리도

제품의 불량률, 불량개수, 결점수 등 개수로 셀 수 있는 통계량을 사용

① p관리도 : 제품마다의 양부를 판정하여 불량품이 어느 정도의 비율로 나타나는가에 대한 불량률을 사용하여 관리(p = 불량품수/검사한 물품수)

② p_n관리도 : 제품마다 양부를 구분하여 불량개수로 관리

③ c관리도 : 시료의 크기가 같을 때 결점의 수에 의해 관리

④ u관리도 : 단위가 다를 경우 단위당 결점수로 관리

4 히스토그램 histogram

히스토그램이란 길이, 무게, 강도 등과 같이 계량치의 데이터가 어떠한 분포를 하고 있는지를 알아보기 위하여 작성하는 그림으로 도수분포도를 만든 후에 이를 기둥 그래프의 형태로 만든 것이다.

(1) 히스토그램의 작성

① 데이터를 수집한다.

② 데이터에서 최소값과 최대값을 구하여 전 범위를 구한다.

③ 구간폭을 정한다.

④ 도수분포도를 만든다.

⑤ 히스토그램을 작성한다.

⑥ 히스토그램 및 규격값과 대조하여 안정상태인지 검토한다.

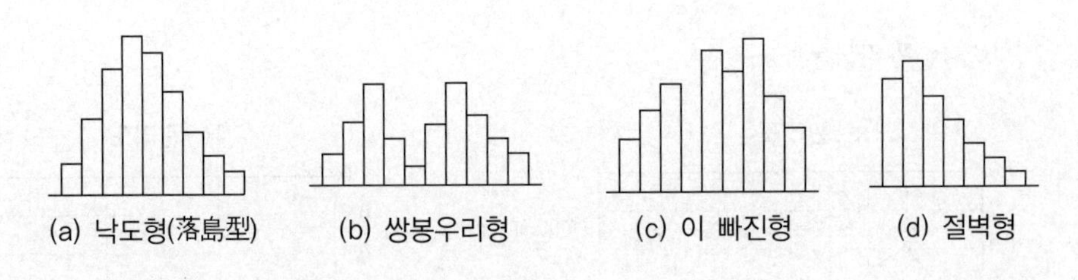

기억해요
히스토그램의 규격값에 대한 여유값을 계산하시오.

(2) 히스토그램의 규격치에 대한 여유치

① 양측규격치에 대한 여유

$$\frac{|SU-SL|}{\delta} \geq 6$$

② 편측 규격치에 대한 여유

$$\frac{|SU(SL)-\bar{x}|}{\delta} \geq 3$$

여기서, SU : 상한 규격치
SL : 하한 규격치
$\bar{x}$: 평균치
δ : 표준편차의 추정치

4 공정능력지수 C_p : Process capability

공정능력이란 공정이 갖는 품질로서 공정능력을 나타내는 공정능력지수가 사용된다.

기억해요
- 공정능력지수를 계산하시오.
- 공정능력지수의 규격치에 대한 여유치를 계산하시오.

(1) 양측 규격의 경우

$$C_p = \frac{SU-SL}{6\sigma}$$

(2) 편측 규격의 경우

$$C_p = \frac{SU-\bar{x}}{3\sigma} \quad \text{또는} \quad C_p = \frac{\bar{x}-SL}{3\sigma}$$

| 관리도 |

03 핵심 기출문제 □□□

□□□ 01①, 17①

01 어느 공사에서 콘크리트 슬럼프시험을 하여 다음 표와 같은 Data를 얻었을 때 $\overline{x}$ 관리도의 상한과 하한관리선을 구하시오.

득점 | 배점 4

조번호	1	2	3	4	5	비고
$\overline{x}$	8.5	9.0	7.5	7.0	8.0	$n=4$ $A_2=0.729$
R	1.0	1.5	1.5	1.0	1.0	

상한 관리선 : ____________________, 하한 관리선 : ____________________

해답 $\overline{x}$ 관리도$=\overline{\overline{x}}\pm A_2\cdot\overline{R}$

- $\overline{\overline{x}}=\dfrac{\Sigma\overline{x}}{n}=\dfrac{8.5+9.0+7.5+7.0+8.0}{5}=8$
- $\overline{R}=\dfrac{\Sigma R}{n}=\dfrac{1.0+1.5+1.5+1.0+1.0}{5}=1.2$

$\therefore$ UCL$=\overline{\overline{x}}+A_2\cdot\overline{R}=8+0.729\times1.2=8.87$

$\therefore$ LCL$=\overline{\overline{x}}-A_2\cdot\overline{R}=8-0.729\times1.2=7.13$

□□□ 88②, 93④, 01①, 03②, 12①

02 콘크리트 슬럼프시험으로부터 다음과 같은 값을 얻었다. 이때 $\overline{x}$ 관리도의 상·하한 관리선을 구하시오.

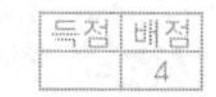

득점 | 배점 4

조번호	1	2	3	4	비고
$\overline{x}$	8.0	8.5	7.0	8.5	$A_2=0.729$ $D_4=2.282$
R	1.5	1.5	1.0	1.0	

가. 상한관리선(UCL)을 구하시오.

나. 하한관리선(LCL)을 구하시오.

해답 가. $\overline{x}$관리도$=\overline{\overline{x}}\pm A_2\cdot\overline{R}$

- $\overline{\overline{x}}=\dfrac{\Sigma\overline{x}}{n}=\dfrac{8.0+8.5+7.0+8.5}{4}=8$
- $\overline{R}=\dfrac{\Sigma R}{n}=\dfrac{1.5+1.5+1.0+1.0}{4}=1.25$

$\therefore$ UCL$=\overline{\overline{x}}+A_2\cdot\overline{R}=8+0.729\times1.25=8.91$

나. LCL$=\overline{\overline{x}}-A_2\cdot\overline{R}=8-0.729\times1.25=7.09$

□□□ 88③, 93④, 01①, 03②, 12①

03 다음 표는 어떤 공사의 콘크리트 슬럼프시험 결과의 평균값($\bar{x}$), 범위(R)를 발췌한 것이다. 이들 데이터를 사용하여 $\bar{x}$관리도의 상한과 하한 관리선을 결정하시오.
(단, $n=3$, $A_2=1.023$임)

득점	배점
	3

조번호	1	2	3	4	5
$\bar{x}$	90	80	70	75	85
R	15	5	15	5	10

상한 관리선 :__________, 하한 관리선 : __________

해답 $\bar{x}$관리선$=\bar{\bar{x}}\pm A_2\cdot\bar{R}$

- 총 평균 $\bar{\bar{x}}=\dfrac{\Sigma\bar{x}}{n}=\dfrac{90+80+70+75+85}{5}=80$
- 범위의 평균 $\bar{R}=\dfrac{\Sigma R}{n}=\dfrac{15+5+15+5+10}{5}=10$

$\therefore$ 상한 관리선 $UCL=\bar{\bar{x}}+A_2\cdot\bar{R}=80+1.023\times10=90.23$

$\therefore$ 하한 관리선 $LCL=\bar{\bar{x}}-A_2\cdot\bar{R}=80-1.023\times10=69.77$

□□□ 88③, 93④, 01①, 03②, 12①, 17①

04 어느 공사에서 콘크리트 슬럼프시험을 하여 다음 표와 같은 Data를 얻었을 때 $\bar{x}$관리도의 상한과 하한관리선을 구하시오.

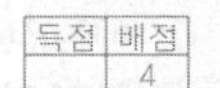

조번호	1	2	3	4	5	비고
$\bar{x}$	8.5	9.0	7.5	7.0	8.0	$n=4$
R	1.0	1.5	1.5	1.0	1.0	$A_2=0.729$

상한 관리선 :__________, 하한 관리선 : __________

해답 $\bar{x}$ 관리선$=\bar{\bar{x}}\pm A_2\cdot\bar{R}$

- 총 평균 $\bar{\bar{x}}=\dfrac{\Sigma\bar{x}}{n}=\dfrac{8.5+9.0+7.5+7.0+8.0}{5}=8.0$
- 범위의 평균 $\bar{R}=\dfrac{\Sigma R}{n}=\dfrac{1.0+1.5+1.5+1.0+1.0}{5}=1.2$

$\therefore$ 상한 관리선 $UCL=8.0+0.729\times1.2=8.87$

$\therefore$ 하한 관리선 $LCL=8.0-0.729\times1.2=7.13$

□□□ 84①, 15④

05 어떤 콘크리트 공사현장에서 압축강도 시험의 결과 및 관리한계 계수표는 아래와 같다. 이 시험결과를 이용하여 빈칸을 채우고, 관리한계 계수표를 이용하여 다음 물음에 답하시오.

득점	배점
	8

【압축강도 시험의 결과】

조번호	측정값(MPa)			계 $\sum x$	각 조의 평균치 $(\bar{x})$	범위 R
	x_1	x_2	x_3			
1	2.1	1.6	2.4			
2	2.5	1.6	2.8			
3	2.1	2.6	1.8			
4	2.5	1.6	2.7			
5	2.6	1.8	2.5			

【관리한계 계수표】

n	A_2	D_3	D_4
2	1.880	–	3.267
3	1.023	–	2.575
4	0.729	–	2.282
5	0.577	–	2.115
6	0.483	–	2.004
7	0.419	0.076	1.924

가. 전체평균$(\bar{x})$과 범위(R)의 평균값을 구하시오.

계산 과정)

전체평균$(\bar{x})$:　　　　　　　　범위(R)의 평균값 :

나. $\bar{x}$관리도의 상한관리한계(UCL)과 하한관리한계(LCL)를 구하시오.

계산 과정)

상한관리한계(UCL) :　　　　　　　　하한관리한계(LCL) :

다. R관리도의 상한관리한계(UCL)과 하한관리한계(LCL)를 구하시오.

계산 과정)

상한관리한계(UCL) :　　　　　　　　하한관리한계(LCL) :

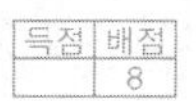

해답 가.

조번호	측정치(MPa)			계 $\sum x$	평균치 $(\bar{x})$	범위 R
	x_1	x_2	x_3			
1	2.1	1.6	2.4	2.1+1.6+2.4=6.1	2.03	2.4-1.6=0.8
2	2.5	1.6	2.8	2.5+1.6+2.8=6.9	2.30	2.8-1.6=1.2
3	2.1	2.6	1.8	2.1+2.6+1.8=6.5	2.17	2.6-1.8=0.8
4	2.5	1.6	2.7	2.5+1.6+2.7=6.8	2.27	2.7-1.6=1.1
5	2.6	1.8	2.5	2.6+1.8+2.5=6.9	2.30	2.6-1.8=0.8
계					11.07	4.7

가. 전체평균 $\bar{\bar{x}}=\frac{\sum \bar{x}}{n}=\frac{11.07}{5}=2.21\text{MPa}$, 범위의 평균 $\bar{R}=\frac{\sum R}{n}=\frac{4.7}{5}=0.94\text{MPa}$

나. • 상한 관리 한계(UCL) $=\bar{\bar{x}}+A_2\cdot\bar{R}=2.21+1.023\times0.94=3.17\text{MPa}$
• 하한 관리 한계(LCL) $=\bar{\bar{x}}-A_2\cdot\bar{R}=2.21-1.023\times0.94=1.25\text{MPa}$

다. • $\text{UCL}=D_4\cdot\bar{R}=2.575\times0.94=2.42\text{MPa}$
• $\text{LCL}=D_3=0$

□□□ 99③, 00③

06 다음 표는 어떤 공사장에서 사용할 콘크리트 슬럼프 시험결과이다. 이 Data를 사용하여 $\bar{x}$와 R의 관리한계를 구하시오.

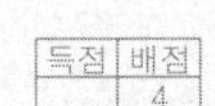

(단, $A_2=1.023$, $D_4=2.575$, $n=4$)

조번호	1	2	3	4	5
X	7.8	6.5	8.5	7.0	7.7
R	1.2	0.8	1.3	1.0	1.2

가. $\bar{x}$ 관리도의 상한관리한계(UCL)과 하한관리한계(LCL)를 구하시오.

계산 과정)

상한관리한계(UCL) : 하한관리한계(LCL) :

나. R관리도의 상한관리한계(UCL)과 하한관리한계(LCL)를 구하시오.

계산 과정)

상한관리한계(UCL) : 하한관리한계(LCL) :

해답 가. • $\bar{x}=\frac{\Sigma x_i}{n}=\frac{7.8+6.5+8.5+7.0+7.7}{5}=7.5$

• $\bar{R}=\frac{\Sigma R_i}{n}=\frac{1.2+0.8+1.3+1.0+1.2}{5}=1.1$

• $UCL=\bar{x}-A_2\cdot R=7.5+1.023\times1.1=8.63$

• $LCL=\bar{x}-A_2\cdot \bar{R}=7.5-1.023\times1.1=6.37$

• $CL=\bar{x}=7.5$

나. • $UCL=D_4\cdot \bar{R}=2.575\times1.1=2.83$

• $LCL=D_3\cdot R=0$

□□□ 01②, 02①, 05②, 16②, 21①

07 어느 현장의 콘크리트 일축압축강도의 하한규격치는 18MPa이고, 상한규격치는 24MPa으로 정해져 있다. 측정결과 평균치($\bar{x}$)는 19.5MPa이고, 표준편차의 추정치(δ)는 0.8MPa이라 할 때, 공정능력지수와 규격치에 대한 여유치를 구한 값은?

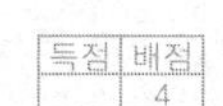

득점	배점
	4

가. 공정능력지수(C_P) :

나. 여유치 :

해답 가. 공정능력지수 $C_P=\frac{SU-SL}{6\delta}$

$\therefore\ C_P=\frac{24-18}{6\times0.8}=1.25$

나. $\frac{SU-SL}{\delta}=\frac{24-18}{0.8}=7.5>6$

$\therefore$ 여유치$=(7.5-6)\times0.8=1.2$MPa

□□□ 92④, 01②

08 $\bar{x}-R$ 관리도에서 타점이 상한선(UCL)과 하한선(LCL)의 한계 내에 있어도 관리에 이상이 있는 경우를 3가지만 설명하시오.

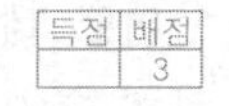

득점	배점
	3

① ______________ ② ______________ ③ ______________

해답 ① 점들이 연속하여 중심선 한쪽에 나타나는 경우
② 점들이 주기적으로 상승 또는 하강하는 경우
③ 점들이 중심선 부근에 집중되어 있는 경우
④ 점들이 한계선에 접하여 자주 나타나는 경우

□□□ 92②, 95④, 00②, 06①

09 **어떤 공사에 있어서 하한규격값 $SL=15\text{MPa}$, 상한규격값 $SU=23.4\text{MPa}$로 정해져 있다. 측정결과 표준편차의 추정값 $\delta=1.2\text{MPa}$, 평균값 $\overline{x}=19.2\text{MPa}$이었다. 이때 규격값에 대한 여유값을 계산하시오.**

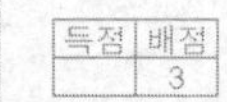

득점	배점
	3

계산 과정)　　　　　　　　　　　　　　　　　답 : ________

해답 양측규격인 경우

$$\frac{|SU-SL|}{\delta}=\frac{23.4-15}{1.2}=7\geq 6$$

$\therefore$ 여유값$=(7-6)\times 1.2=1.2\text{MPa}$

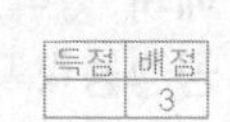
양측규격치에 대한 여유치는 : 6

□□□ 01②, 02①, 05②, 16②

10 **어느 현장의 콘크리트 일축압축강도의 하한규격치는 17MPa이고, 상한규격치는 21MPa로 정해져 있다. 측정결과 평균치($\overline{x}$)는 18MPa이고, 표준편차의 추정치(δ)는 0.5MPa라 할 때, 공정능력지수와 규격치에 대한 여유치를 구한 값은?**

득점	배점
	3

공정능력지수(C_P) : ________, 여유치 : ________

해답 ■ 공정능력지수

$$C_p=\frac{SU-SL}{6\delta}=\frac{21-17}{6\times 0.5}=1.33$$

■ 여유치

$$\frac{SU-SL}{\delta}=\frac{21-17}{0.5}=8\geq 6$$

$\therefore$ 여유치$=(8-6)\times 0.5=1\text{MPa}$

□□□ 88③, 00④, 02②, 05①, 09②, 12④, 17④

11 **어떤 데이터의 히스토그램에서 하한규격치가 25.6MPa라 할 때, 평균치 27.6MPa, 표준편차 0.5MPa라면 공정능력지수는 얼마인가?**
(단, 이 규격은 편측규격이라 한다.)

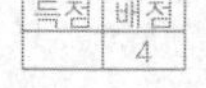

득점	배점
	4

계산 과정)　　　　　　　　　　　　　　　　　답 : ________

해답 $C_p=\frac{\overline{x}-SL}{3\sigma}=\frac{27.6-25.6}{3\times 0.5}=1.33$

□□□ 88③, 00④, 02②, 05①, 08④, 09②, 12④

12 콘크리트 강도측정 자료에서 히스토그램의 하한 규격값이 24MPa이고, 평균이 25.5MPa, 표준편차가 0.5MPa이라면 이때 공정능력지수(C_p)를 구하시오.

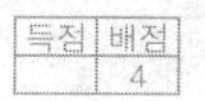

득점	배점
	4

계산 과정)

답 : ____________

해답 $C_p = \dfrac{\overline{x} - SL}{3\delta} = \dfrac{25.5-24}{3 \times 0.5} = 1$

과년도 예상문제

공사계획

□□□ 85③

01 공사시공의 3대원칙은?

① ______ ② ______

③ ______

해답 ① 공기는 신속하게
② 공사비는 저렴하게
③ 품질은 양호하게

□□□ 97①

02 시공관리를 함에 있어 토목공사의 목적에 직접 연결된 관리를 1차 관리라 하고, 1차 관리를 보충하기 위해서 필요한 관리를 2차 관리라 한다. 1차 관리 3가지를 적으시오.

① ______ ② ______

③ ______

해답 ① 품질관리
② 공정관리
③ 원가관리

□□□ 86①

03 현장 공사관리의 생산수단 5가지를 쓰시오.

① ______ ② ______

③ ______ ④ ______

⑤ ______

해답 ① 인력(man) ② 공사방법(method)
③ 공사재료(materials) ④ 장비(machines)
⑤ 공사자금(money)

□□□ 94①

04 다음 ( ) 안에 알맞은 말을 넣으시오.

공정계획 작성시 고려해야 할 5가지 자원은 재료, 자금, (①), (②), (③)이다.

① ______ ② ______ ③ ______

해답 ① 인력(man)
② 공사방법(methods)
③ 장비(machines)

□□□ 93②

05 시공계획을 구성하는 기본적 사항으로는 품질, 공정, 원가 3가지를 들 수 있다. 3가지 요소간의 상호관계를 그래프상에 표현하시오.

○ ______

해답

□□□ 94①, 97③

06 기업주가 도급자의 재산, 신용, 기술, 경력 등을 조사하여 당해 공사에 가장 적합한 같은 정도의 수명의 업자를 선택하여 입찰하는 방식은?

○ ______

해답 지명경쟁입찰

□□□ 96②

07 다음 그림은 공사관리의 3요소인 품질, 공정, 원가의 관계를 나타낸 것이다. X축, Y축, Z축은 각각 무엇을 나타내는가?

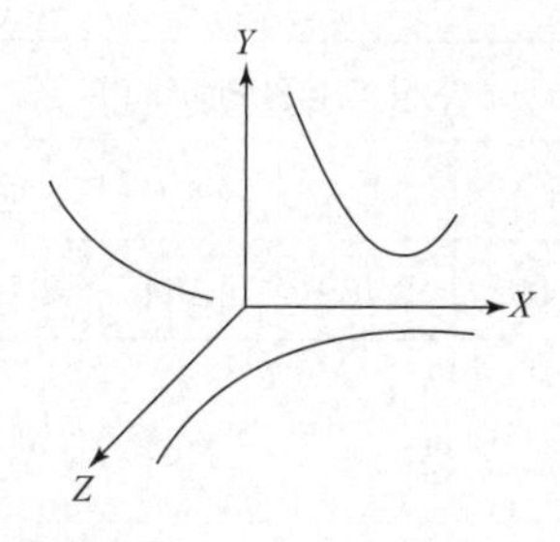

① X축 :

② Y축 :

③ Z축 :

해답 ① X축 : 공정 ② Y축 : 원가 ③ Z축 : 품질

□□□ 93③, 97②

08 공사의 규모, 질, 공기 등을 고려하여 수주자의 자격(실적, 중기 보유, 자본금, 기술진 등)을 검토하고 발주자에게 신용이 있는 회사만을 선정하여 입찰시키는 방식은?

○

해답 지명경쟁입찰

□□□ 96①

09 정부가 최근 잇달아 발생하고 있는 건설부분(철도, 지하철, 항만 등)부실공사의 근본적인 방지를 위해 '93년 7월부터 일정 공사비 이상의 정부 주요공사에 도입키로 한 제도는?

○

해답 PQ(입찰 참가자격 심사)제도

□□□ 94④

10 건설공사의 품질관리에 있어서 생산자 위험(producer risk)이란?

○

해답 합격으로 판정될 lot가 잘못하여 불합격으로 판정되는 확률

□□□ 91③

11 TQC(total quality control)를 추진하는 경우에 3가지 밸런스가 취해져야 하는 것이 중요한데 3가지 밸런스란?

① ②

③

해답 ① 원가(Cost) ② 품질(Quality) ③ 공정(Delivery)

□□□ 86①

12 다음 data의 통계량으로 평균치($\bar{x}$), 중앙치(x), 범위(R)를 구하시오.
(단, 산출근거를 반드시 쓸 것)

data : 12, 8, 10, 11, 14

① 평균치($\bar{x}$)

② 중앙치(Re)

③ 범위(R)

해답 ① 평균치 $\bar{x}=\frac{1}{5}(12+8+10+11+14)=11$

② 중앙치(M_e)$=11$

(∵ 14, 12, 11, 10, 8 크기순서로 나열하였을 때 중앙값)

③ 범위(R) : 최대치－최소치=14－8=6

□□□ 85①, 87③

13 산란도(散亂度)를 측정할 때 표준편차(標準偏差)를 사용한다. 9, 7, 4, 3, 2의 5개 데이터(data)가 있을 때 표준편차(σ)를 구하시오.
(단, 소수 셋째자리에서 반올림 하시오.)

계산 과정)

답 :

해답 표준편차 $\sigma=\sqrt{\frac{S}{n-1}}$

• 평균치 $\bar{x}=\frac{1}{5}(9+7+4+3+2)=5$

• $S=\Sigma(X_i-\bar{x})^2$

$=(9-5)^2+(7-5)^2+(4-5)^2+(3-5)^2+(2-5)^2$

$=34$

$\therefore\ \sigma=\sqrt{\frac{34}{5-1}}=2.92$

□□□ 95⑤, 97②

14 어떤 콘크리트 구조물 공사에서 4개의 콘크리트 시료에 대한 압축강도를 측정하여 각각 19.4MPa, 20.0MPa, 21.0MPa, 22.0MPa을 얻었다. 이 콘크리트 시료의 변동계수를 구하고 이 구조물의 품질관리를 쓰시오.
(단, 소수 둘째자리에서 반올림 하시오.)

계산 과정)

[답] 변동계수 : ______________ 품질관리 : ______________

해답 ① 변동계수 $C_v = \frac{\text{표준편차}}{\text{평균값}} \times 100 = \frac{\sigma}{\bar{x}} \times 100$

• 평균값 $\bar{x} = \frac{19.4+20.0+21.0+22.0}{4} = 20.6\text{MPa}$

• $S = \sum(X_i - \bar{x})^2$

$= (19.4-20.6)^2 + (20.0-20.6)^2 + (21.0-20.6)^2 + (22.0-20.6)^2 = 3.92$

• 표준편차 $\sigma = \sqrt{\frac{S}{n-1}} = \sqrt{\frac{3.92}{4-1}} = 1.14\%$

$\therefore\ C_v = \frac{1.14}{20.6} \times 100 = 5.53\%$

• $C_v = 5.53\% \leq 10\%$ ∴ 매우 우수

□□□ 99①

15 다음은 품질관리 시험 사항이다. 그 순서를 기호로 쓰시오.

ⓐ 품질표준을 정한다. ⓑ Data를 취한다.
ⓒ 작업표준을 정한다. ⓓ 품질특성을 정한다.
ⓔ 관리도에 의하여 공정의 안전을 체크한다.
ⓕ 관리한계를 계산한다.

○

해답 ⓓ → ⓐ → ⓒ → ⓑ → ⓕ → ⓔ

□□□ 85③

16 다음 보기를 보고 공사 품질관리의 순서를 기록하시오.

① 작업 실시 ② 관리한계 설정
③ 작업표준 결정 ④ 품질표준 설정
⑤ 관리도 작성 ⑥ 품질특성 결정
⑦ 관리한계를 재설정 ⑧ 히스토그램 작성

○

해답 ⑥ → ④ → ③ → ① → ⑧ → ② → ⑤ → ⑦

□□□ 94③

17 다짐시험을 하여 다음과 같은 data가 얻어졌다. 범위, 분산, 표준편차, 변동계수를 계산하시오.
(단, 소수 넷째자리 이하는 버리시오.)

현장 다짐밀도(g/cm³)					
x_1	x_2	x_3	x_4	x_5	x_6
2.178	2.140	2.189	2.164	2.121	2.162

가. 범위 : ______________

나. 분산(σ^2) : ______________

다. 표준편차 : ______________

라. 변동계수 : ______________

해답 가. $R = x_{max} - x_{min} = 2.189 - 2.121 = 0.068\text{g/cm}^3$

나. $\bar{x} = \frac{2.178+2.140+2.189+2.164+2.121+2.162}{6}$

$= 2.159\text{g/cm}^3$

• 편차의 제곱합

$S = \sum(X_i - \bar{x})^2$

$= (2.178-2.159)^2 + (2.140-2.159)^2 + (2.189-2.159)^2 + (2.164-2.159)^2 + (2.121-2.159)^2 + (2.162-2.159)^2$

$= 0.0031$

$\therefore\ \sigma^2 = \frac{S}{n} = \frac{0.0031}{6} = 0.0006$

다. 표준편차 $\sigma = \sqrt{\frac{S}{n-1}} = \sqrt{\frac{0.0031}{6-1}} = 0.0249$

라. $C_v = \frac{\sigma}{\bar{x}} \times 100 = \frac{0.0249}{2.159} \times 100 = 1.15\%$

□□□ 87③

18 다음의 보기는 어떤 공사의 품질관리 내용이다. 보기를 보고 관리 순서에 맞게 번호를 쓰시오.

① 작업을 실행에 옮긴다.
② 시공방법을 정한다.
③ 작업에 대한 교육훈련을 실시한다.
④ 이상이 발견되면 원인을 찾아 조치를 취한다.
⑤ 품질의 표준을 정한다.
⑥ 작업상태를 체크한다.
⑦ 시정한 결과를 재검사한다.

○

해답 ⑤ → ② → ③ → ① → ⑥ → ④ → ⑦

□□□ 99⑤, 01④

19 도로공사의 일정구간에서 성토의 다짐검사를 하고 있다. 5곳에서 시료를 채취하여 다짐정도를 측정한 결과 93.8, 94.2, 95.0, 96.5, 97.1(%)를 얻었다. 이 데이터로부터 변동계수를 구하시오.

계산 과정)

답 : ______________

해답 변동계수 $C_v = \dfrac{\text{표준편차}(\sigma)}{\text{평균값}(\bar{x})} \times 100$

- 평균치 $\bar{x} = \dfrac{93.8+94.2+95.0+96.5+97.1}{5} = 95.32\%$
- 편차의 제곱합

$S = \sum(X_i - \bar{x})^2$

$= (93.8-95.32)^2 + (94.2-95.32)^2 + (95.0-95.32)^2 + (96.5-95.32)^2 + (97.1-95.32)^2 = 8.228$

- 표준편차 $\sigma = \sqrt{\dfrac{S}{n-1}} = \sqrt{\dfrac{8.228}{5-1}} = 1.43$

$\therefore$ 변동 계수 $C_V = \dfrac{1.43}{95.32} \times 100 = 1.50\%$

□□□ 93③

20 다음 ( ) 안에 알맞은 말을 쓰시오.

> 품질 관리에서는 경우에 따라 정성적인 정보를 필요로 하는 경우도 있지만 대개는 정량적인 정보, 즉 data(데이터)를 필요로 한다. data(데이터)는 그 성질에 따라 (①)과 (②)으로 나누어진다.

① ______________ ② ______________

해답 ① 계수값 ② 계량값

□□□ 85③

21 다음 보기를 보고 품질 관리의 순서를 기록하시오.

> ① 데이터(data)를 작성한다.
> ② 작업의 표준을 정한다.
> ③ 품질의 표준을 정한다.
> ④ 품질의 특성을 정한다.
> ⑤ 관리한계로 하여 작업을 속행한다.
> ⑥ 관리도에 의한 공정의 안전 여부를 검토한다.
> ⑦ 공정에 이상이 생기면 수정하여 관리한계 내에 들어가게 한다.

○ ______________

해답 ④ → ③ → ② → ① → ⑥ → ⑤ → ⑦

□□□ 85③

22 다음 보기를 공사 품질 관리의 순서를 기록하시오.

> ① 품질관리 표준을 정한다.
> ② 작업표준에 따라 작업을 실시한다.
> ③ 작업표준에 따른 교육과 훈련을 한다.
> ④ 품질목적 달성을 위한 기술표준, 작업표준을 정한다.
> ⑤ 작업표준대로 실시되고 있는가를 확인한다.
> ⑥ 점검결과 이상이 발견되면 그 원인을 제거한다.
> ⑦ 처치결과를 확인한다.

○ ______________

해답 ① → ④ → ③ → ② → ⑤ → ⑥ → ⑦

□□□ 87②

23 어떤 공사에 있어서 하한규격치 SL=12MPa로 정해져 있다. 측정결과 표준편차의 추정치 δ=1.5MPa, 평균치 $\bar{x}$=18MPa이었다. 이 때 규격치에 대한 여유치는 얼마인가?

계산 과정)

답 : ______________

해답 편측규격인 경우

$\dfrac{|SL-\bar{x}|}{\delta} = \dfrac{|12-18|}{1.5} = 4 \geq 3$

$\therefore$ 여유치 $= (4-3) \times 1.5 = 1.5\text{MPa}$

□□□ 95①, 97①

24 어떤 공사에 있어서 하한 규격치 SL=1.2MPa로 정해져 있다. 측정결과 표준편차의 추정치 δ=0.15MPa, 평균치 $\bar{x}$=1.8MPa이었다. 이때 규격치에 대한 여유치는 얼마인가?

계산 과정)

답 : ______________

해답 편측규격인 경우

$\dfrac{|SL-\bar{x}|}{\delta} = \dfrac{1.2-1.8}{0.15} = 4 \geq 3$

$\therefore$ 여유치 $= (4-3) \times 0.15 = 0.15\text{MPa}$

□□□ 91③

25 **콘크리트 품질관리 방법에서 $\bar{x}-R$ 관리도에 의한 관리가 있다. 다음의 콘크리트 압축강도 측정결과를 보고 다음 물음에 산출근거와 쓰시오.**

조번호	측정값			계	평균치	범위
	x_1	x_2	x_3			
1	281	290	245			
2	278	260	281			
3	262	284	305			
4	287	293	308			

【$\bar{x}-R$ 관리도 계수】

n	2	3	4
A_2	1.88	1.02	0.73

가. 공란을 채우시오.

나. 전체평균($\bar{x}$), R의 평균값을 구하시오.

전체평균($\bar{x}$) : ________ R의 평균값 : ________

다. 상부관리한계(UCL), 하부관리한계(LCL)를 구하시오.

상한관리한계(UCL) : ______ 하한관리한계(LCL) : ______

해답 가.

조번호	합계 Σx	평균값 $\bar{x}$	범위 R
1	816	272	290−245=45
2	819	273	281−260=21
3	851	284	305−262=43
4	888	296	308−287=21
계		1,125	130

나. • 평균값 $\bar{\bar{x}}=\frac{\Sigma\bar{x}}{n}=\frac{1125}{4}=281$

• 범위 $\bar{R}=\frac{\Sigma R}{n}=\frac{130}{4}=32.5$

다. • 상한 관리 한계(UCL) $=\bar{\bar{x}}+A_2\bar{R}$

$=281+1.02\times32.5=314.15$

• 하한 관리 한계(LCL) $=\bar{\bar{x}}-A_2\bar{R}$

$=281-1.02\times32.5=247.85$

□□□ 84①

26 **다음 표는 어떤 공사의 품질특성에 대하여 $\bar{x}-R$ 관리를 하였을 때의 data이다. 이 data를 사용하여 공란을 채우고, $\bar{x}$관리의 상한관리한계, 하한관리한계를 구하시오.**

(단, $n=3$, $\bar{x}+A_2\cdot\bar{R}$ 식의 A_2의 값은 1.023이고, 소수 셋째자리에서 반올림하시오.)

조번호	측정치(3회/일)			계 Σx	평균치 ($\bar{x}$)	범위 R
	x_1	x_2	x_3			
1	2.1	1.6	2.4			
2	2.5	1.6	2.8			
3	2.1	2.6	1.8			
4	2.5	1.6	2.7			
5	2.6	1.8	2.5			

가. 공란을 채우시오.

나. 상한관리한계(UCL), 하한관리한계(LCL)를 구하시오.

상한관리한계(UCL) : ______ 하한관리한계(LCL) : ______

해답 가.

조번호	측정치(3회/일)			계 Σx	평균치 ($\bar{x}$)	범위 R
	x_1	x_2	x_3			
1	2.1	1.6	2.4	2.1+1.6+2.4=6.1	2.03	0.8
2	2.5	1.6	2.8	2.5+1.6+2.8=6.9	2.30	1.2
3	2.1	2.6	1.8	2.1+2.6+1.8=6.5	2.17	0.8
4	2.5	1.6	2.7	2.5+1.6+2.7=6.8	2.27	1.1
5	2.6	1.8	2.5	2.6+1.8+2.5=6.9	2.30	0.8
계					11.07	4.7

나. $\bar{\bar{x}}=\frac{\Sigma\bar{x}}{n}=\frac{11.07}{5}=2.21$, $\bar{R}=\frac{\Sigma R}{n}=\frac{4.7}{5}=0.94$

• 상한 관리 한계(UCL) $=\bar{\bar{x}}+A_2\bar{R}$

$=2.21+1.02\times0.94=3.17$

• 하한 관리 한계(LCL) $=\bar{\bar{x}}-A_2\bar{R}$

$=2.21-1.023\times0.94=1.25$

□□□ 99④

27 다음은 도로포장의 성토층에 대한 다짐시험을 실시한 data sheet이다. $\overline{x}$와 $\overline{R}$를 구하고, $\overline{x}$의 관리한계선을 구하시오. (단, $A_2 = 0.48$)

조번호	x_1	x_2	x_3	x_4	x_5	x_6
1	1.53	1.58	1.57	1.54	1.53	1.51
2	1.54	1.60	1.58	1.54	1.55	1.57
3	1.55	1.62	1.58	1.59	1.59	1.61
4	1.51	1.54	1.58	1.60	1.52	1.54
5	1.55	1.57	1.60	1.60	1.52	1.53

가. 전체평균($\overline{x}$), R의 평균값을 구하시오.

나. $\overline{x}$의 관리 한계선

중심선(CL) : ________ 상한관리한계(UCL) : ________

하한관리한계(LCL) : ________

해답

조 번호	계(Σx)	평균치($\overline{x}$)	범위(R)
1	9.26	1.54	1.58−1.51=0.07
2	9.38	1.56	1.60−1.54=0.06
3	9.54	1.59	1.62−1.55=0.07
4	9.29	1.55	1.60−1.51=0.09
5	9.38	1.56	1.61−1.52=0.09
합 계		7.80	0.38

• 전체 평균 $\overline{\overline{x}} = \dfrac{\Sigma\overline{x}}{n} = \dfrac{7.80}{5} = 1.56$

• R의 평균 $\overline{R} = \dfrac{\Sigma R}{n} = \dfrac{0.38}{5} = 0.08$

• 중심선 $CL = \overline{\overline{x}} = 1.56$

• 상한 관리 한계(UCL) $= \overline{\overline{x}} + A_2 \cdot \overline{R}$

$= 1.56 + 0.48 \times 0.08 = 1.60$

• 하한 관리 한계(LCL) $= \overline{\overline{x}} - A_2 \cdot \overline{R}$

$= 1.56 - 0.48 \times 0.08 = 1.52$

□□□ 85②

28 콘크리트 공사에서 하루에 3번씩 시료를 채취하여 제작된 공시체로 28일 재령의 압축강도를 시험한 data가 다음과 같을 때, 물음에 대한 산출근거와 답을 쓰시오.

일	1	2	3	4	5
x_1	328	315	314	308	315
x_2	311	296	296	305	335
x_3	289	299	305	305	298

가. 각 일의 강도 평균치 및 각 일의 강도범위를 구하시오.

계산 과정)

답 : ________

나. 5일간의 강도 평균치 및 5일간의 강도범위의 평균치를 구하시오.

계산 과정)

답 : ________

해답 가. 강도 평균치 및 강도범위

일	평균치	범위
1	$\frac{1}{3}(328+311+289) = 309.33$	328−289=39
2	$\frac{1}{3}(315+296+299) = 303.33$	315−296=19
3	$\frac{1}{3}(314+296+305) = 305$	314−296=18
4	$\frac{1}{3}(308+305+305) = 306$	308−305=3
5	$\frac{1}{1}(315+335+298) = 316$	335−298=37

나. • 5일간 강도평균치

$\overline{x} = \dfrac{1}{5}(309.33 + 303.33 + 305 + 306 + 316) = 307.93$

• 5일간 강도범위 평균치

$\overline{R} = \dfrac{1}{5}(39 + 19 + 18 + 3 + 37) = 23.2$

□□□ 88③, 93④

29 다음 표는 어떤 공사의 콘크리트 슬럼프시험 결과의 평균값($\bar{x}$), 범위(R)를 발췌한 것이다. 이들 데이터를 사용하여 $\bar{x}$관리도의 상한과 하한 관리선을 결정하시오.
(단, $n=3$, $A_2=1.023$임.)

조번호	1	2	3	4	5
$\bar{X}$	9.0	8.0	7.0	7.5	8.5
R	1.5	0.5	1.5	0.5	1.0

상부관리한계(UCL) : ______

하부관리한계(LCL) : ______

해답 $\bar{x}$ 관리선$=\bar{\bar{x}}\pm A_2\bar{R}$

- 총평균 $\bar{\bar{x}}=\dfrac{\Sigma X_i}{n}=\dfrac{9.0+8.0+7.0+7.5+8.5}{5}=8.0$
- 범위의 평균 $\bar{R}=\dfrac{\Sigma R_i}{n}=\dfrac{1.5+0.5+1.5+0.5+1.0}{5}=1.0$

∴ 상한관리선(UCL)$=\bar{\bar{x}}+A_2\cdot\bar{R}$
$=8.0+1.023\times1.0=9.02$

∴ 하한관리선(LCL)$=\bar{\bar{x}}-A_2\cdot\bar{R}=8.0-1.023\times1.0=6.98$

□□□ 86②

30 다음은 어떤 공사의 품질특성에 대한 $\bar{x}-R$관리를 하였을 때의 data sheet이다. 이 data sheet를 사용하여 공란을 채우고 $\bar{x}$와 $\bar{R}$을 구하고, $\bar{x}$의 상한관리 한계, 하한관리 한계를 구하시오.
(단, 소수 셋째자리에서 반올림하시오.)

조번호	측정치(4회/일)				$\bar{x}$	R
	x_1	x_2	x_3	x_4		
1	2.4	2.0	2.0	2.4		
2	1.6	2.3	2.0	2.3		
3	2.0	2.1	2.0	1.8		
4	2.1	2.0	1.6	2.2		
5	2.1	2.2	1.8	1.7		
6	2.3	2.4	2.0	1.9		
7	2.3	2.0	2.0	1.9		
8	2.3	2.1	2.4	2.2		
9	2.3	2.1	2.0	2.2		
10	1.8	1.7	1.9	2.0		

n	A_2	D_4
2	1.88	3.27
3	1.02	2.57
4	0.73	2.28
5	0.58	2.12

상한관리한계 : ______

하한관리한계 : ______

해답

조 번호	합계(Σx)	평균치($\bar{X}$)	범 위(R)
1	8.8	2.20	2.4−2.0=0.4
2	8.2	2.05	2.3−1.6=0.7
3	7.9	1.98	2.1−1.8=0.3
4	8.2	2.05	2.2−1.9=0.3
5	7.8	1.95	2.2−1.7=0.5
6	8.6	2.13	2.4−1.9=0.5
7	8.2	2.05	2.3−1.9=0.4
8	9.0	2.25	2.4−2.1=0.3
9	8.6	2.15	2.3−2.0=0.3
10	7.4	1.85	2.0−1.7=0.3
합 계	82.7	20.68	4.0

- 평균값 $\bar{\bar{x}}=\dfrac{\Sigma\bar{X}}{n}=\dfrac{20.68}{10}=2.07$
- 범위 $\bar{R}=\dfrac{\Sigma R}{n}=\dfrac{4}{10}=0.40$
- 상한 관리 한계(UCL)$=\bar{\bar{x}}+A_2\cdot\bar{R}$
$=2.07+0.73\times0.4=2.36$
- 하한 관리 한계(LCL)$=\bar{\bar{x}}-A_2\cdot\bar{R}$
$=2.07-0.73\times0.4=1.78$

8 chapter

도면의 물량산출

물량산출 연도별 출제경향

✔ 체크	연도	회별	도면의 종류	수치	점수	출제연도
□□□	2004	1회	1연 암거	3,100x3,650	18	00③, 01②, 04①, 07①, 09①, 12④
		2회	뒷부벽식 옹벽(경사없음)	4,300x7,500	18	00①, 01①, 02②, 04②, 06④, 15②, 23③
		4회	반중력형 교대	5,200	18	04④, 06①, 08②, 14①
□□□	2005	1회	역T형 옹벽	5,800	18	05①, 07②, 09④, 13①
		2회	앞부벽식 옹벽	4,000x6,000	18	00②, 02①, 03①, 05②, 07④
		4회	슬래브교	7,980x11,500	18	01④, 05④, 08②, 15④
□□□	2006	1회	반중력형 교대	5,200	18	04④, 06①, 08②, 14①
		2회	역T형 옹벽	3,450x4,500	8	06②, 12①, 14②
		4회	뒷부벽식 옹벽(경사없음)	4,300x7,500	18	00①, 01①, 02②, 04②, 06④, 15②
□□□	2007	1회	1연 암거	3,100x3,650	18	00③, 01②, 04①, 07①, 09①, 12④
		2회	역T형 옹벽	5,800x6,500	18	07②, 09④, 13①
		4회	앞부벽식 옹벽	4,000x6,000	18	00②, 02①, 03①, 05②, 07④
□□□	2008	1회	선반식 옹벽	5,000	18	03①, 08①, 12②, 15①
		2회	슬래브교	7,980x11,500	18	01④, 03④, 05④, 08②, 15④
		4회	반중력형 교대	5,200	18	04④, 06①, 08②, 14①, 22①
□□□	2009	1회	뒷부벽식 옹벽(경사있음)	4,300x7,500	18	09①, 10④, 13②, 19③, 22②
		2회	1연 암거	3,100x3,650	18	00③, 01②, 04①, 07①, 09①, 12④, 19①
		4회	역T형 옹벽	5,800x6,500	18	09④, 13①
□□□	2010	1회	반중력식 교대	5,500x9,400	8	10①, 11②, 14④
		2회	2연암거	6,950	8	10①, 11④
		4회	뒷부벽식 옹벽(경사있음)	4,300x7,500	18	09①, 10④, 13②, 19③, 22②
□□□	2011	1회	역T형 교대	7,250x6,000	8	11①, 14④, 16①, 19②
		2회	반중력식 교대	5,500x9,400	8	10①, 11②, 14④
		4회	2연 암거	6,950	8	10①, 11④, 17①, 18③
□□□	2012	1회	역T형 옹벽	3,450x4,500	8	06②, 12①, 14②
		2회	선반식 옹벽	5,000	18	03①, 08①, 12②, 15①, 18①
		4회	1연 암거	3,100x3,650	18	00③, 01②, 04①, 07①, 09①, 12④, 19①
□□□	2013	1회	역T형 옹벽	5,800x6,500	18	99①, 02④, 05①, 07②, 09④, 13①, 18②
		2회	뒷부벽식 옹벽(경사있음)	4,300x7,500	18	09①, 10④, 13②, 19③, 22②
		4회	역T형 교대	7,250x6,000	8	11①, 14④

✓ 체크	연도	회별	도면의 종류	수치	점수	출제연도
□□□	2014	1회	반중력식 교대	5,200x8,565	8	04④, 06①, 08②, 14①
		2회	역T형 옹벽	3,450x4,500	8	06②, 12①, 14②
		4회	반중력식 교대	5,500x9,400	8	10①, 11②, 14④
□□□	2015	1회	선반식 옹벽	5,000	18	03①, 08①, 12②, 15①
		2회	뒷부벽식 옹벽(경사없음)	4,300x7,500	18	00①, 01①, 02②, 04②, 06④, 15②, 23③
		4회	슬래브교	7,980x11,500	18	01④, 03④, 05④, 08②, 15④
□□□	2016	1회	역T형 교대	7,250x6,000	8	11②, 14④, 16①, 19②
		2회	1연 암거	3,100x3,650	18	00③, 01②, 04①, 07①, 09①, 12④, 16②, 19①, 22③
		4회	역T형 옹벽	3,450x4,500	8	06②, 12①, 14②, 16④, 21①
□□□	2017	1회	2연 암거	6,950	8	10①, 11④, 17①, 18③, 20①
		2회	반중력식 교대	5,500x9,400	8	10①, 11②, 14④, 17②
		4회	반중력식 교대	5,200x8,565	8	04④, 06①, 08②, 14①, 17④
□□□	2018	1회	선반식 옹벽	5,000	18	03①, 08①, 12②, 15①, 18①, 23②
		2회	역T형 옹벽	5,800x6,500	18	99①, 02④, 05①, 07②, 09④, 13①, 18②, 21②
		3회	2연 암거	6,950	8	10①, 11④, 17①, 18③, 20①
□□□	2019	1회	1연 암거	3,100x3,650	18	09①, 12④, 16②, 19①, 21③, 22③
		2회	역T형 교대	7,250x6,000	8	11②, 14④, 16①, 19②
		3회	뒷부벽식 옹벽(경사있음)	4,300x7,500	18	09①, 10④, 13②, 19③, 22②
□□□	2020	1회	2연 암거	6,950	8	10①, 11④, 17①, 18③, 20①
		2회	반중력식 교대	5,200x8,565	8	04④, 06①, 08②, 14①, 17④, 20②
		3회	선반식 옹벽	5,000	18	03①, 08①, 12②, 15①, 18①, 20③, 23②
		4회	뒷부벽식 옹벽(경사없음)	4,300x7,500	18	00①, 01①, 02②, 04②, 06④, 15②, 20④, 23③
□□□	2021	1회	역T형 옹벽	3,450x4,500	8	06②, 12①, 14②, 16④, 21①
		2회	역T형 옹벽	5,800x6,500	18	99①, 02④, 05①, 07②, 09④, 13①, 18②, 21②
		3회	1연 암거	3,100x3,650	18	09①, 12④, 16②, 19①, 21③
□□□	2022	1회	반중력형 교대	5,200	18	04④, 06①, 08②, 14①, 22①
		2회	뒷부벽식 옹벽(경사있음)	4,300x7,500	18	09①, 10④, 13②, 19③, 22②
		3회	1연 암거	3,100x3,650	18	09①, 12④, 16②, 19①, 21③, 22③
□□□	2023	1회	앞부벽식 옹벽	4,000x6,600	18	02①, 03②, 05②, 07④, 23①
		2회	선반식 옹벽	5,000	18	03①, 08①, 12②, 15①, 18①, 20③, 23②
		3회	뒷부벽식 옹벽(경사없음)	4,300x7,500	18	00①, 01①, 02②, 04②, 06④, 15②, 20④, 23③

08 도면의 물량산출

01 도면의 기본사항

더 알아두기

1 도면

(1) 작도 통칙

① 보이는 부분은 실선(——)으로 하고, 보이지 않는 부분은 파선(--------)으로 표시한다.

② 길이의 단위는 mm를 사용한다. 그러나 도면에 mm는 기입하지 않는다.

(2) 도면의 작도방법

① 단면도 : 단면으로 표시되는 철근의 수량과 철근간격을 정확히 균일성 있게 표시한 도면이다.

② 일반도 : 구조물 전체의 개략적인 모양을 표시한 도면이다.

③ 철근 상세도 : 철근의 가공을 위해서 철근의 형태를 그대로 단면 축척과 같이 그리나 대개의 경우 축척 없이(NS) 표시하며, 치수만 기입하는 것이 일반적이다.

④ 철근의 조립도 : 철근의 조립을 위해서 그려진 도면에서 주철근만을 다시 나타내고 철근기호를 기입함으로 편리하게 도면을 이해할 수 있다.

⑤ 철근의 배열표 : 철근의 종류가 다른 것이 연속적으로 배열되어 있을 경우에는 배열의 순서를 나타내는 경우이다.

(3) 모양에 의한 선의 종류

중심선

실선 : ———————— : 연속적으로 그어진 선

파선 : — — — — — — : 일정한 길이로 반복되게 그어진 선 (3~5mm, 1mm)

1점 쇄선 : ——— - ——— - ——— : 길고 짧은 길이로 반복되게 그어진 선 (10~30mm, 3mm (단선 간격 1mm))

2점 쇄선 : ——— - - ——— - - ——— : 긴 길이, 짧은 길이 2개로 반복되게 그어진 선 (10~30mm, 5mm (단선 간격 1mm))

① 실선 : 보이는 부분의 모양을 나타내는 선으로 치수선, 치수 보조선, 지시선, 테두리선 등이 있다.
② 파선 : 보이지 않는 부분의 모양을 나타내는 선
③ 1점 쇄선 : 중심선, 경계선, 절단선 등에 사용되는 선
④ 2점 쇄선 : 기준선, 상상선, 1점 쇄선과 구별할 필요가 있을 때 사용되는 선

실선의 용도
- 굵은 실선도 : 외형선
- 가는 실선도 : 치수선, 치수 보조선, 지시선

2 철근의 표시법

(1) 철근의 형태

① 철근의 지름에 따라 1개의 실선(——)으로 표시한다.
② 철근의 단면은 지름에 따라 원(•)을 칠해서 표시한다.

(2) 철근의 기호 표시

기호	표시
Ⓦ	벽체(Wall)
Ⓗ	헌치(Haunch)
Ⓕ	기초(Foundation), Footing
Ⓢ	스페이서(Spacer), 슬래브(Slab)
Ⓒ	기둥(Column)
Ⓑ	기초(Base), 보(Beam), Bottom

(3) 철근의 표시법 예

① 5@200=1000 : 전장 1000mm를 200mm로 5등분

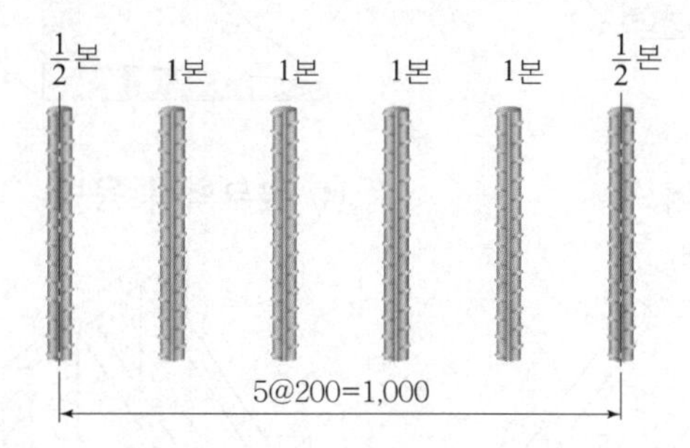

② 철근배열

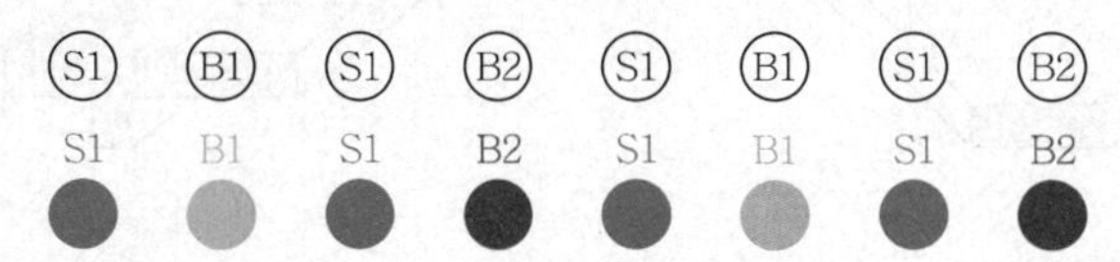

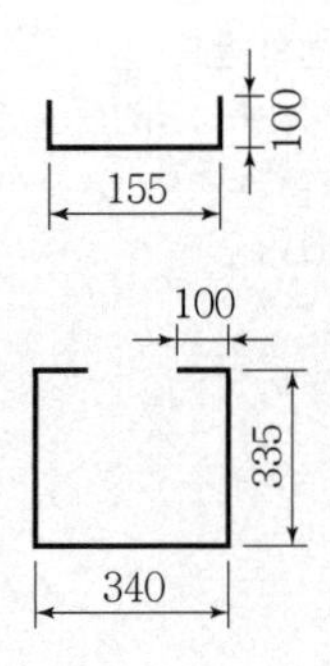

(4) 철근의 용어

① 주철근(main reinforcement) : 주된 단면력이 작용하는 방향으로 휨 모멘트와 축력에 저항하기 위하여 배치하는 철근

② 배력철근(distributing bar) : 하중을 분포시키거나 균열을 제어할 목적으로 주철근과 직각에 가까운 방향으로 배치한 보조철근

③ 스페이서 철근 : 철근에 소정의 덮개를 가지게 하거나 또는 철근간격을 정확하게 유지시키기 위해서 쓰이는 철근

④ 피복두께(cover thickness) : 콘크리트 표면과 그에 가장 가까이 배치된 철근 표면 사이의 콘크리트 두께

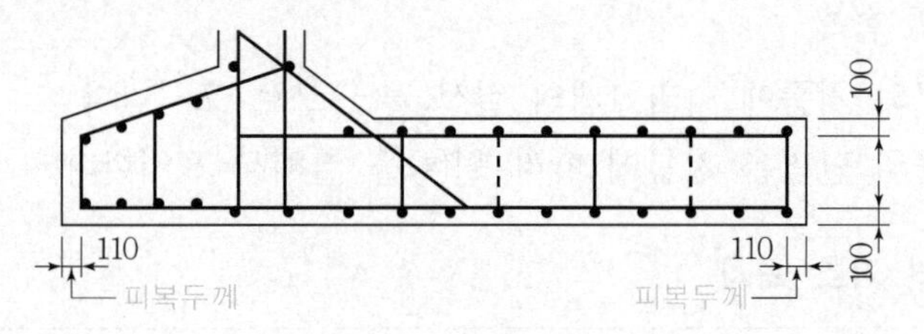

3 구조물의 종류

(1) 역T형 옹벽

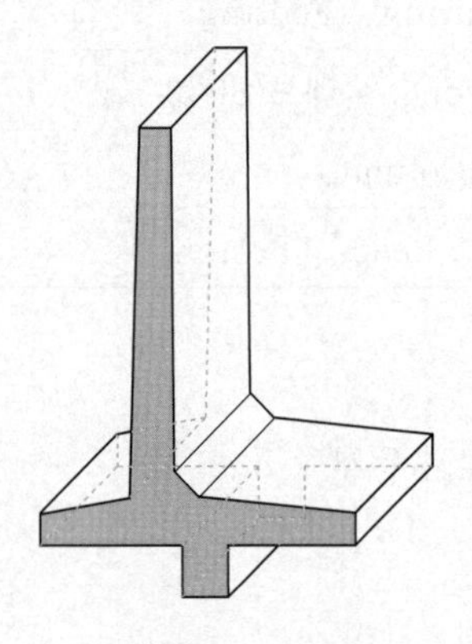

(2) 선반식 L형 옹벽

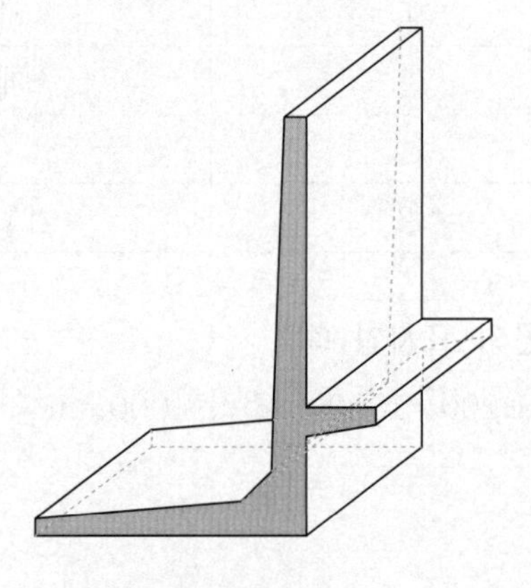

(3) 뒷부벽식 옹벽

(4) 앞부벽식 옹벽

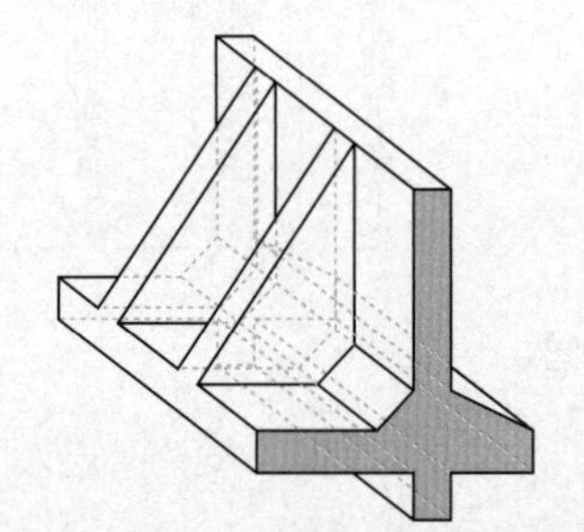

(5) 슬래브교

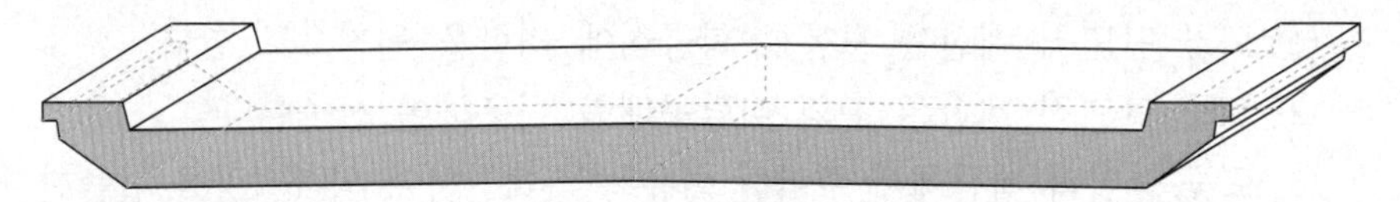

(6) 반중력형 교대

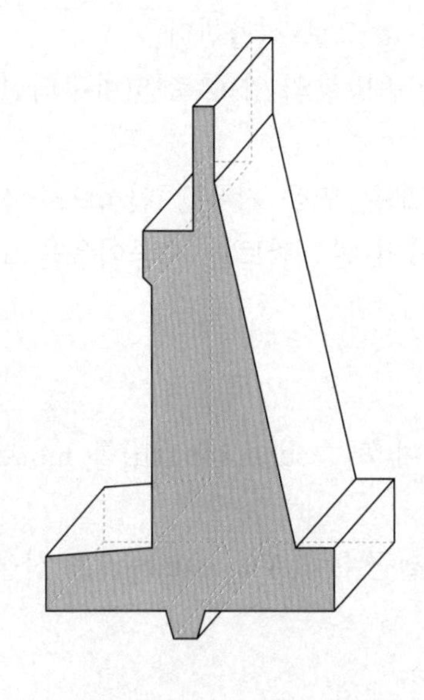

(7) 역T형 교대

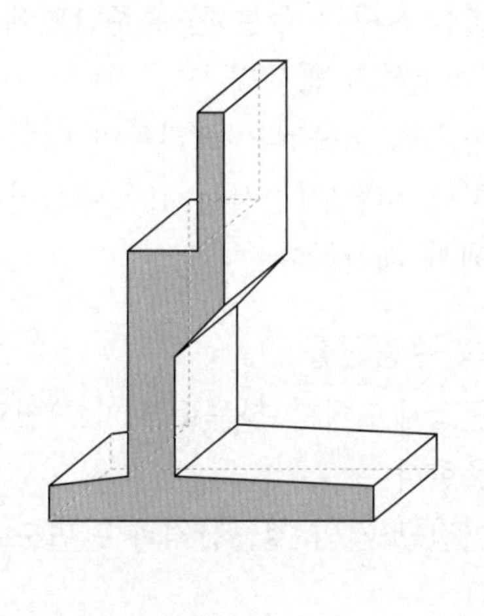

(8) 암거(1연 암거/2연 암거)

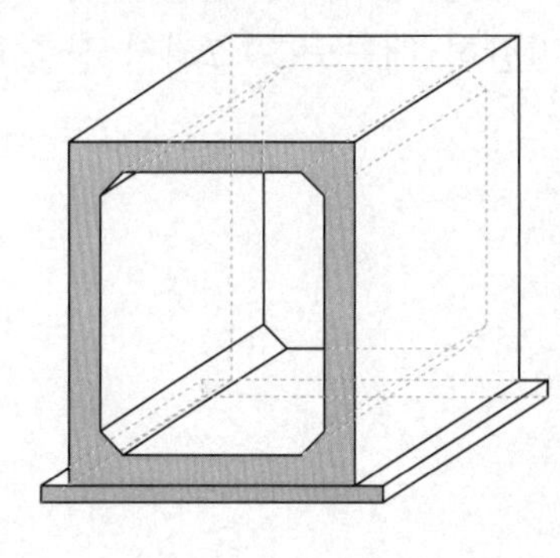

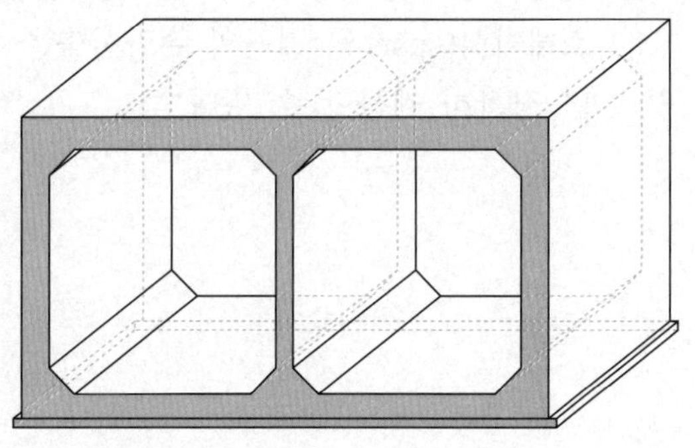

4 구조물의 물량산출

(1) 구조물의 콘크리트 물량산출

① 단위는 CGS단위를 원칙으로 하며, 일반적으로 $1m^3$의 체적단위로 콘크리트량을 산출한다.

② 철근콘크리트 중 철근의 부피는 콘크리트량의 산출에서 고려하지 않는다.

③ 콘크리트구조물은 보통의 수학공식을 이용해서 계산하기 편리하게 도형학적으로 구분해서 계산한다.

(2) 구조물의 터파기량 산출

① 토공 단면적 계산은 보통 수학공식에 의함을 원칙으로 한다.
② 토공 단면적 계산은 흙의 비탈구배를 이용하여 산출한다.
③ 토공 단면적 계산에서 주어진 여유폭을 계산하여 터파기량을 산출한다.

(3) 거푸집의 물량산출

① 거푸집은 표준품셈의 적용에 따라 면적 m^2으로 산출한다.
② 특별한 요구가 없는 한 표준단면에 의한 종방향의 양쪽 측면(마구리면)은 계산하지 않는다.
③ 상향으로 노출된 콘크리트면 이외에는 모든 면을 거푸집 면적으로 산출하나 비탈면(경사는 45° 이상만 산출)의 콘크리트는 시공이음을 고려해서 계산한다.

(4) 철근의 수량산출

① 철근상세도에서 철근종류(기호)별로 길이(L : each length)를 mm로 산출한다.
② 주어진 조건의 철근간격과 단면도에서 철근수량(N : number)을 산출한다.
③ 총길이=철근길이(L)×철근수량(N)
④ 단면도에서 종방향으로 배근되는 철근개수는 정확하게 산출한다.
⑤ 스페이서(spacer) 철근의 수량산출은 간단히 배근도를 그려서 산출하면 정확히 계산할 수 있다.

| memo |

02 역T형 옹벽 □□□

1 모형도

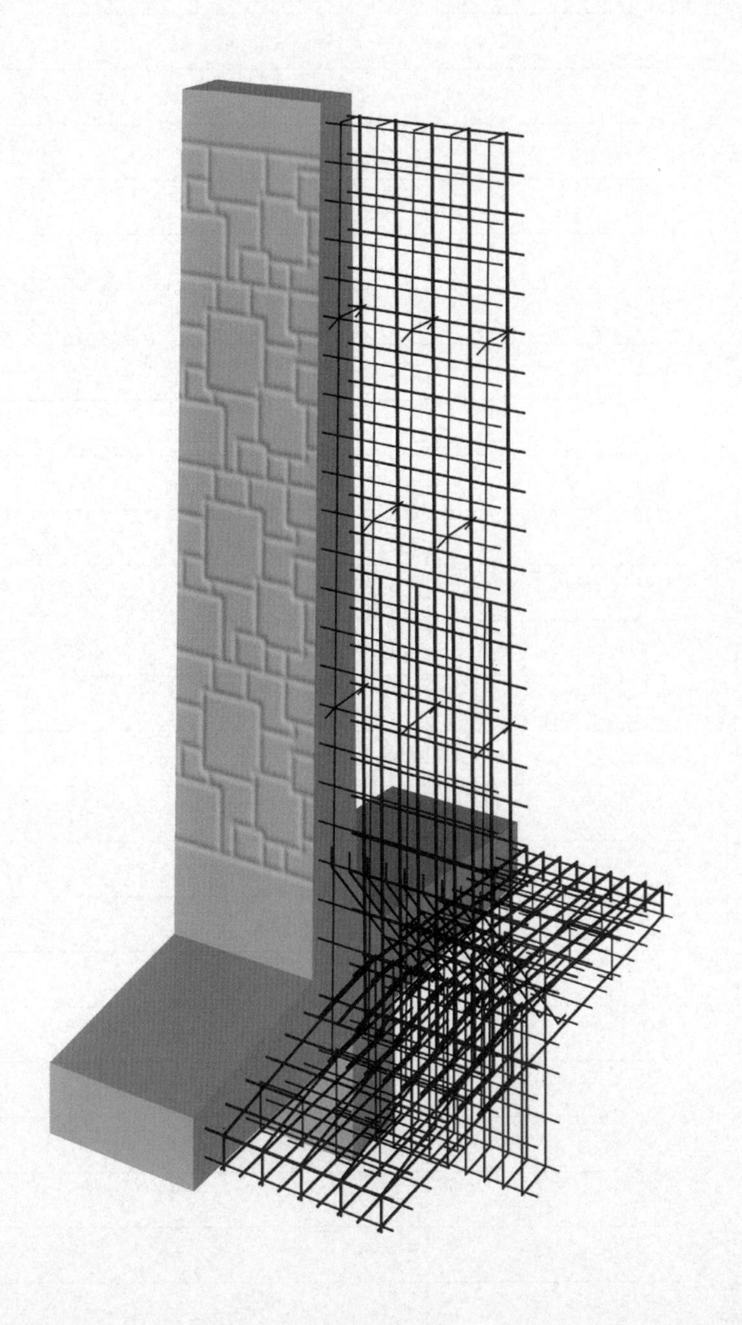

제공 : Modeling System

2 입체도 및 단면도

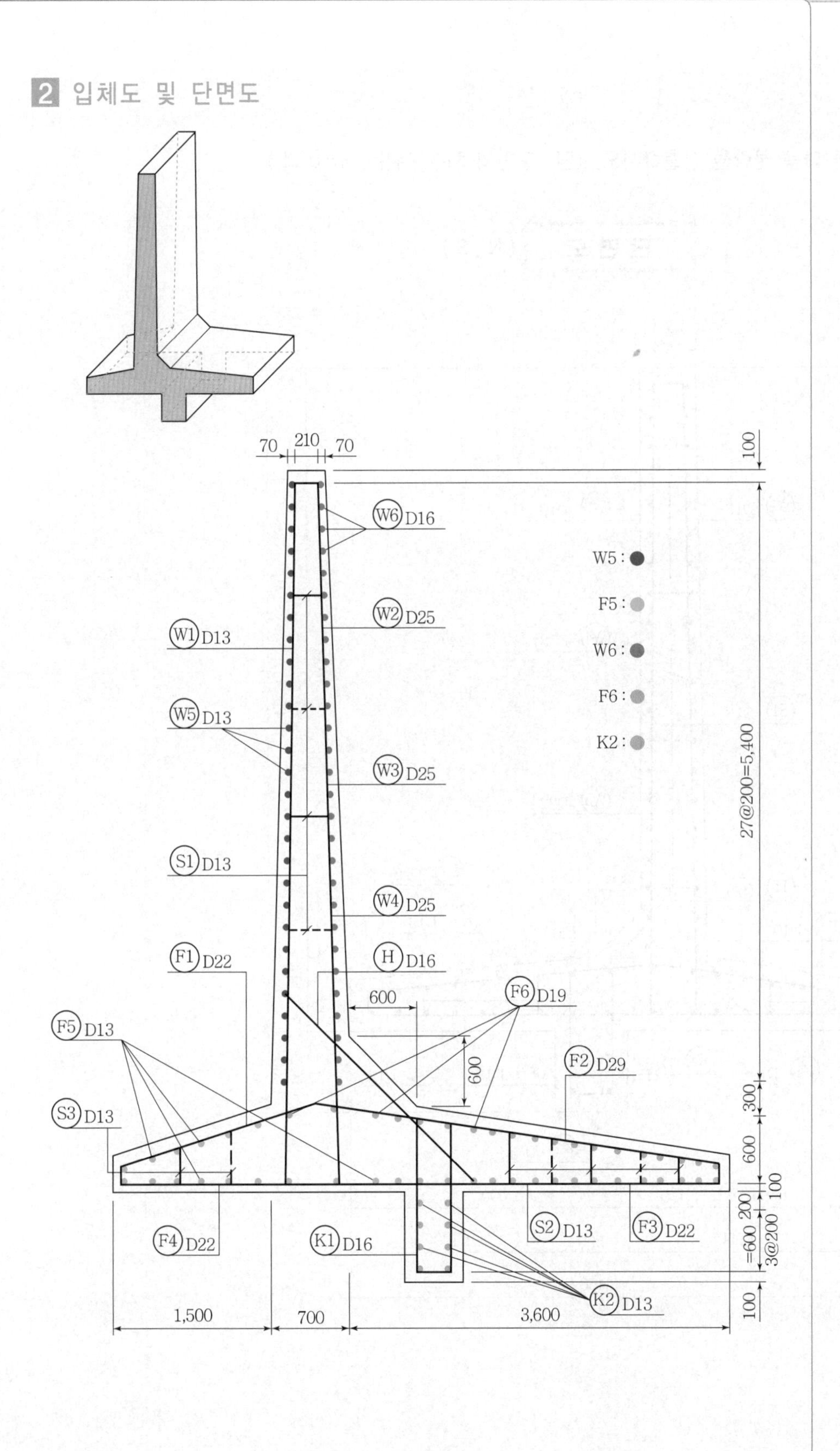

70
210
70
100
W6 D16
W5 :
F5 :
W6 :
F6 :
K2 :
W2 D25
W1 D13
W5 D13
W3 D25
27@200=5,400
S1 D13
W4 D25
F1 D22
H D16
600
F6 D19
F5 D13
600
F2 D29
300
S3 D13
600
100
200
3@200
=600
F4 D22
K1 D16
S2 D13
F3 D22
K2 D13
100
1,500
700
3,600

3 핵심 기출문제

□□□ 06②, 12①, 14②, 16④, 21①

01 **주어진 도면에 따라 다음 물량을 산출하시오.** (단, 도면의 치수단위는 mm이다.)

득점	배점
	8

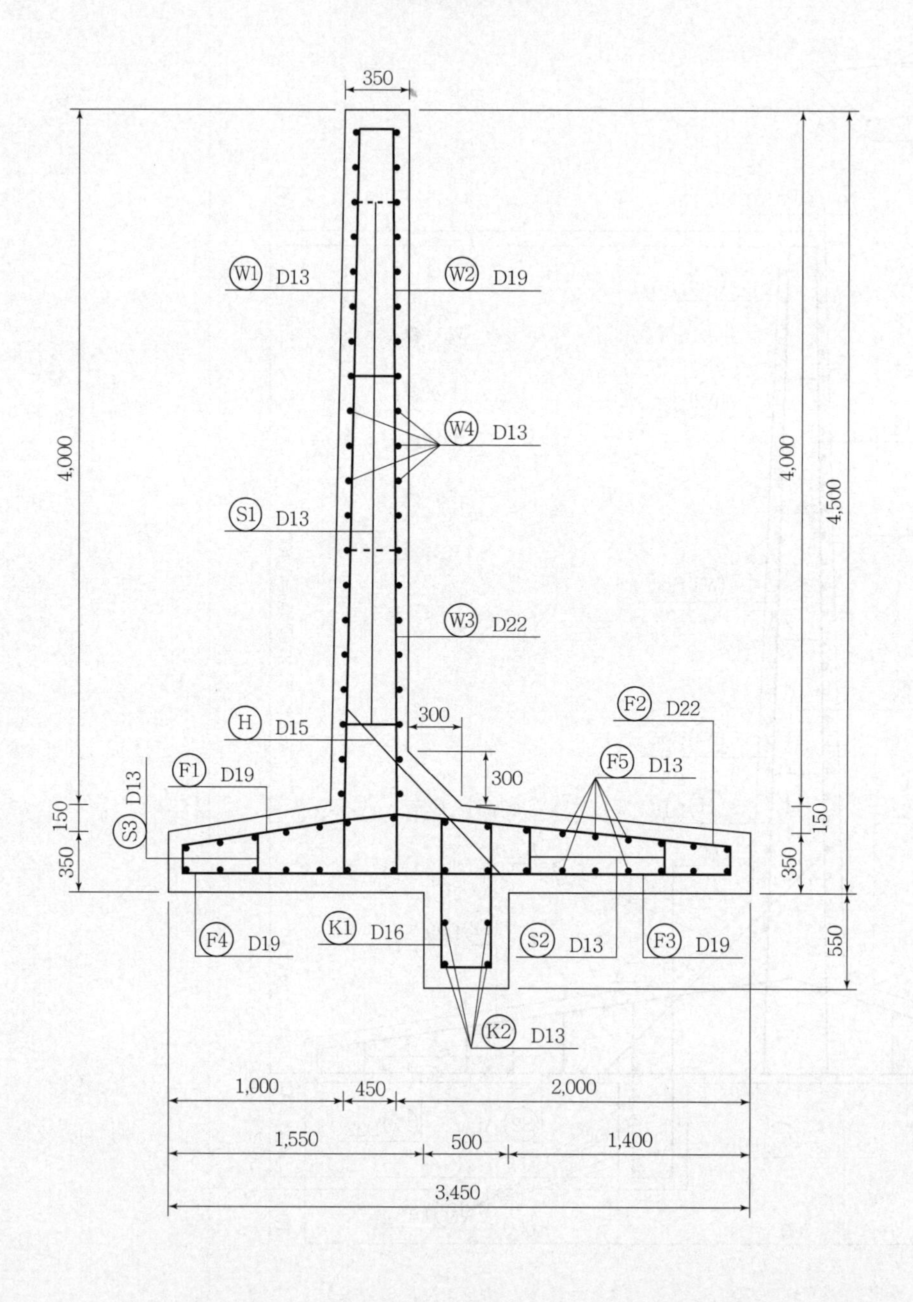

일 반 도

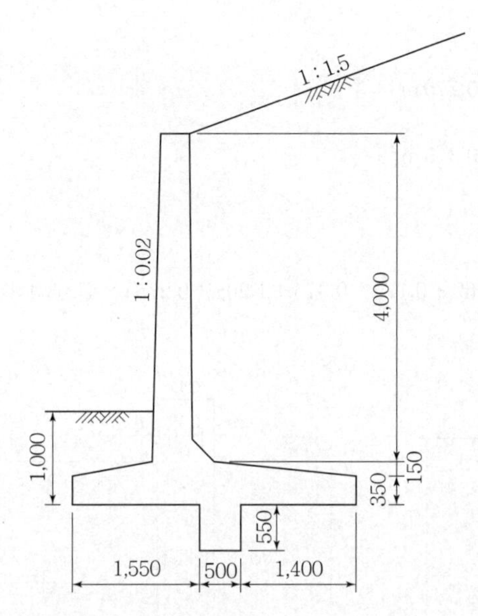

가. 옹벽길이 1m에 대한 콘크리트량을 구하시오. (단, 소수 4째자리에서 반올림하시오.)

계산 과정)　　　　　　　　　　　　　　　　　　　　　　　　　　답 : ______________

나. 옹벽길이 1m에 대한 거푸집량을 구하시오.
(단, 돌출부(전단 Key)에 거푸집을 사용하며, 마구리면의 거푸집을 무시하며, 소수 4째자리에서 반올림하시오.)

계산 과정)　　　　　　　　　　　　　　　　　　　　　　　　　　답 : ______________

해답 가.

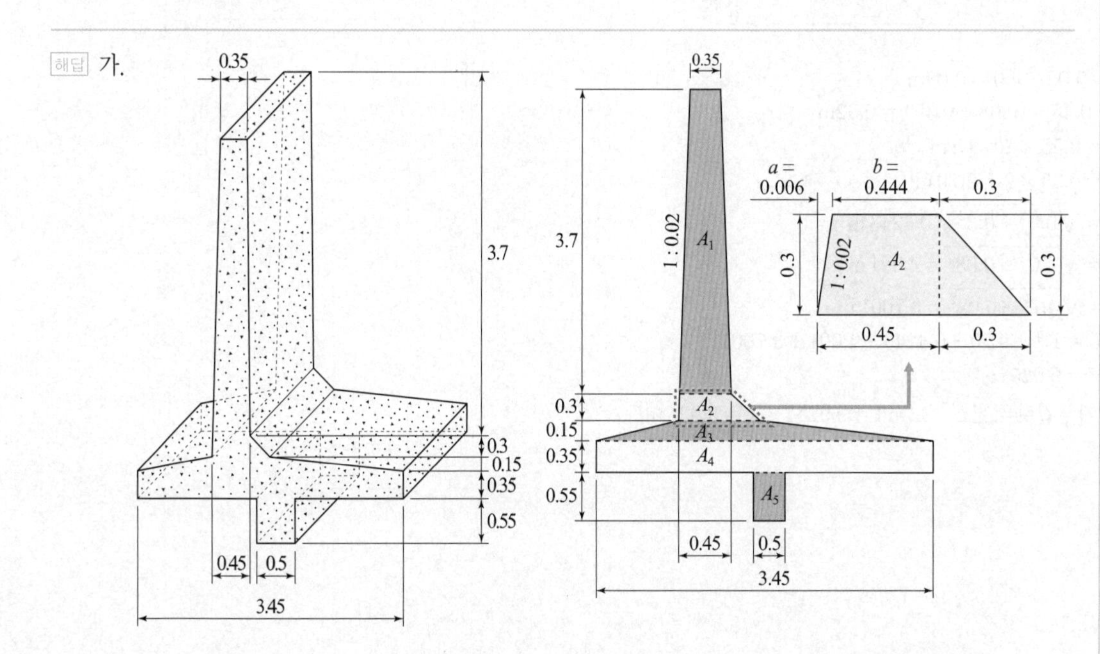

- $a = 0.02 \times 0.30 = 0.006\text{m}$
- $b = 0.45 - 0.02 \times 0.30 = 0.444\text{m}$
- $A_1 = \dfrac{0.35 + 0.444}{2} \times 3.7 = 1.469\,\text{m}^2$
- $A_2 = \dfrac{0.444 + (0.45 + 0.3)}{2} \times 0.3 = 0.179\,\text{m}^2$
- $A_3 = \dfrac{(0.45 + 0.3) + 3.45}{2} \times 0.15 = 0.315\,\text{m}^2$
- $A_4 = 0.35 \times 3.45 = 1.208\,\text{m}^2$
- $A_5 = 0.55 \times 0.5 = 0.275\,\text{m}^2$

  $\therefore$ 콘크리트량$= (\sum A_i) \times 1 = (1.469 + 0.179 + 0.315 + 1.208 + 0.275) \times 1 = 3.446\,\text{m}^3$

나.

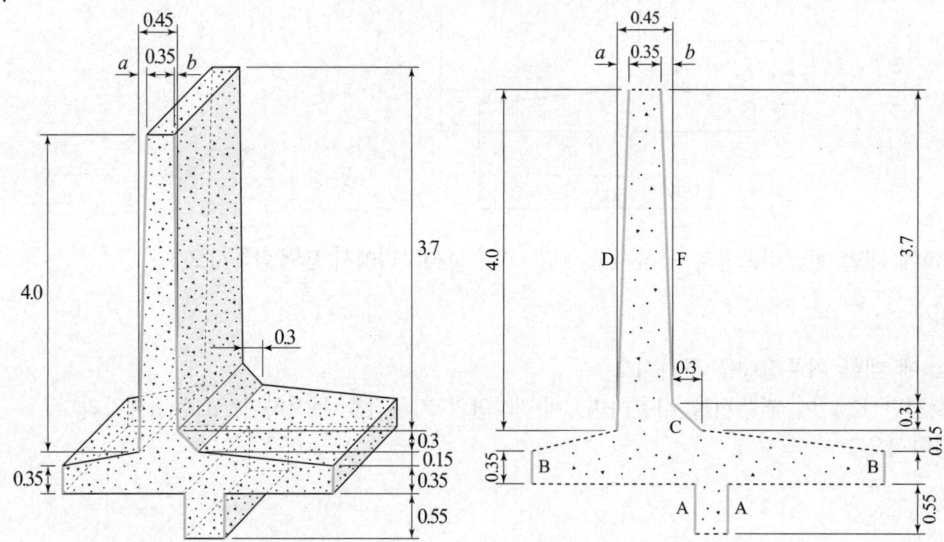

$a = 0.02 \times 4.0 = 0.08\text{m}$

$b = 0.45 - (0.08 + 0.35) = 0.02\text{m}$

- $\text{A} = 0.55 \times 2 = 1.1\text{m}$
- $\text{B} = 0.35 \times 2 = 0.70\,\text{m}$
- $\text{C} = \sqrt{0.3^2 + 0.3^2} = 0.4243\,\text{m}$
- $\text{D} = \sqrt{4.0^2 + 0.08^2} = 4.001\,\text{m}$
- $\text{F} = \sqrt{3.7^2 + 0.02^2} = 3.7001\,\text{m}$

$\sum L = 1.1 + 0.70 + 0.4243 + 4.001 + 3.7001$

$\quad = 9.9254\text{m}$

$\therefore$ 거푸집량$= \sum L \times 1(\text{m}) = 9.9254 \times 1 = 9.925\,\text{m}^2$

□□□ 99①, 02③, 05①, 07②, 09④, 13①, 21②

02 **주어진 도면 및 조건에 따라 다음 물량을 산출하시오.** (단, 주어진 도면의 치수는 축척에 맞지 않을 수 있으며, 주어진 치수로만 물량을 산출할 것)

득점	배점
	18

【조 건】

- W1, W2, W3, W4, W5, W6, F1, F3, F4, K2 철근은 각각 200mm 간격으로 배근한다.
- F2, K1, H 철근은 각각 100mm 간격으로 배근한다.
- S1, S2, S3 철근은 지그재그로 배근한다.
- 옹벽의 돌출부(전단 Key)에는 거푸집을 사용하는 경우로 계산한다.
- 물량산출에서 할증률 및 마구리는 없는 것으로 하고 상세도에 표시되어 있지 않은 이음길이는 계산하지 않는다.

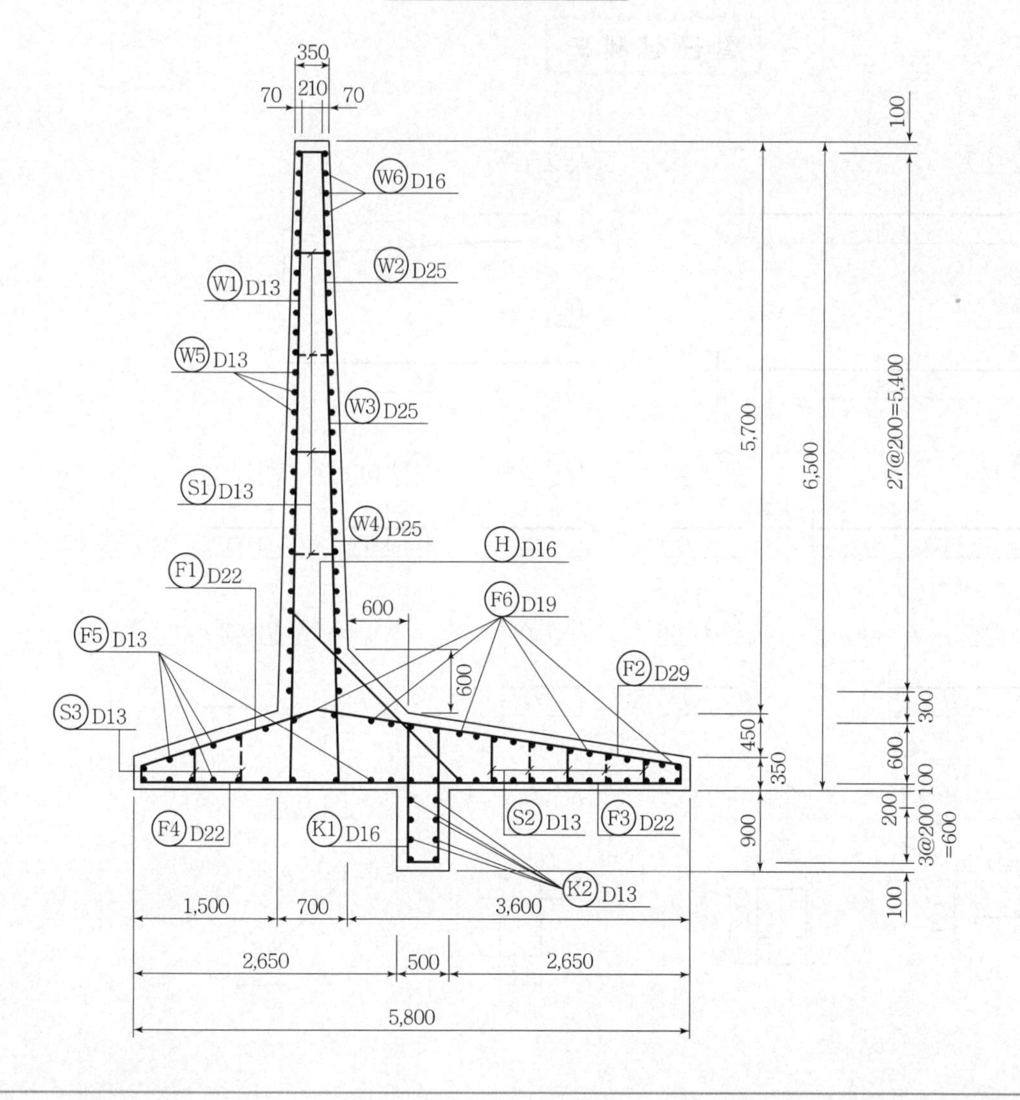

일 반 도

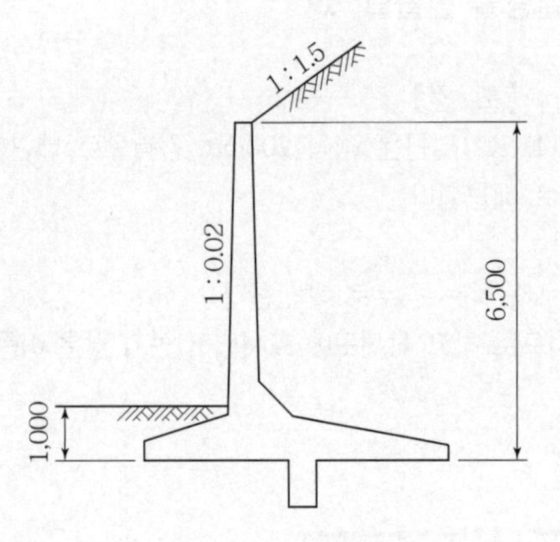
1 : 1.5
1 : 0.02
6,500
1,000

철 근 상 세 도

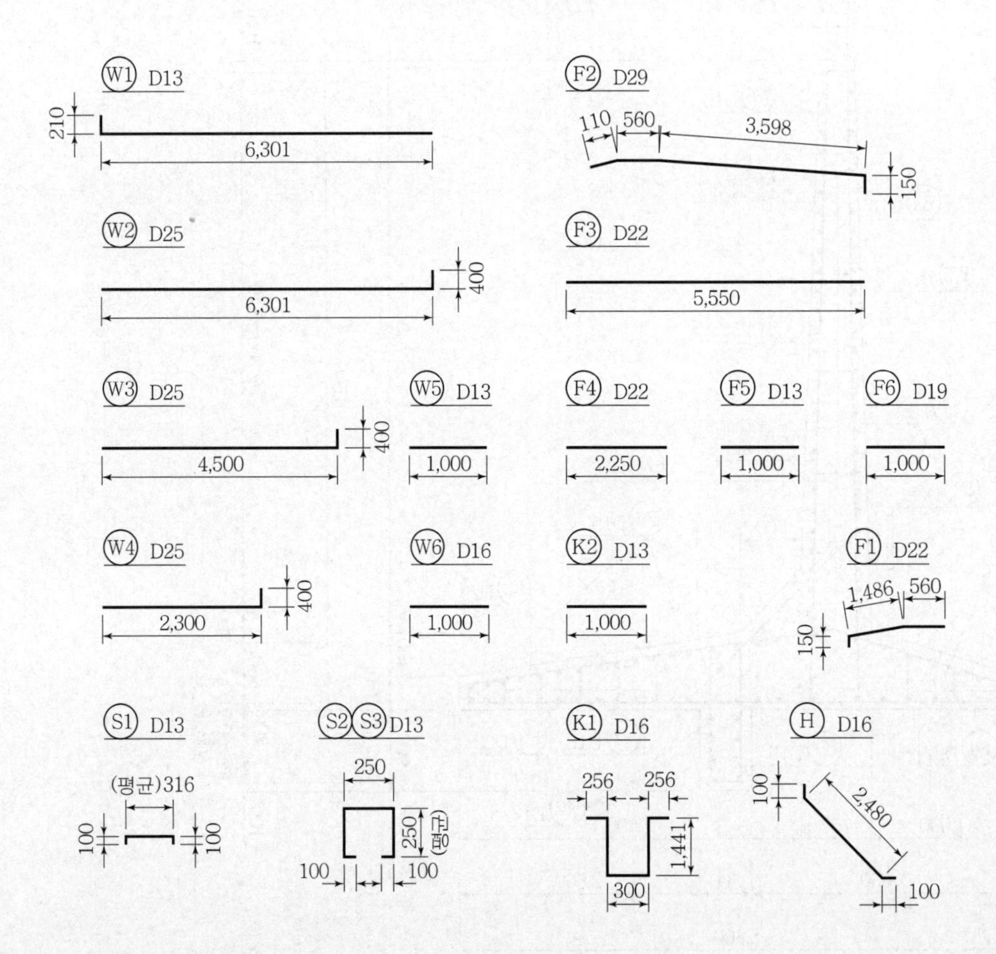
W1 D13
210
6,301
F2 D29
110
560
3,598
150
W2 D25
400
6,301
F3 D22
5,550
W3 D25
400
4,500
W5 D13
1,000
F4 D22
2,250
F5 D13
1,000
F6 D19
1,000
W4 D25
400
2,300
W6 D16
1,000
K2 D13
1,000
F1 D22
1,486
560
150
S1 D13
(평균)316
100
100
S2 S3 D13
250
250 (평균)
100
100
K1 D16
256
256
1,441
300
H D16
100
2,480
100

가. 길이 1m에 대한 콘크리트량을 구하시오. (단, 소수점 이하 4째자리에서 반올림하시오.)

계산 과정)

답 : ________________

나. 길이 1m에 대한 거푸집량을 구하시오. (단, 소수점 이하 4째자리에서 반올림하시오.)

계산 과정)

답 : ________________

다. 길이 1m에 대한 철근물량표를 완성하시오.

기호	직경	길이(mm)	수량	총길이(mm)	기호	직경	길이(mm)	수량	총길이(mm)
W1					K1				
F1					K2				
F5					S2				

해답 가. 콘크리트량

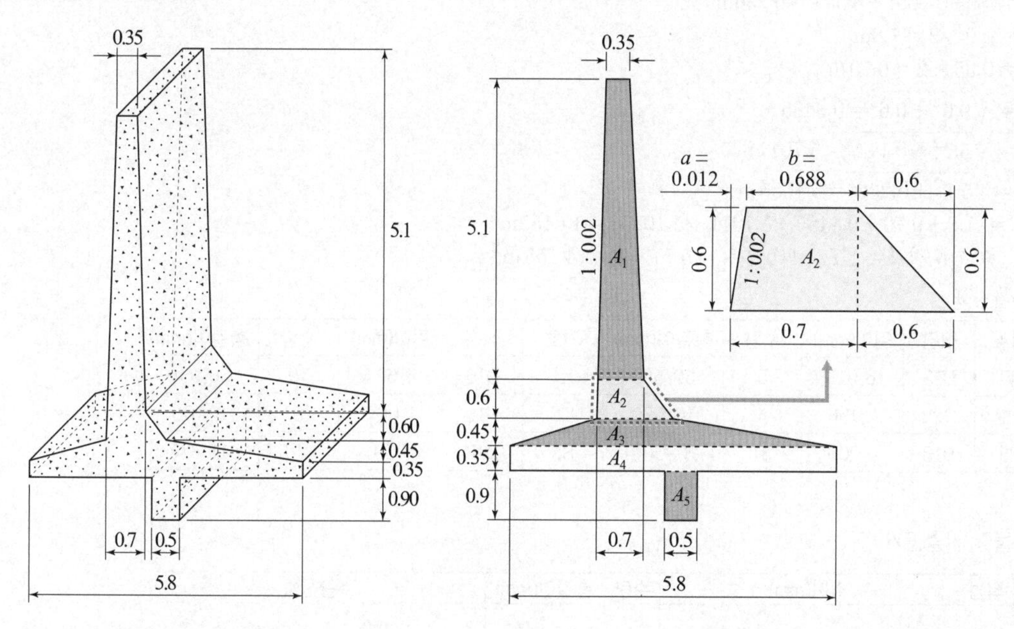

- $a=0.02\times0.6=0.012\text{m}$
- $b=0.70-0.02\times0.6=0.688\text{m}$
- $A_1=\dfrac{0.35+(0.7-0.6\times0.02)}{2}\times5.1=2.6469\text{m}^2$
- $A_2=\dfrac{(0.7-0.6\times0.02)+(0.7+0.6)}{2}\times0.6=0.5964\text{m}^2$
- $A_3=\dfrac{(0.7+0.6)+5.8}{2}\times0.45=1.5975\text{m}^2$
- $A_4=0.35\times5.8=2.03\text{m}^2$
- $A_5=0.9\times0.5=0.45\text{m}^2$

$\therefore\ V=(\Sigma A_i)\times1=(2.6469+0.5964+1.5975+2.03+0.45)\times1=7.321\text{m}^3$

나.

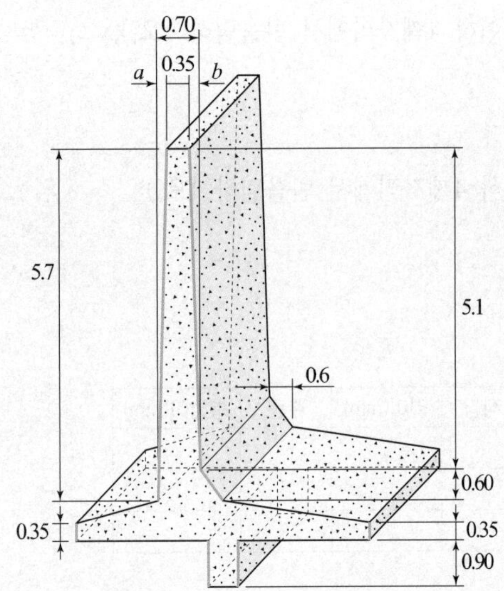

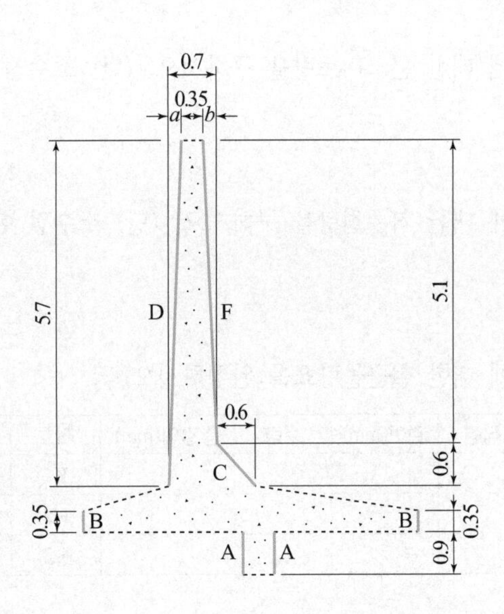

- $a = 0.02 \times 5.7 = 0.114\text{m}$
- $b = 0.7 - (0.114 + 0.35) = 0.236\text{m}$
- $\text{A} = 0.9 \times 2 = 1.8\text{m}$
- $\text{B} = 0.35 \times 2 = 0.70\text{m}$
- $\text{C} = \sqrt{0.6^2 + 0.6^2} = 0.8485\text{m}$
- $\text{D} = \sqrt{5.7^2 + 0.114^2} = 5.7011\text{m}$
- $\text{F} = \sqrt{5.1^2 + 0.236^2} = 5.1055\text{m}$

$\sum l = (1.8 + 0.70 + 0.8485 + 5.7011 + 5.1055) = 14.155\text{m}$

∴ 총 거푸집량= $\sum L \times 1(\text{m}) = 14.155 \times 1 = 14.155\text{m}^2$

다. 철근물량표

기호	직경	길이(mm)	수량	총길이(mm)	기호	직경	길이(mm)	수량	총길이(mm)
W1	D13	6,511	5	32,555	K1	D16	3,694	10	36,940
F1	D22	2,196	5	10,980	K2	D13	1,000	8	8,000
F5	D13	1,000	31	31,000	S2	D13	950	12.5	11,875

철근물량 산출근거

기호	직경	길이(mm)	수량	총길이(mm)	수량산출
W1	D13	210+6,301 = 6,511	5	32,555	$\frac{1}{0.200} = 5$본
F1	D22	150+1,486+560=2,196	5	10,980	$\frac{1}{0.200} = 5$본
F5	D13	1,000	31	31,000	31(단면도에 수작업)
K1	D16	256×2+300+1,441×2 = 3,694	10	36,940	$\frac{1}{0.100} = 10$본
K2	D13	1,000	8	8,000	단면도에서 수작업(Key 부분)
S2	D13	(100+250)×2+250 = 950	12.5	11,875	$\frac{5}{0.200 \times 2} \times 1 = 12.5$본 또는 $400 : 5 = 1,000 : x$ $\therefore x = 12.5$

03 선박식 옹벽

1 입체도 및 단면도

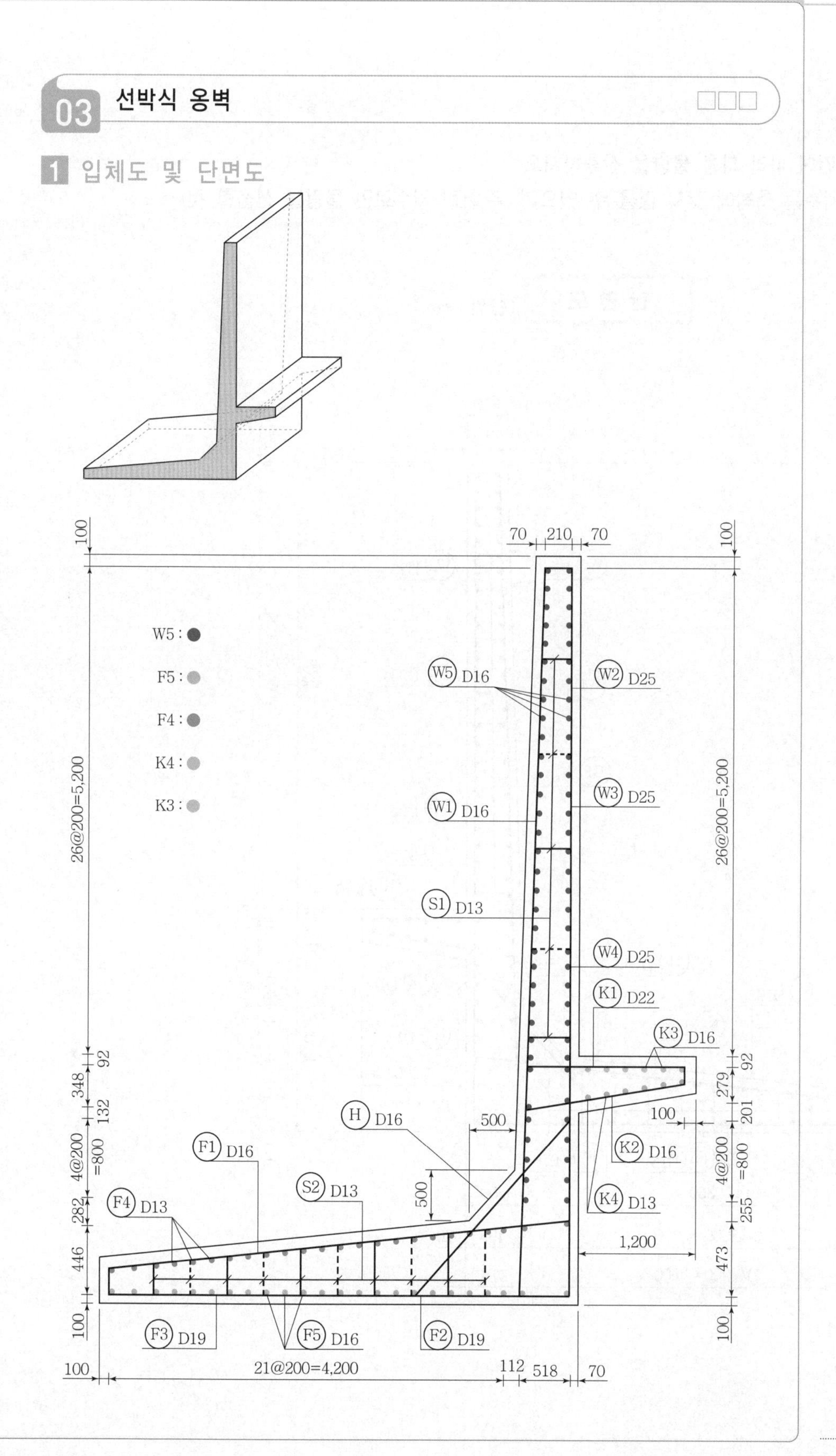

2 핵심 기출문제

□□□ 03①, 08①, 12②, 15①, 18①, 20③

득점	배점
	18

01 주어진 도면 및 조건에 따라 다음 물량을 산출하시오.

(단, 주어진 도면의 치수는 축척에 맞지 않을 수 있으며, 주어진 치수로만 물량을 산출할 것)

단 면 도 (단위 : mm)

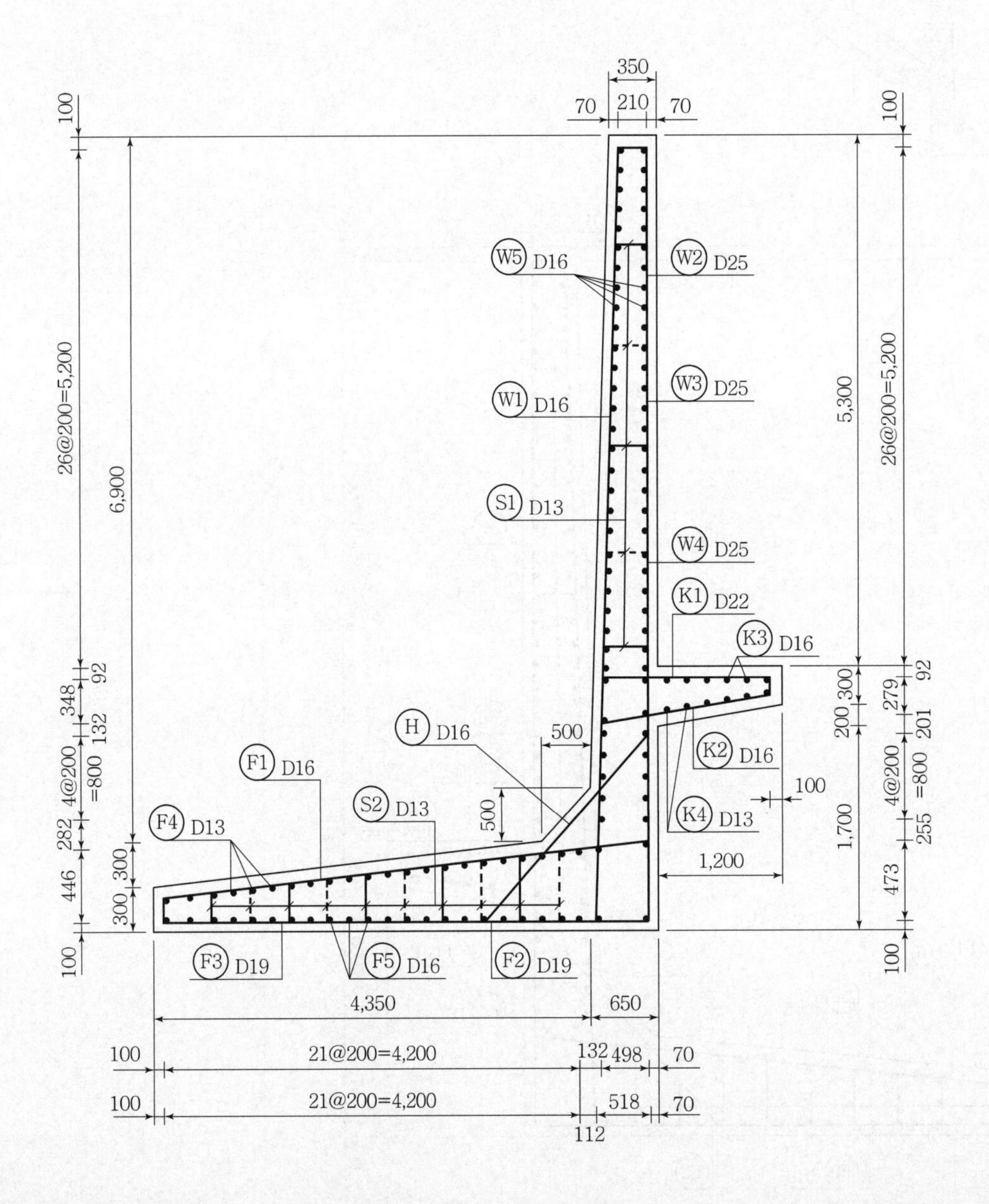

일 반 도

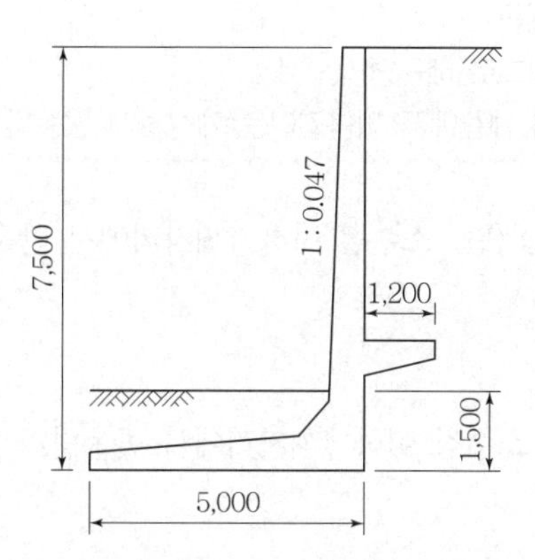
7,500
1 : 0.047
1,200
1,500
5,000

철 근 상 세 도

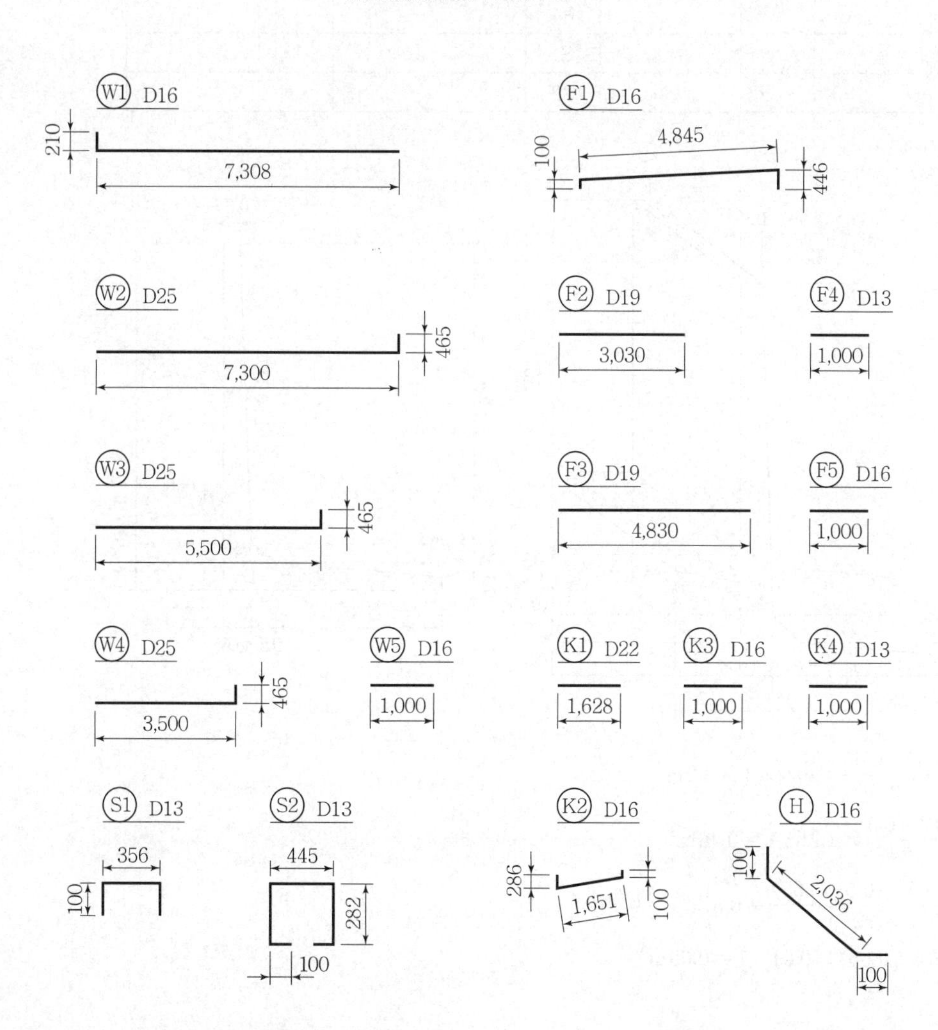
W1 D16
210
7,308
F1 D16
4,845
100
446
W2 D25
465
7,300
F2 D19
3,030
F4 D13
1,000
W3 D25
465
5,500
F3 D19
4,830
F5 D16
1,000
W4 D25
465
3,500
W5 D16
1,000
K1 D22
1,628
K3 D16
1,000
K4 D13
1,000
S1 D13
356
100
S2 D13
445
282
100
K2 D16
286
1,651
100
H D16
100
2,036
100

【조 건】

- W1, W4, H, K1, K2, K3, K4, F1, F2, F3 철근은 각각 200mm 간격으로 배근한다.
- W2, W3 철근은 각각 400mm 간격으로 배근한다.
- S1, S2 철근은 도면의 표시와 같이 지그재그로 배근한다.
- 물량산출에서 할증률은 무시하며 철근길이 계산에서 이음길이는 계산하지 않는다.

가. 길이 1m에 대한 콘크리트량을 구하시오. (단, 소수점 이하 4째자리에서 반올림)

계산 과정) 답 : ____________

나. 길이 1m에 대한 거푸집량을 구하시오.
(단, 양측 마구리면은 계산하지 않으며, 소수점 이하 4째자리에서 반올림)

계산 과정) 답 : ____________

다. 길이 1m에 대한 철근량 산출을 위한 철근물량표를 완성하시오.

기호	직경	길이(mm)	수량	총길이(mm)	기호	직경	길이(mm)	수량	총길이(mm)
W2					F4				
W5					S1				
H					S2				

해답 가.

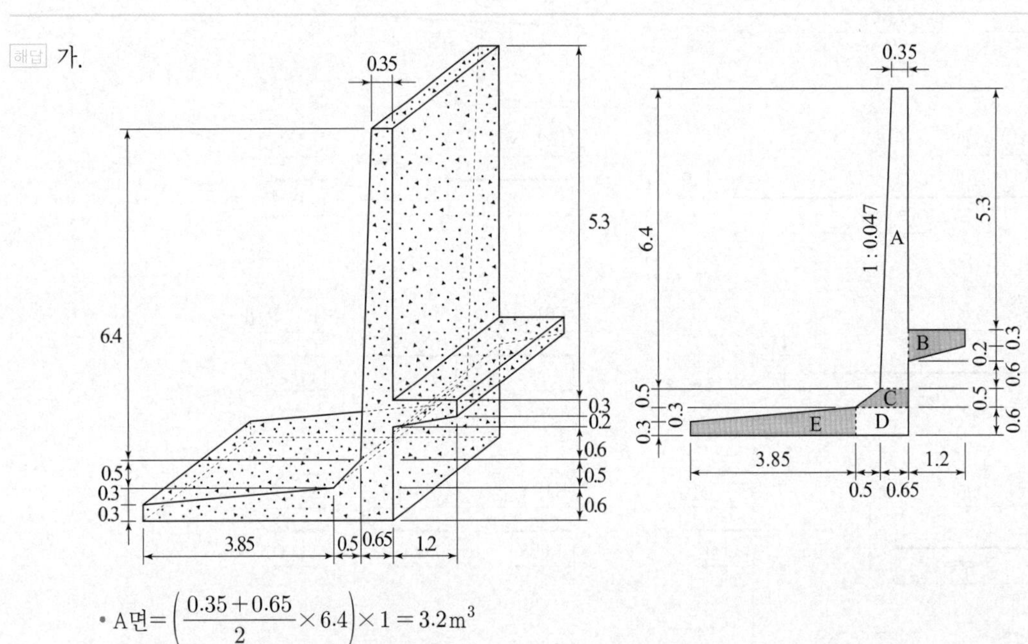

- A면 $= \left(\dfrac{0.35+0.65}{2}\times 6.4\right)\times 1 = 3.2\text{m}^3$
- B면 $= \left(\dfrac{0.3+0.5}{2}\times 1.2\right)\times 1 = 0.48\text{m}^3$
- C면 $= \left(\dfrac{0.65+(0.5+0.65)}{2}\times 0.5\right)\times 1 = 0.45\text{m}^3$
- D면 $= \{(0.5+0.65)\times 0.6\}\times 1 = 0.69\text{m}^3$

• E면 $=\left(\dfrac{0.3+0.6}{2}\times 3.85\right)\times 1=1.7325\,\text{m}^3$

총 콘크리트량 $=3.2+0.48+0.45+0.69+1.7325=6.553\,\text{m}^3$

나.

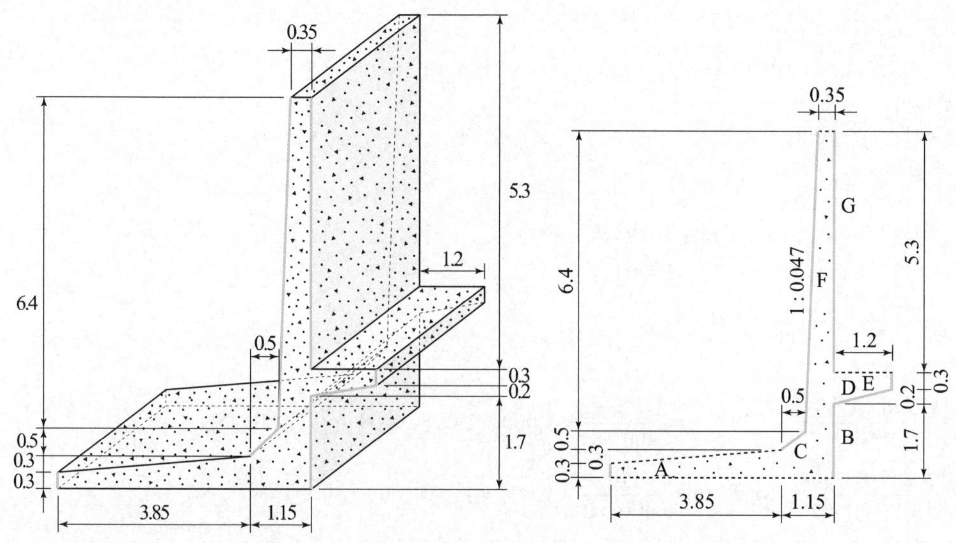

• 저판 A면 $=0.3\times 1=0.3\text{m}^2$
• 저판 B면 $=1.7\times 1=1.7\text{m}^2$
• 헌치 C면 $=\sqrt{0.5^2+0.5^2}\times 1=0.7071\,\text{m}^2$
• 선반 D면 $=\sqrt{1.2^2+0.2^2}\times 1=1.2166\,\text{m}^2$
• 선반 E면 $=0.3\times 1=0.3\text{m}^2$
• 벽체 F면 $=\sqrt{6.4^2+0.3008^2}\times 1=6.407\,\text{m}^2$
 $(\because\ x=0.047\times 6.4=0.3008\,\text{m})$
• 벽체 G면 $=5.3\times 1=5.3\text{m}^2$

$\therefore$ 총 거푸집량 $=0.3+1.7+0.7071+1.2166+0.3+6.407+5.3$
$=15.931\,\text{m}^2$

다.

기호	직경	길이(mm)	수량	총길이(mm)	기호	직경	길이(mm)	수량	총길이(mm)
W2	D25	7,765	2.5	19,413	F4	D13	1,000	24	24,000
W5	D16	1,000	68	68,000	S1	D13	556	12.5	6,950
H	D16	2,236	5	11,180	S2	D13	1,209	12.5	15,113

철근물량 산출근거

- $W1=\dfrac{\text{총길이}}{\text{철근간격}}=\dfrac{1,000}{200}=5$본
- $W2=\dfrac{\text{총길이}}{\text{철근간격}}=\dfrac{1,000}{400}=2.5$본
- W5=(철근간격수+1)×2(벽체 전후면)=(26+1+1+1+4+1)×2=68본
- $H=\dfrac{\text{총길이}}{\text{철근간격}}=\dfrac{1,000}{200}=5$본
- $F1=\dfrac{\text{총길이}}{\text{철근간격}}=\dfrac{1,000}{200}=5$본
- F4=철근간격수+1=(21+1+1)+1=24본
- F5=철근간격수+1=(21+1+1)+1=24본
- $K2=\dfrac{\text{총길이}}{\text{철근간격}}=\dfrac{1,000}{200}=5$본
- K3=5+1=6본
- $S1=\dfrac{\text{단면도의 S1개수}}{(\text{W1의 간격})\times 2}\times\text{옹벽길이}=\dfrac{5}{200\times 2}\times 1,000=12.5$본$(400:5=1,000:S_1)$
- $S2=\dfrac{\text{단면도의 S2개수}}{(\text{F1의 간격})\times 2}\times\text{옹벽길이}=\dfrac{10}{400\times 2}\times 1,000=12.5$본$(800:10=1,000:S_2)$

(∵ 한칸건너 지그재그 배근, S2 철근은 F1 철근 2칸을 감싸서 배근)

기호	직경	길이(mm)	수량	총길이(mm)	기호	직경	길이(mm)	수량	총길이(mm)
W1	D16	7,518	5	37,590	F5	D16	1,000	24	24,000
W2	D25	7,765	2.5	19,413	K2	D16	2,037	5	10,185
W5	D16	1,000	68	68,000	K3	D16	1,000	6	6,000
H	D16	2,236	5	11,180	S1	D13	556	12.5	6,950
F1	D16	5,391	5	26,955	S2	D13	1,209	12.5	15,113
F4	D13	1,000	24	24,000					

04 뒷부벽식 옹벽

1 모형도

제공 : Modeling System

2 입체도 및 단면도

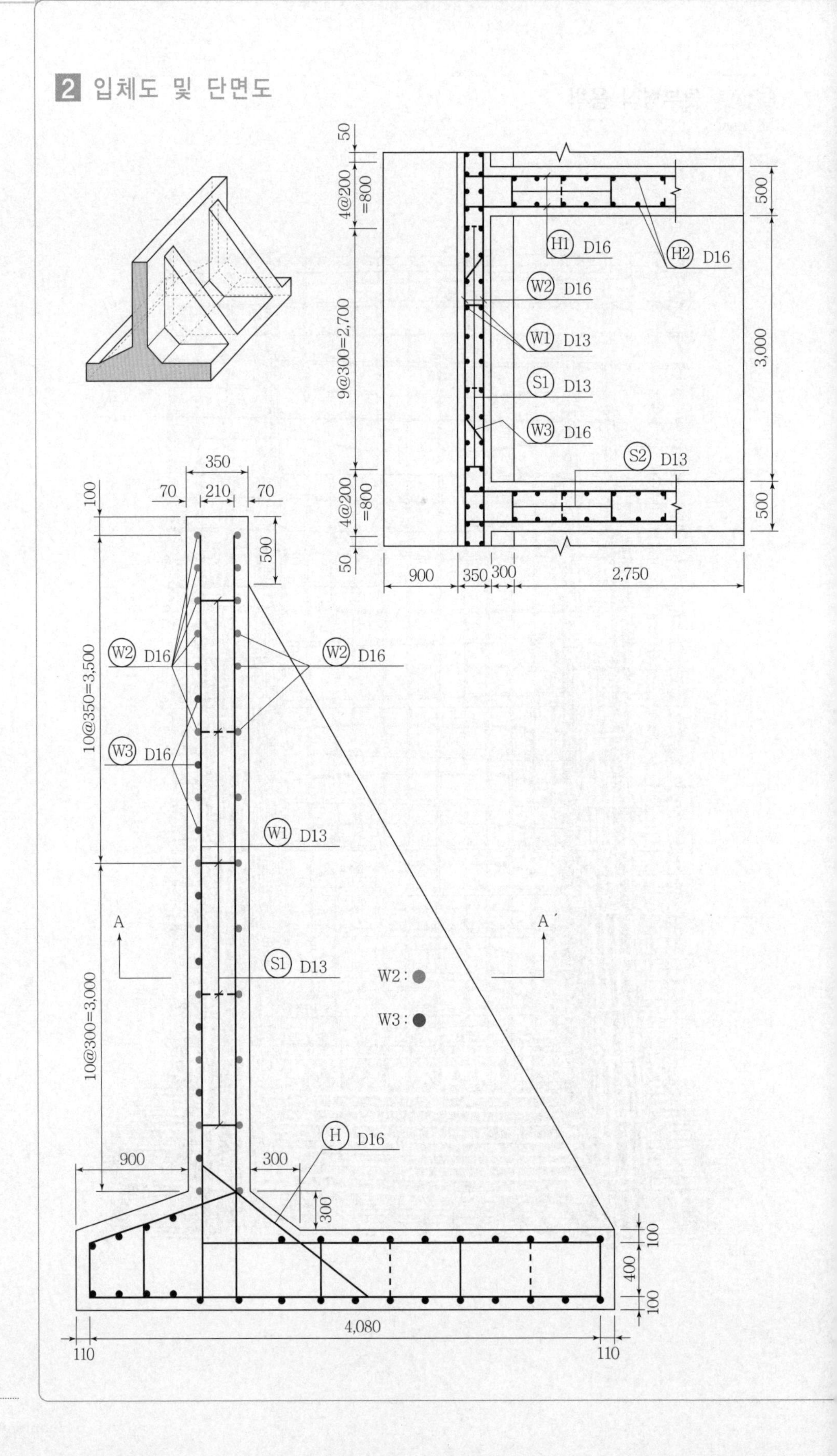

50
4@200 =800
9@300=2,700
4@200 =800
50
H1 D16
H2 D16
W2 D16
W1 D13
S1 D13
W3 D16
S2 D13
500
3,000
500
900
350
300
2,750
350
70
210
70
100
500
10@350=3,500
W2 D16
W2 D16
W3 D16
W1 D13
A
A′
S1 D13
W2 :
W3 :
10@300=3,000
H D16
900
300
300
100
400
100
4,080
110
110

3 핵심 기출문제

□□□ 01①, 02②, 04②, 06④, 09①, 10④, 13②, 15②, 20④, 23③

01 **주어진 도면 및 조건에 따라 다음 물량을 산출하시오.** (단, 주어진 도면의 치수는 축척에 맞지 않을 수 있으며, 주어진 치수로만 물량을 산출하며 도면의 단위는 mm이다.)

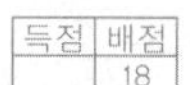

득점	배점
	18

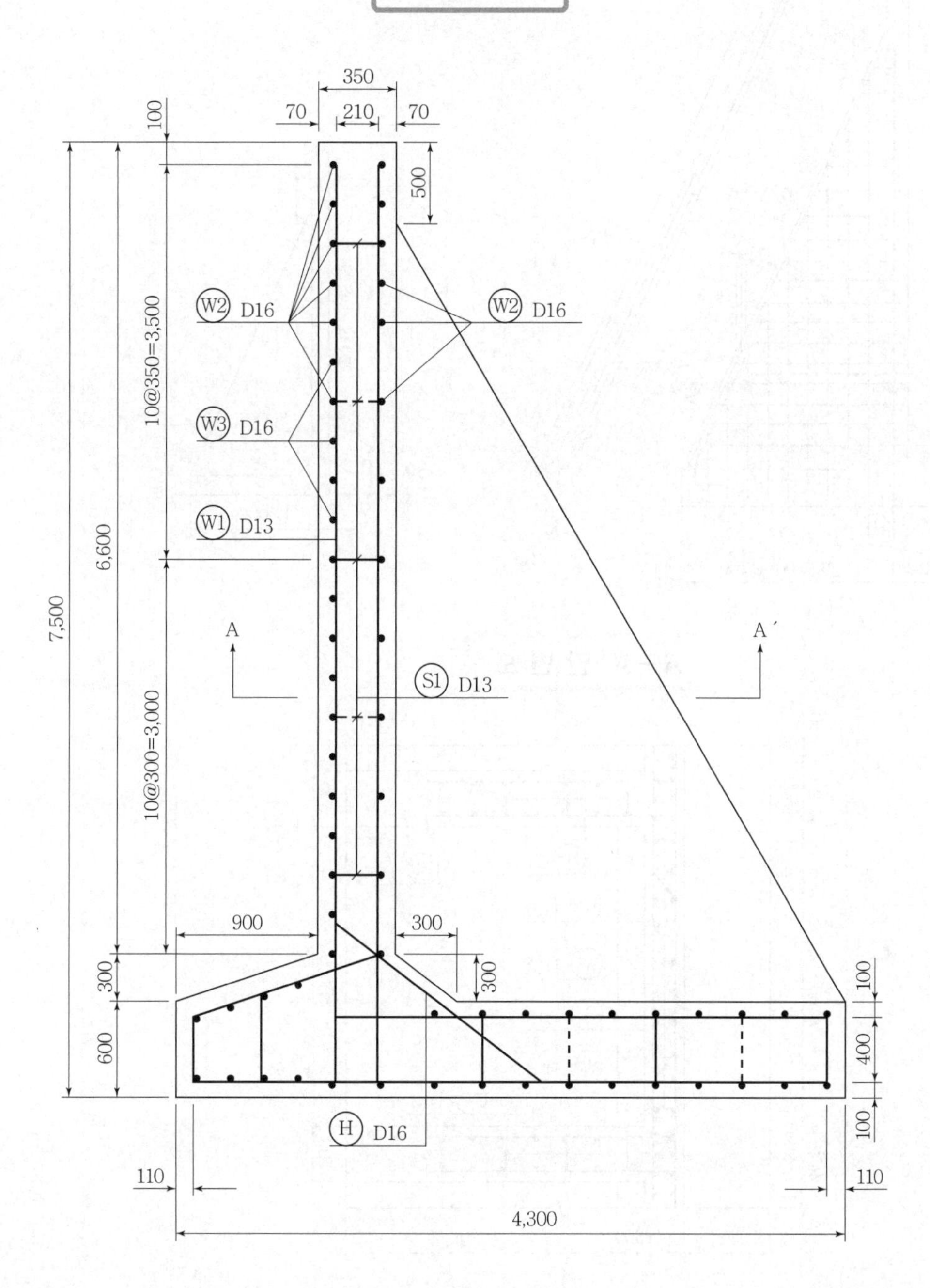

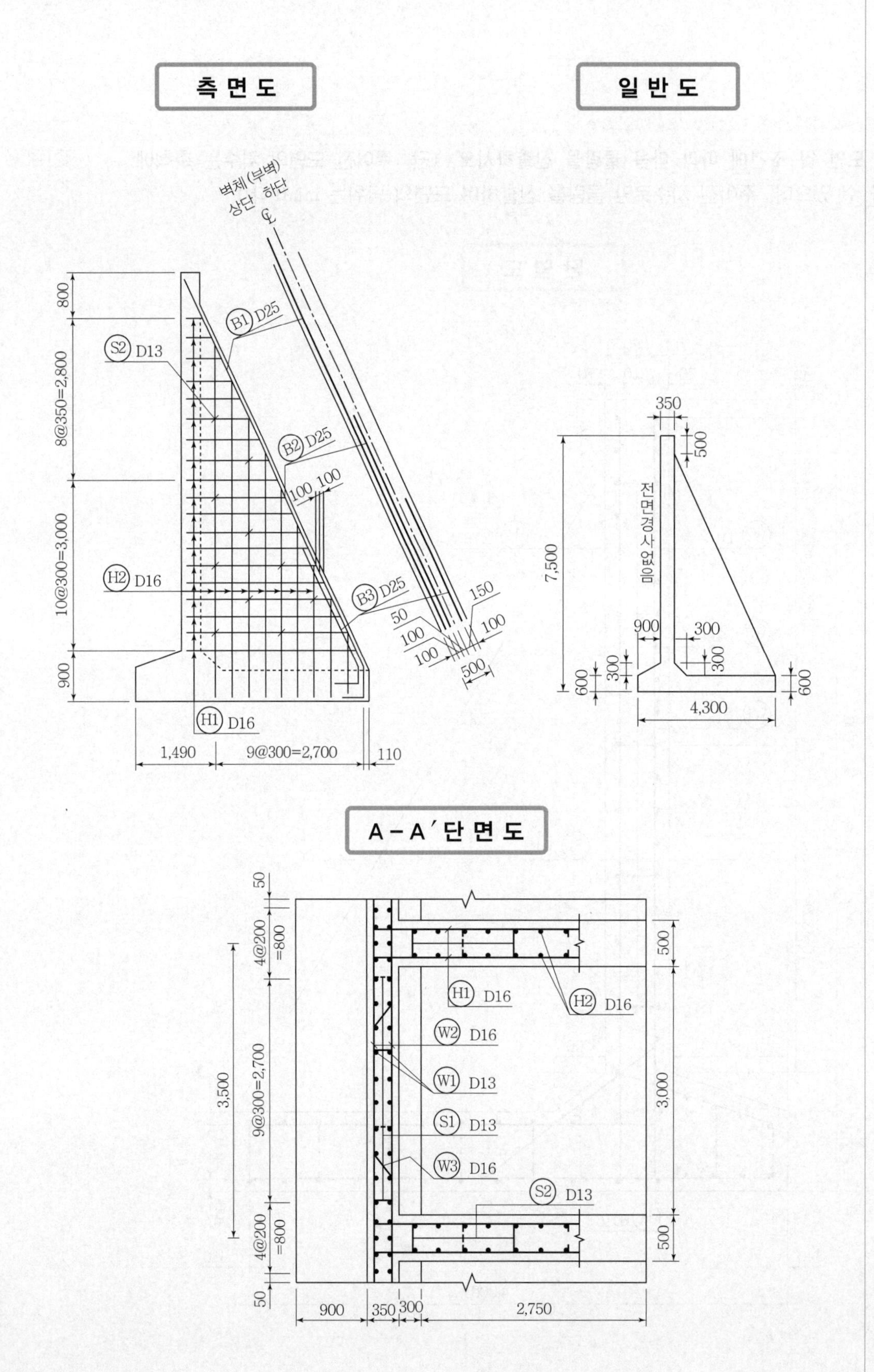

측면도
일반도
벽체(부벽) 상단 하단
℄
800
8@350=2,800
10@300=3,000
900
S2 D13
B1 D25
B2 D25
100, 100
H2 D16
B3 D25
50
100
100
100
150
100
500
H1 D16
1,490
9@300=2,700
110
350
500
7,500
전면경사없음
900
300
300
300
600
600
4,300
A−A′단면도
50
4@200 =800
3,500
9@300=2,700
4@200 =800
50
500
3,000
500
H1 D16
H2 D16
W2 D16
W1 D13
S1 D13
W3 D16
S2 D13
900
350
300
2,750

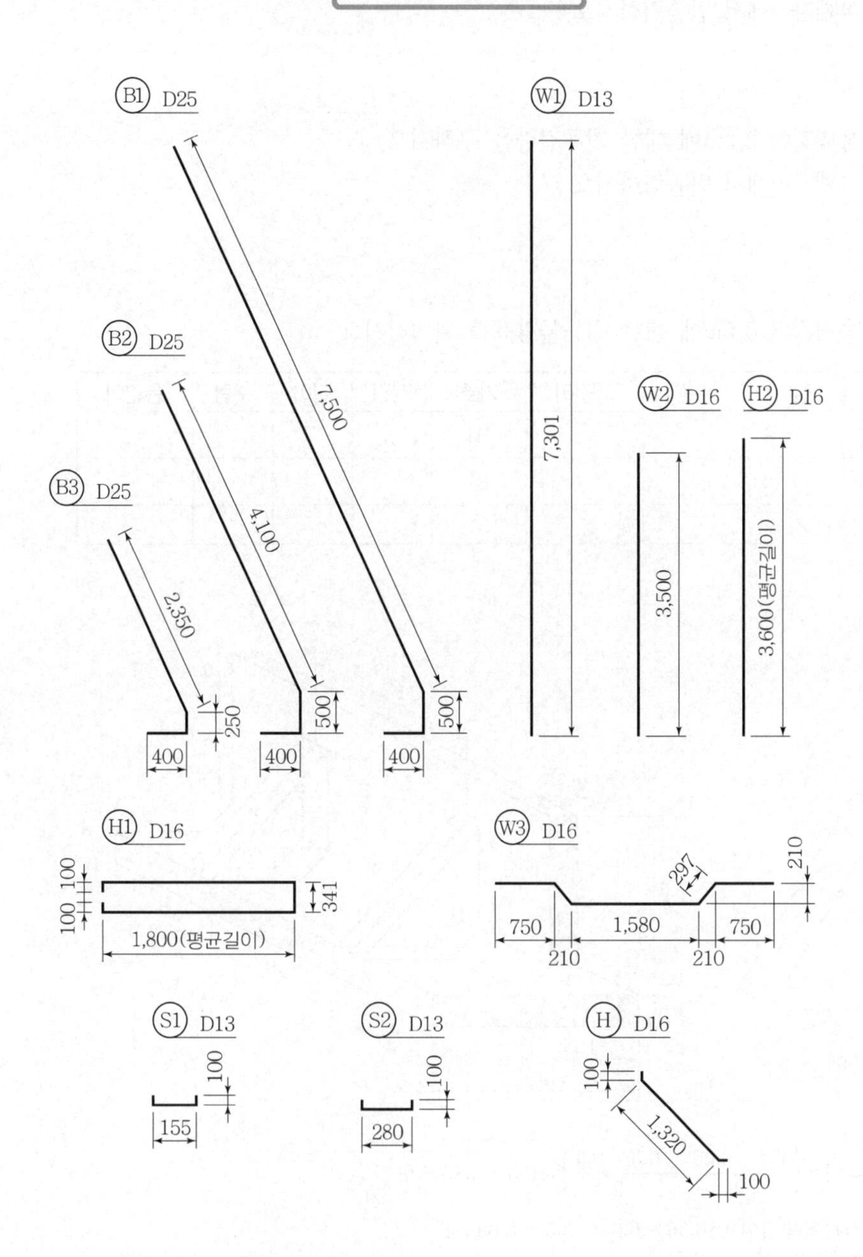

【조 건】

- S1 철근은 지그재그(Zigzag)로 배치되어 있다.
- H 철근의 간격은 W1 철근과 같다.
- 물량산출에서의 할증률 및 마구리는 없는 것으로 한다.
- 철근길이 계산에서 이음길이는 계산하지 않는다.
- 저판의 철근량은 계산하지 않는다.

가. 부벽을 포함하는 옹벽길이 3.5m에 대한 콘크리트량을 구하시오.
(단, 소수점 이하 4째자리에서 반올림하시오.)

계산 과정)

답 : ________

나. 부벽을 포함하는 옹벽길이 3.5m에 대한 거푸집량을 구하시오.
(단, 소수점 이하 4째자리에서 반올림하시오.)

계산 과정)

답 : ________

다. 부벽을 포함하는 옹벽길이 3.5m에 대한 철근물량표를 완성하시오.

기호	직경	길이	수량	총길이	기호	직경	길이	수량	총길이
W1					H1				
W2					B1				
W3					S1				

해답 가.

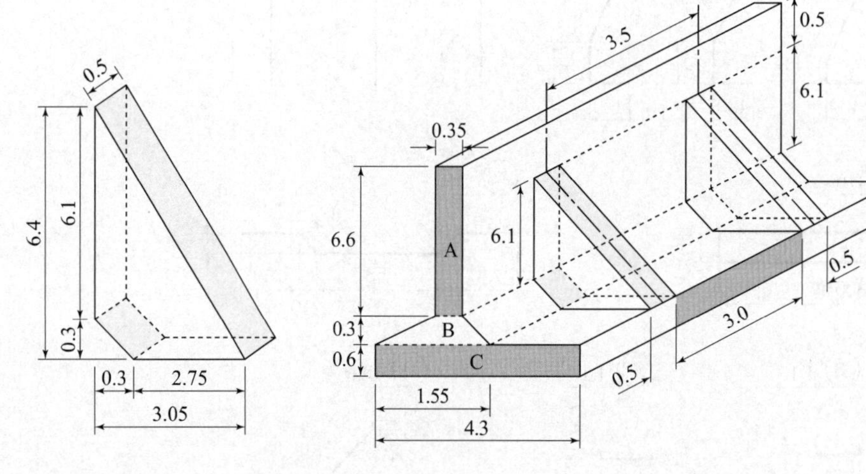

• 단면적×부벽두께$=\left(\dfrac{6.4\times3.05}{2}-\dfrac{0.3\times0.3}{2}\right)\times0.5=4.8575\text{m}^3$

• 벽체 A=단면적×옹벽길이$=(0.35\times6.6)\times3.5=8.085\text{m}^3$

• 헌치부분 B$=\dfrac{0.35+1.55}{2}\times0.3\times3.5=0.9975\text{m}^3$

• 저판 C$=(0.6\times4.30)\times3.5=9.03\text{m}^3$

∴ 총콘크리트량$=4.8575+8.085+0.9975+9.03=22.970\text{m}^3$

! 주의점
일반도에서 전면 경사없음이므로 경사를 고려하지 않고 계산한다.

나.

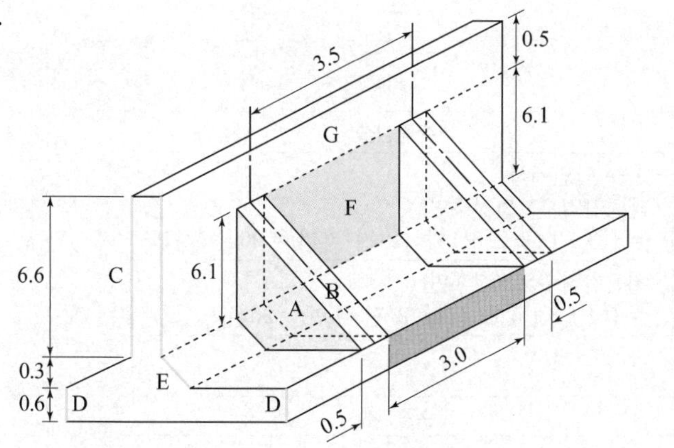

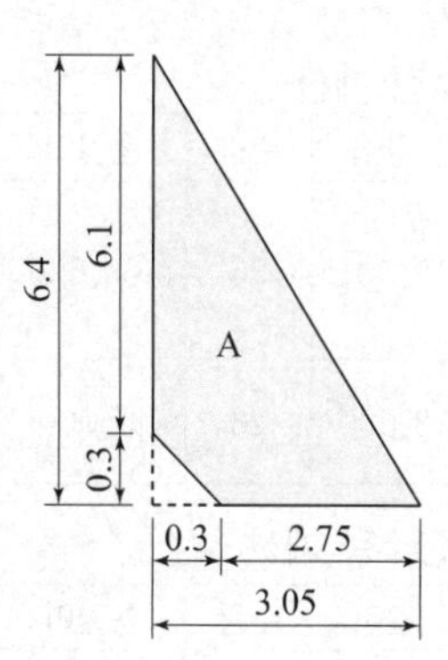

⚠ 주의점
- 마구리면은 고려하지 않음(조건)
- 경사 45° 이상만 거푸집 산출

- A면 $= \left(\frac{6.4 \times 3.05}{2} - \frac{0.3 \times 0.3}{2}\right) \times 2$(양면)$= 19.43\text{m}^2$
- B면 $= \sqrt{6.4^2 + 3.05^2} \times 0.5 = 3.545\text{m}^2$
- C면 $= 6.6 \times 3.5 = 23.10\text{m}^2$
- D면 $= (0.6 \times 3.5) \times 2$(양면)$= 4.20\text{m}^2$
- E면 $= \sqrt{0.3^2 + 0.3^2} \times 3.0 = 1.273\text{m}^2$
- F면 $= 6.1 \times 3.0 = 18.30\text{m}^2$
- G면 $= 0.5 \times 3.5 = 1.75\text{m}^2$

∴ 총거푸집량 $= 19.43 + 3.545 + 23.10 + 4.20 + 1.273 + 18.30 + 1.75 = 71.598\text{m}^2$

다.

기호	직경	길이(mm)	수량	총길이(mm)	기호	직경	길이(mm)	수량	총길이(mm)
W1	D13	7,301	26	189,826	H1	D16	4,141	19	78,679
W2	D16	3,500	26	91,000	B1	D25	8,400	2	16,800
W3	D16	3,674	8	29,392	S1	D13	355	10	3,550

 철근물량 산출근거

1. W1, W2 철근수량 계산

기호	직경	길이	수량	총길이	수량산출
W1	D13	7,301	26	189,826	• A-A'단면에서 • 철근간격수×2(전후면) $= \{(9+1)+(2+1)\} \times 2$(전·후면)$=26$본
W2	D16	3,500	26	91,000	• 철근간격수×2(전후면) $= \{(4+3+5)+1)\} \times 2$(전·후면)$=26$본

2. H, H1, H2 철근수량 계산

기호	직경	길이	수량	총길이	수량산출
H	D16	1,520	13	19,760	• H 철근과 W1 철근 간격이 같다. A-A'단면도 후면에서 계산
H1	D16	4,141	19	78,679	• 측면도 8@+10@ • 칸수$+1=(8+10)+1=19$본
H2	D16	3,600	18	64,800	• 측면도에서 9@-1@=8@ • 철근간격수×2(복배근)$=\{(9-1)+1)\}\times 2=18$본

3. B1, B2, B3 철근수량 계산

기호	직경	길이	수량	총길이	수량산출
B1	D25	8,400	2	16,800	• 측면도 벽체(부벽)상단 좌우
B2	D25	5,000	2	10,000	• 측면도 벽체(부벽)상단 좌우
B3	D25	3,000	3	9,000	• 측면도 벽체(부벽)하단 좌우 • 2+1=3본

4. S1, S2 철근수량 계산

기호	직경	길이	수량	총길이	수량산출
S1	D13	355	10	3,550	• 단면도 실선 3, 점선 2 • A-A'단면도(실선 2, 점선 2) $\therefore\ 3\times 2+2\times 2=10$본
S2	D13	480	10	4,800	• 전면벽에서부터 $4+3+2+1=10$본

5. 철근물량표

기호	직경	길이(mm)	수량	총길이(mm)	기호	직경	길이(mm)	수량	총길이(mm)
W1	D13	7,301	26	189,826	H	D16	1,520	13	19,760
W2	D16	3,500	26	91,000	H1	D16	4,141	19	78,679
W3	D16	3,674	8	29,392	H2	D16	3,600	18	64,800
B1	D25	8,400	2	16,800	S1	D13	355	10	3,550
B2	D25	5,000	2	10,000	S2	D13	480	10	4,800
B3	D25	3,000	3	9,000					

□□□ 01①, 02②, 04②, 06②, 09①, 10④, 13②, 15②, 22②, 23③

02 **주어진 도면 및 조건에 따라 다음 물량을 산출하시오.** (단, 주어진 도면의 치수는 축척에 맞지 않을 수 있으며, 주어진 치수로만 물량을 산출하며, 도면의 치수단위는 mm이다.)

득점	배점
	18

단 면 도

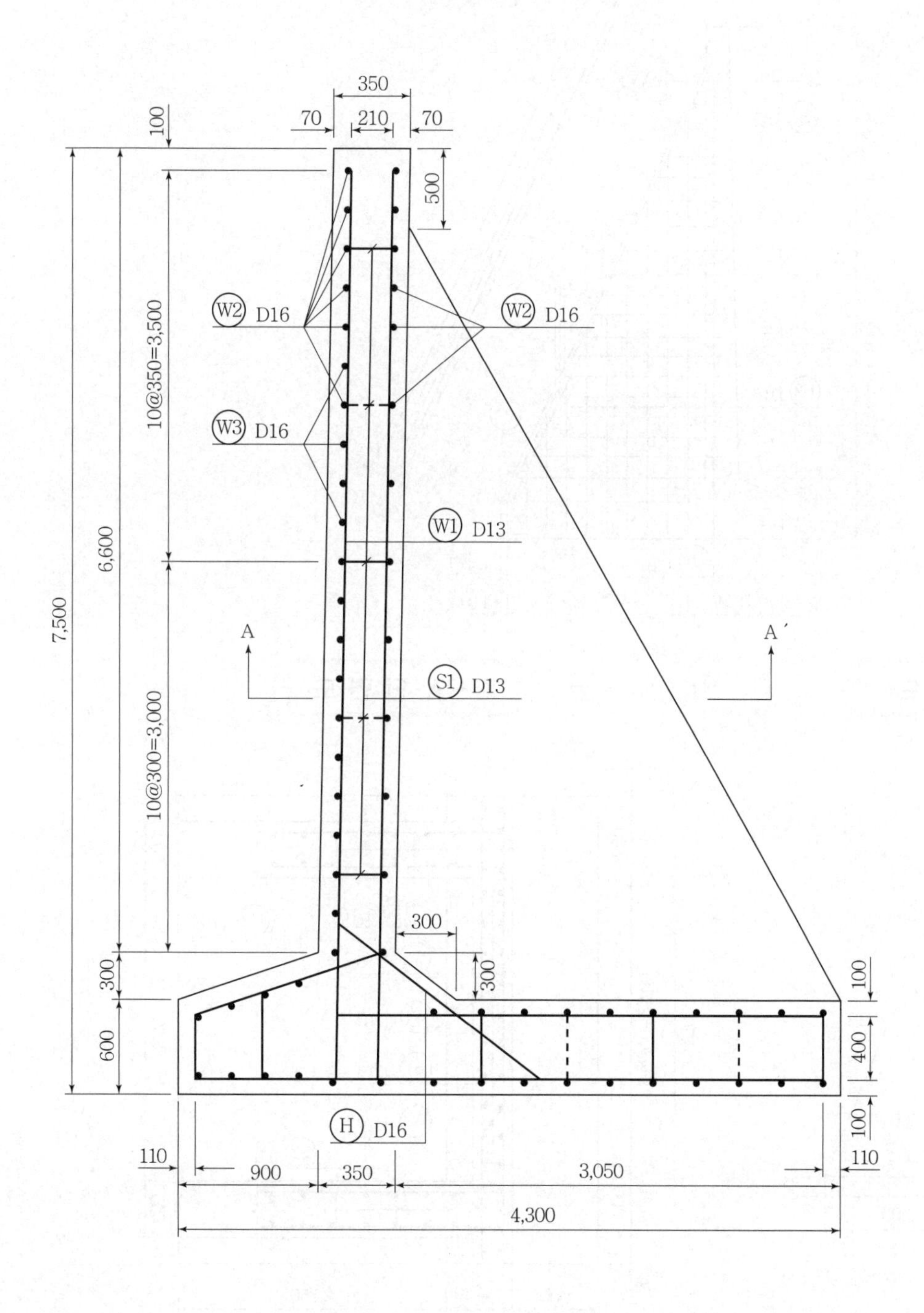

측 면 도

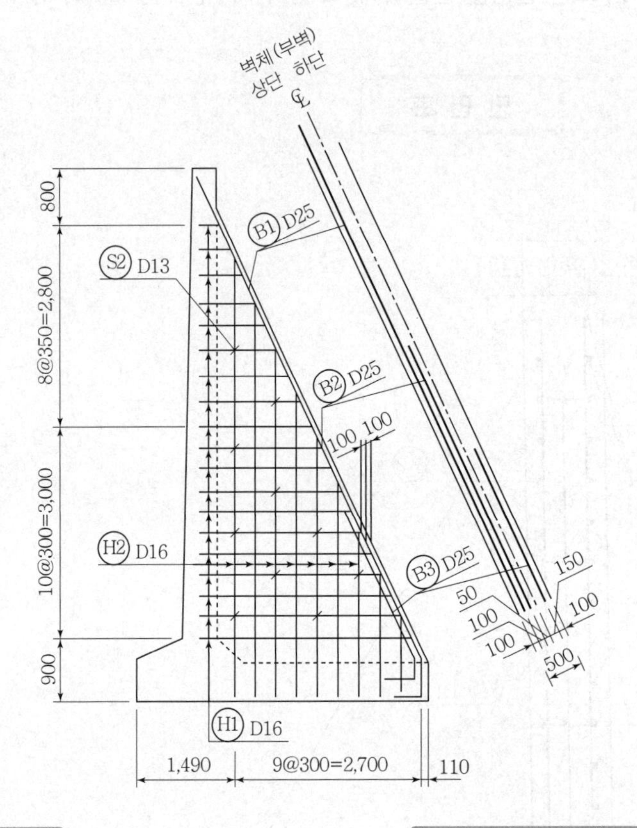
벽체(부벽)
상단 하단
℄
800
8@350=2,800
10@300=3,000
900
B1 D25
S2 D13
B2 D25
100, 100
H2 D16
B3 D25
150
50
100
100
100
100
500
H1 D16
1,490
9@300=2,700
110

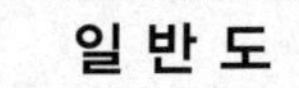
일 반 도

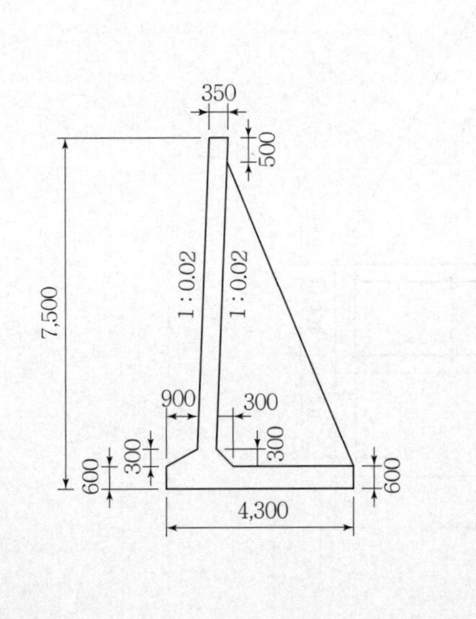
350
500
7,500
1 : 0.02
1 : 0.02
900
300
300
300
600
600
4,300

A－A'단면도

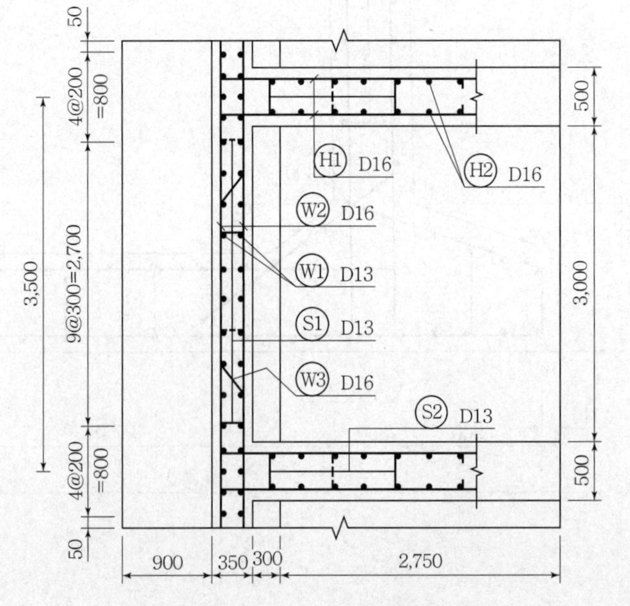
50
4@200
=800
3,500
9@300=2,700
4@200
=800
50
500
3,000
500
H1 D16
H2 D16
W2 D16
W1 D13
S1 D13
W3 D16
S2 D13
900
350
300
2,750

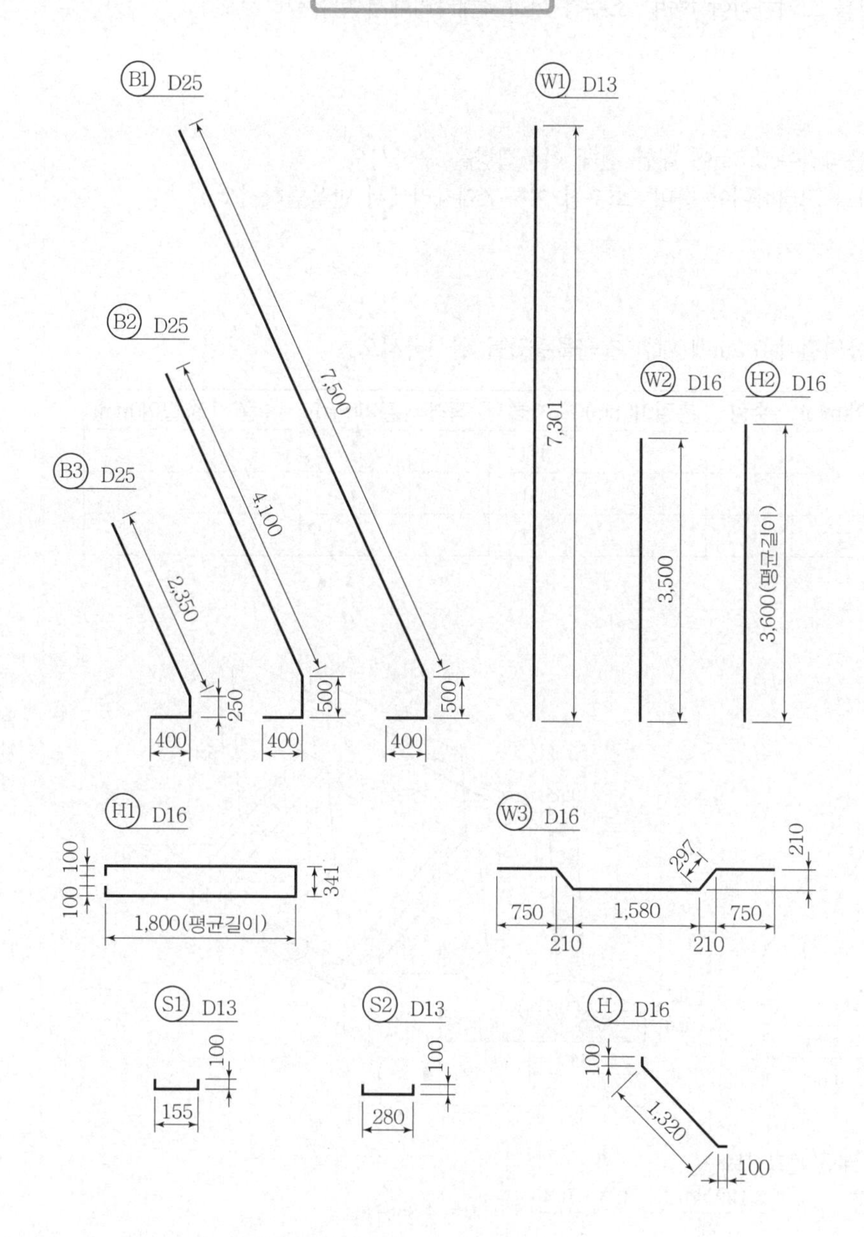

【조 건】

- S1 철근은 지그재그(Zigzag)로 배치되어 있다.
- H 철근의 간격은 W1 철근과 같다.
- 물량산출에서 할증률 및 마구리는 없는 것으로 한다.
- 물량산출에서 전면벽의 경사를 반드시 고려해야 한다. (일반도 참조)
- 철근길이 계산에서 이음길이는 계산하지 않는다.
- 저판의 철근량은 계산하지 않는다.

가. 부벽을 포함하는 옹벽길이 3.5m에 대한 콘크리트량을 구하시오.
(단, 전면벽의 경사를 고려하여야 하며, 소수점 이하 4째자리에서 반올림하시오.)

계산 과정)

답 : ______________

나. 부벽을 포함하는 옹벽길이 3.5m에 대한 전체 거푸집량을 구하시오.
(단, 전면벽의 경사를 고려하여야 하며, 소수점 이하 4째자리에서 반올림하시오.)

계산 과정)

답 : ______________

다. 부벽을 포함하는 옹벽길이 3.5m에 대한 철근물량표를 완성하시오.

기호	직경	길이(mm)	수량	총길이(mm)	기호	직경	길이(mm)	수량	총길이(mm)
W1					H1				
W3					B1				
H					S1				

해답 가.

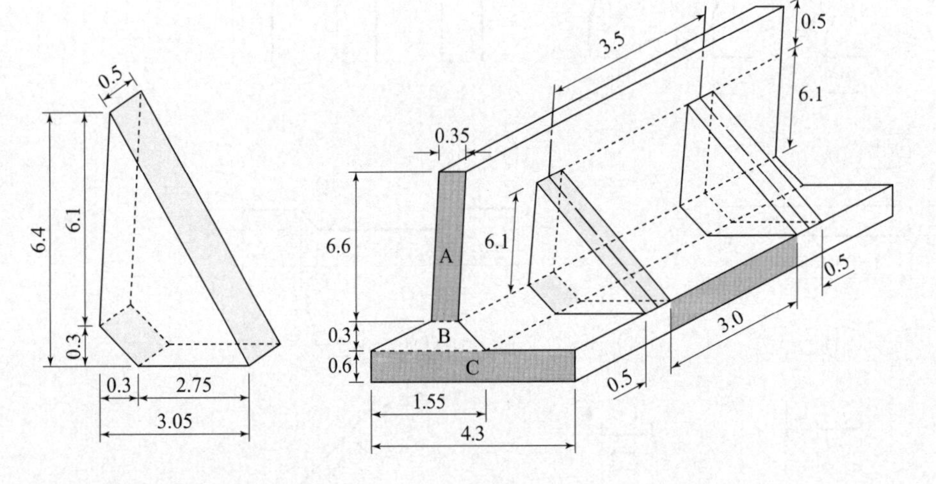

• 1개의 부벽에 대한 콘크리트량

$$\left(\frac{3.05+0.122}{2}\times 6.4-\frac{0.122\times 6.1}{2}-\frac{0.3\times 0.3}{2}\right)\times 0.50=4.8667\text{m}^3$$

($\because$ 경사면 $6.1\times 0.02=0.122$)

• 옹벽에 대한 콘크리트량

$A=0.35\times 6.6=2.310\text{m}^2$

$B=\dfrac{0.35+1.55}{2}\times 0.30=0.285\text{m}^2$

$C=4.30\times 0.6=2.58\text{m}^2$

$\therefore\ (2.310+0.285+2.58)\times 3.5=18.1125\text{m}^3$

$\therefore$ 총 콘크리트량$=4.8667+18.1125=22.979\text{m}^3$

> ⚠ 주의점
> 일반도에 전면 경사의 기울기 1:0.02를 고려해줘야 한다.

나.

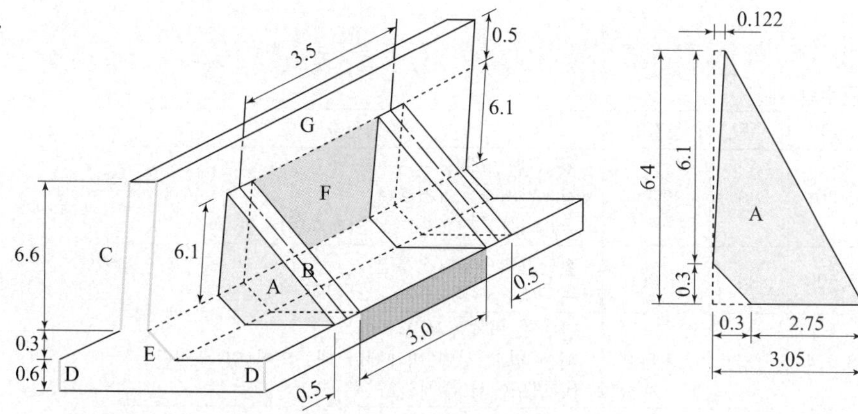

■ 부벽을 포함하는 옹벽길이 3.5m에 대한 전체 거푸집량

- A면 $= \left\{\left(\dfrac{0.122+3.05}{2}\right)\times 6.4-\left(\dfrac{0.3\times 0.3}{2}\right)-\left(\dfrac{6.1\times 0.122}{2}\right)\right\}\times 2=19.467\text{m}^2$
- B면 $= \sqrt{6.4^2+(3.05-0.122)^2}\times 0.5=3.519\text{m}^2$
- C면 $= \sqrt{6.6^2+(6.6\times 0.02)^2}\times 3.5=23.105\text{m}^2$
- D면 $=0.6\times 2\times 3.5=4.2\text{m}^2$
- E면 $= \sqrt{0.3^2+0.3^2}\times 3=1.273\text{m}^2$
- F면 $= \sqrt{6.1^2+0.122^2}\times 3.0=18.304\text{m}^2$
- G면 $= \sqrt{0.5^2+0.01^2}\times 3.5=1.750\text{m}^2$ ($\because$ $0.5\times 0.02=0.01\text{m}$)

∴ 총거푸집량

$\sum A=19.467+3.519+23.105+4.2+1.273+18.304+1.750=71.618\text{m}^2$

다.

기호	직경	길이(mm)	수량	총길이(mm)	기호	직경	길이(mm)	수량	총길이(mm)
W1	D13	7,301	26	189,826	H1	D16	4,141	19	78,679
W3	D16	3,674	8	29,392	B1	D25	8,400	2	16,800
H	D16	1,520	13	19,760	S1	D13	355	10	3,550

철근물량 산출근거

1. W1, W2, W3 철근수량 계산

기호	직경	길이	수량	총길이	수량산출
W1	D13	7,301	26	189,826	• A-A' 단면에서 • 철근간격수×2(전후면) =(9+1)+(2+1)×2(전후면)=26본
W2	D16	3,500	26	91,000	• 철근간격수×2(전후면) ={(4+3+5)+1}×2(전후면)=26본
W3	D16	3,674	8	29,392	• 단면도 벽체에서 후면에는 배근 없고 전면 벽체에만 배근되어 있는 철근 (단면도에서 수계산)

2. H, H1, H2 철근수량 계산

기호	직경	길이	수량	총길이	수량산출
H	D16	1,520	13	19,760	• H 철근과 W1 철근의 간격이 같다. A-A'단면도 후면에서 계산
H1	D16	4,141	19	78,679	• 측면도 8@+10@ • 칸수+1=(8+10)+1=19본
H2	D16	3,600	18	64,800	• 측면도에서 9@ − 1@=8@ • 철근간격수×2(복배근) =(9−1)+1)×2=18본

3. B1, B2, B3 철근수량 계산

기호	직경	길이	수량	총길이	수량산출
B1	D25	8,400	2	16,800	• 측면도 벽체(부벽)상단 좌우
B2	D25	5,000	2	10,000	• 측면도 벽체(부벽)상단 좌우
B3	D25	3,000	3	9,000	• 측면도 벽체(부벽)하단 좌우, 중앙 • 2+1=3본

4. S1, S2 철근수량 계산

기호	직경	길이	수량	총길이	수량산출
S1	D13	355	10	3,550	• 단면도 실선 3, 점선 2 • A-A' 단면도(실선 2, 점선 2) ∴ 3×2+2×2=10본
S2	D13	480	10	4,800	• 측면도에서부터 4+3+2+1=10본

5. 철근물량표

기호	직경	길이(mm)	수량	총길이(mm)	기호	직경	길이(mm)	수량	총길이(mm)
W1	D13	7,301	26	189,826	H	D16	1,520	13	19,760
W2	D16	3,500	26	91,000	H1	D16	4,141	19	78,679
W3	D16	3,674	8	29,392	H2	D16	3,600	18	64,800
B1	D25	8,400	2	16,800	S1	D13	355	10	3,550
B2	D25	5,000	2	10,000	S2	D13	480	10	4,800
B3	D25	3,000	3	9,000					

05 앞부벽식 옹벽

1 입체도 및 단면도

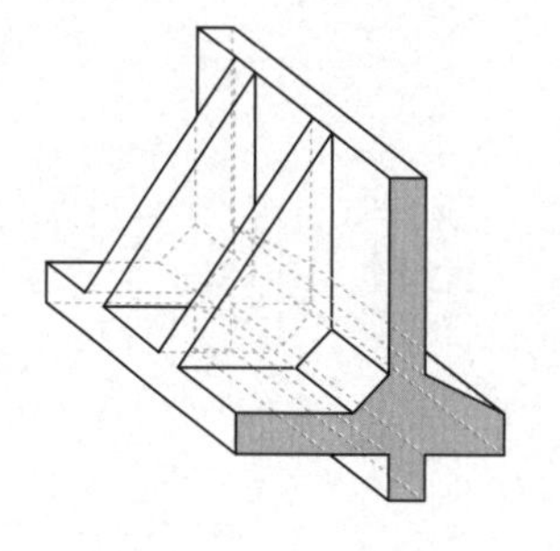

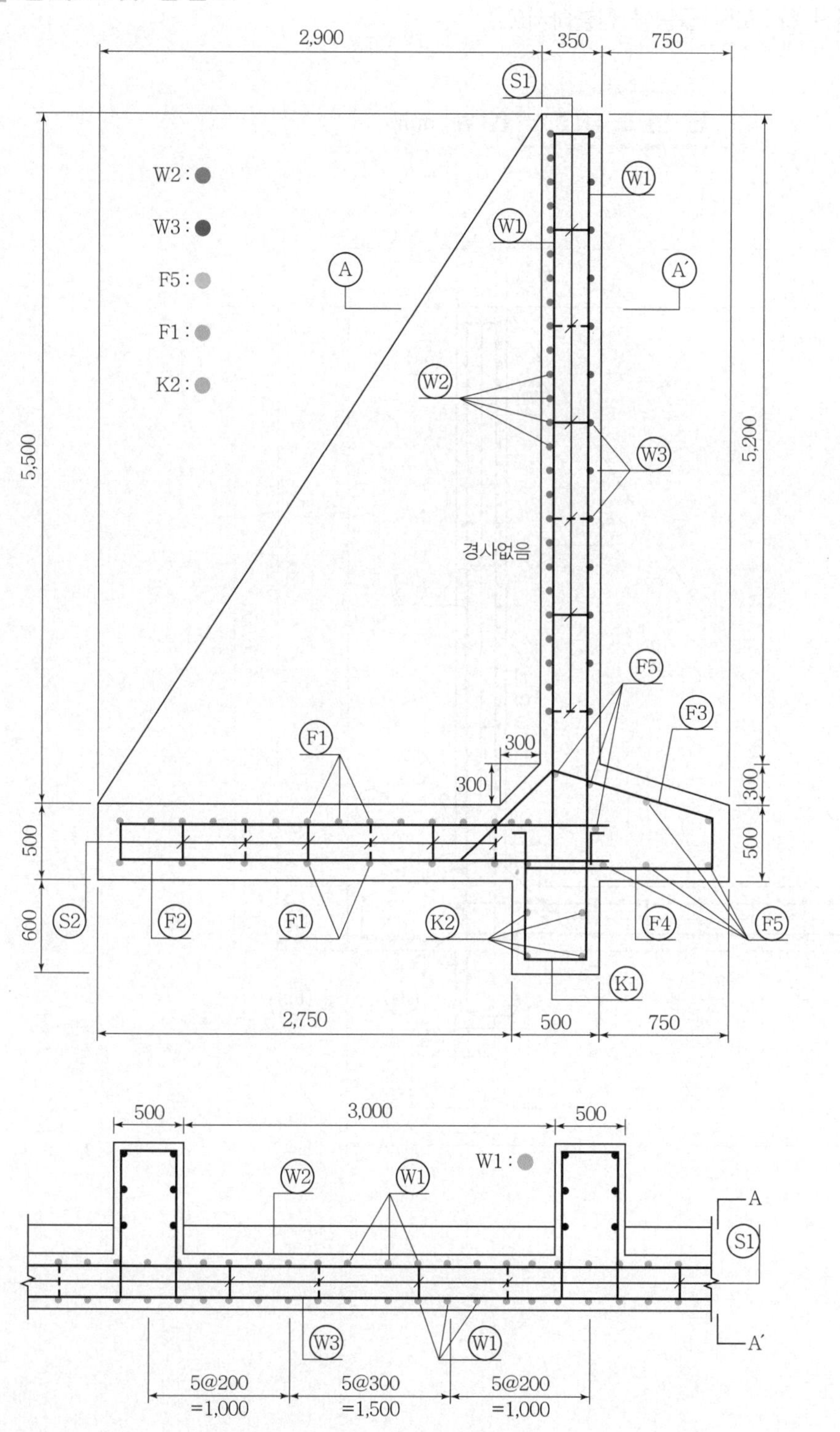

2 핵심 기출문제

□□□ 02①, 03②, 05②, 07④, 23①

01 주어진 도면 및 조건에 따라 다음 물량을 산출하시오. (단, 주어진 도면의 치수는 규격에 맞지 않을 수 있으며, 주어진 치수로만 물량을 산출하시오.)

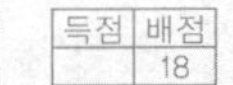

단 면 도(NS) (단위 : mm)

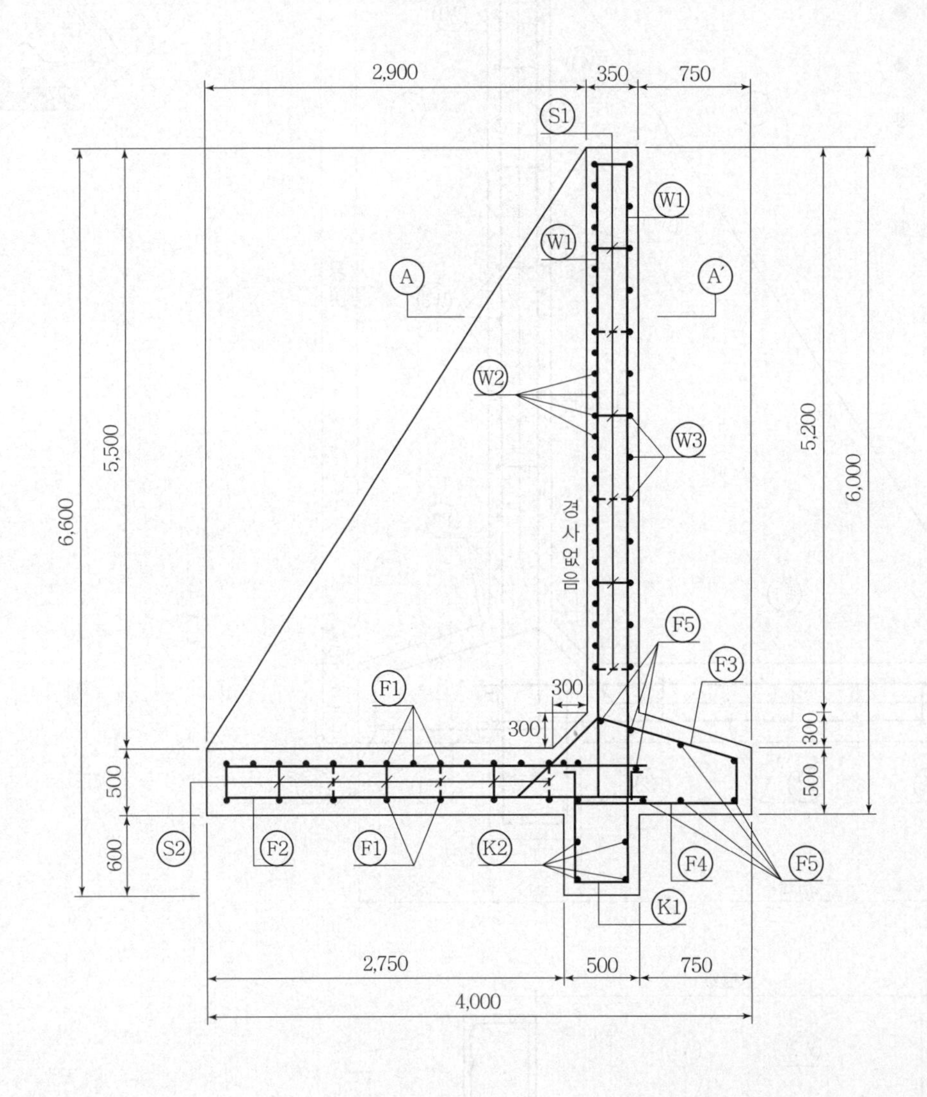

단면도 A－A'

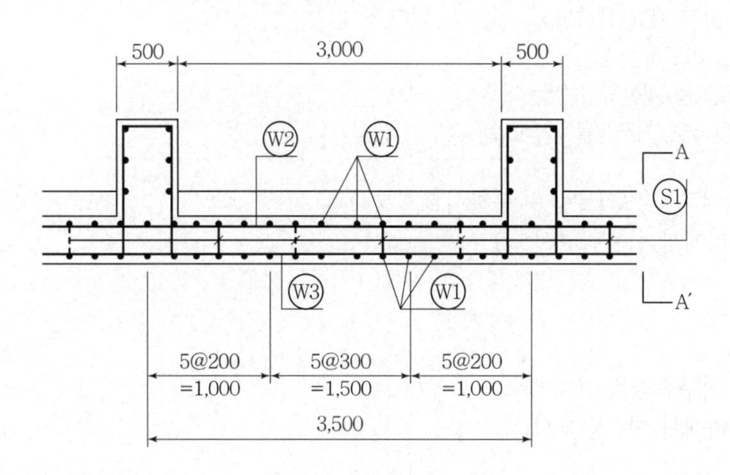
500
3,000
500
W2
W1
A
S1
W3
W1
A'
5@200
=1,000
5@300
=1,500
5@200
=1,000
3,500

철근상세도

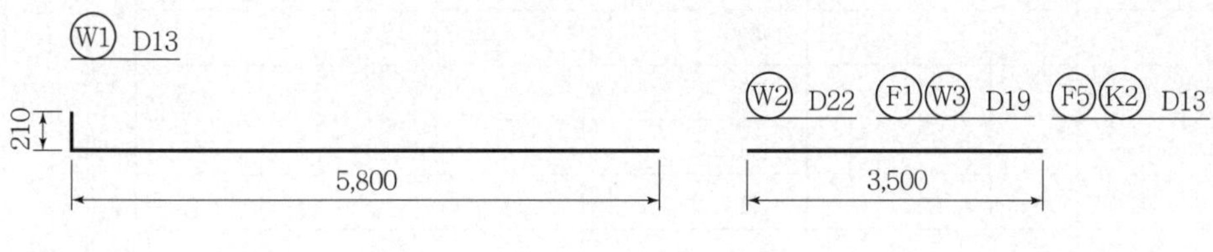
W1 D13
210
5,800
W2 D22
F1 W3 D19
F5 K2 D13
3,500

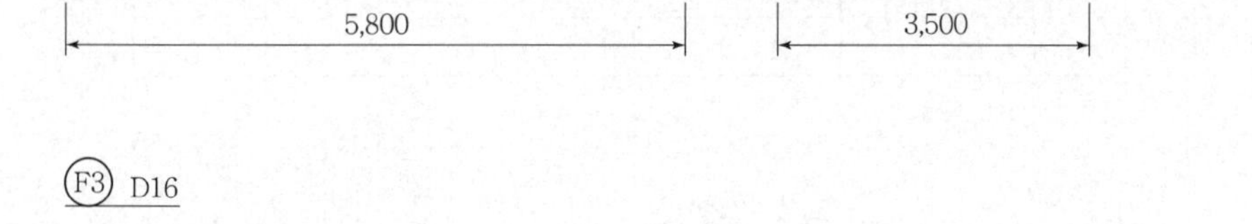

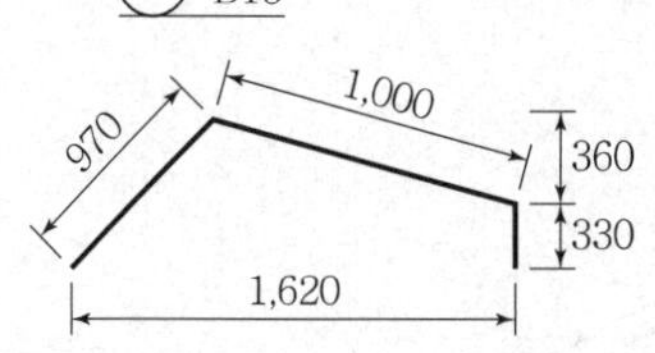
F3 D16
970
1,000
360
330
1,620

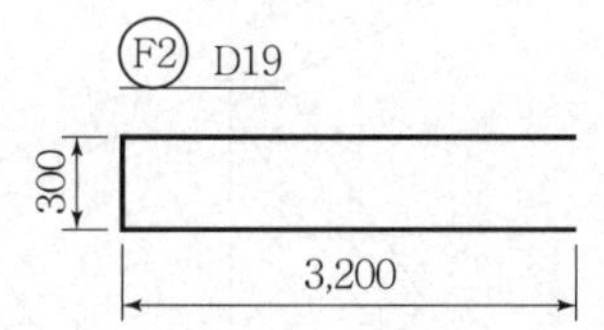
F2 D19
300
3,200

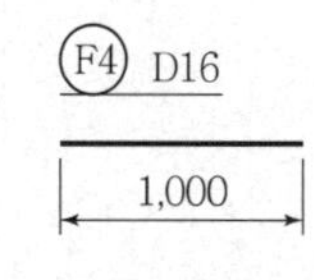
F4 D16
1,000

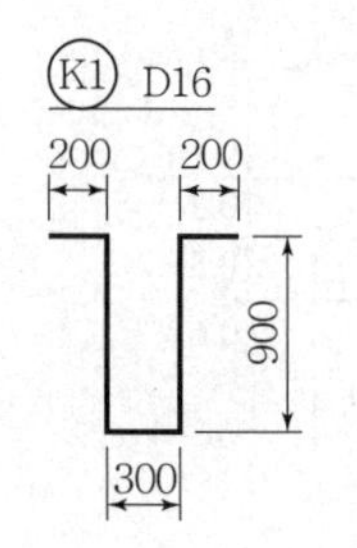
K1 D16
200
200
900
300

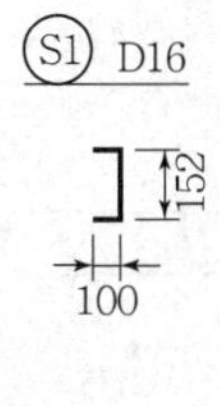
S1 D16
152
100

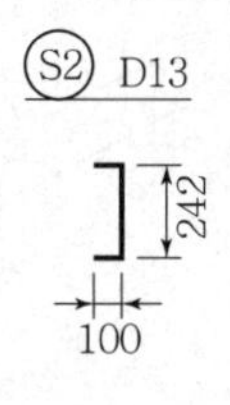
S2 D13
242
100

【조 건】

- K1, F2, F3, F4 철근간격은 W1철근과 같다.
- S1, S2 철근은 단면도와 같이 지그재그(Zigzag)로 계산한다.
- 물량산출에서의 할증률 및 마구리는 없는 것으로 한다.
- 철근길이 계산에서 이음길이는 계산하지 않는다.
- 거푸집량의 산정시 전단 Key에 거푸집을 사용하는 경우로 한다.

가. 옹벽길이 3.5m에 대한 전체 콘크리트량을 구하시오.
(단, 소수점 이하 4째자리에서 반올림하시오.)

계산 과정)

답 : ______________

나. 옹벽길이 3.5m에 전체 거푸집량을 구하시오.
(단, 소수점 이하 4째자리에서 반올림하시오.)

계산 과정)

답 : ______________

다. 옹벽길이 3.5m에 대한 철근량을 산출하기 위한 다음 철근물량표를 완성하시오.
(단, 수량은 소수점 3째자리에서 반올림하시오.)

기호	직경	길이(mm)	수량	총길이(mm)	기호	직경	길이(mm)	수량	총길이(mm)
W1					F3				
W2					F5				
F1					K1				
F2					S1				

해답 가.

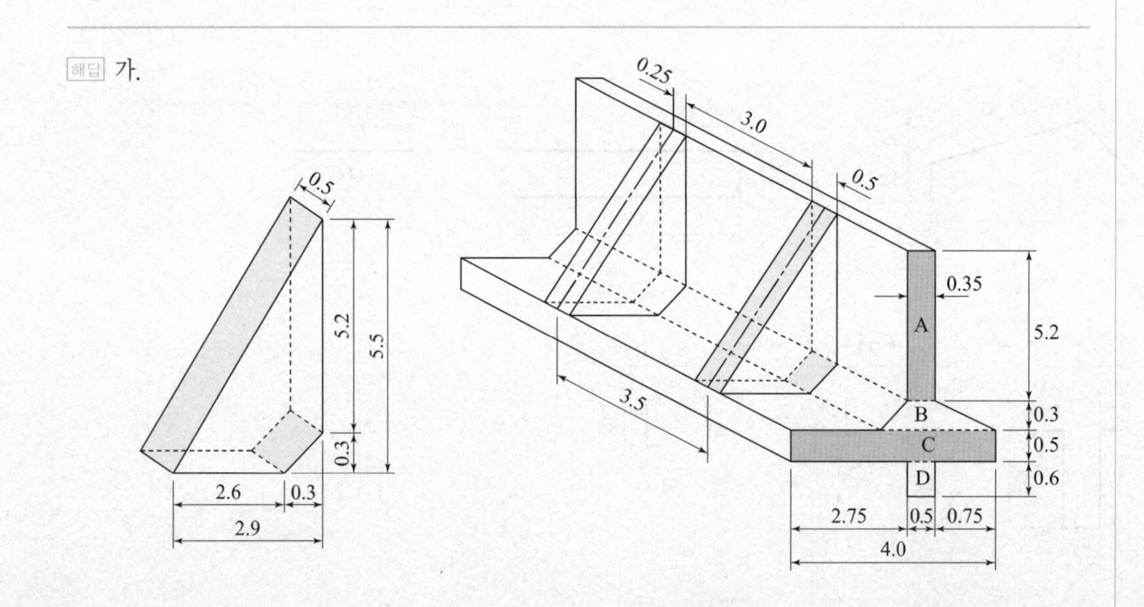

- 1개의 부벽에 대한 콘크리트량

  단면적×부벽두께$=\left(\dfrac{5.5\times 2.9}{2}-\dfrac{0.3\times 0.3}{2}\right)\times 0.5=3.965\text{m}^3$

- 벽체 A＝단면적×옹벽길이

  $=(0.35\times 5.2)\times 3.5=6.37\text{m}^3$

- 헌치부분 $\text{B}=\dfrac{0.35+(0.75+0.35+0.3)}{2}\times 0.3\times 3.5=0.9188\text{m}^3$
- 저판 $\text{C}=(0.5\times 4.0)\times 3.5=7.0\text{m}^3$
- 활동방지벽 $\text{D}=(0.5\times 0.6)\times 3.5=1.05\text{m}^3$

  ∴ 총콘크리트량$=3.965+6.37+0.9188+7.00+1.05=19.304\text{m}^3$

나.

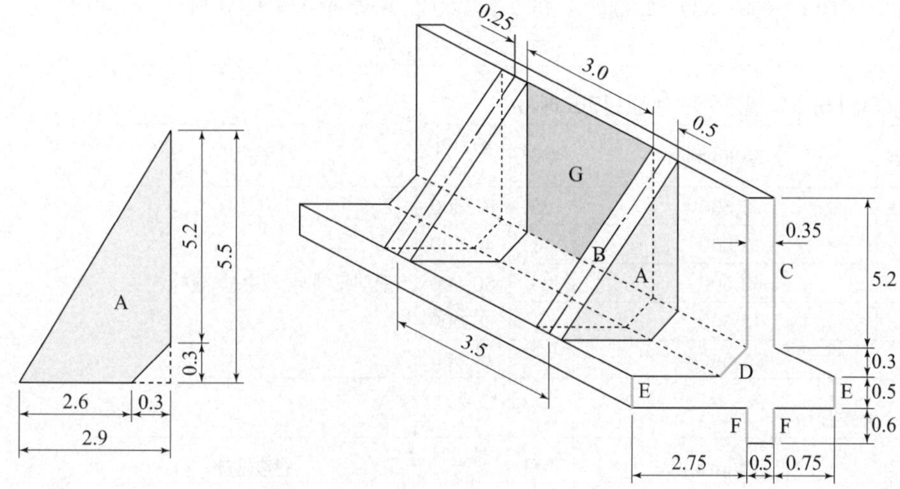

- A면$=\left(\dfrac{5.5\times 2.9}{2}-\dfrac{0.3\times 0.3}{2}\right)\times 2(\text{양면})=15.86\text{m}^2$
- B면$=\sqrt{5.5^2+2.9^2}\times 0.5=3.1089\text{m}^2$
- C면$=5.2\times 3.5=18.2\text{m}^2$
- D면$=\sqrt{0.3^2+0.3^2}\times 3.0=1.2728\text{m}^2$
- E면$=0.5\times 2(\text{양면})\times 3.5=3.5\text{m}^2$
- F면$=0.6\times 2(\text{양면})\times 3.5=4.2\text{m}^2$
- G면$=3.0\times 5.2=15.6\text{m}^2$

∴ 총거푸집량$=18.9689+18.2+1.2728+3.5+4.2+15.6=61.742\text{m}^2$

다.

기호	직경	길이(mm)	수량	총길이(mm)	기호	직경	길이(mm)	수량	총길이(mm)
W1	D13	6,010	30	180,300	F3	D16	2,300	15	34,500
W2	D22	3,500	25	87,500	F5	D13	3,500	8	28,000
F1	D19	3,500	23	80,500	K1	D16	2,500	15	37,500
F2	D19	6,700	15	100,500	S1	D13	352	12	4,224

철근물량 산출근거

1. W1, K1, F2, F3, F4 철근수량 계산

기호	직경	길이(mm)	수량	총길이(mm)	산출근거
W1	D13	210+5,800=6,010	30	180,300	• 단면도 A-A'에서 =(5+5+5)×2(복배근) =30
K1	D16	(200+900)×2+300=2,500	15	37,500	• K1, F2, F3, F4철근 간격은 W1철근과 같다. • W1은 A-A'에서 2열 배근 ∴ 15본
F2	D19	300+3,200×2=6,700	15	100,500	
F3	D16	970+1,000+330=2,300	15	34,500	
F4	D16	1,000	15	15,000	

2. W2, W3, F1, F5, K2 철근수량 계산(단면도에서)

기호	직경	길이(mm)	수량	총길이(mm)	산출근거
W2	D22	3,500	25	87,500	• 단면도에서 개수를 센다.
W3	D19	3,500	13	45,500	
F1	D19	3,500	23	80,500	
F5	D13	3,500	8	28,000	
K2	D13	3,500	4	14,000	

3. S1 철근수량 계산

기호	직경	길이(mm)	수량	총길이(mm)	산출근거
S1	D13	100×2+152=352	12	4,224	• 단면도(점선 3, 실선 3) • 단면도 A-A'(점선 2, 실선 2) ∴ 3×2+3×2=12본

4. 철근물량표

기호	직경	길이(mm)	수량	총길이(mm)	기호	직경	길이(mm)	수량	총길이(mm)
W1	D13	6,010	30	180,300	F3	D16	2,300	15	34,500
W2	D22	3,500	25	87,500	F5	D13	3,500	8	28,000
F1	D19	3,500	23	80,500	K1	D16	2,500	15	37,500
F2	D19	6,700	15	100,500	S1	D13	352	12	4,224

06 반중력식 교대 □□□

1 핵심 기출문제

□□□ 10①, 11②, 14①④, 17④

01 **주어진 반중력식 교대 도면을 보고 다음 물량을 산출하시오.** (단, 교대 전체 길이는 10m 이며, 도면의 치수단위는 mm이다.)

득점	배점
	8

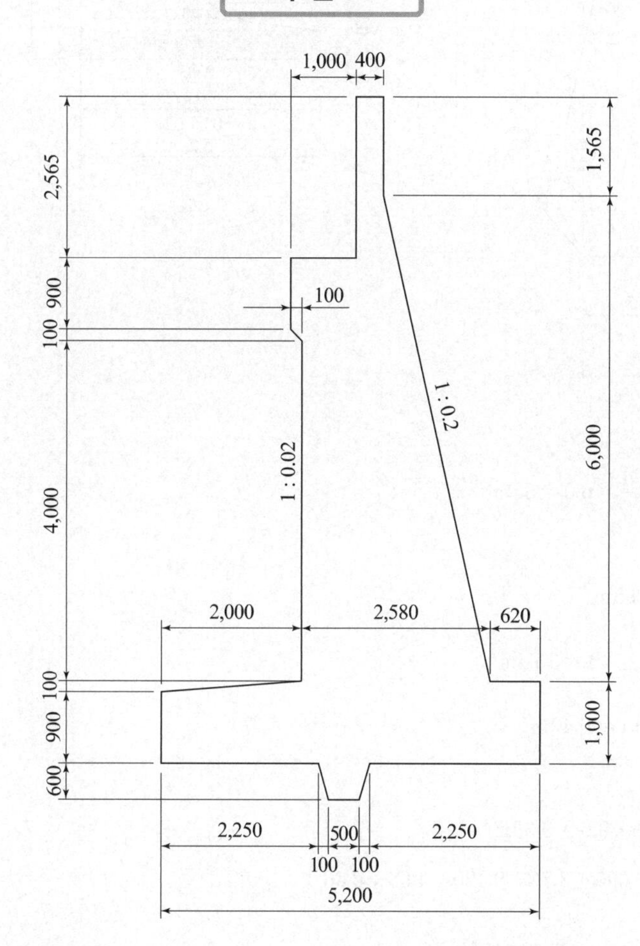

가. 교대의 전체 콘크리트량을 구하시오. (단, 소수점 이하 4째자리에서 반올림하시오.)

계산 과정)

답 : ____________

나. 교대의 전체 거푸집량을 구하시오.
(단, 돌출부(전단 Key)에 거푸집을 사용하며, 소수점 이하 4째자리에서 반올림하시오.)

계산 과정)

답 : ____________

해답 가.

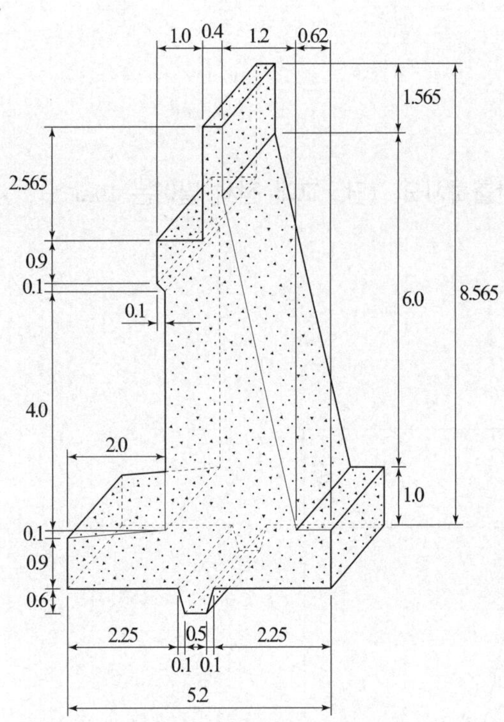

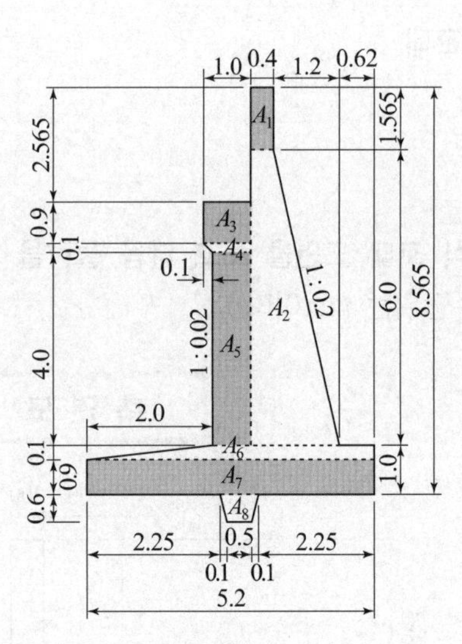

- $A_1 = 0.4 \times 1.565 = 0.626\,\text{m}^2$
- $A_2 = \dfrac{0.4 + (0.4 + 6.0 \times 0.2)}{2} \times 6.0 = 6.0\,\text{m}^2$
- $A_3 = 1.0 \times 0.9 = 0.9\,\text{m}^2$
- $A_4 = \dfrac{1.0 + 0.9}{2} \times 0.1 = 0.095\,\text{m}^2$
- $A_5 = \dfrac{0.9 + (0.9 + 4 \times 0.02)}{2} \times 4 = 3.76\,\text{m}^2$
- $A_6 = \dfrac{(5.2 - 2.0) + 5.2}{2} \times 0.1 = 0.42\,\text{m}^2$
- $A_7 = 5.2 \times 0.9 = 4.68\,\text{m}^2$
- $A_8 = \dfrac{0.5 + (0.5 + 0.1 \times 2)}{2} \times 0.6 = 0.36\,\text{m}^2$

$\sum A = 0.626 + 6.0 + 0.9 + 0.095 + 3.76 + 0.420 + 4.68 + 0.36$
$= 16.841\,\text{m}^2$

∴ 총콘크리트량$= 16.841 \times 10 = 168.410\,\text{m}^3$

나.

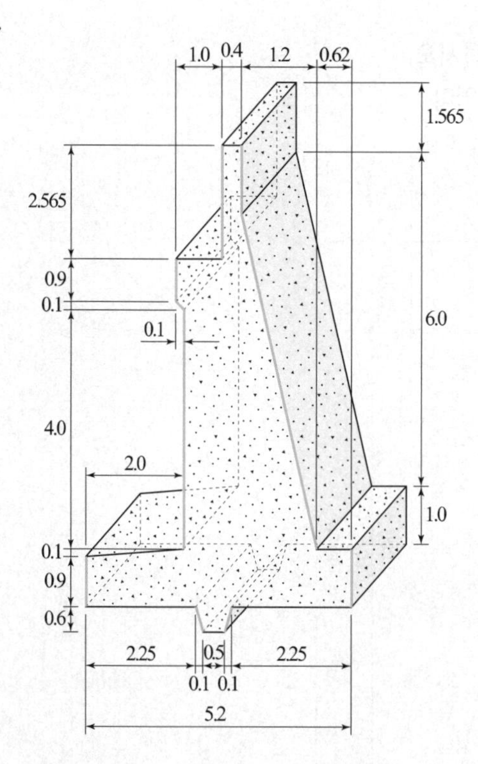

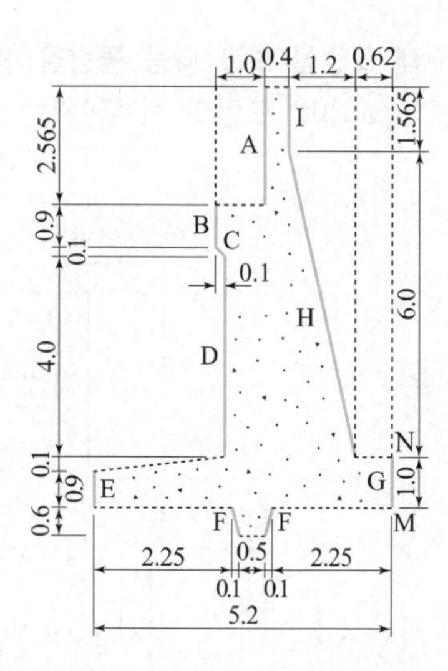

- $A = 2.565\text{m}$
- $B = 0.9\text{m}$
- $C = \sqrt{0.1^2 + 0.1^2} = 0.1414\text{m}$
- $D = \sqrt{(4 \times 0.02)^2 + 4^2} = 4.0008\text{m}$
- $E = 0.9\text{m}$
- $F = \sqrt{0.1^2 + 0.6^2} \times 2 = 1.2166\text{m}$
- $G = 1.0\text{m}$
- $H = \sqrt{(6 \times 0.2)^2 + 6^2} = 6.1188\text{m}$
- $I = 1.565\text{m}$
- 총거푸집길이

  $\Sigma L = 2.565 + 0.9 + 0.1414 + 4.0008 + 0.9$
  $+ 1.2166 + 1.0 + 6.1188 + 1.565$
  $= 18.4076\text{m}$
- 측면도의 거푸집량 $= 18.4076 \times 10 = 184.076\text{m}^2$
- 양 마구리면의 거푸집량 $= 16.841 \times 2$(양단) $= 33.682\text{m}^2$

  ∴ 총거푸집량 $= 184.076 + 33.682 = 217.758\text{m}^2$

□□□ 10①, 11②, 14①④, 17②

02 주어진 반중력식 교대 도면을 보고 다음 물량을 산출하시오.

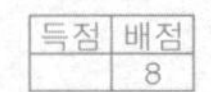

(단, 교대 전체길이는 10m이며, 도면의 치수단위는 mm이다.)

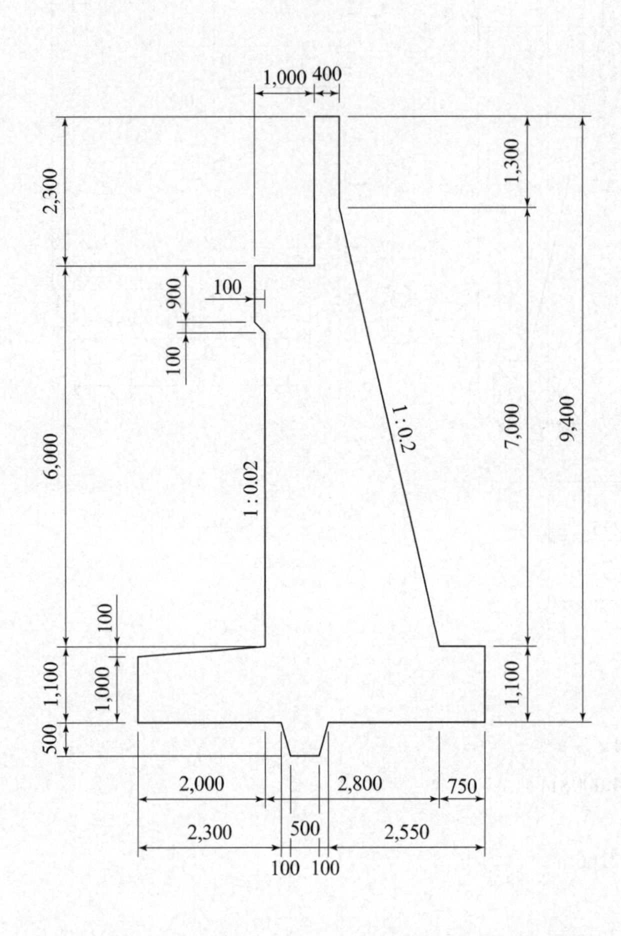

가. 교대의 전체 콘크리트량을 구하시오. (단, 소수 4째자리에서 반올림하시오.)

계산 과정)

답 : ________________

나. 교대의 전체 거푸집량을 구하시오.
(단, 돌출부(전단 Key)에 거푸집을 사용하며, 소수 4째자리에서 반올림하시오.)

계산 과정)

답 : ________________

해답 가.

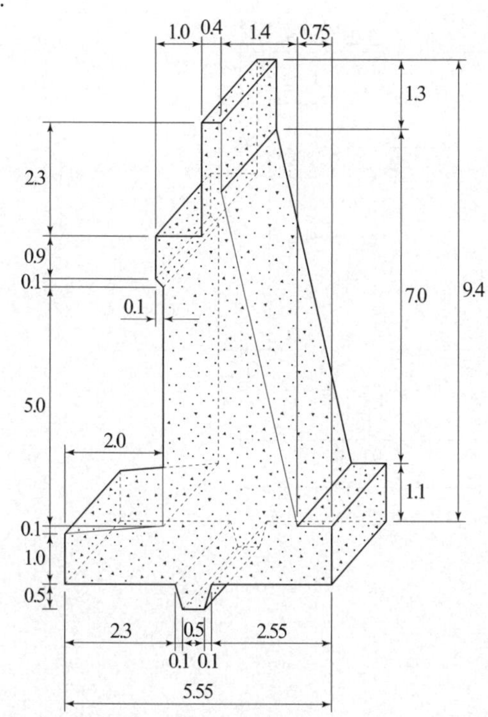

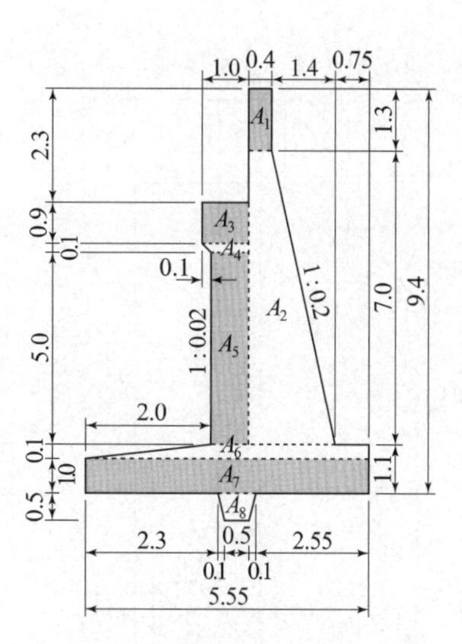

- $A_1 = 0.4 \times 1.3 = 0.52\,\text{m}^2$
- $A_2 = \dfrac{0.4 + (0.4 + 7 \times 0.2)}{2} \times 7 = 7.70\,\text{m}^2$
- $A_3 = 1.0 \times 0.9 = 0.9\,\text{m}^2$
- $A_4 = \dfrac{1.0 + 0.9}{2} \times 0.1 = 0.095\,\text{m}^2$
- $A_5 = \dfrac{0.9 + (0.9 + 5 \times 0.02)}{2} \times 5 = 4.75\,\text{m}^2$
- $A_6 = \dfrac{(5.55 - 2.0) + 5.55}{2} \times 0.1 = 0.455\,\text{m}^2$
- $A_7 = 5.55 \times 1.0 = 5.550\,\text{m}^2$
- $A_8 = \dfrac{0.5 + 0.7}{2} \times 0.5 = 0.30\,\text{m}^2$

$$\sum A = 0.52 + 7.70 + 0.9 + 0.095 + 4.75 + 0.455 + 5.55 + 0.30 = 20.270\,\text{m}^2$$

∴ 총콘크리트량 $= 20.270 \times 10 = 202.700\,\text{m}^3$

나.

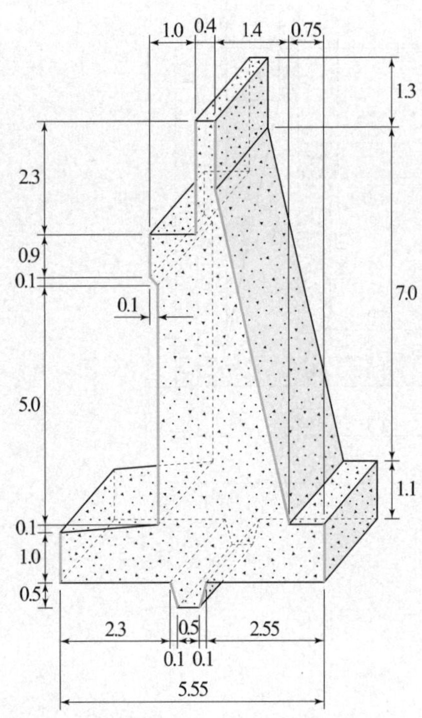

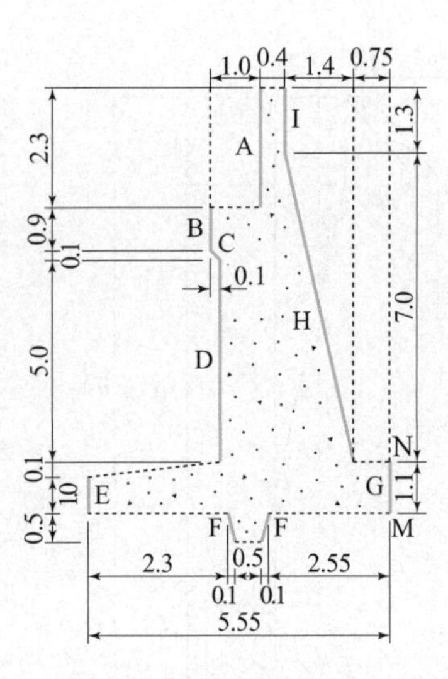

- $A = 2.3\text{m}$
- $B = 0.9\text{m}$
- $C = \sqrt{0.1^2 + 0.1^2} = 0.1414\text{m}$
- $D = \sqrt{(5 \times 0.02)^2 + 5^2} = 5.001\text{m}$
- $E = 1.0\text{m}$
- $F = \sqrt{0.1^2 + 0.5^2} \times 2 = 1.0198\text{m}$
- $G = 1.1\text{m}$
- $H = \sqrt{(7 \times 0.2)^2 + 7^2} = 7.1386\text{m}$
- $I = 1.3\text{m}$
- 총거푸집길이

$$\begin{aligned}\sum L &= 2.3 + 0.9 + 0.1414 + 5.001 + 1.0 + 1.0198 \\ &\quad + 1.1 + 7.1386 + 1.3 \\ &= 19.9008\text{m}\end{aligned}$$

- 측면도(전·후면) 거푸집량 $= 19.9008 \times 10 = 199.008\text{m}^2$
- 양 마구리면의 거푸집량 $= 20.270 \times 2$(양단)$= 40.54\text{m}^2$

∴ 총거푸집량 $= 199.008 + 40.54 = 239.548\text{m}^2$

□□□ 00④

03 주어진 반중력식 교대 도면 및 조건에 따라 다음 물량을 산출하시오.
(단, 도면의 단위는 mm이다.)

득점	배점
	18

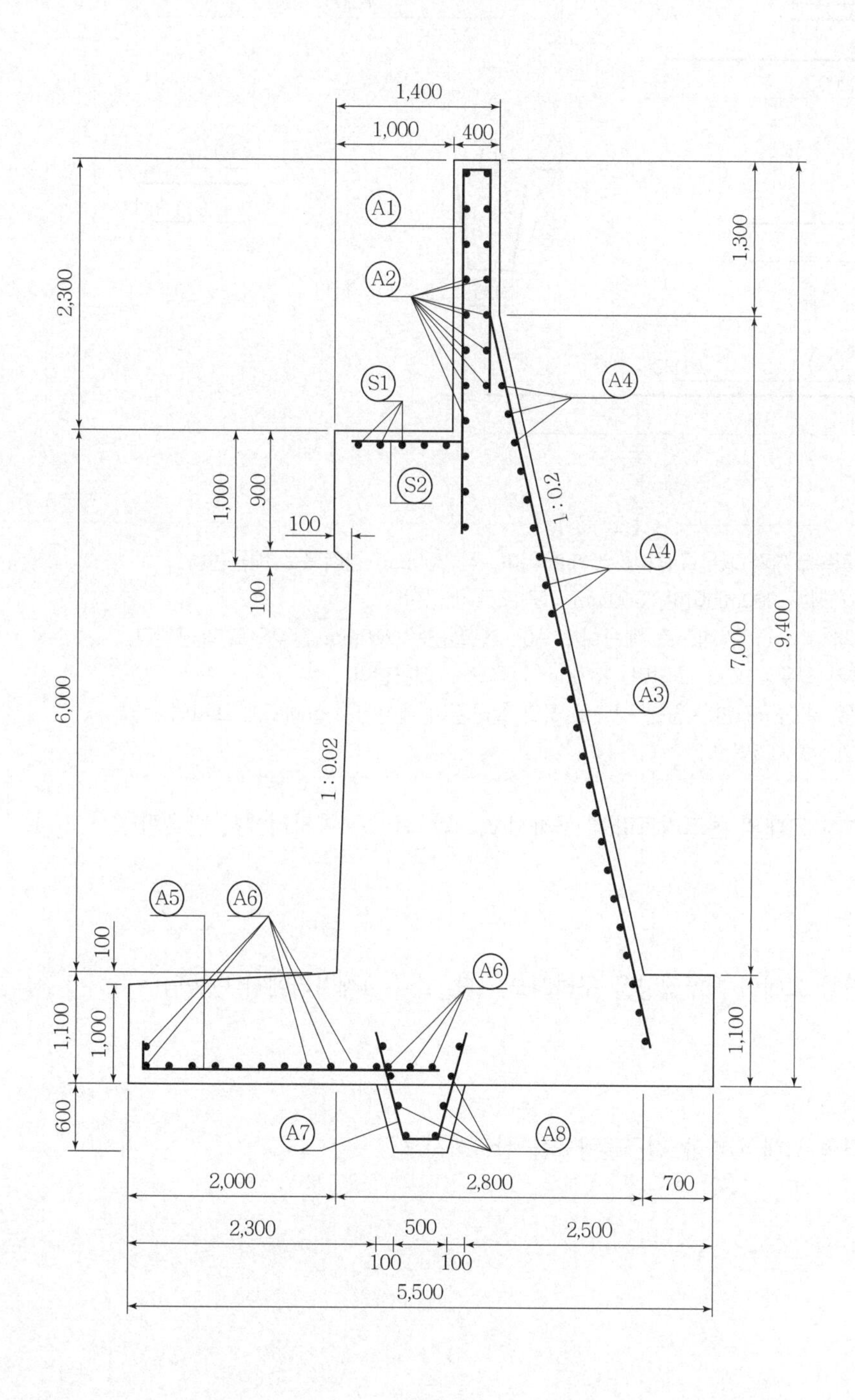

철 근 상 세 도

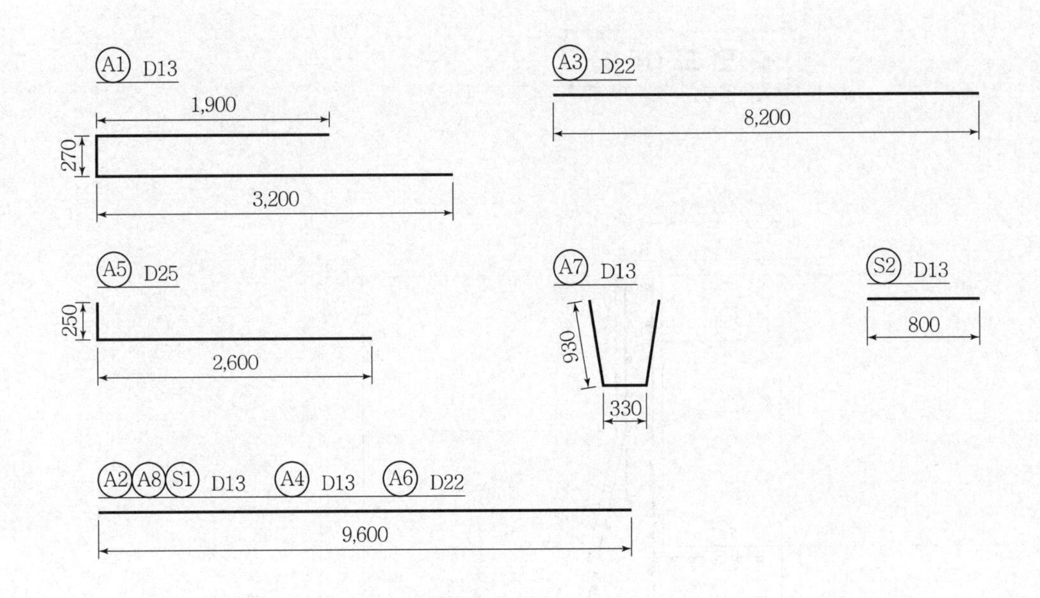

【조 건】

- A1, A3, A7 철근은 피복두께가 좌우로 각각 200mm이며, 각 200mm 간격으로 배근한다.
- S2 철근은 피복두께가 좌우 200mm이며, 300mm 간격으로 배근한다.
- A2, A4, A8 철근은 각 300mm 간격으로 배근하고 A6, S1 철근은 200mm 간격으로 배근한다.
- A5 철근은 피복 두께가 좌우로 200mm이며, 150mm 간격으로 배근한다.
- 물량산출에서의 할증률 및 마구리면은 없는 것으로 하고 철근길이 계산에서 상세도에 표시되어 있지 않은 이음길이는 계산하지 않는다.

가. 길이 10m인 반중력형 교대의 콘크리트량을 구하시오. (단, 소수 4째자리에서 반올림)

계산 과정)

답 : ____________

나. 길이 10m인 반중력형 교대의 거푸집량을 구하시오. (단, 소수 4째자리에서 반올림)

계산 과정)

답 : ____________

다. 길이 10m인 반중력형 교대의 다음 철근물량표를 산출하시오.

기호	직경	길이(mm)	수량	총길이(mm)	기호	직경	길이(mm)	수량	총길이(mm)
A1					A6				
A2					A7				
A3					A8				
A4					S1				
A5					S2				

 가.

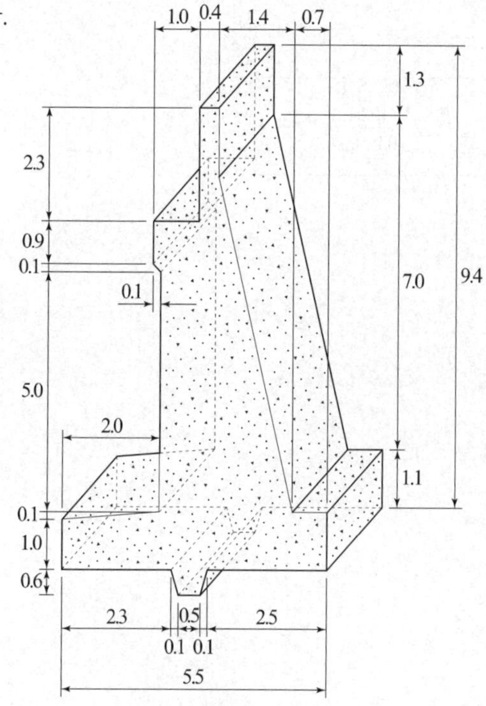

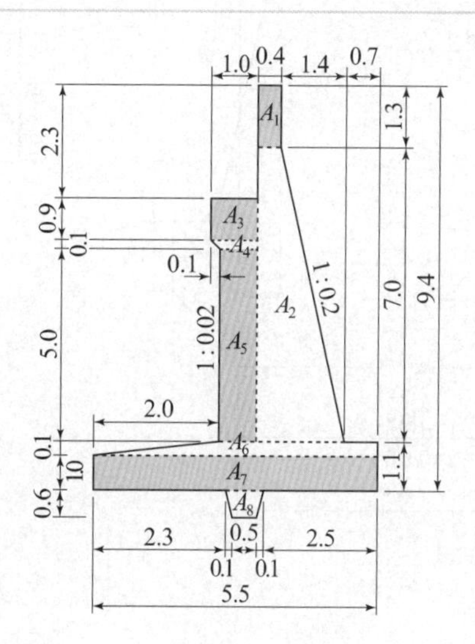

- $A_1 = 0.4 \times 1.3 = 0.52\text{m}^2$
- $A_2 = \dfrac{0.4+(0.4+1.4)}{2} \times 7.0 = 7.70\text{m}^2$
- $A_3 = 1.0 \times 0.9 = 0.900\text{m}^2$
- $A_4 = \dfrac{1.0+0.9}{2} \times 0.1 = 0.095\text{m}^2$
- $A_5 = \dfrac{0.9+(0.9+5\times0.02)}{2} \times 5 = 4.75\text{m}^2$
- $A_6 = \dfrac{(5.5-2.0)+5.5}{2} \times 0.1 = 0.45\text{m}^2$
- $A_7 = 5.5 \times 1.0 = 5.50\text{m}^2$
- $A_8 = \dfrac{0.5+0.7}{2} \times 0.6 = 0.360\text{m}^2$

총단면적 $\Sigma A = 0.52+7.70+0.900+0.095+4.75+0.45+5.50+0.360 = 20.275\text{m}^2$

∴ 총 콘크리트량=측면도 면적×교대 길이

$= 20.275 \times 10 = 202.750\text{m}^3$

⚠ 주의점

조건에 마구리면은 없는 것으로 한다.

나.

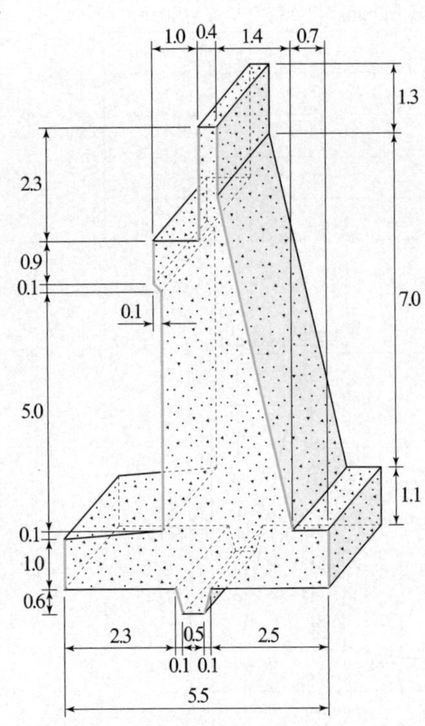

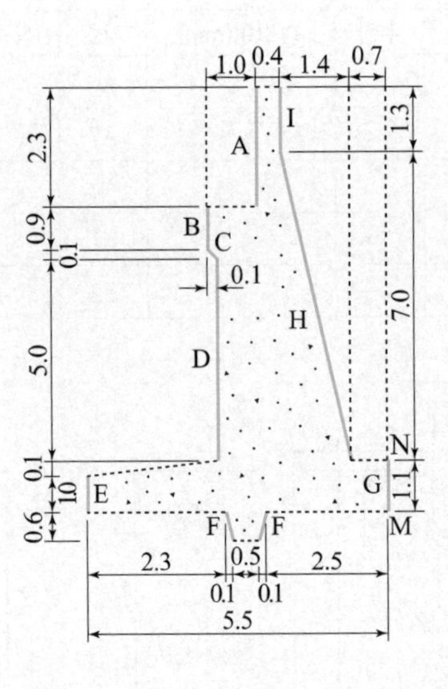

- A= 2.30m
- B= 0.900m
- C= $\sqrt{0.1^2+0.1^2}=0.1414$m
- D= $\sqrt{(5\times0.02)^2+5^2}=5.001$m
- E= 1.000m
- F= $\sqrt{0.1^2+0.6^2}\times2=1.2166$m
- G= 1.100m
- H= $\sqrt{1.4^2+7^2}=7.1386$m
- I= 1.3m

총거푸집길이 $\Sigma L=2.30+0.900+0.1414+5.001+1.000+1.2166+1.100+7.1386+1.3$
$=20.0976$m

∴ 총거푸집량=20.0976×10=200.976m^2

다.

기호	직경	길이 (mm)	수량	총길이 (mm)	기호	직경	길이 (mm)	수량	총길이 (mm)
A1	D13	5,370	49	263,130	A6	D22	9600	15	144,000
A2	D13	9,600	18	172,800	A7	D13	2190	49	107,310
A3	D22	8,200	49	401,800	A8	D13	9600	8	76,800
A4	D13	9,600	24	230,400	S1	D13	9600	5	48,000
A5	D25	2,850	65	185,250	S2	D13	800	33	26,400

철근물량 산출근거

1. A1, A3, A7, A5, S2 철근수량 계산

기호	직경	길이(mm)	수량	총길이(mm)	수량산출
A1	D13	1,900+270+3,200 =5,370	49	263,130	$\frac{\text{교대폭}-(\text{피복두께}\times 2)}{\text{배근간격}}+1$
A3	D22	8,200	49	401,800	$=\frac{10-(0.20\times 2)}{0.200}+1=49\text{본}$
A7	D13	930×2+330=2,190	49	107,310	• 피복두께가 좌우로 각각 200mm 이며, 각 200mm 간격으로 배근
A5	D25	250+2,600=2,850	65	185,250	$\frac{10-(0.20\times 2)}{0.150}+1=65\text{본}$ •피복두께가 좌우로 200mm이며, 150mm 간격으로 배근
S2	D13	800	33	26,400	$\frac{10-(0.20\times 2)}{0.300}+1=33\text{본}$ •피복두께가 좌우로 200mm이며, 300mm 간격으로 배근

2. A2, A4, A6, A8, S1 철근수량 계산

기호	직경	길이(mm)	수량	총길이 (mm)	수량산출
A2	D13	9,600	18	172,800	•흉벽 부분에 있는 철근(철근)
A4	D13	9,600	24	230,400	•철근 개수를 센다.
A6	D22	9,600	15	144,000	•철근 개수를 센다.
A8	D13	9,600	8	76,800	•A7철근에 배근된(철근)
S1	D13	9,600	5	48,000	•교좌에 배근된(철근)

□□□ 00①, 04④, 06①, 08④, 22①

04 **주어진 반중력형 교대의 도면(단위 : mm) 및 조건에 따라 다음 물량을 산출하시오.**
(단, 주어진 도면의 치수는 축척에 맞지 않을 수 있으며, 주어진 치수로만 물량을 산출할 것)

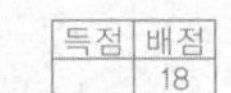

측면도

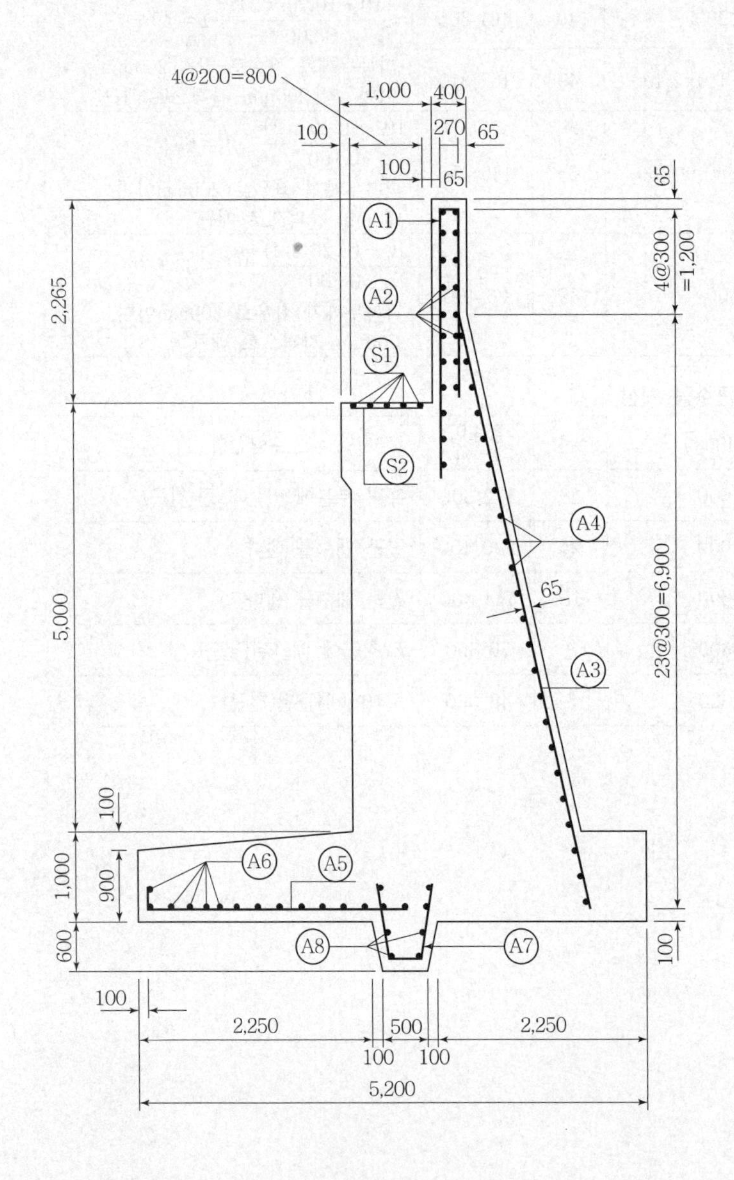

일반도

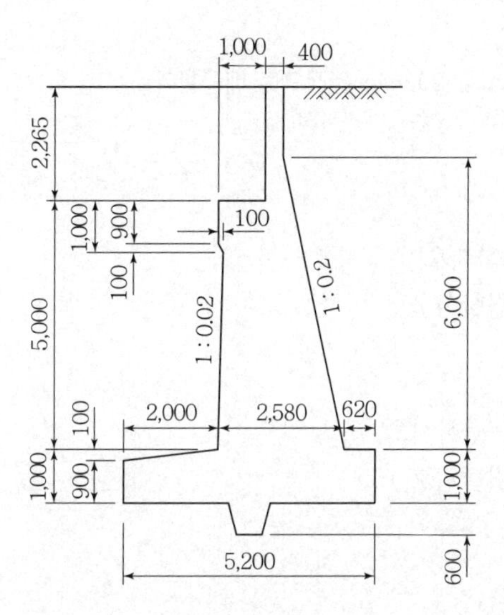
1,000
400
2,265
1,000
900
100
100
5,000
1 : 0.02
1 : 0.2
6,000
100
2,000
2,580
620
1,000
900
1,000
5,200
600

철근상세도

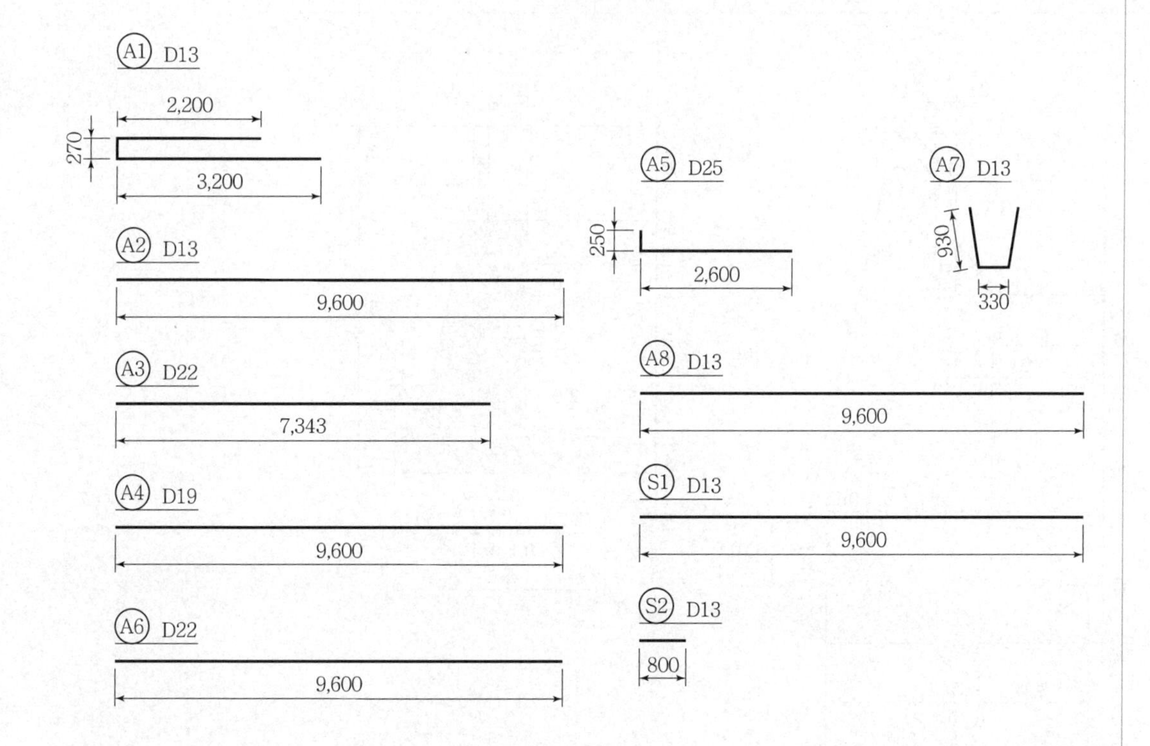
A1 D13
2,200
270
3,200
A2 D13
9,600
A3 D22
7,343
A4 D19
9,600
A6 D22
9,600
A5 D25
250
2,600
A7 D13
930
330
A8 D13
9,600
S1 D13
9,600
S2 D13
800

【조 건】

- A1, A3, A7, S2 철근은 피복두께가 좌·우로 각각 200mm이며, 300mm 간격으로 배근한다.
- A2, A4, A8 철근은 각 300mm 간격으로 배근한다.
- A6, S1 철근은 200mm 간격으로 배근한다.
- A5 철근은 피복두께가 좌·우로 200mm이며, 200mm 간격으로 배근한다.
- 돌출부(전단 Key) 부분의 거푸집은 사용하는 경우로 계산한다.
- 철근의 이음과 할증은 무시한다.

가. 폭이 10m인 교대의 콘크리트량을 구하시오.
(단, 소수점 이하 4째자리에서 반올림하시오.)

계산 과정)

답 : ______________

나. 폭이 10m인 교대의 전체 거푸집량을 구하시오.
(단, 소수점 이하 4째자리에서 반올림하시오.)

계산 과정)

답 : ______________

다. 폭이 10m인 교대의 철근물량을 구하시오.

기호	직경	길이(mm)	수량	총길이(mm)	기호	직경	길이(mm)	수량	총길이(mm)
A1					A7				
A2					S1				
A5					S2				

해답 가.

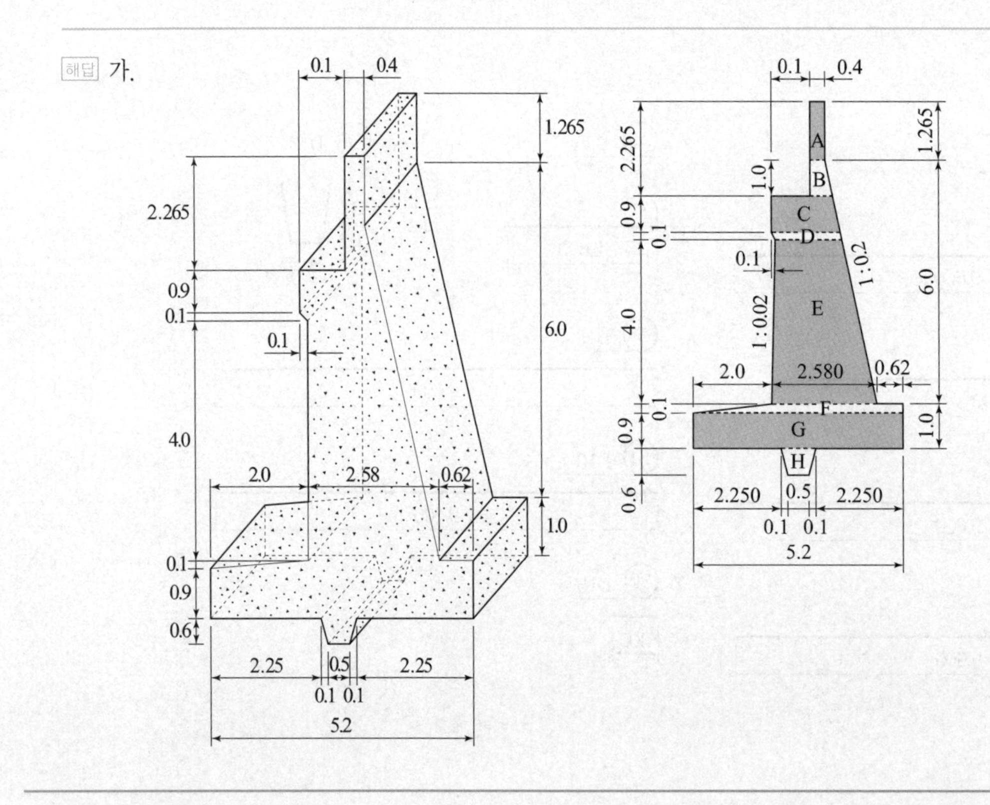

- $A = 0.4 \times 1.265 = 0.506m^2$
- $B = \dfrac{0.4+(0.4+1\times0.2)}{2} \times 1 = 0.5m^2$
- $C = \dfrac{(1.4+1\times0.2)+(1.4+1.9\times0.2)}{2} \times 0.9 = 1.521m^2$
- $D = \dfrac{(1.4+1.9\times0.2)+(0.9+0.4+2.0\times0.2)}{2} \times 0.1 = 0.174m^2$
- $E = \dfrac{(0.9+0.4+2.0\times0.2)+2.58}{2} \times 4 = 8.560m^2$
- $F = \dfrac{(2.58+0.620)+5.20}{2} \times 0.1 = 0.42m^2$
- $G = 0.9 \times 5.2 = 4.68m^2$
- $H = \dfrac{0.5+0.7}{2} \times 0.6 = 0.360m^2$

Σ단면적$= 0.506+0.5+1.521+0.174+8.560+0.42+4.68+0.360$
$= 16.721m^2$

$\therefore$ 총콘크리트량$= 16.721 \times 10 = 167.210m^3$

나.

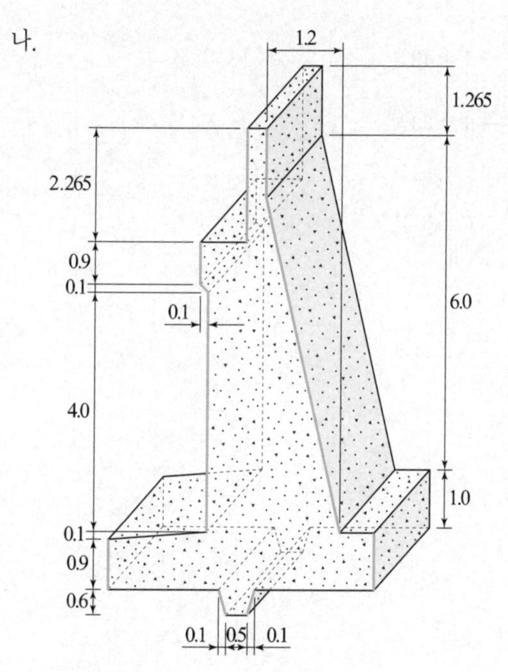

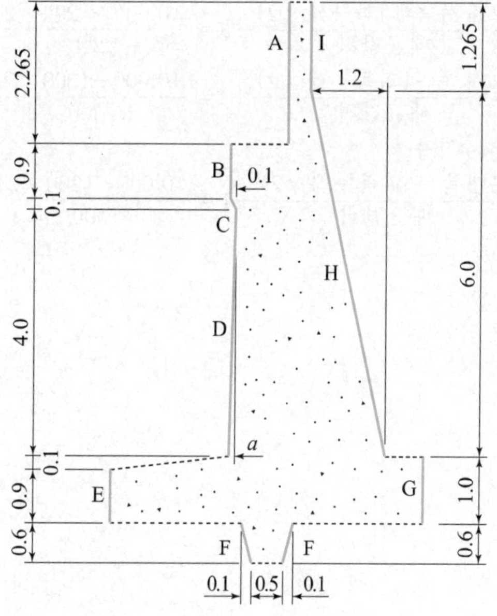

- $A = 2.265m$
- $B = 0.900m$
- $C = \sqrt{0.1^2+0.1^2} = 0.1414m$
- $D = \sqrt{(4\times0.02)^2+4^2} = 4.0008m$
- $E = 0.9000m$
- $F = \sqrt{0.1^2+0.6^2} \times 2 = 1.2166m$
- $G = 1,000m$
- $H = \sqrt{(6\times0.2)^2+6^2} = 6.1188m$
- $I = 1.265m$

∴ 총거푸집길이 $\sum L = 17.8076\,\text{m}$

∴ 측면도(전·후면) 거푸집량$= 17.8076 \times 10$

$= 178.076\text{m}^2$

• 양 마구리면 단면적$= 16.721 \times 2$(양단) $= 33.442\text{m}^2$

∴ 총거푸집량$= 178.076 + 33.442 = 211.518\text{m}^2$

다.

기호	직경	길이(mm)	수량	총길이(mm)	기호	직경	길이(mm)	수량	총길이(mm)
A1	D13	5,670	33	187,110	A7	D13	2,190	33	72,270
A2	D13	9,600	19	182,400	S1	D13	9,600	5	48,000
A5	D25	2,850	49	139,650	S2	D13	800	33	26,400

철근물량 산출근거

$$A1 = \frac{\text{교대 폭} - (\text{피복두께} \times 2)}{\text{배근간격}} + 1 = \frac{10{,}000 - (200 \times 2)}{300} + 1 = 33\text{본}$$

A2= 19본(수작업 계산)

$$A5 = \frac{\text{교대 폭} - (\text{피복두께} \times 2)}{\text{배근간격}} + 1 = \frac{10{,}000 - (200 \times 2)}{200} + 1 = 49\text{본}$$

$$A7 = \frac{\text{교대 폭} - (\text{피복두께} \times 2)}{\text{배근간격}} + 1 = \frac{10{,}000 - (200 \times 2)}{300} + 1 = 33\text{본}$$

S1= 5본(수작업)

$$S2 = \frac{\text{교대폭} - (\text{피복두께} \times 2)}{\text{배근간격}} + 1 = \frac{10{,}000 - (200 \times 2)}{300} + 1 = 33\text{본}$$

07 역T형 교대

1 모형도

제공 : Modeling System

2 입체도 및 측면도

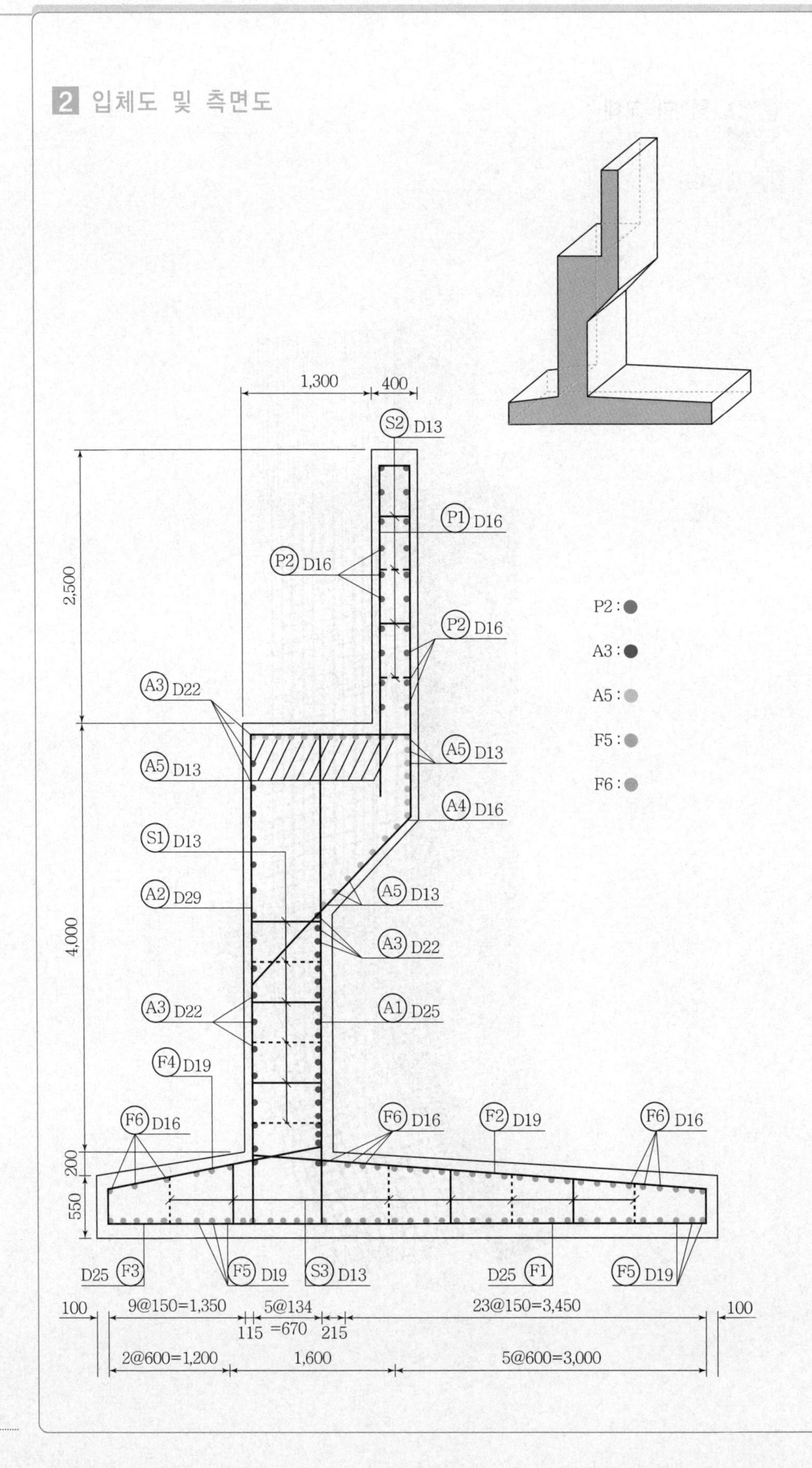

1,300
400
S2 D13
P1 D16
P2 D16
P2 D16
2,500
A3 D22
A5 D13
A5 D13
A4 D16
S1 D13
A5 D13
A2 D29
A3 D22
4,000
A3 D22
A1 D25
F4 D19
F6 D16
F6 D16
F2 D19
F6 D16
200
550
D25 F3
F5 D19
S3 D13
D25 F1
F5 D19
100
9@150=1,350
5@134
=670
115
215
23@150=3,450
100
2@600=1,200
1,600
5@600=3,000
P2 :
A3 :
A5 :
F5 :
F6 :

3 핵심 기출문제

□□□ 11①, 13④, 16①

01 **주어진 역T형 교대 도면을 보고 다음 물량을 산출하시오.** (단, 교대 전체길이는 10.3m 이며, 도면의 치수단위는 mm이며, 소수점 이하 4째자리에서 반올림하시오.)

득점	배점
	8

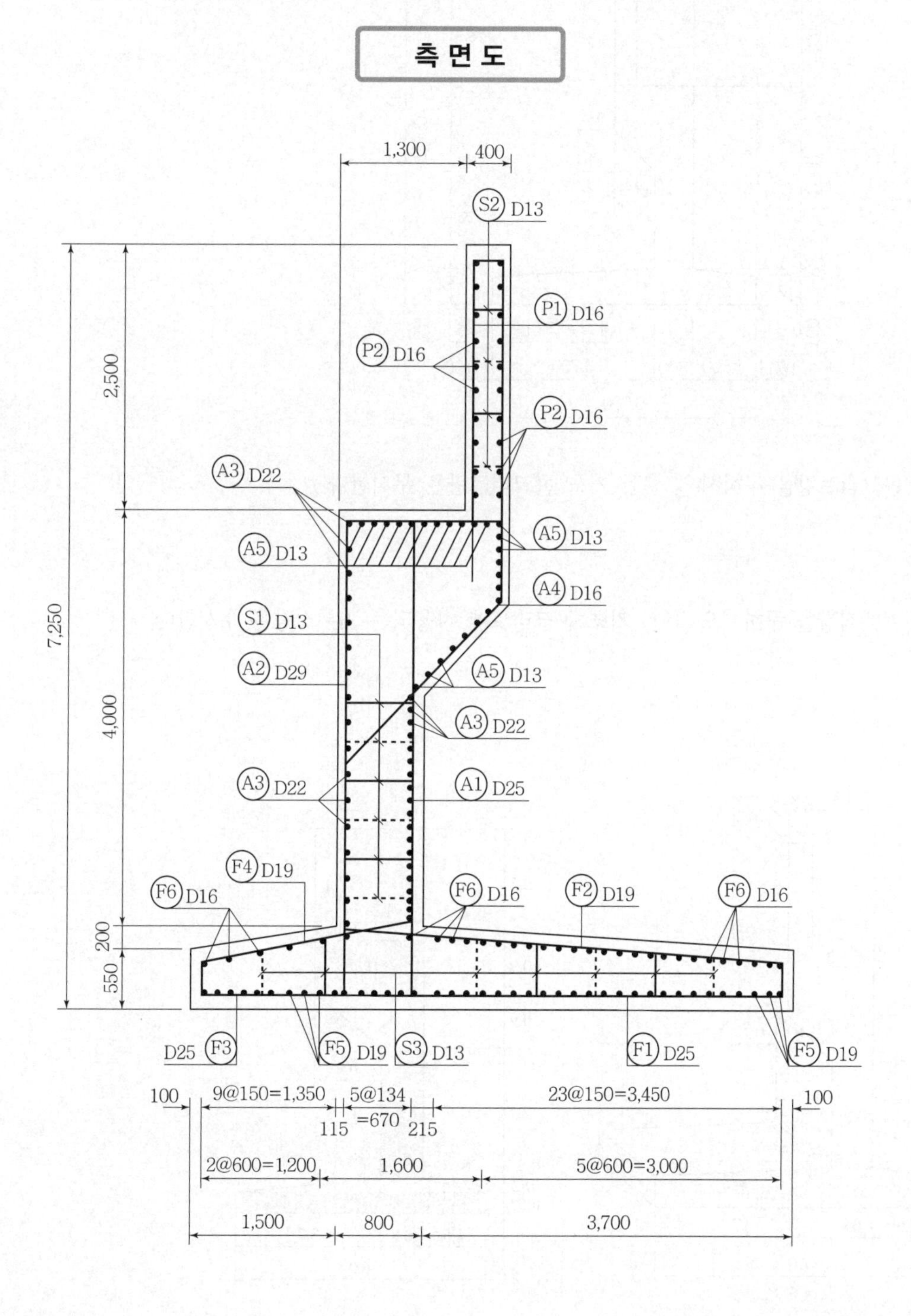

일 반 도

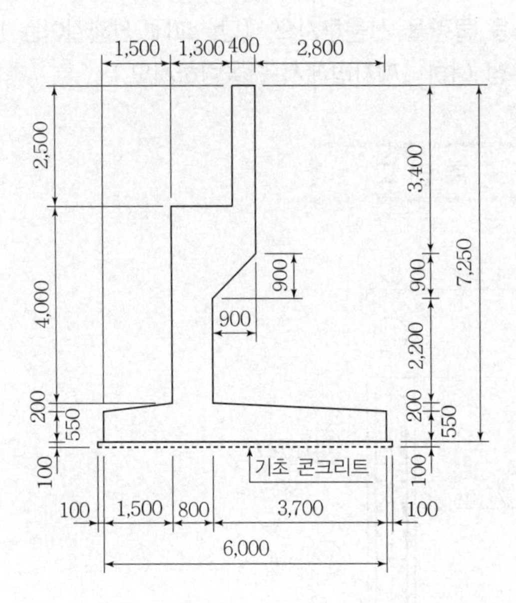

가. 교대의 전체 콘크리트량을 구하시오. (단, 기초 콘크리트량은 무시한다.)

계산 과정)

답 : ______________

나. 교대의 전체 거푸집량을 구하시오. (단, 기초 콘크리트에 사용되는 거푸집량은 무시한다.)

계산 과정)

답 : ______________

해답 가.

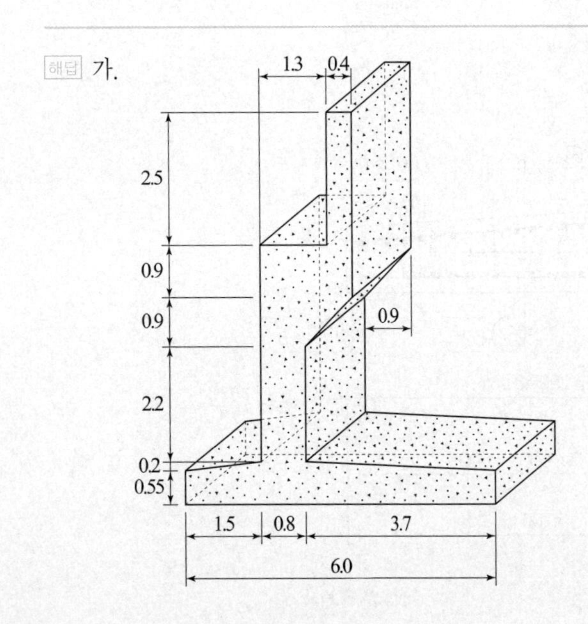

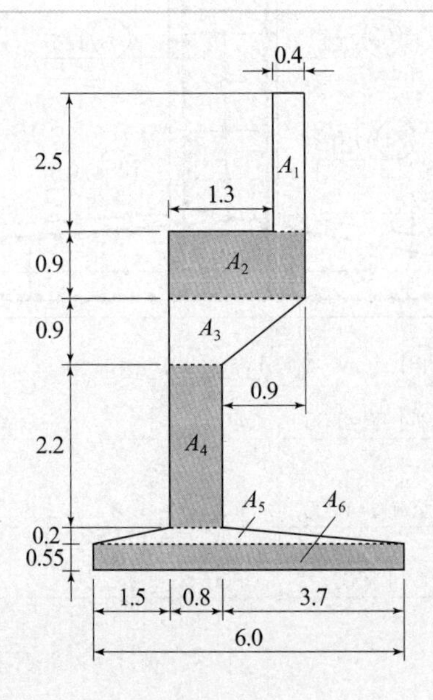

- $A_1 = 0.4 \times 2.5 = 1.0\text{m}^2$
- $A_2 = (1.3 + 0.4) \times 0.9 = 1.53\,\text{m}^2$
- $A_3 = \dfrac{(1.30 + 0.4) + 0.8}{2} \times 0.9 = 1.125\text{m}^2$
- $A_4 = 2.2 \times 0.8 = 1.76\text{m}^2$
- $A_5 = \dfrac{0.80 + 6.0}{2} \times 0.2 = 0.68\text{m}^2$
- $A_6 = 6.0 \times 0.55 = 3.30\text{m}^2$

총단면적 $\sum A = 1.0 + 1.53 + 1.125 + 1.76 + 0.68 + 3.30 = 9.395\,\text{m}^2$

∴ 총콘크리트량 $V = 9.395 \times 10.3 = 96.769\,\text{m}^3$

나.

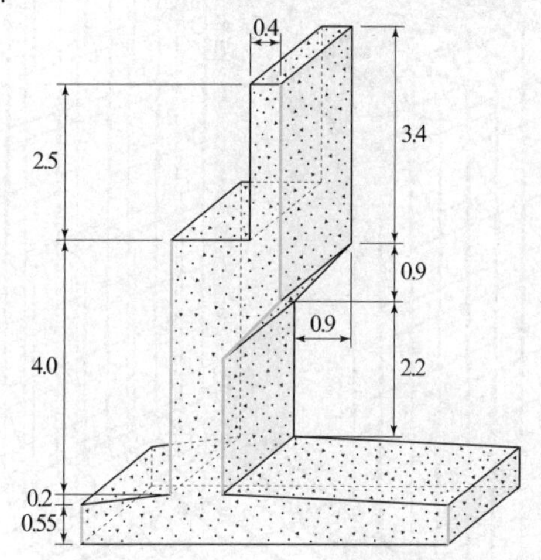

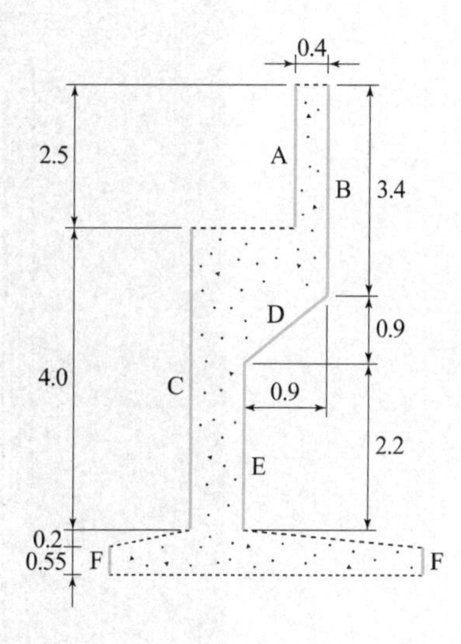

- A = 2.5m
- B = 3.4m
- C = 4.0m
- D = $\sqrt{0.9^2 + 0.9^2} = 1.2728\,\text{m}$
- E = 2.2m
- F = 0.55×2 = 1.10m

총거푸집길이 $\sum L = 2.5 + 3.4 + 4.0 + 1.2728 + 2.2 + 1.10 = 14.4728\text{m}$

마구리면=9.395×2 = 18.79m^2

∴ 총거푸집량 =14.4728×10.3+18.79

= 167.860m^2

08 암거(culvert) □□□

1 모형도

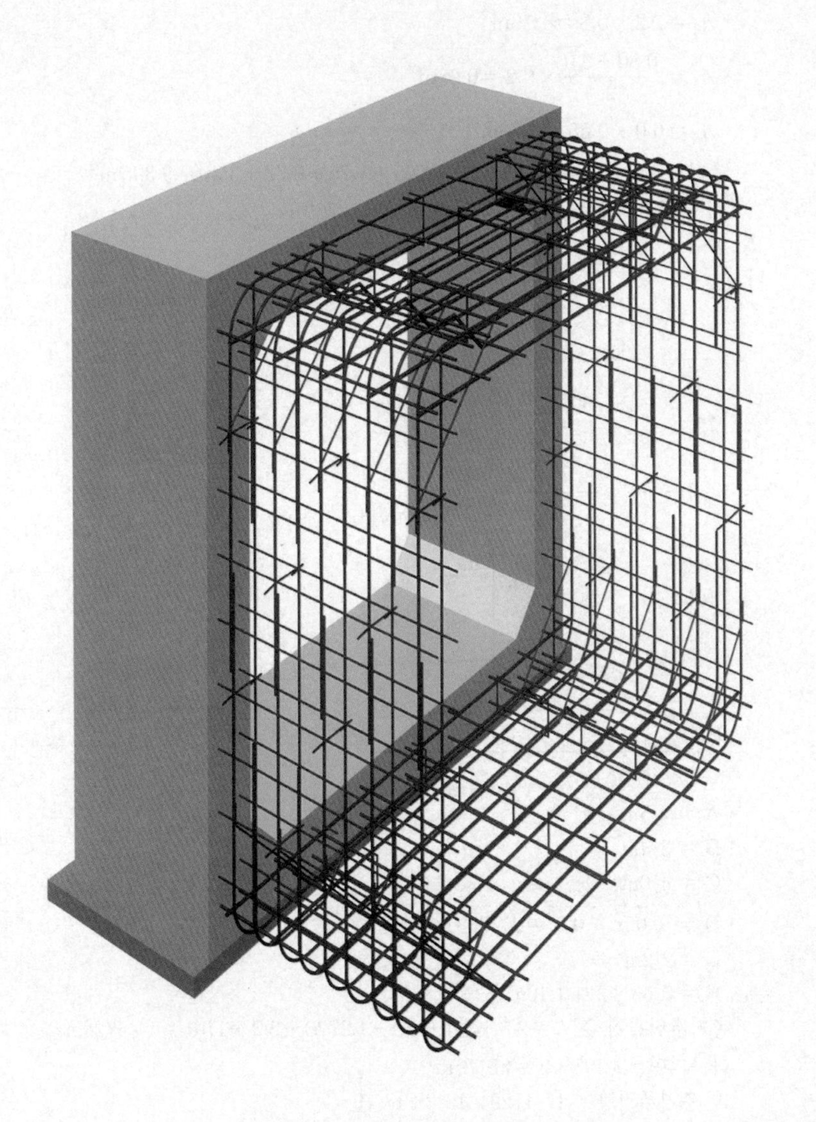

제공 : Modeling System

2 입체도 및 단면도

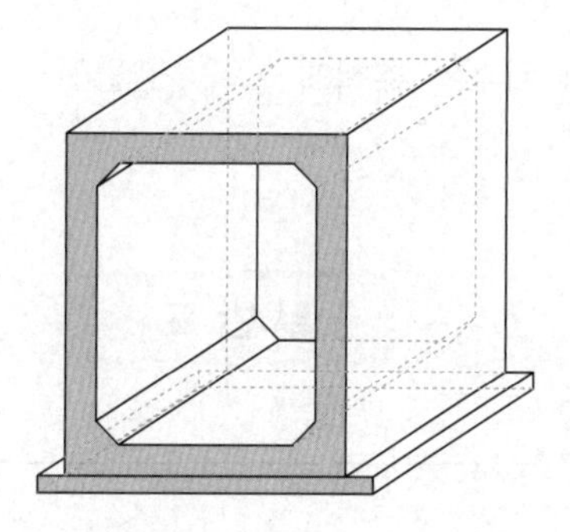

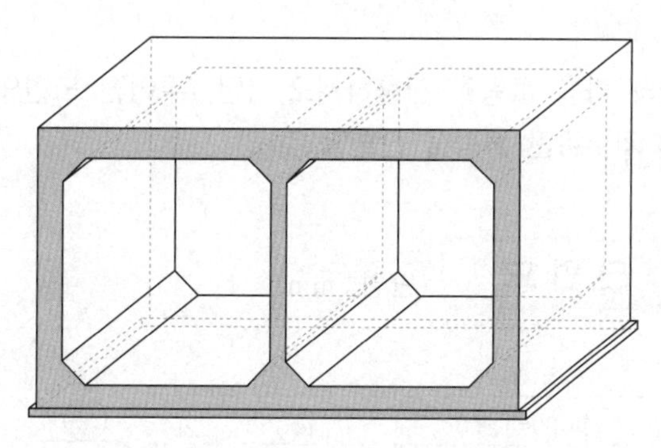

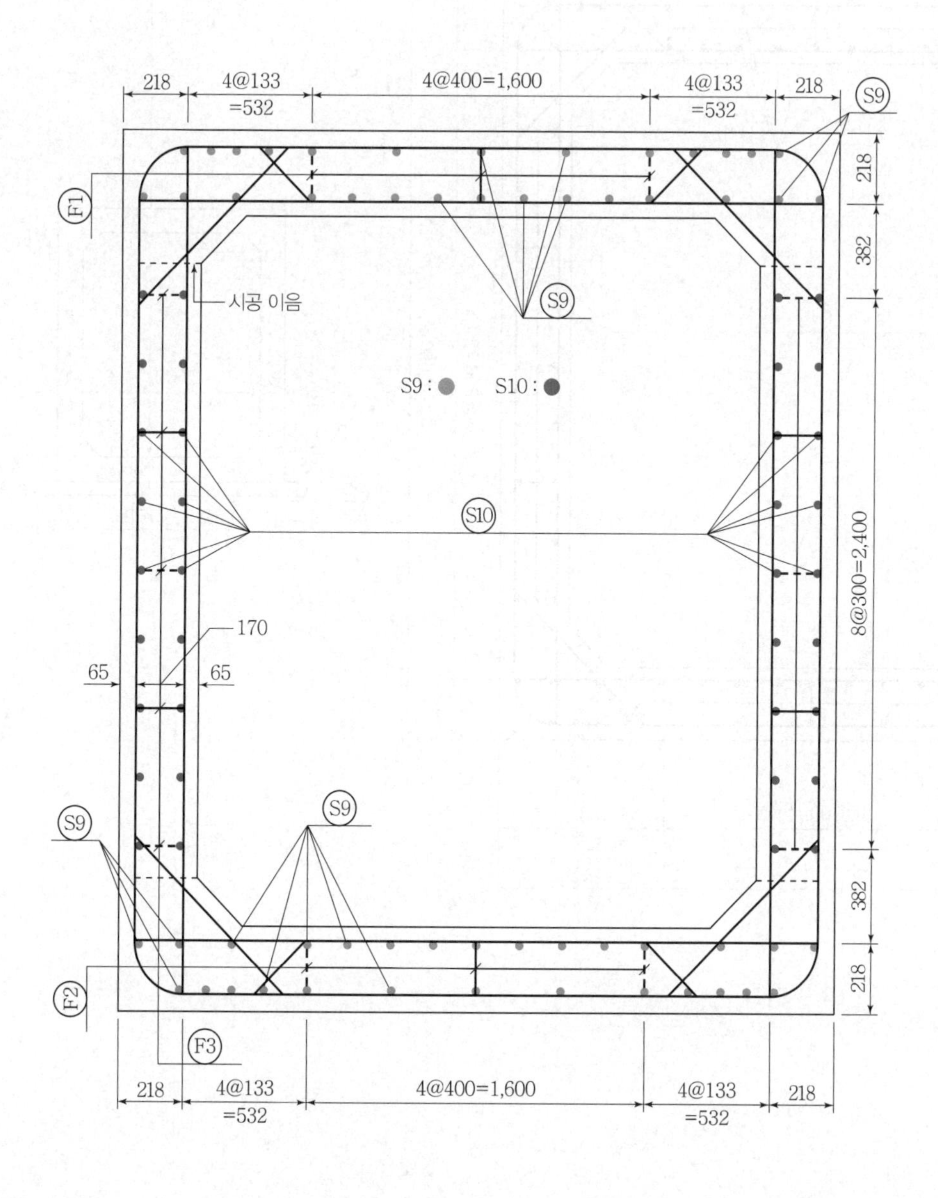
218
4@133
=532
4@400=1,600
4@133
=532
218
S9
F1
218
382
S9
시공 이음
S9 :
S10 :
S10
8@300=2,400
170
65
65
S9
S9
382
218
F2
F3
218
4@133
=532
4@400=1,600
4@133
=532
218

3 핵심 기출문제

□□□ 00③, 01②, 04①, 07①, 09②, 12④, 16②

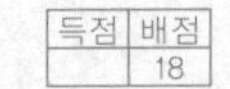

01 주어진 도면 및 조건에 따라 다음 물량을 산출하시오. (단, 주어진 도면의 치수는 축척에 맞지 않을 수 있으며, 주어진 치수로만 물량을 산출할 것)

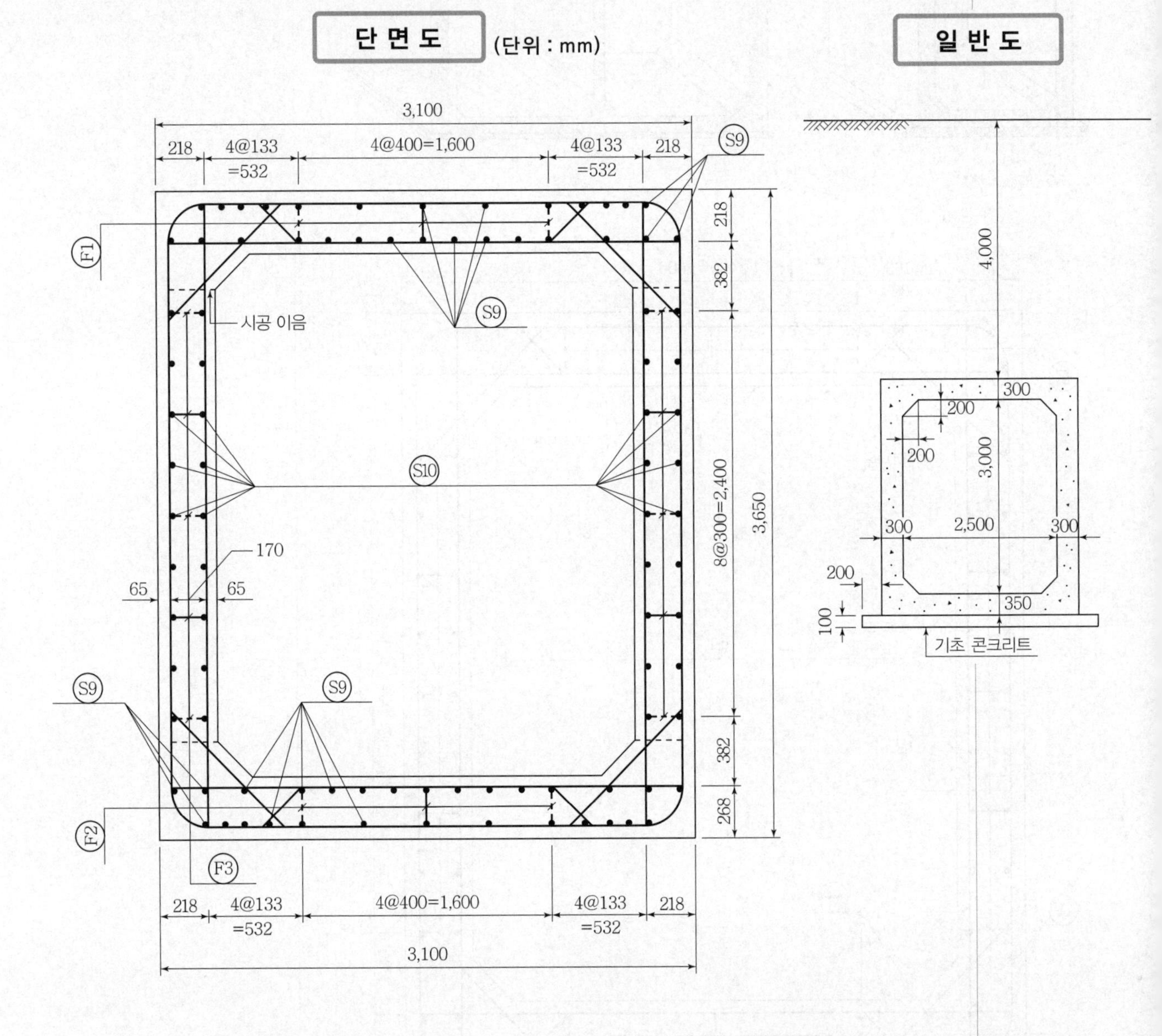

주철근조립도

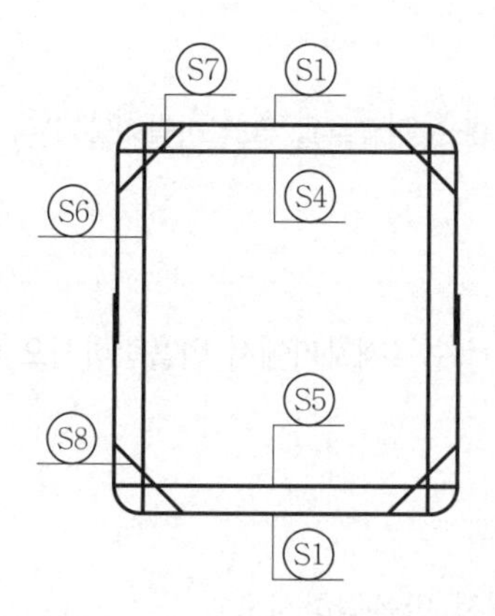

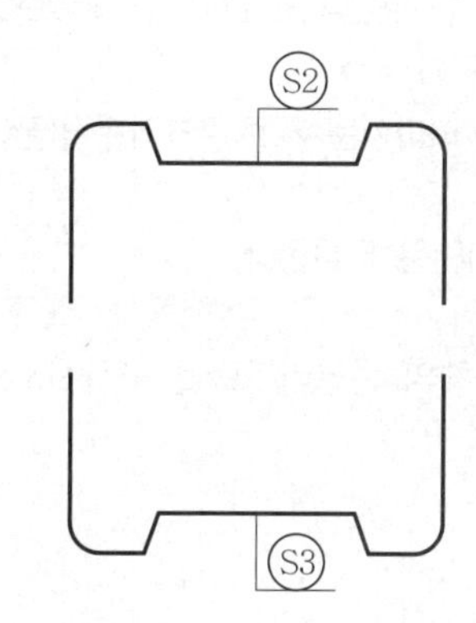

철근상세도

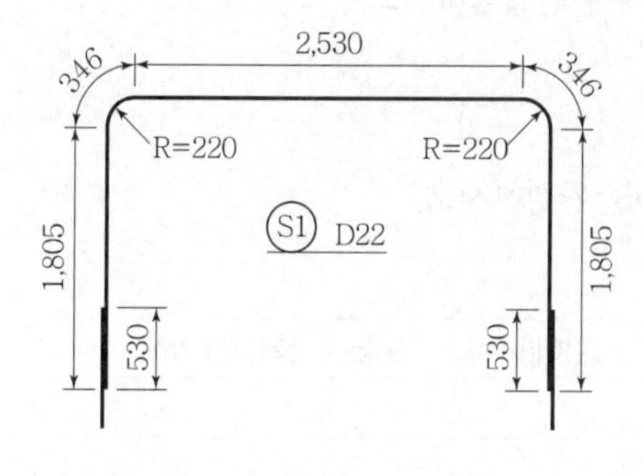

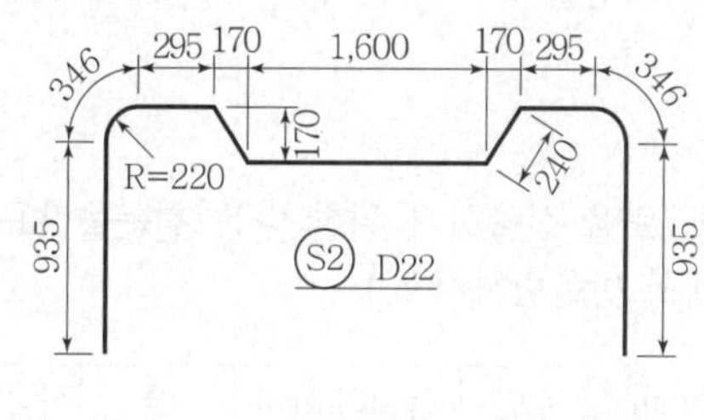

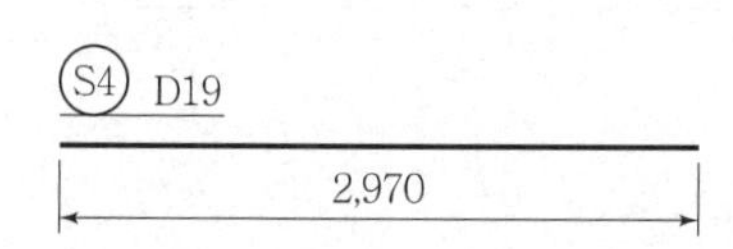

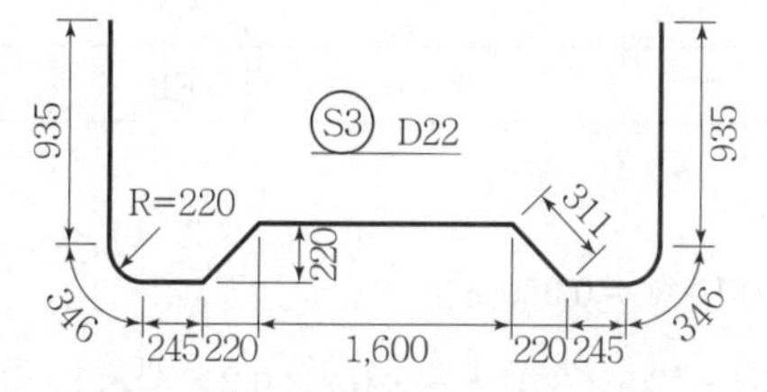

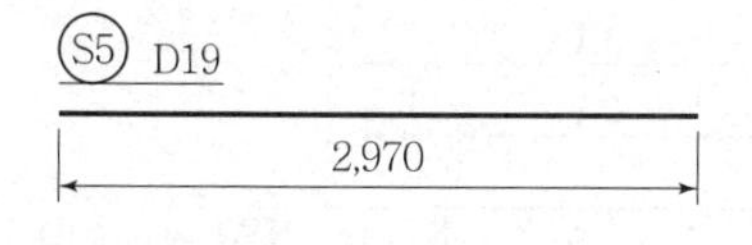

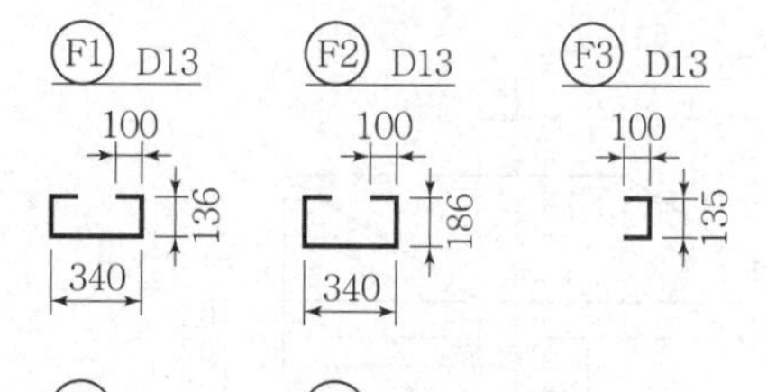

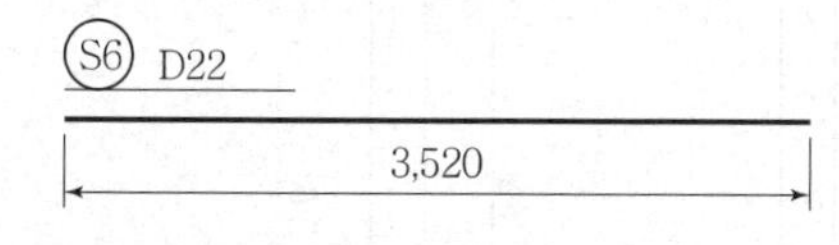

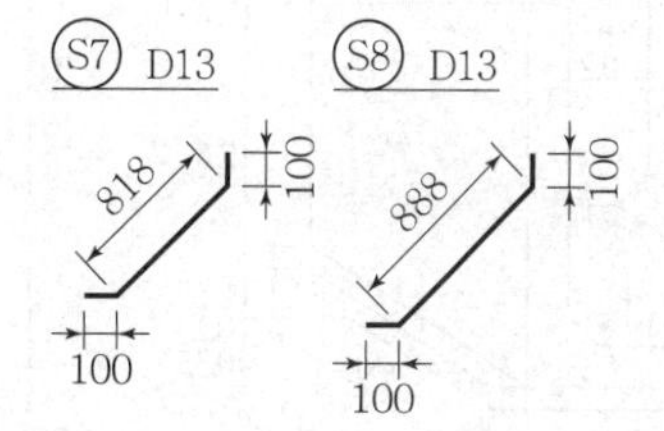

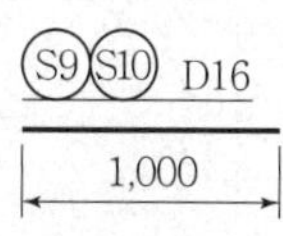

【조 건】

- S1 ~ S8 철근은 300mm 간격으로 배치되어 있다.
- F1, F2, F3 철근은 300mm 간격으로 지그재그로 배치되어 있다.
- 철근의 이음과 할증은 무시한다.
- 지형상태는 일반도와 같으며 터파기는 기초 콘크리트 양끝에서 100cm 여유폭을 두고 비탈기울기는 1 : 0.5로 한다.
- 거푸집량의 계산에서 마구리면은 무시한다.

가. 길이 1m에 대한 기초와 구체의 콘크리트량을 구하시오. (단, 소수 4째자리에서 반올림하시오.)

① 기초 콘크리트량 :

② 구체 콘크리트량 :

나. 길이 1m에 대한 거푸집량을 구하시오. (단, 소수 4째자리에서 반올림하시오.)

계산 과정)

답 :

다. 길이 1m에 대한 터파기량을 구하시오. (단, 소수 4째자리에서 반올림하시오.)

계산 과정)

답 :

라. 길이 1m에 대한 철근량을 산출하기 위한 다음 철근물량표를 완성하시오.
(단, 소수 3째자리에서 반올림하시오.)

기호	직경	길이(mm)	수량	총길이(mm)	기호	직경	길이(mm)	수량	총길이(mm)
S1					S9				
S7					F1				

해답 가. ① $V_1 = 3.5 \times 0.1 \times 1 = 0.350\,\text{m}^3$

② $\left\{(3.1 \times 3.65) - (2.5 \times 3.0) + \frac{1}{2} \times 0.2 \times 0.2 \times 4\right\} \times 1 = 3.895\,\text{m}^3$

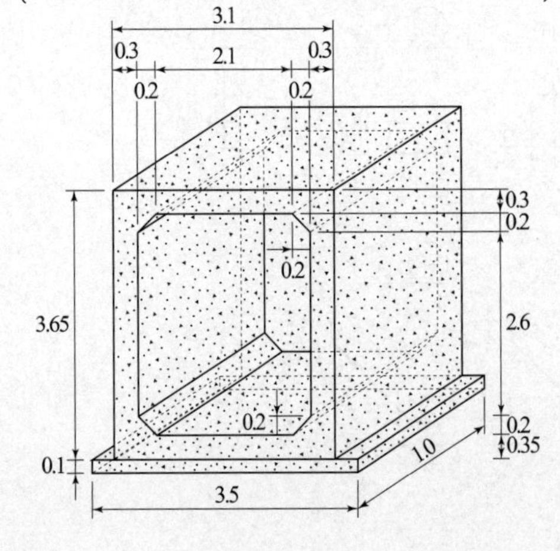

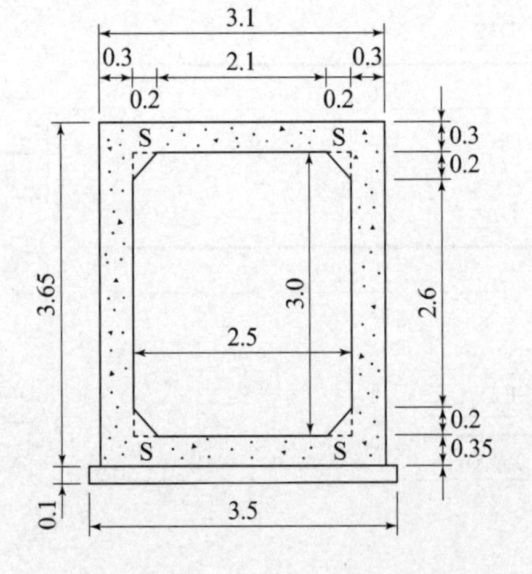

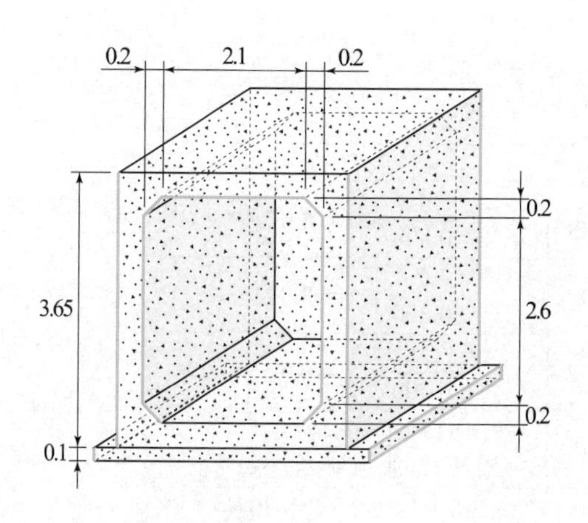

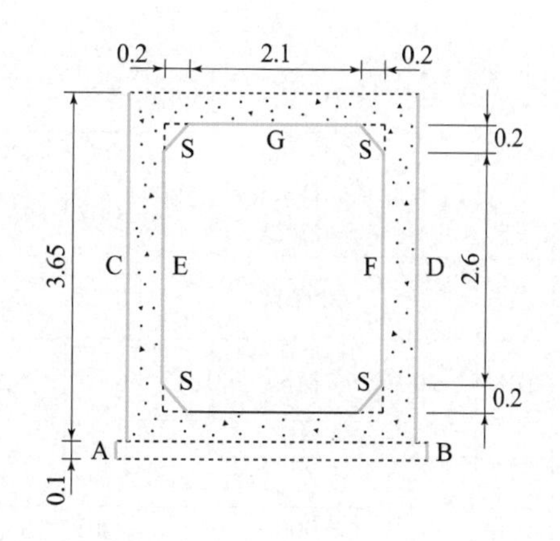

나. A면 = 0.1m　　B면 = 0.1m　　C면 = 3.65m　　D면 = 3.65m
E면 = 2.60m　　F면 = 2.60m　　G면 = 2.10m
S = $\sqrt{0.20^2+0.20^2}\times 4 = 1.1314$m
∴ 총거푸집길이 = $0.1\times 2+3.65\times 2+2.60\times 2+2.10+1.1314 = 15.9314$m
∴ 총거푸집량 = 총거푸집길이×단위길이 = $15.9314\times 1 = 15.931$m^2

다.

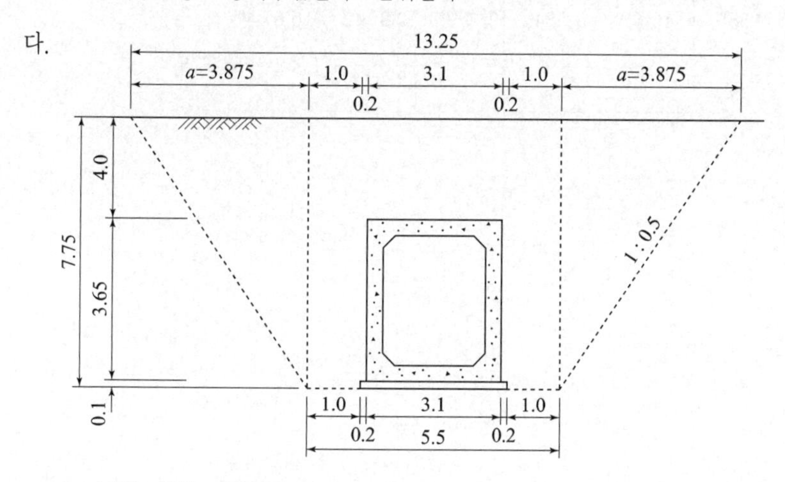

$a = 7.75\times 0.5 = 3.875$m
$b = 1.0+0.2+3.1+0.2+1.0 = 5.5$m
∴ 터파기량 = $\left(\dfrac{13.25+5.50}{2}\times 7.75\right)\times 1 = 72.656$m^3

라.

기호	직경	길이(mm)	수량	총길이(mm)	기호	직경	길이(mm)	수량	총길이(mm)
S1	D22	6,832	6.67	45,569	S9	D16	1,000	56	56,000
S7	D13	1,018	6.67	6,790	F1	D13	812	5	4,060

철근물량 산출근거

기호	직경	길이(mm)	수량	총길이(mm)	수량산출
S1	D22	$(1,805+346)\times2+2,530$ $=6,832$	6.67	45,569	$\dfrac{1}{0.300}\times2=6.67$본
S4	D19	2,970	3.33	9,890	$\dfrac{1}{0.300}\times1=3.33$본
S7	D13	$100\times2+818=1,018$	6.67	6,790	$\dfrac{1}{0.300}\times2=6.67$본
S9	D16	1,000	56	56,000	$(13+15)\times2=56$본 (∵ 길이 1m에 대한 철근량)
S10	D16	1,000	36	36,000	$(8+1)\times2\times2=36$본
F1	D13	812	5	4,060	$\dfrac{3}{0.300\times2}\times1=5$본 $600:3=1,000:x \therefore x=5$
F3	D13	$100\times2+135=335$	16.67	5,584	$600:5=1,000:x$ $\therefore x=8.33$ 양측벽 : $8.33\times2=16.67$본 또는 $\dfrac{5}{0.300\times2}\times1\times2=16.67$본

□□□ 99⑤, 22③

02 주어진 도면 및 조건에 따라 다음 물량을 산출하시오.

득점	배점
	18

단 면 도 (단위 : mm)

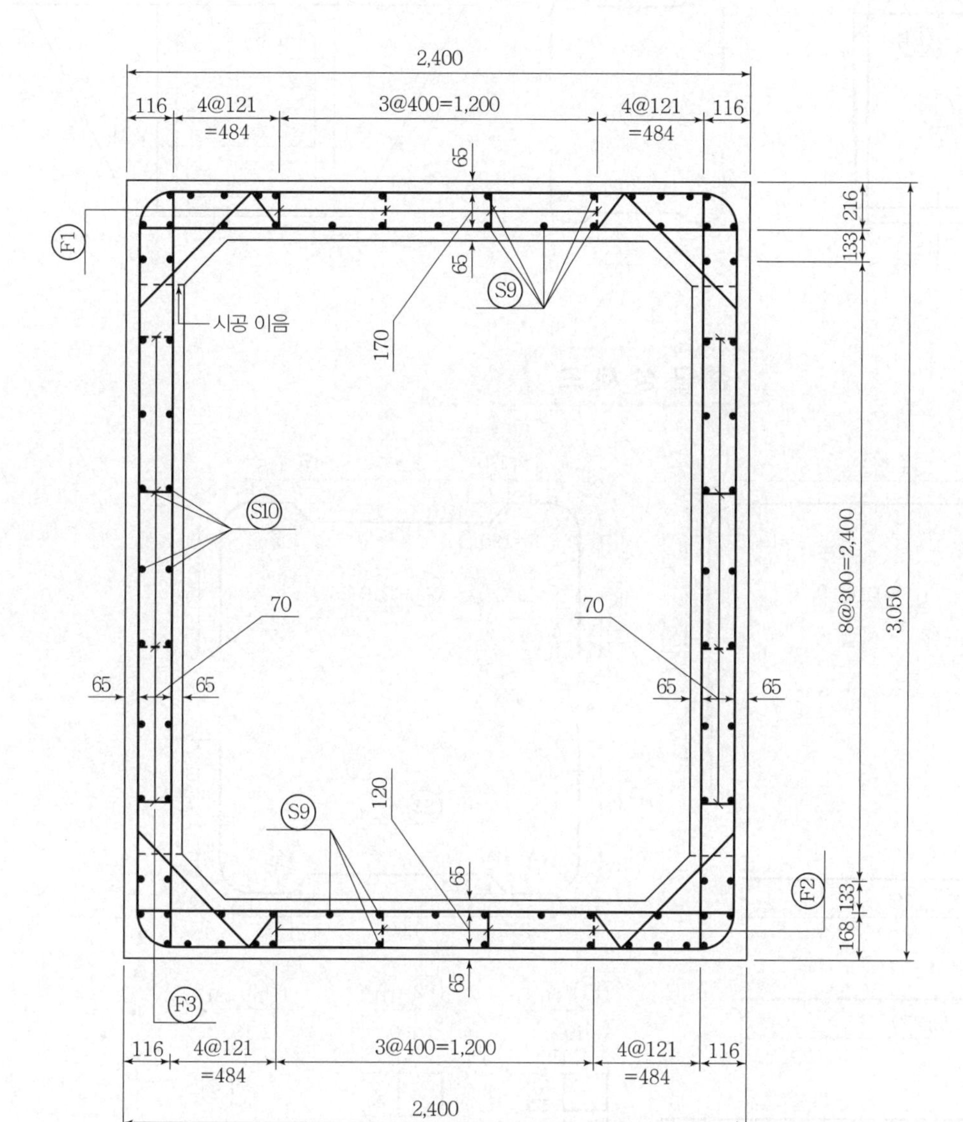

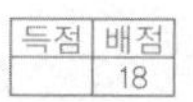

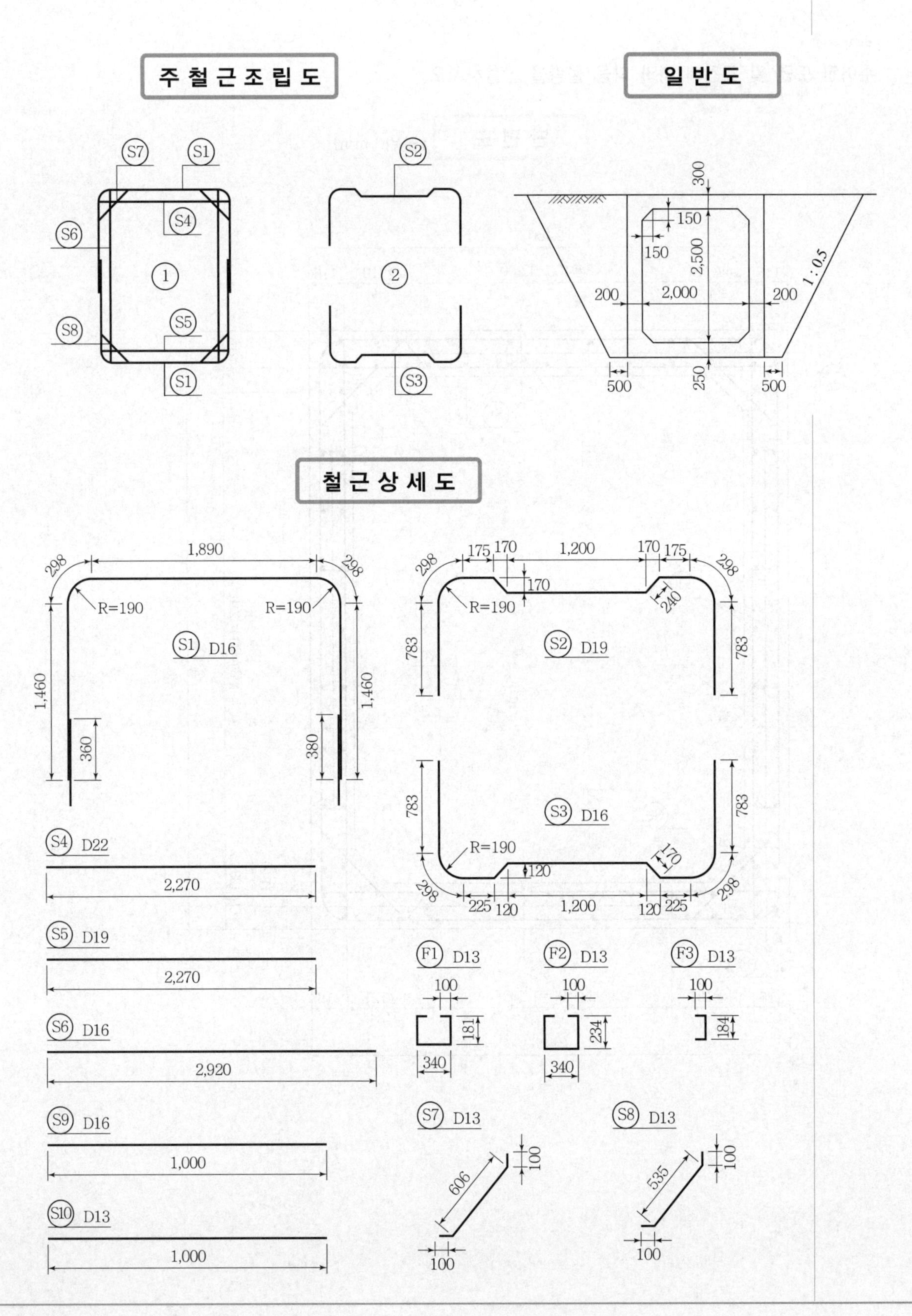
주철근조립도
일반도
철근상세도
S1
S2
S3
S4
S5
S6
S7
S8
1
2
300
150
150
2,500
2,000
200
200
1 : 0.5
500
250
500
1,890
298
298
R=190
R=190
S1 D16
1,460
1,460
360
380
175
170
1,200
170
175
170
240
783
783
S2 D19
S3 D16
120
170
225
120
1,200
120
225
S4 D22
2,270
S5 D19
2,270
S6 D16
2,920
S9 D16
1,000
S10 D13
1,000
F1 D13
F2 D13
F3 D13
100
181
340
234
184
S7 D13
S8 D13
606
535
100

【조 건】
- S1, S2, S3, S4, S5, S6, S7, S8 철근은 각각 300mm 간격으로 배근한다.
- F1, F2, F3 철근간격은 600mm로 지그재그로 배근한다.
- 물량산출에서의 할증률 및 마구리는 없는 것으로 한다.
- 철근길이 계산에서 상세도에 표시되어 있지 않은 이음길이는 계산하지 않는다.

가. 길이 1m에 대한 콘크리트량을 구하시오. (단, 소수 4째자리에서 반올림하시오.)

계산 과정)

답 : ______

나. 길이 1m에 대한 거푸집량을 구하시오. (단, 소수 4째자리에서 반올림하시오.)

계산 과정)

답 : ______

다. 길이 1m에 터파기량을 구하시오. (단, 소수 4째자리에서 반올림하시오.)

계산 과정)

답 : ______

라. 길이 1m에 대한 철근량을 산출하기 위한 다음 철근물량표를 완성하시오.

기호	직경	길이(mm)	수량	총길이(mm)	기호	직경	길이(mm)	수량	총길이(mm)
S1					S8				
S2					S9				
S3					S10				
S4					F1				
S5					F2				
S6					F3				
S7									

해답 가.

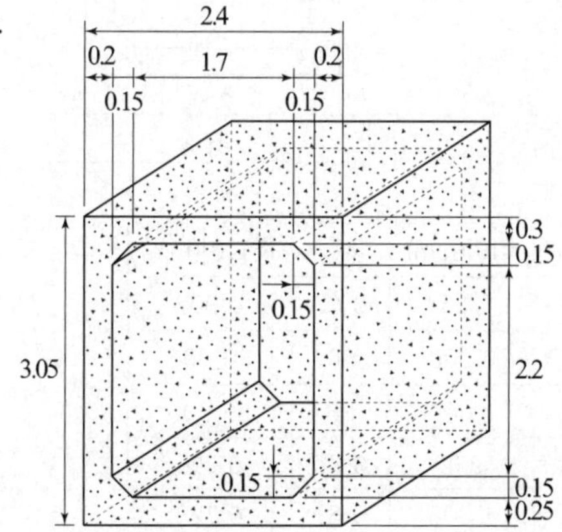

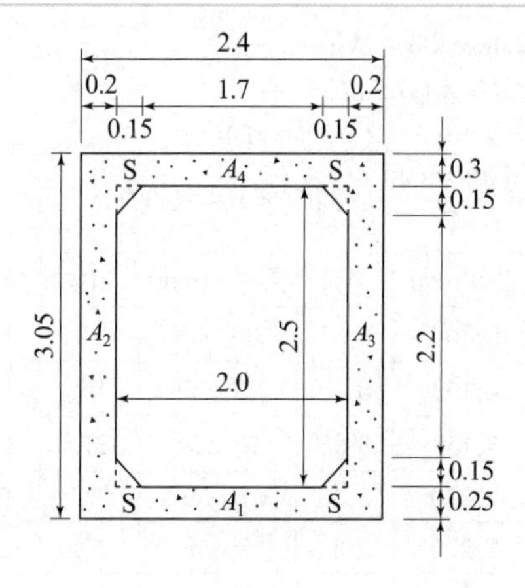

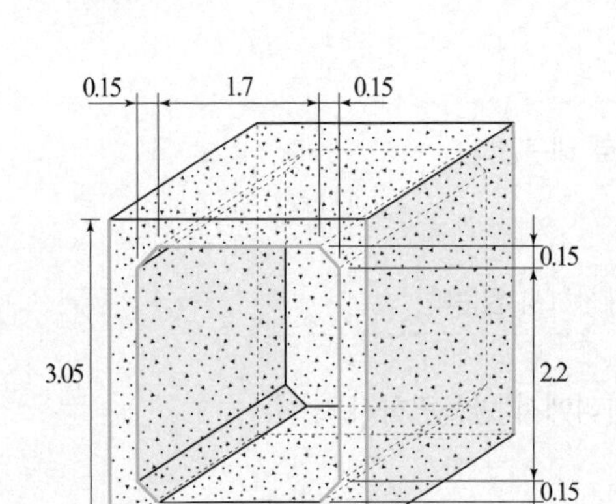

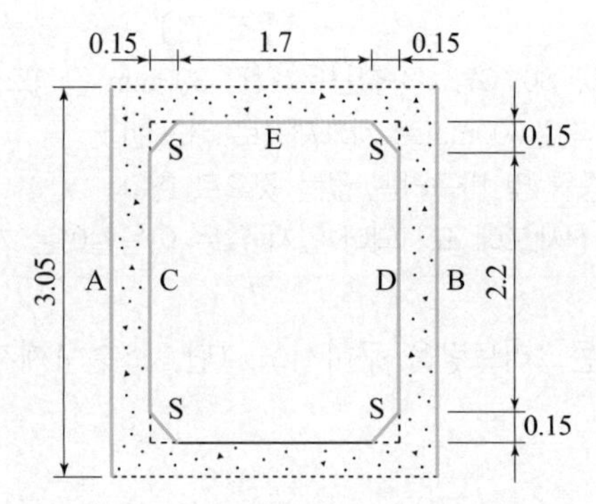

- $A_1 = 2 \times 0.25 = 0.500\text{m}^2$
- $A_2 = 3.05 \times 0.2 = 0.61\text{m}^2$
- $A_3 = 3.05 \times 0.2 = 0.61\text{m}^2$
- $A_4 = 2.0 \times 0.3 = 0.60\text{m}^2$
- $S = \sum S_i = 4 \times \left(\frac{1}{2} \times 0.15 \times 0.15\right) = 0.045\text{m}^2$

  $(\because \ S_1 = S_2 = S_3 = S_4)$
- $\sum A = 0.50 + 0.61 + 0.61 + 0.60 + 0.045$

  $= 2.365\text{m}^2$

  $\therefore$ 총콘크리트량 $= 2.365 \times 1 = 2.365\text{m}^3$

나. A면=3.05m　　　B면=3.05m

C면=2.2m　　　D면=2.2m

E면=1.7m

$S = \sqrt{0.15^2 + 0.15^2} \times 4 = 0.8485\text{m}$

∴ 총거푸집길이=3.05×2+2.2×2+1.70+0.8485

=13.049m

∴ 총거푸집량=총거푸집길이×단위길이=13.049×1

$=13.049\text{m}^2$

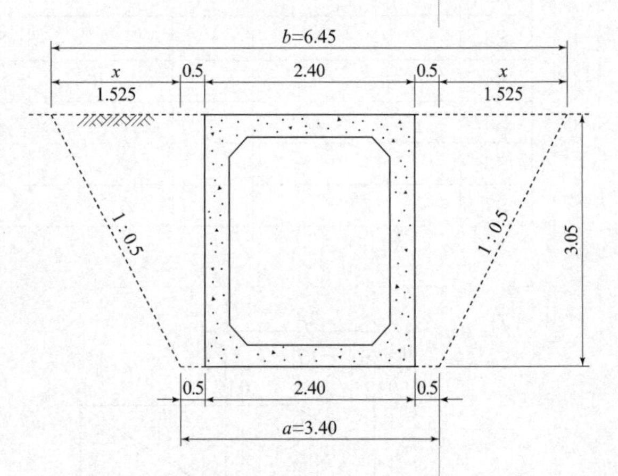

다. 각 변 길이

밑변 $a = 0.5 + 2.40 + 0.5 = 3.40\text{m}$

길이 $x = 3.05 \times 0.5 = 1.525\text{m}$

윗변 $b = 1.525 \times 2 + 0.5 \times 2 + 2.4 = 6.45\text{m}$

$\therefore$ 터파기량 $= \left(\frac{6.45 + 3.40}{2} \times 3.05\right) \times 1 = 15.021\text{m}^3$

라.

기호	직경	길이(mm)	수량	총길이(mm)	기호	직경	길이(mm)	수량	총길이(mm)
S1	D16	5,406	6.67	36,058	S8	D13	735	6.67	4,902
S2	D19	4,192	3.33	13,959	S9	D16	1,000	50	50,000
S3	D16	4,152	3.33	13,826	S10	D13	1,000	36	36,000
S4	D22	2,270	3.33	7,559	F1	D13	902	6.67	6,016
S5	D19	2,270	3.33	7,559	F2	D13	1,008	6.67	6,723
S6	D16	2,920	6.67	19,476	F3	D13	384	13.33	5,119
S7	D13	806	6.67	5,376					

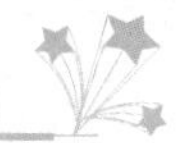

철근물량 산출근거

1. S1, S6, S7, S8 및 S2, S3, S4, S5 철근수량 계산

기호	직경	길이(mm)	수량	총길이(mm)	수량산출 근거
S1	D16	(1,460+298)×2+1,890=5,406	6.67	36,058	$\frac{\text{단위길이}}{\text{배근간격}}\times 2$(정판, 저판) $=\frac{1\text{m}}{0.3\text{m}}\times 2=6.67$본
S6	D16	2,920	6.67	19,476	
S7	D13	100×2+606=806	6.67	5,376	
S8	D13	100×2+535=735	6.67	4,902	
S2	D19	(783+298+175+240)×2+ 1,200=4,192	3.33	13,959	$\frac{\text{단위길이}}{\text{배근간격}}$ $=\frac{1\text{m}}{0.3\text{m}}=3.33$본
S3	D16	(783+298+225+170)×2+ 1,200=4,152	3.33	13,826	
S4	D22	2,270	3.33	7,559	
S5	D19	2,270	3.33	7,559	

2. S9, S10 철근수량 계산

기호	직경	길이(mm)	수량	총길이(mm)	수량산출 근거
S9	D16	1,000	50	50,000	·정판(상면 12, 하면 13) : 25본 ·저판(상면 13, 하면 12) : 25본 ∴ 25×2(정판, 저판)=50본
S10	D13	1,000	36	36,000	·측벽(내면 9, 외면 9)×2=36본

3. F1, F2, F3 철근수량 계산

기호	직경	길이(mm)	수량	총길이(mm)	수량산출 근거
F1	D13	(100+181)×2+ 340=902	6.67	6,016	$\frac{\text{단면도의 F1 철근수}}{\text{S철근 배근간격}}\times$단위길이 $=\frac{4}{0.3\times 2}\times 1=6.67$본 또는 $600:4=1{,}000:x\ \therefore\ x=6.67$본 F1은 단면도 정판에 사용
F2	D13	(100+234)×2+ 340=1,008	6.67	6,723	$\frac{\text{단면도의 F2 철근수}}{\text{S철근 배근간격}}\times$단위길이 $=\frac{4}{0.3\times 2}\times 1=6.67$본 또는 $600:4=1{,}000:x\ \therefore\ x=6.67$본 F2은 단면도 저판에 사용
F3	D13	100×2+184 =384	13.33	5,119	$\frac{\text{단면도의 F3 철근수}}{\text{S철근 배근간격}}\times$단위길이 $=\frac{4\times 2(\text{좌우})}{0.3\times 2}\times 1=13.33$본 또는 $600:4=1{,}000:x\ \therefore\ x=6.67$본 ∴ 좌우양면 $6.67\times 2=13.33$본

□□□ 99⑤

03 주어진 도면 및 조건에 따라 다음 물량을 산출하시오.

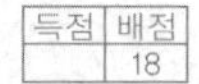

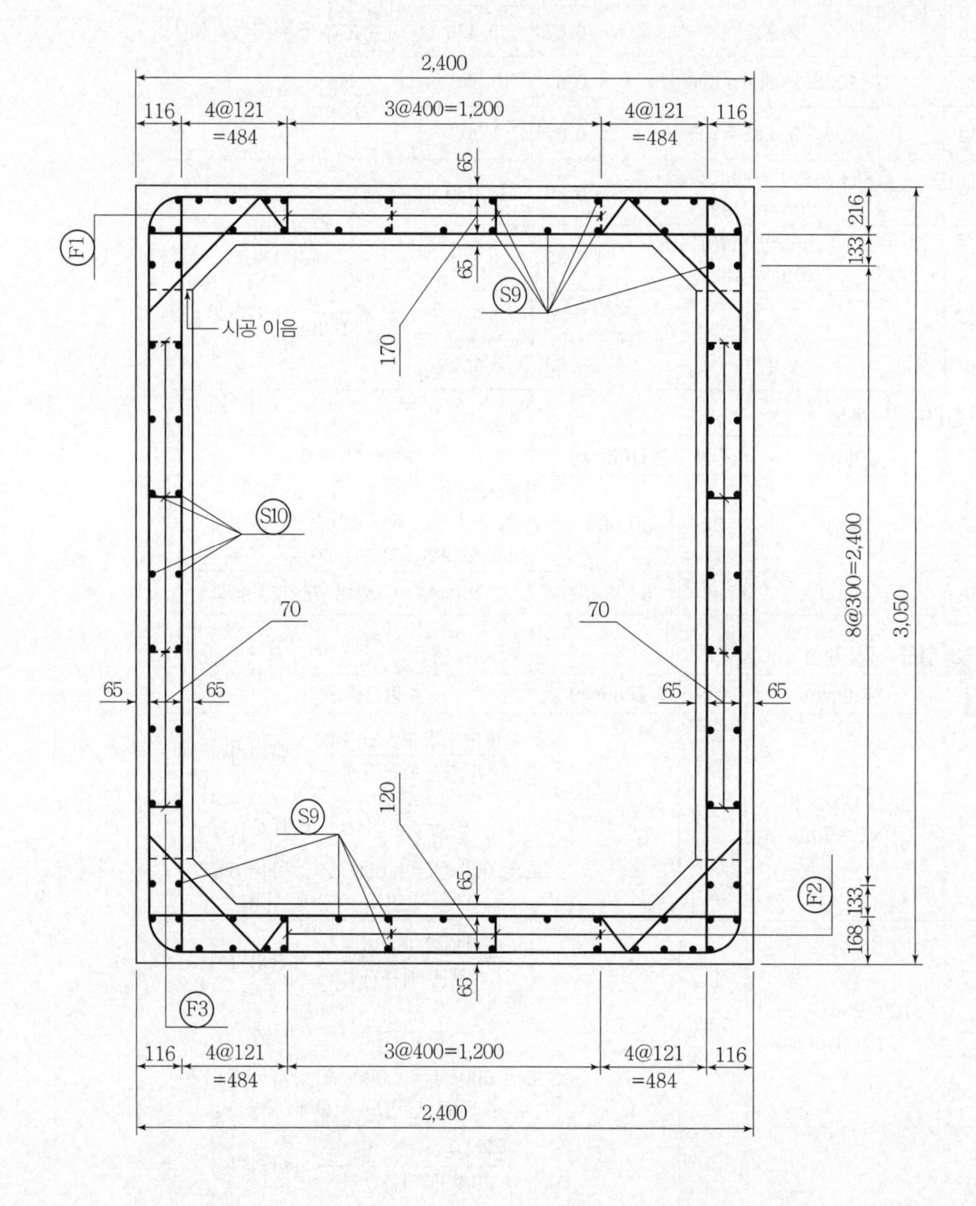

주 철 근 조 립 도

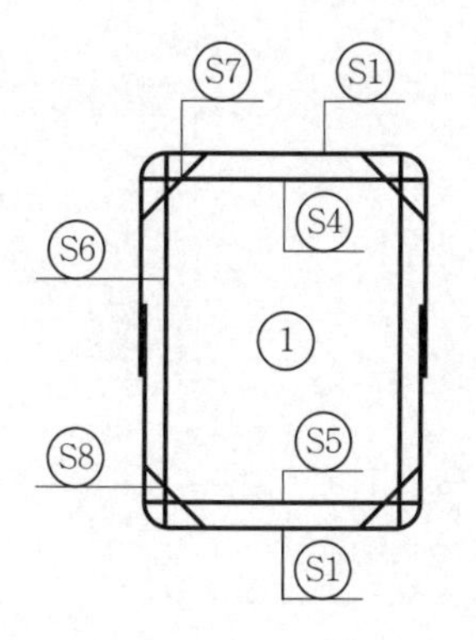
S7
S1
S4
S6
1
S8
S5
S1

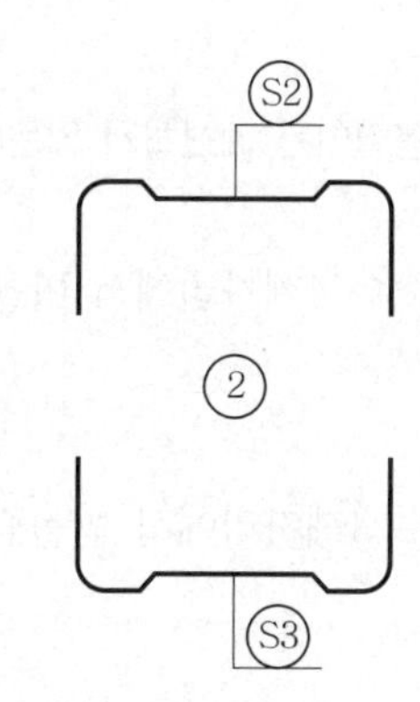
S2
2
S3

일 반 도

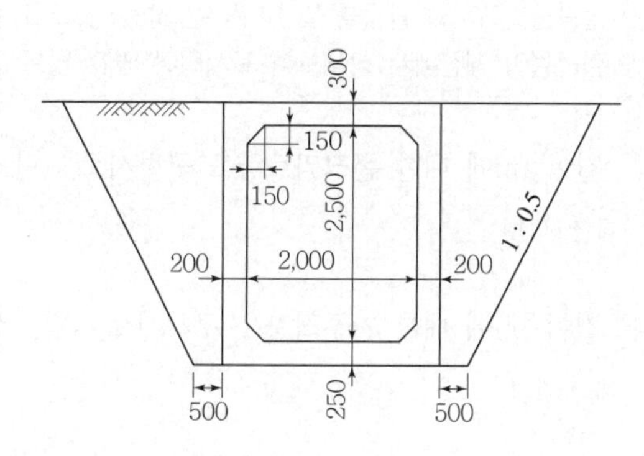
300
150
150
2,500
1 : 0.5
200
2,000
200
500
250
500

철 근 상 세 도

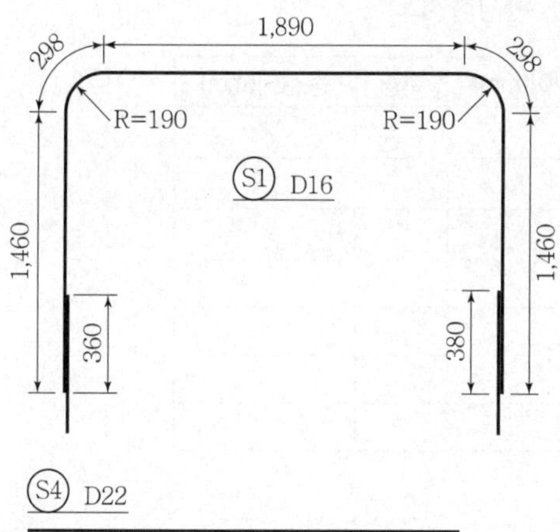
1,890
298
298
R=190
R=190
S1 D16
1,460
1,460
360
380

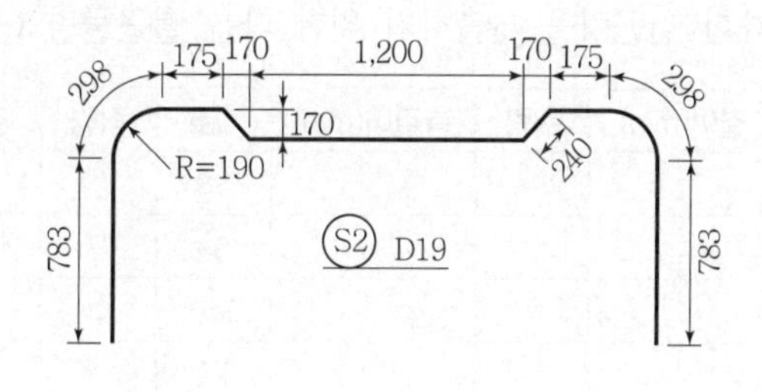
175
170
1,200
170
175
298
298
170
R=190
240
S2 D19
783
783

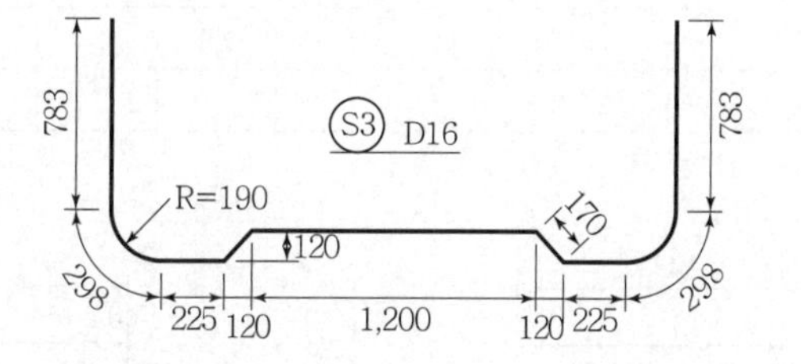
783
S3 D16
783
R=190
170
120
298
225
120
1,200
120
225
298

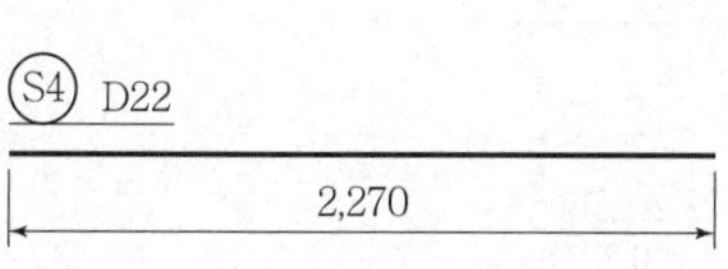
S4 D22
2,270

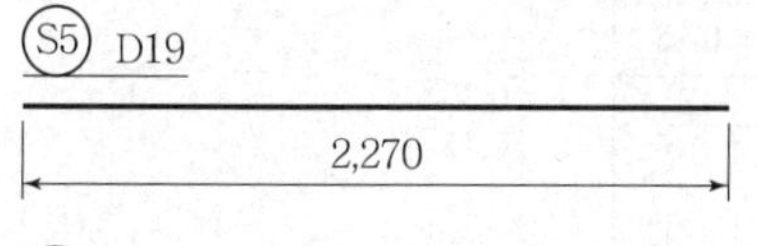
S5 D19
2,270

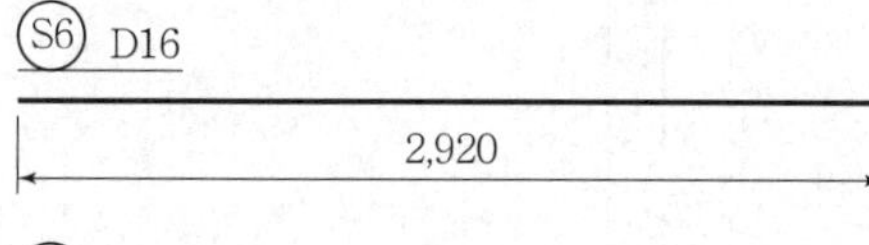
S6 D16
2,920

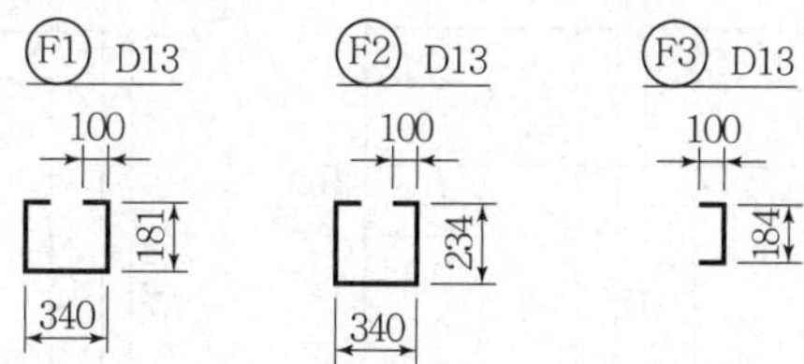
F1 D13
100
181
340
F2 D13
100
234
340
F3 D13
100
184

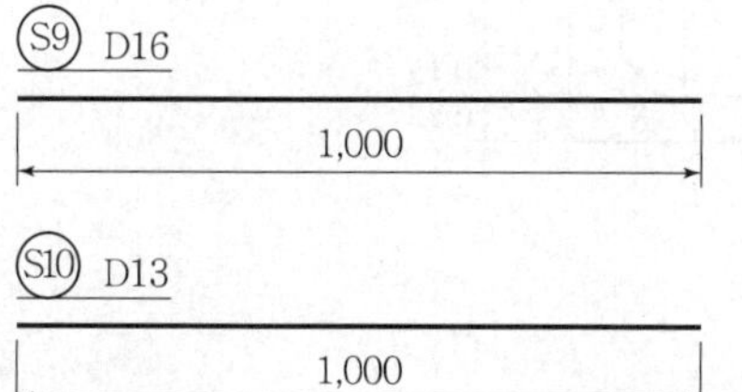
S9 D16
1,000
S10 D13
1,000

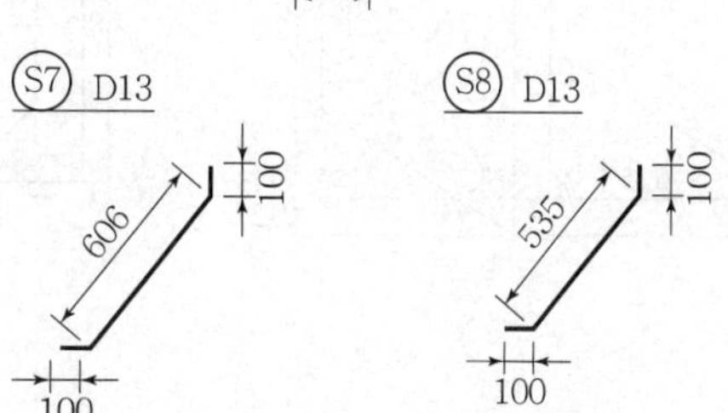
S7 D13
100
606
100
S8 D13
100
535
100

【조 건】

- S1, S2, S3, S4, S5, S6, S7, S8 철근은 각각 300mm 간격으로 배근한다.
- F1, F2, F3 철근간격은 600mm로 지그재그로 배근한다.
- 물량산출에서의 할증률 및 마구리는 없는 것으로 한다.
- 철근길이 계산에서 상세도에 표시되어 있지 않은 이음길이는 계산하지 않는다.

가. 길이 1m에 대한 콘크리트량을 구하시오. (단, 소수 4째자리에서 반올림하시오.)

계산 과정)

답 : ______________

나. 길이 1m에 대한 거푸집량을 구하시오. (단, 소수 4째자리에서 반올림하시오.)

계산 과정)

답 : ______________

다. 길이 1m에 터파기량을 구하시오. (단, 소수 4째자리에서 반올림하시오.)

계산 과정)

답 : ______________

라. 길이 1m에 대한 철근량을 산출하기 위한 다음 철근물량표를 완성하시오.

기호	직경	길이(mm)	수량	총길이(mm)	기호	직경	길이(mm)	수량	총길이(mm)
S1					S8				
S2					S9				
S3					S10				
S4					F1				
S5					F2				
S6					F3				
S7									

해답 가.

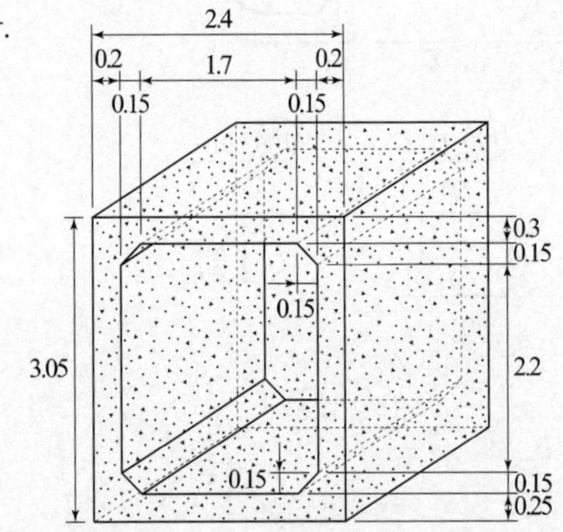

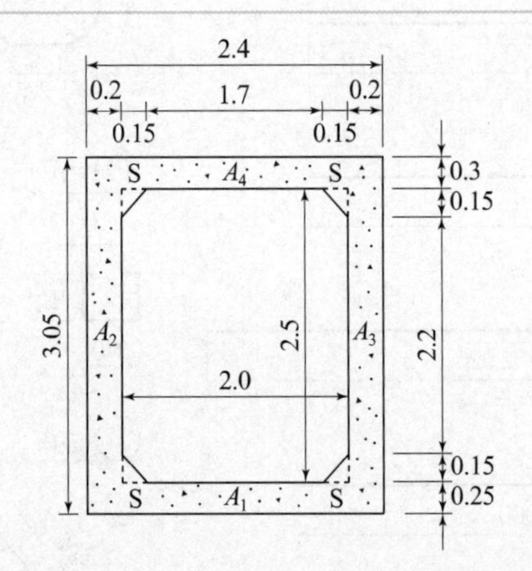

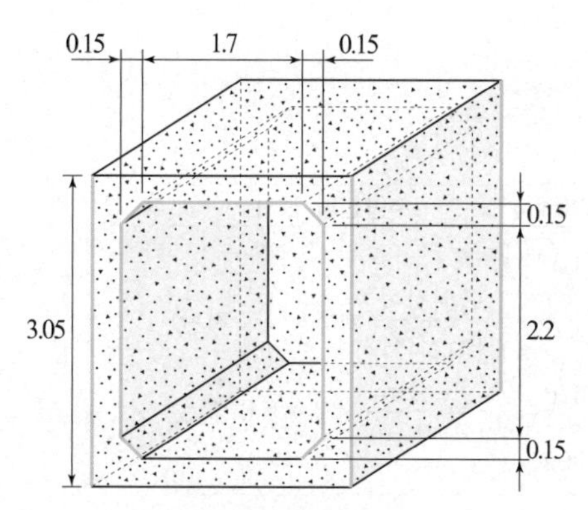

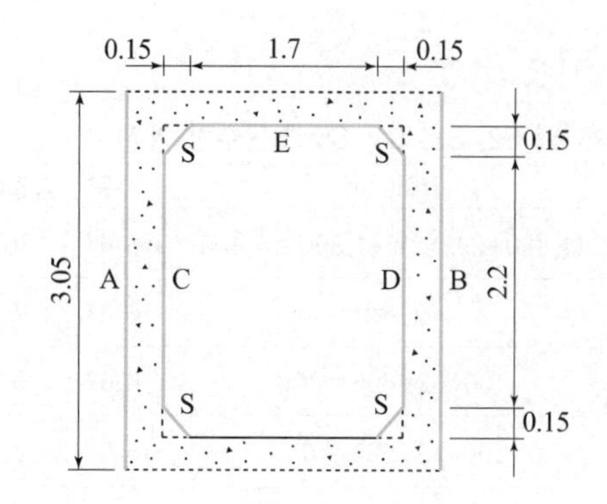

- $A_1 = 2 \times 0.25 = 0.500\text{m}^2$
- $A_2 = 3.05 \times 0.2 = 0.61\text{m}^2$
- $A_3 = 3.05 \times 0.2 = 0.61\text{m}^2$
- $A_4 = 2.0 \times 0.3 = 0.60\text{m}^2$
- $S = \sum S_i = 4 \times \left(\frac{1}{2} \times 0.15 \times 0.15\right) = 0.045\text{m}^2$
  $(\because\ S_1 = S_2 = S_3 = S_4)$
- $\sum A = 0.50 + 0.61 + 0.61 + 0.60 + 0.045$
  $= 2.365\text{m}^2$

  ∴ 총콘크리트량$= 2.365 \times 1 = 2.365\text{m}^3$

나. A면=3.05m　　　B면=3.05m
　C면=2.2m　　　D면=2.2m
　E면=1.7m
　$S = \sqrt{0.15^2 + 0.15^2} \times 4 = 0.8485\text{m}$
　∴ 총거푸집길이=3.05×2+2.2×2+1.70+0.8485
　　　　　　=13.049m
　∴ 총거푸집량=총거푸집길이×단위길이=13.049×1
　　　　　　=13.049m^2

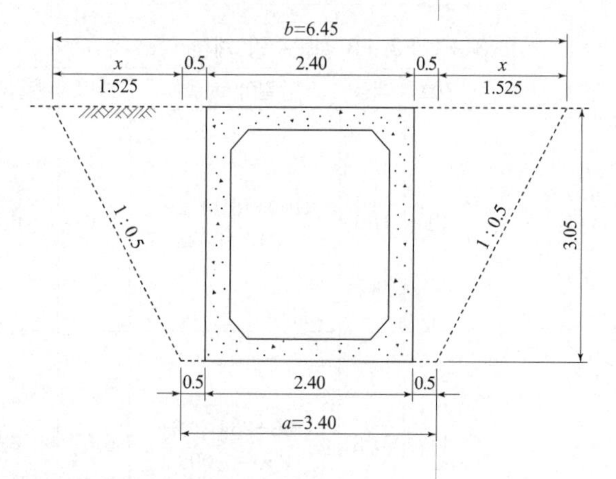

다. 각 변 길이
　밑변 $a = 0.5 + 2.40 + 0.5 = 3.40\text{m}$
　길이 $x = 3.05 \times 0.5 = 1.525\text{m}$
　윗변 $b = 1.525 \times 2 + 0.5 \times 2 + 2.4 = 6.45\text{m}$
　∴ 터파기량$= \left(\frac{6.45 + 3.40}{2} \times 3.05\right) \times 1 = 15.021\text{m}^3$

라.

기호	직경	길이(mm)	수량	총길이(mm)	기호	직경	길이(mm)	수량	총길이(mm)
S1	D16	5,406	6.67	36,058	S8	D13	735	6.67	4,902
S2	D19	4,192	3.33	13,959	S9	D16	1,000	58	58,000
S3	D16	4,152	3.33	13,826	S10	D13	1,000	28	28,000
S4	D22	2,270	3.33	7,559	F1	D13	902	6.67	6,016
S5	D19	2,270	3.33	7,559	F2	D13	1,008	6.67	6,723
S6	D16	2,920	6.67	19,476	F3	D13	384	13.33	5,119
S7	D13	806	6.67	5,376					

철근물량 산출근거

1. S1, S6, S7, S8 및 S2, S3, S4, S5 철근수량 계산

기호	직경	길이(mm)	수량	총길이(mm)	수량산출 근거
S1	D16	(1,460+298)×2+1,890=5,406	6.67	36,058	$\frac{\text{단위길이}}{\text{배근간격}}\times 2$(정판, 저판) $=\frac{1\text{m}}{0.3\text{m}}\times 2=6.67$본
S6	D16	2,920	6.67	19,476	
S7	D13	100×2+606=806	6.67	5,376	
S8	D13	100×2+535=735	6.67	4,902	
S2	D19	(783+298+175+240)×2+1,200=4,192	3.33	13,959	$\frac{\text{단위길이}}{\text{배근간격}}$ $=\frac{1\text{m}}{0.3\text{m}}=3.33$본
S3	D16	(783+298+225+170)×2+1,200=4,152	3.33	13,826	
S4	D22	2,270	3.33	7,559	
S5	D19	2,270	3.33	7,559	

2. S9, S10 철근수량 계산

기호	직경	길이(mm)	수량	총길이(mm)	수량산출 근거
S9	D16	1,000	58	58,000	·정판(상면 12, 하면 13, 측벽 4) : 29본 ·저판(상면 13, 하면 12, 측벽 4) : 29본 ∴ 29×2(정판, 저판)=58본
S10	D13	1,000	28	28,000	·측벽(내면 7, 외면 7)×2=28본

3. F1, F2, F3 철근수량 계산

기호	직경	길이(mm)	수량	총길이(mm)	수량산출 근거
F1	D13	(100+181)×2+340=902	6.67	6,016	$\frac{\text{단면도의 F1 철근수}}{\text{S철근 배근간격}}\times$단위길이 $=\frac{4}{0.3\times 2}\times 1=6.67$본 또는 $600:4=1{,}000:x$ ∴ $x=6.67$본 F1은 단면도 정판에 사용
F2	D13	(100+234)×2+340=1,008	6.67	6,723	$\frac{\text{단면도의 F2 철근수}}{\text{S철근 배근간격}}\times$단위길이 $=\frac{4}{0.3\times 2}\times 1=6.67$본 또는 $600:4=1{,}000:x$ ∴ $x=6.67$본 F2은 단면도 저판에 사용
F3	D13	100×2+184=384	13.33	5,119	$\frac{\text{단면도의 F3 철근수}}{\text{S철근 배근간격}}\times$단위길이 $=\frac{4\times 2(\text{좌우})}{0.3\times 2}\times 1=13.33$본 또는 $600:4=1{,}000:x$ ∴ $x=6.67$본 ∴ 좌우양면 $6.67\times 2=13.33$본

□□□ 10②, 11④, 17①, 18③, 20①

04 아래 그림과 같은 2연 암거의 일반도를 보고 다음 물량을 산출하시오.
(단, 도면의 치수단위는 mm이다.)

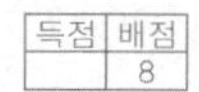

득점	배점
	8

일 반 도

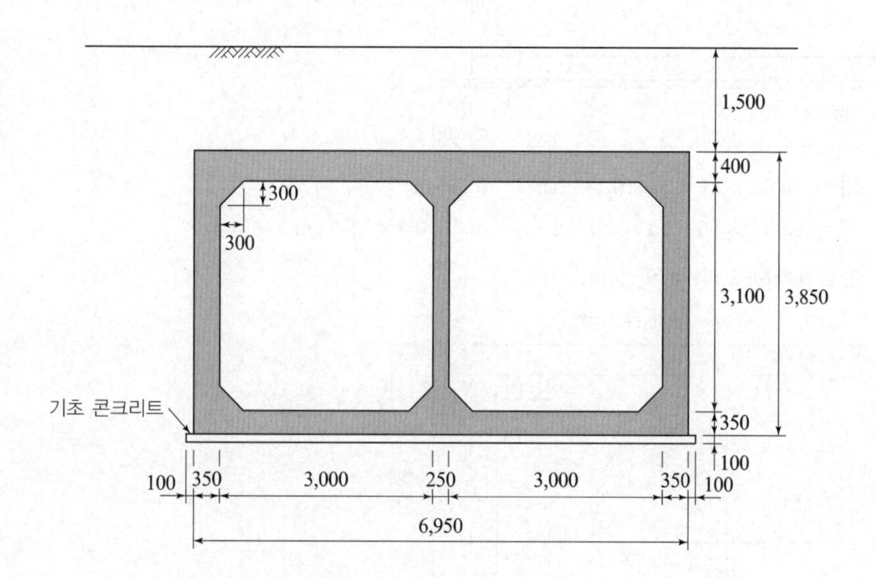

가. 암거길이 1m에 대한 콘크리트량을 산출하시오.
(단, 기초 콘크리트량도 포함하며, 소수점 이하 4째자리에서 반올림하시오.)

계산 과정)

답 : ______________

나. 암거길이 1m에 대한 거푸집량을 산출하시오.
(단, 양쪽 마구리면은 무시하며, 기초 거푸집량도 포함하며, 소수점 이하 4째자리에서 반올림하시오.)

계산 과정)

답 : ______________

다. 암거길이 1m에 대한 터파기량을 산출하시오.
(단, 지형상태는 일반도와 같으며 터파기는 기초 콘크리트 양끝에서 0.6m 여유폭을 두고 비탈기울기는 1 : 0.5로 하며, 소수점 이하 4째자리에서 반올림하시오.)

계산 과정)

답 : ______________

해답 가.

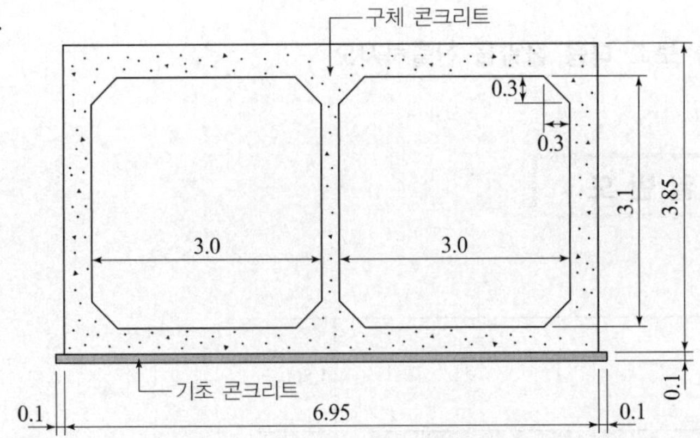

- 기초 콘크리트량 $= (6.95 + 0.1 \times 2) \times 0.1 \times 1(\text{m}) = 0.715\,\text{m}^3$
- 암거 콘크리트량 $= \left(6.95 \times 3.85 - 3.1 \times 3.0 \times 2 + \frac{1}{2} \times 0.3 \times 0.3 \times 8\right) \times 1\,\text{m} = 8.518\,\text{m}^3$

$\therefore$ 총콘크리트량 $= 0.715 + 8.518 = 9.233\,\text{m}^3$

나.

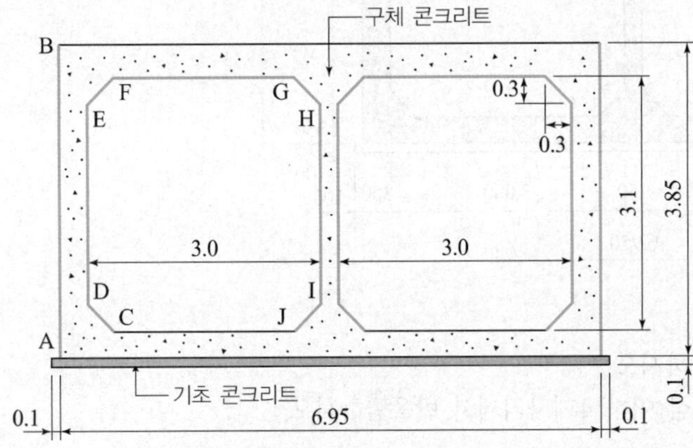

- 기초 거푸집량 $= 0.100 \times 2 \times 1(\text{m}) = 0.200\,\text{m}^2$
- 암거 거푸집량 $= 3.85 \times 2 + (3.1 - 0.3 \times 2) \times 4 + (3.0 - 0.3 \times 2) \times 2 + \sqrt{0.3^2 + 0.3^2} \times 8$
  $= 25.894\,\text{m}$

$\therefore$ 총거푸집량 $= 0.200 + 25.894 = 26.094\,\text{m}^2$

다.

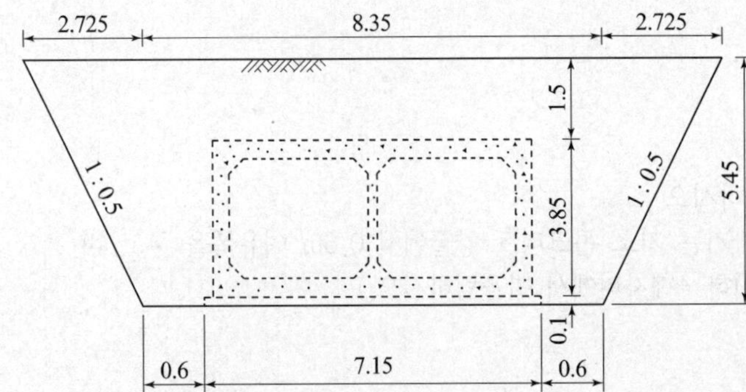

- 기초 터파기량 밑면 : $0.6 + 7.15 + 0.6 = 8.35\text{m}$
- 기초 터파기량 윗면 : $8.35 + 5.45 \times 0.5 \times 2 = 13.8\,\text{m}$

$\therefore$ 암거 터파기량 $= \dfrac{8.35 + 13.8}{2} \times 5.45 \times 1\text{m} = 60.359\,\text{m}^3$

09 슬래브교 □□□

1 모형도

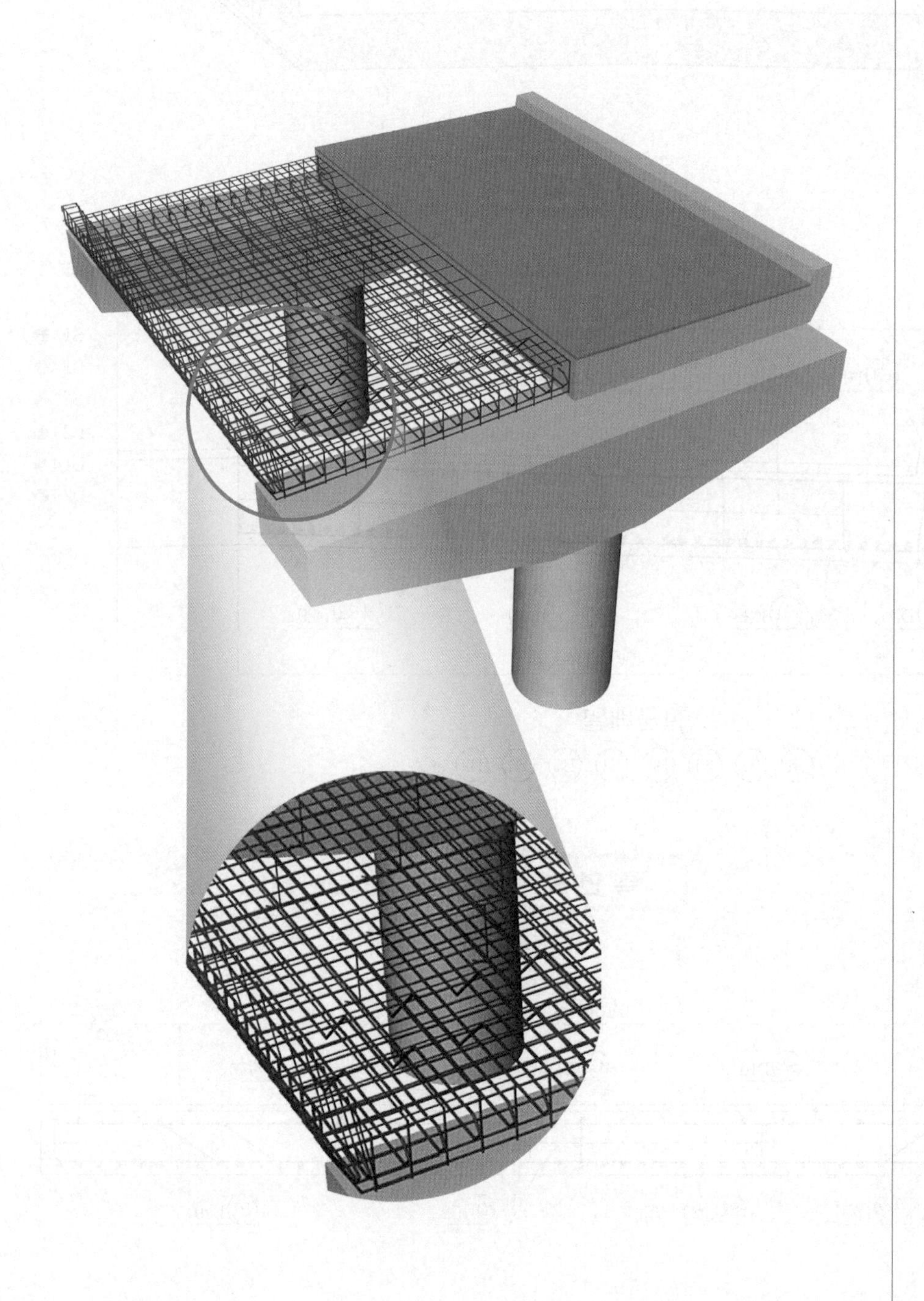

제공 : Modeling System

2 입체도 및 단면도

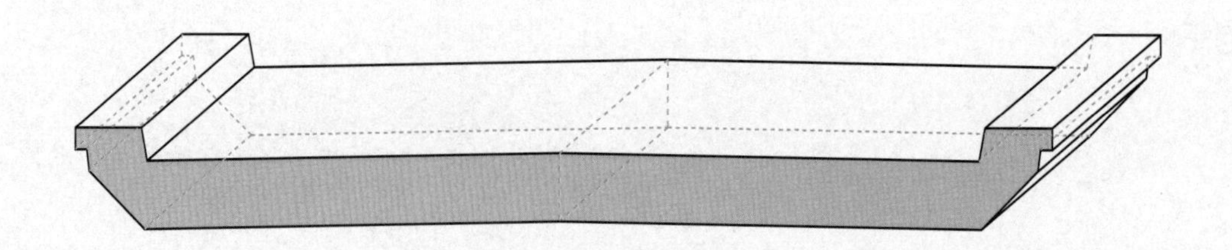

단면도

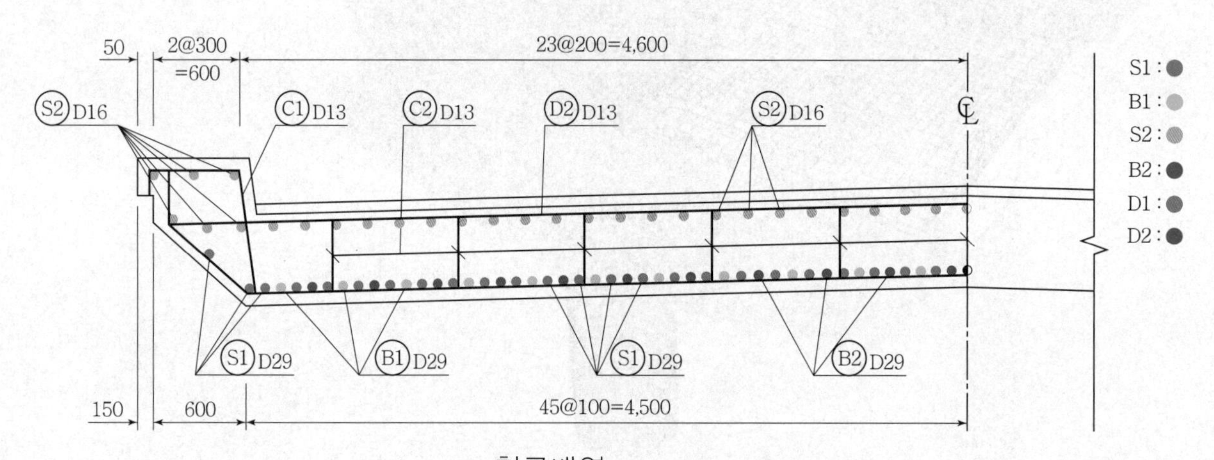

철근배열

S1 B1 S1 B2 S1 B1 S1 B2

측면도

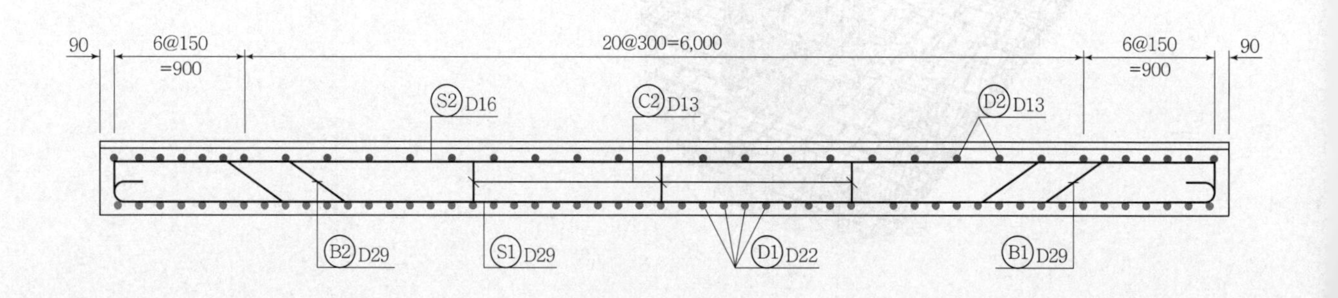

3 핵심 기출문제

□□□ 03④, 05④, 08②

01 주어진 슬래브의 도면 및 조건에 따라 다음 물량을 산출하시오. (단위 : mm)

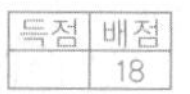

단 면 도(N.S)

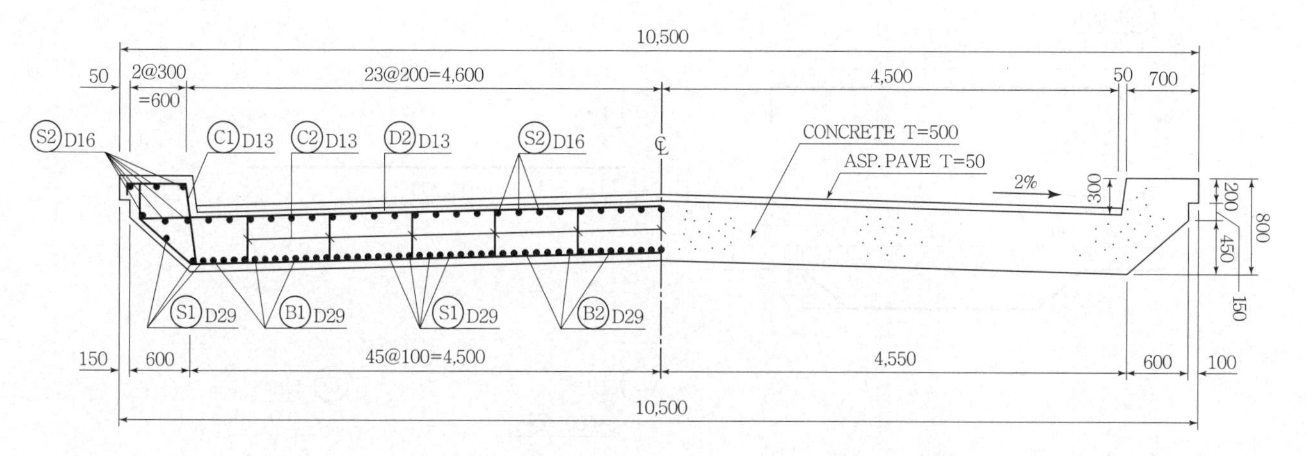

철근배열

Ⓢ1 Ⓑ1 Ⓢ1 Ⓑ2 Ⓢ1 Ⓑ1 Ⓢ1 Ⓑ2

측 면 도

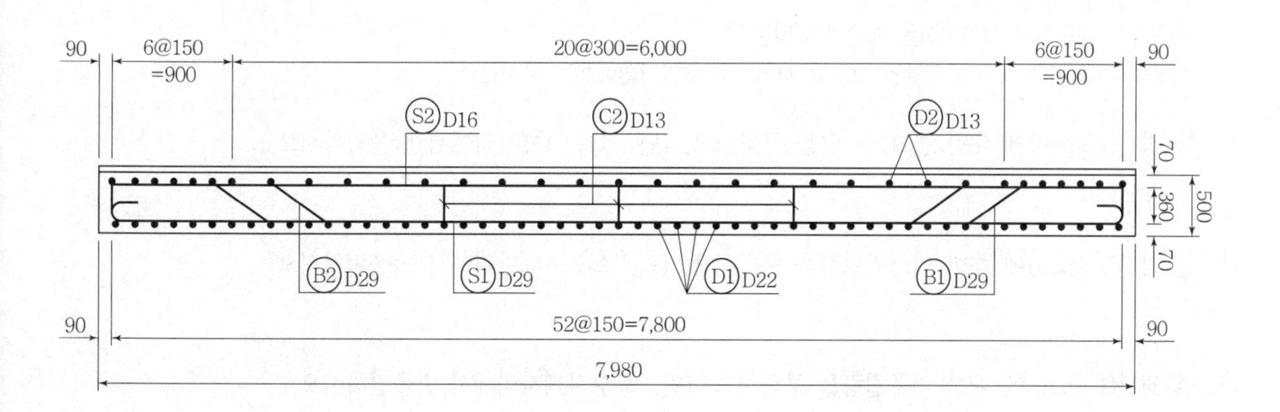

철근상세도

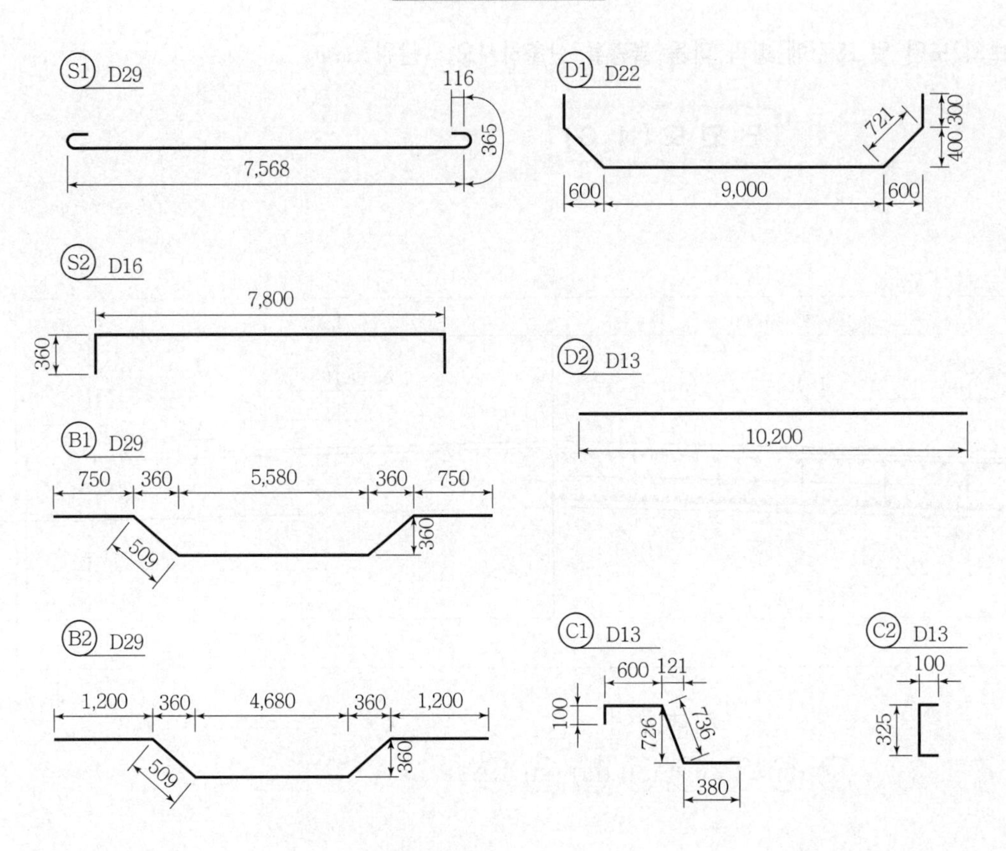

【조 건】

- B1과 B2 철근은 400mm 간격으로 200mm 간격의 S1 철근 사이에 교대로 배치되어 있다.
- D2와 C1 철근은 동일한 위치에 동일한 간격으로 배치된 것으로 측면도와 같이 중앙부에서는 300mm, 양쪽 단부에서는 150mm 간격으로 배근되어 있다.
- 물량산출에서의 할증률은 무시한다.
- 철근길이 계산에서 이음길이는 계산하지 않는다.
- 슬래브 기울기 2%는 시공시에만 고려할 사항으로 물량산출에서는 무시한다.

가. 한 경간(1 span)에 대한 콘크리트량을 구하시오. (단, 소수 4째자리에서 반올림하시오.)

계산 과정)

답: ______________

나. 한 경간(1 span)에 대한 아스팔트량을 구하시오. (단, 소수 4째자리에서 반올림하시오.)

계산 과정)

답: ______________

다. 한 경간(1 span)에 대한 거푸집량을 구하시오. (단, 소수 4째자리에서 반올림하시오.)

계산 과정)

답: ______________

라. 한 경간(1 span)에 대한 다음 철근물량표를 완성하시오.

기호	직경	길이(mm)	수량	총길이(mm)	기호	직경	길이(mm)	수량	총길이(mm)
B1					D1				
B2					S1				
C1					S2				

해답

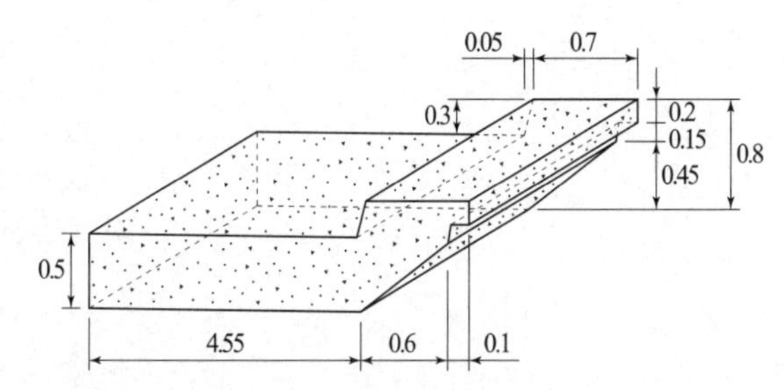

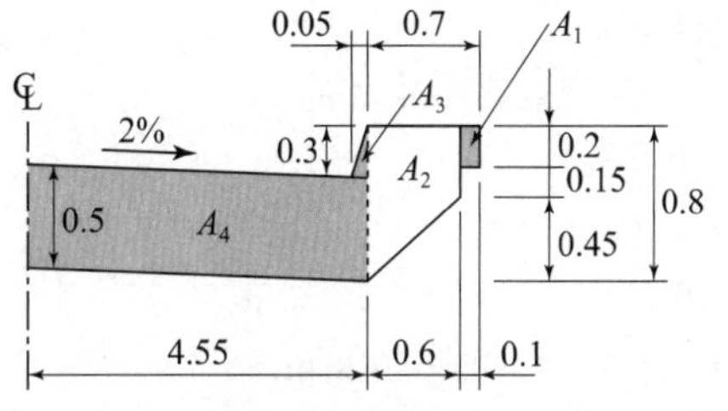

가.

- $A_1 = 0.10 \times 0.2 = 0.02\text{m}^2$
- $A_2 = \dfrac{0.35 + 0.8}{2} \times 0.6 = 0.345\text{m}^2$
- $A_3 = \dfrac{0.05 \times 0.3}{2} = 0.0075\text{m}^2$
- $A_4 = 4.55 \times 0.5 = 2.275\text{m}^2$
- 총단면적$= \sum A \times 2$(좌우)

$= (0.02 + 0.345 + 0.0075 + 2.275) \times 2 = 2.6475 \times 2 = 5.295\text{m}^2$

∴ 콘크리트량 = 총단면적×측면도 길이$= 5.295 \times 7.980 = 42.254\text{m}^3$

> ⚠ 주의점
> T=50mm
> =0.05m

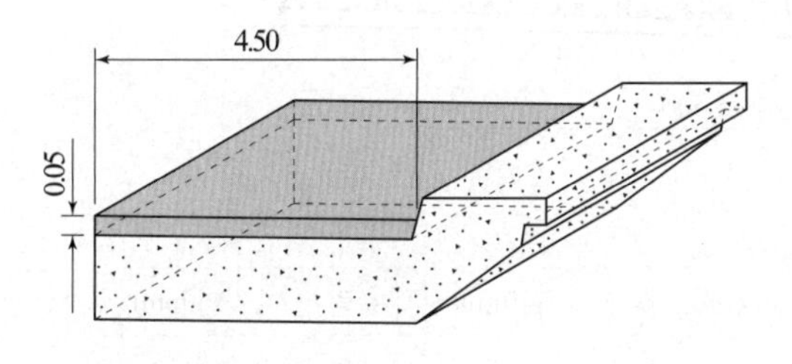

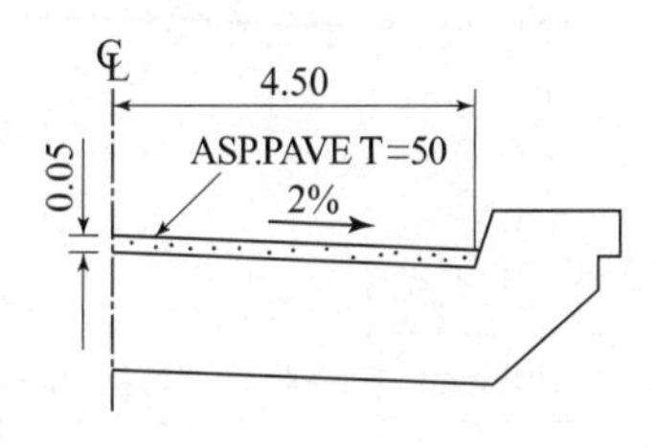

나. $\text{A} = 4.50 \times 0.05 = 0.225\text{m}^2$

∴ 아스팔트량 =총단면적×측면도 길이

$= 0.225 \times 2$(좌우)$\times 7.980 = 3.591\text{m}^3$

> ⚠ 주의점
> 기울기 2%는 시공시에만 고려할 사항으로 물량산출에서는 무시한다.

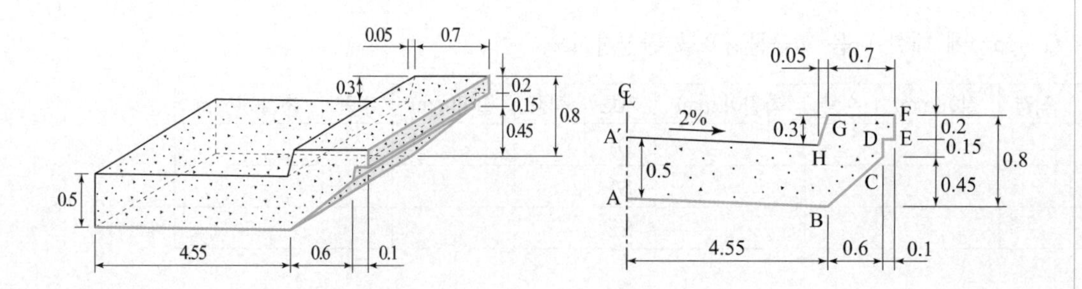

다.

- $\overline{AB}=4.55\text{m}$
- $\overline{BC}=\sqrt{0.6^2+0.45^2}=0.750\text{m}$
- $\overline{CD}=0.15\text{m}$
- $\overline{DE}=0.10\text{m}$
- $\overline{EF}=0.20\text{m}$
- $\overline{GH}=\sqrt{0.30^2+0.05^2}=0.304\text{m}$
- 거푸집면 길이 $=4.55+0.75+0.15$
  $+0.1+0.2+0.304$
  $=6.054\text{m}$

  ∴ 거푸집량 $=6.054\times7.980\times2=96.622\text{m}^2$
- 마구리면 $=5.295\times2=10.590\text{m}^2$

  ∴ 총거푸집량 $=96.622+10.590=107.212\text{m}^2$

> ⚠ 주의점
> [조건]에서 기울기 2%는 시공시에만 고려할 사항으로 물량산출에서는 무시한다.

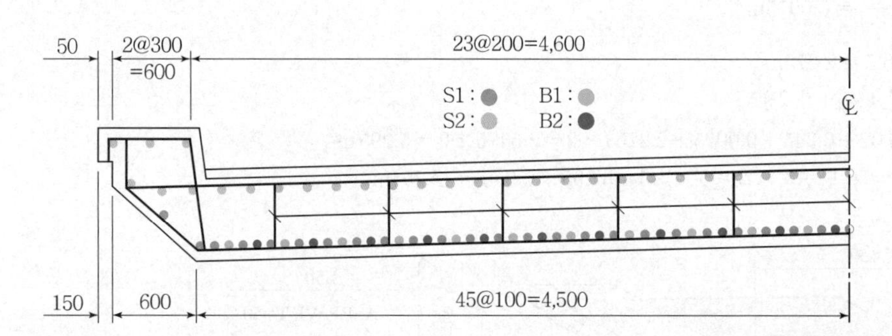

라. 한 경간에 대한 철근물량표

기호	직경	길이(mm)	수량	총길이(mm)	기호	직경	길이(mm)	수량	총길이(mm)
B1	D29	8,098	22	178,156	D1	D22	11,042	53	585,226
B2	D29	8,098	22	178,156	S1	D29	8,530	49	417,970
C1	D13	1,816	66	119,856	S2	D16	8,520	57	485,640

철근물량 산출근거

$$B1=\left\{\frac{4,500-(200+300)}{400}+1\right\}\times 2=22본$$

$$B2=\left\{\frac{4,500-(400+100)}{400}+1\right\}\times 2=22본$$

$$C1=D2\times 2=(6@+20@+6@+1)\times 2=(32+1)\times 2=66본$$

$$D1=52@+1=53본$$

$$S1=\left(\frac{4,500-(100+200)}{200}+1\right)\times 2+1+2\times 2=49본$$

$$S2=\{(간격수+1)+끝단\ 철근\}\times 2-1$$
$$=\{(23+1)+5\}\times 2-1=57본$$

기호	직경	길이(mm)	수량	총길이(mm)	기호	직경	길이(mm)	수량	총길이(mm)
B1	D29	8,098	22	178,156	D1	D22	11,042	53	585,226
B2	D29	8,098	22	178,156	S1	D29	8,530	49	417,970
C1	D13	1,816	66	119,856	S2	D16	8,520	57	485,640

토목기사실기 (제2권)

定價 50,000원 (전 3권)

저 자 김태선 · 박광진
홍성협 · 김창원
김상욱 · 이상도

발행인 이 종 권

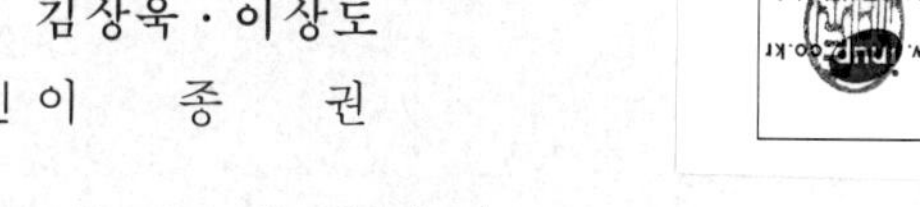

2001年 3月 2日 초 판 발 행
2002年 1月 12日 개 정 판 발 행
2003年 1月 4日 2차개정발행
2004年 2月 15日 3차개정발행
2005年 1月 3日 4차개정발행
2006年 1月 9日 5차개정발행
2007年 1月 8日 6차개정발행
2008年 1月 21日 7차개정발행
2009年 1月 19日 9차개정발행
2010年 1月 20日 10차개정발행
2011年 1月 27日 11차개정발행
2012年 2月 13日 12차개정발행
2013年 2月 12日 13차개정발행
2014年 2月 17日 14차개정발행
2015年 2月 23日 15차개정발행
2016年 3月 7日 16차개정발행
2017年 1月 23日 17차개정발행
2018年 1月 29日 18차개정발행
2019年 1月 18日 19차개정발행
2020年 2月 5日 20차개정발행
2021年 2月 8日 21차개정발행
2022年 2月 7日 22차개정발행
2023年 2月 16日 23차개정발행
2024年 2月 14日 24차개정발행

發行處 (주) **한솔아카데미**

(우)06775 서울시 서초구 마방로10길 25 트윈타워 A동 2002호
TEL : (02)575-6144/5 FAX : (02)529-1130
〈1998. 2. 19 登錄 第16-1608號〉

※ 본 교재의 내용 중에서 오타, 오류 등은 발견되는 대로 한솔아카데미 인터넷 홈페이지를 통해 공지하여 드리며 보다 완벽한 교재를 위해 끊임없이 최선의 노력을 다하겠습니다.

※ 파본은 구입하신 서점에서 교환해 드립니다.

www.inup.co.kr / www.bestbook.co.kr

ISBN 979-11-6654-475-0 14530
ISBN 979-11-6654-473-6 (세트)